邵阳烤烟
风格特色与生产技术集成

时　焦　韦建玉　主编

中国农业科学技术出版社

图书在版编目（CIP）数据

邵阳烤烟风格特色与生产技术集成／时焦，韦建玉主编．—北京：中国农业科学技术出版社，2015.11

ISBN 978 – 7 – 5116 – 2326 – 3

Ⅰ．①邵…　Ⅱ．①时…②韦…　Ⅲ．①烟叶烘烤 – 邵阳市②烤烟 – 栽培技术 – 邵阳市　Ⅳ．①TS44②S572

中国版本图书馆 CIP 数据核字（2015）第 249754 号

责任编辑　贺可香
责任校对　贾海霞　马广洋

出 版 者　中国农业科学技术出版社
　　　　　北京市中关村南大街 12 号　邮编：100081
电　　话　（010）82109704（发行部）　（010）82106638（编辑室）
　　　　　（010）82109709（读者服务部）
传　　真　（010）82106650
网　　址　http://www.castp.cn
经 销 者　各地新华书店
印 刷 者　北京富泰印刷有限责任公司
开　　本　787 mm×1 092 mm　1/16
印　　张　28.25
字　　数　730 千字
版　　次　2015 年 11 月第 1 版　2015 年 11 月第 1 次印刷
定　　价　150.00 元

《邵阳烤烟风格特色与生产技术集成》
编委会

主　　编：时　焦　韦建玉

副 主 编：徐宜民　汪少波　陈　峰　张光利　覃　荣

　　　　　张保全　李永富

编著人员（按姓氏笔画排列）

于少林　于庆涛　王生才　王绍美　王海波

王程栋　韦建玉　邓建功　包自超　朱　海

刘　涛　刘　强　刘光亮　刘光辉　刘晓冰

刘跃生　刘聪聪　齐永杰　许云进　阳向馗

李正平　李永富　李玲燕　肖志翔　时　焦

邹　凯　汪少波　宋文静　张光利　张保全

张峻铨　陈　峰　尚　斌　孟　坤　孟　霖

胡建斌　贾海江　徐宜民　郭晓惠　陶　健

黄　武　梁　盟　覃　荣　曾　钰　雷天义

蔡联合　雒振宁　谭　蓓　戴勇强

前　　言

　　湖南省邵阳市地处湖南中部偏西南地区，位于东经 109°49′～112°5′和北纬25°58′～27°40′，全境属于中亚热带气侯，四季分明，夏无酷署，冬无严寒，无霜期长，是我国优质烤烟生产最适宜区之一，也是具有发展潜力的烟叶产区。

　　近年来邵阳市烟叶发展较快，为了逐步提高与改善烟叶质量，自 2006 年以来，湖南省烟草公司邵阳市公司采取了产学研、农工商相结合的办法，加强自主创新与联合创新，提高了公司员工和烟农科技种烟的积极性。在科技创新和技术推广上，邵阳市公司以中国烟草总公司青州烟草研究所作为技术依托单位，通过开展"邵阳烤烟特色风格定位研究及关键生产技术开发"、"改进邵阳烟叶质量的关键生产技术研究与示范推广"等系列科技项目，在生产技术综合分析与烟叶质量评价的基础上，提出了有效解决制约当地烤烟生产与发展的管理模式和关键技术措施，构建了烟叶生产技术推广、培训、服务体系，烟叶质量全程控制体系，烟叶收购、加工、营销体系，烟叶质量保障体系，促进了邵阳市烟区烤烟的可持续发展。

　　《邵阳烤烟风格特色与生产技术集成》一书，在阐述邵阳烟叶风格特色研究与评价以及生态条件分析结果的基础上，介绍了近年来邵阳烟区的科研成果与管理技术，同时引入了近年来国内外许多新成果、新技术、新方法。本书系统阐述了邵阳烟区的烟叶生产规划布局、生态条件、烤烟风格特色、烟草生产机械化与智能化技术、现代烟草农业建设、特色优质烟叶生产技术体系、有害生物监控技术、烟叶标准化生产与信息化技术等。通过典型烤烟产区烟叶风格特色研究与关键生产技术汇集方式，为广大读者提供了一本概念准确、层次清晰、理论先进、技术成熟、实用性强的读物。

　　本书的编著在参阅国内外大量信息资料和邵阳科研成果的基础上，还得到了中国烟草总公司青州烟草研究所、广西中烟工业有限责任公司和湖南省烟草公司邵阳市公司的大力支持和帮助，在此一并致谢。本书作者多数是来自烟草科研与生产一线的科技工作者，大家怀着对邵阳市烟草生产的深厚感情，回顾邵阳烟草生产与管理的实践，展望邵阳烟草生产的未来，期望为邵阳烟草生产与发展助力。由于编写时间仓促，水平所限，书中难免出现错误和欠妥之处，敬请读者批评指正。

作者

2015 年 7 月 8 日

目 录

第一章　邵阳烟草生产概况

第一节　邵阳基本概况

一、自然资源

邵阳，历史上称宝庆，是一座历史古城，距今已有 2500 余年历史。邵阳市位于湖南省西南部，北障雪峰之险，南屏五岭之秀，资水横贯，邵水交汇，盆地珠连，丘陵起伏。地处北纬 25°58′~27°40′，东经 109°49′~112°5′，总面积 20 876km²，占湖南省总面积的 9.8%。东北与娄底市接壤，西与怀化市交界，南与永州市和广西壮族自治区的资源、龙胜等县相连，东与衡阳市为邻。邵阳覆盖区域属于江南丘陵大地形区，地形地势的基本特点为类型多样，丘陵、山地约占全市国土面积的 2/3；东南、西南、西北三面环山，资水流经全境；整个地势西南高而东北低，顺势向中、东北部倾斜，呈马蹄形盆地。邵阳自古为交通要道和商埠中心，经济较发达，文化昌明。

邵阳市辖邵东、新邵、邵阳、隆回、洞口、绥宁、城步、武冈、新宁八县一市，大祥、双清、北塔 3 区，196 个乡（镇），21 个街道办事处。全市总人口为 793.97 万，居全省 14 个地州市首位，全市常住人口 707.17 万；其中，城镇常住人口 232.23 万，占全市常住人口的 32.84%；农村常住人口 474.94 万人，占全市常住人口的 67.16%。中、东部人口稠密，西南部山区人口稀疏。

境内系江南丘陵向云贵高原过渡地带，南岭山脉绵亘南境，雪峰山脉耸峙西、北，衡邵丘陵盆地展布中、东部。整个地势西南高而东北低，顺势向中、东部倾斜，呈东北向敞口的簸箕形。境内最高峰为城步苗族自治县东部二宝顶，海拔 2 021m；最低处是邵东县崇山铺乡珍龙村测水岸边，海拔仅 125m，地势比降为 10.25‰。境内山地、丘陵、岗地、平原各类地貌兼有，大体是"七分山地两分田，一分水路和庄园"。耕地面积 639.19 万亩，居全省第二位；全市耕地中有水田 430.28 万亩（15 亩 = 1hm²，全书同），占耕地总面积的 67.32%。境内溪河密布，有 5km 以上的大小河流 595 条，分属资江、沅江、湘江与西江四大水系。资江干流两源逶迤，支派纵横，自西南向东北呈"Y"字形流贯全境，流域面积遍及全市。巫水源自城步，横贯绥宁，西入沅江，为境内西南部的主要水道。

全境属中亚热带季风湿润气候区，光照充足，雨水丰沛，四季分明，气候温和，夏少酷热，冬少严寒。受地貌多样、高差悬殊影响，气候既有东、西部的地域差异，又有山地与丘平区的垂直差异，形成一定的小气候环境和立体气候效应。境内年平均气温 16.1 ~ 17.1℃，无霜期 272 ~ 304 天，日照时数 1 347.3 ~ 1 615.3h，降水量 1 218.5 ~ 1 473.5mm；雨水大多集中在 4 ~ 6 月，是著名的衡邵季节性干旱走廊区域，易遇夏秋连旱。

以山丘区为主的邵阳地区，东西经度和南北纬度相差不大，同属于红壤系列生物气候带。由于区内地形复杂、母岩母质多样，植被繁多和人为因素等综合影响，全区不但有地带性土壤，而且有非地带性土壤。地带性土壤有红壤、山地黄壤、山地黄棕壤和山地灌丛草甸土；非地带土壤有水稻土、石灰土、紫色土等。

在地带性土壤中，面积大、分布范围广的是红壤。它南起南岭北侧，北抵白马山南缘，东自资水河畔，西迄雪峰山前，全区 16 740km² 的境域内，红壤广泛分布，但集中连片分布的是东北部和中部的广大低山、丘陵地区。

区域内红壤的分布规律，受地形、母质的制约很大。部分丘陵区和河流阶地为第四纪红色黏土母质发育的红壤，低山区为石灰岩风化物发育的石灰岩红壤，中低山区为砂岩、板页岩和花岗岩风化物发育的砂岩红壤、板页岩红壤和花岗岩红壤。

非地带性土壤面积大，分布范围广的是水稻土，遍及全区各地，发育于各种母质，水稻土的分布高度上限，可达海拔 1 500m 左右。水稻土分布范围广、类型多，主要受地形、母质和水利条件的影响。在丘陵地区，由于微地形变化和水耕熟化程度的强弱影响，分布着各种母质发育的淹育性水稻土。冲、垄的中部，地势平坦，有灌溉条件的地段，在灌溉水和地下水的双重作用下，发育而成潜育性水稻土。在冲、垄的下部，地势低平，排水条件差，土体条件差，土体处于滞水状态的地段，多分布着潜育性水稻土。

总体而言，区域内土质以红壤和黄壤为主，土层较厚，质地疏松，结构良好，保水保肥性强。pH 5.1 ~ 6.5，速效氮、磷含量中等，适宜于种植烤烟及其他大田作物。

全市除盛产水稻、杂粮外，经济作物和传统土特产品种繁多。宝庆苡米、陡岭烟叶、龙牙百合、武冈铜鹅、雪峰蜜橘、新宁脐橙、邵东黄花、隆回辣椒等久负盛名，蜚声省内外；茶叶、西瓜、黄豆、花生、生姜、大蒜、苎麻、蚕桑、甘蔗、药材等出产颇丰。柑橘、黄花菜、苡米等作物产量为全省之冠。

全市林地面积为 1 588.89 万亩，是湖南四大林区之一，森林覆盖率为 57.6%，林木总蓄积量达 2 843 万 m³。草山草场 114.04 万亩，连片分布 10 万亩以上的有城步南山、绥宁十万古田和新宁黄金 3 处，1 万 ~ 10 万亩的有 56 处。城步苗族自治县西南是江南有名的山地草原区，其中八十里大南山，总面积 23 万亩，已建设成为中国南方最大的现代化山地牧场，是全省的种畜牧草良种繁育基地和奶肉牛商品基地。

境内河川水系发达，水域面积为 111.9 万亩，多年平均水资源总量为 168.3 亿 m³，其中河川径流量 157.44 亿 m³。人均占有水资源 2 749m³。水能资源理论蕴藏量 144.73 万 kW，可开发利用量 68.77 万 kW。水能资源集中分布于西南部城步、绥宁等山区县。

二、经济条件

新世纪以来，邵阳着力推进产业结构调整，经济实力持续增强。2011 年地区生产总值达到 907.2 亿元，财政收入达到 66.3 亿元，其中市本级财政收入达到 17.4 亿元，规模工业增加值达到 294.1 亿元。企业改制平稳推进，全市新增规模工业企业 55 家，产值过亿元企业达到 330 家，园区完成工业总产值 520 亿元，增长 45%。农业经济稳步增长，2011 年完成农林牧渔增加值达到 217.6 亿元，粮食播种面积 795.6 万亩，总产 310.8 万 t，连续八年增产丰收。袁隆平院士的超级杂交水稻在隆回试验，创造了亩产 926.6kg 的纪录。橘橙、果蔬、烟叶、药材和生猪、肉牛、山羊、水产等种植业和养殖业都有较大发展。农产品加工企业发展到 4 017 家，其中，规模企业 312 家，新增 16 家。农民专业合作组织发展到 1 510 个。有机食品、绿色食品和无公害农产品认证产品达到 248 个。造林 27 万亩，森林覆盖率提高到 57.6%。新农村示范和连片建设成效显著，打造示范村 209 个、示范片 44 个。商贸旅游活力增强，实现社会消费品零售总额 328.5 亿元，增长 18%。

三、社会发展状况

明、清年间，宝庆府城依资江黄金水道和数条驿道而成为水陆要冲，湘中重镇；民国时期，湘黔公路干线贯穿境内，邵阳县城成为东南与西南商品物资转运枢纽。当今，娄邵铁路连接湘黔铁路干线，经娄底、株洲、长沙而达全国各地。G320 从东到西通过全境，G207 国道纵连南北，沪昆高速铁路横贯东西，洞新、娄新、邵安、邵坪、包茂 5 条高速公路贯穿境内，武冈机场和邵东机场架设空中走廊。建成农村公路 1 444.6km，其中县乡道 352.2km，通畅工程 1 092.4km。目前，已形成高速公路、国道、省道、县道、乡道境内经纬交织，通车里程达 5 839km。

水利建设方面。44 座小一型水库除险加固主体工程全部完成，89 座小一型与 89 座小二型病险水库治理正在组织施工。7 个中小河流治理项目全面启动。衡邵干旱走廊综合治理前期工作抓紧进行。新建农村安全饮水工程 164 处，解决 38.3 万人饮水不安全问题。能源建设方面。新一轮农网改造启动，完成电网投资 10 亿元。新建扩建变电站 28 座，雪峰山 20 万 kW 风力发电项目也已启动。

邵阳属于经济欠发达地区，在湖南现有 8 个国家武陵山集中连片扶贫攻坚重点县中，邵东县和三区列为国家武陵山集中连片扶贫攻坚重点县政策比照县区。邵阳市设有全省唯一的农民培训基地，农业综合开发完成投资 5.8 亿元，建设土地治理项目区 16 个，实施产业化经营项目 28 个。全市社会大局和谐，社会治安秩序持续稳定，全市安全生产形势总体平稳。

第二节　烤烟产业发展概况

一、烤烟生产发展

（一）种植情况

邵阳市烟草生产发展具有悠久的历史。早在明代中叶，境内始种烟草（今称晒烟），烟叶具有"叶大色黄，油多沾手，香气扑鼻"等特点。1929 年，在工商部举办的中华国货展览会上，"宝庆烟叶"被评为"一等品"。1957 年，晒烟产量高达 2 229.5t，烤烟产量达到 5.5t，机制卷烟产量 3 953 箱。邵阳烤烟生产第一高峰是在 1967 年，当年生产烟叶 4 930.5t；1979 年烟叶种植面积 8.32 万亩，收购烟叶 7 504t，达到历史最高水平；1982 年隆回被确定为全国烤烟生产基地县；至 20 世纪 90 年代初，邵阳烟叶年产量达到 30 多万担的规模。

邵阳市烟叶产区主要分布在隆回、邵阳、新宁三县。邵阳得天独厚的烟叶种植生态条件赋予了邵阳烟叶优质、环保、安全的特点。在 2010 年湖南省举办的"卷烟大品牌原料保障发展战略—浓香型烟叶生产与开发"论坛上，经全国知名专家评吸，邵阳烟叶质量名列前茅（表 1-1）。

邵阳烤烟产区属于湘中岗地优质烟叶生态区，被全国烟叶种植区划列为烟叶生产潜力区。邵阳市烟叶感官评价整体较高，香气质好，香气量较足，杂气较轻，刺激性较小，余味舒适，浓度中等至较浓，劲头适中。

表 1-1 2010 年烤烟感官质量鉴定

地点	品种	等级	风格特征评价				质量评价分值						烟气特征	
			香味风格		烟气口感									
			香型	分值	特征	分值	香气质	香气量	杂气	刺激性	余味	总分	浓度	劲头
隆回	云烟87	B2F	浓香型	7	焦甜	7	7.5	7.0	7	7	7.0	35.5	7	8
邵阳	K326	B2F	浓香型	7	焦甜	7	7.5	7.5	7	7	7.5	36.5	7	8
新宁	云烟85	B2F	浓香型	7	焦甜	7	7.0	7.0	7	7	7.0	35.0	7	8

近几年，邵阳烟叶产区以现代烟草农业建设为统领，以科技兴烟为抓手，以工商共建基地单元为平台，以优化烟叶结构为契机，发挥生态条件优势，围绕省内外工业企业卷烟品牌发展需要，完善品种种植结构，推广烟叶标准化生产和规范管理，引导邵阳烟叶产业步入了良性持续发展的轨道。烟叶种植水平和质量逐年提高，烟叶生产向原生态、具有特色和安全的方向发展，初步打造出了具有浓香甜润风格特色的邵阳烟叶。截至 2011 年年底，全市已建成现代烟草农业基地单元 5 个，基本烟田 28 万亩，烟叶生产和收购稳定在 1 250 万 kg 左右（表 1-2 至表 1-5）。烟田基础设施建设累计投入资金 3.78 亿元，完成烟水、烟路工程项目 4 883 个，烟区烟农生产、生活条件大为改善。

表 1-2 邵阳县 2005—2011 年烤烟种植基本情况

名称 \ 年份	2005	2006	2007	2008	2009	2010	2011
烟农总户数（户）	1 845	2 220	2 069	2 066	3 163	2 546	1 702
种植面积（亩）	12 950	16 900	16 400	23 600	40 300	23 100	21 830
收购量（50kg）	30 495	41 670	50 800	71 000	99 300	59 400	63 950
收购金额（万元）	1 561	2 152	2 709	4 692	5 733	4 674	5 470
收购均价（元/50kg）	512	516	534	661	667	686	855
收购等级合格率（%）	—	—	77.7	55	71.4	83.2	82.1

表 1 - 3 邵阳市 2005—2011 年烤烟种植基本情况

年份 指标	2005	2006	2007	2008	2009	2010	2011
烟农总户数（户）	5 470	6 567	5 746	7 246	8 002	5 915	6 464
种植面积（亩）	37 397	44 900	43 200	60 000	97 700	67 900	65 327
收购量（50kg）	80 726	111 690	117 100	187 600	242 600	185 100	184 160
收购金额（万元）	3 845	5 539	6 314	12 208	15 312	14 206	15 476
收购均价（元/50kg）	476	496	540	651	687	690	840
收购等级合格率（%）	82.56	81.76	80.00	80.20	81.50	81.20	82.08
调拨数量（50kg）	80 726	69 660	143 433	158 180	157 977	191 848	206 781
调拨金额（含税）（万元）	10 522	8 611	18 258	21 510	23 380	30 126	32 178
调拨均价（元/50kg）	1 053	1 094	1 124	1 203	1 310	1 390	1 556
调拨成本（万元）	5 757	4 826	13 028	17 510	16 038	22 035	26 338
调拨毛利（万元）	3 554	2 794	3 130	1 525	4 653	4 625	2 139
工商交接合格率（%）	87.5	76.7	68.7	74.3	72.2	70.1	64.9
50kg 经营费用（元/50kg）	140	212	149	114	158	168	175
50kg 均毛利（元）	440	401	218	96	295	241	103
毛利率（%）	38.2	36.7	19.4	8.0	22.5	17.4	7.5
购销率（%）	—	79	—	—	—	—	—
成本费用率（%）	74.9	87.1	100.2	110.8	99.1	103.7	113.9
三项费用率（%）	12.2	23.3	20.4	18.5	21.2	20.4	21.5
烟叶纯利（万元）	2 090	1 637	-240	1 264	2 960	2 302	1 074
担烟纯利（元/50kg）	258	235	-17	80	187	120	52

表 1 - 4 隆回县 2005—2011 年烤烟种植基本情况

年份 名称	2005	2006	2007	2008	2009	2010	2011
烟农总户数（户）	2 350	2 899	2 326	3 031	2 996	2 649	2 387
种植面积（亩）	16 560	20 000	17 200	23 600	32 600	24 700	22 697
收购量（50kg）	32 825	47 780	42 700	69 100	78 100	68 500	60 430
收购金额（万元）	1 487	2 304	2 318	4 513	4 830	5 074	5 178
收购均价（元/50kg）	453	482	543	653	673	691	857
收购等级合格率（%）	—	—	72	57	69	84	82

表 1 – 5　新宁县 2005—2011 年烤烟种植基本情况

名称＼年份	2005	2006	2007	2008	2009	2010	2011
烟农总户数（户）	1 275	1 448	1 351	2 149	1 843	720	2 375
种植面积（亩）	7 887	8 000	9 600	12 800	24 800	20 100	20 800
收购量（50kg）	17 406	22 240	23 600	47 500	65 200	57 200	59 780
收购金额（万元）	796	1 084	1 286	3 003	4 749	4 457	4 829
收购均价（元/50kg）	458	487	545	632	728	693	808
收购等级合格率（%）	—	—	76	71	72	82	82

（二）烤烟生产

邵阳种烟历史悠久，20 世纪 90 年代初期，邵阳市烟叶年产量达到多于 1 500 kg 的规模，在湖南种烟史上有"三阳"（桂阳、邵阳、衡阳）之称。21 世纪以来，邵阳树立"质量就是生命力、特色就是竞争力"的烤烟生产发展理念，围绕"增香降碱、提质增效"的目标，多措并举推动邵阳烤烟生产从数量规模型向质量效益型的转变，在烤烟生产上采取了多项有效措施。

1. 技术落实

深入开展提质服务活动，确保关键生产技术推广落实。在全市范围内开展以"一本册子传技术，做好宣传培训文章；一根标杆定密度，做好合理密植文章；一块标牌明责任，做好优质服务文章；一片烟田做示范，做好单元建设文章；一支队伍抓落实，做好绩效考核文章"为内容的"五个一"提质服务活动，以及开展以"每个烟站技术人员建设一个面积不少于 50 亩的标准化生产示范片，蹲点烤好二烤烟叶，抓好三户烟农的分级扎把工作"为内容的"123"活动，烟叶生产技术推广落实有了明显提高。特别是烟田深翻耕、合理密植、地膜覆盖、中耕培土等关键技术的推广到位率大大提高。

2. 生产管理

加强管理，"四力"齐发，排除"三重"思想阻力，优化烟叶结构。邵阳市传统烟叶种植习惯阻碍了烟叶生产水平的提高和烟叶质量的提升。一是一些烟农担心搞优化烟叶结构，扫脚叶打顶叶，花工费力，增加成本；二是一些基层领导也担心优化烟叶结构影响烟叶产量，影响烟叶生产任务完成，减少烟叶税收，减少乡镇财政收入，更担心烟农工作难做，造成社会不稳定，对优化烟叶结构的主动性和积极性不高；三是培植员技术服务费是与烟叶产量挂钩的，优化烟叶结构烟叶产量减少，服务费没有保障，也不全心全意干。为此，在管理上邵阳市采取"四力"齐发，排除上述三重阻力，变阻力为动力。一是行政"推力"，市、县、乡镇都成立高规格的优化烟叶结构领导小组，将优化烟叶结构工作不仅纳入烟叶工作的检查考核重要内容，而且作为乡镇经济工作的重要指标纳入双文明目标管理考核，与乡镇主要领导的政绩和干部的绩效以及年终评先评优、经济奖惩紧密挂钩。二是政策"给力"，烟草部门对烟农优化烟叶结构工作到位的每亩补贴 60 元；市、县烟草部门投入 300 万元专项经费，其中部分用于乡镇优化烟叶结构的工作经费；对技术服务公司每处置一担不适用鲜烟付给服务费3元；市、县政府和烟草部门在年终还要对优化烟叶结构工作做出突出成绩的从烟干部和技术人员予以重奖。三是宣传"促力"，充分发挥基层组织村、组、合作社和烟站的作用，走村串户、深入田间地头做烟农耐心细致的思想工作。经济上算清账，精心测算优化烟叶结构前后各项成本费用，以算账对比方式，帮助烟农算清增收账；技术上讲清道理，告诉烟农打掉几片下部烟叶，能改善烟株的通风、采光、透气条件，保证中上部烟叶充足的生长条件，有利于中、上部烟叶生长，中上部烟叶长得好，质量好，卖价高，下部烟叶又难烤，又卖价低，不赚钱，编烟、装炉、烘烤、出炉、分级和烘烤燃料成本大，而且还没有补贴，两头吃亏。四是典型"引力"，邵阳县河伯乡、隆回县荷香桥、新宁丰田乡一些经验丰富的老烟农，历来有重扫脚叶打顶叶的好的种植习惯，让他们现身说法，以活生生事实证明优化烟叶结构不会影响产量。通过行政、政策、经济、科技、典型等几方面的加力使劲，为优化烟叶结构工作排除了阻力，扫除了障碍。

3. 措施到位

多措并举，确保"优化"工作到位。优化烟叶结构是邵阳烟叶生产技术的一次重大革新，要执行落实到位，需要采取科学措施。主要是多措并举，大力推广"12345"工作法。一是实行"一村一案"，细化落实"一村一案"，及时测算、确定、公布各村组、各农户和不同烟田不适用烟叶的处理数量，统一排定各村、各片清除时间表，保证清除工作可控、有序开展。二是把好两个关口，严防死守田间打叶称重和烘烤前选叶两个关口，切实将不适用烟叶处理在生产环节。隆回县荷香桥镇山地烟多，但种植分散，称重点少，为此乡镇多次组织干部和车辆到偏僻山村，帮助烟农把不适用鲜叶运到山下称重处置。全市共安排专项费用279.74万元，设立集中处理池50个，称重点116处，购买称重设备116台，安排现场操作人员535人（每个点4～5人），共处置不适用鲜烟叶957万kg，其中，下部烟叶647万kg，上部及病残叶310万kg。三是分三线签订责任状，全市上下推行工作责任制，分政府、烟草、技术服务公司3条线层层签订工作责任状，交纳抵押金，与下乡补助等有关津贴捆在一起，同优化烟叶结构工作好坏紧密挂钩，充分调动了大家的工作积极性。四是采取4种宣传形式，即：召开专题宣传发动会议、组织技术培训、广泛发放资料、张贴宣传海报等四种形式。2011年，召开会议156场次，举办培训820场次，发送《告烟农书》6 800多份，发放手册6 800多册，悬挂横幅486条，张贴标语870多张海报420幅，出动宣传车150多台次。大造声势，做到宣传发动县不漏乡，乡不漏村，村不漏组，组不漏户，让广大烟农对优化烟叶结构的优惠政策、技术要求等清清楚楚，明明白白。五是开展"五比五看"竞赛，把好生产"五关"，按照市政府的部署要求，深入开展优化烟叶结构"五比五看"创先争优竞赛活动，即：比认识，看谁对优化烟叶结构的认识高；比措施，看谁的优化烟叶结构的措施硬；比落实，看谁的优化烟叶结构工作到位；比方法，看谁的优化烟叶结构工作和谐稳定；比效果，看谁的优化烟叶结构工作取得实效。营造起优化烟叶结构的浓厚气氛，掀起了优化烟叶结构工作的高潮。把好烟叶生产"五关"即：大田生产关，打顶留叶关，成熟采收烘烤关，预检分级扎把关，烟叶收购关。做到栽足种好，有优化空间，既优化了烟叶结构，又不影响烟叶生产任务的完成。

二、烟叶加工

历史上邵阳是湖南省卷烟生产重要基地之一。卷烟制作始于手工制作，1935年邵阳城区有烟店80家，武冈县城加工的"丹桂"烟丝远销桂林、靖州、洪江等地。1940年长沙私营华昌烟厂迁入境内双江口（今邵阳市大祥区）。1951年建成首家卷烟厂资江卷烟厂，1956年将私营烟商进行改造，基本完成烟叶生产、加工、经营专卖管理。1970年冬筹建新邵卷烟厂，1971年试制"石马江"牌卷烟成功，当年产卷烟440箱，产值20万元。新邵烟厂生产的"笑梅"牌卷烟6.3万多箱，利税1479万元，至1986年产量达到10.2万箱，利税6800万元。2000年新邵卷烟厂停产。

1977年隆回卷烟厂成立，试制"望云山"牌卷烟，年产2307箱，1986年产烟5.4万多箱，利税1239万元。至2000年达到年产"野茶山"等名牌卷烟15万箱的能力。但受国家定员限产政策的影响，至2004年因该厂严重资不抵债，隆回卷烟厂停产。

三、特色优质烟叶开发

烟叶科技创新是完善技术创新体系，推进烟草农业现代化的重要途径。为基本实现"风格表现突出，特色方向清晰、品质特征明显、配方作用独特、资源优势巩固"的烟叶品质特色化发展目标，邵阳立足卷烟品牌需求，优化区域布局，发挥生态优势，择优选择品种，加大先进适用技术推广应用，全面推行标准化生产，积极实施烟叶生产GAP管理，实现了烟叶品质特色化。

（一）特色优质烟叶开发

邵阳烟草重点抓好雪峰山岗地特色烟叶的开发（图1-1），发挥地域特色风格烟叶在卷烟降焦减害中的核心作用，巩固雪峰山岗地特色烟叶在高档品牌发展中的配方地位。

图1-1 邵阳山岗地特色烟田

（二）跟踪品牌发展导向

围绕"532"及"461"卷烟品牌发展战略的原料需求，依据生态决定特色，品种彰显特色，技术保障特色的原则，从生态、品种和栽培3个方面着手，通过引进高香气烤烟新品种，进一步提升烟叶生产整体水平（图1-2）。

（三）打造风格特色品牌

加大地域特色烟叶开发工作力度，突出"浓香甜醇"整体风格特色，完善生产技术体系，优化生产布局，推行标准化生产，着力彰显邵阳烟叶香气浓郁、香气量足、回甜感好、爆发力强、配伍性高、透发性好的整体风格特色。

图1-2 邵阳烟区

（四）突出烟叶风格特色

突出邵阳烟叶区域风格特色，积极开发雪峰山脉岗地特色烟叶。通过细分烟叶品质类型和目标市场，挖掘培育品种的风格特色，满足不同卷烟企业及品牌对邵阳市烟叶的个性需求。

（五）构建关键技术体系

依据生态条件特点，根据工业实际需求，抓好适用技术推广应用，提升烟叶品质水平，按照"良种、良区、良法"的原则，示范推广特色优质烟叶定向栽培技术，构建烟叶生产关键技术体系，充分满足工业差异化特色需求。

（六）落实关键技术措施

生产过程突出关键技术对烟叶风格特色的支撑作用，认真抓好火土灰、秸秆还田、绿肥掩青、机械深耕等土壤改良技术推广应用，全面推行成熟准采制度和上部烟叶5~7片充分成熟一次性采烤技术，重点抓好叠层装烟、余热共享技术以及烟夹、推烟车装烟方式的示范。

（七）提供轻简植保防护措施

以减少烟叶农残，保障生产优质烟叶为目标，建立轻简植保、精准施药的现代植保技术体系，健全病虫害预测预报网络，加大农药减量控害增效技术推广，积极探索生物防治方法。

（八）确立质量管理目标

突出质量管理，运用烟叶全面质量管理的理念和方法，健全和宣贯烟叶生产综合管理标准体系，强化收购过程控制，推行项目烟叶单收单调，优化加工资源配置。通过实施，有力促进了邵阳市特色烟叶生产健康良性发展。

一是烟叶品质明显提高。烟叶内含物质协调，上部烟叶充分开片，油分增加，单叶重7~9g，烟叶香气量充分。二是烟叶等级结构明显改善。2011年全市收购烟叶921万kg，上中等烟叶比例明显提高，上等烟达到48.66%，中等烟达到49.04%，下等烟比例降低到

2.3%，比前两年下降多于10%。三是烟农收入增加。通过特色优质烟叶开发，烟叶产量不仅没有减少，还有所增加，平均亩（1亩≈667m²。全书同）产达到142kg，比2010年增加了1.8kg，烟叶收购均价达16.84元/kg，比上年增加了4.24元/kg，烟农收入增加4 043.57万元。

四、现代烟草农业建设

为全面贯彻落实国家烟草专卖局关于在烟叶产区开展现代烟草农业试点工作的指示精神。近年来，邵阳市分别在邵阳县白仓、金称市，隆回县横板桥、狮子，新宁县腊元、桐古、低坪建立烟草现代农业试点。试点按照"一基四化"的总体要求，将现代烟草农业建设、资源配置改革与基地建设、特色优质烟叶开发进行有机结合，通过集中力量、集聚资源、集成技术，基础设施配套不断完善。通过烟叶生产组织管理模式的创新，专业化服务体系的建设，试点内单位资源产出率、烟叶生产效益和综合生产能力不断提高，各个示范点成功探索出了一条传统烟叶向现代烟草农业转型的可持续发展道路。

（一）白仓现代烟草农业示范区

邵阳县近年来大力开发雪峰山脉岗地特色优质烟叶，全力打造白仓现代烟草农业示范点，精心打造特色烟叶开发核心示范区，重点抓好基地建设、烟叶生产全程质量控制，全力推动科技创新。

1. 确立现代园区建设目标

白仓现代烟草农业示范区辖三堆、观竹、井阳、迎丰4个自然村。总人口9 244人，其中农业人口9 032人，农业劳动力6 479人，劳动力人平均占有耕地1.26亩，富余劳动力2 585人，总耕地面积8 173.7亩，宜烟面积7 260亩。示范区内建设烟水、烟路配套工程共126处，密集式烤房150座，其中，修建沟渠33条30.15km，塘坝14口，水池2处，管网2处14.125km，机耕路9条12.62km。

2. 突出现代生产管理措施

示范区形成市级局（公司）、县级局（分公司）、烟站、烟技员四级管理体系，建立"技术服务到田、烘烤指导到炉、预检把关到户"的模式。坚持"全过程、全覆盖、保质量、上水平、普惠制、广受益"的方针，在劳动强度大、用工多的环节推广专业化服务，成立专业合作社。示范区内4个村都成立了农民专业合作组织和农业机械服务合作社，村民以"土地入股、专业经营、利润分成、风险共担"的形式，把土地集中起来，由专业合作组织管理。初步建立了覆盖烟叶生产全过程、综合配套、便捷高效的专业化、社会化服务体系。

3. 确立品牌长远发展方向

打造雪峰山脉岗地特色烟叶开发核心示范区，示范区内实现了集雨节水100%覆盖基本烟田，100%专业化育苗和商品化供苗，100%专业化物资供应、集中连片种植、测土配方施肥、标准化生产、专业化烘烤、机耕、机起垄烟田面积达80%以上。

4. 树立科技创新典范

推动科技创新。形成符合烟区实际的生产技术方案，抓好雪峰山脉岗地特色优质烟叶的内涵挖掘和特色定位，完善标准化生产体系。与中南烟草试验站建立了技术依托关系，成立了特色烟叶开发技术攻关小组，进一步提高烟叶生产的科技含量。

（二）金称市现代烟草农业示范区

邵阳县金称市现代烟草农业示范点正在建设中（图1－3），金称市项目区烟田综合整治工程以"整体规划、系统布局、适度超前、综合配套、整片推进"为原则，以试点区域实现"田块成方、道路成行、机耕方便、灌排自如"的目标，通过创新机制，加强保障，明确任务，狠抓落实，形成合力，全面推进，取得了良好的效果，实现了烟农、企业、政府的三方共赢，为地方经济社会发展提供了强有力的保障，探索出了一条南方丘陵山区烟田土地整理的区域特色的新路子，为邵阳市乃至全省土地整理项目工作机制提供了宝贵经验。得到了国土部门专家的高度赞许，得到了项目区老百姓的拥护，国家局和省局等领导视察后也均给予了充分肯定。

项目区位于邵阳县金称市镇，涵盖金洲、石马、金门3个村。整理前土地总面积2 100亩，其中，耕地1 700亩、农用地250亩、未利用土地150亩。该项目区属于砂石丘陵地貌，原地块比较零碎，约800亩为高岸田、天水田及旱土、荒地，水土流失严重，土地资源量多质差，灌排系统不完善，大多数耕地为中低产田。土地整理后土地总面积2 108亩，实现了集中连片，田势相对平坦，土层较厚。土地整理后，大型农机可以自由进入作业，极大地降低了作业人员的劳动强度。整个项目区共新挖排水沟4 500 m，埋设管道2 860m，新修田间道4 700m，新增耕地150亩，项目总投资650万元。通过土地整理，改善了项目区的生产、生活条件，使项目区成为"田成方、管成网、旱能灌、涝能排、渠相通、路相连"的现代烟草农业示范区，改变了项目区过去"田土坎坷斗笠丘，干旱季节无水求，各类线路到处串，坑弯道路摔死牛"的落后面貌。

综合配套烟基建设项目，规模效益明显。金称市土地整理项目综合配套了烟水、机耕路、烘烤工场、育苗工场、烟用机械等基础设施，项目高度集中，示范效应显著。

转变烟叶生产组织形式。项目区组建了邵阳县金润烤烟专业合作社，将整理后的2 000余亩耕地由合作社统一管理，实行以烟叶为主的轮作制度，促进了烟叶产业化、规模化发展（图1－3）。

图1－3　邵阳县河伯单元金称市项目区

（三）横板桥现代烟草农业示范区

该示范点位于隆回县黄土边村，地势平坦，全年光照充足，水利条件好，是种烟的好地域。优质烟叶标准化规范化生产是该示范点建设的创新之处。

1. 确立标准化生产目标

基地建设确立标准化建设目标。黄土边村有耕地面积 1 010 亩，宜烟面积 980 亩。为了搞好该村的烟水烟路建设，县乡加大了对该村的烟水烟路配套工程投入力度，从 2005 年开始至现在，修建沟渠 5 451m，硬化田间道 2 372m。修建密集烤房（烘烤工场）100 座，其中，50 座成群的烘烤工场 1 个。目前，该村道路四通八达，沟渠纵横交错，烟田田埂整齐，烤房密集成群。

2. 构建现代农业管理模式

合理流转土地，促进烟叶规模种植。成立隆回县金源现代烟草种植专业合作社，成员出资总额 23.553 万元。六个专业化工作队，分别是育苗、植保、机耕、烘烤、分级、运输。各专业队由具有特长的成员组成，形成了比较完善的现代烟草农业生产管理体系。

3. 形成社会化生产保障体系

推广农业机械，确保减工降本增效。该合作社现有轮式拖拉机 10 台，中耕培土机 10 台，编烟机 10 台。机耕专业队 1 支 13 人，作业范围不仅包括本合作社的全部种烟区域，还服务了其他村烤烟面积 2 000 亩。各种烟草农用机械的工作效率提升和使用效果改善，农业机械化的推广大大减轻了劳动强度，减少了劳动用工。

4. 建设现代化信息管理体系

加强技术培训，逐步实现信息管理。县烟草分公司和技术服务公司采取理论培训和现场操作等不同形式对生产者在每项农事操作前进行培训，每年在烟叶生产关键时期到黄土边村培训 4~5 次（图 1-4）。另外，技术服务公司的技术人员在生产中实行"零距离"技术指导，实行生产技术指导到田，烘烤把关到炉，质量管理到村的服务管理监督考核机制。

图 1-4   邵阳市烟草专卖局科技人员和中烟公司科技人员田边培训

（四）低坪现代烟草农业示范

该示范点位于新宁县高桥镇中心位置（图 1-5），包括低坪、甘家、水托、清水等村，均为产烟重点村，田土面积广，地势相对平坦，便于集中连片种植烤烟。4 个村共有耕地面积 8 204 亩，2011 年该示范点种植烤烟 3 500 亩，现已投资 3 210 万元，建设有低坪综合工场 1 处，密集烤房 125 座，集约化商品育苗达 100%。

该示范点中，岗地特色烟叶种植面占 92%。示范点积极开展工商合作，是湖南中烟工业有限责任公司"芙蓉王"品牌原料供应基地。以"芙蓉王"品牌原料需求为导向，以国家中南烟草试验站为技术依托单位，工、商、研三方共同制定技术、管理、考核等方案，工业企业、技术依托单位深度介入，农艺师下田、分级师进点，提高烟叶生产组织化和标准化水平，共同打造风格特色突出的优质烟叶供应基地。

按照整合土地、资金、社会资源的要求，对土地实施坡改梯、薄改厚，近年来突出解决土壤土层薄、保水保肥能力差等问题。同时因地制宜配套建设提灌站、管网、水池、机耕道、集雨点以及烘烤设施，有效改善烟叶基地的生产、生活条件，生产出外观质量好、感观质量优、化学成分协调的特色烟叶。

图1-5　新宁县高桥单元低坪项目区

五、基础设施建设

2005—2009年，邵阳市烟叶生产基础设施建设烟草行业总投资19 300.7万元，共建成烟基项目工程7 983个。其中，烟田水利设施工程包括水池、水窖、小塘坝整治、渠道、管网、提灌站等3 423个，行业总投资9 986万元；新建密集式烤房3 231座，普改密787座，同时还新建了太阳能烤房（图1-6）解决烘烤面积5.8万亩，行业总投资7 704万元；修建机耕路83条，总长度82.5km，行业总投资1 049万元；烟用机械459台套，行业总投资263.8万元。

图1-6　新建太阳能烤房

2010年全市烟草行业烟基项目投入资金4 113.579万元，烟基项目工程1 157个。其中烟田水利设施工程包括水池、水窖、小塘坝整治、渠道、管网、提灌站等246个，行业总投资2 034.63万元；新建密集式烤房241座，行业总投资745万元；机耕路49

条，总长度 44.457km，行业总投资 802.28 万元；烟用机械 606 台套，行业总投资 80.02 万元；育苗大棚 15 处（图 1-7），行业总投资 382.36 万元；其他费用 69.29 万元。目前，邵阳市烟区农业生产条件大为改观，综合生产能力明显提高，为农业和农村经济的发展、促进传统烟草农业向现代烟草农业的转变奠定了坚实基础。

图 1-7　新建育苗大棚

六、基层站点和管理队伍建设

进一步加大人才培养力度，全面提升烟叶队伍水平和能力。持续引进高学历人才，2008—2009 年全市烟草队伍已经引进研究生 10 名、本科生 20 名，优化队伍结构。其中，2008 年招聘引进大学毕业生 26 人，创造了当时全省烟叶生产线一次性引进人员的数量之最。通过科研实施加快人才培养。整合行业内外科技资源和科研力量，分步实施优先主题和重大专项，加强科技计划的项目实施与能力建设有机衔接，取得了一批重大科研成果和专利，制订了系列标准，提高了行业持续创新能力，激发了科技人员积极性和创造性，带动行业整体科技水平的提高。通过培训不断提高队伍技术、管理水平。通过分层级、分阶段举办生产技术培训、召开烟叶工作座谈会、开展烟叶分级技能比武等方式，邀请行业内外知名的专家、教授进行讲课，进行强化培训，通过近几年的培训与学习，烟叶基层队伍整体素质有了明显的提高。2011 年，邵阳市烟草系统从事烟叶生产 95 人，烟农辅导员 230 人，其中，高级农艺师 1 人，农艺师 10 人，助理农艺师 32 人；烟叶分级技师 3 人，高级烟叶分级工 27 人，中级烟叶分级工 42 人；研究生学历 12 人，本科学历 80 人，大专 72 人。已培养一名国手资格的烟叶分级技术能手。

全市确保到 2015 年时，具备中级以上技能资格的人员要达到 50 人以上，其中，烟叶高级工要达到 10 人，技师要达到 5 人；具备初级技术职称以上的要达到 150 人，其中，农艺师要达到 20 人，高级农艺师要达到 5 人，其中，每个县要保证 1 名；继续扎实开展烟叶技能竞赛，培养两名国手资格的烟叶分级技术能手。

紧紧围绕行业"卷烟上水平"基本方针和战略任务，以"532"、"461"知名品牌需求为导向，以现代烟草农业为统领，结合实际科学制定员工职业发展规划，促进员工全面发展。用 3 年左右的时间，努力打造一支"素质优良、业务过硬、结构合理、状态良好、人员稳定"的职业化烟叶基层队伍，确保大专及以上学历达到 100%，本科及以上学历达到 70%（农学及相关比例达到 45%），相应岗位特有工种职业资格持证上岗率达到 100%，高技能人才占比达到 60%（技师 10%、高级工 50%），每年岗位技能人均培训时间≥80 学时。

七、散烟收购试点

为全面推进散烟收购试点工作，提高专业化分级服务效率，提升烟叶原料等级质量和纯度，邵阳市烟草公司从 2011 年开始对散烟收购工作进行了统一部署。

首先完善收购硬件设施。按标准配备散烟分级台、收购验级台、装烟框等；因地制宜设立收购、分级场地等，确保分级设备的购买和分级、收购场地的清理到位。详细制定专业化分级散烟收购工作实施方案和考核方案。健全工作和考核机制，明确操作流程和岗位职责等，确保工作管理制度的到位。不拘一格广纳贤才。通过层层选拔和考核，选调一批分级水平较高的烟农，与合作社的分级人员一起成立散烟专业化分级队，为烟农提供分级服务，确保专业化分级人员的到位。组织技术人员对专业化分级人员和烟农户进行散烟分级技术培训，严格实行执证上岗，严抓分级质量，确保人人培训到位。统一思想，积极争取政府的支持，多途径全面宣传散烟收购试点工作相关事宜及补贴政策，确保对烟农户的宣传发动到位。严格按照散烟收购计划及种植收购合同，做好定户、定量工作，与烟农户签好散烟收购交售协议，并进行张榜公示，确保将试点任务全面分解到位。同时，实行专人专管，明确责任到人，有效配置资源，从人力、物力及投入上给予试点单位倾斜，为全市散烟收购工作的高效完成奠定良好的基础（图 1-8）。

图 1-8　烟叶收购指导

八、科技创新成就

近年来，邵阳市紧紧围绕"科技兴烟"的战略思想，加大了科技创新力度，着力解决关键性技术瓶颈问题，开展了提高烤烟质量的关键技术、烟叶工业可用性关键技术等领域的课题研究，获得了一系列的科技成果（表 1-6）。进一步加强与广西中烟工业有限责任公司、湖南中烟有限责任公司、中国烟草总公司青州烟草研究所、湖南农业大学等单位的合作，开展品种筛选、肥料使用对比、密集烤房烘烤技术以及特色烟技术开发等课题项目的试验和研究，着力优化我市烟叶品种结构以及配套生产技术、解决肥料合理利用和密集烤房烤黄烤香技术以及节能降耗的问题。

表 1 – 6　邵阳市烤烟产业发展科技成果

序号	项目名称	获奖情况
1	XM – 1 型气流上升式密集烤房及配套烘烤工艺的推广应用	2009 年邵阳市科技进步二等奖
2	提高烤烟质量的关键技术研究与示范推广	2010 年邵阳市科技进步二等奖
3	智能化太阳能密集烤房及配套烘烤工艺研究与应用	2011 年邵阳市科技进步一等奖
4	邵阳烤烟特色风格定位研究及关键生产技术开发	2013 年湖南省烟草专卖局科技进步三等奖
5	提高密集烘烤烟叶工业可用性关键技术研究与应用	2012 年湖南省烟草专卖局科技进步三等奖
6	烟苗移栽定株尺	获国家实用新型专利
7	烟夹编制烟叶工作台	获国家实用新型专利
8	新型太阳能密集烤房	获国家实用新型专利
9	烟叶烤房用太阳能辅助供热自动控制仪	获国家实用新型专利

第三节　烤烟产业发展条件

一、烤烟产业发展优势

（一）悠久的生产历史

邵阳烤烟生产发展历史悠久，根据《邵阳市烟草志》记载，隆回县宜烟耕地主要分布于雨山铺、滩头、岩口、荷香桥、六都寨、荷田、横板桥、周旺、石门、西洋江等乡镇。邵阳县宜烟耕地主要分布于塘田市、白仓、塘渡口、河伯、金称市、霞塘云、小溪市、九公桥、黄塘、黄荆等乡镇。新宁县宜烟耕地主要分布于高桥、安山、清江、马头桥、丰田、回龙、巡田、一渡水等乡镇。烟草生产规模起伏波动和适宜区域选择发展进程，历经百年沧桑，已深深印记在邵阳这片土地上；烟草生产作为当今经济欠发达地区的邵阳人民促进农业发展和增加农民收入的优先选择。

（二）适宜的生态条件

邵阳地处北纬 25°58′ ~ 27°40′，东经 109°49′ ~ 112°5′，全境属中亚热带季风湿润气候区。区域内光照充足，水雨丰沛，四季分明，气候温和，夏少酷暑，冬少严寒。受地貌多样性和高差悬殊影响，气候既有东、西部的地域差异，又有山地与丘平区的垂直差异，形成一定的小气候环境和立体气候特征。境内年平均气温 16.1 ~ 17.1℃，无霜期272 ~ 304 天，日照时数 1 347.3 ~ 1 615.3h，降水量 1 218.5 ~ 1 473.5mm；雨水大多集中分布在 4 ~ 6 月。区域内耕作土壤成土母质以砂岩、石灰岩为主，少量第四纪红色黏土、紫色砂岩、近代河流冲积物等，形成海拔 300m 以下以红壤为主，300m 以上以黄红壤为主，沿河岸边少量潮土，土层厚度 60 ~ 100cm 的土壤特征。气候、土壤等自然条件非常适宜发展烟叶生产。

（三）良好的经济效益

邵阳烟区分布在经济欠发达的邵阳县、隆回县和新宁县，相对其他作物种植，烟叶生产的财税收入及烟农种植效益较为突出（表1-7）。烟叶生产效益较高，农民有种植积极性，烤烟种植已成为许多农民脱贫致富的共识，也成为区域政府农业优先发展的战略选择。

表1-7　2005—2011年邵阳市烟叶税收情况

年度	2005	2006	2007	2008	2009	2010	2011
烟叶税（万元）	884.48	133.43	1 452.16	2 807.84	3 521.83	3 268.27	3 559.47

（四）丰富的生产经验

邵阳3个烤烟种植县烟叶生产具有传统历史，基层烟农种植烤烟具有丰富的经验，涌现了一批烟叶生产专业村、专业大户，加速了烟叶规模化发展进程。烟叶生产中形成了一套较完整的规范化生产技术方案，从冬耕冻土、漂浮育苗、大田地膜覆盖到揭膜培土、打顶抹芽、分级扎把等烟叶生产全流程的细分技术方案和控制措施，烟叶生产实现了规范化栽培、程序化管理；建立了一支稳定的技术服务队伍，通过从外引进与内部培训相结合，在技术力量上能够满足烟农对生产技术的需求，烟农生产技术水平得到较大提升，按技术规范组织生产的自觉性和实际操作能力明显提高。

（五）广阔的市场空间

市场需求有一定空间，完全有理由使烟叶产业稳步发展。湖南中烟与邵阳产区合作历史悠久，于1952进入邵阳市场，2009年湖南省烟草专卖局把邵阳作为发展潜力区。近年来，邵阳产区烟叶进入了广西真龙，浙江利群，湖南芙蓉王和白沙，广东双喜等骨干品牌，并在各品牌配方中占有重要地位（表1-8）。2010年经过配方试用以后，2012年红塔集团正式进入邵阳烟叶市场。

表1-8　2006—2011年邵阳市烟叶需求情况　　　　　　（50万kg）

调拨去向	2006年	2007年	2008年	2009年	2010年	2011年
安徽中烟	2.50	—	—	—	—	—
湖南中烟	1.50	1.00	2.97	2.00	2.40	4.28
广西中烟	5.37	6.00	9.50	8.50	8.00	5.00
广东中烟	—	1.50	2.44	2.00	2.66	2.00
浙江中烟	—	2.91	2.00	2.00	4.83	5.50
湖南省进出口公司	1.91	11.41	1.70	1.50	1.50	1.64
红塔集团	—	—	—	2.30		
吉林中烟	—	—	—	3.40		
贵州中烟	—	—	—	2.20		
合计	11.28	22.82	18.61	23.90	19.39	18.42

二、烟叶产业发展潜力

"十二五"期间,邵阳市将实施两烟"1427"战略发展工程,即到"十二五"期末,全市实现两烟税收 10 亿元,其中,市本级 7 亿元,烟叶生产和收购 2 000 万 kg,卷烟销售 27 万箱。

预计到 2020 年,邵阳全市种植烤烟 15 万亩,收购烟叶 2 250 万 kg,销售卷烟 27 万箱,实现两烟税收 16 亿元。

2011 年以来,邵阳市将烟叶工作重点放在转变烟叶生产发展方式上,实施科技兴烟、提质增效、烟农增收工程,较好地完成了全年预定的各项工作任务。全市共种植烟叶 6.53 万亩,收购烟叶 921 万 kg,销售卷烟 22.37 万箱,实现两烟税收 4.59 亿元。

从烟叶生产的自然条件、烟农种植积极性和市场需求等方面来分析,邵阳烟叶产业具有一定的发展潜力。从种植面积上,尚可稳步扩大;从种植范围上,可从目前的邵阳、新宁、隆回 3 个主产县,向武冈、新邵等周边县乡扩展。

三、烟叶产业发展的主要问题

(一) 地域条件束缚烟区现代农业发展

邵阳属于山地和丘陵地区,烤烟种植区域往往海拔较高、分布广、面积零散、交通不便利,不利于大规模机械化生产,阻碍了烟叶生产的现代化、机械化进程。由于产区烤烟种植历史悠久,当地烟农已形成多年习惯的传统烤烟种植方式,现代农业生产环境下的新技术、新方法的推广应用,一定程度上受到传统意识的阻碍和限制。

(二) 规模生产缺乏有效机制支撑

发展现代规模化烟叶生产需要土地适当集中连片,土地流转是土地集中的重要手段。现行的土地流转政策还存在一些弊端,其中,包括土地流转速度慢,受传统观念影响,土地经营模式单一,物价指数提高推动生产成本上涨,土地经营效益偏低,促使农民宁可粗放经营甚至荒废也不愿意转出。一是土地流转过程缺乏监管和有效服务,在烟叶种植区域,当前大部分乡(镇)、村土地流转机制不健全,管理不到位,土地流转很少签订书面合同,多以口头约定为主题,纠纷很难进行仲裁,农户的合法权益不能受到保护。二是土地流转的外部环境不够成熟,进行土地流转的农户多为进城务工人员,工作稳定性差,农民的养老、医疗、失业等保障机制不够健全,影响烟草种植者长效生产投入等。

(三) 科技力量薄弱导致投入产出失衡

近几年,通过大力推行大棚漂浮育苗、稻草还田(覆盖)、病虫害统防统治、密集烤房烘烤等先进适用生产技术,烟叶生产用工数量逐步减少,但烟农对先进生产技术的接纳速度缓慢。烟叶生产尚未从一家一户的分散经营过渡到社会化生产规模,各烟区种植配套农艺措施不够规范,烟叶的单产和总产量得不到大幅提升。先进实用技术推广速度缓慢,烟农协会、科技示范户的示范带动作用效果不够显著。在专业机械化发展进程中,不能因地制宜组织开展机械化作业服务。这些都在某种程度上影响了耕种水平提高和生产成本的降低，生产投入产出失衡影响农民生产积极性。

（四）专业化生产与产业化服务程度偏低

当前烟叶生产标准化基地化种烟大户、种烟农场较少，竞争力不强，受当地烟田零散条件限制，烟叶生产沿用一家一户的小规模、分散经营，大型机械的推广和使用数量较少，缺乏适合丘陵山区使用的小型农业机械，导致烟叶生产机械化程度较低。种烟大户、种烟农场虽然烟田面积较大，但受到地形地貌制约，烟叶生产也难以高效实现机械化作业。产业化生产经营的组织规模小，带动力不够，烟叶生产整体形势仍未摆脱"小、散、低、弱"状态。专业合作组织自我发展能力薄弱，影响力与号召力不强。虽然烟叶主产区成立了不同形式的合作社，但由于合作社利润来源单一，烟农收入不稳定，导致专业合作组织的内生发展功能不足，辐射带动能力不足，难以对烟叶产业化发展起到有效的推动作用。

（五）烟农队伍建设和技术水平不适应发展需要

当前农村劳动力就业结构发生了重大变化，包括从事烟叶生产在内的留守农民绝大多数是老人、妇女和未成年人。重务工、轻农耕思想对稳定烟农队伍、提高烟叶生产人员素质、促进烟叶生产可持续发展产生不利影响。发展现代烟草农业与烟农素质较低之间的矛盾非常明显。在实用技术的推广过程中发现，烟农素质参差不齐，新知识和新技术的推广速度较慢，不利于现代烟草农业的发展。

四、烟叶产业发展趋势

（一）烟草产业高度集中

世界烟草经济正在突飞猛进地向前发展，在发达国家，由于长期的竞争，企业不断的并购重组，烟草行业已经形成行业垄断的格局，少数几家大的烟草集团垄断了世界烟草行业的大部分市场份额，诸如英美烟草集团、菲莫烟草公司、帝国烟草公司、雷诺烟草公司、利是美烟草集团等。从发展的角度看，一方面世界烟草行业的集中度越高，越有利于实现资源优化配置，产品优势互补，提高经济效益；另一方面有利于充分发挥烟草业集团化经营的规模优势，避免分散的、竞争力比较薄弱小烟草企业不抗风险的弊端。事实也无可雄辩地证明了这一点，世界烟草行业的集中程度会越来越高，将逐渐形成少数几家跨国公司垄断经营世界烟草业的格局，这就给发展中的中国烟草提出一个崭新的课题，那就是大集团化是实现跨国经营的制胜法宝。

（二）科技成为行业竞争焦点

当今世界烟草业竞争的焦点是科学技术，这是烟草业得以发展和壮大的根本之所在。也就是说，谁在当今世界激烈变革的形势下，紧紧地抓住了科学技术，谁就在国际化竞争中占据了主动，抢得了先机。世界上跨国烟草公司之所以能在竞争中立于不败之地，主要得益于其拥有强大的技术优势。在技术优势的层面看，烟草业竞争的焦点是生物技术，尤其是转基因技术的成功研究与开发成果，已经进入烟草应用的多个领域。生物技术向人类展示了烟草业发展的巨大潜力，烟草必将从有害到微害，从微害到无害，创造着烟草业革命性的未来。

（三）人才成为行业竞争关键

企业竞争最根本的是知识的竞争，而知识的竞争归根结底是掌握知识的人才的竞争，烟草企业也不例外。但人才也要分为两类：一是企业需要大批科研人才，即烟草专业技术人才，这是把科技转化为生产力的重要因素，是提高烟草企业科技创新能力，增强发展后劲的关键。二是需要优秀的企业管理人才，即烟草业企业家队伍，也就是具有企业创新管理理念，能够根据企业内外环境适时整合企业资源，积极推动企业经营管理，组织机构，管理制度创新，有效实现企业经营管理目标的企业管理复合型人才，任何一个行业都应积极打造其自己的企业领袖级人才，奠定好烟草实现可持续发展的良好基础。

（四）规模化、集团化、国际化是烟草行业发展大趋势

经济全球化已成必然，要适应经济全球化发展的崭新格局，不断地并购重组，向规模化、集团化、国际化方向发展，已经成为当今世界烟草企业的发展方向。由于烟草业本身巨大的经济效益的特殊战略意义，世界各国都把烟草业的发展放在突出的隐性位置，以烟草业的发展推动国民经济的发展，尤以中国为典型，烟草每年为国家创利税已经超过2 000亿元。与此同时，各大跨国烟草公司也纷纷调整战略，强强联合，大肆兼并，造就极具抗风险能力的跨国烟草集团，如英美烟草公司的并购重组，中国烟草公司的整合再造等。

第四节   烤烟生产发展规划

一、指导思想

以科学发展观为指导，紧紧围绕"卷烟上水平"基本方针和战略任务，以加快转变烟叶发展方式为主线，以保障知名品牌原料需求为目标，以综合服务型烟农专业合作社为抓手，以节本增效为核心，全面加强烟叶生产基础设施建设，持续提升规模化种植、集约化经营、专业化分工、信息化管理水平，着力强化政策、科技、设施装备和人才支撑，推进原料供应基地化、烟叶品质特色化和生产方式现代化深度融合，增强烟区综合生产能力和优质原料保障能力，为发展现代农业做出积极贡献。

二、基本原则

坚持卷烟品牌原料需求导向原则，按照"统筹规划、分步实施、突出重点、整体推进、务求实效"的要求，坚持推进规模化种植、标准化生产、集约化经营的现代烟草农业发展方向。

以"利群"、"双喜"、"芙蓉王"、"白沙"、"红塔山"、"真龙"等国家重点骨干品牌原料需求为导向，规划建设基地单元，建立设施完善、特色明显的品牌导向型原料基地，提高优质烟叶原料保障能力。充分考虑现有种烟规模与长远发展潜力，结合今后农业、农村经济发展趋势，立足于现有烟区、烟农和生产规模的基础上，在气候条件适宜、土壤条件较好、烟农种烟积极性高，能够实施适度规模连片、满足隔年轮作种植的

现有烟区和有较大发展潜力有待开发的区域重新规划建设基本烟田。在充分调查、分析现状的基础上，因地制宜确定建设内容、标准、布局和资金投入，真正体现规划建设的可操作性。围绕"一基四化"，坚持系统设计、整体布局、突出重点。围绕划定的基本烟田，逐步配套建设烟叶生产基础设施，建立健全高效运转管护体制机制。立足系统规划，配套建设，集约利用，全面提升宜烟耕地质量，增加有效耕地面积，提高土地产出能力，改善烟叶生产条件和生态环境。按基本烟田行业投入补贴每亩不超过 2 000 元的标准进行规划建设。规划建设内容可适当超前，注重综合配套。本着区域化布局、规模化生产的烟叶生产长远发展目标，在稳定家庭联产承包经营体制，尊重农民意愿和保障烟农主体地位的前提下，基本烟田统一实行 200 亩以上连片规划建设。以基本烟田片块为单元，统筹规划建设基础设施，统一生产指导及管理。全面提升烟叶质量和种烟效益，提高烟农种烟积极性，促进烟农持续增收。发展现代烟草农业，通过改造传统烟叶生产方式、不断发展先进生产力，培养新型烟农；坚持烟田基础设施建设，积极改善农村人畜饮水、卫生条件，整治村容村貌；现代烟草农业与社会主义新农村建设与构建和谐烟草新农村相结合，促进社会主义新农村建设。健全烟叶科技创新体系和技术推广体系，加强科技人才团队建设，着力建立一支业务素质高、指导能力强的农艺师队伍，完善制度机制，充分调动科技人员和广大烟农的积极性，真正发挥科技进步的作用，扎实推进现代烟草农业建设。

三、主要目标

（一）总体目标

以"稳步发展、优化布局、主攻质量、突出特色"为主题，在提质增效、创造形象、提升水平、打造品牌上走适合邵阳市烟草产业发展的新路子，努力实现邵阳市烟叶生产布局更趋合理，资源配置效率明显提高，烟叶工作水平不断提升，烟叶质量和结构明显改善，烟叶市场需求得到满足，优质烟叶保障能力明显增强的总体目标。为实现总体目标所采取的措施：一是夯实基础建设。加快基本烟田建设，全面完成烟水、烟路、烤房、农业机械等基础建设，使邵阳市烟区生产、生活条件进一步改善，抗御自然灾害能力明显增强，综合生产能力明显提高。二是完善服务体系和信息化管理。建立健全专业化服务体系，努力实现统一供苗、统一机耕、统一植保、统一烘烤、统一分级、统一运输，推进烟叶生产信息化建设，在气象预报、防灾减灾、烟叶烘烤、生产收购、技术服务等环节实现信息化管理，逐步形成规模化种植、集约化经营、专业化服务、信息化管理的现代烟草农业生产发展格局。三是用生态经营理念指导现代烟草农业建设。创新烟叶发展方式，打造全国一流的生态烟区、最具特色的现代烟草农业示范区，构建全国一流的现代烟草农业建设与新农村建设完美结合的典型烟区。

（二）具体目标

邵阳烟草发展规划 2012—2020 年期望达到的目标，规模化种植 100 亩以上连片种植率 100％，户均种植面积 20 亩以上，专业大户、家庭农场两种生产主体覆盖率 80％。基本烟田保护率 100％，烟田水利工程覆盖率 100％，烟田机耕路覆盖率 100％，标准化基层站覆盖率 100％，育苗工场覆盖率 100％，集群密集烤房覆盖率 80％以上，雹区防电网络覆盖率 100%，每 100 亩烟地农机动力 15～25kW，综合机械化作业率不低于 60%。专业化育苗率 100%，专业化农机服务率 60% 以上，专业化植保率 100%，集群烤房专业烘烤率 100%，集群烤房专业分级率 100%。技术员人均服务面积 600 亩以上，亩均生产用工 15 个以内，单个专业化育苗服务组织作业面积 100 亩以上，单个专业化机耕服务组织作业面积 1 000 亩以上，单个专业化植保服务组织作业面积 5 000 亩以上，单个专业化烘烤服务组织作业量 15 万 kg 以上，单个专业化分级服务组织作业量 15 万 kg，专业化育苗人均管理面积 500 亩以上，专业机耕、植保单次人均作业面积 200 亩以上，专业化烘烤人均作业量 3 万 kg 以上，专业化分级人均作业量 7 500kg 以上。基础信息管理软件覆盖率 100%，电子合同管理系统覆盖率 100%，烟叶质量追踪信息化覆盖率 100%，烘烤工场信息网络覆盖率 60%。烟地轮作 80% 以上，单元内单个品种种植率 80% 以上，集约化育苗推广 100%，测土施肥技术推广 80% 以上，病虫害统防统治 100%，密集烘烤 100%，烟叶废弃物集中处置 100%。技术人员中专以上文化程度的比例 80% 以上，技术人员大专以上文化程度的比例 60% 以上，生产主体初中以上文化程度的比例 60% 以上。基础设施投入水平控制在标准内，烟叶生产补贴投入水平控制在标准内，行业投入在总投入中的比例 80% 以上。亩均产量 150kg 左右，亩均产值 4 500 元以上，烟叶收购等级合格率 80% 以上，工商交接等级合格率 65% 以上，基地单元烟叶生产稳定性 80% 以上，化学成分协调，安全性合格。育苗工场综合利用率 60% 以上，烘烤工场综合利用率 60% 以上。

第五节　烤烟产区分布

邵阳市为江南丘陵向云贵高原的过渡地带，西部雪峰山脉、系云贵高原的东缘，东、中部为衡邵丘陵盆地的西域。境内北、西、南面高山环绕，中、东部丘陵起伏，平原镶嵌其中，呈由西南向东北倾斜的盆地地貌。东南以越城岭山脉为屏障，西南以雪峰山余脉为依托，东北与衡邵盆地接壤。邵阳市烤烟种植分布在隆回、邵阳和新宁 3 个县，在地理位置上，3 个县呈东北向西南的延伸分布（图 1-9）。

一、隆回县概况与烟区分布

隆回县地处邵阳市中北部，雪峰山东麓。位于北纬 27°0′～27°40′，东经 110°38′～111°15′。东临新邵县，南接邵阳、武冈县，西连洞口县，北毗溆浦、新化县。东西宽 61.4km，南北长 74.6km，面积 2 856 km²，占邵阳市面积的 13.76%，占湖南省面积 1.35%。县城桃洪镇，距邵阳市 56km。全县有汉、回、瑶等民族 11 个，总人口 109 万。

该县年平均气温 16.9℃，无霜期 281.2 天，降水量 1 427.5mm，降水日 171.2 天，年均日照时数 1 511h。烟叶生产大田期（4～6 月），平均降水量约 695.1mm，气温 20.2℃ 左右，日照充足，昼夜温差适中，对烤烟生育期的干物质积累和转化十分有利。该县西南部山区和东南丘岗区土壤以黄、红壤为主，土质偏重沙性，有机质含量为 2.29%，土壤含氯量低，氮、磷中等，钾偏少，酸性土壤占 76.81%。该县宜烟耕地主要分布于雨山铺、滩头、岩口、荷香桥、六都寨、荷田、横板桥、周旺、石门、西洋江等乡镇。

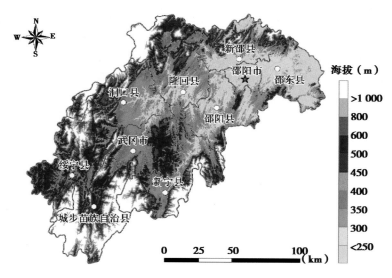

图 1-9　湖南省邵阳市海拔分布

二、邵阳县概况与烟区分布

邵阳县位于邵阳市中东部，地处资水上游。东经 110°59′~110°40′、北纬 26°40′~27°6′。东邻邵东、祁东县，南连东安、新宁县，西接武冈、隆回县，北抵新邵县和邵阳市区。县境东西最长 66.7km，南北最宽 64.3km，总面积 1 992.45km²。邵阳县气候温和，光照充足，雨量充沛，但降水集中，易遭干旱。年平均气温为 16.8℃，与烤烟大田期间适宜气温 16.5~28.2℃ 的要求基本一致。年平均降水量 1 255.3mm，烤烟大田期的 4~6 月降水量达 547.6mm，占全年降水量的 43.6%，尤以 5 月最多，达到 196.4mm，与烤烟生长需水量大的旺长期完全吻合。境内无霜期年均 288 天，年平均日照总时数 1 572.3h。

县境土壤成土母质有石灰岩、板页岩、砂岩、紫色砂岩风化物、第四纪红色黏土、河流冲击物 6 种。土壤有 9 个土类，14 个亚类，39 个土属，104 个土种。土质以红壤和黄壤为主，有机质含量 2%~5%，速效氮、磷含量中等，速效钾含量偏少，土壤含氯量低，pH 4.5~6.5。

邵阳县宜烟耕地主要分布于塘田市、白仓、塘渡口、河伯、金称市、霞塘云、小溪市、九公桥、黄塘、黄荆等乡镇。

三、新宁县概况与烟区分布

新宁县位于邵阳市南部，湘西南边陲，东连东安，西接城步，南邻广西壮族自治区的全州县、资源县、北邻武冈市、邵阳县。东经 110°18′~110°28′，北纬 26°15′~26°55′。新宁县属江南丘陵地区，山脉纵横，地形复杂，溪涧百出，总汇入扶夷江。气候多变，差异很大，既具有亚热带季风气候的特征，又有地方性的山区气候特点。受季风环流影响，气候湿润，四季分明，光、热充足，降水丰沛，垂直分布明显。

新宁县植烟土壤 pH 平均为 6.06，是比较适宜的。pH 5.5~7.0 的土壤占 61.7%，但仍有 23.4% 的土壤 pH 小于 5.5。土壤有机质含量平均为 22.1g/kg，有将近一半的土壤有机质含量在适宜范围之内，有 23.4% 的土壤有机质含量偏低。

新宁县宜烟耕地主要分布于高桥、安山、清江、马头桥、丰田、回龙、巡田、一渡水等乡镇。

第二章 邵阳烤烟产区的生态条件

我国是烟草生产大国，烟草种植区域分布广，地形地貌多样，土壤类型丰富，不同烟草产区具有不同的生态条件特点和区域性地貌特征，从而孕育了不同的烤烟质量特征。由于烤烟产区生态条件的丰富多样，造就了我国烟叶质量风格特点的丰富多彩。

近年来，国内一些烟区由于多种原因，如产区生态条件优势把握不准，土壤过度使用，灌溉水源不能保证，烤烟生产科技含量低，生产环节繁杂、成本高、效益低，烟农生产积极性不高，以及病虫害流行等，影响了烤烟质量的提高及工业可用性。邵阳烤烟产区是广西中烟工业有限责任公司传统烟叶生产基地。邵阳烟区也是我国具有发展潜力的烟区，但该产区生态条件变幅较大，因此，研究邵阳市烟区涵盖的邵阳县、隆回县和新宁县3个植烟县的生态条件，明确该烟区各生产县自然环境特点和烟叶质量特征，根据环境特点及中烟工业公司卷烟配方对烟叶原料的要求，调整生产技术措施，对生产品牌导向型优质烟叶原料具有十分重要的意义。

第一节 烤烟的生态条件

烟叶的品质及产量不仅受其自身遗传因素的控制和栽培措施（水分、密度、移栽时期、采收时期、肥料等）的影响，而且受到产地生态环境（降水、光照、温度、土壤等）的严重制约（戴冕，2000）。研究表明，在不同地区栽培的不同烤烟品种的烟叶，其烟碱、总糖、还原糖、淀粉、总氮含量等存在差异（中国土壤学会，1999）。尽管品种和栽培调制技术均是影响烟叶质量形成的重要因素，但生态因素是烟叶品质特点和风格特色形成的基础条件，其中，气候因素是造就优质烟叶特点的主要生态学外因（许自成等，2005；李进平等，2005；程昌新等，2005），烟株要完成生长发育，必须有与之相适应的生态条件。烟草是一种对生态条件十分敏感的作物，某个区域的生态条件及影响生态条件变化的因素在很大程度上决定或影响着烤烟品质和香气风格（龙怀玉等，2003；曹学鸿等，2012）。土壤及土壤成土母质、降水、日照、温度都直接影响烟株的生长，烟叶品质的优劣，首先取决于烟区的气候、土壤等自然条件，只有在烤烟种植适宜区和最适宜区才能生产出优质的烤烟（中国农业科学院烟草研究所，1987；刘国顺，2003；赵宏伟，1997；尚斌等，2014）。大量研究结果表明，只有在特定遗传因子、良好的生态条件和成熟的栽培技术下，才能形成较稳定的烤烟香味风格，并在卷烟生产应用中体现（金闻博等，2000；史宏志等，1998；陈瑞泰，1987）。光、温、水气候等生态因素对烤烟各生育阶段叶面积影响较大，各地的生态因素各不相同，也难以改变和模仿，这就为形成特定烤烟香味风格奠定了生态基础。实践证明，要形成特有的烤烟香型风格，需要优良品种、合理栽培、科学烘烤等技术措施与当地生态条件良好配合。

光照是烤烟生长的必需条件，高产优质的烟叶只有在充足的光照前提下才能获得，它是烟草完成光合作用的基础，影响着烟叶在光合作用过程中同化力形成所需的能量、光合作用关键酶的活化、气孔的开放，还可以调节光合机构的发育。光照不足会严重影响光合同化力，从而限制光合碳同化，同时，光合作用关键酶的活性也受到影响，最终影响到烟叶光合作用中物质的合成与积累，具体表现为烟株叶片数减少，发育速度变慢，烟茎变细小，叶片长宽比增加，生物量不足，生育期推迟。光照过强又往往引起烟叶光抑制，同样也影响烟叶的光合作用，对烟株生长造成不良影响（顾少龙等，2010）。和煦的阳光对烟叶生长有利（杨志清，1988），因此，在烟草生产中需要根据不同季节光照的变化规律，调节烟株生育期，使其获得充足的光照。

烟草是喜温作物，烟株生长的各个生育期都要求生物学温度和一定的有效积温（訾天镇等，1996；彭事逞等，1997；左天觉，1993；赖玲周，1998）。温度条件是影响烤烟产量和质量最为重要的因素之一（谢远玉等，2005），光合作用也只有在一定温度条件下方能顺利进行。气温低于烟株生长所需的生物学温度，烟株停止生长，甚至死亡。在烟株生长发育过程中，环境温度低于要求，烟株不能进行良好的生长发育，烤烟质量通常较差。在低温等逆境条件下植物利用光能的能力降低，从而引起或加剧光抑制，植物在低温下发生的光抑制称为低温诱导光抑制或低温光抑制（陆永恒，2007；肖金香等，2003；Hodgson等，1987；肖金香，1989）。气温过高，会灼伤烟叶，特别是上部烟叶会出现焦尖、焦边现象，从而影响烟叶的质量。李琦（1997）报道，烤烟在成熟期遇到高温会影响其光合作用，从而造成烟株新陈代谢紊乱，对烟株生长和烤后烟叶品质造成不利影响。有研究表明，烤烟大田生长期前期低温、后期高温可促使叶片内同化物质更多的积累（肖金香等，1991）。25℃～28℃是烤烟大田生长阶段的最适宜温度，当日均温出现低于17℃或高于35℃的天气时，烟株的发育会受到抑制，适宜的温度有利于烟叶成熟落黄，生产出外观质量好的烟叶。因此，烤烟产区要根据当地的气候条件确定适宜的播种期和移栽期。

水分是烟株维持生长的必需物质，获得高产优质的烟叶，必须确保充足的水分供应。研究表明，烤烟大田生长期总耗水量约为 $5\,010\text{m}^3/\text{hm}^2$，大约需要 500mm 的降水量（穆彪等，2003；赵巧梅等，2001；章启发等，1999），年降水量 600～800mm 的地区，适宜烟草生长。降水过多，特别是大田生长后期降水量过大，会造成烟叶不易烘烤，烤后烟叶易出现副组和片薄的烟叶；降水过少，影响生长，甚至造成假熟烟叶。降水量多少和灌溉频率决定着土壤含水量的大小；不进行灌溉，土壤水分主要与降水量有关（伍贤进等，1997；吕殿青等，1995；金轲等，1999；Benbi，1989；汪德水等，1995）。在降水量较充足的前提下，降水时间与烤烟生长需水规律较一致时，才能提供烤烟优质适产的水分条件。

土壤是农作物生产的必需条件，土壤状况和田间肥力对烤烟质量有重要影响。土壤养分供应不足，会直接影响烤烟生长。土壤质地决定着土壤排水性和通气性差异，影响地温和养分供应的有效性，进而影响烟株的发育和烟叶的成熟，以及烟叶的品质（李世清等，1995；胡国松等，2000；宋承鉴，1990；宋承鉴，1986；宋国菌等，1998；韩锦峰等，1993；杨俊，1989）。

总之，选择种植烟草适宜的生态条件，采取规范的栽培技术，配之以适宜的烘烤工艺，才能获得优质烟叶，提高烟叶的工业可用性。

第二节　邵阳县烤烟的生态条件

一、地理位置

邵阳县位于湖南省西南部，地处衡邵丘陵盆地的西南边缘向山地过渡地带，东经110°59′~110°40′，北纬26°40′~27°6′。地势为南高北低，中背部突起。境内海拔最高点为 1 454.9m，最低为210m。全县东西极点长66.7km，南北两极点宽64.3km。东邻邵东、祁东县，南连东安、新宁县，西接武冈、隆回县，北抵新邵县和邵阳市区。距邵阳市33.5km。县辖10乡12镇（图2-1）。

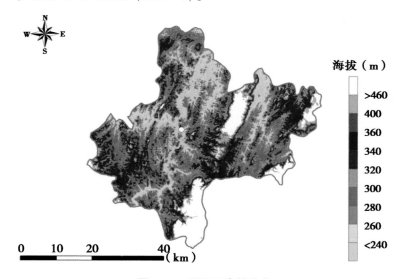

图 2-1　邵阳县海拔分布

二、自然资源

邵阳县境内流长5km、流域面积10km²的河流有62条，总长738.1km，河热线密度为0.37km/km²。其中，资江水系流域面积占总面积的95.5%，湘江水系占4.5%。

县内矿藏主要有无烟煤、大理石、石膏石、重晶石、铁、锰、锑及油页岩。高岭土、花岗石、白云岩砾石、铅、铝、铜、铀、钒等。煤储量8 768万t，居邵阳市9县之首。大理石有墨玉、花色两种，储量为3.3亿 m³。野生植物约191科1 166种，其中，国家保护的树种11种。野生动物有168种，其中鱼类41种。水能理论蕴藏量9.24万

kW，可开发 4.4 万 kW，已开发利用 1.28 万 kW。

邵阳县山多田少，历来民不敷食。新中国成立后，修筑水库 232 座，水轮泵 78 处，电灌机 304 台，加上机械提水，使旱涝保收面积达到 56.5%。粮食以水稻为主，甘薯、小麦、大豆次之，油料作物有油菜、花生，其中花生年产 5 787t，居全省第一。大宗经济园林作物的产量分别有柑橘 1.81 万 t，茶叶 411t，干辣椒 2 710t，烤烟 1 118t，黄花 521t，果用西瓜 1.12 万 t，甘蔗 3 345t，百合 387t。畜牧业以生猪、耕牛为主，家禽次之。1990 年生猪饲养量 87.53 万头，出栏 48.87 万头，居邵阳市第一。耕牛 8 万头，杂交奶牛 219 头。家禽饲量 431.68 万只，禽蛋 1 432t，鲜鱼总产 5 757t。全县有林地 67 433hm²，森林覆盖率 33.7%。活木蓄积量 108.86 万 m³，油茶林 21 500hm²。

三、土地状况

全县国土资源面积 1 992.5km²，其中，平原 471.4km²，占总面积的 23.6%，为粮食主产区；丘陵 864.2km²（包括低丘陵 619km² 的烟叶主产区），占总面积的 43.4%；山地 410.7km²，占总面积的 20.6%；岗地 217.6km²，占总面积的 10.9%；水面 28.6km²，占总面积的 1.4%。

邵阳县目前有耕地 39 300hm²，其中，水田 31 500hm²，占耕地面积的 80.3%；旱地 7 700hm²，占耕地面积的 19.7%。全县耕地土壤主要由石灰岩、砂页岩、板页岩、紫色砂岩风化物、河流冲积物、第四纪红色黏土等 6 种成土母质发育而成，其中石灰岩风化物母质为 1 165.2km²，占全县总面积的 58.5%。

四、生态条件

邵阳县地处中亚热带季风湿润气候区，气候温和，雨量充沛，阳光充足，无霜期长。年平均气温 16.0 ~ 17.8℃；年平均无霜期 288 天，年平均降水量 1 255.3mm；全年日照时数为 1 468.3h；邵阳县属于山区地带，土壤类型多，地带性土壤或垂直带土壤有红壤、黄壤、黄棕壤、山地草甸土 4 个土类；非地带性土壤受耕作影响形成的土壤有红色石灰土、黑色石灰土、紫色土和潮土等土类。

（一）光照条件

光照条件对烟草的生长发育和新陈代谢起到重要的作用。大部分烤烟品种对光照长短呈中性反映，充足、和煦的光照能使烟株生长旺盛，发育良好。在烟叶成熟期，充足而适宜的光照是生产优质烟叶的必要条件。

根据邵阳县 2000—2004 年各月光照资料（表 2 - 1）的分析结果（图 2 - 2）表明，全年光照时数为 1 468.3h，1 ~ 2 月的光照时数较低，最低的时间在 2 月的中下旬，这 2 个时段 10 天的光照时数分别为 13.1h 和 8.5h。1 ~ 2 月 60 天的光照总时数只有 92.5h，平均每天光照时间仅 1.54h。1 ~ 2 月是烤烟生产的育苗时间，光照不足对烟苗的光合作用和保持苗床温度都有一定的不良影响，在烤烟生产上应重点保证苗床光照和适宜的温度，因而苗床覆盖薄膜要有良好的透光度和保温效果。在出现连续阴雨和光照严重不足年份，人工辅助加光是邵阳县烤烟生产的关键措施。

从 3 月上旬开始光照时数逐步增加，到 7 月达到最高值，7 月上、中、下旬 3 个时段的光照时数分别为 74.8h、82.0h 和 95.7h。光照条件较好的月份与目前烤烟生产所占用的大田生长期基本吻合。3 月上中旬光照时数较少对烟苗移栽和成活极为有利；但光照不良造成气温偏低，这对移栽后烟苗的生长不利，在烤烟生产上应适当解决移栽后的烟苗保温问题。

4 月中旬到 7 月上旬光照时数逐渐增加，正好与烟株从旺长到成熟期的需光要求相吻合，这在烤烟生产上是较为有利的因素，尤其是 6 月中旬至 7 月上旬这一时期，充足而适宜的光照是生产优质烟叶的必要条件，良好的光照条件对中、上部烟叶的正常伸展、干物质积累、光合产物转化都具有良好的作用，这是该产区烤烟生产的有利条件。

就优质烤烟生产对光照需求条件而言，邵阳县除育苗期的（12 月下旬至翌年 3 月上旬）光照不够充足外，整个烤烟大田生育期都具有优质烤烟生产的良好光照条件。因此，就光照条件而言，邵阳县是优质烤烟生产的良好区域。

表 2 - 1 邵阳县 2000—2004 年各月日照时数

月份	旬	日照时数（h）	月份	旬	日照时数（h）
1	上	22.2	7	上	74.8
	中	16.8		中	82.0
	下	17.1		下	95.7
2	上	14.8	8	上	72.9
	中	13.1		中	34.9
	下	8.5		下	60.7
3	上	29.2	9	上	38.0
	中	14.4		中	63.5
	下	35.1		下	50.9
4	上	31.3	10	上	49.2
	中	37.2		中	37.7
	下	28.9		下	40.9
5	上	34.2	11	上	49.3
	中	39.4		中	41.3
	下	57.6		下	37.8
6	上	47.4	12	上	23.4
	中	47.8		中	25.9
	下	55.7		下	38.7

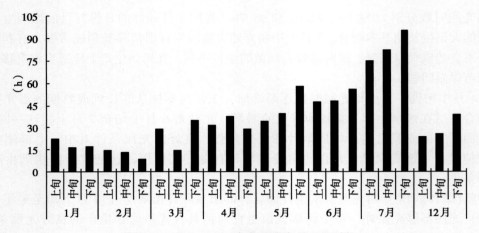

图 2 - 2　2000—2004 年邵阳县各月日照时数

（二）热量条件

烟草是喜温作物，无霜期少于 120 天或稳定于 10℃的活动积温少于 2 600℃的地区，难以完成烟株的正常生长和发育过程。烤烟可生长的温度范围，地上部为 8 ~ 38℃，最适宜温度是 28℃左右；地下部为 7 ~ 43℃，最适温度是 31℃。如果在生育前期，日平均气温低于 18℃，特别是维持在 13℃左右的时间较长，将抑制生长，促进发育，导致烟株早花，造成叶片数量减少，烟叶质量下降。在大田生长阶段的中、后期，若日平均气温低于 20℃，同化物质的转化积累便受到抑制，影响烟叶正常成熟。气温越低，生产的烟叶质量越差。

根据邵阳县 2000—2004 年 5 年各月气象资料（表 2 - 2）分析结果，全年 1 月至 12 月平均气温、最低气温的分布都基本呈正态分布曲线，最高气温变化呈不规则曲线（图 2 - 3）。

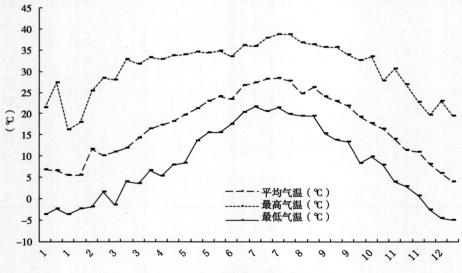

图 2 - 3　邵阳县全年气温变化曲线

12月上旬到翌年2月上旬是全年的低温时间，最低温度在12月下旬，最低气温可以达到 -5.1℃；7月中旬至8月上旬是全年气温最高时期，从2000—2004年5年的温度资料可见，这期间最高平均气温可以达到28.4℃，这一时期最高极端温度达到了38.7℃。

表 2 - 2　邵阳县 2000—2004 年各月温度

月份	旬	平均气温（℃）	最高气温（℃）	最低气温（℃）	月份	旬	平均气温（℃）	最高气温（℃）	最低气温（℃）
1	上	6.8	21.3	-3.8	7	上	27.4	35.9	21.7
	中	6.6	27.3	-2.5		中	28.1	37.7	20.6
	下	5.5	16.2	-3.7		下	28.4	38.7	21.4
2	上	5.4	17.8	-2.5	8	上	27.7	38.6	19.8
	中	11.6	25.4	-2.1		中	24.7	36.6	19.5
	下	10.0	28.5	1.5		下	26.2	36.2	19.5
3	上	11.0	28.0	-1.5	9	上	24.0	35.5	15.3
	中	11.8	32.8	4.0		中	23.0	35.7	13.8
	下	14.2	31.7	3.4		下	21.8	33.8	13.2
4	上	16.4	33.1	6.6	10	上	19.7	32.5	8.2
	中	17.2	32.8	5.2		中	17.7	33.5	9.9
	下	18.1	33.6	7.8		下	16.3	27.8	7.7
5	上	19.7	33.8	8.2	11	上	13.9	30.6	4.0
	中	21.2	34.5	13.6		中	11.4	26.8	2.7
	下	22.9	34.4	15.4		下	10.8	22.7	0.6
6	上	24.1	34.7	15.5	12	上	8.1	19.7	-2.7
	中	23.3	33.4	17.4		中	5.8	22.9	-4.6
	下	26.6	36.0	20.3		下	4.0	19.5	-5.1

1. 育苗期的热量条件

邵阳县 2000—2004 年各月气象资料分析结果（图2-4，图2-5）显示，邵阳县12月上旬至翌年2月上旬是全年的低温期，日平均温度最低达到4.0℃。这一阶段基本是烤烟的育苗期，光照不良和温度偏低是当地烤烟育苗的不利条件与障碍。因而，在当地烤烟育苗期由于光照不足和气温偏低，苗床保温与增光措施尤为重要，在这种不利的育苗条件下，培育壮苗和促进烟苗早生快发是当地烤烟生产的关键技术环节。

2. 移栽期的热量条件

邵阳烤烟大田生育期在3月中旬至7月中旬之间，气象资料（图2-6）清楚显示，烤烟移栽期的3月中旬最低温度在0℃以下，移栽期的低温和光照不足是当地烤烟生产的不利气象因素，这一时期烟苗遇到霜冻的机会较多，因而烟苗移栽后的防冻措施与当地的优质烤烟生产关系极为密切。在生产上使用的地膜覆盖措施和膜下移栽方式，是目前移栽后烟苗防冻最有效的方法。根据当地农时安排，烤烟必须在3月中旬移栽，7月下旬才能安排晚稻插秧，以便给晚稻留出足够的生育时间，所以，在当地烤烟生产上田间生育期的调整余地极小，紧凑安排大田生育期非常重要。因此，从播种到烘烤，整个烟叶生产过程要牢记邵阳县烤烟生产的气候条件与耕作模式的限制，才能确保为烤烟后作晚稻生产留出充裕的时间，以至于7月下旬晚稻插秧前，烟叶不突击采收、不采生，确保烟叶成熟采收。

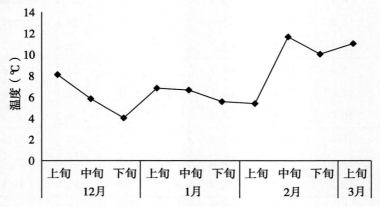

图2-4 邵阳县2000—2004年育苗期旬平均气温

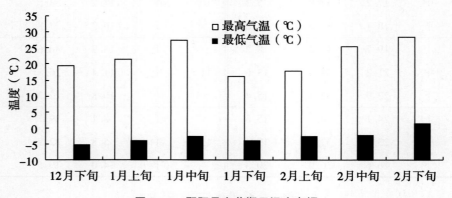

图2-5 邵阳县育苗期日温度变幅

3. 旺长期的热量条件

根据邵阳县2000—2004年各月气象资料（图2-6），4月上旬至5月中旬烤烟旺长期气温逐渐升高，温度变化比较平稳，每日的最低气温也能满足烤烟正常生长需要，最高气温已达到烤烟生长所需的温度，这一时期的气温符合优质烤烟生产要求。

4. 成熟采收期的温度条件

5月中旬至7月上旬烤烟烟叶逐步成熟并进入采收期。优质烤烟的烟叶成熟期需要良好的热量条件，温度过高或过低都不利于优质烟叶的生产。从邵阳的气象条件可以看出（图2-6），从5月中下旬下部烟叶开始采收时，平均气温适合优质烤烟生长需求，最低温度可以满足烟叶生长发育要求，但最高温度全在31℃以上，持续高温对烟叶的发育和内在物质转化不利，成熟期的高温天气是该产区中、上部位烟叶正常成熟的不利因素，这也是该产区烤烟生产大田期必须尽量前移的重要原因之一。但常年这一时期降水量较大，雨日较多，每日最高温度持续时间不会很长，可以对高温天气对烤烟的影响起到一定缓解作用。

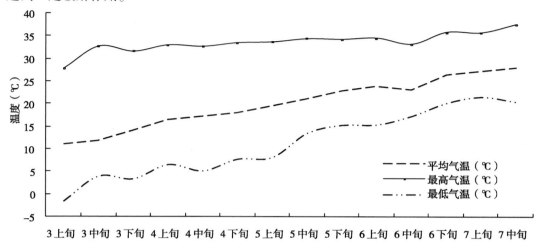

图2-6　邵阳县烤烟大田期的温度变化曲线

（三）降水条件

根据气象资料，邵阳县年平均降水量1 255.3 mm。2000—2004年的气象资料统计结果显示（表2-3），邵阳县年平均降水量为1 316.1 mm，年平均蒸发量为1 416.3 mm，年蒸发量与年降水量差值较小，而且该地区降水量分布比较均匀，尤其烤烟大田生长的3月中旬至7月中旬，期间降水量更为充沛。烤烟生长季节前期降水量偏少，但这个时期温度低，光照不足，田间蒸发量较少，而且烟株需水量较小；4月中旬以后，烤烟进入旺长期，降水量逐步增加，6月上中旬达到全年降水量的峰值，6月下旬至7月上旬降水量急剧减少（图2-7），这种降水量分布模型与烤烟生长期的需水规律模型基本吻合，这对该地区优质烤烟生产是比较有利的降水条件。但烤烟生产上不能忽视旺长期和烟叶成熟期的短时间干旱天气，此时气温较高，田间蒸发量较大，烟株需水量也较大，缺水会对烟叶正常成熟和烟叶质量带来较为严重的影响，因而，良好的灌溉条件也是烤烟生产所必须具备的。因此，应该加大烟田水利设施建设。

表 2 - 3　邵阳县 2000—2004 年各月气象资料

月份	旬	降水量 （mm）	蒸发量 （mm）	月份	旬	降水量 （mm）	蒸发量 （mm）
1	上	13.1	10.8	7	上	22.0	73.0
	中	12.0	5.3		中	44.9	104.1
	下	51.5	18.3		下	25.4	116.7
2	上	18.3	19.1	8	上	58.4	85.2
	中	18.7	33.4		中	76.7	33.1
	下	28.5	18.6		下	25.0	80.8
3	上	35.7	30.7	9	上	16.2	38.7
	中	52.3	20.6		中	14.5	48.5
	下	32.6	21.1		下	17.3	59.3
4	上	58.9	30.6	10	上	34.8	26.7
	中	32.5	42.9		中	24.6	38.7
	下	42.8	38.5		下	22.9	46.1
5	上	53.2	40.9	11	上	82.3	111.5
	中	71.6	20.6		中	44.3	38.9
	下	54.7	34.7		下	16.0	24.9
6	上	76.2	40.5	12	上	6.7	15.0
	中	71.7	47.8		中	19.4	13.7
	下	71.1	56.7		下	27.9	17.7

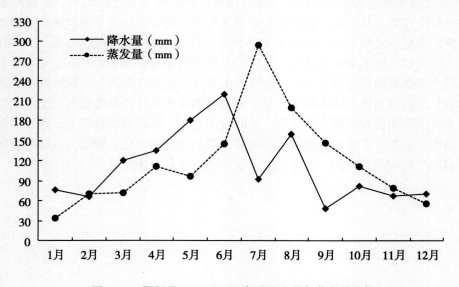

图 2 - 7　邵阳县 2000—2004 年月降水量与蒸发量比较

（四）土壤条件

1. 土壤类型

邵阳县土壤类型多，地带性土壤或垂直带土壤有红壤、黄壤、黄棕壤、山地草甸土4个土类；非地带性土壤受耕作影响形成的土壤有红色石灰土、黑色石灰土、紫色土和潮土等土类。

（1）红壤 邵阳县耕地红壤分布面积最大，全县红壤总面积约为 66 500hm²，占全县耕地面积的 79%。红壤是当地的主要旱作土壤，多分布在海拔高度 250～400m 地域。红壤有机质含量中等，土壤呈微酸性反应，耕作土壤有效微量元素含量普遍高于自然土壤，适宜于烤烟生产。

（2）黑色石灰土 全县黑色石灰土 3 800hm²，占总耕地面积的 4.5%，这是一种由石灰岩发育的非地带性土壤，常见于谷地低平处，表层土积累的腐殖质多，土壤呈黑色，有机质含量高，在 30g/kg 以上，有利于优质烟叶生产。

（3）黄壤土 包括山地黄壤和黄棕壤，面积 2 500hm²，占总耕地面积的 2.5%，土层厚度一般在 40～80cm，有一定的腐殖质，土壤呈微酸性，pH 5.0～5.5，多种中、微量元素含量适宜，适合发展旱地烤烟。

（4）水稻土 全县水稻土 33 400hm²，占总耕地面积的 39.6%，一般分布于具有灌溉条件和排水畅通的地域。这种土壤氧化还原过程交替频繁，淋溶淀积作用明显，有机质积累和富盐基作用强烈，有机质含量平均为 30g/kg 左右，适宜烟稻轮作。

2. 土壤理化特性

2002—2004 年邵阳县从全县烟区取土壤样品，样品分析结果表明，全县土壤 pH 5.0～7.0，在适宜范围内的样品占 70%；土壤有机质平均含量为 30.0g/kg；土壤速效磷含量平均值为 15.6mg/kg，符合 10～20mg/kg 的土壤样品占全部样品的 79.5%，土壤有效钾含量平均为 13.5g/kg，10～15g/kg 含量范围的样品占总数的 56.7%，大于 15.0g/kg 的土壤样品占总样品数的 14.2%。土壤有效含量丰富的元素有铁、锰、铜、硫、钼，土壤中这几种元素的平均含量分别为 61.0mg/kg、60.4mg/kg、2.10mg/kg、53.0mg/kg 和 0.24mg/kg；土壤含量适宜的元素包括有效锌、交换性镁、交换性钙、水溶性氯，其平均含量分别为 1.25mg/kg、0.96mg/kg、9.47mg/kg 和 8.50mg/kg；但土壤有效硼含量平均为 0.18mg/kg，处于缺乏的含量范围（表2－4，图2－8，图2－9）。

表 2－4 邵阳县土壤主要养分平均含量

有机质 (g/kg)	速效磷 (mg/kg)	全钾 (g/kg)	有效铁 (mg/kg)	有效锰 (mg/kg)	有效铜 (mg/kg)	有效硫 (mg/kg)	有效钼 (mg/kg)	有效锌 (mg/kg)	交换镁 (mg/kg)	交换钙 (mg/kg)	氯 (mg/kg)	有效硼 (mg/kg)
30.0	15.6	13.5	61.0	60.4	2.10	53.0	0.24	1.25	0.96	9.47	8.50	0.18

注：来自邵阳县烟叶可持续发展"十一五"规划报告

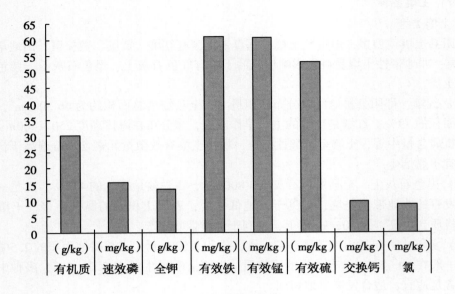

图 2 - 8　邵阳县土壤主要养分含量

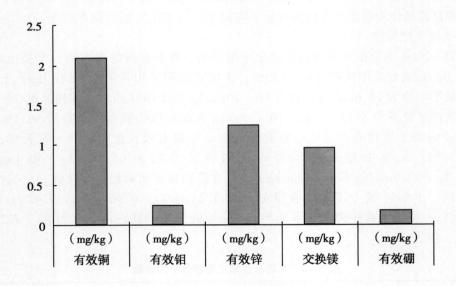

图 2 - 9　邵阳县土壤微量元素含量

3. 土壤条件

根据 2006 年初邵阳市烟草公司对邵阳县烤烟产区 8 个乡镇 72 个土壤样品（其中，水田 55 个、旱田 17 个）取样及化验分析结果（表 2 - 5），邵阳县烟田分布在海拔高度为 129 ~ 514m，平均海拔高度 313m。土壤成土母质有石灰岩、河流冲积物、板页岩、第四纪红土和砂岩，土种有灰泥田、灰黄泥田、灰沙泥田、灰黄沙泥田、黄沙泥、灰红土、砂土等。参照湖南省植烟土壤养分分级标准（表2-6），对邵阳县土壤化验结果进行分析。

表2-5　2006年2月邵阳县土壤取样地点与检测结果

地点	北纬	东经	海拔 (m)	土类	pH	有机质 (g/kg)	碱解氮 (mg/kg)	有效磷 (mg/kg)	速效钾 (mg/kg)	水溶氯 (mg/kg)	交换镁 cmol/kg	有效硼 (mg/kg)	有效锌 (mg/kg)
金称市乡	26°50′803″	111°08′708″	240	水田	4.99	25.5	141.2	27.6	62	56.09	0.43	0.29	3.02
	26°50′089″	111°08′706″	257	旱田	4.65	20.5	107.2	26.1	104	1.42	0.82	0.24	3.47
	26°50′817″	111°08′628″	250	水田	4.73	33.3	188.8	31.5	84	44.73	0.67	0.45	2.79
	26°52′549″	111°09′337″	313	旱田	5.77	21.2	114.8	6.6	99	痕量	1.93	0.14	1.10
	26°53′247″	111°08′917″	299	旱田	4.70	23.9	132.9	12.2	101	痕量	0.63	0.22	2.32
	26°51′487″	111°09′315″	255	水田	7.72	32.4	152.9	19.8	61	痕量	2.30	0.13	1.62
	26°51′493″	111°09′340″	257	旱田	5.75	19.4	105.0	24.4	188	痕量	1.44	0.18	3.18
	26°51′020″	111°07′434″	277	水田	4.90	35.6	160.1	11.7	113	2.84	0.41	0.33	2.44
	26°50′996″	111°07′398″	270	水田	5.15	33.7	175.2	30.7	101	痕量	0.59	0.34	2.27
	26°50′961″	111°07′349″	271	水田	5.09	25.9	156.3	2.7	44	痕量	0.35	0.23	1.92
	26°50′648″	111°08′372″	261	水田	4.60	26.0	140.1	9.9	58	痕量	0.25	0.17	2.40
	26°50′591″	111°08′388″	258	水田	5.30	30.3	164.6	6.6	80	痕量	0.25	0.18	1.72
九公桥镇	27°05′218″	111°22′510″	258	水田	7.66	29.1	152.5	22.5	117	痕量	0.48	0.27	1.62
	27°05′251″	111°22′503″	262	旱田	6.32	18.2	110.3	25.6	184	痕量	1.08	0.19	2.81
	27°03′679″	111°24′305″	297	水田	5.70	31.8	126.5	32.7	152	痕量	0.56	0.26	1.74
	27°02′043″	111°23′210″	319	水田	4.83	18.8	128.4	19.1	174	8.88	0.54	0.34	1.86
	27°02′013″	111°23′189″	319	旱田	6.88	15.5	96.7	16.1	98	痕量	0.92	0.29	1.50
	27°01′737″	111°22′644″	309	水田	5.66	29.0	140.5	17.0	155	痕量	0.54	0.34	1.59

（续表）

地点	北纬	东经	海拔（m）	土类	pH	有机质（g/kg）	碱解氮（mg/kg）	有效磷（mg/kg）	速效钾（mg/kg）	水溶氯（mg/kg）	交换镁 cmol/kg	有效硼（mg/kg）	有效锌（mg/kg）
	26°48′518″	111°14′819″	351	水田	5.20	34.1	187.9	8.8	78	痕量	1.29	0.39	2.67
	26°48′479″	111°15′054″	359	水田	6.56	31.3	150.9	33.4	336	痕量	1.75	0.50	2.93
	26°47′596″	111°16′697″	485	水田	4.86	26.2	150.2	7.0	142	痕量	0.38	0.35	2.32
	26°47′390″	111°17′010″	488	水田	4.49	24.6	152.4	12.1	74	痕量	0.35	0.30	3.19
	26°46′550″	111°16′700″	481	旱田	7.27	21.7	123.0	21.5	417	7.1	0.91	0.37	2.23
	26°46′125″	111°16′839″	450	水田	4.80	29.9	167.5	20.1	198	19.17	0.41	0.54	1.95
	26°46′108″	111°17′320″	479	水田	5.11	33.1	181.9	46.2	200	31.24	0.64	0.59	2.97
	26°45′013″	111°17′542″	516	水田	4.76	23.9	133.2	59.9	189	痕量	0.46	0.45	7.25
	26°46′716″	111°16′677″	486	水田	4.82	32.9	259.6	27.4	840	92.3	0.54	0.50	2.56
河伯乡	26°48′125″	111°16′251″	480	水田	5.01	29.5	161.5	10.0	165	痕量	0.43	0.37	2.15
	26°48′149″	111°16′222″	485	旱田	6.68	14.7	81.5	13.5	76	痕量	0.95	0.30	2.21
	26°47′863″	111°15′763″	514	旱田	6.41	16.4	87.9	16.5	265	痕量	1.03	0.38	1.82
	26°48′772″	111°12′596″	288	水田	7.34	16.6	87.5	6.4	97	痕量	1.39	0.29	0.98
	26°48′484″	111°12′560″	281	水田	6.75	34.8	177.3	25.3	138	痕量	1.03	0.51	1.85
	26°46′975″	111°12′091″	275	旱田	5.50	36.1	169.8	18.0	103	痕量	1.54	0.35	2.44
	26°47′545″	111°14′267″	392	旱田	6.71	18.6	79.2	9.4	159	痕量	3.67	0.33	2.09
	26°46′557″	111°12′496″	276	水田	6.95	45.1	206.4	10.2	132	痕量	0.98	0.34	2.67
	26°46′287″	111°12′985″	284	水田	5.31	29.8	178.5	9.8	120	痕量	0.30	0.38	1.37
	26°46′176″	111°12′973″	288	水田	7.46	32.5	183.4	11.7	89	痕量	1.07	0.36	1.66
	26°46′695″	111°14′308″	337	旱田	7.86	34.7	153.6	16.6	126	痕量	0.96	0.31	1.00
	26°51′546″	111°20′185″	328	水田	4.71	24.2	231.1	9.4	88	23.43	0.46	0.29	1.90
	26°52′325″	111°19′284″	300	水田	5.04	28.4	181.2	24.6	90	痕量	0.72	0.23	2.38
白仓镇	26°52′439″	111°18′929″	309	水田	4.85	25.1	145.7	35.7	74	痕量	0.46	0.17	1.66
	26°53′916″	111°19′516″	351	水田	7.87	18.5	88.7	19.9	102	痕量	0.53	0.20	2.09
	26°53′774″	111°20′853″	376	旱田	5.60	19.5	101.2	16.1	145	痕量	0.74	0.21	1.33
	26°53′032″	111°21′833″	356	水田	7.51	29.0	153.3	18.6	74	痕量	0.26	0.14	0.83
	26°57′037″	111°13′793″	129	水田	4.58	30.6	162.4	17.6	182	17.75	0.67	0.33	1.97
霞塘云乡	26°57′642″	111°13′499″	263	水田	4.64	23.6	145.0	11.6	147	3.55	0.59	0.39	3.20
	27°01′386″	111°12′778″	257	水田	4.11	28.0	162.4	4.0	72	10.65	0.46	0.21	0.98
	27°01′475″	111°12′798″	271	水田	5.44	23.2	135.9	7.5	55	痕量	0.51	0.16	1.16

（续表）

地点	北纬	东经	海拔(m)	土类	pH	有机质(g/kg)	碱解氮(mg/kg)	有效磷(mg/kg)	速效钾(mg/kg)	水溶氯(mg/kg)	交换镁cmol/kg	有效硼(mg/kg)	有效锌(mg/kg)
塘渡口镇	26°56′729″	111°17′281″	258	水田	6.12	26.7	142.0	12.7	63	痕量	0.82	0.19	1.08
	26°56′724″	111°16′177″	244	水田	4.90	31.3	169.9	13.3	63	痕量	0.57	0.31	2.11
	26°59′812″	111°19′870″	262	水田	5.60	45.0	201.6	11.7	203	痕量	1.91	0.46	1.72
	26°59′837″	111°19′863″	258	水田	6.36	51.6	245.4	22.2	117	痕量	2.04	0.68	2.72
	27°01′403″	111°20′935″	295	旱田	4.88	19.2	116.7	28.4	137	痕量	0.46	0.19	3.22
	27°01′378″	111°21′0.24″	307	旱田	4.83	18.0	101.2	45.0	184	14.20	0.59	0.25	3.80
塘田市镇	26°49′907″	111°11′300″	248	水田	7.39	39.9	203.7	10.9	104	10.65	1.12	0.18	2.21
	26°49′333″	111°11′212″	246	水田	5.90	38.3	195.4	10.9	80	痕量	1.96	0.27	2.50
	26°48′973″	111°11′007″	265	水田	5.63	26.1	138.8	8.0	85	痕量	0.98	0.21	1.49
	26°50′004″	111°14′697″	292	水田	5.69	21.9	120.7	15.1	128	痕量	1.10	0.16	1.22
	26°49′982″	111°14′696″	296	水田	6.31	14.8	85.3	9.3	143	痕量	1.34	0.25	2.05
	26°50′081″	111°14′707″	288	水田	6.38	25.6	120.7	8.4	88	痕量	1.49	0.24	1.35
	26°48′841″	111°13′046″	282	水田	7.67	52.6	289.0	30.0	84	痕量	1.65	0.16	3.12
	26°49′062″	111°12′955″	281	水田	5.89	32.0	173.9	3.0	153	痕量	0.92	0.20	1.53
	26°48′681″	111°12′000″	312	旱田	6.14	15.1	101.1	22.7	262	痕量	0.90	0.29	1.95
	26°48′649″	111°11′858″	287	旱田	7.88	22.9	107.2	7.4	197	痕量	0.75	0.26	0.99
	26°48′623″	111°11′610″	264	水田	6.15	29.3	151.7	23.7	197	痕量	0.77	0.34	1.74
	26°48′298″	111°11′750″	255	水田	5.55	38.8	189.4	10.4	86	痕量	0.98	0.17	2.95
	26°48′271″	111°11′718″	260	水田	5.48	31.1	169.0	27.9	176	痕量	1.03	0.24	2.67
	26°48′309″	111°11′726″	259	水田	5.51	41.7	221.1	12.6	180	痕量	1.03	0.30	2.44
	26°50′804″	111°15′092″	322	水田	5.56	32.5	169.0	9.4	119	痕量	0.48	0.21	2.60
	26°50′433″	111°15′523″	330	水田	5.18	30.9	195.4	6.4	55	痕量	0.59	0.18	1.86
岩口铺镇	27°14′776″	111°14′505″	258	水田	7.40	58.7	362.5	25.0	124	3.20	0.43	0.62	1.18
	27°14′904″	111°13′609″	262	水田	7.51	49.1	274.9	17.3	98	痕量	0.32	0.33	2.07

（1）土壤 pH　72 个土壤样品化验分析结果（表 2-5）显示，邵阳县土壤 pH 4.11~7.88，平均值为 5.84，其中，分布在 <5.0 的偏酸性土壤样品有 20 个，占 28%；5.0~7.0 的有 39 个样品，占总数的 54%；>7.0 偏碱性土壤样品有 13 个，占 18%（图 2-10）。土壤酸碱度分析结果显示，邵阳县土壤比较适合烤烟生产的占总数的 55% 以上；偏酸性土壤约占 30%，这类土壤经过使用石灰和土壤改良剂等措施改良可

以生产优质烤烟，而且改良的难度不大；大约有15%的偏碱性土壤一般不适合种植烤烟，若种植烤烟必须加大土壤有机肥的使用量，并伴有不断的秸秆还田措施，使土壤碱性逐步降低。从湖南省植烟土壤酸碱度数据（表2-5，表2-6）可见，就土壤pH分布状况而言，整个邵阳市的土壤酸碱情况分布都比较好，而且邵阳县土壤是湖南最适合生产烤烟的地区之一。

表2-6　湖南省植烟土壤养分分级标准

项目	级别					单位
	极低	低	适宜	高	很高	
pH	<5.0	5.0~5.5	5.5~7.0	7.0~7.5	>7.5	
碱解氮	<60	60~110	110~180	180~240	>240	mg/kg
速效磷	<5	5~10	10~20	20~30	>30	mg/kg
速效钾	<80	80~160	160~240	240~350	>350	mg/kg
交换性镁	<0.5	0.5~1.0	1.0~1.5	1.5~2.8	>2.8	cmol/kg
有效硼	<0.15	0.15~0.30	0.30~0.60	0.60~1.00	>1.00	mg/kg
有效锌	<0.5	0.5~1.0	1.0~2.0	2.0~4.0	>4.0	mg/kg
水溶性氯	<5	5~10	10~20	20~30	>30	mg/kg

（资料来源：国家烟草专卖局平衡施肥项目报告）

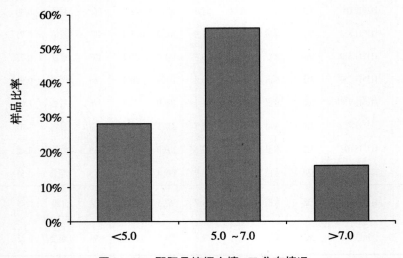

图2-10　邵阳县植烟土壤pH分布情况

（2）土壤有机质　土壤有机质含量高低影响土壤的物理性质、化学性质和肥力水平。在烤烟生产上，土壤有机质含量过高、过低均对烟叶质量不利。土壤有机质含量过高，土壤过于肥沃时，烟叶后期贪青晚熟，不容易正常落黄，甚至造成烟叶黑暴；烘烤后烟叶主脉粗，叶片过厚，烟碱和蛋白质含量过高，色泽差，刺激性大，品质较差。土壤有机质含量过低时，烟株生长势差，植株矮小，叶片小而薄，所产烤烟香气不足，产量和品质较差。只有在有机质含量适中的土壤上，才能生产出产量较高和品质较好的烟叶。

从 72 个土壤样品检测结果（表 2 - 5）来看，旱田 17 个土壤样品有机质含量为 14.70 ~ 36.10g/kg，平均为 20.67g/kg；水田 55 个样品为 14.80 ~ 58.70g/kg，平均为 32.00g/kg。按照湖南省植烟土壤养分分级标准要求，旱田土壤有机质含量除个别样品外，大多在适宜到高的分布区域；水田大部分土壤有机质也分布在适宜范围内（图 2 - 11）。与湖南其他烟区土壤有机质含量比较，邵阳土壤多数样品有机质含量处于合理状况。

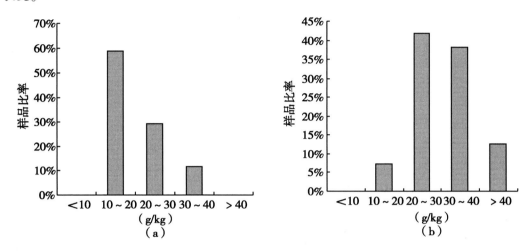

图 2 - 11 邵阳县土壤有机质含量分布情况
注：（a）为旱田，（b）为水田

（3）土壤氮素营养 根据湖南省植烟土壤养分分级标准，邵阳县 72 个土壤样品分析结果（表 2 - 5），碱解氮含量没有极低（＜60mg/kg）的样品，低（60 ~ 110mg/kg）、适宜（110 ~ 180mg/kg）、高（180 ~ 240mg/kg）、很高（＞240mg/kg）的样品分别占 18%、57%、18% 和 7%（图 2 - 12），说明 57% 的样品碱解氮在适宜的范围内。总体上，邵阳土壤氮素营养水平较高，在烤烟生产施肥方面应分别对待，以免造成个别地块氮素营养过多现象。

（4）土壤磷素营养 72 个土壤样品分析结果（表 2 - 5），土壤有效磷最高值 59.9mg/kg，最低值 2.7mg/kg，平均值 17.8mg/kg。根据湖南省植烟土壤养分分级标准，极低的（＜5mg/kg）占 4%，低的（5 ~ 10mg/kg）占 22%，适中的（10 ~ 20mg/kg）占 39%，高的（20 ~ 30mg/kg）占 22%，很高的（＞30mg/kg）占 13%（图 2 - 13）。总而言之，在烤烟生产上不能忽视磷素肥料的有效施用，但在磷素含量极高的土壤上要适当少施用，以免肥料投入的成本过高造成浪费和磷素过多造成烟株发育受阻。

（5）土壤钾素营养 按照湖南省植烟土壤养分分级标准，根据土样分析结果，邵阳土壤速效钾含量极低的（＜80mg/kg）占 19%，低的（80 ~ 160mg/kg）占 55%，适中的（160 ~ 240mg/kg）占 19%，高的（240 ~ 350mg/kg）占 4%，很高的（＞350mg/

kg）占3%（图2-14）。土壤样品分析结果发现，邵阳县多数土壤样品钾素营养水平不高，烟草是喜钾作物，一旦缺乏烟叶就会表现缺钾症状，从而降低烟叶质量，因此烤烟生产上应特别重视钾肥的使用。生产上增施钾肥对烟叶质量的提升有明显的促进作用，并且一般不会产生钾素过多的不利影响。

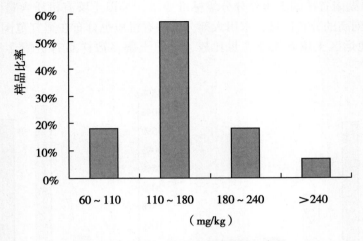

图2-12　邵阳县土壤碱解氮含量

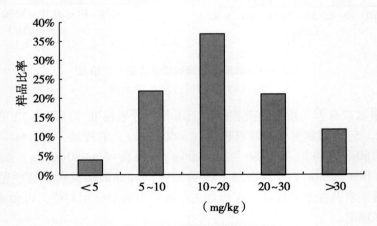

图2-13　邵阳县土壤磷含量情况

（6）土壤氯含量　氯是生物化学性质最稳定的离子，它能与阳离子保持电荷平衡，维持细胞内的渗透压。Cl^-为光合作用中水的光解放电所必需。另外在光合电子传递过程中，H^+从间质向类囊体转移的同时，Cl^-也向类囊体转移，有平衡电性的作用。此外，氯还参与光合作用，调节叶片气孔的开启和关闭，以及促进碳水化合物合成与转化作用等。烟草虽然被视为忌氯作物，过量吸氯会严重影响烟叶质量，如燃烧性差，烟味变劣等。但多年来已知氯与烟叶的品质和产量有密切关系，烟草吸收适量的氯，有良好的产量效应，对品质也有改进。一般认为，烤烟烟叶氯的最佳含量为0.5%~0.8%，在这个范围内，烤后烟叶组织疏松，质地好，吸湿性、弹性及膨胀性等物理性状均有改善。含氯量过低，烤后烟叶身份薄，易破碎，吸湿性、弹性、膨胀性和烟叶外观质量变差。当烟叶含氯量超过1%时，则会严重影响烟叶燃烧性，甚至出现"黑灰熄火"现象。

根据72个土壤样品分析结果（图2-15），大多数土壤样品氯含量较低（痕量），而且低于正常水平。但不能忽视个别土壤样品中的含氯量过高现象，一般土壤中氯含量超过30mg/kg就会对烟叶质量产生负面影响。在烤烟生产上，对严重的缺氯土壤应考虑氯素营养的合理搭配使用，以便提高烟叶的质量。但氯元素的使用应特别谨慎，不能号召烟农增施含氯肥料，以免造成土壤含氯量过快增加，最好在烟草专用肥料中添加一定数量的含氯钾肥，这样也可以降低肥料成本。对于氯含量过高的土壤（40mg/kg），要强调不再种植烤烟。

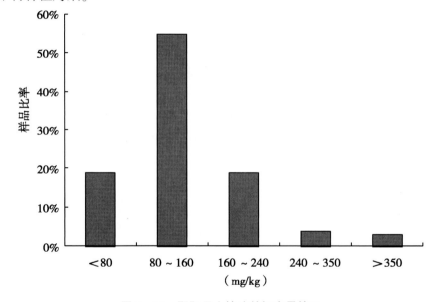

图2-14 邵阳县土壤速效钾含量情况

（7）土壤代换性镁 镁作为烟草所必需的中量营养元素，对烟草的生长发育、新陈代谢、产量、品质都具有重要意义。镁是组成叶绿素的金属元素，占叶绿素组成的2%，为叶绿素的形成及光合作用所必需。烟株缺镁难以形成叶绿素，致使光合作用受阻，烟株的正常生长发育受到影响。镁在烟叶中的正常含量为0.4%~1.5%，低于0.2%时，则发生缺镁症状，先是叶尖叶缘黄白化，继而脉间黄白化，叶色变为淡绿至白色。土壤中交换性镁的含量高低，是评价土壤镁素供应水平的一个重要指标。

在分析的72个土壤样品中，代换性镁含量极低（<0.5cmol/kg）的占28%，低（0.5~1.0cmol/kg）的占42%，适中（1.0~1.5cmol/kg）的占18%，高（1.5~2.8cmol/kg）的占11%，很高（>2.8cmol/kg）的占1%（图2-16）。说明邵阳县多数土壤缺镁，在烤烟生产上应适当使用镁肥，但也不可忽视含量较高的地块。

（8）土壤有效硼 硼促进烟株体内碳水化合物的代谢与运输。一般认为硼与多羟基化合物包括糖形成络合物，使糖易于透过细胞膜，促进糖在体内的运转。硼对蛋白质合成有一定的影响。硼促进花粉萌发和花粉管生长。硼与烟株细胞的形成、糖类物质的转移有关，缺硼叶片含糖量较高。烟草需硼量很少，一般吸收 5mg／株即可。吸收过多，则发生硼过量症。烟叶含硼量过高，香气味降低，刺激性增加。

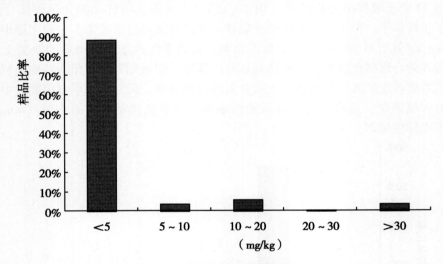

图 2－15　邵阳县土壤氯含量分析

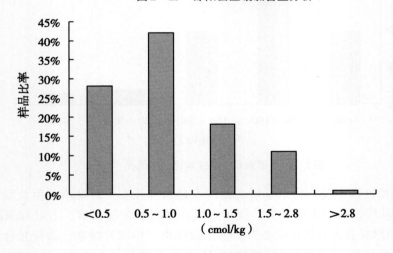

图 2－16　邵阳县土壤镁含量分析

土壤的供硼能力与土壤成土母质、全硼和水溶性硼含量有密切关系。南方烟区的红壤、黄壤、砖红壤等土类，全硼量虽较高，但水溶性硼含量低，烟株易出现缺硼；在土壤 pH 4.7～6.7 时，水溶性硼随 pH 的升高而增加，但土壤 pH 值＞7.0 时，水溶性硼则随 pH 的升高而降低。干旱缺水和在酸性土壤中施用过量的石灰，也会诱发缺硼症状。

在分析的 72 个土壤样品（表 2－5）中，有效硼含量极低（＜0.15mg／kg）的占 4%，低（0.15～0.30mg／kg）的占 50%，适中（0.30～0.60mg／kg）的占 43%，高（0.60～1.00mg／kg）的占 3%，很高（＞1.00mg／kg）的为 0（图 2－17）。说明邵阳县

土壤多数缺硼，在烤烟生产上应适度使用硼肥。

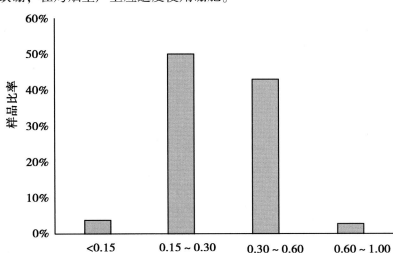

图 2 – 17　邵阳县土壤硼含量分析

（9）土壤有效锌　锌在烟株体内参与生长素（吲哚乙酸）的合成，参与促进吲哚和丝氨酸合成色氨酸。缺锌时烟株体内的色氨酸含量减少，生长素的合成数量随之降低，因而烟株生长缓慢、植株矮小、叶数减少。锌是谷氨酸及羧肽酶的组成成分，也是谷氨酸脱氢酶、醛缩酶、黄素激酶、己糖激酶等多种酶的活化剂。缺锌时烟株体内的呼吸作用及碳、氮等多种物质代谢过程受到影响，导致烟株生长不良。锌是烟株体内氧化还原过程中一些酶的激活剂，色氨酸不可少的组成部分。缺锌时，细胞内氧化还原过程发生紊乱，上部叶变肥大，颜色暗绿，下部叶片产生大而不规则的枯斑，烟株生长缓慢或停止生长。一般烟叶锌含量为 10 ~ 40mg/kg。锌含量增加，烟叶香气质、香气量显著增加。

土壤中的有效态锌是水溶性锌和代换态锌。其含量多少与土壤供锌水平密切相关。缺锌的临界值因土壤酸碱度和提取剂的不同而异，石灰性土壤的缺锌临界值为 0.5mg/kg；偏酸性土壤的缺锌临界值为 1.0mg/kg，小于临界值时，表明土壤供锌水平低，烤烟生产上需要补施锌肥。在酸性土壤中，锌的有效性较高。南方烟区的有些土壤，如砂岩发育的红壤和黄壤土，由于长期酸性淋溶作用较强，导致有效锌含量减少。大量施用磷肥也会诱发烟株缺锌。

在分析的 72 个土壤样品（表 2 – 5）中，有效锌含量极低（＜0.5mg/kg）的样品 0 个，低的（0.5 ~ 1.0mg/kg）为 5 个，占 7%，适中的（1.0 ~ 2.0mg/kg）为 29 个，占 40%，高的（2.0 ~ 4.0mg/kg）为 37 个，占 51%，很高（＞4.0mg/kg）的为 1 个，占 2%（图 2 – 18）。说明邵阳土壤含锌情况比较好，在烤烟生产上一般不需要加施锌肥。

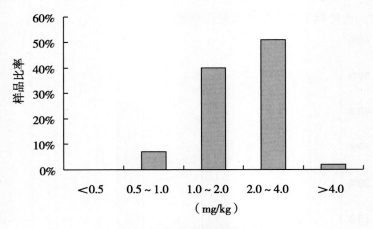

图 2 - 18　土壤有效锌含量分析

第三节　隆回县烤烟生态条件

一、地理位置与自然条件

隆回县地处邵阳市中北部，雪峰山东麓。位于北纬 27°0′~27°40′，东经 110°38′~111°15′。东临新邵县，南接邵阳县和武冈县，西连洞口县，北毗溆浦县和新化县。东西宽 61.4km，南北长 74.6km，面积 2 856 km²，占邵阳市面积的 13.8%，占湖南省面积 1.4%。县城桃洪镇，距邵阳市 56km。全县有汉、回、瑶等民族 11 个，总人口 109.0 万（图 2 - 19）。

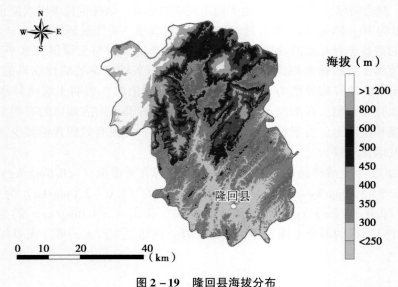

图 2 - 19　隆回县海拔分布

二、历史源革

西汉时期，县境属都梁侯国地，东汉改都梁县。三国宝鼎元年（266 年），置高平县于今高平镇压小坳村古县场。此时县境分属都梁、高平县。南朝齐，邵陵郡治迁今桃洪镇。隋至唐，县境分属邵阳、武冈县。北宋至民国，分属邵阳、武冈、新化县。民国 36 年（1947）8 月析邵阳县礼教、保和、西胜、中和、兴隆、隆中、隆治、果胜 8 乡和桃洪镇置隆回县，县治六都寨。隆回县县治迁桃洪镇，并增划新化、武冈县部分地区，隶邵阳专区，1986 年 1 月 29 日，改隶邵阳市。1990 年全县辖 10 个区、1 个区级镇、58 个乡（其中民族乡 3 个）、9 个乡级镇和 4 个县直属乡级国营林场。隆回置县时，人口达 21.0 万。1952 年武冈、新化各一部分划入隆回后，有人口 50.1 万，1990 年达 102.6 万，平均每平方千米 353 人。总人口中，农业人口占 95.0%，汉族占 98.2%。少数民族、瑶族、苗族、侗族、壮族、土家族等 21 个，以回族居多，占少数民族总人口的 62.4%，分布于山界回族乡和桃洪镇等地；次为瑶族，占少数民族总人口的 34.4%，主要分布于虎形山、茅坳两个瑶族乡。

三、资源状况

隆回县境处衡邵丘陵盆地西缘向雪峰山地过渡地带，地势自东向西北呈阶状上升，形成 3 个地貌区；南部丘冈区，平缓开阔，丘冈如馒头状起伏，最低点大田张村赧水河畔海拔 230m；西北山原区，层峦叠嶂，高峰耸峙，构成海拔 1 300 ~ 1 400m 的丘状山原台地，以南端白马山为台脊，海拔 1 780m；北部山地区四周高山连绵，群峰林立，山势陡峻，中间冈丘起伏，呈现"三山一脉夹平地"的自然景观。山地占全县面积的 49.2%，丘陵、岗地占 45.0% 平原占 5.8%。县境属中亚热带季节风湿润气候区，气候温和，雨量充沛，阳光充足适宜各种动植物繁育生长。年均日照 1 485.9h，年平均气温 16.9℃，1 月最冷，平均气温 5.0℃，极端低温 - 11.3℃（1997 年 1 月 30 日）；7 月最热，平均 28.1℃，极端高温 39.1℃（1963 年 9 月 1 日）。年平均无霜期 280 天，平均降水量 1 299.6mm，4 ~ 6 月为雨季，夏秋季节多干旱。

隆回县境内流程 5km、流域面积 5km² 以上河溪 81 条，属资江水系的 73 条、沅江水系的 8 条，总长 2 073.5km，河网密度 0.73km/km²。资江西源赧水自西向东横穿县境南部，辰水、西洋江由北向南分贯县境中部和西部。年地表径流总量变 22.47 亿 m³，地下水年储蓄 3.6 亿 ~ 4.8 亿 m³。有温泉 6 处，都是碱性硅质水；高洲温泉水温达 48.5℃，为邵阳市温泉之最。全县有耕地 51 700hm²，其中水田有 39 100hm²；林地 146 600hm²，林木蓄积量 239.83m³；有水面 7 600hm²，其中可放养面 6 300hm²。野生动物植物约 200 科 1 000 余种，属国家保护的有水杉、银杏、连香树、胡桃、杜仲、金钱松、福建柏、鹅掌楸等 16 种，森林覆盖率 41.8%。野生动物 133 种。河溪可开发水能资源 4.79 万 kW。矿藏有煤、金、铁、锰、铅锌、锑、大理石、冰洲石、铌、钽、钒铁、独居石、绿柱石、重晶石、锆石、石膏等 40 余种，其中黄金矿分布面占全境 1/3，有"黄金之乡"的美称。

四、生态条件

（一）光照条件

光照条件是烟草生长发育和新陈代谢的重要条件，大部分烤烟品种对光照长短呈中性反映，充足、和煦的光照能使烟株生长旺盛，发育良好。在烟叶成熟期，充足而适宜的光照是生产优质烟叶的必要条件。

根据隆回县 1979—2000 年日照时数资料（表 2-7），全年光照时数为 1 413.5h，1~2月的光照时数较低，最低的时间在 2 月的中旬到下旬，2 月中旬到下旬 10 天的光照时数分别为 17.5h 和 13.2h。1~2 月 60 天的光照总时数只有 109.2h，平均每天光照时间仅 1.82h（图 2-20）。1~2 月是烤烟生产的苗床育苗时间，光照不足对烟苗的光合作用和保持苗床温度都有一定的不良影响，在生产上应重点保证苗床透光和苗床保温，因而苗床覆盖薄膜要有良好的透光效果和保温效果，以及保持苗床温度是隆回县烤烟生产的关键环节之一。

3 月上旬到中旬光照时数较低对烟苗移栽和成活极为有利，但光照条件不良相应带来的气温偏低对移栽后的烟苗成活和生长都会带来不利影响，在烤烟生产上应适当解决移栽后的烟苗保温问题。烤烟移栽后的地膜覆盖和膜下移栽是保持移栽后烟苗正常生长的重要措施。

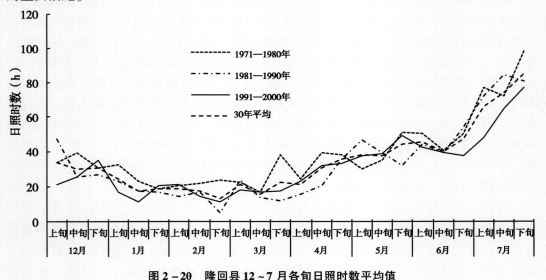

图 2-20 隆回县 12~7 月各旬日照时数平均值

从 3 月上旬开始光照时数逐步增加，到 7 月下旬达到最高值；6~7 月上、中、下旬 10 天累计光照时数分别为 45.6h、39.6h、47.1h、65.6h、73.6h 和 85.1h，光照条件较好的月份与目前烤烟生产所占用的大田生长时期基本吻合。4 月中旬到 7 月上旬光照时数逐步增加，正好与烟株旺长到后期成熟的需光要求相吻合，这在烤烟生产上是较为有利的因素，尤其 6 月中旬至 7 月上旬这一时期，充足而适宜的光照是生产优质烟叶的必要条件，良好的光照条件对中、上部烟叶正常扩展、干物质积累、光合产物转化都具有良好的作用，这是该产区烤烟生产的有利条件。

表 2 - 7　1971—2000 年隆回县各旬日照时数 30 年平均值　　（单位：h）

月份	旬	1971—1980	1981—1990	1991—2000	30 年平均
12	上	33.3	47.2	21.0	33.8
	中	39.1	25.6	25.7	30.1
	下	30.3	26.9	35.0	30.7
1	上	32.3	22.9	17.0	24.0
	中	22.9	17.5	11.5	17.3
	下	18.5	16.6	20.6	18.5
2	上	20.5	14.6	21.4	18.8
	中	21.5	16.5	14.5	17.5
	下	23.4	5.1	11.1	13.2
3	上	22.6	23.4	18.2	21.4
	中	17.1	13.6	16.8	15.8
	下	37.9	12.0	17.4	22.4
4	上	24.5	15.3	23.3	21.0
	中	39.1	20.5	32.0	30.5
	下	37.8	35.4	32.9	35.3
5	上	29.9	46.8	37.4	38.0
	中	34.7	39.2	38.5	37.5
	下	51.1	31.6	49.1	43.9
6	上	50.6	44.0	42.2	45.6
	中	40.6	39.0	39.3	39.6
	下	50.1	54.0	37.2	47.1
7	上	77.1	71.8	47.9	65.6
	中	71.8	84.7	64.3	73.6
	下	97.9	80.5	77.0	85.1

就优质烤烟生产对光照条件的要求，隆回产区只有育苗期 12 月下旬到 3 月初烤烟育苗期光照不够充足，这期间的光照不足还会造成育苗大棚气温偏低。整个烤烟大田生育期都具有优质烤烟生产的良好光照条件，就光照条件而言，这是优质烤烟生产的良好区域。

（二）热量条件

烟草是喜温作物，无霜期少于 120 天或稳定通过 10℃的活动积温少于 2 600℃的地区，难以完成烟株的正常生长和发育过程。对隆回 30 年的气象数据分析结果表明，隆回的热量条件完全能够满足烤烟生长需要。

1. 烤烟育苗期的热量条件

表2-8和表2-9数据表明，隆回县烤烟育苗期的12月中旬到3月上旬是全年的低温期，30年气象数据显示，12月、1月、2月、3月的平均气温分别为7.6℃、5.2℃、6.7℃和10.6℃，这一时期由于光照不足导致气温非常低（表2-8，图2-21）。表2-9和图2-22各旬最低气温表明，12月中旬到翌年2月中旬均出现0℃以下的低温天气，极端年份最低可以出现-11.3℃，多数年份天气都可能出现零度以下气温，因而在烤烟苗床期保持温度，促进种子萌发和幼苗正常生长是育苗的重要保障条件。2001—2006年气象资料（表2-10）可以看出，每年最低气温都在零度以下，苗床如果保温条件不良，可能会出现烟苗冻害或长时间抑制烟苗正常生长。

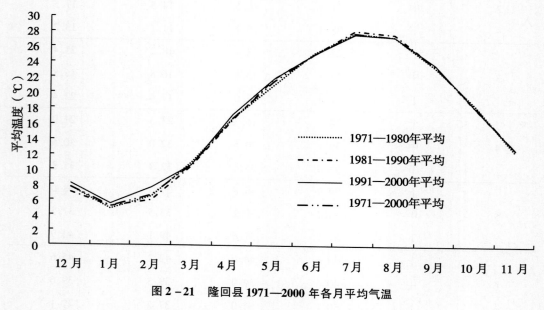

图2-21　隆回县1971—2000年各月平均气温

表2-8　隆回1971—2000年各月平均气温（℃）

年月	12月	1月	2月	3月	4月	5月	6月	7月	8月	9月	10月	11月
1971	6.7	5.3	6.0	9.5	16.0	20.4	25.9	29.6	26.6	22.8	16.6	12.6
1972	7.0	5.8	2.7	13.3	14.9	21.9	26.4	27.9	28.6	22.4	17.3	13.2
1973	8.3	5.1	8.7	11.5	17.6	20.5	24.7	27.3	27.4	22.5	18.1	13.1
1974	5.6	3.5	5.3	11.2	18.6	22.2	24.2	26.3	26.8	24.9	18.3	13.4
1975	4.5	6.7	7.5	11.5	16.7	19.0	25.3	28.1	27.0	25.5	18.6	10.7
1976	7.4	4.9	8.4	8.4	15.3	21.9	24.2	26.7	27.7	22.8	18.6	9.7
1977	9.2	1.1	5.4	13.6	17.8	20.3	24.0	28.1	27.2	23.2	19.4	11.9

（续表）

年月	12月	1月	2月	3月	4月	5月	6月	7月	8月	9月	10月	11月
1978	9.0	5.9	6.2	10.5	17.4	21.5	24.9	29.5	28.6	23.8	18.3	11.7
1979	10.3	6.0	10.0	10.4	16.8	19.9	25.1	28.4	27.5	22.6	19.4	12.4
1980	8.7	4.8	5.1	8.7	15.5	22.3	26.8	27.4	25.5	22.8	19.3	15.1
1981	6.6	4.1	7.2	12.7	16.9	20.4	25.2	28.0	29.0	23.3	16.0	10.5
1982	6.0	6.5	5.2	10.4	15.2	22.7	23.2	28.8	27.1	21.5	19.6	13.1
1983	7.3	4.6	6.3	10.1	16.7	22.9	25.8	28.5	27.4	25.7	18.5	13.5
1984	4.4	2.7	4.2	10.6	15.9	20.3	26.4	28.7	27.0	22.8	16.9	13.7
1985	5.8	4.9	6.4	7.6	17.3	22.7	25.1	28.7	28.4	23.4	18.2	13.2
1986	8.1	6.1	6.0	10.8	17.0	22.7	25.2	27.4	27.5	23.8	17.2	11.6
1987	7.5	7.6	9.0	10.4	16.6	21.5	24.2	27.4	27.8	23.4	18.4	12.5
1988	8.9	5.2	4.7	8.6	16.6	21.7	25.7	28.6	26.6	22.8	18.2	13.5
1989	7.8	4.0	5.0	10.4	16.7	21.2	24.8	27.9	27.1	23.5	18.7	11.9
1990	7.7	5.3	5.6	12.1	15.9	21.4	25.6	28.4	28.4	24.9	18.0	14.9
1991	7.9	5.2	8.2	9.9	15.7	21.5	25.7	29.1	27.2	24.0	18.0	12.5
1992	9.2	6.8	7.4	8.3	18.5	21.1	24.2	27.9	28.9	24.4	17.8	13.7
1993	7.0	4.0	9.0	11.1	17.2	20.6	25.4	26.6	26.6	24.1	17.5	11.7
1994	8.6	6.3	6.4	10.1	18.2	23.6	24.6	27.0	26.9	22.3	16.2	14.4
1995	7.4	4.8	7.6	11.4	16.5	22.3	25.2	28.5	27.2	24.4	18.2	12.4
1996	8.7	4.8	6.4	9.4	15.4	21.1	25.6	26.9	27.1	24.5	18.5	11.9
1997	7.3	6.5	7.3	13.0	16.5	23.2	24.4	26.4	27.8	21.2	18.5	12.2
1998	9.1	4.2	8.2	10.4	20.6	21.8	25.1	28.5	29.2	24.5	19.9	15.0
1999	8.5	7.6	9.8	10.8	17.8	21.6	25.5	26.4	26.3	24.6	18.8	13.1
2000	8.4	5.0	5.7	12.1	16.9	22.5	25.4	29.0	27.0	23.1	17.8	10.7

表 2 – 9　1971—2000 年隆回各月最低气温（℃）

年份	12 月	1 月	2 月	3 月	4 月	5 月	6 月	7 月
1971	– 1.4	– 2.7	– 2.1	1.5	7.1	11.3	17.0	20.7
1972	– 1.4	– 2.4	– 5.2	0.9	2.7	14.8	18.4	20.0
1973	– 3.7	– 1.7	2.1	3.9	5.8	14.0	16.2	22.7
1974	– 0.3	– 1.5	– 3.9	0.2	3.2	13.3	18.5	19.8
1975	– 4.4	– 1.0	– 0.8	4.1	4.8	11.8	18.8	21.6
1976	– 4.1	– 2.8	– 0.2	0.5	6.5	13.0	17.7	20.3
1977	– 0.2	– 11.3	– 4.5	2.9	11.1	9.2	17.5	22.7
1978	0.6	– 2.4	– 2.8	2.3	7.9	11.5	15.0	22.0
1979	– 0.4	– 6.3	– 4.4	1.9	7.4	12.5	17.5	23.0
1980	– 1.4	– 5.0	– 3.2	2.6	4.6	12.8	18.3	21.1
1981	– 1.9	– 2.6	0.3	2.1	9.5	10.1	14.8	21.2
1982	– 2.5	– 0.9	– 0.1	1.6	4.6	12.9	17.4	21.0
1983	– 1.8	– 2.9	– 1.7	3.7	6.4	10.9	19.0	20.1
1984	– 3.6	– 4.3	– 3.0	– 0.4	11.0	10.4	19.5	22.2
1985	– 2.2	– 1.8	– 1.8	0.7	6.2	15.2	17.8	21.8
1986	– 1.0	– 2.3	– 1.0	– 0.5	10.6	12.3	19.3	20.1
1987	– 1.3	– 1.6	0.0	0.8	3.6	13.5	13.8	21.6
1988	– 1.0	– 2.1	– 1.2	0.2	6.2	13.4	15.3	21.4
1989	0.0	– 4.8	0.0	0.5	10.5	12.1	19.4	18.4
1990	0.4	– 4.2	– 5.4	2.1	6.8	10.6	17.1	19.8
1991	– 6.5	0.2	1.8	3.2	6.0	10.6	19.0	23.6
1992	0.3	– 2.1	0.3	0.8	11.2	14.7	19.7	18.8
1993	– 1.0	– 6.5	0.8	2.1	6.5	13.3	18.0	18.9
1994	1.9	– 3.3	0.3	0.5	7.6	12.9	18.6	21.4
1995	– 1.9	– 1.5	– 0.8	4.0	8.4	14.1	19.2	20.3
1996	1.0	– 2.0	– 2.9	0.4	2.2	13.5	18.7	21.0
1997	– 0.3	– 1.9	1.0	4.4	9.3	15.3	16.9	20.2
1998	0.4	– 1.4	0.5	1.1	5.7	12.2	19.0	23.6
1999	– 4.4	– 0.9	0.7	3.3	8.7	14.3	19.1	20.7
2000	0.0	– 1.2	– 2.0	5.1	9.3	15.0	17.4	22.7

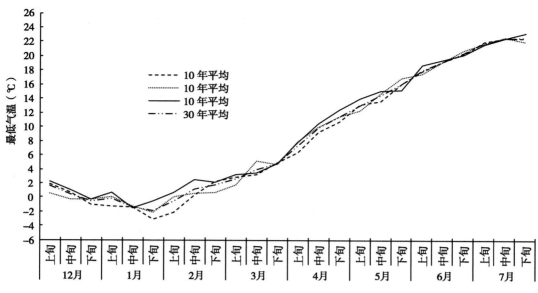

图 2－22　隆回县 30 年各旬平均最低气温

表 2－10　2001—2006 年气象资料

年份	年平均温度 （℃）	极端最高温度 （℃）	极端最低温度 （℃）	年度总日照时数 （h）	无霜期 （天）
2001	17.6	37.1	－2.3	1 340.2	310
2002	17.6	37.9	－4.8	1 212.7	313
2003	17.8	38.7	－3.7	1 527.1	280
2004	17.8	36.2	－2.9	1 397.6	294
2005	17.5	37.4	－3.7	1 468.9	275
2006	17.9	36.4	－3.1	1 506.4	277

2. 烤烟移栽期的热量条件

隆回烟—稻轮作烤烟大田生育期在 3 月上旬至 7 月中旬，气象资料清楚显示，3 月上旬烤烟移栽期的最低温度为 3～5℃，移栽期的低温和光照不足也是隆回烤烟生产的不利气象因素，这一时期烟苗遇到霜冻的机会较多，因而烟苗移栽后的防冻措施与当地的优质烤烟生产关系极为密切。生产上使用的地膜覆盖措施和稻草覆盖方式，对移栽后的烟苗防冻是目前最有效的方法。由于当地农时安排必须在 3 月上中旬完成烤烟移栽，7 月中旬烤烟采收结束开始安排晚稻插秧，以便给晚稻生产留出足够的生育时间，所以隆回烤烟生产与邵阳烤烟生产基本一致，烤烟大田生育期的调整余地极小，紧凑安排大田生育期对晚稻生产与烟草生产都非常重要。根据当地的气象特点，烤烟生产大田生育期最佳安排时间是 3 月 10～15 日移栽，将移栽期缩短，让烟农集中移栽，保证烟苗及时移栽，并采用膜下移栽措施保证移栽后烟苗免受冻害，这是防止大田出现早花的有效措施。隆回山地烤烟移栽期可以适当推迟到 3 月下旬或 4 月上旬，烟叶采收结束时间也可以推迟到 7 月底或 8 月上旬，不会受到后茬作物制约，因而不存在前期低温影响。

表 2－11　隆回县 1971—2000 年各月最高气温

年份	1 月	2 月	3 月	4 月	5 月	6 月	7 月	8 月	9 月	10 月	11 月	全年最高值
1971	18.4	19.0	25.0	28.0	31.0	35.7	39.0	34.0	35.0	29.6	26.8	39.0
1972	24.1	12.0	29.8	31.5	32.5	36.7	38.2	37.8	35.6	28.3	24.2	38.2
1973	12.9	24.2	27.9	32.6	29.3	33.9	35.2	35.2	32.3	34.1	23.2	35.2
1974	18.7	26.4	28.5	30.9	34.0	34.4	34.5	35.4	36.4	28.4	27.1	36.4
1975	14.1	17.8	22.6	26.4	32.4	34.4	36.5	35.2	34.9	31.7	19.8	36.5
1976	17.8	24.7	21.9	31.2	34.3	33.6	36.4	36.6	35.7	29.2	25.4	36.6
1977	10.8	26.1	26.5	30.9	30.8	31.8	35.7	37.5	32.8	30.4	24.9	37.5
1978	18.5	23.1	23.2	32.1	31.1	34.9	37.6	37.6	35.7	30.3	21.9	37.6
1979	22.3	27.0	30.4	30.1	31.3	34.2	36.0	37.2	32.5	29.7	30.2	37.2
1980	13.0	24.0	24.6	30.4	34.4	35.2	36.2	35.5	33.5	34.5	26.3	36.2
1981	17.1	23.4	24.6	30.4	33.0	36.9	36.7	36.6	33.3	27.0	18.1	36.9
1982	19.7	15.8	25.8	26.9	34.7	33.0	35.7	35.3	33.0	29.6	23.5	36.7
1983	19.0	17.0	25.5	31.8	33.2	34.8	35.7	37.0	35.6	32.0	23.2	37.0
1984	17.6	12.0	25.4	27.5	33.2	34.5	37.0	34.5	33.0	32.0	27.7	37.0
1985	21.5	16.8	20.2	31.3	34.3	34.6	37.7	37.6	34.5	34.2	22.5	37.7
1986	15.8	15.8	23.5	30.9	34.2	35.2	36.3	35.8	34.0	31.2	23.7	36.3
1987	17.0	27.7	28.3	33.7	33.8	34.6	36.0	35.5	34.6	30.3	27.3	36.0
1988	15.1	22.6	35.4	31.4	34.2	35.3	37.5	35.6	31.8	28.4	25.5	37.5
1989	14.9	16.3	19.0	27.5	32.8	34.0	37.4	37.9	33.3	31.0	28.7	37.9
1990	13.1	17.0	26.5	32.4	32.2	33.6	36.7	37.0	34.9	27.0	26.6	37.0
1991	9.9	17.6	29.5	30.1	36.2	34.7	37.8	35.9	35.5	30.6	24.0	37.8
1992	21.5	24.7	25.2	32.3	32.4	33.6	37.5	38.4	36.1	34.2	27.0	38.4
1993	19.7	26.1	24.7	33.3	31.4	34.7	35.0	35.3	32.6	29.8	26.2	35.3
1994	18.0	17.6	21.1	32.7	34.6	35.0	36.8	35.7	34.3	28.8	26.7	36.8
1995	18.4	19.0	23.4	33.3	33.4	34.7	35.1	37.4	37.0	30.8	24.7	37.7
1996	19.0	27.0	27.2	30.2	33.2	34.4	35.0	35.0	34.3	31.6	23.7	35.6
1997	18.7	21.6	27.7	30.1	34.8	32.9	35.1	36.8	34.8	29.6	26.7	36.8
1998	12.5	27.0	28.4	34.2	32.7	33.3	36.3	38.4	36.5	32.4	28.7	38.4
1999	18.5	21.7	29.7	32.8	31.9	35.0	36.6	36.1	35.4	32.4	25.0	36.6
2000	20.7	11.8	27.1	28.5	34.8	34.7	37.5	35.5	34.5	32.1	23.7	37.5

3. 烤烟旺长期的热量条件

根据隆回县 1971—2000 年各月气象资料，4 月上旬至 5 月中旬烤烟旺长期气温逐渐升高，温度变化比较平稳，这一时期不会出现低温天气，每日的最低气温也能满足烤烟正常生长需要，最高气温已达到烤烟生长所需的适宜温度，这一时期的气温条件非常适合优质烤烟生产要求。

4. 烤烟成熟采收期的温度条件

5 月中旬至 7 月上旬隆回烟—稻轮作烤烟烟叶逐步进入成熟采收期，优质烤烟的烟叶成熟期需要良好的热量条件，温度过高或过低都不利于优质烟叶的生产。从隆回县的气象条件可以看出，下部烟叶 5 月中下旬开始采收，这一时期的平均气温适合优质烤烟烟叶成熟需求，最低温度可以满足烟叶生长发育要求。表 2 - 11 中各月最高气温显示，5 月已出现高温天气，全年最高气温都在 5～7 月，尤其 7 月是全年最高气温月份，这期间的最高温度都在 30℃ 以上，持续高温对烟叶的发育和内在物质转化不是非常有利，成熟期高温是该产区中、上部位烟叶正常成熟的不利因素，连续高温就会出现高温逼熟现象。烤烟生育后期的持续高温对上部烟叶正常成熟造成极大困难，但这一时期常年也伴随较多的降水，每日最高温度持续时间不长，可以对高温天气起到一定缓解。这种成熟采收期出现的高温问题也是隆回产区烤烟生产大田移栽期必须尽量前移的原因之一。但广东地区山地烤烟由于海拔升高，上部烟叶成熟期温度有所降低，对 7 月的高温天气会形成一定的缓解作用。

（三）降水分布与湿度

隆回县地处中亚热带季风湿润气候区。根据 1971—2000 年 30 年气象资料记载，年平均降水量 1 318.4mm。该地区降水量分布比较均匀（表 2 - 12），尤其烤烟大田生长的 3 月中旬至 7 月中旬，降水量更为充沛（表 2 - 13）。烤烟生长季节前期降水量偏少，但这个时期温度低，光照不足，田间蒸发量较少，而且烟株需水量较少；到 4 月中旬后烤烟进入旺长期，降水量逐步增加，5 月下旬达到全年降水量的峰值时期（图 2 - 23），但 6 月上旬到中旬有一个阶段性干旱期，至 6 月中旬降水量又有所增加，之后急剧减少，这种降水量分布模型与烤烟生长期的需水规律模型基本吻合，因此，降水量是该地区优质烤烟生产比较有利的条件。空气相对湿度记载数据（表 2 - 14）表明，隆回县在烤烟生长季节的空气相对湿度比较符合优质烤烟生长发育需要，但 6 月上旬到中旬的阶段性干旱期与烤烟中、上部叶片快速发育期相遇，如果没有一定的灌溉措施保证，这一时期的干旱可能造成中、上部位烟叶质量下降和产量降低。烤烟生产上不能忽视旺长期和烟叶成熟期的短时间干旱天气，这一时期气温较高，田间蒸发量较大，烟株需水量较大，缺水会对烟叶正常成熟和质量带来较严重影响，因而，良好的灌溉条件也是烤烟生产所必须具备的。

表 2 - 12　1971—2000 年隆回县各月降水量　　　（单位：mm）

年份	1月	2月	3月	4月	5月	6月	7月	8月	9月	10月	11月	12月
1971	36.5	80.0	71.0	118.3	274.0	173.7	52.8	229.9	27.5	32.0	20.3	40.9
1972	10.1	80.0	76.5	237.7	247.0	104.1	17.3	44.5	232.6	129.1	118.6	67.6
1973	58.1	65.4	91.6	271.6	345.7	178.4	92.6	116.6	66.2	82.1	41.6	0.1
1974	97.4	50.1	19.6	171.8	194.5	202.4	172.7	35.4	53.1	11.1	10.6	27.0
1975	32.1	54.3	119.5	211.3	485.2	122.1	181.2	255.5	66.9	21.3	125.7	24.4
1976	46.5	42.8	111.4	170.9	82.6	157.1	120.1	140.4	85.9	83.7	50.3	16.2
1977	74.9	40.3	45.7	182.6	213.8	243.9	71.3	142.1	30.2	101.1	33.6	49.4
1978	49.1	7.3	79.2	145.3	244.2	134.9	46.2	44.9	90.1	76.6	121.0	35.3
1979	66.8	71.9	94.2	147.2	179.7	231.5	83.8	139.8	55.2	0.3	2.0	18.2
1980	100.7	127.8	127.9	296.9	169.4	90.9	207.8	163.2	2.4	100.7	16.3	23.8
1981	51.9	75.5	63.5	199.0	202.7	288.5	190.2	61.3	33.1	138.0	125.2	2.8
1982	36.3	159.3	74.1	141.1	161.9	392.7	36.9	176.6	199.2	129.6	109.6	34.2
1983	84.4	149.0	64.1	157.9	161.8	160.5	86.9	102.5	38.8	77.3	41.3	37.1
1984	40.9	17.8	87.0	190.4	283.2	90.1	71.4	212.6	29.5	81.4	60.0	51.4
1985	41.5	154.1	95.1	158.6	136.5	130.1	33.3	132.6	59.0	44.1	64.4	40.4
1986	43.7	90.6	130.0	102.5	77.4	333.3	207.9	83.2	47.7	70.7	72.3	22.7
1987	56.9	74.8	50.5	114.1	200.8	133.8	228.0	78.4	58.8	210.0	106.4	1.7
1988	55.6	100.0	108.9	154.0	136.7	310.2	168.8	287.4	215.2	24.6	0.2	4.2
1989	131.8	81.4	71.9	140.1	146.0	165.1	74.9	107.0	91.3	30.5	51.0	30.2
1990	89.0	86.4	150.9	130.4	142.9	168.5	71.9	34.9	84.4	195.7	110.1	47.3
1991	185.5	39.7	243.1	103.8	102.4	237.3	32.9	109.0	16.4	56.8	68.0	33.5
1992	35.3	92.9	289.6	134.9	189.3	189.9	77.8	7.5	16.4	10.8	16.9	72.5
1993	67.2	112.7	116.4	88.9	189.6	152.9	323.5	107.9	50.3	98.4	61.1	31.9
1994	16.0	107.3	133.4	202.4	174.9	180.0	383.5	255.0	88.8	170.3	24.4	73.5
1995	72.8	96.4	95.5	95.4	159.7	243.7	40.6	141.3	90.6	101.6	41.9	10.8
1996	78.3	30.2	164.5	68.1	151.7	119.4	436.9	176.8	6.7	56.7	32.5	40.1
1997	61.1	106.7	137.5	146.8	189.8	185.4	162.9	106.8	105.9	195.9	119.0	89.2
1998	158.0	83.8	113.5	114.2	129.1	442.4	178.4	15.9	47.5	139.1	23.2	11.7
1999	45.5	8.1	52.6	126.7	209.0	163.0	299.8	174.1	46.5	114.1	23.7	0.1
2000	53.9	47.6	222.2	150.7	167.8	135.5	66.8	176.9	109.3	154.8	29.8	20.4

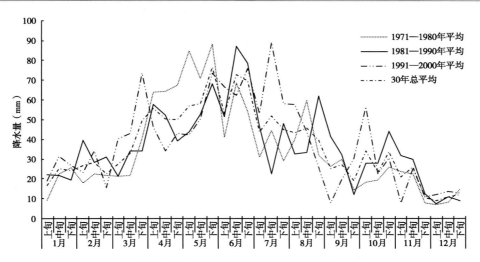

图 2 - 23　隆回县 30 年各旬降水量分布

表 2 - 13　隆回县 1971—2000 年各年度 ≥0.1mm 降水日数（天）

年份	1 月	2 月	3 月	4 月	5 月	6 月	7 月	8 月	9 月	10 月	11 月	12 月
1971	11	15	19	22	18	15	5	17	6	11	6	11
1972	9	21	11	17	18	14	5	9	14	18	16	14
1973	17	16	21	22	22	20	16	15	12	7	9	1
1974	18	8	10	14	20	20	15	9	11	7	7	16
1976	17	14	22	20	20	17	12	15	9	16	15	8
1977	12	15	26	18	13	20	12	12	7	12	9	12
1978	20	10	12	20	19	20	12	11	9	14	8	9
1979	11	8	19	16	19	15	9	13	8	11	13	9
1980	15	13	25	20	21	18	14	17	14	1	4	8
1981	22	19	24	20	17	12	12	21	3	10	5	13
1982	17	15	21	23	16	13	13	7	8	17	17	2
1983	13	24	16	21	17	20	9	20	18	15	21	11
1984	17	16	17	24	21	14	10	12	6	14	9	10
1985	12	19	19	23	21	16	10	11	9	16	5	13
1986	15	21	28	15	21	11	13	18	11	15	18	15
1987	10	16	13	22	16	16	14	14	7	14	11	8
1988	17	19	17	16	22	15	10	16	9	6	1	1
1989	20	21	14	18	16	19	7	11	12	12	12	11
1990	17	21	21	19	18	16	8	7	10	13	11	12
1991	23	14	22	22	17	18	11	16	4	11	13	13
1992	14	18	25	14	20	17	8	4	7	6	4	13
1993	15	15	14	15	21	15	17	16	7	11	11	7
1994	14	16	20	21	15	17	20	18	11	18	9	17
1995	16	14	17	23	16	14	11	16	9	13	7	6
1996	19	9	17	16	17	13	19	15	6	10	12	8
1997	16	14	19	19	14	14	19	10	12	16	15	23
1998	20	19	17	15	20	23	12	7	8	7	8	10
1999	11	7	12	17	19	20	18	19	8	11	12	1
2000	18	18	22	24	17	18	8	16	9	20	12	8

表 2 – 14　1971—2000 年隆回县各月平均相对湿度

年份	1月	2月	3月	4月	5月	6月	7月	8月	9月	10月	11月	12月	全年（平均）
1971	80	86	89	89	88	85	70	80	78	73	76	79	81
1972	78	84	80	85	82	80	71	70	80	87	85	81	80
1973	83	87	87	86	87	87	82	81	85	74	76	62	81
1974	82	76	78	78	81	85	84	74	74	69	74	80	78
1975	84	83	86	85	88	83	79	82	80	78	82	75	82
1976	79	85	87	85	81	84	79	77	77	84	76	77	81
1977	83	78	78	85	86	87	79	76	76	85	79	82	81
1978	79	79	84	81	84	85	71	75	74	74	82	80	79
1979	83	84	84	84	83	86	80	82	84	66	57	74	79
1980	85	81	87	84	79	79	81	84	75	79	77	73	80
1981	81	82	84	86	78	81	77	77	75	79	86	69	80
1982	80	87	85	82	78	84	74	84	87	84	82	77	82
1983	80	83	80	85	83	80	76	76	78	84	77	76	80
1984	77	81	85	85	84	81	74	78	79	81	78	76	80
1985	83	84	84	79	80	79	72	76	78	79	81	80	80
1986	81	82	79	86	77	84	81	76	73	76	76	76	79
1987	81	81	85	81	83	81	81	79	77	86	84	71	81
1988	82	84	80	79	85	80	77	84	80	74	60	71	78
1989	85	86	81	81	81	84	74	76	80	77	78	82	80
1990	83	86	84	83	79	83	75	72	71	80	80	78	80
1991	86	82	86	83	79	83	74	80	72	71	75	81	79
1992	80	82	86	82	85	84	75	67	72	64	60	77	76
1993	77	77	82	83	83	85	85	83	80	76	82	73	81
1994	76	83	83	84	80	87	85	85	84	85	85	87	84
1995	83	82	80	86	80	85	75	81	73	83	74	71	79
1996	81	72	83	78	84	83	85	83	79	80	80	77	80
1997	79	85	84	85	78	84	85	77	79	85	82	85	82
1998	82	84	84	79	82	87	80	73	74	73	80	78	80
1999	77	71	83	81	79	84	86	82	80	82	81	66	79
2000	80	83	84	83	80	81	72	80	76	87	78	82	81

（四）土壤条件

2006年初对隆回县土壤118个地点的样品进行了分析（表2-15），其中，水田土样102个；旱田土样16个，水田土壤全部都是灰红土。水田和旱田大部分由石灰岩成土母质。

1. 取样地点海拔高度

102个水田取样地点海拔高度分布在262~755m，其中200~299m土样样品27个，300~399m的土样样品57个，400~499m的土样样品9个，>500m的土样样品9个。旱田取样地点海拔为313~764m，其中，300~399m的土样样品2个，400~499m的土样样品3个，500~599m的2个，600~699m的2个，>700m的土样样品7个。

表2-15　2006年2月隆回县土壤分析结果表

地点	北纬	东经	海拔(m)	类型	pH	碱解氮(mg/kg)	有效磷(mg/kg)	速效钾(mg/kg)	有机质(g/kg)	代换镁cmol	氯(mg/kg)	有效硼(mg/kg)	有效锌(mg/kg)
	27°12′45″	111°09′332″	294	水田	5.23	170.7	11.6	95	24.3	0.25	5.68	0.27	1.01
	27°12′26.2″	111°10′04.5″	302	水田	5.38	224.7	21.3	182	39.3	0.93	8.17	0.75	2.44
	27°13′52.8″	110°10′08.4″	349	水田	5.15	139.4	11.3	80	20.0	0.84	3.55	0.24	1.25
	27°12′44.8″	111°11′27.9″	315	水田	5.17	127.5	20.6	82	27.8	0.63	4.97	0.19	1.90
	27°12′56.7″	110°10′26.8″	326	水田	5.18	167.7	23.5	111	28.5	0.54	痕量	0.44	2.11
	27°13′53.6″	110°09′53.9″	346	水田	4.94	144.2	17.1	64	21.2	0.31	2.13	0.36	1.67
	27°15′35.7″	111°13′23.1″	279	水田	7.35	116.3	16.8	133	23.1	0.48	痕量	0.4	1.65
	27°13′26.1″	111°11′58.8″	317	水田	6.25	156.5	8.6	109	34.4	0.71	1.42	0.34	1.10
	27°14′23.6″	111°11′48.6″	328	水田	5.05	112.2	19.5	100	19.7	0.50	0.71	1.33	2.50
滩头镇	27°14′06.0″	111°11′00.6″	324	水田	4.94	191.9	23.4	135	22.5	0.46	5.68	0.32	1.78
	27°13′58.2″	111°10′19.6″	338	水田	4.91	167.7	15.7	103	20.4	0.42	1.42	0.28	1.16
	27°15′49.8″	111°11′18.6″	305	水田	5.07	165.8	15.2	108	26.3	0.71	痕量	0.41	2.60
	27°16′46.5″	111°10′28.6″	312	水田	4.73	214.7	7.3	98	31.1	0.76	32.66	0.29	2.64
	27°16′43.8″	111°11′45.8″	275	水田	7.84	183.4	21.5	108	37.2	1.23	痕量	0.24	1.40
	27°12′59.9″	111°04′42.7″	268	水田	5.74	151.7	11.8	100	37.1	1.90	痕量	0.43	1.29
	27°12′44.7″	111°04′17.2″	277	水田	5.99	147.2	10.6	138	37.1	3.13	痕量	0.5	1.72
	27°17′04.0″	111°06′53.4″	282	水田	6.59	190.1	27.6	235	37.3	1.86	痕量	0.44	2.75
	27°16′23.5″	111°05′44.3″	347	水田	5.76	164.0	12.0	164	30.7	0.80	痕量	0.58	1.56
	27°18′17″	111°11′21.6″	296	水田	5.84	191.6	10.1	49	32.9	1.05	痕量	0.35	1.81
	27°13′23.6″	111°09′32.3″	368	水田	5.35	151.7	31.1	117	33.6	0.63	痕量	0.32	1.81

（续表）

地点	北纬	东经	海拔 (m)	类型	pH	碱解氮 (mg/kg)	有效磷 (mg/kg)	速效钾 (mg/kg)	有机质 (g/kg)	代换镁 cmol	氯 (mg/kg)	有效硼 (mg/kg)	有效锌 (mg/kg)
岩口乡	27°21′01.3″	111°02′00.8″	715	旱田	6.03	145.3	35.9	486	24.7	1.35	痕量	0.59	2.55
	27°19′35.4″	111°01′43.5″	672	水田	4.72	187.5	15.3	68	26.2	0.42	13.85	0.31	1.88
	27°20′20.2″	111°02′05.2″	752	旱田	6.75	118.5	19.7	95	21.4	1.22	痕量	0.28	1.61
	27°20′40.3″	111°01′51.8″	755	水田	5.99	131.2	14.1	92	24.7	0.29	痕量	0.24	1.17
	27°21′16.6″	111°02′47.3″	694	水田	5.6	162.5	8.1	85	21.3	0.37	痕量	0.23	0.98
	27°21′36.3″	111°02′33.4″	652	水田	5.54	139.4	13.0	109	23.4	0.37	痕量	0.32	1.63
	27°20′50.0″	111°00′50.0″	710	旱田	5.04	127.8	11.8	70	19.6	0.29	16.69	0.13	1.05
	27°15′45″	110°57′11″	640	旱田	5.93	133.0	9.6	80	19.0	0.33	痕量	0.23	0.95
	27°19′24.5″	111°06′27.8″	371	水田	5.34	139.7	7.8	134	20.2	0.2	2.13	0.29	1.15
	27°20′40.3″	111°07′56.3″	338	水田	4.98	147.6	7.4	88	20.5	0.37	12.07	0.21	1.19
桃洪	27°11′14.8″	111°02′16.5″	317	水田	4.44	174.0	25.5	297	25.6	1.82	38.7	0.35	3.4
	27°11′51.4″	111°02′41.2″	278	水田	7.59	126.0	15.9	147	34.2	1.23	痕量	0.41	1.4
六都寨镇	27°17′27.1″	110°54′24.7″	262	水田	5.56	256.7	23.7	59	36.1	0.61	12.07	0.4	1.76
	27°17′10.0″	110°53′46.7″	282	水田	7.59	156.7	10.3	112	34.7	0.53	1.42	0.35	1.69
	27°16′44.8″	110°53′41.8″	282	水田	5.75	157.8	10.3	140	26.8	0.43	1.42	0.34	1.76
	27°15′43.7″	110°53′04.3″	290	水田	5.55	250.7	13.5	174	40.2	0.57	痕量	0.56	1.41
	27°17′51.2″	110°54′48.0″	305	水田	4.92	228.1	8.4	116	34.4	0.48	6.75	0.46	1.49
	27°19′53.4″	110°56′29.4″	300	水田	4.82	208.4	5.8	73	33.0	0.35	6.04	0.34	1.12
高坪镇	27°28′00.3″	111°05′37.9″	355	水田	4.49	153.9	15.1	68	27.3	0.35	3.55	0.24	1.86
	27°08′31.0″	111°13′09.4″	315	水田	5.69	138.6	15.7	142	33.5	0.71	8.87	0.29	2.28
	27°08′31.1″	111°13′09.2″	316	水田	5.08	215.4	6.0	106	47.6	1.1	7.10	0.41	3.11
	27°07′02.7″	111°12′05.5″	295	水田	4.77	126.7	18.0	137	26.1	0.46	6.04	0.34	1.45
	27°10′23.7″	111°11′41.9″	378	水田	5.46	158.8	20.3	91	31.9	4.41	痕量	0.28	3.63
	27°10′08.9″	111°11′03.4″	389	水田	4.39	147.6	37.0	305	29.4	0.39	38.34	0.68	1.98
	27°11′23.8″	111°12′51.4″	378	水田	4.09	171.9	7.1	140	34.8	1.48	6.04	0.41	1.97
	27°12′08.4″	111°10′42.0″	319	水田	6.99	128.9	17.3	138	28.0	1.22	痕量	0.48	1.98
	27°12′20.1″	111°10′34.2″	310	水田	7.68	167.7	21.7	163	39.9	0.91	痕量	0.58	2.87
	27°11′18.0″	111°10′15.9″	314	水田	5.34	211.3	14.1	111	37.8	1.1	3.55	0.63	1.7
	27°11′30.8″	111°10′10.3″	314	水田	5.44	183.4	15.8	162	39.2	1.14	4.26	0.51	2.12
	27°11′41.3″	111°09′02.4″	307	水田	5.03	177.4	16.5	103	33.5	0.63	痕量	0.47	2.47
	27°11′31.2″	111°09′22.3″	322	水田	5.62	200.5	26.5	192	37.7	1.65	痕量	0.52	2.39
	27°10′36.9″	111°10′09.1″	336	水田	5.71	156.5	9.2	107	30.0	1.39	2.13	0.35	1.3

（续表）

地点	北纬	东经	海拔（m）	类型	pH	碱解氮（mg/kg）	有效磷（mg/kg）	速效钾（mg/kg）	有机质（g/kg）	代换镁 cmol	氯（mg/kg）	有效硼（mg/kg）	有效锌（mg/kg）
	27°08′18.1″	111°06′31.8″	300	水田	5.21	127.5	8.8	106	23.8	0.42	痕量	0.21	1.35
	27°08′03.2″	111°06′48.1″	302	水田	5.26	183.4	14.1	82	28.8	0.46	15.62	1.22	1.24
	27°11′00.4″	111°07′57.0″	278	水田	6.21	181.1	34.4	132	34.4	0.71	痕量	0.71	2.02
	27°11′20.4″	111°08′03.2″	287	水田	5.81	146.8	23.2	169	28.7	0.33	7.10	0.48	2.22
	27°10′00.6″	111°10′03.0″	332	水田	7.70	201.6	14.0	138	44.3	0.77	痕量	0.35	1.88
	27°10′18.2″	111°09′52.7″	309	水田	5.84	132.7	7.7	84	27.4	1.48	3.55	0.34	1.25
	27°10′37.8″	111°09′17.6″	298	水田	7.63	273.5	21.7	103	52.2	0.32	2.13	0.48	1.37
	27°12′24.9″	111°08′37.3″	320	水田	6.31	193.0	12.8	110	40.6	0.63	7.10	0.67	1.25
	27°12′22.4″	111°08′38.0″	323	水田	5.11	167.3	21.3	123	25.7	0.42	痕量	0.85	1.68
	27°12′14.4″	111°08′10.3″	318	水田	4.99	213.9	12.4	130	36.5	0.46	3.55	0.66	3.07
雨山乡	27°12′50.8″	111°07′56.0″	345	水田	5.25	162.4	20.3	118	20.9	0.54	1.42	0.30	1.65
	27°12′09.3″	111°07′38.5″	342	水田	4.72	177.4	14.2	108	28.3	0.5	14.20	0.41	2.11
	27°11′54.1″	111°05′49″	326	水田	7.73	185.6	13.7	131	38.2	1.23	痕量	0.38	1.49
	27°11′45.3″	111°05′41.4″	329	水田	5.27	164.7	13.5	114	27.9	0.88	3.55	0.34	1.23
	27°11′36.8″	111°05′32.3″	312	水田	7.31	192.6	13.6	139	41.7	2.14	痕量	0.52	2.93
	27°11′00.2″	111°06′08.1″	293	水田	5.32	194.9	8.5	144	29.1	0.46	7.10	0.37	1.33
	27°11′17.3″	111°05′40.2″	277	水田	7.64	107.7	10.3	99	24.1	0.59	痕量	0.20	1.47
	27°10′36.2″	111°05′19.4″	298	水田	5.08	195.6	11.1	136	28.2	0.97	7.10	0.43	1.63
	27°10′27.8″	111°05′00.7″	296	水田	5.19	161.7	8.4	125	27.6	0.63	3.55	0.43	1.39
	27°10′15.7″	111°04′36.4″	290	水田	4.92	200.1	33.5	120	32.9	0.45	痕量	0.44	1.94
	27°09′28.2″	111°05′15.7″	269	水田	6.72	209.1	26.7	120	43.0	0.63	0.71	0.45	1.03
	27°09′35.8″	111°09′54.8″	408	水田	5.04	156.1	10.6	113	26.0	1.27	26.27	0.29	1.25
横板桥	27°10′37.0″	110°47′55.1″	306	水田	4.97	135.9	5.5	97	21.8	0.35	12.07	0.25	1.01
	27°12′38.1″	110°51′25.4″	356	水田	5.18	133.3	11.2	117	20.0	0.56	痕量	0.27	1.32
	27°13′44.6″	110°54′11.4″	377	水田	7.41	163.1	3.2	86	25.4	0.51	痕量	0.12	0.97
石门乡	27°09′36.0″	111°00′28.0″	325	水田	5.46	197.1	29.9	76	27.2	0.84	痕量	0.25	2.15
	27°14′22.2″	111°01′32.4″	396	水田	6.70	174.8	12.1	112	30.3	0.63	痕量	0.26	0.93
	27°11′55.6″	111°01′10.0″	300	水田	6.67	153.9	19.8	82	33.5	1.75	痕量	0.33	1.53
	27°13′09.5″	111°00′19.1″	400	水田	6.02	172.5	14.5	61	28.3	0.33	痕量	0.43	0.89

（续表）

地点	北纬	东经	海拔(m)	类型	pH	碱解氮(mg/kg)	有效磷(mg/kg)	速效钾(mg/kg)	有机质(g/kg)	代换镁cmol	氯(mg/kg)	有效硼(mg/kg)	有效锌(mg/kg)
	27°18′46.5″	110°59′01.6″	687	水田	4.92	178.9	26.1	132	23.0	0.29	28.4	0.32	1.82
	27°18′51.6″	110°59′12.3″	712	旱田	7.15	169.2	51.3	436	26.6	1.60	痕量	0.45	2.25
	27°17′48.5″	110°58′40.6″	598	旱田	4.73	152.8	36.3	114	24.0	0.25	5.33	0.19	1.53
	27°17′15.5″	110°58′29.3″	602	旱田	6.63	77.5	26.4	150	12.2	0.95	2.13	0.16	0.93
	27°17′22.5″	110°57′54.2″	544	水田	6.38	121.1	15.5	79	18.9	0.42	2.13	0.15	0.89
	27°16′45.0″	110°57′48.0″	544	水田	7.84	98.0	28.7	128	20.9	0.26	痕量	0.21	0.75
	27°16′20.3″	110°57′49.4″	477	水田	5.01	181.2	13.1	134	25.8	0.37	4.62	0.34	1.84
	27°16′21.1″	110°57′32.9″	479	水田	5.83	199.0	45.7	179	29.8	1.10	痕量	0.63	1.90
荷香桥镇	27°14′42.1″	110°56′58.7″	280	水田	5.47	129.5	37.1	100	22.1	0.55	痕量	0.34	1.32
	27°16′05.5″	110°54′21.8″	313	旱田	6.65	119.7	10.9	69	21.0	0.72	痕量	0.28	0.46
	27°17′59.6″	110°00′37.3″	405	水田	7.05	166.9	15.6	145	31.5	0.59	4.97	0.44	0.81
	27°16′04.3″	110°00′52.2″	388	水田	5.91	209.2	10.1	100	37.3	2.37	痕量	0.37	1.76
	27°15′24.04″	111°00′22.4″	392	水田	5.00	165.0	7.3	66	25.6	0.51	14.20	0.32	1.39
	27°16′12.8″	111°00′02.7″	522	旱田	5.71	122.7	27.7	326	18.4	1.31	痕量	0.34	2.75
	27°15′47.2″	110°59′39.3″	449	水田	4.71	143.5	8.5	88	25.7	0.41	8.17	0.33	1.45
	27°15′42.6″	110°58′07.2″	452	旱田	6.78	115.2	10.2	124	18.4	0.87	2.84	0.29	1.51
	27°15′54.4″	110°58′34.3″	470	旱田	6.60	113.3	27.9	237	19.5	1.05	痕量	0.29	2.97
	27°16′07.4″	110°58′41.6″	490	水田	5.08	142.7	7.7	99	26.4	0.46	12.78	0.27	1.32
	27°15′08.7″	110°58′17.2″	438	水田	5.16	177.5	9.7	109	23.1	0.37	痕量	0.35	1.20
	27°13′10.7″	110°59′06.7″	385	旱田	7.68	79.3	1.8	80	13.0	0.43	痕量	0.12	0.52
南岳庙	27°11′04.6″	110°54′57.3″	332	水田	6.93	163.5	16.4	366	30.2	3.15	3.55	0.42	2.89
	27°08′34.5″	110°51′05.7″	275	水田	5.67	174.8	19.4	101	28.0	1.10	痕量	0.25	1.60
	27°15′14.1″	110°52′02.0″	335	水田	5.10	262.8	12.1	123	43.6	0.61	17.4	0.29	2.79
西洋江镇	27°15′16.5″	110°50′51.5″	432	旱田	4.94	200.1	11.9	88	27.3	0.33	19.88	0.38	2.79
	27°14′40.6″	110°50′51.8″	363	水田	5.19	231.8	21.9	164	35.3	0.59	痕量	0.24	1.67
	27°16′07.7″	110°48′48.2″	329	水田	4.77	280.9	8.8	65	40.6	0.38	15.62	0.34	1.88
	27°16′48.5″	110°48′58.7″	340	水田	5.86	262.8	10.3	51	45.7	0.61	痕量	0.42	1.71

（续表）

地点	北纬	东经	海拔 （m）	类型	pH	碱解氮 （mg/kg）	有效磷 （mg/kg）	速效钾 （mg/kg）	有机质 （g/kg）	代换镁 cmol	氯 （mg/kg）	有效硼 （mg/kg）	有效锌 （mg/kg）
	27°21′07.6″	110°56′42.9″	262	水田	5.14	231.1	25.2	99	34.5	0.54	痕量	0.33	2.17
	27°21′06.5″	110°56′56.2″	291	水田	5.14	131.4	12.2	167	24.2	0.41	痕量	0.34	1.41
	27°20′44.1″	110°57′52.2″	286	水田	5.65	223.5	11.4	90	37.4	0.43	1.42	0.40	1.71
	27°21′02.9″	110°58′43.9″	308	水田	5.75	210.7	39.6	125	32.6	0.92	痕量	0.34	1.65
荷田镇	27°20′53.6″	110°59′55.3″	515	水田	5.26	189.2	26.8	76	34.9	0.41	痕量	0.32	2.72
	27°20′25.6″	110°59′38.2″	490	水田	4.84	164.2	35.3	228	28.8	0.41	3.55	0.47	2.35
	27°21′25.1″	111°02′02.0″	601	水田	6.02	220.5	19.1	121	37.6	0.41	痕量	0.32	1.47
	27°20′29.0″	111°00′47.2″	764	旱田	4.83	185.0	20.9	153	26.3	0.32	3.55	0.32	1.24
	27°20′24.4″	111°00′39.6″	763	旱田	5.77	146.1	24.2	144	25.0	0.43	痕量	0.31	1.76
	27°19′29.7″	110°59′44.6″	717	旱田	7.02	142.7	34.0	468	23.9	1.33	2.84	0.43	2.42

2. 土壤 pH 分布

表 2 – 15 数据表明，水田土壤样品 pH，4.1 ~ 7.8，其中，< 5 的样品 21 个，5.0 ~ 5.5 的 35 个，5.5 ~ 6.0 的 21 个，6.0 ~ 7.0 的 12 个，7.0 ~ 7.5 的 4 个，> 7.5 的 9 个。旱田土壤样品 pH 4.73 ~ 7.68，其中，< 5 的样品 3 个，5.0 ~ 5.5 的 1 个，5.5 ~ 6.0 的 3 个，6.0 ~ 7.0 的 6 个，7.0 ~ 7.5 的 2 个，> 7.5 的 1 个。旱田和水田的土壤酸碱度多属于适宜范围（图 2 – 24，图 2 – 25）。

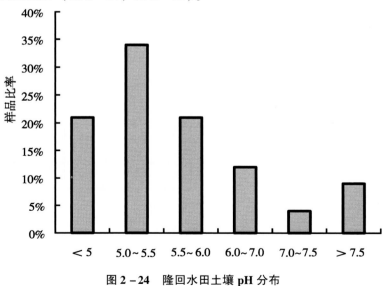

图 2 – 24　隆回水田土壤 pH 分布

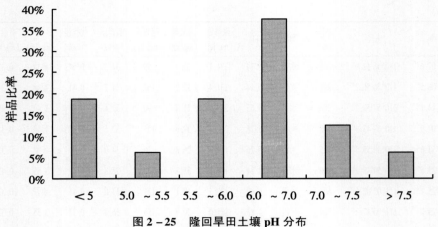

图 2 – 25　隆回旱田土壤 pH 分布

3. 土壤有机质分布

土壤有机质含量高低直接影响土壤的物理性质、化学性质和肥力水平。在烤烟生产上，土壤有机质含量过高或者过低均对烟叶质量产生不良影响。因此分析化验土壤有机质含量为优质烟叶生产提供施肥依据。

表 2 – 15 数据显示，隆回水田土壤有机质含量为 18.9 ~ 52.2g/kg，平均值为 30.62g/kg。隆回旱田土壤有机质含量为 12.2 ~ 27.3g/kg，平均值为 21.27g/kg。说明水田土壤有机质含量较高，旱田土壤有机质含量属于中等水平。根据湖南省植烟土壤养分分级标准（表 2 – 6），多数地块有机质含量高于适宜范围（图 2 – 26，图 2 – 27）。

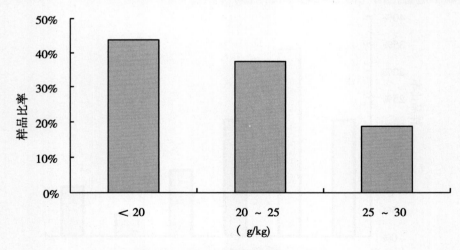

图 2 – 26　隆回旱田土壤有机质分布

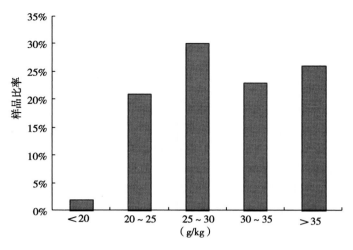

图 2 - 27　隆回水田土壤有机质分布

4. 土壤氮素营养

烟株要完成生长发育过程必须有氮素的供应，氮素的平衡供应对烤烟的产量和质量有着决定性作用。许多研究表明，施用过量氮肥会造成烟叶内部碳氮代谢失去平衡，推迟成熟，从而使烟叶中积累过多的氮类化合物和烟碱。优质的烤烟产区一般在生长前期施用较多氮肥，以促进烟株的正常生长发育，而在成熟期则减少氮肥施用量，以促进烟叶成熟落黄，从而避免烟株生长后期氮素过多导致烟叶烟碱含量过高的情况出现（武雪萍，2003；唐莉娜等，2000；曹志洪等，1991；施卫省等，2003）。

隆回水田土壤样品碱解氮含量为 98.0 ~ 280.9mg/kg，平均值为 174.54mg/kg。旱田土壤样品碱解氮含量为 77.5 ~ 200.1mg/kg，平均值为 134.2mg/kg。水田土壤样品氮素营养偏高，在生产上应注意氮素的控制使用，旱田土壤样品碱解氮多为 110 ~ 180mg/kg，只有个别情况需要控制氮肥用量（图 2 - 28，图 2 - 29）。

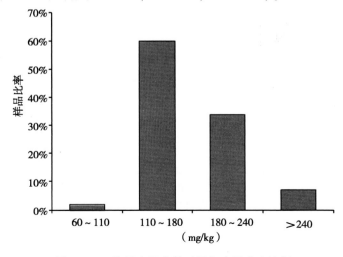

图 2 - 28　隆回水田土壤碱解氮含量分布比例

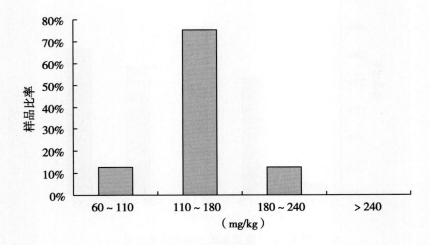

图 2 - 29　隆回旱田土壤碱解氮含量分布比例

5. 土壤磷素营养

　　隆回水田土壤样品有效磷含量为 3.2 ~ 45.7mg/kg，平均值为 16.57mg/kg。水田样品有效磷含量为 10 ~ 20mg/kg 的占 50.0%，分布在 5 ~ 10mg/kg 的缺磷土壤样品占 19.6%。旱地土壤样品有效磷含量为 1.8 ~ 51.3mg/kg，平均值为 22.5mg/kg。旱田缺磷（<5mg/kg）和低磷（5 ~ 10mg/kg）的样品各占 6.0%（表 2 - 15）。可见旱田土壤磷素含量更为丰富，但水田和旱田土壤磷素营养分布不均匀，在烤烟生产上应分别对待，防止出现缺磷现象和磷素过多现象（图 2 - 30，图 2 - 31）。

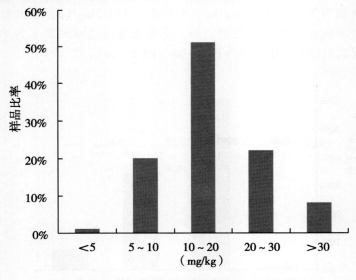

图 2 - 30　隆回水田土壤有效磷含量分布比例

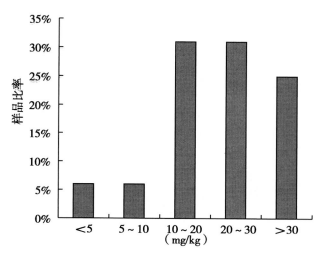

图 2 – 31 隆回旱田土壤有效磷含量分布比例

6. 土壤钾素营养

水田土壤样品速效钾含量为 49～366mg/kg，平均值为 121.37mg/kg。旱田土壤样品速效钾含量为 69～486mg/kg，平均值为 195mg/kg（表 2 – 15）。土壤速效钾含量水平偏低，因此烤烟生产上适时补充钾肥对于改善烟叶质量非常重要（图 2 – 32，图 2 – 33）。

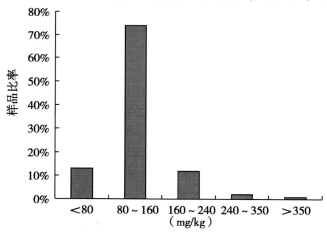

图 2 – 32 隆回水田土壤速效钾含量分布比例

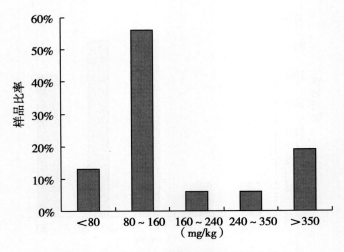

图 2 - 33　隆回旱田土壤速效钾含量分布比例

7. 土壤代换性镁

隆回县土壤样品分析结果（表 2 - 15）表明，水田土壤样品代换性镁含量为 0.2 ~ 4.41cmol/kg，平均值为 0.8cmol/kg。其中，极低的（＜0.5cmol/kg）占 39%，低的（0.5 ~ 1.0cmol/kg）占 37%，适中的（1.0 ~ 1.5cmol/kg）占 14%，高的（1.5 ~ 2.8cmol/kg）占 7%，很高的（＞2.8cmol/kg）占 2.9%。旱田代还性镁含量为 0.25 ~ 1.6cmol/kg，平均值为 0.8cmol/kg。说明隆回多数土壤缺镁，在烤烟生产上应适当使用镁肥，但也不可忽视含量较高的地块（图 2 - 34，图 2 - 35）。

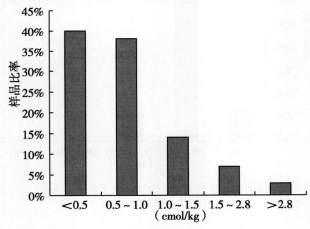

图 2 - 34　隆回水田土壤代换性镁含量分布比例

8. 土壤有效硼

隆回县土壤样品分析结果（表 2 - 15）表明，水田土壤样品有效硼含量为 0.12 ~ 1.33mg/kg，平均值为 0.40mg/kg。其中，样品极低的（＜0.15mg/kg）占 1.0%，低的（0.15 ~ 0.30mg/kg）占 26.0%，适中的（0.30 ~ 0.60mg/kg）占 63.0%，高的（0.60 ~

1.00mg/kg）占 8.0%，很高的（＞1.00mg/kg）为 2.0%。旱田土壤样品有效硼含量为 0.12～0.59mg/kg，平均值为 0.30mg/kg。其中极低的（＜0.15mg/kg）占 13.0%，低的（0.15～0.30mg/kg）占 43.0%，适中的（0.30～0.60mg/kg）占 44.0%，高的（0.60～1.00mg/kg）和很高的（＞1.00mg/kg）为 0。说明隆回县土壤多数缺硼，旱田缺硼更为严重，在烤烟生产上应适度使用硼肥（图 2 - 36，图 2 - 37）。

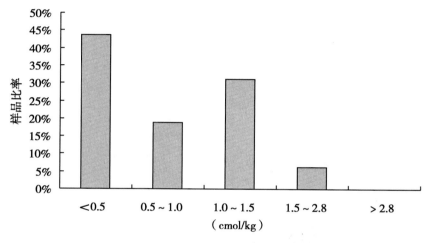

图 2 - 35　隆回旱田土壤代换性镁含量分布比例

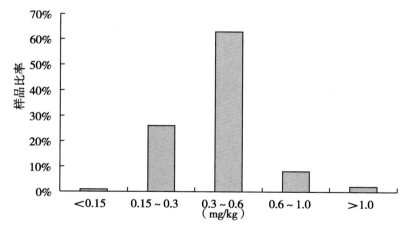

图 2 - 36　隆回水田土壤有效硼含量分布比例

9. 土壤有效锌

隆回县水田土壤样品的有效锌含量为 0.75～3.63mg/kg，平均值为 1.74mg/kg。其中极低的（＜0.5mg/kg）为零，低的（0.5～1.0mg/kg）占 7.0%，适中的（1.0～2.0mg/kg）占 69.0%。旱田土壤样品的有效锌含量为 0.46～2.97mg/kg，平均值为 1.71mg/kg。其中，有效锌含量极低的样品（＜0.5mg/kg）占 6.0%，低的（0.5～1.0mg/kg）占 19.0%，适中的（1.0～2.0mg/kg）占 37.0%，高的（2.0～4.0mg/kg）占 38.0%（表 2 - 15）。说明隆回县烟田土壤有效锌含量个别缺乏，旱田比水田含量高，在烤烟生产上应注重锌肥的有效使用（图2-38，图2-39）。

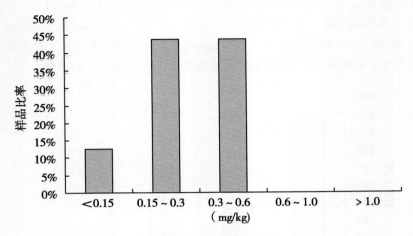

图2-37　隆回旱田土壤有效硼含量分布

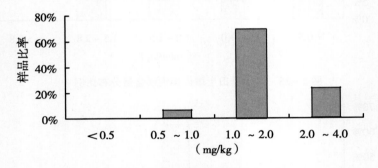

图2-38　隆回水田土壤有效锌含量分布

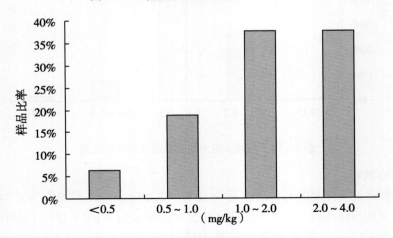

图2-39　隆回旱田土壤有效锌含量分布

10. 土壤氯离子含量

土壤样品分析结果（表2-15）表明，氯离子含量为0.71~38.7mg/kg，痕量的占

48%，＜10mg/kg 的占 38%，10～20mg/kg 的占 10%，＞20mg/kg 的占 4%（图 2 -
40）。可见隆回土壤多数出现缺氯现象，只有个别土壤氯含量超标，在烤烟生产上应分
别对待，缺氯的土壤应采取适当的方法加以补充。

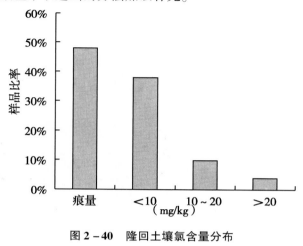

图 2 - 40　隆回土壤氯含量分布

第四节　新宁县烤烟生态条件

一、地理位置与自然条件

新宁县位于湖南省西南边陲，地处东经 110°28′53″～111°18′34″，北纬 26°13′06″～
26°55′21″（图 2 - 41）。东连东安，西接城步，南邻广西壮族自治区全州和资源县，北
靠武冈和邵阳县。东西长 84.3km，南北宽 73.08km，总面积 2 751km²，约占湖南省的
1.3%，邵阳市的 13.2%，大致为"八山半水一份田，半份道路和庄园"。

新宁县属中亚热带季风性湿润气候区，兼具山地气候特色，年平均气温 17℃。年
平均降水量 1 331.1mm。光热充足，雨量充沛、四季分明，气候宜人、素有"五岭皆炎
热，宜人独新宁"之称。有利的山区气候条件，适宜于多种动、植物生长。

二、历史源革

新宁历史悠久，早在 4000 年前的新石器时代，就有人类繁衍生息。西汉元朔五年
（公元前 124），以黔巫中地立夫彝候国，始有建置。尔后，县名数易，隶属几经变更。
东汉建武元年（25）立夫彝县；属零陵郡，东晋元兴元年（402），更名扶县，属邵陵
郡；梁改为扶阳县；陈改称扶夷县；隋并入邵阳县；唐入武冈县；南宋绍兴二十五年
（1155），置新宁县，意即"绥靖安定之后，不可不有新之宁之也"。宋、元至明代中
叶，分属武冈军，武冈路和武冈州。明末，属宝庆府。清沿袭明制。民国时期，属湖南
省第六行政督察区。1949 年 10 月，新宁和平解放，属邵阳专署。1986 年，地市合并
后，属邵阳市。

县城位于县境中部偏东南，摩诃岭雄峙城北，扶彝水环抱东、西、南三面，形似马

蹄形半岛，明景泰二年（1451）筑土城，始有城池。明成化六年（1470），更立石城。民国初，始称金石镇。新中国成立初，金石镇仍是"穿城一里七、围城三里一"的小镇。经过 50 年的城市建设，城区已扩展到 5km²，楼房林立，街道纵横，绿水环绕，山峦耸翠，秀丽的山城成为全县政治、经济、文化中心。

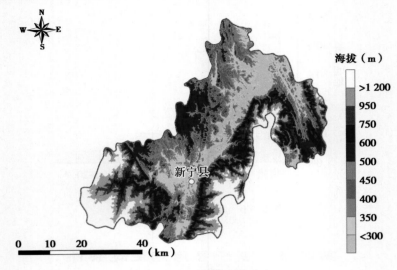

图 2 - 41　新宁县海拔分布

三、社会经济

新宁县行政区域辖 8 个镇、10 个乡，全县国土总面积 2 751.0 km²，耕地总面积 40 055.1 hm²，园地 9 022.5 hm²，林地 159 840.9 hm²，牧草地 898.1 hm²。1999 年末全县总人口 58.0 万人，农业人口 51.4 万人。1999 年末全县国内生产总值按当年价格计算为 16.0 万元，其中，第一产业 65 795 万元，占 41.1%；第二产业 41 777 万元，占 26.1%；第三产业 52 406 万元，占 32.8%。

四、资源状况

新宁县是湖南省的边远山区县，动植物矿藏资源丰富，县内森林茂密。县内矿藏资源主要有煤、铁、金、钨、锡、铅、锌、铜、锑等。旅游资源有省级风景名胜区崀山、紫云山、舜皇山、万峰山自然保护区及原始次生林自然风光。还有黄金牧场的高山草原风光。新宁风光如画，新开发的崀山风景区是湖南省继张家界之后开发的又一奇特风景区，是世界少有的典型丹霞地貌景观。

五、生态条件

（一）光照条件

根据新宁县 2002—2006 年日照时数资料（表 2 - 16，图 2 - 42），平均全年光照时数为 1 374.8h，其中烤烟苗期 1 月日照时数最低，平均全月只有 43.6h，这一时期的光照不良使育苗大棚出现低温是烤烟育苗常年发生的事情，因而烤烟播种后应采取保温措施，保证大棚种子出苗的最低温度要求。2月的光照时数也是全年较低的月份，这一时期对于烤烟育苗管理措施而言，必须适时密闭大棚，保证棚内温度适合幼苗生长，但这一时期往往出现降雪低温天气，这种气象条件对烤烟大棚育苗极为不利，遇到特别气象天气时，要做好育苗大棚的保温工作，保证烟苗正常生长。在生产上应重点保证苗床光照条件和苗床保温措施，因而苗床覆盖薄膜要有良好的透光效果，苗床期要采取一定的保温措施，这是新宁县烤烟生产的关键环节之一。

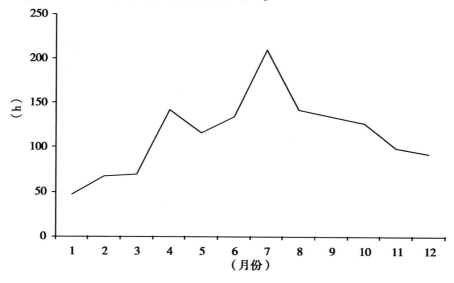

图 2 - 42 新宁县 2002—2006 年各月平均日照时数

与邵阳县和隆回县基本一致，新宁县 3 月日照时数也是一年中较低的时期，平均日照时数只有 68.7h，这个时期气温有所回升，基本接近烤烟移栽时间，3 月 15 日前后开始移栽烤烟，这种气象条件对烟苗移栽和成活极为有利，但光照条件不良相应造成气温偏低，气温低对移栽后烟苗的成活和生长都会带来不利的影响，在烤烟生产上应适当解决移栽后的烟苗保温问题。烤烟移栽后的地膜覆盖、稻草覆盖和膜下移栽是保持移栽后烟苗正常生长的重要措施。

从 3 月上旬开始光照时数逐步增加，到 4 月中下旬日照时数明显增高，为 141.5h，这一时期烤烟进入旺长阶段，光照良好可以充分促进烟株的快速发育，对烤烟的产量和质量具有良好的促进作用。5 月平均日照时数为全年较少的月份之一，这期间的光照不良是由于汛期来临，阴雨天气较多造成的。6～7 月是光照条件较好的时期，与目前烤烟生产所占用的大田成熟期基本吻合，正好与烟株的旺长到后期成熟的需光要求相吻合，这是烤烟生产较为有利的气象因素，尤其是 6 月中旬至 7 月上旬这一时期，充足而适宜的光照条件是生产优质烟叶的必要条件，良好的光照条件对中、上部烟叶的正常扩展、干物质积累、光合产物的转化都具有良好的作用，这是该产区烤烟生产的有利条件。

从优质烤烟生产对光照条件要求来看，新宁除育苗期的 12 月下旬到 3 月上旬烤烟育苗期光照不够充足（这时期的光照不足会造成塑料大棚气温偏低）的不利因素之外，整个烤烟大田生育期都具有优质烤烟生产的良好光照条件，就光照条件而言，这是优质烤烟生产的良好区域。

表 2 - 16　2002—2006 年各月平均日照时数

月 年份	1	2	3	4	5	6	7	8	9	10	11	12
2002	85.8	28.7	50.8	111.4	50.0	81.2	95.7	101.4	44.9	101.3	50.4	17.5
2003	77.2	68.7	81.3	113.9	86.4	159.7	307.6	168.2	154.8	127.6	134.2	120.4
2004	17.6	101.1	79.3	156.6	170.1	149.1	191.4	134.3	164.3	145.6	106.4	114.7
2005	33.2	34.9	53.0	168.9	102.1	128.8	263.2	172.1	141.2	114	93.8	89.0
2006	17.6	101.1	79.2	156.6	170.1	149.1	191.4	134.3	164.3	145.6	106.4	114.7
平均	46.3	66.9	68.7	141.5	115.7	133.6	209.9	142.1	133.9	126.8	98.2	91.3

（二）热量条件

烟草是喜温作物，可生长的温度范围，地上部为 8～38℃，最适宜温度是 28℃左右。如果在生育前期，日平均气温低于 18℃，特别是维持在 13℃左右时间较长，将使生长受到抑制而促进发育，导致烟苗过早由营养生长转化为生殖生长，促进烟株早花，造成减产降质。在大田生长阶段若天气持续高温干旱，则极易造成烟叶干物质积累量减少，呼吸消耗量加大，出现叶片高温假熟现象，这种天气条件下生产的烟叶质量也会受到影响。

1. 烤烟育苗期的热量条件

2002—2006 年新宁县的气象数据资料（表 2 - 17）和数据分析（图 2 - 43）显示，新宁县烤烟育苗期的 12 月中下旬至翌年 3 月上旬是全年的低温时间，12 月、1 月、2 月、3 月的平均气温分别为 8.4℃、4.5℃、6.5℃、10.4℃。由于这段时间光照不足导致气温低。因而在烤烟苗床期如何提高与保持苗床温度，促进种子萌发和幼苗正常生长是育苗期的重要工作任务。苗床如果保温条件不良，可能会出现烟苗冻害或长时间抑制烟苗正常生长的问题。

表 2 - 17　2002—2006 年新宁县各月平均气温（℃）

月 年份	1	2	3	4	5	6	7	8	9	10	11	12
2002	9.1	10.3	13.8	19.0	21.1	26.6	27.1	25.3	22.1	17.9	13.6	6.8
2003	6.3	9.4	11.6	18.2	21.7	25.3	30.4	28.0	23.7	18.1	13.2	7.5
2004	5.0	10.5	12.2	20.4	22.8	25.4	27.2	26.2	23.8	18.1	14.1	7.7
2005	3.9	4.5	11.3	20.2	23.2	26.2	29.1	26.7	24.6	18.6	15.4	7.2
2006	6.0	7.0	12.2	20.2	22.7	25.9	27.4	27.4	22.9	20.9	14.3	7.9
平均	4.5	6.5	10.4	16.9	19.2	21.9	24.0	23.0	20.7	17.3	13.8	8.4

2. 烤烟移栽期的热量条件

新宁县烤烟大田生育期为3月上旬至7月中旬,新宁县的气象资料清楚显示,3月上旬烤烟移栽期的气温仍然较低,与邵阳市其他2个产烟县的气象条件相近,移栽期的低温和光照不足是当地烤烟生产的不利气象因素,这一时期烟苗遇到霜冻的机会较多,因而烟苗移栽后所采取的防冻措施与当地的优质烤烟生产关系极为密切。

3. 烤烟旺长期的热量条件

根据2002—2006年新宁县各月气象资料(表2-17),4月上旬至5月中旬烤烟旺长期气温逐渐升高,而且温度变化比较平稳,这一时期不会出现低温天气,每日的最低气温也能满足烤烟正常生长需要,最高气温已达到烤烟生长所需的适宜温度,这一时期的气温条件非常适合优质烤烟生产需求。

4. 烤烟成熟采收期的温度条件

5月中旬至7月上旬是烤烟烟叶成熟采收期,优质烤烟的烟叶成熟期需要良好的热量条件,温度过高或过低都不利于优质烟叶的生产。从新宁县的气象条件可以看出,下部烟叶5月中下旬开始采收,此时的平均气温适合优质烤烟烟叶成熟需求,最低温度可以满足烟叶生长发育的要求。在新宁常年5月已出现高温天气,全年最高气温都在5~7月,尤其7月是全年最高气温出现的月份,持续高温对烟叶的发育和内在物质转化不利,成熟期的高温是该产区中、上部位烟叶正常成熟的不利因素,烤烟生育后期持续高温对上部烟叶正常成熟造成极大影响,烟叶常常出现高温假熟现象,造成烟叶不能正常成熟。但新宁海拔高度较高,并且这一时期也伴随较多的降水,每日最高温度持续时间不长,可以对高温天气起到一定缓解作用。在生产上应该尽量提早移栽,对烟苗进行覆盖保温,这样才能使烟叶的成熟期提早,从而避开后期的高温逼熟天气。

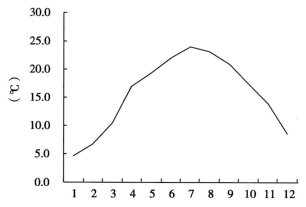

图2-43　新宁县2002—2006年各月温度平均值

(三) 降水分布

新宁县地处中亚热带季风湿润气候区。据气象资料记载年平均降水量1 360.5mm(表2-18),1994年年降水量最高,达到2 161.9mm,1995年年降水量最少,只有992.1mm。5月是雨量最多、最集中的月份,平均为208.9mm,12月是雨量最少的月份,平均为37.3mm。月降水量最高为474.7mm,出现在1994年7月,月降水量最小值仅为 0.4mm，出现在 1999 年 12 月。单日最大降水量为 157.0mm，出现在 1994 年 7 月 24 日。单日最大降水量为 50mm 以上的暴雨日数，平均每年有 2.9 天，单日降水量 100mm 以上的大暴雨天气，平均每隔 3~4 年出现一次。

表 2-18　新宁县各月及年平均降水量（mm）和雨日（天）

月份	1	2	3	4	5	6	7	8	9	10	11	12
雨量	71.2	84.2	116.0	156.0	208.9	188.5	122.6	133.8	77.1	97.6	67.3	37.3
雨日	17.0	16.8	19.6	18.9	17.7	15.5	12.0	14.2	12.1	14.2	11.1	10.5

另外根据 2002—2006 年新宁县 5 年的气象资料（表 2-19），新宁年平均降水量分布比较均匀，尤其烤烟大田期的 3 月中旬至 7 月中旬，降水量更为充沛。烤烟生长季节前期降水量偏少，但这个时期温度低，光照不足，田间蒸发量较少，而且烟株需水量较少；到 4 月中旬以后烤烟进入旺长期，降水量逐步增加，5 月下旬为全年降水量的峰值时期（图 2-44），但 6 月上中旬有一个阶段性干旱期，6 月下半月降水量又有所增加，之后急剧减少，这种降水量分布模型与烤烟生长期的需水规律模型基本吻合，这对该地区优质烤烟生产是比较有利的降水条件。

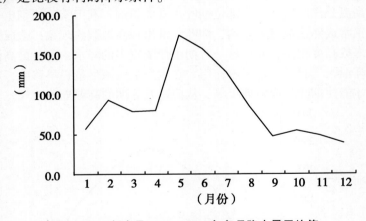

图 2-44　新宁县 2002—2006 年各月降水量平均值

表 2-19　2002—2006 年新宁县各月平均降水量（mm）

年份＼月	1	2	3	4	5	6	7	8	9	10	11	12
2002	66.0	60.0	106.0	170.2	258.2	204.2	313.0	333.6	61.2	287.8	28.9	174.8
2003	56.9	77.2	92.7	120.7	256.3	269.5	32.9	133.2	143.2	51.4	19.5	39.4
2004	50.9	96.3	116.8	78.7	261.6	140.2	216.7	203.3	41.7	43.4	98.8	64.9
2005	96.0	109.1	98.1	92.2	275.4	239.7	68.3	35.8	17.9	24.9	65.9	57.8
2006	62.8	161.0	106.2	106.3	173.4	177.0	258.6	128.5	90.8	84.3	60.9	15.3
平均	66.5	100.7	104.0	113.6	245.0	206.1	178.0	166.9	71.0	98.4	54.8	70.4

新宁县的空气相对湿度（表2-20，图2-45）数据表明，新宁县年平均相对湿度为80.0%，烤烟生长季节中4月、7月和8月低于80.0%，其他月份均在80.0%以上。2月份相对湿度最大，平均达到85.0%，新宁县大陆度为65.8%，年干燥度为0.79，属于湿润的大陆性气候。

表2-20　2002—2006年新宁县各月平均相对湿度（%）

月 年份	1	2	3	4	5	6	7	8	9	10	11	12
2002	80	88	84	76	82	80	81	83	84	84	83	90
2003	84	85	84	82	84	80	62	77	82	79	80	75
2004	82	80	80	74	76	79	77	81	79	71	81	82
2005	87	85	81	72	84	82	68	76	77	77	80	72
2006	82	88	82	75	75	79	78	77	78	83	80	79
平均	83	85	82	76	80	80	73	79	80	79	81	80

新宁县在烤烟生产季节的空气相对湿度比较符合优质烤烟生长发育需要。但6月上中旬的阶段性干旱期与烤烟生产的中、上部叶片快速发育期相遇，如果没有一定的灌溉措施保证，这一时期的干旱可能造成中、上部位烟叶质量下降和产量降低。烤烟生产上不能忽视旺长期和烟叶成熟期的短时间干旱天气，这时期气温较高，田间蒸发量较大，烟株需水量较大，缺水会对烟叶正常成熟和质量带来较严重影响，因而，良好的灌溉条件也是烤烟生产所必须具备的，在山区应加大井窖等贮水设施建设。

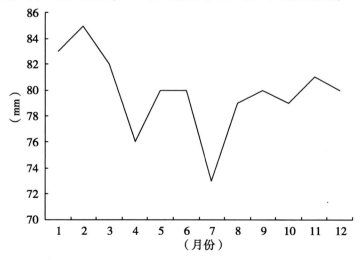

图2-45　新宁县2002—2006年各月相对湿度平均值

新宁县年蒸发量为1 378.1mm，每年的7~8月温度最高，蒸发量最大，分别为251.6mm和198.6mm（表2-21）。

表 2 - 21　2002—2006 年新宁县各月平均蒸发量（mm）

月份	1	2	3	4	5	6	7	8	9	10	11	12
蒸发量	39.8	44.1	68.9	107.8	140.8	165.1	251.6	198.6	138.1	97.5	70.0	55.8

（四）土壤条件

2006 年初对新宁县 54 个地点的土壤样品（表 2 - 22）进行了分析，其中，水田土样 31 个；旱田土样 23 个，土壤大多数是沙土，成土母质全部为石灰岩。

1. 取样地点海拔高度

共取水田土壤样品 31 个，取样地点海拔高度分布在 291～557m，其中，200～299m 的土壤样品 1 个，300～399m 的土壤样品 18 个，400～499m 的土壤样品 6 个，大于 500m 的土壤样品 6 个（图 2 - 46）。23 个旱田取样地点海拔高度为 323～510m，其中，300～399m 的土壤样品 11 个，400～499m 的土壤样品 8 个，500～599m 的 3 个（图 2 - 47）。

表 2 - 22　2006 年 2 月新宁县土壤分析结果

地点	北纬	东经	海拔(m)	类型	pH	碱解氮(mg/kg)	有效磷(mg/kg)	速效钾(mg/kg)	有机质(g/kg)	代换镁(mg/kg)	氯(mg/kg)	有效硼(mg/kg)	有效锌(mg/kg)
	26°46′990″	111°00′305″	308	水田	7.96	220.9	18.3	108	41.3	1.07	痕量	0.51	7.44
	26°47′053″	111°00′222″	312	水田	7.89	245.4	20.5	118	49.5	1.17	4.97	0.56	6.41
	26°49′633″	110°59′713″	346	水田	5.87	186.9	8.2	101	28.6	0.46	痕量	0.39	2.52
	26°49′670″	110°59′741″	342	水田	7.30	287.0	5.3	95	60.2	0.75	7.10	0.44	2.43
马头桥	26°48′154″	111°00′003″	330	水田	6.10	177.5	5.8	78	31.0	0.46	痕量	0.42	1.69
	26°43′520″	111°00′878″	328	水田	7.73	231.8	11.4	117	45.8	0.59	痕量	0.27	1.80
	26°50′249″	111°01′144″	408	水田	7.71	95.5	38.4	379	17.8	4.11	痕量	0.58	2.13
	26°49′605″	110°59′664″	346	旱田	7.26	130.3	19.6	141	21.6	0.8	痕量	0.53	2.17
	26°44′188″	111°00′117″	351	旱田	7.91	243.2	21.6	195	48.7	0.56	5.68	0.34	3.26
	26°45′311″	111°01′588″	348	旱田	7.56	202.4	10.3	147	32.4	0.53	1.07	0.37	1.43
回龙寺	26°44′350″	111°09′327″	303	水田	5.66	202.0	30.1	100	39.8	0.72	3.55	0.41	2.23
	26°44′346″	111°09′377″	305	水田	5.58	202.8	27.0	82	37.4	0.64	痕量	0.49	2.95

（续表）

地点	北纬	东经	海拔 (m)	类型	pH	碱解氮 (mg/kg)	有效磷 (mg/kg)	速效钾 (mg/kg)	有机质 (g/kg)	代换镁 (mg/kg)	氯 (mg/kg)	有效硼 (mg/kg)	有效锌 (mg/kg)
	26°50′594″	111°02′736″	291	水田	5.24	131.4	22.3	144	20.1	0.59	痕量	0.24	2.07
	26°51′144″	110°02′904″	325	水田	4.96	184.3	20.1	110	32.0	0.46	23.43	0.36	2.10
	26°52′880″	110°02′277″	342	水田	5.48	223.5	15.4	55	41.2	0.61	痕量	0.39	2.60
	26°51′129″	111°00′081″	402	水田	5.39	196.3	11.0	117	30.5	0.56	14.2	0.34	1.76
	26°53′497″	110°59′339″	462	水田	5.37	172.2	11.4	114	28.8	0.85	3.55	0.36	1.95
	26°51′940″	111°00′409″	423	水田	6.53	243.2	9.8	101	42.7	1.91	痕量	0.34	1.82
	26°50′429″	110°03′708″	327	旱田	5.24	123.8	36.6	346	21.4	0.69	痕量	0.45	2.11
	26°50′328″	110°03′504″		旱田	5.95	88.7	35.9	177	15.0	0.82	痕量	0.26	2.91
	26°53′183″	110°00′812″	404	旱田	6.18	108.4	20.3	154	20.4	1.23	痕量	0.37	1.92
	26°51′930″	110°01′511″	412	旱田	7.24	112.1	28.4	319	22.3	1.87	痕量	0.35	1.37
丰田乡	26°53′805″	111°01′608″	368	旱田	5.56	87.6	19.1	92	14.3	0.38	痕量	0.22	1.74
	26°53′743″	111°11′462″	346	旱田	6.86	132.1	32.4	108	18.9	1.29	痕量	0.35	2.58
	26°53′941″	111°01′149″	345	旱田	6.42	250.7	16.0	87	34.9	1.49	3.55	0.35	1.74
	26°53′560″	111°00′937″	371	旱田	5.34	179.0	19.2	105	27.4	0.78	痕量	0.25	1.80
	26°52′799″	111°00′445″	421	旱田	6.87	126.1	38.7	209	20.3	3.23	痕量	0.37	2.11
	26°52′868″	110°59′201″	506	旱田	6.61	113.3	24.9	144	16.8	1.31	痕量	0.29	1.66
	26°51′159″	111°00′612″	433	旱田	5.64	185.0	8.2	80	31.7	0.79	痕量	0.37	1.57
	26°53′266″	110°59′202″	463	旱田	5.28	148.0	22.7	163	24.0	0.56	痕量	0.26	2.30
	26°52′623″	110°59′340″	510	旱田	6.74	104.2	17.6	146	16.3	1.08	痕量	0.30	1.86
	26°52′132″	110°59′233″	509	旱田	5.67	124.6	13.9	131	16.5	0.59	痕量	0.21	1.62
	26°51′902″	110°59′191″	490	旱田	4.98	185.0	24.3	147	27.8	0.41	3.55	0.38	1.76
	26°52′507″	111°00′196″	438	旱田	6.96	95.9	19.4	107	17.9	1.05	痕量	0.24	3.00
	26°34′318″	110°52′878″	402	水田	7.72	107.2	16.5	139	23.7	0.37	痕量	0.19	0.79
	26°34′306″	110°51′398″	446	水田	7.63	179.7	17.4	88	38.4	0.32	痕量	0.25	1.64
	26°36′518″	110°51′380″	514	水田	5.20	157.1	12.6	102	23.8	0.33	痕量	0.14	1.45
	26°36′630″	110°51′112″	557	水田	4.89	140.5	17.5	186	21.9	0.30	痕量	0.20	1.64
高桥乡	26°36′643″	110°51′018″	555	水田	4.54	149.5	18.0	157	22.9	0.33	痕量	0.23	2.34
	26°38′742″	110°54′849″	501	水田	5.43	135.9	10.4	198	26.7	1.00	痕量	0.28	2.42
	26°38′292″	110°55′641″	399	水田	5.63	207.7	6.7	86	45.9	2.60	痕量	0.49	2.36
	26°38′591″	10°55′543″	548	水田	5.04	157.1	15.2	118	26.2	0.41	痕量	0.34	2.75
	26°38′609″	110°49′691″	545	水田	4.85	175.2	9.6	105	30.5	0.33	痕量	0.23	1.74
	26°35′727″	110°52′717″	489	旱田	6.51	132.1	20.8	171	24.6	0.46	痕量	0.33	1.57

（续表）

地点	北纬	东经	海拔 (m)	类型	pH	碱解氮 (mg/kg)	有效磷 (mg/kg)	速效钾 (mg/kg)	有机质 (g/kg)	代换镁 (mg/kg)	氯 (mg/kg)	有效硼 (mg/kg)	有效锌 (mg/kg)
巡田乡	26°42′541″	111°09′864″	336	旱田	7.98	203.9	20.6	114	41.4	0.32	痕量	0.44	1.11
	26°39′849″	110°12′455″	323	旱田	6.00	274.9	5.3	108	47.5	0.98	痕量	0.40	3.26
	26°41′314″	111°12′682″	330	旱田	5.54	174.8	13.0	72	32.4	0.87	痕量	0.23	3.03
	26°38′937″	111°13′789″	356	水田	6.05	271.9	18.2	103	44.5	0.79	痕量	0.32	3.03
	26°38′648″	111°13′136″	324	水田	6.14	239.4	29.1	103	47.3	1.47	痕量	0.45	3.84
	26°39′883″	111°12′488″	323	水田	5.75	302.1	8.0	145	42.5	0.94	19.53	0.34	2.27
	36°39′783″	111°13′318″	352	水田	5.49	205.8	14.9	66	33.4	0.77	痕量	0.28	2.54
	26°39′775″	111°13′386″	354	水田	5.66	212.2	22.5	79	34.5	0.92	痕量	0.27	2.33
	26°40′577″	110°12′519″	316	水田	7.71	240.1	27.7	115	51.5	0.85	3.55	0.34	1.61
	26°41′400″	111°13′564″	340	水田	5.89	191.4	42.8	62	39.4	0.78	痕量	0.34	15.38

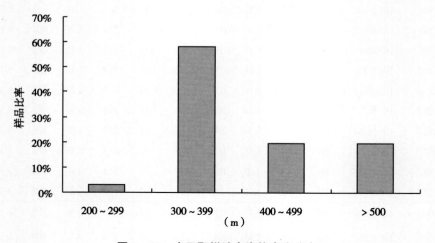

图 2－46　水田取样地点海拔高度分布

2. 土壤 pH 分布

表 2－22 数据显示，水田土壤样品 pH 4.54～7.96，其中，<5 的 4 个，5.0～5.5 的 8 个，5.5～6.0 的 7 个，6.0～7.0 的 4 个，7.0～7.5 的 1 个，>7.5 的 7 个（图 2－48）。旱田土壤样品 pH 4.98～7.98，其中，<5 的 1 个，5.0～5.5 的 3 个，5.5～6.0 的 6 个，6.0～7.0 的 8 个，7.0～7.5 的 2 个，>7.5 的 3 个（图 2－49）。旱田和水田的土壤酸碱度多为适宜范围，个别酸度偏高的土壤，在烤烟上可以采用适当改良措施。

3. 土壤有机质分布

新宁县 54 个土壤样品的分析结果（表 2－22）显示，水田土壤样品有机质含量为 17.8～60.2g/kg，平均值为 35.48g/kg。旱田土壤样品有机质含量为 14.3～48.7g/kg，平均值为 25.85g/kg。说明水田土壤有机质含量较高，旱田土壤有机质含量属于中等偏高水平。根据湖南省植烟土壤养分分级标准（表2-6），多数地块有机质含量高于适宜范围。

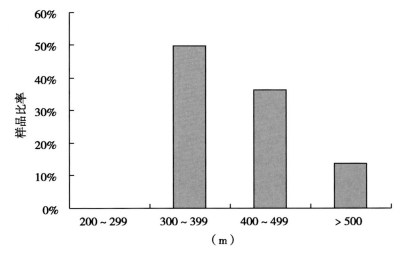

图2-47　旱田取样地点海拔高度分布

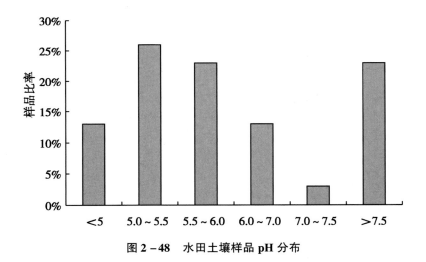

图2-48　水田土壤样品 pH 分布

4. 土壤氮素营养

新宁县54个土壤样品的分析结果（表2-22）显示，水田土壤样品碱解氮含量为95.5~302.1mg/kg，平均值为195.9mg/kg；其中，60~110mg/kg较低水平的占7.0%，110~180mg/kg适宜水平的占32.0%，180~240mg/kg高的占42.0%，>240mg/kg很高水平的占19%（图2-50）。旱田土壤样品碱解氮含量为87.6~274.9mg/kg，平均值为153.3mg/kg。其中，60~110mg/kg较低水平的占22.0%，110~180mg/kg适宜水平的占48.0%，180~240mg/kg高的占17.0%，>240mg/kg很高水平的占13.0%（图2-51）。水田和旱田土壤碱解氮多分布在110~180mg/kg，只有个别情况在生产上应适当控制氮肥使用量。

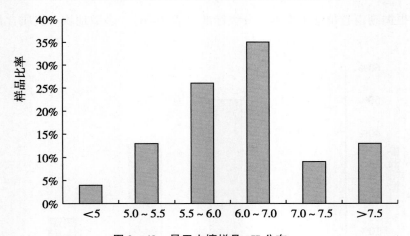

图 2-49　旱田土壤样品 pH 分布

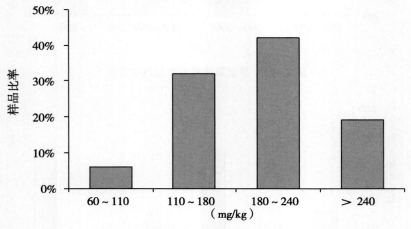

图 2-50　水田样品碱解氮含量分布

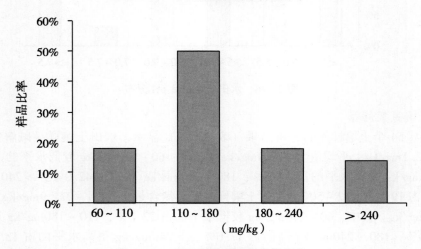

图 2-51　旱田样品碱解氮含量分布

5. 土壤磷素营养

新宁县 54 个土壤样品的分析结果（表 2－22）显示，水田土壤样品有效磷含量为 5.3～42.8mg/kg，平均值为 17.5mg/kg。水田土壤样品有效磷含量为 10～20mg/kg，适宜范围的占 45.0%，5～10mg/kg 的缺磷土壤样品占 23.0%（图 2－52）。旱地土壤有效磷含量为 5.3～38.7mg/kg，平均值为 21.25mg/kg。旱田土壤样品低磷(5～10mg/kg) 的占 9%，适宜范围（10～20mg/kg）的占 39%（图 2－53）。可见旱田土壤磷素含量更为丰富，但水田和旱田土壤磷营养分布不均匀，在烤烟生产上应分别对待，防止出现缺磷现象和磷素过多现象。

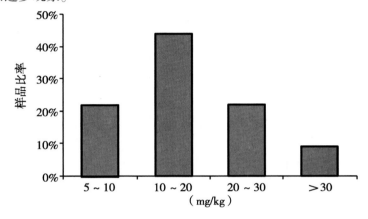

图 2－52　水田样品磷含量分布

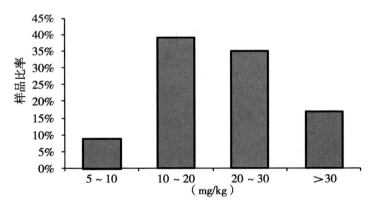

图 2－53　旱田样品磷含量分布

6. 土壤钾素营养

在分析的 54 个样品中（表 2－22）水田土壤样品速效钾含量为 55～379mg/kg，平均值为 118.4mg/kg；其中，<80mg/kg 以下极低含量的占 16%，80～160mg/kg 低含量的占 74%，160～240mg/kg 适宜含量的仅占 6.0%（图 2－54）。在旱田土壤样品速效钾含量为 72～346mg/kg，平均值为 150.6mg/kg；其中，<80mg/kg 以下极低含量的占 4%，80～160mg/kg 低含量的占 65.0%，160～240mg/kg 适宜含量的仅占 22.0%（图 2－55）。水田和旱田土壤速效钾含量分布多在偏低水平范围内，烤烟生产上补充钾肥，

对于改善烟叶质量非常重要。

7. 土壤代换性镁

镁素对烟草的生长发育、新陈代谢，产量、品质都具有重要意义。土壤中交换性镁的含量高低是评价土壤镁元素供应水平的一个重要指标。

新宁县土壤样品中（表2-22），水田土壤样品代换性镁含量为0.30～4.11cmol/kg，平均值为0.89cmol/kg。其中，极低的（<0.5cmol/kg）占32.0%，低的（0.5～1.0cmol/kg）占45.0%，适中的（1.0～1.5cmol/kg）占13.0%，高的（1.5～2.8cmol/kg）占6.0%，很高的（>2.8cmol/kg）占3.0%（图2-56）。旱田样品代换性镁含量为0.32～3.23cmol/kg，平均值为0.96cmol/kg。其中，极低的（<0.5cmol/kg）占18.0%，低的（0.5～1.0cmol/kg）占48.0%，适中的（1.0～1.5cmol/kg）占26.0%，高的（1.5～2.8cmol/kg）为0，很高的（>2.8cmol/kg）占4.0%（图2-57）。说明新宁多数土壤缺镁，在烤烟生产上应适当注意使用镁肥，但也不可忽视个别含量较高的地块。

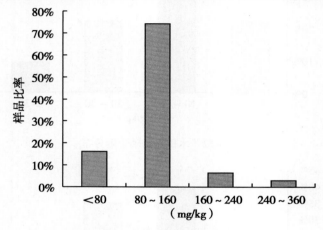

图2-54　水田样品速效钾含量分布

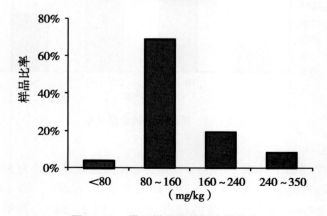

图2-55　旱田样品速效钾含量分布

8. 土壤有效硼

新宁县54个土壤样品中（表2-22），水田土壤样品有效硼含量为0.14～0.58mg/kg，平均值为0.35mg/kg。其中，极低的（<0.15mg/kg）占3%，低的（0.15~0.30mg/kg）占32%，适中的（0.30~0.60mg/kg）占65%（图2-58）。旱田土壤有效硼含量为0.21~0.53mg/kg，平均值为0.33mg/kg。其中，低的（0.15~0.30mg/kg）占39%，适中的（0.30~0.60mg/kg）占61%，高的（0.60~1.00mg/kg）和很高的（>1.00mg/kg）为0（图2-59）。这说明新宁部分烟田土壤缺硼，在烤烟生产上应适度使用硼肥。

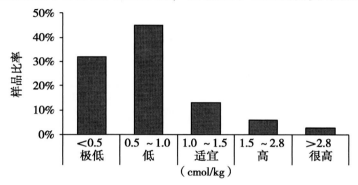

图2-56 水田样品镁含量分布

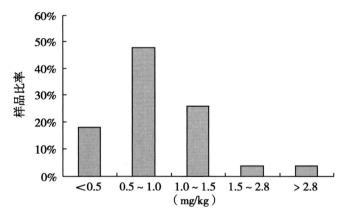

图2-57 旱田样品镁含量分布

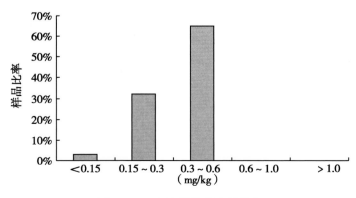

图2-58 水田样品硼含量分布

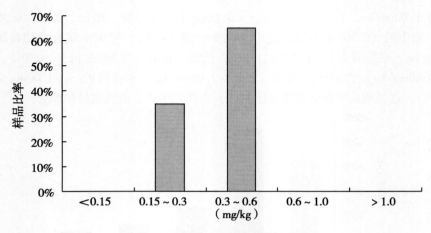

图 2-59　旱田样品硼含量分布

9. 土壤有效锌

在新宁县水田土壤样品中（表 2-22），有效锌含量为 0.79~15.38mg/kg，平均值为 2.90mg/kg。其中，极低的（<0.5mg/kg）和低的（0.5~1.0mg/kg）为 3.0%，适中的（1.0~2.0mg/kg）占 32.0%，高的（2.0~4.0mg/kg）占 55.0%，很高的（>4.0mg/kg）占 10.0%（图 2-60）。在旱田土壤样品中，有效锌含量为 1.11~3.26mg/kg，平均值为 2.08mg/kg。其中，极低的（<0.5mg/kg）、低的（0.5~1.0mg/kg）为零，适中的（1.0~2.0mg/kg）占 57%，高的（2.0~4.0mg/kg）占 43%（图 2-61）。说明新宁土壤含锌量基本适中，在烤烟生产上当季加以适当补充即可。

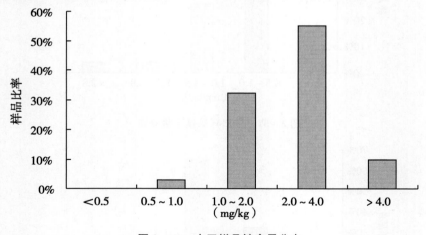

图 2-60　水田样品锌含量分布

10. 土壤氯离子含量

烟草虽然被视为忌氯作物，烟株过量吸收氯离子会严重影响烟叶质量，如燃烧性差，烟味变劣等。但氯与烟叶的品质和产量有密切关系，烟草吸收适量的氯，具有良好的产量效应，对品质也有改进。一般认为，烤烟氯的最佳含量为 0.5%~0.8%，在这个范围内，烤后烟叶组织疏松，质地好，吸湿性、弹性及膨胀性等物理性状均有改善。

含氯量过低，烤后烟叶身份薄，易破碎，吸湿性、弹性、膨胀性和烟叶外观质量变差。当烟叶含氯量超过 1% 时，则会严重影响烟叶燃烧性，甚至出现"黑灰熄火"现象。一般认为湖南土壤氯含量在 10～20mg/kg 适量，过高或过低都对烟草生产和烟叶质量不利。

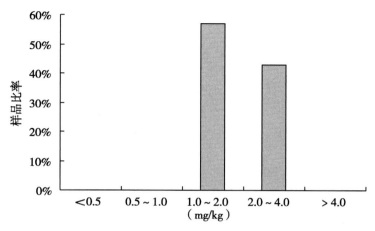

图 2-61　旱田样品锌含量分布

在分析的水田土壤样品中（表 2-22），氯离子含量大部分为痕量只有个别样品含量超标。可见新宁土壤多数出现缺氯现象，在烤烟生产上应分别对待，缺氯的土壤应采取适当的方法加以补充。

参考文献

[1] Benbi D K. Efficiency of nitrogen use by dry land wheat in a sub-humid regionin relation to optimizing the amount of available water. Journal of Agricultural Science,1989,115(1):7-10.

[2] Hodgson R A L, Ort C R, Raison J K. Inhibition of photosynthesis by chilling in light. Plant sci lett,1987, 49:75-81.

[3] 曹志洪,李仲林,周秀如等. 无机肥与有机肥相结合的烤烟施肥研究. 优质烤烟生产的土壤与施肥. 南京:江苏科学技术出版社,1991.

[4] 陈瑞泰. 中国烟草栽培学. 上海:上海科技出版社,1987:67-68.

[5] 程昌新,卢秀萍,许自成等. 基因型和生态因素对烟草香气物质含量的影响. 中国农学通报,2005, 21(2):137-139.

[6] 戴冕. 我国主产烟区若干气象因素与烟叶化学成分的关系研究. 中国烟草学报,2000,6(2): 27-34.

[7] 顾少龙,史宏志. 光照对烤烟生长发育及质量形成的影响研究进展. 河南农业大学学报,2010,(5): 120-124.

[8] 韩锦峰,马长立,王瑞新等. 不同肥料类型及成熟度对烤烟香气物质成分及香型的影响. 作物学报, 1993,19(3):254-261.

[9] 胡国松,郑伟等. 烤烟营养原理. 北京:科学出版社,2000:26-29.

[10] 金轲,汪德水,蔡典雄等. 水肥耦合效应研究不同降水年型对 N、P 水配合效应的影响. 植物营养与肥料学报,1999,5(1):1-7.

[11]金闻博,戴亚,横田拓等.烟草化学.北京:清华大学出版社,2000:33－36.

[12]赖玲周.烤烟生产新技术.福州:福建科学技术出版社,1998.

[13]李进平,高友珍.湖北省烤烟生产的气候分区.中国农业气象,2005,26(4):250－255.

[14]李琦.烤烟优劣质年的气候条件分析.安徽农业科学,1997,25(2):127－130.

[15]李世清,李生秀,田霄鸿等.肥力田块小麦的水肥耦合效应.(见)汪德水主编.旱地农田肥水关系原理与调控技术.北京:中国农业科技出版社,1995:246－252.

[16]刘国顺.烟草栽培学.北京:中国农业出版社,2003:55－56.

[17]龙怀玉,刘建利,徐爱国等.我国部分烟区与国际优质烟区烤烟大田期间某些气象条件的比较.中国烟草学报,2003,(增刊):41－47.

[18]曹学鸿,申国明,向德恩等.恩施烟区不同香型烟叶区域分布与品质特征分析.中国烟草科学,2012,31(增刊):21－24.

[19]尚斌,邹焱,徐宜民等.贵州中部山区植烟土壤有机质含量与海拔和成土母质之间的关系.土壤,2014,46(3):389－394.

[20]陆永恒.生态条件对烟叶品质影响的研究进展.中国烟草科学,2007,28(3):43－46.

[21]吕殿青,张文孝,谷洁等.渭北东部旱塬氮磷水三因素交互作用研究.(见)曹志洪主编,旱地农田肥水关系原理与调控技术.北京:中国农业科技出版社,1995,286－292.

[22]穆彪,杨健松,李明海.黔北大娄山区海拔高度与烤烟烟叶香吃味的关系研究.中国生态农业学报,2003,11(4):148－151.

[23]彭世逞,徐明康.实用烤烟生产技术.北京:气象出版社,1997:18－19.

[24]施卫省,王亚明,戈振扬等.营养元素对烟草产量和品质的影响与对策.农业系统科学与综合研究,2003,(4):310－312.

[25]史宏志,刘国顺.烟草香味学.北京:中国农业出版社,1998:83－87.

[26]宋承鉴.山东烟区主要土壤性状分析.中国烟草,1986(1):6－9.

[27]宋承鉴.中国优质烤烟区的土壤条件.烟草学刊,1990(2):68－73.

[28]宋国菡,杨献营,潘吉焕.我国烤烟施肥现状、存在问题及对策.中国烟草科学,1998(4):32－34.

[29]唐莉娜,熊德中.有机肥与化肥配施对烤烟生长发育的影响.烟草科技,2000(10):32－35.

[30]汪德水,程宪国,张美荣等.旱地土壤中的肥水激励机制.(见)汪德水主编.旱地农田肥水关系原理与调控技术.北京:中国农业科技出版社,1995:195－203.

[31]伍贤进,白宝璋.土壤水分对烤烟生理活动和产量品质的影响.农业与科技,1997,101(6):43－46.

[32]武雪萍,刘国顺,郭平毅等.饼肥中的有机营养物质及其在发酵过程中的变化.植物营养学报,2003(9):303－307.

[33]武雪萍.饼肥有机营养对土壤生化特性和烤烟品质作用机理的研究.太原:山西农业大学,2003:22－25.

[34]肖金香,胡日华.烤烟盖膜优质适产温湿效应分析.江西农业大学学报,1991,13(3):258.

[35]肖金香,刘正和,王燕等.气候生态因素对烤烟产量与品质的影响及植烟措施研究.中国生态农业学报,2003,11(4):18－160.

[36]肖金香.气候生态因素对烤烟覆盖不同地膜的生育及产质形成影响.江西农业大学学报,1989,11(4):31.

[37]谢远玉,郭萌生,肖林长等.气候生态环境对赣南烤烟产量和品质的影响.中国农业气象,2005,26(4):236－238.

[38]许自成,刘国顺,刘金海等.铜山烟区生态因素和烟叶质量特点.生态学报,2005,25(7):

1748 – 1753.

[39]杨俊．有机无机肥配比对烤烟产质量的影响．烟草科技,1989(4):34 – 37.

[40]杨志清．云南省烤烟种植生态适宜性气候因素分析．烟草科技,1998(6):40 – 42.

[41]章启发,刘光亮,赵兵等．山东沂水植烟土壤类型与烟叶品质关系的调查研究．中国烟草科学,
1999(2):11 – 15.

[42]赵宏伟,邹德堂,袁丽梅．氮素用量对烤烟生长发育及产质量影响的研究．黑龙江农业科学,1997,
(5):16 – 18.

[43]赵巧梅,倪纪恒,熊淑萍等．不同土壤类型对烟叶主要化学成分的影响．河南农业大学学报,2001,
(1):23 – 26.

[44]中国农业科学院烟草研究所．中国烟草栽培学．上海:上海科学技术出版社,1987.

[45]中国土壤学会．土壤农业化学分析方法．北京:中国农业科技出版社,1999.

[46]訾天镇,郭月清．烟草栽培．北京:中国农业出版社,1996.

[47]左天觉．烟草的生产、生理和生物化学．朱尊权译．上海:上海远东出版社,1993.

第三章 邵阳烟叶的质量风格特色

烟叶是支撑中式卷烟发展的基础，烟叶的质量水平不仅直接影响卷烟产品的质量和效益，而且对烟草行业的发展起着至关重要的作用。烟叶质量是一个相对的术语，随时间、地点和消费人群的不同而变化，所以烟叶质量问题是个非常复杂的问题。人们对烟叶质量的认识大体上经历了以下几个过程：强调外观的"黄、鲜、净"阶段，注重内在质量的"色、香、味"阶段及体现烟叶使用价值、安全性的"工业可用性"阶段（刘国顺，2003；中国农业科学院烟草研究所，2005）。

第一节 烟叶质量风格特色

一、烟叶质量风格特色的含义

烟叶质量风格特色的定位，是指确定烟叶的质量特色和风格特征，或者明确生产的烟叶应具备的风格特色（唐远驹，2008）。烟叶的质量、特色和风格联系密切，但含义不同。烟叶质量是指烟叶的优劣，是烟叶满足工业要求程度的固有特性，是对烟叶各项法定或约定的质量指标检测结果的判别，它既包括外观质量、物理特性、化学成分、吸食品质、安全性等共性质量特征（中国农业科学院烟草研究所，2005），又包括工业所需要的个性质量特征。个性质量特征是在烟叶风格特色定位时需要特别关注的地方。烟叶的特色是一种烟叶区别于其他烟叶的质量特征。亦即烟叶质量特征的区别，包括烟叶的外观质量、物理特性、化学成分、吸食品质、安全性等各方面的区别，也包括上述各方面隐含的而在加工过程中得以显现的特性的区别。这种区别可以是多方面的，也可以是某一个方面的，甚至是某个方面一项或几项指标的区别。所有这些区别的特征，都要满足工业的需要，为工业所接受，并且在卷烟配方中所利用的特点。因此，烟叶的特色是烟叶质量最重要的内容（唐远驹，2004）。烟叶的风格通常是指烟叶燃吸时重复出现的、相对稳定的、能感知和认同的区别于其他烟叶的吸食品质的个性特征。烟叶的吸食品质对卷烟产品风格形成起到主体作用，因此烟叶的吸食品质可以说是烟叶质量的核心（罗登山，2004）。烟叶的风格特征是吸烟者燃吸烟叶时的主观感受体验，这种感受体验能重复出现而相对稳定，能区别于其他烟叶而有个性，能为大多数人所感知而被认同。因此，烟叶的风格在吸食品质这个核心中就显得特别重要。

从上述烟叶的质量、特色和风格的论述可以看出，风格是烟叶特色的核心组成部分，特色是包含风格在内的区别于其他烟叶的质量特征。风格和特色一旦为客户所认同并接受，就成了烟叶质量最重要的内容。特定的风格特色将成为烟叶的特定标志。可以说，风格特色的定位代表了烟叶质量的定位，烟叶质量定位的核心就是风格特色的定位（唐远驹，2008）。

烟叶质量风格特色是在特定产区、特定生态条件和特定栽培调制技术条件下形成的，与其他烟叶的区别主要表现在外观质量、物理性状、化学成分及感官质量等方面（马莹，2007）。不同产区烟叶质量风格特色的差异或区别是卷烟工业卷烟配方多样化和差异化的首要物质基础，因此，烟叶的质量风格特色是烟叶质量的重要内容。

二、质量风格特色评价指标

目前，烟叶风格的特色多从外观质量、物理特性、化学成分、感官评吸、安全性等方面进行表述。不同产区烟叶质量风格特色的差异或区别是卷烟工业卷烟配方多样化和差异化的首要物质基础。因此，正确合理地评价各产区烟叶质量风格特色，应从烟叶的外观质量、物理特性、化学成分、感官评吸、安全性等方面进行评价。

外观质量评价指结合与烟叶内在质量密切相关的烟叶特性对烟叶的外观质量进行评价，是指人们感官可以做出判断的质量特征，它是烟叶分级的重要依据（王春生，2014），一般以鼻闻、手摸、眼观等感官方式，判别烟叶质量的特点和好差（郭东峰，2006）。在我国烟叶外观质量评价的历史上，曾经用过很多指标，但有些指标由于不好辨别和不适合要求而被淘汰。当今认为通用的外观质量评价指标主要有两方面，一是定性描述指标，如成熟度、部位、叶片结构、颜色、色度、身份、油分等，二是定量描述指标，如残伤、长度、宽度等（王春生，2014；郭东峰，2006）。这些指标特征与烟叶质量关系十分密切，是烟叶质量划分的理论依据，也是当前烟叶分级检验重要的研究内容。部位、颜色、成熟度、叶片结构、身份、色度、油分、宽度、长度、残伤与破损等，除宽度、长度、残伤与破损为定量描述外，其他指标多为定性描述指标（王能如，2002）。

陈乐等研究认为，不同部位的烟叶质量有明显的差异。通常按烟株上的烟叶自下而上划分成五个部位，即：脚叶、下二棚、腰叶、上二棚、顶叶。就其全株叶片而言，以腰叶、上二棚烟叶质量最好，其次为下二棚、顶叶，以脚叶最差。目前，世界上先进的烟叶分级标准，都把部位当作第一分组因素，先以部位分组后再进行其他分组或分级，这样有利于分清等级质量。

烟叶的颜色不同其质量也不同。烟叶的颜色比较明显，容易识别，而且烟叶的颜色与烟叶的内在质量关系密切，因而在烟叶分级标准中一般都作为第二分组因素。烟叶的颜色一般分为：柠檬黄、橘黄、红棕、青黄等。20 世纪 60 年代世界上许多烟叶生产国家和烟草经营者都喜欢柠檬黄色的烟叶，而今都把橘黄色的烟叶当为优质烟叶用作卷烟配方中的主料烟。其原因就是这类烟叶香气足，吃味好；而柠檬黄色烟叶则吃味平淡，一般只作为卷烟配方中的填充料；青黄色烟叶香气差，杂气重，质量也较差。

判断烟叶质量的主要因素是烟叶成熟度。烟叶成熟度是近年来用于我国烤烟分级标准中的质量因素。对烟叶成熟度的判断要借助于烟叶生长发育过程中表现出的其他外观特征和对烟叶调制过程中伴随显现的外观特征来综合判断。也就是说烟叶成熟度不是一个孤立因素，它是烟叶在大田生长和调制过程中，烟叶细胞发育程度的综合体现。成熟度好的烟叶其外观特征是：颜色橘黄，色度浓，油分足，叶片结构疏松，有明显成熟斑，闻香突出，弹性好，燃烧性强，香气质好、量足，吃味醇和；成熟度差的烟叶，颜色浅淡易退色，带青至青黄色，叶片结构紧密光滑，吸食性不好，有杂气，因而质量差。

叶片结构指烟叶发育过程中，其叶片细胞排列的疏密程度。一般将叶片结构划分为疏松、尚疏松、稍密、紧密四个档次。疏松的烟叶弹性好，燃烧性强，是优质烟叶必须具备的特征；结构紧密的烟叶质量差。烟叶的叶片结构与部位、成熟度都有密切关系，并有一定规律性。同一株烟叶部位由下向上，叶片结构由疏松趋紧密。成熟度好的叶片结构疏松，成熟差的叶片结构紧密。

烟叶身份主要是指烟叶厚度。卷烟工业喜欢厚度适中的烟叶，这类烟叶弹性好，油分足，烟叶可用性高。过厚的烟叶往往劲头大，杂气重，刺激性大。过薄的烟叶内含物不充实，虽然填充性好，但吸食却淡而无味。烟叶长度一般说来烟叶叶片只有足够大，才可能生长期营养丰富，发育完全，充分成熟，组织结构疏松，质量好。过小的叶片不是施肥不足、灌溉不及时，就是田间管理不善，形成大田期营养不良、发育不全，不可能充分成熟，这样的烟叶组织结构紧密、质量差（董小卫等2008；于建军等，2010）。

烟叶的残伤与破损是由田间生产期间的病虫害及采收、烘烤、分级过程中不科学的操作所致。烟叶生长后期也容易发生赤星病和蛙眼病等叶斑病害，这些对烟叶质量有一定影响。为稳定各等级烟叶质量，国家标准对各等级残伤比例作了一些限制性的规定。

为了形成比较统一的烟叶外观质量指标，避免反映质量指标的过于重叠，使烟叶外观质量评价在烟叶生产和经营中变得易操作，有些研究人员（杨虹琦等，2008；张新龙等，2009）以因子分析法对烟叶外观质量指标进行排列，结果认为：第一到第三主因子分别为成熟度（成熟度、组织结构、光滑或微青）、颜色（色泽、色均匀度）及身份，其次为油分、叶片结构、色度等。多位学者（朱尊权，1998；张勇刚，2011；蔡宪杰等，2004）提到，烟叶外观质量评价要以成熟度为核心因素，再以叶片结构、色度为重点。

烟叶外观质量评价中还开始了如视觉检测系统（程占省，2001；蔡宪杰等，2005）的研究，希望以此替代分级的繁琐，并且更为客观。但是，当今不确定性概念在我国烟叶分级指标中仍然存在，例如油分，因此外观质量评价只作为烟叶质量评价的一个方面（李东亮等，2007）。

物理指标是指使用物理方法检测的一类指标，烟叶物理指标一般包括烟叶的厚度、叶面密度、平衡含水率、拉力、填充值、含梗率等，采用尺度、密度、质量等物理参数描述的一类指标。

化学成分指标是指采用常规化学测试手段和精细化学分析手段能够测试的大量与烟叶质量密切相关的指标。精细化学分析手段测试的化学组分与质量风格特色关系的研究，近些年逐步引起人们的重视，某些关键成分也逐步与烟叶风格特色进行关联研究。对烟叶质量有重大影响的化学成分很多，但主要以一些碳水化合物、含氮化合物和矿物质，如烟碱、总氮、总糖、还原糖、淀粉、蛋白质、钾、氯等指标为主，也称为"烟叶常规化学成分"。烟叶常规化学成分指标应用于评价时可以分为两级，一级指标，即常规化学成分指标，如烟碱、总氮、总糖、还原糖、淀粉、蛋白质、钾、氯等；二级指标则是反映常规化学成分之间协调性的，即一级指标间的比值（邓小华，2007），如糖碱比、氮碱比、钾氯比等。

烟叶质量与化学成分指标有密切的关系，烟气的醇和与否受还原糖影响，吃味好坏和劲头大小与烟碱含量有关，刺激性大小与总氮含量呈正向相关关系，碳氮化合物显著影响烟叶质量（杨立均，2002；胡建军，2009）。杜咏梅等（2000）研究认为，烟叶吃味好坏主要受到还原糖、烟碱的制约；烟气的醇和性和芳香性受到淀粉的重大影响，因为与烟气酸碱平衡的调节密切相关（庞天河，2007）；钾含量大小可以反映烟叶的燃烧和持火时间长短，钾含量充足还可以提高叶片的色泽（朱尊权，1998a；朱尊权，1998b）氯离子含量对烟叶的吸湿性、燃烧性、填充性及破碎率影响巨大（毛鹏军等，2006；宋昆，2007；宫长荣，1994；曹学鸿，2011；李永中等，1995）总氮与烟碱相比称为氮碱比，它主要用来评价烟叶刺激性的大小，通常最佳值为1左右；总糖与烟碱相比称为糖碱比，它反映烟叶吸味浓度和刺激性大小；同样，可知道钾氯比，它反映烟叶的燃烧性强度，通常最佳值为4~10。

烟叶感官质量指烟叶或烟丝燃烧时所产生的各种化学成分对吸烟者感官的综合刺激，是烟草被人们吸食享用时品质的最终反映（邓小华，2007）。感官质量指标是指烟叶通过燃烧产生烟气，人们通过吸食烟气对口腔、鼻腔等感官的嗅觉、味觉系统产生综合感受，从而形成对烟气质量的主观感觉指标。传统烟叶质量感官评价指标包括烟气的香型、劲头、浓度、香气质、香气量、余味、杂气、刺激性、燃烧性、灰色等，并对指标进行程度描述和数字化描述。当今主要由评吸人员抽吸烟叶或烟丝，按《YC/T138—1998 烟草及烟草制品》标准来鉴定评价主要指标优劣，进行感官质量评价。目前以香气类型、劲头、香气质、香气量、浓度、吃味、杂气、刺激性、燃烧性、灰色等为主要感官指标（杜文，2007；阎克玉等，2000）。近期，我国烟叶风格特色研究引起大多国内学者的关注，对烟气质量的评价指标做了更深入研究，引入香味学的香韵概念，将感官质量指标分成香气质量指标、香韵指标、烟气指标、杂气指标等多组指标，在烟叶风格特色区域细化领域进行了更深层次探索。

还有一些新的手段用于烟叶感官质量评价上，李晓忠（2007）、闫铁军等（2008）依据《YC/T138—1998 烟草及烟草制品》分别对湖北、湖南的烟叶感官质量进行了评价。胡建军（2009）研究运用模糊综合评定法来进行卷烟感官评吸，以使烟叶感官质量判断更为科学、准确。何琴（2005）、殷勇（1999）、高大启等（1997和1998）从人工嗅觉系统出发和广义回归神经网络模型，研究其对烟叶感官质量的作用，降低感官评吸过程中不利因素的干扰，并寻求烟叶常规化学成分与烟叶感官评定指标的相关性，效果均不错。

安全性指标是指采用化学测试手段测试的与安全质量有关的一类指标，一般包括重金属含量、农药残留量、烟草特有亚硝胺类含量、多环类有害物质含量等指标。随着人们对吸烟与健康问题研究的逐步深入，安全性指标也逐步得到认识，并引起重视。

第二节　邵阳烟叶外观质量特点

一、邵阳烟叶外观质量评价

（一）2006 年取样评价

2006 年分别从邵阳县有代表性乡镇或种植集中村 8 个地点，按照国标取 X2F、C3F、B2F 3 个部位烟叶样品各 2kg，共取烟叶样品 24 个，对烟叶外观质量进行了研究。

表 3 - 1　2006 年邵阳县 8 个取样点烟叶外观质量鉴定　（品种：云烟 87）

地点	等级	颜色	成熟度	油分	身份	结构	色度	综评
金称市镇金称市村	B2F	橘色+	欠熟+	稍有	稍后	尚疏松-	强-	中-
	C3F	橘色-	欠熟+	有	适中	尚疏松-	中+	中-
	X2F	橘色-	成熟	有	适中	尚疏松	中+	中+
河伯乡黄义村	B2F	橘色	成熟-	有	适中	尚疏松-	中	中
	C3F	橘色	成熟	有	适中	尚疏松	中	中
	X2F	橘色	成熟	有	适中	尚疏松	中	中
河伯乡苏江村	B2F	橘色	欠熟+	有-	适中	尚疏松	中+	中+
	C3F	橘色+	成熟	有	适中	尚疏松	中	中
	X2F	橘色+	成熟	有	适中	尚疏松	中+	中+
塘田市镇栗山村	B2F	橘色+	成熟	有	适中	尚疏松	中+	中+
	C3F	橘色	成熟-	有	稍后	尚疏松	中	中
	X2F	橘色+	成熟	有	适中	疏松	中+	中+
白仓镇山堆村	B2F	橘色	成熟-	有	适中	尚疏松	中	中
	C3F	橘色	成熟-	有	适中	尚疏松	中	中
	X2F	橘色-	成熟	有	适中	疏松	中	中
塘渡口镇大坝村	B2F	橘色+	成熟	有	适中	疏松	中	中
	C3F	橘色	成熟	有	适中	疏松	中	中
	X2F	橘色-	成熟	有	适中	疏松	中	中
九公桥乡荷叶村	B2F	橘色-	成熟	有+	适中	尚疏松	中+	中
	C3F	橘色	成熟	有	适中	疏松	中	中
	X2F	橘色-	成熟	有	适中	疏松	中	中
霞塘云乡争如庵村	B2F	橘色	成熟-	有-	适中+	尚疏松	中	中
	C3F	橘色	成熟	有	适中	疏松	中+	中+
	X2F	橘色	成熟	有	适中	疏松	中+	中+

研究结果认为，3个部位烟叶都表现橘色略欠；上部烟叶成熟度差些，中、下部烟叶的成熟度好些；部分样品上部烟叶身份偏厚，中、下部烟叶多为身份适中，个别样品下部烟叶身份偏薄；叶片组织结构在疏松到尚疏松范围内；叶片色度多为中等水平。就样品烟叶外观质量综合评价而言，多数为中等质量水平（表3-1）。

（二）2010年示范片样品评价

2010年对邵阳县、隆回县和新宁县分别设置了关键生产技术示范片，并对各县示范片的3个部位烟叶样品进行了系统的外观质量鉴定。45个烟叶样品外观质量鉴定结果（表3-2）认为，烟叶样品部位特征明显，成熟度好，叶片结构疏松，油分较多，色泽纯正，部分叶片略有光滑或微青，上部烟部分结构稍偏紧。总体上邵阳烟叶外观质量基本达到优质烤烟要求，烤后烟叶的颜色、成熟度、油分、身份、组织结构和色度等指标与以往比较，都有一定的改善。

表3-2　2010年邵阳示范片烟叶样品的外观质量

县	地点	处理	等级	颜色	成熟度	油分	身份	结构	色度	综评
隆回	雨田镇井田村	示范	B2F	橘⁺	成熟	有⁺	适中	疏松	强	中⁺
			C3F	橘⁻	成熟⁻	有	适中	疏松	中	中⁺
			X2F	橘	成熟	有	适中	疏松	中⁺	中⁺
	滩头镇山塘村	示范	B2F	橘	成熟	有	适中	疏松	中⁻	中
			C3F	橘	成熟	有	适中	疏松	中⁺	中⁺
			X2F	橘⁻	成熟	有	适中	疏松	中	中
	荷香桥镇毛铺村	示范	B2F	橘	成熟	有	适中	疏松⁻	强⁻	中
			C3F	橘	成熟	有	适中	疏松	中	中⁺
			X2F	橘	成熟	有	适中	疏松⁻	中⁺	中⁺
	荷田香九下村	示范	B2F	柠⁺	成熟	有	适中	疏松	中⁻	中⁺
			C3F	橘⁺	成熟	有	适中⁻	疏松	中⁺	中⁺
			X2F	橘⁺	成熟	有	适中	疏松	中⁺	中⁺
	荷香桥镇白山村	一般大田（对照）	B2F	柠⁺	成熟	有	适中	尚疏松	中⁻	中⁻
			C3F	橘⁻	欠熟⁺	有⁻	适中	尚疏松	中⁻	中⁻
			X2F	橘⁻	成熟⁻	稍有	适中⁻	疏松⁻	中⁻	中⁻

（续表）

县	地点	处理	等级	颜色	成熟度	油分	身份	结构	色度	综评
邵阳	塘田市镇长青村	示范	B2F	橘	成熟	有	适中	尚疏松	中	中
			C3F	橘	欠熟+	有-	适中-	疏松-	中	中
			X2F	橘+	成熟	稍有	适中	疏松	中	中
	塘田市镇栗山村	示范	B2F	橘-	成熟	有-	适中	尚疏松	中	中-
			C3F	橘	欠熟+	有-	适中	尚疏松	中	中
			X2F	橘+	成熟-	稍有	适中	疏松-	中	中
	河伯乡黄义村	示范	B2F	橘	成熟	有	适中-	尚疏松	中+	中
			C3F	橘	成熟	有	适中	尚疏松	中	中+
			X2F	橘-	成熟	有-	适中	尚疏松	中	中
	河伯乡苏江村	示范	B2F	橘	成熟	有	适中-	尚疏松+	中+	中+
			C3F	橘-	欠熟+	有	适中	疏松-	中	中
			X2F	橘	成熟	有	适中	疏松	中-	中
	金城市镇金良村	示范	B2F	橘-	成熟-	有	适中	尚疏松	中	中
			C3F	橘	成熟-	有	适中	尚疏松	中	中
			X2F	橘+	成熟	稍有+	适中-	疏松-	中	中
	河伯乡龟田村	一般大田（对照）	B2F	橘-	成熟-	有-	适中	尚疏松	中	中
			C3F	橘	欠熟+	有	适中	尚疏松	中	中
			X2F	橘	成熟	稍有	适中	疏松-	中	中
新宁	高桥镇清水村	示范	B2F	橘-	成熟	有	适中-	疏松-	中	中
			C3F	橘	成熟	有	适中	疏松	中	中+
			X2F	橘-	成熟	有-	适中	疏松-	中+	中-
	马头桥乡光塘村	示范	B2F	橘+	成熟	有+	适中	疏松	中	中
			C3F	橘	成熟	有	适中	疏松	中	中+
			X2F	橘-	成熟	有	适中	疏松	中-	中-
	巡田乡花田村	示范	B2F	橘+	成熟	有	适中	疏松-	中	中
			C3F	橘	成熟	有	适中	疏松	中	中+
			X2F	橘-	成熟	有-	适中	疏松-	中-	中-
	丰田乡庄山村	一般大田（对照）	B2F	橘	成熟	有	适中	疏松	中+	中
			C3F	橘	成熟	有	适中	疏松	中+	中+
			X2F	橘+	成熟	有+	适中	疏松	中+	中+

二、邵阳烟叶外观质量改进研究

（一）稻草还田对烟叶外观质量改进效果

为了探讨稻草覆盖对烟叶质量的影响，开展了相关试验，试验设 5 个处理：不覆盖稻草、不覆盖地膜（T1），不覆盖稻草、覆盖地膜（T2），覆盖稻草 $300kg/667m^2$、不覆盖地膜（T3），覆盖稻草 $400kg/667m^2$、不覆盖地膜（T4），覆盖稻草 $500kg/667m^2$、不覆盖地膜（T5）。结果发现，稻草覆盖还田对烤烟外观质量有明显影响（表 3 – 3），各个处理的中部叶（C3F）的叶色多数属金黄范畴，颜色略浅；烟叶的成熟度和组织结构多数属成熟和疏松范畴；烟叶的油润感整体较强，全部烟叶油分达到多或有质量档次；色度为中质量档次。其中稻草还田（T5）在成熟度、结构、油分上优于其他处理，在颜色、身份和色度上地膜覆盖（T2）处理表现最优。从变化趋势上来看，随着稻草覆盖量的加大，烟叶外观质量也有所提高，当达到全量覆盖时，效果最好。

表 3 – 3 稻草覆盖还田对烤烟外观质量的影响

处理	等级	颜色						成熟度		结构		
		浅橘红	深黄	金黄	正黄	微带青	杂色	成熟	尚熟	疏松	尚疏松	稍密
T1	C3F	—	6%	77%	16%	1%	—	86%	14%	85%	15%	—
T2	C3F	—	—	100%	—	—	—	93%	7%	92%	8%	—
T3	C3F	—	—	93%	7%	—	—	92%	8%	89%	11%	—
T4	C3F	—	1%	94%	4%	—	—	98%	2%	87%	13%	—
T5	C3F	—	—	97%	3%	—	—	100%	—	94%	6%	—

处理	等级	身份			油分			色度			
		中等	稍厚	稍薄	多	有	稍有	少	强	中	弱
T1	C3F	76%	—	24%	5%	72%	19%	4%	5%	88%	7%
T2	C3F	89%	—	11%	23%	77%	—	—	27%	73%	—
T3	C3F	80%	—	20%	14%	86%	—	—	11%	89%	—
T4	C3F	81%	—	19%	18%	82%	—	—	16%	84%	—
T5	C3F	87%	—	13%	25%	75%	—	—	25%	75%	—

（二）菜籽饼肥施用量对烟叶外观质量的影响

试验于 2009 年进行，设 6 个处理。①对照（CK），不施用菜籽饼肥；②处理（A1），菜籽饼肥施用量 $10kg/667m^2$；③处理（A2），菜籽饼肥施用量 $20kg/667m^2$；④处理（A3），菜籽饼肥施用量 $30kg/667m^2$；⑤处理（A4），菜籽饼肥施用量 $40kg/667m^2$；⑥处理（A5），菜籽饼肥施用量 $50kg/667m^2$。设 3 次重复，随机区组排列，共 18 个小区，每个小区面积 $60m^2$，行株距统一为 $120cm \times 50cm$，纯氮控制在 $8kg/667m^2$，$N : P_2O_5 : K_2O$ 为 $1 : 1 : 3$。菜籽饼肥、过磷酸钙混、80% 的烟草专用基肥、硫酸钾作为基肥一次性条施，20% 的烟草专用基肥移栽时作穴施，硝酸钾在移栽后 7 天对水追施 5kg/667m^2，大培土时进行追施硝酸钾 15kg/667m^2。

菜籽饼肥施用量对烤烟外观质量的影响研究发现（表 3 – 4），中部叶 A3、A4 油分、色度较对照好，外观总体评价达中偏上水平，表明菜籽饼肥 30 ~ 40kg/667m^2 有利于改善烟叶油分、色度，提高中部烟叶外观质量；上部叶 A2、A3 油分、色度表现较好，总体质量档次中偏上，A5 成熟度、身份较差，总体质量档次中等，表明施用菜籽饼肥 20 ~ 30kg/667m^2，有利于改善上部烟叶外观质量，随饼肥用量增加，外观质量下降。

表 3 – 4　菜籽饼肥施用量对烟叶外观质量的影响

处理	等级	成熟度	组织结构	身份	油分	色度	质量档次
CK	C3F	成熟	疏松	中等	有	中	中
A1	C3F	成熟	疏松	中等	有	中	中
A2	C3F	成熟	疏松	中等	有	中	中
A3	C3F	成熟	疏松	中等	有 – 多	中 – 强	中偏上
A4	C3F	成熟	疏松	中等	有 – 多	中 – 强	中偏上
A5	C3F	成熟	疏松	中等	有	中	中
CK	B2F	成熟	尚疏松	稍厚	有	中	中
A1	B2F	成熟	尚疏松	稍厚	有	中	中
A2	B2F	成熟	尚疏松	稍厚	有 – 多	中 – 强	中偏上
A3	B2F	成熟	尚疏松	稍厚	有 – 多	中 – 强	中偏上
A4	B2F	成熟	尚疏松	稍厚	有	中 – 强	中
A5	B2F	成熟 – 尚熟	尚疏松	稍厚 – 厚	有	中	中

（三）菜籽饼肥施用方式对烟叶外观质量的影响

试验于 2010 年进行，设 3 个处理。①处理 B1，菜籽饼肥条施；②处理 B2，菜籽饼肥穴施；③处理 B3，菜籽饼肥撒施。试验设 3 次重复，随机区组排列，共 9 个小区，每小区面积 96m^2，行株距统一为 120 × 50cm，纯氮控制在 8kg/667m^2，N∶P_2O_5∶K_2O 为 1∶1∶3。菜籽饼肥施用量控制为 40kg/667m^2，烟草专用基肥、硝酸钾、硫酸钾、过磷酸钙施用方法参照当地生产技术施肥方案进行。

由表 3 – 5 可看出，不同施肥方式对烤烟成熟度、组织结构影响不大，B1、B2 的身份、油份无差别，B3 中、上部叶身份变薄、油份变差，上部叶色度变差，表明撒施对烟叶油分、身份、色度影响较大，总体质量档次条施、穴施效果较好，撒施效果较差。

表 3 – 5　菜籽饼肥施用方式对烟叶外观质量的影响

处理	等级	成熟度	组织结构	身份	油分	色度	质量档次
B1	C3F	成熟	疏松	中等	有	中	中偏上
B2	C3F	成熟	疏松	中等	有	中	中偏上
B3	C3F	成熟	疏松	稍薄 – 中等	稍有 – 有	中	中
B1	C3F	成熟	尚疏松	稍厚	有	强	中偏上
B2	C3F	成熟	尚疏松	稍厚	有	强	中偏上
B3	C3F	成熟	尚疏松	中等 – 稍厚	稍有 – 有	中 – 强	中

（四）烤烟品种与肥料互作对烟叶外观质量效果试验

氮素是影响烟草生长发育最主要的元素之一，同时也是影响其品质及产量的关键营养元素。氮素供应过多，烟株叶色浓绿，贪青晚熟，烤后烟叶品质低劣；氮素供应不足，烟株生长受阻，发育迟缓，外观形态上表现为植株矮小，茎秆细，叶片小，提早落黄，烤后烟叶薄而轻，导致产量和品质降低，所以适宜施氮量才能生产出优质烟叶。氮素是植物生长发育的重要营养元素，施用量制约着烤烟的产量及经济效益。通过大田试验，对 K326 及新品种湘烟 2 号、湘烟 3 号、湘烟 4 号 4 个品种氮肥用量进行研究，旨在找出对上述烤烟品种的最佳施氮量。

表 3 – 6　烟叶外观质量评价

处理	等级	成熟度	颜色	光泽	油分	叶片结构	叶片厚度
V12T1	C3F	成熟	橘黄	强	足	疏松	适中
V31T1	C3F	成熟	橘黄	强	有	疏松	适中
V30T1	C3F	成熟	橘黄	强	足	疏松	适中
V32T1	C3F	成熟	橘黄	强	足	疏松	适中
V12T2	C3F	成熟	橘黄	强	足	疏松	适中
V31T2	C3F	成熟	橘黄	强	有	疏松	适中
V30T2	C3F	成熟	橘黄	强	足	疏松	适中
V32T2	C3F	成熟	橘黄	强	足	疏松	适中
V12T3	C3F	成熟	橘黄	强	足	疏松	适中
V31T3	C3F	成熟	橘黄	强	足	疏松	适中
V30T3	C3F	成熟	橘黄	强	足	疏松	适中
V32T3	C3F	成熟	橘黄	强	足	疏松	适中

2011 年试验田选择在新宁县高桥镇烟村，前作烤烟，肥力中等，排灌方便。试验共 12 个处理，设 4 个品种 ［K326 （V12）、湘烟 2 号 （V30）、湘烟 3 号 （V31）、湘烟

4 号（V32）］，3 个施肥水平 T1：N = 7.5kg/667m² （施用磷肥 0.35kg、硫酸钾 1.1kg、硝酸钾 0.35kg）、T2：N = 9kg/667m² （施用磷肥 0.9kg、硫酸钾 1.1kg、硝酸钾 0.85kg）、T3：N = 10.5kg/667m² （施用磷肥 1.46kg、硫酸钾 1.1kg、硝酸钾 1.32kg）。3 次重复，随机区组排列。每个小区为 30m²，栽烟 50 株，密度 1.2m × 0.5m，小区四周设保护行（贵烟 4 号）。每个小区统一施腐熟的猪、牛粪 40kg，火土灰 38kg，饼肥 1kg，临湘产专用基肥 2.3kg，提苗肥 0.2kg。

研究结果（表 3 - 6）表明，不同的施氮量对品种的影响不大，整体来说，湘烟 3 号、K326 的手感较好，易烘烤；其次是湘烟 4 号；湘烟 2 号的外观质量较差。

三、邵阳烟叶与不同生态产区烟叶外观质量比较

2013 年于武陵山生态区的龙山、花垣、慈利、芷江 4 个县，南岭生态区的长宁、江华、浏阳、桂阳 4 个县，云贵高原东部边缘生态区的怀化和邵阳、隆回、新宁 4 个县（表 3 - 7），均选取中部烟叶样品（C3F）进行不同生态区域外观质量比较研究，然后将各个指标进行数字化处理（表 3 - 7）。结果显示，邵阳 4 个烟叶样品的成熟度居中等及偏上水平，颜色居偏上水平，油分居中等水平；烟叶身份、结构、色度也处于居中水平。可见，邵阳烟叶主要外观质量指标基本达到邻近烟叶主产区的平均水平。

表 3 - 7　邵阳烟叶与其他产地烟叶外观质量指标比较

区域	地点	成熟度	颜色	油分	身份	结构	色度
武陵山区	龙山县茨岩塘镇兴隆村	8.30	8.70	6.50	8.70	8.50	5.50
	湘西花垣县	7.50	8.00	5.50	8.30	7.70	5.00
	慈利县	7.50	7.80	5.20	8.30	7.50	4.70
	芷江县楠木坪乡桂竹元村	7.50	8.00	6.00	8.30	7.50	5.30
南岭山区	常宁市兰江乡兰江村	7.50	7.50	6.00	8.30	7.80	5.00
	江华县大石桥乡	7.60	7.80	5.50	8.00	7.70	5.00
	浏阳市达浒镇	7.50	8.00	5.50	8.20	7.70	5.20
	桂阳樟市乡桐木村	8.00	8.50	6.50	8.00	8.30	6.30
云贵高原东部延伸区	怀化靖州	6.00	6.80	4.50	7.50	7.00	3.50
	邵阳县河伯乡石塘村	8.00	8.20	5.80	8.50	7.80	5.00
	新宁丰田乡堆子田村	7.70	7.80	5.70	8.50	7.70	5.30
	隆回县岩口乡梅塘村	7.00	7.40	5.00	8.00	7.30	4.00
	隆回县岩口乡梅塘村	7.50	8.00	5.50	8.00	8.00	5.20

注：每个指标最大数字化值为 10

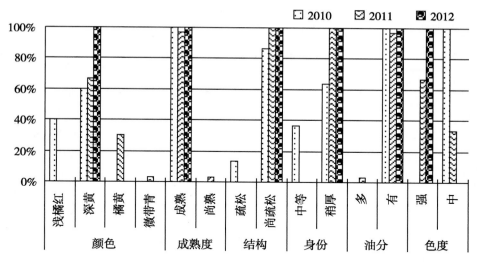

图 3 - 5　2010—2012 年邵阳基地 B2F 烟叶外观质量变化

第三节　邵阳烟叶物理性状特点

物理特性是反映烟叶质量与烟叶加工性能的重要指标。烟叶重要的物理特性指标主要有厚度、叶面密度、平衡含水率、拉力、填充值、含梗率等，检测这些指标对评价烟叶质量和烟叶的加工性能具有重要意义（杨虹琦，2008）。

单位面积质量、平衡含水率、拉力、含梗率与烟叶加工性能密切相关。单位面积质量的大小与叶片厚度及密度相关性较强，叶片厚及密度大的叶片单位面积质量较大；平衡含水率与烟叶的机械性能密切相关，平衡含水率高的烟叶弹性、韧性较好，利于烟叶加工；拉力与烟叶的弹性、韧性、耐破度密切相关，拉力高的烟叶，韧性较好，烟叶质量较好；含梗率与烟叶厚度密切相关，含梗率高，加工出片率较高（胡建军和李广才等，2014）。

下部叶以 X2F 等级烟叶，中部叶以 C3F 等级烟叶，上部叶以 B2F 等级烟叶为代表，以及不同试验处理方式对烟叶物理指标的效果进行了分析。

一、改进烤烟烟叶物理性状研究

（一）稻草覆盖还田对烟叶物理特性改进

为了探讨改进烟叶物理性状的措施，开展了稻草覆盖还田研究，试验设不覆盖稻草、不覆盖地膜（T1），不覆盖稻草、覆盖地膜（T2），覆盖稻草 300kg/667m²、不覆盖地膜（T3），覆盖稻草 400kg/667m²、不覆盖地膜（T4），覆盖稻草 500kg/667m²、不覆盖地膜（T5）5 个处理小区试验。试验结果发现，各处理烟叶的平衡含水率、填充值和含梗率等指标差别不大，均属于中等偏上质量档次，相对适宜；各部位烟叶厚度均相对稍薄，其中对照（T1）中部叶厚度最小，与 T5 相差 0.024mm，与地膜覆盖相差 0.014mm，稻草覆盖能明显增加烟叶厚度，拉力和伸长率相对较好，烟叶柔韧性较好，各部位烟叶含梗率相对适宜。从烟叶叶面密度上来看，覆盖栽培能明显增加叶面密度，其中 T₅ 处理增加最明显（表 3 − 8）。

表 3 − 8 稻草覆盖还田对烤烟烟叶物理特性的影响

处理	等级	厚度（mm）	叶面密度（g/m²）	平衡含水率（%）	拉力（N）	填充值（cm³/g）	含梗率（%）
T1	C3F	0.068	45.47	11.94	1.21	4.41	34.97
T2	C3F	0.082	99.14	11.70	1.89	4.05	31.09
T3	C3F	0.081	75.49	11.97	1.68	4.10	32.38
T4	C3F	0.085	97.73	11.79	1.78	4.02	31.57
T5	C3F	0.092	107.86	11.85	1.95	3.95	31.11

（二）菜籽饼肥施用量对烟叶物理特性的影响

试验于 2009 年进行，设 6 个处理。①对照（CK），不施用菜籽饼肥；②处理 A1，菜籽饼肥施用量 10kg/667m²；③处理 A2，菜籽饼肥施用量 20kg/667m²；④处理 A3，菜籽饼肥施用量 30kg/667m²；⑤处理 A4，菜籽饼肥施用量 40kg/667m²；⑥处理 A5，菜籽饼肥施用量 50kg/667m²。设 3 次重复，随机区组排列，共 18 个小区，小区面积 60m²，行株距统一为 120cm×50cm，纯氮控制在 8kg/667m²，N：P₂O₅：K₂O 为 1：1：3。菜籽饼肥、过磷酸钙、80% 的烟草专用基肥、硫酸钾作为基肥一次性条施，20% 的烟草专用基肥移栽时作穴施，硝酸钾在移栽后 7 天对水追施 5kg/667m²，大培土追施硝酸钾 15kg/667m²。

菜籽饼肥施用量对烤烟外观质量的影响研究发现，烟叶单位面积质量随菜籽饼肥用量增加而增大（图 3 − 6），表明施用菜籽饼肥有利于增加叶片厚度及密度；由图 3 − 7 可看出，中部叶 A₄ 平衡含水率较高，上部叶 A₃ 平衡含水率较高，表明饼肥施用量达

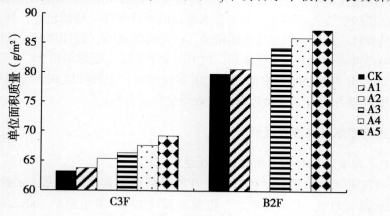

图 3 − 6 菜籽饼肥施用量对烟叶单位面积质量的影响

40kg/667m²，中部叶加工质量较好，饼肥施用量达 30kg/667m²，上部叶加工质量较好；由图 3 − 8 看出，中部叶 A₄、上部叶 A₃ 拉力值较高，A₄ 中部叶烟叶质量较好，A₃ 上部叶质量较好；图 3 − 9 可看出，随菜籽饼肥用量增加，含梗率降低，表明施用菜籽饼肥能提高烟叶厚度。

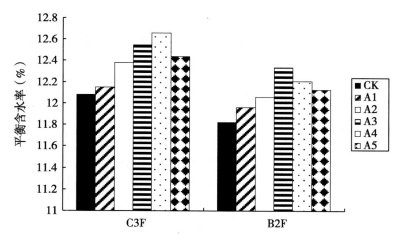

图 3 - 7　菜籽饼肥施用量对烟叶平衡含水率的影响

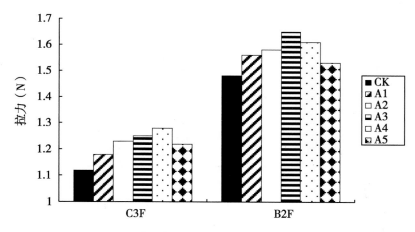

图 3 - 8　菜籽饼肥施用量对烟叶拉力的影响

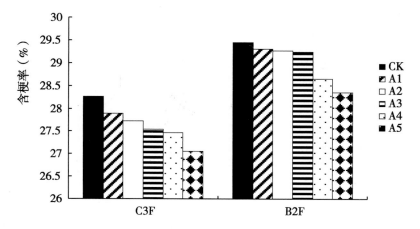

图 3 - 9　菜籽饼肥施用量对烟叶含梗率的影响

（三）菜籽饼肥施用方式对烟叶物理特性的影响

试验于 2010 年进行，设 3 个处理。①处理 B1，菜籽饼肥条施；②处理 B2，菜籽饼肥穴施；③处理 B3，菜籽饼肥撒施。试验设 3 次重复，随机区组排列，共 9 个小区，小区面积 96m²，行株距统一为 120cm×50cm，纯氮控制在 8kg/667m²，N：P_2O_5：K_2O 为 1：1：3。菜籽饼肥施用量控制为 40kg/667m²，烟草专用基肥、硝酸钾、硫酸钾、过磷酸钙施用方法参照当地生产技术施肥方案。

图 3 - 10、图 3 - 11、图 3 - 12 和图 3 - 13 显示，烟叶单位面积质量、平衡含水率、拉力均表现为 B1 > B2 > B3，表明饼肥条施烟叶厚度增加、叶面密度较大、耐破度高、弹性好、韧性强，烟叶质量较好；含梗率表现为 B1 < B2 < B3，表明条施烟叶身份较穴施、撒施厚，出片率高，能降低烟叶使用成本。撒施烟叶各项加工指标较差，烟叶质量较低，加工性能差。

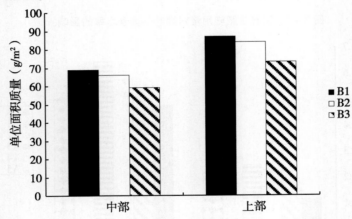

图 3 - 10　菜籽饼肥施用方式对烟叶单位面积质量的影响

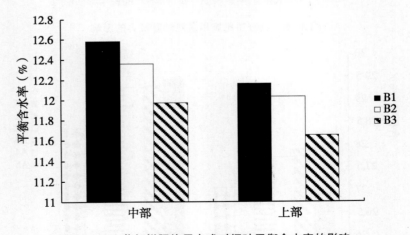

图 3 - 11　菜籽饼肥施用方式对烟叶平衡含水率的影响

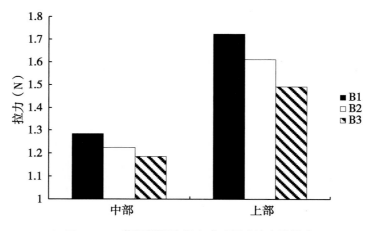

图 3 - 12 菜籽饼肥施用方式对烟叶拉力的影响

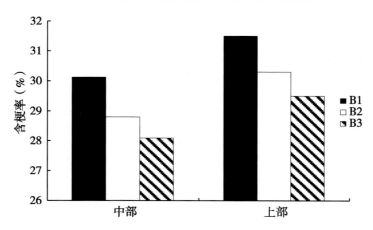

图 3 - 13 菜籽饼肥施用方式对烟叶含梗率的影响

二、邵阳烟叶与不同生态产区烟叶物理性状比较研究

2013 年于武陵山生态区的龙山、花垣、慈利、芷江取 4 个样品，于南岭生态区的长宁、江华、浏阳、桂阳取 4 个样品，于云贵高原东部边缘生态区的怀化和邵阳、隆回、新宁取 4 个样品，均选取中部烟叶样品（C3F）进行不同生态区域烟叶外观质量比较研究，结果表明（表 3 - 9）单叶重以武陵山区最低，邵阳 4 个样品居中，南岭产区最高，其中邵阳 4 个样品以新宁丰田的最高。叶片密度和含梗率武陵山区最高，南岭山区居中，邵阳平均值最低，其中邵阳 4 个样品叶片密度以隆回样品最低，含梗率以新宁样品最低。平衡含水率以邵阳 4 个样品最高，南岭产区最低。叶片厚度以南岭产区平均值最高，武陵山区平均值居中，邵阳样品平均值最低。填充值 3 个区域差别较小，其中以南岭样品平均值最低，邵阳 4 个样品最低。

表3-9　不同生态区中部烟叶（C3F）物理指标比较

区域	地点	单叶重 （g）	叶片密度 （g/m²）	含梗率 （%）	平衡含水 率（%）	叶片厚度 （μm）	填充值 （mm）
武陵山区	龙山县茨岩塘镇兴隆村	12.49	81.73	34.38	12.68	126.50	1.15
	湘西花垣县	12.09	118.32	36.22	12.92	119.00	1.15
	慈利县	12.24	97.96	32.59	11.67	129.30	1.39
	芷江县楠木坪乡桂竹元村	9.21	77.32	36.19	14.75	115.10	1.21
	平均值	11.51	93.83	34.85	13.01	122.48	1.23
云贵高原东部延伸区	邵阳县河伯乡石塘村	10.44	89.31	33.76	19.72	110.60	1.25
	新宁丰田乡堆子田村	16.93	92.76	30.23	16.06	122.50	1.00
	隆回县岩口乡梅塘村	9.82	69.86	35.20	13.20	106.40	1.25
	隆回县岩口乡梅塘村	10.98	68.71	34.88	16.26	117.90	1.19
	平均值	12.04	80.16	33.52	16.31	114.35	1.17
南岭山区	华县大石桥乡大祖脚村	10.90	65.30	32.17	9.88	148.20	1.29
	浏阳市达浒镇	11.48	93.32	38.69	13.14	137.90	1.36
	桂阳樟市乡桐木村唐家组	12.80	66.67	36.02	13.64	150.00	1.19
	平均值	12.16	78.24	33.09	12.90	142.15	1.25

三、邵阳烟叶物理性状工业评价

（一）浙江中烟工业有限责任公司评价

浙江中烟工业有限责任公司对邵阳烟叶物理特性研究指出，邵阳烟叶物理性状总体特点为，下部叶平均厚度为0.067mm，低于全国0.071mm平均水平，中部叶平均厚度为0.086mm，低于全国0.091mm平均水平；上部叶平均厚度为0.110mm，低于全国0.113mm平均水平，年度间稍有波动；烟叶密度下、中、上部皆低于全国平均水平，年度间波动不大；烟叶的吸湿性较好，平衡含水率年度间波动不大，烟叶拉力适宜，年度间波度不大；烟叶填充性较好，填充值年度间波动不大；烟叶含梗率相对偏高，年度间略有波动。

（二）广西中烟工业有限责任公司评价

2010—2012年邵阳烟叶物理特性统计结果列于表3-10，邵阳烟叶厚度低于全国均值，年度间稍有波动，2012年烟叶相对较薄，其次为2010年；烟叶叶面密度略低于全国均值，年度间波动不大；烟叶吸湿性较好，平衡含水率年度间波动不大；烟叶含梗率相对偏高，年度间略有波动，各年份烟叶含梗率均高于全国均值。2010—2012年邵阳烟叶样品的物理特性总体较好，烟叶拉力、平衡含水率和填充值较适宜，烟叶含梗率偏高，部分年份烟叶偏薄，叶面密度偏低。

表 3 – 10　2010—2012 年邵阳烟叶物理特性统计

| 指标 | 等级 | 年度平均值 | | | 平均值 | 全国均值 |
		2010	2011	2012		
厚度 （mm）	X2F	0.072	0.075	0.056	0.068	0.071
	C3F	0.096	0.101	0.071	0.089	0.091
	B2F	0.124	0.127	0.086	0.112	0.113
叶面密度 （g/m²）	X2F	57.26	49.53	51.85	52.88	58.77
	C3F	70.41	63.63	64.50	66.18	71.74
	B2F	86.54	81.56	80.96	83.02	89.36
平衡含水率 （%）	X2F	13.92	12.95	13.22	13.36	13.34
	C3F	14.26	14.18	14.02	14.15	14.08
	B2F	13.31	13.7	13.06	13.36	13.45
拉力 （N）	X2F	1.41	1.68	1.40	1.50	1.40
	C3F	1.60	1.73	1.55	1.63	1.64
	B2F	1.89	1.91	1.70	1.83	1.84
填充值 （cm²/g）	X2F	4.18	4.31	4.39	4.29	4.26
	C3F	3.90	3.95	4.01	3.95	3.96
	B2F	3.67	3.78	3.77	3.74	3.73
含梗率 （%）	X2F	32.96	34.44	33.87	33.76	31.73
	C3F	33.67	33.71	33.85	33.74	31.45
	B2F	32.39	31.16	31.01	31.52	29.46

第四节　邵阳烟叶化学成分指标特性

化学成分是烟叶质量的内涵，烟草及其制品的品质主要是由其内在化学成分的组成含量所决定的，因此，烟叶化学成分是评价烟叶品质的常用指标之一（韩富根，2012）。目前，人们对烟叶品质的判断以碳水化合物、含氮化合物、矿物质等常规化学成分为主，这些常见的化学成分指标主要有：烟碱、总糖、还原糖、总氮、淀粉、钾离子、氯离子等（齐永杰，2012）。化学成分含量高低与烟叶质量有关，但烟叶质量在于一系列有关物质的相对比例及彼此间的协调关系，并提出各种比值作为评价烟叶品质的指标，主要有：糖碱比、氮碱比、糖蛋比、钾氯比等。糖碱比即还原糖/烟碱，它是在分析氮、碳化合物相对平衡时最常用的一个指数，在质量好的烤烟中，比值通常为 8~10；氮碱比即总氮/烟碱，以 1 或略小于 1 为宜，一般认为比值过高时烟叶化学成分不平衡，而比值较低的烟叶通常烟碱含量较高；糖蛋比即总糖/蛋白质，也就是我们通常所说的施木克值，以 3 左右为宜；钾氯比以大于 4 为宜（张新龙，2009）。

一、改进邵阳烟叶化学成分研究

（一）稻草覆盖还田对烟叶化学成分的影响

为了探讨稻草覆盖还田对烟叶化学成分的影响，开展了田间试验，试验设不覆盖稻草、不覆盖地膜（T1），不覆盖稻草、覆盖地膜（T2），覆盖稻草 $300kg/667m^2$、不覆盖地膜（T3），覆盖稻草 $400kg/667m^2$、不覆盖地膜（T4），覆盖稻草 $500kg/667m^2$、不覆盖地膜（T5）5 个处理。试验结果，以及烟叶主要化学成分分析结果（表 3 – 11）发现，不覆盖地膜和稻草处理（T1）的总糖和还原糖含量最低，氯元素和钾含量也是最低的；地膜覆盖处理（T2）的总氮和总植物碱含量最高；随着稻草覆盖量的加大，烟叶总糖、还原糖、氯元素及钾含量会明显提高，总氮和总植物碱会有一定程度的下降。说明稻草还田量加大，烟叶的烟碱含量有明显的降低趋势，总糖和还原糖含量有增高趋势，钾、氯含量有增加趋势。其中，T4 处理内在化学成分明显的优于其他处理，T5 处理次之。

表 3 – 11　稻草覆盖还田对烟叶化学成分的影响

处理	等级	总糖（%）	还原糖（%）	总氮（%）	总植物碱（%）	氯（%）	钾（%）
T_1	C3F	31.16	26.74	1.76	2.45	0.46	1.64
T_2	C3F	31.82	28.70	1.88	2.48	0.59	1.53
T_3	C3F	34.09	30.67	1.60	1.36	0.57	1.70
T_4	C3F	34.82	31.69	1.50	1.55	0.55	1.80
T_5	C3F	33.93	31.63	1.56	1.48	0.58	1.85

从上表 3 – 12 可以看出，类胡萝卜素是烟叶中重要的香味前体物和显色物质，不仅与烟叶的外观质量（颜色）密切相关，其降解产物多是烟叶中重要的特征香味物质。各处理类胡萝卜素为 131 ~ 223.29μg/g，其中覆盖栽培类胡萝卜素含量明显较高，地膜覆盖和稻草覆盖（T5）提高最明显。叶黄素和 β – 胡萝卜素的含量为 53.57 ~ 99.78μg/g 和 77.84 ~ 123.51μg/g。

表 3 – 12 稻草覆盖还田对烟叶胡萝卜素含量的影响

处理	等级	叶黄素（μg/g）	β – 胡萝卜素（μg/g）	类胡萝卜素（μg/g）	叶黄素/类胡萝卜素（%）
T1	C3F	53.57	77.84	131.00	41
T2	C3F	98.42	113.58	212.00	46
T3	C3F	63.26	77.36	141.00	45
T4	C3F	95.04	108.35	203.00	47
T5	C3F	99.78	123.51	223.29	45

多酚化合物是产生烟叶香气的重要成分之一，其含量影响着烟叶香气质量的好坏，同时多酚类物质还影响着烟叶的颜色。在多酚类化合物中，绿原酸、芸香苷和莨菪亭的含量最为丰富，占烟叶总酚含量的 80% 以上。多酚类物质含量见表 3 – 13，不覆盖稻草，覆盖地膜处理（T2）的总酚含量最高，为 49.34mg/g，其次是处理 T5 为 48.27mg/g，最低的是对照处理，为 43.36mg/g。

表 3 – 13 稻草覆盖还田对烟叶多酚含量的影响

处理	等级	新绿原酸	4 – O – 咖啡奎尼酸	绿原酸	莨菪亭	芸香苷	山奈酚糖苷	总酚
T1	C3F	2.96	3.47	21.12	0.18	13.98	1.64	43.36
T2	C3F	3.25	3.75	26.08	0.20	14.52	1.55	49.34
T3	C3F	3.06	3.63	23.51	0.20	13.91	1.62	45.93
T4	C3F	3.11	3.61	23.49	0.19	14.10	1.58	46.08
T5	C3F	3.19	3.69	24.98	0.20	14.68	1.53	48.27

（二）菜籽饼肥施用方式对烟叶化学成分的影响

试验于 2010 年进行，设 3 个处理。①处理 B1，菜籽饼肥条施；②处理 B2，菜籽饼肥穴施；③处理 B3，菜籽饼肥撒施。试验设 3 次重复，随机区组排列，共 9 个小区，小区面积 96m²，行株距统一为 120×50cm，纯氮控制在 8kg/667m²，$N : P_2O_5 : K_2O$ 为 1：1：3。菜籽饼肥施用量为 40kg/667m²，烟草专用基肥、硝酸钾、硫酸钾、过磷酸钙施用方法参照当地生产技术施肥方案进行。

表 3 – 14 数据表明，B3 处理烟叶总糖、还原糖、总氮、烟碱含量较低，蛋白质含量 B1 处理较低，B3 处理含量偏高，施木克值 B1 处理较高，糖碱比各处理差别不大，表明条施有利于烟叶糖、总氮、烟碱物质的积累，饼肥条施烟叶品质较好，撒施化学成分不协调，总体质量较差。石油醚提取物与烟叶香气量关系密切，一般石油醚提取物含量高，烟叶香气量增多，B1 处理中、上部叶香气量明显较高，说明菜籽饼肥条施有利于提高烟叶的香气量。

表 3 – 14　菜籽饼肥施用方式对烟叶化学成分的影响

处理	等级	总糖 （%）	还原糖 （%）	总氮 （%）	烟碱 （%）	蛋白质 （%）	石油醚提取物 （%）	施木克值	糖碱比
B1	C3F	28.12	25.58	2.50	2.85	11.94	4.86	2.36	8.98
B2	C3F	27.55	25.35	2.55	2.78	12.25	4.54	2.25	9.12
B3	C3F	27.43	24.23	2.10	2.51	13.34	3.97	2.06	9.65
B1	B2F	20.54	19.05	2.88	3.55	12.29	5.81	1.67	5.37
B2	B2F	20.12	18.60	2.67	3.48	14.68	5.63	1.37	5.34
B3	B2F	19.68	18.32	2.57	3.32	13.54	4.95	1.45	5.52

（三）不同品种中部烟叶化学成分分析

试验安排在湖南省邵阳市邵阳县塘渡口镇红石科研站。前茬作物为水稻，植烟土壤为黄壤土，土质偏粘，肥力中等，保水保肥能力好。处理1：K346；处理2：CF204；处理3：云烟203；处理4：中烟103；处理5：红花大金元。

烟草专用基肥、菜籽饼肥、烟草专用追肥、硫酸钾、过磷酸钙。其中烟草专用基肥、菜籽饼肥以及70%的硫酸钾混匀在移栽前作为基肥施用，施用方法为条施；硝酸钾以及剩余的硫酸钾在烟叶大田生产前期作为追肥分3次对水追施。试验设6个处理，3次重复，随机区组排列，小区面积70m²，行株距统一为120cm×50cm，K346、CF204和云烟203品种的肥料配比为 N：P_2O_5：K_2O 为 1：1：3，总氮用量为8kg/667m²，中烟103和红花大金元品种的总氮用量为5.5kg/667m²。

5个处理中部烟叶化学成分分析结果（表3 –15）显示，5个处理烟叶的还原糖和总糖含量都偏高，烟碱、总氮和氯含量适中，钾含量较高，总体化学成分比较协调。根据分析结果，5个处理可以分为3个小组，其规律基本如下：还原糖和总糖为处理1和处理2 > 处理3和处理5 > 处理4。总植物碱和总氮为处理3和处理5 > 处理1和处理2 > 处理4。总钾为处理4 > 处理1和处理2 > 处理3和处理5。5个处理中部烟叶的总氯含量差异不明显。总体来讲除了还原糖和总植物碱的含量差异较大外，其余成分间的变化较小，差异不明显。

表3 –15　不同品种中部烟叶（C3F）化学成分

处理	还原糖 （%）	总糖 （%）	总植物碱 （%）	总氮 （%）	K_2O （%）	Cl （%）
K346	28.2	32.2	2.37	1.72	2.93	0.14
CF204	28.4	33.1	2.11	1.69	2.95	0.13
云烟203	26.6	30.1	2.62	1.77	2.95	0.14
中烟103	29.0	33.2	1.89	1.48	3.18	0.15
红花大金元	26.9	30.8	2.51	1.70	2.92	0.14

（四）菜籽饼肥施用量对烟叶化学成分的影响

试验于 2009 年进行，设 6 个处理。①对照（CK），不施用菜籽饼肥；②处理 A1，菜籽饼肥施用量 $10kg/667m^2$；③处理 A2，菜籽饼肥施用量 $20kg/667m^2$；④处理 A3，菜籽饼肥施用量 $30kg/667m^2$；⑤处理 A4，菜籽饼肥施用量 $40kg/667m^2$；⑥处理 A5，菜籽饼肥施用量 $50kg/667m^2$。设 3 次重复，随机区组排列共 18 个小区，小区面积 $60m^2$，行株距统一为 $120 \times 50cm$，纯氮为 $8kg/667m^2$，$N:P_2O_5:K_2O$ 为 $1:1:3$。菜籽饼肥、过磷酸钙混、80% 的烟草专用基肥、硫酸钾作为基肥一次性条施，20% 的烟草专用基肥移栽时作穴施，硝酸钾在移栽后 7 天兑水追施 $5kg/667m^2$，大培土时进行追施硝酸钾 $15kg/667m^2$。

烟叶化学指标一般认为总氮含量在 1.5%~3.5%，烟碱 1.5%~3.5%（中部 2%~3%，上部 2.5%~3.5%）蛋白质 7%~9% 含量较适宜；施木克值实际上是一个酸碱协调的问题，一般以 3 左右较好；糖碱比是衡量吸味优劣、刺激性的指标，一般认为在 6~10 范围，烟叶质量较好。表 3-16 数据可看出，中部叶总氮、烟碱、糖碱比均在适宜范围，蛋白质含量均偏高，施木克值 A3、A4 较为理想，这表明施用菜籽饼肥 30~$40kg/667m^2$，烟叶化学成分更趋协调。上部叶烟碱随饼肥用量增加，烟碱含量增加，A5 烟碱含量偏高，施木克值 A1 和 A2 较高，A3 糖碱比在适宜范围，表明施用菜籽饼肥上部叶烟碱含量增加，适量施用饼肥有利于提高上部烟叶品质。

烟草石油醚提取物中含有芳香油、树脂、磷脂、蜡脂等体现烟草香气的物质，其含量与烟叶的香气量呈正相关，烤烟石油醚提取物的含量范围为 4%~8%。中部烟叶 A3 含量较高，随菜籽饼肥用量增加，呈明显下降趋势，说明过量施用饼肥，中部叶香气量下降；上部叶随饼肥用量增加，石油醚提取物含量增加，表明增加饼肥用量，能显著提高上部叶的香气量。

表 3-16　菜籽饼肥施用量对烟叶化学成分的影响

处理	等级	总糖（%）	还原糖（%）	总氮（%）	烟碱（%）	蛋白质（%）	石油醚提取物（%）	施木克值	糖碱比
CK	C3F	27.43	25.58	2.10	2.56	12.94	3.68	2.12	9.99
A1	C3F	28.66	26.15	2.14	2.65	11.58	3.97	2.47	9.87
A2	C3F	28.48	26.12	2.21	2.71	11.94	4.12	2.39	9.64
A3	C3F	28.65	25.66	2.35	2.74	10.67	4.24	2.68	9.36
A4	C3F	27.85	25.23	2.55	2.85	10.34	3.78	2.70	8.85
A5	C3F	28.12	25.35	2.55	2.78	12.25	3.56	2.30	9.12
CK	B2F	20.12	18.32	2.57	3.28	13.29	4.85	1.51	5.59
A1	B2F	21.42	19.02	2.55	3.39	13.70	4.92	1.56	5.61
A2	B2F	21.59	19.96	2.65	3.45	13.91	5.32	1.55	5.79
A3	B2F	22.11	20.82	2.73	3.47	14.63	5.43	1.51	6.00
A4	B2F	20.54	19.05	2.87	3.53	14.54	5.67	1.41	5.40
A5	B2F	20.68	18.65	2.88	3.68	15.68	5.77	1.32	5.07

二、邵阳烟叶与不同生态产区烟叶化学成分比较研究

2013 年于武陵山生态区的龙山、花垣、慈利、芷江 4 个县，南岭生态区的长宁、江华、浏阳、桂阳 4 个县，云贵高原东部边缘生态区的怀化和邵阳、隆回、新宁 4 个县，均选取中部烟叶样品（C3F）进行不同生态区域外观质量比较研究，结果表明（表3－17），武陵山区 4 个中部烟叶样品总糖和还原糖含量平均值分别为 28.31% 和 24.28%，南岭产区 5 个烟叶样品总糖和还原糖含量平均值分别为 27.91% 和 24.54%，邵阳 4 个中部烟叶样品总糖和还原糖含量平均值分别为 31.05% 和 26.99%，可见邵阳中部烟叶糖含量比其他 2 个区域高。武陵山区 4 个中部烟叶总氮和烟碱平均值分别为 1.73% 和 2.76%，南岭产区 5 个样品总氮和烟碱含量分别为 1.83% 和 2.63%，邵阳 4 个中部烟叶样品总氮和烟碱含量分别为 1.69% 和 2.55%。这一结果说明，邵阳烟叶在总氮和烟碱含量方面比较适宜，工业可用性较高。所有样品氯含量均在适当范围内，但钾含量方面，邵阳烟叶略微偏低。

表 3 － 17　不同生态区中部烟叶（C3F）化学成分指标比较

区域	地点	总糖（%）	还原糖（%）	总氮（%）	烟碱（%）	氯（%）	钾（%）
武陵山区	龙山县茨岩塘镇兴隆村	31.30	27.03	1.64	2.43	0.37	1.78
	湖南湘西花垣县	30.33	25.04	1.66	2.91	0.39	2.03
	慈利县烟草分公司	27.39	22.60	1.79	2.92	0.48	1.69
	芷江县楠木坪乡桂竹元村	24.22	22.45	1.82	2.78	0.35	2.25
	平均值	28.31	24.28	1.73	2.76	0.40	1.94
云贵高原东部延伸区	邵阳县河伯乡石塘村	32.25	28.97	1.66	2.84	0.41	1.87
	新宁丰田乡堆子田村	34.93	30.70	1.72	1.56	0.36	2.23
	隆回县岩口乡梅塘村	28.56	24.07	1.72	2.94	0.37	1.81
	隆回县岩口乡梅塘村	28.45	24.22	1.65	2.85	0.38	1.59
	平均值	31.05	26.99	1.69	2.55	0.38	1.88
南岭产区	常宁市兰江乡兰江村	26.34	23.79	1.72	2.52	0.49	1.83
	江华县大石桥乡	26.00	22.25	1.96	3.00	0.41	2.09
	浏阳市达浒镇	30.85	23.55	1.64	2.37	0.39	2.56
	桂阳樟市乡桐木村	29.61	27.65	1.96	2.23	0.21	2.17
	江华清圩乡三门寨	26.74	25.48	1.89	3.02	0.38	2.01
	平均值	27.91	24.54	1.83	2.63	0.38	2.13

三、邵阳烟叶化学成分指标工业评价

（一）广西中烟工业有限责任公司评价

表3-18和表3-19数据显示，不同年份各部位烟叶烟碱、钾含量均较适宜，但糖碱比、氮碱比和钾氯比不同年份波动较大。以上化学成分含量不适宜、相互间不协调问题与烟叶营养水平、成熟度等密切相关，需通过栽培措施提高烟株营养水平与烟叶采收烘烤技术进行解决。

表3-18　2010—2012年邵阳基地烟叶化学成分分析

等级	年份	总糖（%）	还原糖（%）	总氮（%）	烟碱（%）	氯（%）	钾（%）	淀粉（%）
X2F	2010	25.19	23.87	1.60	1.9	0.16	2.83	4.34
	2011	33.22	29.19	1.37	1.98	0.41	2.49	5.80
	2012	31.65	29.69	1.81	1.51	0.20	2.49	5.00
C3F	2010	24.9	24.12	1.86	2.72	0.31	2.24	6.14
	2011	31.88	28.59	1.45	2.82	0.59	1.97	6.77
	2012	25.77	23.63	2.07	2.32	0.47	2.04	4.86
B2F	2010	18.67	18.01	2.01	3.47	0.28	2.28	5.43
	2011	22.69	19.91	2.06	3.87	0.63	1.89	3.00
	2012	20.46	19.10	2.13	3.41	0.58	1.92	3.41

表3-19　2010—2012年邵阳基地烟叶化学成分协调性分析

等级	年份	糖碱比	氮碱比	钾氯比	两糖比
X2F	2010	12.56	0.84	17.69	0.95
	2011	14.74	0.69	6.07	0.88
	2012	19.66	1.20	12.45	0.94
C3F	2010	8.87	0.68	7.22	0.97
	2011	10.14	0.51	3.34	0.89
	2012	10.19	0.89	4.34	0.92
B2F	2010	5.19	0.58	8.14	0.96
	2011	5.14	0.53	3.00	0.88
	2012	5.60	0.62	3.31	0.93

（二）浙江中烟工业有限责任公司评价

总植物碱含量略高于全国平均水平，年度间较稳定；总氮含量总体适宜，年度间变化不大；中下部烟叶总糖含量基本适宜，下部、中部烟叶还原糖含量与全国均值较接

近，年度间变化不大，上部叶略低于全国均值，年度间变化稍大；烟叶两糖比控制较好，数值在 0.90 左右；上部烟叶烟碱含量偏高，导致烟叶糖碱比略低，中下部糖碱比基本适宜；下部叶氮碱比较适宜，中上部烟叶略偏低，中下部钾含量及钾氯比值较高，上部叶氯含量略偏高，导致上部叶钾氯比数值偏低。淀粉含量整体与全国均值接近。

第五节　邵阳烟叶感官质量特色

一、邵阳烟叶感官质量评价

2010 年 9 月 19 ~ 20 日，邵阳市烟草专卖局（公司）在长沙召开邵阳市 2010 年度烟叶评吸会，邀请省局质检站、湖南中烟的 10 位感官质量鉴定专家，对全市 12 个乡镇和绥宁新区试种的 13 组 39 个烟叶样品进行了认真、客观的评吸评价。

表 3 – 20　邵阳烟叶内在质量评吸结果

产地	品种	等级	香型	香气质	香气量	杂气	浓度	劲头	刺激性	余味	燃烧性	灰色	合计
高桥清水	K326	X2F	浓	6.0	6.1	6.6	6.4	6.3	6.7	6.6	7.0	7.0	58.7
		C3F	浓	6.5	6.8	6.3	6.8	6.8	6.5	6.3	7.0	7.0	60.0
		B2F	浓	6.4	7.0	6.0	7.3	6.6	6.1	6.0	7.0	7.0	59.4
马头桥红旗	云烟85	X2F	浓	6.0	5.7	6.7	5.9	6.4	6.6	6.6	7.0	7.0	57.9
		C3F	浓	6.3	7.0	6.0	7.0	6.7	6.5	6.2	7.0	7.0	59.7
		B2F	浓	6.1	6.9	6.0	7.3	6.3	6.0	6.0	7.0	7.0	58.6
丰田其林	中烟201	X2F	浓	5.6	5.6	5.9	5.7	5.7	6.6	6.1	7.0	7.0	55.2
		C3F	浓	6.7	6.3	6.7	6.3	6.7	6.7	6.3	7.0	7.0	59.7
		B2F	浓	6.6	6.9	6.1	7.0	6.9	6.0	6.0	7.0	7.0	59.5
巡田腊元	中烟201	X2F	浓	6.0	5.8	6.5	5.7	5.5	6.8	6.5	6.8	7.0	56.6
		C3F	浓	7.0	6.6	6.0	6.7	6.7	6.7	6.3	7.0	7.0	60.1
		B2F	浓	6.4	6.9	6.1	7.1	6.9	6.0	6.1	7.0	7.0	59.5
河伯杨田	K326	X2F	浓	5.8	6.0	6.2	6.0	6.2	6.5	6.2	7.0	7.0	56.9
		C3F	浓	6.9	6.9	6.3	7.0	6.3	6.3	6.4	7.0	7.0	60.1
		B2F	浓	6.1	7.1	6.0	7.6	6.3	6.0	6.0	7.0	7.0	59.2
塘田河边	K326	X2F	浓	6.0	6.3	6.2	6.3	6.8	6.5	6.0	7.0	7.0	58.1
		C3F	浓	6.9	6.9	6.0	7.0	6.3	6.3	6.1	7.0	7.0	59.5
		B2F	浓	6.9	7.0	6.0	7.1	6.9	6.1	6.3	6.9	7.0	60.2

（续表）

产地	品种	等级	香型	香气质	香气量	杂气	浓度	劲头	刺激性	余味	燃烧性	灰色	合计
白仓观竹	HY-9-7	X2F	浓	6.0	6.3	6.6	6.3	6.4	6.7	6.0	7.0	7.0	58.3
		C3F	浓	6.9	7.0	6.1	7.0	6.9	6.3	6.1	7.0	7.0	60.3
		B2F	浓	6.0	7.0	6.0	7.5	6.1	6.1	6.0	7.0	7.0	58.7
金称石门	云烟87	X2F	浓	6.0	6.0	6.3	6.0	6.3	6.8	6.0	7.0	7.0	57.4
		C3F	浓	6.8	7.0	6.1	7.0	6.8	6.0	6.0	7.0	7.0	59.7
		B2F	浓	6.3	6.9	6.1	7.0	6.5	6.0	6.0	7.0	7.0	58.8
雨山和平	K326	X2F	浓	6.0	6.0	6.3	6.0	6.0	6.6	6.0	7.0	7.0	56.9
		C3F	浓	6.4	7.0	6.0	7.3	6.3	6.1	6.0	7.0	7.0	59.1
		B2F	浓	6.0	7.0	5.6	7.8	6.0	6.0	6.0	7.0	7.0	58.4
荷香桥	云烟87	X2F	浓	6.0	6.3	6.3	6.1	6.3	6.6	6.0	7.0	7.0	57.6
		C3F	浓	6.9	7.0	6.0	7.1	6.9	6.3	6.0	7.0	7.0	60.2
		B2F	浓	6.4	7.0	6.0	7.1	6.8	6.1	6.0	7.0	7.0	59.4
滩头狮子	K326	X2F	浓	6.0	6.1	6.6	6.1	6.2	6.9	6.0	7.0	7.0	57.9
		C3F	浓	6.9	6.6	6.3	7.0	6.8	6.1	6.0	7.0	7.0	59.7
		B2F	浓	6.3	7.0	6.0	7.1	6.4	6.0	6.0	7.0	7.0	58.8
横板桥	云烟87	X2F	浓	6.0	5.9	6.7	5.9	6.1	7.0	6.2	7.0	7.0	57.8
		C3F	浓	6.5	7.0	6.0	7.1	6.8	6.1	6.0	7.0	7.0	59.5
		B2F	浓	6.0	7.1	6.0	7.3	6.1	6.0	6.0	7.0	7.0	58.5
绥宁湖塘	K326	X2F	浓	6.0	6.1	6.3	5.9	6.2	6.6	6.1	7.0	7.0	57.2
		C3F	浓	6.4	7.0	6.0	7.3	6.5	6.0	6.0	7.0	7.0	59.2
		B2F	浓	6.0	7.0	5.4	7.6	6.0	6.0	6.0	7.0	7.0	58.0

从表3-20可以看出，全市13个组39个样品的内在质量评吸分值平均为58.7分。内在质量评吸分值在60分以上的有6个，其中，新宁县2个，邵阳县3个，隆回县1个。59～59.9分的有13个，其中，新宁县5个，邵阳县3个，隆回县4个，新区1个。58～58.9分的有10个，其中，新宁县2个，邵阳县4个，隆回县3个，新区1个。57～57.9分的有6个，其中，新宁县1个，邵阳县1个，隆回县3个，新区1个。低于56分的有4个，其中，新宁县2个，邵阳县、隆回县各1个。

从部位上来看，中部烟叶分值全部在59分以上，平均分值达到了59.75分，其中60分以上的有5个。上部烟叶分值全部在58分以上，平均分值为59分，其中60分以上的有1个。下部烟叶平均分值为57.4分。

从香型来看，所有样品都属于浓香型特征，以焦香为主。从香气质来看，专家评分分值（最大值为9分，下同）为5~7，平均分值为6.3分。从香气量上看，分值为5~8，平均分值为6.6分。从杂气指标上看，分值为5~7，平均分值为6.2分。从浓度上看，分值为5~8，平均分值为6.8分。从劲头上看，分值为5~7，平均分值为6.4分。从刺激性上看，分值在6~7，平均分值为6.3分。从余味上看，分值为6~7，平均分值为6.1分。从燃烧性上看，分值基本上为7分，仅有1次6分。从灰色上看，分值基本上为7分，仅有1次6分。

从使用价值看，达到60分的为上等原料，可作为高档烟、中高档烟和中低档烟的主料；低于60分的可作为高档烟填充料、中高档烟主料和中低档烟主料。

专家评价认为，邵阳烟叶质量提高幅度较明显，劲头普遍较好。从部位上讲，中部烟叶好，典型的浓香型风格，与传统的邵阳烟叶粗犷、杂气重的感觉改变很大，但浓香中甜润感稍欠缺，希望从品种、耐熟性方向加以改进；上部烟叶质量有提高，香气量可以，但总体离期望值还有差距，主要差距在香气质感上。从品种上讲，K326的品种特性显现较好，劲头适中，但香气质上还要挖掘焦甜味道；HY-9-7品种的中、上部烟叶表现不错，下部烟叶相对差一点；中烟201感觉稍欠，有待进一步观察。新区烟叶可能是农民种植水平不到位的原因，质量不是很突出，还需要花大力气改进和继续观察。在使用上，邵阳烟叶进入白沙品牌完全没有问题，中部烟要做芙蓉王，香气质上还欠一点优雅细腻感，稍显粗糙，需要进一步做工作；上部烟叶劲头不显大，浓度饱满，木质气正常，枯焦气不明显，刺激性不大，感觉上部烟叶地方性杂气轻，枯焦木质气不是很显露，配伍性好；下部烟叶则在香气量上还需提高。但在芙蓉王系列卷烟的使用上还需要有进一步的改进。

邵阳烟叶浓香型特征非常明显，香气量比较饱满，存在的问题主要还是质感稍欠，尤其是上部烟叶，这是进入芙蓉王等高档烟配方的一个最大障碍，要在生产上想办法解决甜润感和香气质柔和程度不够的问题。经过评吸，对邵阳烟叶的印象改变，感觉邵阳烟叶普遍水平提高，烟叶香气较饱满，杂气轻，只有一、二个样品有地方性杂气，抽起来顺畅，虽然烟叶的焦香、甜润感还不够，油分稍欠，但很有潜力可挖，具备了良好发展的条件。邵阳烟叶整体水平大有提升，尤其是K326，香气较饱满爆发，上部烟劲头适中，降碱成效明显。但中烟201下部烟叶香气稍差。质量比往年有进步，改变了过去邵阳烟叶烟气粗犷，特别是上部烟叶气吞不下去，香气不彰显的缺点。总之，HY-9-7品种不错，K326表现浓度、爆发性较好，但优势还不突出，在香气质和香气量上没有达到高档卷烟原料水平的要求，云烟87有甜润感，但满足感不强。

二、邵阳烟叶感官质量工业评价

（一）广西中烟工业有限责任公司评价

烟叶的感官质量是指烟叶燃烧时，吸烟者对香气、吃味的综合感受，它与烟叶的化学成分密切相关，是判断烟叶质量好坏的主要依据，主要包括香气质、香气量、杂气、浓度、劲头、刺激性、浓度、余味等（张勇刚，2011）。收集邵阳、隆回、新宁等3个产烟县2010—2012年的初烤烟叶样品，品种均为云烟87，共计54个。每县选择能代表全县生产水平的2个乡镇，隆回县、新宁县、邵阳县分别选择了荷香桥镇黄杨山村、岩口镇枫林村，高桥镇月塘村、马头桥镇坪山村、河伯乡黄义村、白仓镇三堆村。在指定农户中连续 3 年采集在上、中部烟叶具有代表性的 B2F、C3F 二个等级样品，由广西中烟工业有限责任公司组织 5~7 名感官评吸专家按照 YC/T 138—1998 烟草及烟草制品感官评吸方法进行打分。由表 3-21 可以看出，邵阳各产烟县之间烟叶感官质量较为均衡，均属于浓香型，烟香较浓郁，香气量较饱满，烟气较为醇和圆润，劲头适中，余味无明显残留，余味较干净舒适，但上部烟叶还存在香气短暂，甜度不足，杂气明显的缺陷。以上感官质量问题与烟叶成熟度、化学成分协调性紧密相关，需通过栽培措施提高烟株营养水平与烟叶采收烘烤技术加以解决。

表 3-21　不同产地与年份邵阳烟叶感官质量

产地	年份	等级	香型	香气质	香气量	杂气	浓度	劲头	刺激性	余味	燃烧性	灰色	总分
邵阳县	2010	B2F	浓	6.1	7.2	5.9	7.0	6.6	6.1	6.1	7.0	7.0	59.0
		C3F	浓	6.0	7.2	6.3	6.7	7.0	6.1	6.1	7.0	7.0	59.4
	2011	B2F	浓	6.0	7.0	5.9	7.2	6.6	6.0	6.0	7.0	7.0	58.7
		C3F	浓	6.1	7.1	6.1	6.9	6.8	6.1	6.0	7.0	7.0	59.1
	2012	B2F	浓	6.1	7.1	6.0	7.1	6.7	6.4	6.0	7.0	7.0	59.2
		C3F	浓	6.2	7.2	6.2	7.0	6.8	6.2	6.0	7.0	7.0	59.6
隆回县	2010	B2F	浓	6.1	7.0	6.2	6.9	6.9	6.1	6.1	7.0	7.0	59.3
		C3F	浓	6.3	7.1	6.2	7.1	7.1	6.1	6.1	7.0	7.0	60.0
	2011	B2F	浓	6.2	7.1	6.0	7.1	6.9	6.1	6.0	7.0	7.0	59.4
		C3F	浓	6.3	7.3	6.2	7.3	7.1	6.2	6.1	7.0	7.0	60.5
	2012	B2F	浓	6.1	7.2	6.0	7.0	7.0	6.2	6.1	7.0	7.0	59.8
		C3F	浓	6.2	7.2	6.1	7.2	7.1	6.2	6.0	7.0	7.0	60.0
新宁县	2010	B2F	浓	6.3	7.2	6.2	7.1	6.8	6.3	6.1	7.0	7.0	60.0
		C3F	浓	6.2	7.1	6.3	7.0	7.2	6.2	6.1	7.0	7.0	60.1
	2011	B2F	浓	6.1	7.1	6.0	7.0	6.7	6.1	6.1	7.0	7.0	59.1
		C3F	浓	6.1	7.0	6.1	6.9	7.1	6.1	6.0	7.0	7.0	59.3
	2012	B2F	浓	6.2	7.2	6.0	7.1	7.0	6.2	6.3	7.0	7.0	59.9
		C3F	浓	6.2	7.1	6.3	7.0	7.0	6.2	6.1	7.0	7.0	59.9

（二）浙江中烟工业有限责任公司评价

邵阳烟叶具有偏浓香型的风格特征，以焦甜香韵为主，辅以焦香、正甜、木香香韵；香气较柔和细腻、较透发，有绵长感，成熟质感尚好；烟香尚饱满浓郁；烟气浓度中等略偏大，吃味强度适宜至稍大，余味尚干净舒适，回甜感中等至偏弱；燃烧性良好，整体配伍性较好。

三、改进邵阳烟叶感官质量研究

(一) 稻草覆盖还田对烟叶感官质量的影响

为了探讨稻草覆盖还田对烟叶感官质量的影响，开展了田间试验，试验设 5 个处理：不覆盖稻草、不覆盖地膜（T1），不覆盖稻草、覆盖地膜（T2），覆盖稻草 300kg/667m²、不覆盖地膜（T3），覆盖稻草 400kg/667m²、不覆盖地膜（T4），覆盖稻草 500kg/667m²、不覆盖地膜（T5）。结果（表 3－22）发现，不同处理烟叶香型风格都是浓偏中，劲头呈适中档次，烟气浓度呈中等水平。稻草还田强度较小的处理 1（T1）和处理 3（T3）主要感官质量评价指标中的香气质、香气量、余味、杂气、刺激性均在不同程度上低于其他处理，但稻草还田处理（T4 和 T5）的感官评价总分都高于对照和地膜覆盖处理（T2），稻草还田处理（T3）的感官评价总分低于地膜覆盖处理（T2），说明稻草还田的稻草使用量不能太少，使用太少则效果差。

表 3－22　稻草覆盖还田对烟叶吸食质量的影响

处理	等级	香型	劲头	浓度	香气质	香气量	余味	杂气	刺激性	燃烧性	灰色	得分	质量档次
T1	C3F	浓偏中	适中	中等	10.93	15.64	18.79	12.64	8.57	3.00	2.93	72.5	中等
T2	C3F	浓偏中	适中	中等	11.36	15.86	19.29	13.21	8.79	3.00	2.93	74.4	中等[+]
T3	C3F	浓偏中	适中	中等	11.14	15.79	19.00	12.93	8.64	3.00	2.93	73.4	中等[+]
T4	C3F	浓偏中	适中	中等	11.50	16.07	19.50	13.29	8.86	3.00	2.93	75.1	中等[+]
T5	C3F	浓偏中	适中	中等	11.57	16.14	19.64	13.43	8.93	3.00	2.93	75.6	较好[-]

(二) 菜籽饼肥施用量对烟叶感官质量的影响

试验于 2009 年进行，设 6 个处理，①对照（CK），不施用菜籽饼肥；②处理 A1，菜籽饼肥施用量 10kg/667m²；③处理 A2，菜籽饼肥施用量 20kg/667m²；④处理 A3，菜籽饼肥施用量 30kg/667m²；⑤处理 A4，菜籽饼肥施用量 40kg/667m²；⑥处理 A5，菜籽饼肥施用量 50kg/667m²。设 3 次重复，随机区组排列，每个小区面积 60m²，行株距统一为 120×50cm，纯氮控制在 8kg/667m²，$N : P_2O_5 : K_2O$ 为 1:1:3。菜籽饼肥、过磷酸钙、80% 的烟草专用基肥、硫酸钾作为基肥一次性条施，20% 的烟草专用基肥移栽时作穴施，硝酸钾在移栽后 7 天对水追施 5kg/667m²，大培土时进行追施硝酸钾 15kg/667m²。

由表 3－23 结果可看出，处理 A2、A3、A4 的中、上部烟叶香气质、香气量明显改善，处理 A5 总体上香气质没有明显改善，中部烟叶香气量没有改善，上部烟叶香气量提高，表明施用菜籽饼肥对提升烟叶香气具有重要作用，但过量施用饼肥，香气质降低，中部烟叶香气量降低；处理 A2~A5 的烟叶样品较对照烟气浓度提高；A1~A4 较对照杂气降低，余味变舒适，对劲头、燃烧性影响不大；与对照相比 A5 处理对中部叶影响不大，但上部叶杂气、劲头、刺激性增大，燃烧性变差，表明施用菜籽饼肥 50kg/667m² 时，上部叶吸味、燃烧性降低，质量有所下降。总体来看，菜籽饼肥施用量在

$30 \sim 40 kg/667 m^2$时，中、上部叶香气质改善、香气量提高、杂气降低，烟叶质量表现较好。

表 3 - 23　菜籽饼肥施用量对烟叶评吸质量的影响

处理	等级	香气质	香气量	浓度	杂气	劲头	刺激性	余味	燃烧性
CK	C3F	中等	尚足	中等	有	中等	有⁻	尚适	较强
A₁	C3F	中偏上	尚足	中等	有⁻	中等	有⁻	较舒适	较强
A₂	C3F	中偏上	尚足	中等⁺	较轻	中等	有⁻	舒适	较强
A₃	C3F	较好	较足	中等⁺	较轻	中等	有	舒适	较强
A₄	C3F	较好	较足	中等	较轻	中等	有	舒适	较强
A₅	C3F	中等	尚足	中等⁺	有	中等	有	较舒适	较强
CK	B2F	中等	有⁺	中等	有	中等	有	尚适	较强
A₁	B2F	中等	尚足	中等	有	中等⁺	有	较舒适	较强
A₂	B2F	中偏上	尚足	中等⁺	有⁻	中等⁺	有⁻	舒适	较强
A₃	B2F	中偏上	较足	中等⁺	有⁻	较大	有⁻	舒适	较强
A₄	B2F	中偏上	较足	中等⁺	有⁻	较大	有	尚适	较强
A₅	B2F	中等	较足	中等⁺	略重	较大	略大	尚适	中等

（三）菜籽饼肥施用方式对烟叶感官质量的影响

试验于 2010 年进行，设 3 个处理，①处理 B1，菜籽饼肥条施；②处理 B2，菜籽饼肥穴施；③处理 B3，菜籽饼肥撒施。试验设 3 次重复，随机区组排列，共 9 个小区，小区面积 $96 m^2$，行株距统一为 $120 cm \times 50 cm$，纯氮控制在 $8 kg/667 m^2$，$N : P_2O_5 : K_2O$ 为 $1 : 1 : 3$。菜籽饼肥施用量为 $40 kg/667 m^2$，烟草专用基肥、硝酸钾、硫酸钾、过磷酸钙施用方法参照当地生产技术施肥方案进行。

表 3 - 24　菜籽饼肥施用方式对烟叶评吸质量的影响

处理	等级	香气质	香气量	浓度	杂气	劲头	刺激性	余味	燃烧性
B₁	C3F	中等⁺	尚足	中等⁺	有	中等	有	较舒适	较强
B₂	C3F	中等⁺	尚足	中等⁺	有	中等	有	较舒适	较强
B₃	C3F	中等	有⁺	中等	有	中等	有⁻	尚适	较强
B₁	B2F	中等⁺	较足	中等	有	中等	有	尚适	较强
B₂	B2F	中等⁺	较足	中等	有	中等	有	尚适	较强
B₃	B2F	中等	有⁺	中等	有	中等	有	尚适	较强

由表 3 - 24 可看出，在条施、穴施条件下，烟叶的香气质、香气量、浓度、刺激性、余味均无明显差别，但与撒施处理相比，烟叶各项指标存在差异，且表现较好。说

明菜籽饼肥条施、穴施施肥方式，对烟叶评吸质量影响不明显，撒施施肥方式，可造成烟叶质量明显下降，表现较差。

（四）不同品种中部烟叶评吸结果比较

试验安排在湖南省邵阳市邵阳县塘渡口镇红石科研站。前茬作物为水稻，植烟土壤为黄壤土，土质偏粘，肥力中等，保水保肥能力好。处理1：K346；处理2：CF204；处理3：云烟203；处理4：中烟103；处理5：红花大金元。

烟草专用基肥、菜籽饼肥、烟草专用追肥、硫酸钾、过磷酸钙。其中烟草专用基肥、菜籽饼肥以及70%的硫酸钾混匀在移栽前作为基肥施用，施用方法为条施；硝酸钾以及剩余的硫酸钾在烟叶大田生产前期作为追肥分3次兑水追施。试验设6个处理，3次重复，随机区组排列，小区面积70m²，行株距统一为120cm×50cm，K346、CF204、云烟203处理的肥料配比为N：P₂O₅：K₂O为1：1：3，总氮用量控制在8kg/667m²，中烟103和红花大金元的总氮用量控制在5.5kg/667m²。

从5个品种中部烟叶（C3F）样品评吸结果可以看出（表3-25），尽管5个品种在其他地区的表现风格差别较大，但在邵阳产区生态条件下，5个品种的香型风格均为中间香型偏浓香型，这说明，烟叶质量风格特色受品种的影响要小于生态条件的影响。5个品种中部烟叶的劲头都表现为适中，烟气浓度都表现为中等，香气质、香气量、杂气、刺激性等几项主要评吸指标云烟203和中烟103表现最好，红花大金元表现最差，这再次说明生态条件对烟叶风格特色和质量档次影响效果。从5个品种评吸结果的综合评价可以看出，中烟103的质量最好，具有进一步试验示范的潜在价值。

表3-25 不同品种中部烟叶（C3F）评吸结果

处理	香型	劲头	浓度	香气质 15	香气量 20	余味 25	杂气 18	刺激性 12	燃烧性 5	灰色 5	得分 100	质量 档次
K346	中偏浓	适中	中等	11.10	15.70	19.20	13.70	9.30	3.00	3.00	75.0	中等⁺
CF204	中偏浓	适中	中等	10.80	15.60	18.50	13.10	9.00	3.00	3.00	73.0	中等⁺
云烟203	中偏浓	适中	中等	11.20	15.90	19.70	13.90	9.30	3.00	3.00	76.0	较好⁻
中烟103	中偏浓	适中	中等	11.20	16.00	19.50	13.90	9.30	3.00	3.00	75.9	较好⁻
红大	中偏浓	适中	中等	11.00	15.70	18.90	13.30	9.00	3.00	3.00	73.9	中等⁺

第六节 邵阳烟叶工业可用性

烟叶生产的目的是提供卷烟工业原料，烟叶质量最终要在卷烟配方中体现使用价值。烟叶的工业可用性是指烟叶在卷烟配方中的使用属性，某一产地和某一等级的烟叶，只有在卷烟配方中得到使用，才能体现这种烟叶的工业可用性，也才能实现烟叶的价值。

不同卷烟工业企业对烟叶质量属性的要求不尽相同，同一卷烟工业企业不同卷烟品牌或不同卷烟等级对烟叶属性的要求也有所不同，衡量烟叶工业可用性一般指烟叶可以使用的卷烟品牌等级高低，以及配方中使用的比例的多少。针对邵阳烟叶的特点，卷烟工业企业根据卷烟配方需求特点进行了较为广泛的探索。

一、广西中烟工业有限责任公司利用

邵阳烟叶的质量整体较好，在卷烟配方中对提升烟气浓度、丰富烟香、增进吃味有着积极作用。

在烟叶安全性方面，湖南省烟草公司邵阳市公司在烟叶生产过程中严格按照国家局《烟草农药使用的推荐意见》执行，不使用高残留与剧毒农药，烟叶安全性符合广西中烟工业有限责任公司卷烟生产要求。

二、浙江中烟工业有限责任公司利用

（一）原烟精细挑选

根据卷烟配方对产区烟叶等级质量和等级结构的需求特点，针对邵阳隆回产区烟叶等级纯度、质量水平制定烟叶分选方案及配打意向，由检验人员根据分选方案制作标准样品，并现场监督指导，精细挑选，最大程度的保证卷烟企业所需原料的外观质量纯度和内在质量符合度，为年度间烟叶供应质量的持续稳定奠定了基础。

（二）原烟配方打叶

多年来，通过对配方打叶的研究，发现配方打叶不仅是原料规模数量扩大的保障，更重要是通过配方打叶充分利用互补、平衡的方法提高烟叶工业可用性。邵阳隆回烟叶本身已具有一个较好的质量基础，通过和湖南其他产区的烟叶配打后，优势得到彰显，缺陷得到弥补，在我企业骨干品牌配方中发挥出更大的效能。对于中部烟叶，隆回地区中部上等烟叶与湖南其他地区中部上等烟叶一起配打形成一个配方模块，为卷烟配方提供沉稳厚实的浓香底蕴。对于下部烟叶，隆回的中部四级、下部二级与湖南其他产区同类等级配打，为利群品牌配方提供一个优质填充型配方模块。原烟配方打叶思路充分利用了各产区烟叶的质量特点，挖掘了烟叶质量潜力，提升了片烟模块的工业可用性，为卷烟品牌质量风格的持续稳定奠定了基础。

（三）卷烟配方应用

目前邵阳隆回中部上等烟叶参与的中部烟配方模块在我公司"利群"中作为主料烟使用，在配方中起到调香及突出彰显卷烟醇和浓香的作用。部分中四和下部二级烟叶参与的下部烟模块配打后主要在我企业中高档产品中作优质填充料使用，用来调节烟气质量及吃味强度的作用；上部烟叶主要在我企业三、四类卷烟产品中使用，部分上部上等烟通过跨省跨部位配打少量进入"利群"品牌配方中使用。

邵阳隆回烟叶配伍性强，在配方中起到定香调味作用，可以提高卷烟产品香气丰富度、绵团感，增加吃味的醇和度，提高整体品质的谐调性，这些特征与"利群"品牌风格特点的符合性非常高，邵阳烟叶在"利群"品牌中提供突出淡醇的浓香，调和浓柔兼具的吃味，对巩固和彰显"利群"品牌风格特征的作用明显，特别中部上等烟，为我们利群品牌产品品质的稳定、提高做出了较大的贡献。

总体来说，邵阳烟叶是我公司骨干品牌"利群"的重要主料原料，在"利群"品牌中提供"浓郁、柔绵的香气"，对巩固和彰显"利群"品牌风格特征的作用明显，在配方中发挥的作用难以替代。

参考文献

[1]蔡宪杰,王信民,尹启生.成熟度与烟叶质量的量化关系研究[J].中国烟草学报,2005,11(4):27.

[2]蔡宪杰,王信民,尹启生.烤烟外观质量指标量化分析初探[J].烟草科技,2004(6):30-31.

[3]曹学鸿.恩施烟区烟叶质量风格特色研究[D].中国农业科学院,2011.

[4]程占省.烟叶分级工[M].北京:中国农业科技出版社,2001.

[5]邓小华,周冀衡,杨虹琦等.湖南烤烟外观质量量化评价体系的构建与实证分析[J].中国农业科学,2007,40(9):12-16.

[6]董小卫,马强,厉昌坤等.近红外检测把烟叶片化学成分技术研究[J].中国烟草科学,2008,29(4):10-14.

[7]杜文,谭新良,易建华等.用烟叶化学成分进行烟叶质量评价[J].中国烟草学报,2007,28(3):25-31.

[8]杜咏梅,郭承芳,张怀宝等.水溶性糖、烟碱、总氮含量与烤烟吃味品质的关系研究[J].中国烟草科学,2000,21(1):7-10.

[9]高大启,吴守一.基于并联神经网络的烤烟内在质量分析方法[J].分析化学,1998,26(10):1174-1177.

[10]高大启,吴守一.人工嗅觉系统在卷烟内在质量的应用展望[J].江苏理工大学学报,1997,18(06):1-7.

[11]宫长荣,王能如,汪耀富.烟叶烘烤原理[M].北京:科学出版社,1994.

[12]郭东峰.变黄环境对烤后上部烟叶外观质量、主要化学成分及香吃味的影响[D].贵州大学,2006.

[13]韩富根.烟草化学[M].北京:中国农业出版社,2012.

[14]何琴,高建华,刘伟.广义回归神经网络在烤烟内在质量分析中的应用[J].安徽农业大学学报,2005,32(3):406-410.

[15]胡建军,周冀衡,张建平等.两阶段聚类分析在烤烟外观质量评价中的应用[J].农业机械学报,2009,40(6):143-146,198.

[16]胡建军.模糊综合评定法在卷烟感官评吸中的应用[J].烟草科技,1998(5):29-31.

[17]胡建军,李广才,李耀光等.基于广义可加模型的烤烟常规化学成分与感官评价指标非线性关系解析.烟草科技,2014(12):36-42.

[18]李东亮,许自成.烤烟化学成分指标的灰色关联聚类分析[J].农业系统科学与综合研究,2007(4):10-13.

[19]李晓忠,邓小华等.湖南主产烟区烤烟感官质量特征及变化规律研究[J].中国农学通报,2007,23(1):111-113.

[20]李永忠,罗鹏涛.氯在烟草体内的生理代谢功能及其应用[J].云南农业大学学报,1995,10(1):57-61

[21]刘国顺.烟草栽培学[M].北京:中国农业出版社,2003.

[22]罗登山,姚光明,刘朝贤.中式卷烟加工工艺技术探讨,国家烟草专卖局科教司,中式卷烟理论内涵讨论会论文汇编[C].北京:2004,33-39.

[23]马莹.黔西南特色烟叶质量特征及配套技术[J].中国烟草科学,2007,28(6):17-21.

[24]毛鹏军,贺智涛,杜东亮等.烤烟烟叶视觉检测分级系统的研究现状与发展趋势[J].农业机械,2006,16(2):17-19.

[25]庞天河.攀西烟叶质量评价和可用性分析[D].河南农业大学,2007.

[26]齐永杰,蔡联合,欧清华等.不同腐植酸施用量对烤烟生长发育及品质的影响[J].湖南农业科学,
　　2012(7):68-70.

[27]宋昆.用机器视觉控制烟草质量[N].计算机世界,2007,(2007-07-23).

[28]谭仲夏.灰色关联分析方法在烟草内在质量评价上的应用[J].安徽农业科学,2006,34(5):
　　924,971.

[29]唐远驹.试论特色烟叶的形成和开发[J].中国烟草科学,2004,25(1):10-13.

[30]唐远驹.烟叶风格特色的定位[J].中国烟草科学,2008,29(3):1-5.

[31]王春生,高荣,吴国海.烤烟外观质量特征感官评价体系的建立及参比样制作[J].安徽农业科学,
　　2014,42(28):9948-9951.

[32]王能如.烟叶调制与分级[M].合肥:中国科学技术大学出版社,2002.

[33]魏春阳,王信民,蔡宪杰等.基于雷达图的烤烟外观质量综合评价[J].烟草科技,2008(12):
　　57-60.

[34]魏春阳,王信民,程森等.基于两维图论聚类分析的烤烟外观质量特征区域归类[J].烟草科技,
　　2009(12):42-48.

[35]闫铁军,毕庆文等.湖北烤烟感官质量状况及与其他质量关系分析[J].中国烟草科学,2008,29
　　(6):7-11.

[36]阎克玉,李兴波,赵学亮等.河南烤烟理化指标间的相关性研究[J].郑州轻工业学院学报(自然科
　　学版),2000(3):22-23.

[37]杨虹琦,周冀衡,李永平等.云南不同产区主栽烤烟品种烟叶物理特性的分析[J].中国烟草科学,
　　2008,29(6):30-36.

[38]杨立均.河南省不同产烟区烟叶质量评价[D].河南农业大学,2002.

[39]殷勇,吴守一,方如明.用人工嗅觉系统评定卷烟的内在品质[J].农业机械学报,1999,30(06):
　　88-92.

[40]于建军,郭玮,毕庆文等.烤烟主要化学成分因子分析和综合评价[J].浙江农业学报,2010,22
　　(2):5-9.

[41]张国,奎武,朱列书等.湖南烤烟外观质量指标因子分析[J].中国农学通报,2007,23(2):
　　114-116.

[42]张国,王奎武,朱列书等.湖南烤烟外观质量指标因子分析[J].中国农学通报,2007,23(2):
　　117-119.

[43]张新龙,卢彦华,孙强等.烟叶主要化学成分与感官质量的关系研究[J].安徽农学通报,2009,25
　　(18):18-20.

[44]张勇刚.烤烟感官质量评价方法研究[D].河南农业大学,2011.

[45]中国农业科学院烟草研究所.中国烟草栽培学[M].上海:上海科学技术出版社,2005.

[46]朱尊权.当前制约两烟质量提高的关键因素[J].烟草科技,1998(4):3-4.

[47]朱尊权.提高烤烟质量与分级标准的相互关系[J].烟草科技,1988(4):2-4.

第四章　邵阳现代烟草农业发展规划

现代农业发展提出要用现代物质条件装备农业，用现代科学技术改进农业，用现代手段管理农业，用培养新型农民发展农业，实现劳动生产率高、土地生产率高、投入产出率高、科技进步贡献率高、农业收入水平高的目标。采用农业标准化、操作机械化、管理科学化、服务社会化、生态良性化、城乡一体化，把农业建设成为具有显著经济、社会和生态效益的可持续发展产业，把农村建设成为经济繁荣、科技进步、社会文明、环境优美的新农村。

现代烟草农业属于现代农业的范畴，具备现代农业的基本属性，但又具有其独特性。用现代农业的定义来解释现代烟草农业，其基本含义是采用现代物质条件装备烟草农业，现代科学技术改造传统烟叶生产，现代手段管理烟草农业，培养新型烟农发展烟叶生产，通过规模化种植、集约化经营、专业化分工、信息化管理，提高烟草农业素质和烟田的综合生产能力，建设规模稳定、减工提质、效益增加、烟农增收、持续发展，环境美好，具有中国特色的烟草农业现代化道路。我国烟草农业的基础薄弱，制约烟草农业发展的深层次矛盾依然没有消除，以"小农生产，分散种植，粗放经营，人畜作业"为主要特征的传统烟叶生产方式，依然没有根本性改变，严重阻碍着我国烟叶的可持续发展。土地经营规模小，各家各户分散种植，缺乏有效的组织和统一管理，多数烟农的文化素质和技术素质普遍偏低，烟叶生产管理粗放，生产标准化水平低，难以实现规模效益，也难以建立统一的烟叶生产质量保障体系，无法满足卷烟工业对烟叶原料在等级结构，数量和质量等方面的规模要求，难以适应激烈烟叶市场竞争。

全面推进烟叶生产基础设施建设，按照"整体规划，系统设计，综合配套"的原则，围绕"烟田、烟水、烟农机、烟机耕路、育苗工厂、烘烤工厂、基层烟站及防灾减灾体系"等八项设施建设综合配套，高质量、高标准地推进烟叶生产基础设施建设，发挥其整体功能作用。改善烟区生产条件，提高烟田综合生产能力和抗御自然灾害能力。

建设现代烟草农业的基地单元，全面完成基本烟田规划和烟田、烟水、机耕路、烘烤工厂、农机具等基础设施建设，烟区生产条件明显改善，抗御自然灾害能力明显增强，综合生产能力明显提高；健全烟叶生产专业化服务体系，基本实现统一供种，统一供苗，统一机耕，统一植保，统一烘烤，统一套餐物资供应，促进烟叶技术集成化，主要劳动过程机械化；完善科技支撑体系，全面提高烟叶生产技术水平和烟叶科技创新水平；建立风险防范保障体系，完善防雹设施建设，落实完善保险措施，减轻烟农自然灾害风险压力；创新烟叶生产组织形式，本着依法、自愿、有偿原则，引导土地流转，大力培育种烟专业大户、家庭农场、互助组和互助合作社，力争户均种植规模达到15亩以上；大力推进烟叶生产信息化建设，在气象预报、栽培技术、防灾减害、烟叶烘烤、生产收购等环节实行信息化管理，不断促进精准管理和生产经营信息化，全面提升烟叶生产水平。

第一节　基本烟田规划

一、基本烟田质量分析

（一）土壤检测方案

为了达到科学、准确规划邵阳市基本烟田布局的目的，邵阳市烟草公司委托深圳市中圳检测技术有限公司，于2011年对隆回、邵阳、新宁3县耕地，按规划初设的区域范围涉及3县478个村，按照行业规格抽取了1 800个样本，其中隆回县655个、邵阳县575个、新宁县570个。对土壤中12个项目进行检测，检测使用仪器（表4-1）和标准（表4-2）。

表4-1　土壤检测标准方法及使用仪器

类别	检测项目	检测标准（方法）	使用仪器		方法检出限
			仪器名称	编号	
土壤	pH	NY/T 1121.2-2006	pH计	YQ-072	——
	有机质	NY/T 1121.6-2006	——	——	0.1g/kg
	有效磷	NY/T 1121.7-2006	紫外可见分光光度计	YQ-122	0.1mg/kg
		GB/T 12297-1990	紫外可见分光光度计	YQ-122	0.5mg/kg
	有效硼	NY/T 149-1990	紫外可见分光光度计	YQ-122	0.001mg/kg
	氯离子	NY/T 1121.17-2006	——	——	0.005g/kg
	水解性氮	LY/T 1229-1999	——	——	50mg/kg
	速效钾	GB/T 7856-1989	原子吸收分光光度计	YQ-001	1.0mg/kg
	交换镁	NY/T 1121.13-2006	原子吸收分光光度计	YQ-001	0.01cmol/kg
	有效锌	LY/T 1261-1999	原子吸收分光光度计	YQ-001	0.30mg/kg
	铅	NY/T 1613-2008	原子吸收分光光度计	YQ-001	5.0mg/kg
	铬	HJ 491-2009	原子吸收分光光度计	YQ-001	2.0mg/kg
	汞	GB/T 22105.1-2008	原子荧光光度计	YQ-002	0.002mg/kg

表 4 – 2　土壤环境质量标准（GB 15618 – 1995）

土壤级别		一级	二级			三级
土壤		自然背景	pH < 6.5	pH 6.5 ~ 7.5	pH > 7.5	pH > 6.5
锌（mg/kg）	≤	100	200	250	300	500
铅（mg/kg）	≤	35	250	300	350	500
铬（mg/kg）水田	≤	90	250	300	350	400
铬（mg/kg）旱地	≤	90	150	200	250	300
汞（mg/kg）	≤	0.15	0.30	0.50	1.0	1.5

（二）土壤检测结果

土壤检测结果列于表 4 – 3，并利用作图方法对土壤样品检测数据进行分析。土壤 pH 最大值为 7.91，最小值为 4.12，平均值为 6.01。土壤有机质最大值为 70.9g/kg，最小值为 28.2g/kg，平均值为 10.2g/kg。土壤有效磷最大值为 134.00mg/kg，最小值为 1.37mg/kg，平均值为 25.30mg/kg。土壤有效硼最大值为 1.94mg/kg，最小值为 0.05mg/kg，平均值为 0.80mg/kg。土壤氯离子最大值为 0.260mg/kg，最小值为 0.007mg/kg，平均值为 0.047mg/kg。土壤水解性氮最大值为 278.0mg/kg，最小值为 13.4mg/kg，平均值为 113.0mg/kg。土壤速效钾最大值为 728.0mg/kg，最小值为 35.4mg/kg，平均值为 114.0mg/kg。土壤交换镁最大值为 3.30cmol/kg，最小值为 0.18cmol/kg，平均值为 0.78cmol/kg。土壤有效锌最大值为 14.30mg/kg，最小值为 0.32mg/kg，平均值为 3.15mg/kg。土壤铅最大值为 62.4mg/kg，最小值为 15.3mg/kg，平均值为 33.7mg/kg。土壤铬最大值为 124.0mg/kg，最小值为 34.9mg/kg，平均值为 0.184mg/kg。土壤汞最大值为 0.314mg/kg，最小值为 0.101mg/kg，平均值为 0.184mg/kg。分布图见图 4 – 1 ~ 图 4 – 12。

表 4 – 3　检测样本数据统计表

指标	pH	有机质 (g/kg)	有效磷 (mg/kg)	有效硼 (mg/kg)	氯离子 (g/kg)	水解性氮 (mg/kg)	速效钾 (mg/kg)	交换镁 (cmol/kg)	有效锌 (mg/kg)	铅 (mg/kg)	铬 (mg/kg)	汞 (mg/kg)
最大值	7.91	70.90	134.00	1.94	0.260	278.0	728.0	3.30	14.30	62.4	124.0	0.314
最小值	4.12	10.20	1.37	0.05	0.007	13.4	35.4	0.18	0.32	15.3	34.9	0.101
平均值	6.01	28.20	25.30	0.80	0.047	113.0	114.0	0.78	3.15	33.7	64.4	0.184

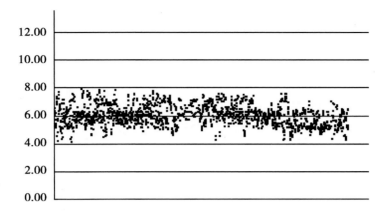

图 4 – 1　邵阳植烟土壤 pH 分布

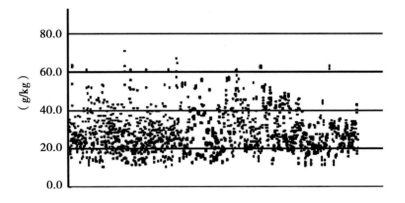

图 4 – 2　邵阳植烟土壤有机质含量分布

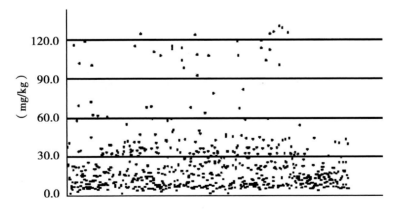

图 4 – 3　邵阳植烟土壤有效磷含量分布

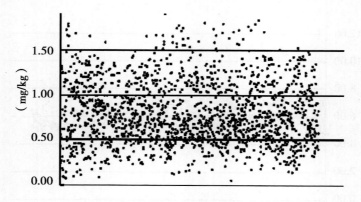

图 4-4　邵阳植烟土壤有效硼含量分布

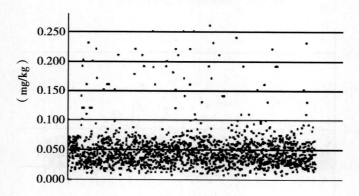

图 4-5　邵阳植烟土壤氯离子含量分布

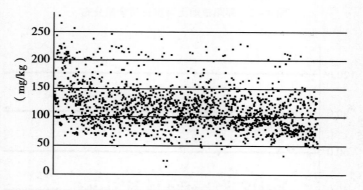

图 4-6　邵阳植烟土壤水解性氮含量分布

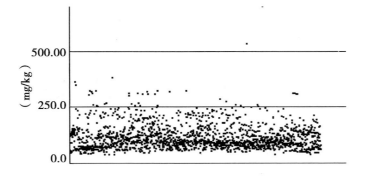

图 4-7　邵阳植烟土壤速效钾含量分布

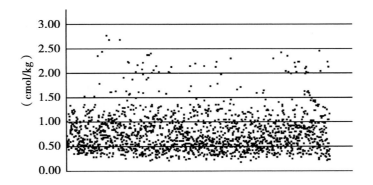

图 4-8　邵阳植烟土壤交换镁含量分布

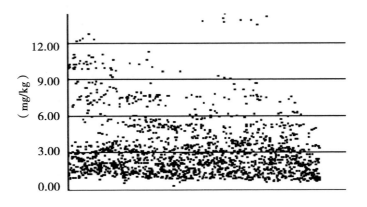

图 4-9　邵阳植烟土壤有效锌含量分布

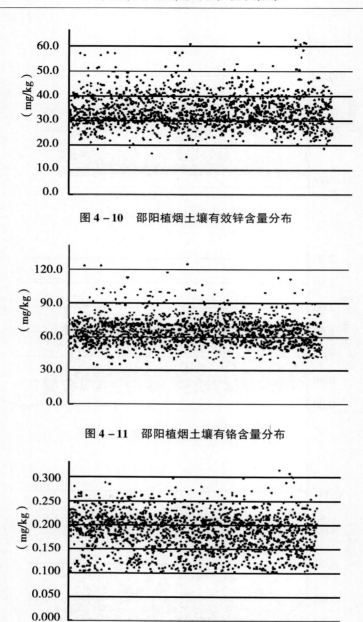

图 4 - 10　邵阳植烟土壤有效锌含量分布

图 4 - 11　邵阳植烟土壤有铬含量分布

图 4 - 12　邵阳植烟土壤汞含量分布

（三）土壤质量检测结论

　　根据土壤样品检测结果，对照烟草种植的土壤适宜性范围，检测样本所在区域范围内土壤质量，全部适宜烟叶种植，检测结果为邵阳市烟叶生产种植布局提供了科学依据，也为邵阳市烟叶产业发展奠定了良好的基础。

二、基本烟田预测

（一）基本烟田分析

根据湖南省"十二五"烟草种植发展规划，邵阳市基本烟田面积与湖南省其他种烟地市种植面积的比较（表4-4），数据显示邵阳市基本烟田面积有以下几大特点。

1. 耕地资源保障潜力大

按照湖南省"十二五"规划，邵阳市基本烟田面积为18 600hm^2，占全市耕地总面积的34%，从全省10个种烟地市基本烟田占耕地比重指标看，仅大于衡阳市的24%，比全省平均水平的48%少了14%（表4-4），这充分证明邵阳市基本烟田的耕地资源潜力存在较大的空间。

表4-4　湖南省2010年烟叶生产基本情况及"十二五"规划

产区	2010年			2015年规划			
	耕地面积（hm^2）	种植面积（hm^2）	收购量（t）	面积（hm^2）	收购量（t）	种烟面积（hm^2）	基地单元（个）
郴州市	63 000	16 640	41 885	53 333	50 000	22 220	16
永州市	81 400	11 166	21 460	40 000	35 000	15 550	12
衡阳市	82 733	6 040	13 890	20 000	17 500	7 780	7
长沙市	52 066	7 253	19 550	26 666	20 000	8 886	9
湘西自治州	70 666	10 113	23 100	40 000	30 000	14 286	12
张家界市	42 933	3 513	7 720	16 666	12 500	5 953	5
邵阳市	43 133	4 153	9 395	18 666	12 500	5 553	5
常德市	31 866	2 866	5 450	13 333	10 000	4 760	4
怀化市	15 666	1 380	2 950	10 000	7 500	3 517	3
株洲市	13 000	913	1 945	5 333	5 000	2 220	2
全省合计	496 463	64 037	147 345	243 997	200 000	90 725	75

注：资料来源为湖南省"十二五"烟草规划

2. 基本烟田保障率较低

按照2010年每公顷实际种烟面积的基本烟田保有面积指标看（表4-5），邵阳市平均为3.53hm^{2}基本烟田保障1hm^{2}种烟面积，比全省平均水平的3.75hm^{2}还少0.22hm^2，在10个种烟市中按升序排名第三，略高于郴州和衡阳市。

3. 烟叶收购量的保障水平偏低

按照2010年每吨收购烟的基本烟田保有面积指标看（表4-5），邵阳市平均为1.56hm^{2}基本烟田保障1t收购烟叶，而与全省平均水平的1.9841hm^{2}相比还少

0.4241hm²，在 10 个种烟市中按升序排名第四，仅比郴州、长沙和衡阳市高。

以上指标表明，按照湖南省"十二五"规划，邵阳市基本烟田 14 666hm² 偏低，需要适当增加基本烟田规模。

表 4 - 5　基本烟田预测情况

产 区	基本烟田占耕地比重（%）	基本烟田面积保障系数	每吨烟叶基本烟田保障面积（hm²）
郴州市	85	3.21	1.267
永州市	49	3.58	1.867
衡阳市	24	3.31	1.440
长沙市	51	3.68	1.360
湘西自治州	57	3.96	1.733
张家界市	39	4.74	2.160
邵阳市	34	3.53	1.560
常德市	42	4.65	2.440
怀化市	64	7.25	3.267
株洲市	41	5.80	2.747
湖南省	48	3.75	1.9841

（二）基本烟田规划

根据综合分析与对比，邵阳市基本烟田面积在全省属于较低水平，要发展邵阳烟叶产业，需要提高基本烟田面积，为烟叶生产提供有效保障。通过对 3 个植烟县的基层和分管领导的详细调查，并对调查意见综合分析，邵阳市烟草专卖局规划到 2015 年，基本烟田规模全市达到 27 000 hm²，其中，隆回县、新宁县、邵阳县均为9 000hm²。

（三）基本烟田布局

以目前的种烟乡镇为重点，按照县级经济发展战略与布局特点，如隆回县的"南烟北药"，邵阳县"中烟叶西茶油"，新宁县的"北烟南桔"等，优先考虑现有烟区、集中连片烟区、当地政府和村民具有种烟积极性的乡镇；同时优先考虑有利于烟叶基础设施综合利用、具备烟叶发展潜力的区域。基本烟田布局见表 4 - 6。

表 4 - 6　邵阳市基本烟田布局规划

县	地点	2011 年耕地（hm²）	2011 年种植面积（hm²）	基本烟田规划（hm²）	基本烟田占耕地（%）
	邵阳市合计	78 643	4 355	27 000	32.80
邵阳县	白仓镇	4 296	294	1 451	33.79
	塘田市镇	2 818	187	1 727	61.31
	塘渡口镇	3 191	46	344	10.79
	霞塘云乡	1 611	49	709	43.99
	小溪市	2 636	33	803	30.47
	黄塘乡	1 637	39	213	13.04
	九公桥镇	4 045	66	314	7.75
	河伯乡	2 326	480	1 463	62.92
	金称市镇	3 670	261	1 558	42.46
	黄荆乡	1 823	—	416	22.83
	合计	28 053	1 455	9 000	32.08
隆回县	雨山铺镇	3 282	233	1 200	36.56
	周旺镇	2 203	117	267	12.11
	岩口镇	4 501	120	1 333	29.63
	滩头镇	5 609	100	1 400	24.96
	荷香桥镇	3 445	185	1 667	48.38
	石门乡	2 655	39	600	22.60
	西洋江镇	1 583	188	467	21.38
	横板桥镇	3 052	91	1 333	43.69
	荷田乡	1 543	215	333	21.60
	六都寨镇	—	224	400	13.04
	合计	27 877	1 513	9 000	28.54
新宁县	高桥镇	3 219	621	1 853	57.58
	安山乡	2 344	139	987	42.09
	清江乡	2 067	—	567	27.41
	马头桥镇	3 931	255	1 547	39.35
	丰田乡	2 076	216	987	47.53
	回龙寺镇	4 316	40	1 547	35.84
	巡田乡	1 554	100	987	63.48
	一渡水镇	3 207	16	527	16.42
	合计	22 714	1 387	9 000	39.62

注：耕地面积为二调数据库汇总表

三、烤烟种植面积预测

(一) 烤烟发展趋势分析

邵阳市各县 2005—2011 年烟叶种植规模见表 4-7。2005—2011 年 7 年邵阳市烤烟种植面积发展趋势显示，第一，总体种植规模呈上升发展趋势，"十一五"第一年 2006 年是 2 993hm²，2010 年达到了 4 507hm²，"十一五"期间翻了 1.51 倍。第二，3 个县种植规模逐年趋于一致。2006 年各县差距比较大，邵阳县最大，为 1 127hm²，新宁最小，不到邵阳县种植面积的一半。到 2010 年 3 个县都达到 1 333hm² 以上，各县差距逐步缩小。

表 4-7　邵阳市及各县烟叶种植面积汇总

年份	邵阳县 （hm²）	隆回县 （hm²）	新宁县 （hm²）	合计 （hm²）
2005	863	1 104	526	2 493
2006	1 127	1 333	533	2 993
2007	1 093	1 147	640	2 880
2008	1 573	1 573	853	4 000
2009	2 687	2 173	1 653	6 513
2010	1 540	1 647	1 340	4 527
2011	1 455	1 104	526	2 493

(二) 烤烟种植面积预测

按照"十一五"平均发展速度和省"十二五"规划邵阳市种烟面积的发展速度，根据不同基期年分年度分标准分低、中、高 3 项进行预测（表 4-8）。按照"十一五"发展速度分别对 2015 年邵阳市种植面积进行预测，得出方案一的预测值低、中、高分别为 7 536hm²、8 156hm² 和 9 896hm²。

表 4-8　邵阳市烟叶种植面积预测

指标	预测基期		2015 年种烟面积（hm²）			
	年度	基数	低	中	高	平均
按十一五年均递增 13.27%±5%	2010	4.584	6 800	8 527	10 580	8 636
按十一五五年增长 1.86 倍±0.05	2010	4.572	8 273	8 507	8 733	8 504
平　均			7 537	8 517	9 432	8 570

(三) 耕地需求预测

1. 预测目的

预测旨在说明 3 个植烟县耕地，尤其是水田在满足当地粮食生产最基本需要之后，可能发展烤烟种植面积的空间大小。最基本粮食消费量是指包括基本口粮、饲料用粮、工业用粮、种子粮、损耗、浪费以及调出量等粮食的数量。

2. 预测方法

（1）人口预测　人口预测采用增长率公式进行预测，公式为：

RK = a（1 + r）n。式中：RK：目标年人口数。a：人口基数，2008 年底人口数。r：人口年增长率，取值联合国规定的人口最低增长率 8‰。n：基年至目标年的年数（不包括基年）。

（2）粮食需求量预测　粮食需求量等于目标年人口数与粮食人均最低占有量的乘积。

（3）耕地、水田与单位面积产量预测　耕地、水田与单位面积产量预测均采用灰色预测方法中的 GM（11）模型，它是单序列一阶线性动态模型，主要用于长期预测。预测的精度都达到"好"的水平。

3. 预测基数选取

（1）时间周期选取　时间周期选取以 2001—2010 年为预测时序。

（2）耕地及粮食作物相关数据选取　耕地及粮食作物相关数据选取以《湖南统计年鉴》2001—2010 年 3 个县的汇总数据为基数（表 4 - 9）。

表 4 - 9　邵阳市 2001—2010 年基本情况汇总

年份	实有耕地面积（hm²）	水田（hm²）	粮食作物		稻谷		早稻		中稻及一级晚稻		晚稻	
			面积（hm²）	总产量（t）	面积（hm²）	总产量（t）	面积（hm²）	总产量（t）	面积（hm²）	总产量（t）	面积（hm²）	总产量（t）
2001	63 020	41 460	81 530	383 573	57 600	330 714	27 680	158 593	1 520	10 260	28 400	161 861
2002	62 880	41 390	66 510	335 634	48 220	286 739	20 370	115 187	4 270	28 978	23 580	142 574
2003	164 390	113 200	185 840	959 717	129 090	771 647	42 810	237 138	32 180	199 077	54 100	335 432
2004	160 500	112 700	180 200	938 167	123 760	754 263	41 540	224 833	34 900	220 297	47 320	309 133
2005	159 740	112 500	215 510	1 153 525	156 900	944 348	56 360	304 950	38 170	280 474	62 370	358 924
2006	159 820	112 400	220 180	1 194 088	158 500	966 644	57 030	309 102	38 620	286 665	62 870	370 877
2007	159 240	112 400	222 400	1 228 927	158 700	986 218	57 400	317 675	38 760	290 820	62 540	377 723
2008	159 220	112 300	222 090	1 243 424	157 330	898 103	55 660	317 617	39 430	300 670	62 240	379 816
2009	159 360	112 300	189 230	1 148 533	157 530	1 011 873	55 410	318 794	39 780	305 389	62 340	387 690
2010	159 580	112 200	200 090	1 213 032	158 470	1 025 639	55730	329 680	39 180	301 702	63 560	394 257

资料来源：《湖南农业年鉴》

（3）人均粮食消费量标准的选定　人均基本粮食消费量包括口粮、饲料用粮、工业用粮、种子粮、损耗、浪费以及调出量等粮食的数量。我国 2011 年人均消费粮食总量接近 500kg，但联合国粮农组织规定的满足营养均衡的最低标准为 400kg/年人，这是粮食自足的起码条件；我国小康社会目标 2015 年人均消费粮食为 420kg、2020 年为 440kg，本次预测采用小康生活标准 420kg 计算目标年粮食需求量。这次预测不考虑粮食需求异常变化趋势。

（4）预测范围　以隆回、邵阳、新宁 3 县为预测范围。

4. 预测结果

以下数据为 3 个植烟县预测值。

（1）人口预测值　人口预测值为 2015 年 287.85 万人；2020 年 299.55 万人。

（2）粮食需求量　粮食需求量预计 2015 年 120.9 万 t，2020 年 131.8 万 t。

（3）水田保有量　水田保有量预测模型为：$X(T+1) = -102\,757.9e^{0.001101077t} + 102\,871.2$；2015 年 111 590hm²、2020 年 110 870hm²。

（4）耕地保有量　耕地保有量预测模型为：$X(T+1) = -34\,661.02e^{00.004738868t} + 34\,828.62$；2015 年 154 070hm²、2020 年 15 047hm²。

（5）粮食单产预测　粮食单产预测预测模型为：$X(T+1) = 15\,365.07e^{0.02198712t} - 15\,023.07$；2015 年 6 525kg/hm²、2020 年 7 200kg/hm²。

（6）稻谷单产预测　稻谷单产预测预测模型为：$X(T+1) = 3\,4661.57e^{0.01146698t} - 43\,164.81$；2015 年 6 795kg、2020 年 7 275kg。

5. 预测结论

根据预测结果，3 个植烟县到 2015 年、2020 年要满足各方面对粮食的基本需要，大约需要粮食播种面积分别为 185 290hm² 和 183 050hm²；按照耕地平均复种指数 180% 来预测，粮食的耕地需求面积 2015 年为 102.94hm²、2020 年为 101.69hm²，仅占年末耕地面积的 66.8% 和 67.58%。届时按照复种指数 180% 预测，按耕地保有面积预测农作物总种植面积 2015 年为 277 330hm²、2020 年为 270 850hm²。粮食播种面积占农作物总播种面积的比重 2015 年为 66.8%，2020 年为 67.58%。按照水田保有面积预测农作物播种面积 2015 年为 20 086hm²、2020 年为 19 957hm²。

从上述数据可以看出，种植 10 000hm² 烤烟，仅占耕地总量的 6.5%、占水田总量的 8.96%，占农作物总播种面积比重 2015 年为 3.61%、2020 年为 3.70%。届时耕地保有量能充分保障基本粮食需求以外种植烤烟，根本不会影响到 3 个县粮食生产，不会影响到邵阳市粮食安全。其次，邵阳市共有 12 县市区，都是重要的粮食生产基地，而种植烤烟县只有 3 个，其他未种烟的县市可以作为 3 个县粮食需求保障的坚强后盾。

四、烟叶总产量预测

（一）烤烟总产量发展趋势分析

邵阳市及各县历年烟叶收购量（表 4-10）变化趋势显示，邵阳市各县烟叶收购量在 2006—2011 年期间总体呈上升趋势，2009 年出现峰值，全市达到 12 000t。2006—2009 年的年均递增率为 26.81%；3 个县发展规模逐年靠拢，到 2010 年和 2011 年 3 个县规模基本一致，大约为 3 000t。

表 4 - 10　邵阳市各县烟叶收购量汇总

年度	邵阳县（t）	隆回县（t）	新宁县（t）	邵阳市合计（t）
2005	30 495	32 825	17 406	80 726
2006	41 670	47 780	22 240	111 690
2007	50 800	42 700	23 600	117 100
2008	71 000	69 100	47 500	187 600
2009	99 300	78 100	65 200	242 600
2010	59 400	68 500	57 200	185 100
2011	63 950	60 430	59 780	184 160

（二）烟叶生产量预测

根据不同情况设计了 4 种烟叶生产量规模预测方案：

方案一：按照"十一五"年均递增率 19.96%，以 2010 年实际种烟面积为基数预测；

方案二：按照"十一五"5 年增长 2.48 倍，以 2010 年实际种烟面积为基数预测；

方案三：按照上述烟叶种植规模预测值，根据 2005—2011 年全市烟叶生产平均单产预测；

方案四：按照上述烟叶种植规模预测值，根据国家现代烟草农业基本要求每亩单产 150kg 预测；

按照以上方法预测，将低、中、高值平均，分别为 19 175t、21 510t 和 24 260t，平均值为 21 650t（表 4 - 11）。

表 4 - 11　邵阳市烟叶总产量预测　　　　　　单位：t

预测标准	预测基数时期		2015 年总产量			
	年度	基数	低	中	高	平均
按"十一五"年均递增 19.96% ±5%	2010	10 025	20 130	24 905	30 545	25 195
按"十一五"五年增长 2.48 倍 ±0.05	2010	10 025	24 460	24 860	25 365	24 895
按照种烟面积预测值	按照 2005—2011 年全市平均 2 010kg/hm²		15 150	17 120	19 410	17 225
按照种烟面积预测值	按照国家现代烟草农业要求 2 250kg/hm²		16 960	19 165	21 730	19 285
平均			19 175	21 510	24 260	21 650

五、烟叶单产预测

从邵阳市及其各县 2005—2011 年平均单产资料（表 4 - 12）看，2005—2011 年 7 年全市平均单产为 2 017.5kg/hm²，全市最高值为 2007 年达到 2 347.5kg/hm²，其中，7 年时间有 6 年在 2 250kg/hm² 水平以下。根据近年来烟叶生产发展趋势分析，为了提高优质烟叶率，对下部烟叶和顶部烟叶进行打叶处理，对烟叶亩产量有些许影响，综合多方面因素，至 2015 年烟叶单产取值 2 025kg/hm² 比较科学合理。

表 4 - 12　邵阳市历年烟叶单产汇总　　　　（单位：kg/hm²）

年度	邵阳县	隆回县	新宁县	邵阳市合计
2005	1 770	1 485	1 658	1 620
2006	1 883	1 793	2 085	1 883
2007	2 408	1 860	2 325	2 160
2008	2 258	2 198	2 790	2 348
2009	1 598	1 793	1 980	1 763
2010	2 213	2 078	2 310	2 190
2011	2 198	1 995	2 220	2 138
平均单产	2 048	1 883	2 198	2 018

六、总体规模

从以上种植面积、总产量和单产预测分析，综合多方因素对比，确定邵阳市烟叶种植 2015 年规划方案，达到种植规模 10 000 hm²，单位亩产 2 025 kg/hm²，总产量 20 250t。

以上规划指标是在全面综合研究邵阳市各县烟叶生产资源经济与社会多方面条件的基础上，征求各级政府部门和相关行业的综合意见后确定下来的，各县烟叶种植面积和总产量指标均通过相关领导签名的承诺书认可，充分体现了规划指标的科学性、实用性与可操作性。

七、县级烟区规划布局

从 2005—2011 年邵阳市 3 个植烟县发展趋势来看，3 个县植烟总规模逐年趋于一致，因此全市烟叶种植面积和产量规划也遵循 3 个县基本平衡发展的原则（表 4 - 13）。

如表 4 - 13 所示，隆回县种烟面积一直居三县之首。邵阳县多年来处于稳定发展状态。新宁县则一直处于上升势头，2005 年仅占全市的 21.09%，2011 年发展为 31.20%，与其他两县趋平。从总产量比重来看，隆回县优势逐年在降低，到 2011 年基本与其他两县持平，主要单位产量略逊于其他两县。3 个县种烟面积和总产量规划详见表 4 - 14。

表4-13　邵阳市3个县种烟比重对照

年度	种烟面积占全市比重（%）			烟叶产量占全市比重（%）		
	邵阳县	隆回县	新宁县	邵阳县	隆回县	新宁县
2005	34.63	44.28	21.09	37.79	40.64	21.56
2006	37.64	44.54	17.82	37.77	42.47	19.76
2007	38.90	42.38	18.72	43.37	36.48	20.15
2008	39.33	39.33	21.33	37.82	36.84	25.34
2009	41.28	33.39	25.33	37.50	34.06	28.45
2010	33.66	36.03	30.31	33.98	34.14	31.88
2011	33.73	35.07	31.20	34.72	32.81	32.46

表4-14　邵阳市烟草产业发展主要指标规划

指标	单位	合计	邵阳县	隆回县	新宁县
基本烟田	hm^2	27 000	9 000	9 000	9 000
种烟面积	hm^2	10 000	3 333	3 333	3 333
总产量	hm^2	27 000	9 000	9 000	9 000

第二节　基地单元规划

一、基地单元内涵

20世纪90年代的基地建设中，一个基地往往就是泛指一个县（市级）烟区，甚至为一个地市级烟区，管理比较粗放。目前，规划建设的烟叶基地单元是供需双方根据卷烟品牌原料需求划定的生态条件、烟叶风格特色、管理水平基本一致的生产区域，是原料供应基地化、烟叶品质特色化和生产方式现代化的载体，是烟叶资源配置、烟叶生产基础设施建设、生产收购、基层管理和工商合作的基本单位。

二、基地单元建设标准

一个基地单元原则上配套3 333hm^2左右基本烟田、年种植面积1 133hm^2，烟叶产能2 500t左右。

设施装备完善。3 333hm^2基本烟田烟水工程、机耕路、防灾减灾设施全面配套，建设800座左右的密集烤房，38 000m^2左右的育苗设施，烟叶生产关键环节基本实现机械化。

生产方式创新。户均种植面积1.33hm^2以上，育苗、机耕、植保等环节的专业化服务达到100%，移栽、烘烤、分级环节的专业化服务达到60%以上，烟农亩均用工15

个左右。

技术体系先进。执行一套生产技术方案和技术标准，优化烟田布局，实现连片规模种植，移栽田管同步，采收标准统一，先进适用技术全面推广，烟叶生产科技贡献率高。

管理服务高效。原则上设1个基层站、配套4条左右收购线。执行一套业务流程和工作标准，使得烟叶业务流程优化、管理服务效率高；信息化设备配套完善，信息化管理全面覆盖。

烟叶优质安全。烟叶质量与风格特色满足品牌原料质量与风格特色需求；烟叶等级结构优化，等级合格率和工业利用率高；烟叶外观质量好，化学成分协调，烟叶安全性符合工业企业要求。

三、基地单元划分

按照基地单元建设标准，综合分析邵阳市各县烟草生产现状及其发展趋势，全市"十二五"期间划定6个基地单元，其中隆回县2个即雨山和荷香桥单元，邵阳县2个即塘田和河伯单元，新宁县2个即高桥单元和马头桥单元。全市种烟乡镇规划为28个，其中隆回县和邵阳县各10个乡镇，新宁县各8个乡镇，各县基地单元乡镇组成详见表4-15。

表4-15 邵阳市2015年烟叶基地单元范围规划

县名	单元编号	单元名称	所涉乡镇
隆回县	I	雨山单元	雨山铺镇、滩头镇、岩口镇、周旺镇
	II	荷香桥单元	荷香桥镇、六都寨镇、荷田乡、横板桥镇、石门乡、西洋江镇
邵阳县	III	塘田单元	塘田市镇、白仓镇、塘渡口镇、九公桥镇、黄塘乡、黄荆乡
	IV	河伯单元	河伯乡、金称市镇、霞塘云乡、小溪市乡
新宁县	V	高桥单元	高桥镇、安山乡、清江乡
	VI	马头桥单元	马头桥镇、回龙镇、巡田乡、丰田乡、一渡水镇

四、基地单元主要规划指标

基地单元主要指标指基地单元基本烟田规模与布局、种植面积、收购量、对口企业和品牌等，详见表4-16。按照国家烟草专卖局的指导原则，一个基地单元，设一个基层站、配适当数量收购线，配套2 333 hm² 或3 333 hm² 左右烟水配套工程、机耕路、减灾设施完善的基本烟田；种烟专业户、家庭农场或合作社适度规模种植；成立一个综合服务合作社，配套1～5个育苗工厂、1～2个烘烤工厂及若干密集烤房群、1 200 kW 左右机械动力及适量专用机具，统一提供专业服务。"从粗放的大基地向精细化的小单元发展"是此次烟叶基地单元建设的一大特点。

表 4 – 16　邵阳市烟叶产业发展基地单元主要指标

	单元名称	规划烟田 （hm²）	规划面积 （hm²）	规划收购量 （t）	对口企业	对口品牌
隆回县	雨山单元	4 200	1 553	3 150	浙江中烟	利群
	荷香桥单元	4 800	1 780	3 600	红塔集团	红塔山
合计		9 000	3 333	6 750		
邵阳县	塘田单元	4 467	1 653	3 350	广西中烟	真龙
	河伯单元	4 533	1 680	3 400	广东中烟	双喜
合计		9 000	3 333	6 750		
新宁县	高桥单元	3 407	1 260	2 555	湖南中烟	芙蓉王
	马头桥单元	5 593	2 073	4 195	湖南中烟	白沙
合计		9 000	3 333	6 750		

第三节　基础设施规划

围绕卷烟上水平的总体规划目标，以现代烟草农业为统领，以基地单元为载体，按照"加强管理、精打细算、严格监督、发挥效益"的工作要求，"十二五"期间，邵阳市投入 15.14 亿元资金专项用于烟叶基础设施建设，2015 年全行业累计投入资金达到 18 亿元以上，全面完成 27 000hm² 高标准基本烟田水利、密集型烤房、育苗设施、机耕路、农用机械等基础设施的综合配套建设；全面完成 6 个综合性烟草工作站的新建或改扩建；综合机械作业率达 60% 以上，专业化育苗达到 100%，集群烤房专业烘烤率和专业分级率达到 100%，种烟专业户和家庭农场种烟比例达 80% 以上；信息化管理全程覆盖 100%；烟叶平均单产 2 250kg/hm² 以上，户均种烟 1.33hm² 以上，每公顷平均用工控制在 225 个以内。

按照《现代烟草农业基地单元建设工作规范》、《烟叶基地单元评价验收暂行办法》和《基地单元评价验收细则》的要求，坚持以基地单元为载体，搞好基础设施建设，着力抓好特色优质烟叶开发，深化工商互动合作，加强基层建设和基础管理，创新烟叶管理模式，切实提高基地单元建设管理水平，坚定不移推动基地单元现代烟草农业建设，通过不断改革创新，完善政策措施，健全工作机制，"十二五"期间全面实现原料供应基地化、烟叶品质特色化、生产方式现代化，建立"批量供应、特色突出、结构合理、配置高效"的优质原料保障体系，实现累计建成品牌导向明确的高标准烟叶基地单元 6 个，基地化烟叶供应量达到 80% 以上，"532"及"461"品牌的原料供应量占全市烟叶调拨总量的 80% 以上的发展目标。

抓好烟叶生产基础设施建设。按照 3 年轮作、配套建设 27 000hm² 基本烟田的要求，新增基本烟田重点用于发展潜力大、风格突出的烟区，优先保证"十二五"现代烟草农业建设单位和特色优质烟叶开发点的项目配套实施。完善现有基础设施建设，高标准规划新建基础设施建设项目，因地制宜开展重点水源性工程建设和土地整理项目。

加大烟草专用农机的研究、开发与应用力度，不断提高烟叶生产机械化作业水平。建立设施管护长效机制，落实项目管护资金，探索提高设施综合利用效率，保证设施资产持续利用和烟农受益。积极探索烟草补贴所形成的可经营性资产的管理形式，确保烟草行业对可经营性资产的话语权、最终处置权和服务定价监督权。打造高标准、高水平、高质量现代烟草农业示范区，将现代烟草农业与新农村建设有机结合，积极整合当地涉农部门的项目和资金，建成全国领先的现代烟草农业示范区。

一、基础设施建设

"十二五"期间，邵阳烟区全市累计投入 4.56 亿元以上资金，完成烟水配套工程、机耕路、密集烤房、育苗工厂和烟草农机具等综合设施全面配套。

（一）烟水配套工程建设

1. 建设要求

烟水配套工程建设要根据以下 4 点要求开展。

第一，根据基地单元建设标准和烟区气候条件、水资源状况确定需建设的烟水工程类型和数量，搞好基地单元内烟水工程的规划设计。

第二，积极利用水源工程及原有水利设施灌溉。山区要利用水源及自然落差实现自流灌溉，平原地区要利用地表径流引水灌溉，尽可能降低运行成本。并尽量结合人畜饮水，使烟水工程综合效益最大化。

第三，严格按照烟水工程建设流程进行建设，规范管理程序，做到规划立项、资金管理、检查验收以我为主，确保工程质量。

第四，健全完善管护机制。根据"政府引导、烟草监督、业主自管"的原则，协调地方政府出台烟水工程管护政策，解决管护资金、落实管护人员，确保工程持久发挥作用。

2. 建设标准

烟水配套工程建设要根据以下 4 点标准开展。

第一，围绕基本烟田进行规划设计，能排能灌。

第二，根据水源条件，因地制宜，开展工程项目勘测设计。

第三，排水标准：防洪 ≥ 10 年一遇；排涝 ≥ 5 年一遇。

第四，灌溉设计满足烟叶移栽、旺长和成熟期的用水要求，灌溉设计保证率低山丘陵区 $\geq 80\%$。

3. 规划建设目标

"十一五"期间，全市烟草行业对烟水配套工程已投资 15 835 万元，实现烟水配套面积 13 333 hm^2。

"十二五"期间，围绕 27 000 hm^2 基本烟田全面配套的目标，烟草行业烟水配套工程投资 17 426 万元，到 2015 年规划总投资为 20 295 万元，达到烟水覆盖 100%。

全市各产区县烟水工程规划及投资见表 4 - 17。

表 4 – 17 烟水配套工程建设规划

产区 项目		隆回县			邵阳县			新宁县		
		已建	规划	规划 总量	已建	规划	规划 总量	已建	规划	规划 总量
排洪渠	长度（km）	12	3	3	27	1	28	17	0	17
	投资（万元）	814	191	1 005	1 632	104	1 737	1 248	0	1 248
主干渠	长度（km）	40	0	40	109	3	112	53	0	53
	投资（万元）	567	0	567	1321	103	1 423	761	0	761
支渠	长度（km）	548	12	561	327	25	352	227	27	254
	投资（万元）	3 640	144	3 784	2 928	235	3 163	1 661	529	2 190
塘坝	数量（座）	611	4	615	296	15	311	337	7	344
	投资（万元）	1 286	28	1 314	797	143	940	698	32	730
提灌站	数量（座）	38	2	40	13	4	17	5	4	9
	投资（万元）	177	11	188	114	35	150	57	47	104
水池 （水窖）	数量（m^3）	54 593	2 463	57 056	9 928	2 775	12 704	17 525	0	17 525
	投资（万元）	457	66	523	127	25	152	161	0	161
管网	数量（km）	19	0	19	50	0	50	1	0	1
	投资（万元）	48	10	58	107	0	107	12	4	17
总投资 （万元）	小计	6 990	424	7 414	7 027	645	7 672	4 598	611	5 209
	烟草补贴	5 821	424	6 245	6 078	555	6 634	3 935	611	4 547
	政府补贴或 烟农自筹	1 169	0	1 169	949	90	1 039	662	0	662

（二）机耕道路建设

1. 建设原则

在摸清存量的基础上，针对连片烟田规划烟区道路，包括连接烟区的主干道、烟田机耕道和作业便道。真正做到路相通、渠相连、路渠结合。主干道要积极争取政府或交通部门的项目实施；烟田机耕路要坚持标准，合理布局，以砂石路为主，充分利用老旧路基进行改造，少占耕地，确需硬化由省公司审批。

整合社会资源，按照"因地制宜、符合需要、合理布局、节约用地、方便群众"的原则，在通村公路基本建成、烟水配套和烤房群建设较为完善、连片种植的区域内进行规划、设计、施工。优先考虑交通相对便利、生产积极性高、发展潜力大、连片种植规模大的烟区。

2. 建设要求

机耕道路建设要根据以下 3 点要求开展。

首先，基地单元内机耕路平原要在连片基本烟田面积 26.67hm² 以上的区域规划建设；山区要在连片 26.67hm² 左右、坡度小于 25° 的基本烟田区域内规划建设。

其次，原则上平原每千米机耕路覆盖基本烟田 33.33hm² 以上；山区每千米机耕路覆盖基本烟田 26.67hm² 左右。

最后，建立"烟草主导、部门配合、村组实施、群众参与"工作机制，有效降低机耕路建设成本。协调地方政府制订管护措施、解决管护资金，确保机耕路的长期使用。

3. 建设标准

机耕道路要根据以下 3 点标准开展。

第一，路面宽度（含路肩）主干路不超过 4.5m、分支路不超过 2.5m，可结合实际建部分人行便道，宽度不得超过 1m。机耕路原则上采用砂石路面。

第二，与排灌沟渠建设有机结合，充分利用旧路基进行改建、扩建或沟渠挖方修建，降低建造成本。

第三，合理设计错车道和入田口，预留机械作业便道。

4. 规划建设目标

"十一五"期间全市已建设烟区道路主干道 167km、分支道 4km，烟草行业已投资 2 536 万元。

表 4 - 18　邵阳市烟叶产业机耕道建设规划（2012 年）

产区	项目	主干道		分支道		总投资（万元）		
		长度（km）	投资（万元）	长度（km）	投资（万元）	小计	烟草补贴	政府补贴或烟农自筹
全市合计	已建	167	2 834	4	63	2 897	2 536	360
	规划	46	817	18	320	1 137	1 014	123
	规划总量	213	3 651	22	382	4 033	3 550	483
隆回	已建	34	608	0	3	611	535	76
	规划	3	47	6	140	187	187	0
	规划总量	37	655	7	143	798	722	76
邵阳	已建	96	1 630	0	0	1 630	1 443	187
	规划	16	342	12	180	522	399	123
	规划总量	112	1972	12	180	2 152	1 842	310
新宁	已建	38	596	3	59	655	559	97
	规划	26	428	0	0	428	428	0
	规划总量	64	1 024	3	59	1 083	986	97

按照机耕路覆盖基本烟田面积100%以上的目标要求，"十二五"全市规划新建烟区道路主干道46km、分支道18km，烟草行业投资1 014万元。到2015年，烟区道路建成主干道213km、分支道22km，规划总投资4 033万元，烟草行业投资达3 550万元。

全市各产区县烟区道路规划建设数量、长度和投资见表4-18。

（三）育苗设施建设

1. 建设要求

因地制宜，选择大棚、中棚或可移动式棚架，按照单个育苗工厂供苗面积3 000亩以上和育苗工厂100%覆盖的要求，规划育苗工厂，具体落实到项目点，规划供苗面积要与规划的种植面积相匹配。

育苗工厂建设按照规模化、集约化、现代化的要求，科学规划，合理布局，建成坚固耐用、抗压力强、保温效果好的集约化漂浮育苗工厂，提升育苗设施水平。坚持合理布局、以烟为主、高效利用的原则，满足"规模化、设施化、集约化"的要求，科学规划建设育苗设施。

2. 规划建设目标

"十二五"全市规划新建育苗工厂83处，占地面积391 800 m²，供苗面积9 133 hm²，烟草行业投资6 380万元。到2015年，全市育苗工厂占地面积达408 650 m²，供苗面积10 000 hm²，烟草行业总投资7 005万元。全市各产区县规划建设情况见表4-19。

表4-19　邵阳市烟叶产业发展育苗设施建设规划

产区	项目	占地面积（m²）	供苗面积（hm²）	其中		
				小计（万元）	烟草补贴（万元）	自筹（万元）
全市合计	2005—2011年已建	16 850	2 533	635	625	10
	2012年规划	96 250	1 533	1 533	1 533	0
	2013年规划	129 250	9 133	2 106	2 106	0
	2014年规划	104 500	10 000	1 706	1 706	0
	2015年规划	63 250	200	1 035	1 035	0
	规划需建小计	391 800	800	6 380	6 380	0
	规划总量	408 650	1 067	7 015	7 005	10

（续表）

产区	项目	占地面积（m²）	供苗面积（hm²）	其中		
				小计（万元）	烟草补贴（万元）	自筹（万元）
隆回	2005—2011 年已建	8 250	733	164	164	0
	2012 年规划需建	33 000	533	525	525	0
	2013 年规划需建	44 000	3 133	716	716	0
	2014 年规划需建	30 250	3 333	493	493	0
	2015 年规划需建	22 000	333	360	360	0
	规划需建小计	125 400	933	2 090	2 090	0
	规划总量	133 650	1 067	2 253	2 253	0
邵阳	2005—2011 年已建	8 600	800	237	237	0
	2012 年规划需建	38 500	600	614	614	0
	2013 年规划需建	44 000	3 000	716	716	0
	2014 年规划需建	33 000	3 333	539	539	0
	2015 年规划需建	24 750	333	405	405	0
	规划需建小计	128 900	600	2 278	2 278	0
	规划总量	137 500	1 000	2 515	2 515	0
新宁	2005—2011 年已建	13 750	1 000	234	224	10
	2012 年规划需建	24 750	400	394	394	0
	2013 年规划需建	41 250	3 000	674	674	0
	2014 年规划需建	41 250	3 333	674	674	0
	2015 年规划需建	16 500	2 533	268	268	0
	规划需建小计	137 500	1 533	2 013	2 013	0
	规划总量	137 500	9 133	2 247	2 237	10

（四）密集烤房建设

1. 建设要求

在摸清密集烤房存量的基础上，规划密集烤房总量和新增量。坚持因地制宜、合理布局、适度规模、集群建设的原则，综合考虑服务半径、收购站点分布等因素，分别规划密集烤房群和烘烤工厂，具体落实到项目点。同时，基地单元已建烤房不统计 2.7 m×8m 以下的密集烤房和小改密，按照 2.7m×8m 及以上密集烤房进行规划，烤能 1.33~1.67hm^2，规划烘烤面积要与规划的种植面积相匹配。

烤房数量同常年烟叶种植面积匹配，按照集群建设、统一烘烤、合作经营的要求，坚持合理布局、适度集中原则，建设密集烤房群和烘烤工厂。结合实际配套分级收购等功能，整合社会资源，解决建设用地和电力配套。坚持"群组设计、并排建设"，满足"统一烘烤、专业服务"的要求，科学规划，精心设计建设密集烤房群和烘烤工厂。

2. 建设标准

密集烤房建设要根据以下 3 点标准开展。

（1）单体烤房　宽 2.7m、长 10m，其中，装烟室长 8m。采用封闭较好的装烟门，移动式或固定式装烟架，提倡四棚叠层结构。

（2）集群规模　烤房数量要与烟叶种植面积匹配，一个基地单元配套 800 座左右密集烤房，实现 100% 密集烘烤。烤房要并排连体建造，原则上 5 个 1 组，山区基地单元一个烤房群至少建 2 组，即 10 座烤房以上；平原区、坝区基地单元一个烤房群规模至少建 4 组，即 20 座烤房以上。密集烤房群（烘烤工厂）服务半径平原原则上不超过 5km，山区不超过 3km。

（3）烘烤工厂　指 4 组以上，配套编烟、专业化分级及其他必要附属设施的烤房群。烘烤工厂设立烘烤区、编烟分级区、综合管理区、附属设施区等。50 座以上的烘烤工厂可统筹考虑基地单元烟叶生产和收购站点布局，配置收购设施。其中，在烘烤工场附设的分级、收购设施，可根据需要配备分级、收购照明所需的标准光源，使光照条件达到分级、收购的要求。

3. 规划建设目标

"十一五"全市已建设 10 栋以下的集群烤房 2 349 座，10~49 栋密集烤房群 596 座，50 栋以上烘烤工厂 350 座，烟草行业已投资 9 905 万元。

"十二五"全市集群烤房专业烘烤率达 100%，规划配套 10~49 栋密集烤房群 2 205 座，50 栋以上烘烤工厂 250 座，烟草行业投资 8 553 万元。全市规划改造烤房 3 508 座，烟草行业投资 2 794 万元。到 2015 年，全市 10~9 栋密集烤房群达 2 801 座，50 栋以上烘烤工厂达 600 座，烟草行业总投资达 21 552 万元。

全市各产区县烤房设施建设规划情况见表 4-20。

表 4 – 20　邵阳市烟叶产业发展密集烤房群（烘烤工厂）规划

产区	规划面积（hm²）	配套密集烤房（座）	项目	合计（座）	10 栋以下集群		10～49 栋烤房群		50 栋以上烘烤工厂	
					座	总投资（万元）	座	总投资（万元）	座	总投资（万元）
隆回	3 333	1 996	已建	1 362	1 108	3 007	204	757	50	570
			2012 年	349	0	0	249	872	100	870
			2013 年	285	0	0	235	705	50	523
			2013 年	260	0	0	260	118	0	0
			2014 年	550	0	0	550	550	0	0
			2015 年	440	0	0	440	440	0	0
			合计	634	0	0	484	1 577	100	1 093
			规划总量	1 996	581	1 545	688	2 334	200	1 963
邵阳	3 333	1 825	已建	1 305	799	2 160	1 832	306	925	200
			2012 年	70	0	0	0	70	245	0
			2013 年	450	0	0	0	450	1 350	0
			2013 年	448	0	0	0	448	203	0
			2014 年	500	0	0	0	500	500	0
			2015 年	430	0	0	0	430	430	0
			合计	520	0	0	0	520	1595	0
			规划总量	1 825	799	2 160	1 832	826	2 520	200
新宁	3 333	1 969	已建	628	442	1 342	1 180	86	215	100
			2012 年	654	0	0	0	604	2 114	50
			2013 年	647	0	0	0	597	1791	50
			2013 年	600	0	0	0	600	272	0
			2014 年	150	0	0	0	150	150	0
			2015 年	130	0	0	0	130	130	0
			合计	1 301	0	0	0	1 201	3 905	100
			规划总量	1 929	442	1 342	1 180	1 287	4 120	200

（五）烟草农机具配套

1. 配置要求

现代烟草农业建设提出了烟叶生产全程机械配置方案，按基地单元配置动力，按作业流程配置机具，以一个基地单元 3 333hm² 基本烟田，按 3 年轮作当年种植烟叶 1 133

hm² 为配置规模，以 66.67hm² 为服务单元，以实现全程机械化为目标，实行农机"套餐"服务，提高减工降本成效。每 6.67hm² 烟地机械动力保有量 15～25kw，规划适宜的深耕、起垄、覆膜、移栽、施肥、覆膜、中耕培土、拔秸、编烟等环节的农机具。坚持因地制宜、统筹兼顾、以烟为主、合作经营，合理配置，提高农机配置效率和作业效率，实现全程机械化作业。

2. 规划建设目标

"十一五"全市已购各种烟草农机具 1 248 台套，总动力 4 812kW，烟草行业已投资 719 万元。"十二五"全市规划需购各种烟草农机具 8 567 台套，总动力 27 230kW，烟草行业投资 5 704 万元。到 2015 年，全市各种烟草农机具达 9 815 台套，总动力 32 042 kW，烟草行业总投资达 6 423 万元。全市各产区县烟草农机具规划配套情况见表4－21。

表4－21 邵阳市烟叶产业发展烟草农机具规划

产区	项目	名称	数量（台套）	总动力（kW）	投资总额（万元）			
					小计	烟草补贴	政府补贴	烟农自筹
隆回	2012 年需购	通用	394	3 807	394	194	111	89
		专用	30	0	30	22	0	8
		合计	424	3 807	424	216	111	97
	2012 年需购	通用	448	1 238	493	265	228	0
		专用	208	51	100	90	0	10
		合计	656	1 289	593	355	228	10
	2013 年需购	通用	124	2 346	309	136	173	0
		专用	1 125	510	847	763	0	83
		合计	1 249	2 856	1 156	899	173	83
	2014 年需购	通用	71	774	112	56	56	0
		专用	486	227	348	317	0	31
		合计	557	1 001	460	373	56	31
	2015 年需购	通用	53	1 637	113	52	61	0
		专用	335	171	256	230	0	26
		合计	388	1 808	368	282	61	26
	规划合计	通用	696	5 995	1 027	509	518	0
		专用	2 154	959	1 550	1 400	0	150
		合计	2 850	6 954	2 577	1 909	518	150

（续表）

产区	项目	名称	数量（台套）	总动力（kW）	投资总额（万元）			
					小计	烟草补贴	政府补贴	烟农自筹
邵阳	2012 年需购	通用	612	1 005	1 040	384	310	346
		专用	9	0	38	16	13	9
		合计	621	1 005	1 078	401	323	354
	2012 年需购	通用	150	0	66	33	33	0
		专用	36	0	30	27	0	3
		合计	186	0	96	60	33	3
	2013 年需购	通用	167	4 328	376	188	188	0
		专用	1 550	699	1 102	995	0	107
		合计	1 717	5 027	1 479	1 183	189	107
	2014 年需购	通用	67	1 166	75	37	37	0
		专用	228	101	166	150	0	17
		合计	295	1 267	241	187	37	17
	2015 年需购	通用	147	1 840	208	104	104	0
		专用	359	160	257	234	0	23
		合计	506	2 000	465	338	104	23
	规划合计	通用	531	7 334	725	363	363	0
		专用	2 173	960	1 556	1 406	1	149
		合计	2 704	8 294	2 281	1 768	363	149
新宁	2012 年需购	通用	202	0	188	101	52	34
		专用	1	0	2	1	0	0
		合计	203	0	189	103	53	34
	2012 年需购	通用	0	0	0	0	0	0
		专用	0	0	0	0	0	0
		合计	0	0	0	0	0	0
	2013 年需购	通用	306	4 858	519	236	284	0
		专用	960	423	694	625	0	70
		合计	1 266	5 281	1 213	861	283	70
	2014 年需购	通用	206	2 417	296	147	148	0
		专用	480	210	347	312	0	35
		合计	686	2 627	642	459	148	35
	2015 年需购	通用	303	3 748	439	220	220	0
		专用	758	326	541	487	0	54
		合计	1 061	4 074	980	707	220	54
	规划合计	通用	815	11 023	1 254	602	651	0
		专用	2 198	959	1 582	1 424	0	158
		合计	3 013	11 982	2 836	2 026	651	158

二、其他设施建设

（一）信息化设施建设

按照全流程、全覆盖的总体要求，突出业务功能、服务功能、管理功能，以数据库建设、烟叶流程化管理和烟农信息服务为重点，从信息环境配置、信息系统应用、信息资源利用等方面，规划信息化管理体系。

全面推广应用湖南烟叶管理信息系统，扎实推进基地单元信息化管理，按照全流程、全覆盖的总体要求，以优化业务流程为基础，以基地单元和基层站为突破口，加强基层信息化的业务功能、服务功能、管理功能，实现纵向业务流程化，横向管理集成化。要利用信息、通讯、远程教育等信息网络资源，提升对烟农信息技术服务水平。

"十一五"期间，全市已对信息化管理体系投资 353.78 万元，其中，生产管理信息化建设投资 23.00 万元，烟叶烘烤信息化建设投资 17.20 万元，烟叶收购信息化建设投资 313.58 万元。

"十二五"期间，全市规划对信息化管理体系投资 546.22 万元，其中生产管理信息化建设投资 157.00 万元，烟叶烘烤信息化建设投资 102.80 万元，烟叶收购信息化建设投资 286.42 万元。

2015 年，全市规划对信息化管理体系投资 900 万元，其中，生产管理信息化建设投资 180 万元，烟叶烘烤信息化建设投资 120 万元，烟叶收购信息化建设投资 600 万元。

全市各产区县烟草信息化建设规划情况见表 4 - 22。

表 4 - 22　邵阳市烟叶产业发展信息化建设规划

产区	项目	行业总投资（万元）			
		小计	生产管理	烘烤	收购
合计	已配套	353.78	23.00	17.20	313.58
	近期规划	546.22	157.00	102.80	286.42
	2015 年	900.00	180.00	120.00	600.00
隆回	已配套	—	—	—	—
	近期规划	300.00	60.00	40.00	200.00
	2015 年	300.00	60.00	40.00	200.00
邵阳	已配套	188.00	18.00	10.00	160.00
	近期规划	112.00	42.00	30.00	40.00
	2015 年	300.00	60.00	40.00	200.00
新宁	已配套	165.78	5.00	7.20	153.58
	近期规划	134.22	55.00	32.80	46.42
	2015 年	300.00	60.00	40.00	200.00

（二）基层站点规划

1. 建设要求

第一，科学定位、合理整合。突出基层站在基地单元建设中的基础地位作用，强化基层站组织实施和管理服务的职能，按一个基地单元建一个基层站的总体要求，整合现有站点资源，科学规划、规范建设、完善功能、综合配套。

第二，优化流程、提高效率。合理设置工作岗位，明确工作职责，优化工作流程，运用信息化手段，提高基层站工作效率。

第三，规范管理、突出服务。完善工作制度，加强基础管理，强化服务职能，改进服务方式，丰富服务内容，切实提升基层站工作水平。

按照"一站四线"要求，结合烘烤工厂布局，整合现有资源，坚持新建改建相结合，规划基层站点，配备完善信息化系统及相关硬件设备，对新建或改建基层站点进行设计。制作基层站点规划图和新改建基层站点设计图。

2. 规划建设目标

"十二五"，全市规划改扩建烟草工作站 5 个，加上已建的 1 个烟草工作站，总数达 6 个，烟草行业投资 9 800 万元。

全市各产区县基层站点规划情况见表 4 – 23。

表 4 – 23　邵阳市烟叶产业发展烟叶基层站点规划

产区	规划中心站	对应基地单元	建设性质	收购线（条）	收购（t）	建设年度	总投资（万元）
隆回	雨山	雨山	扩建	6	3 150	2 013	1 600
	荷香桥	荷香桥	扩建	7	3 600	2 014	1 600
合计				13	6 750		3 200
邵阳	金称市	河伯	扩建	7	3 350	2 013	1 600
	塘田市	塘田	维护	6	3 400	2 013	1 400
合计				13	6 750		3 000
新宁	高桥	高桥	扩建	7	2 555	2 014	1 600
	马头桥	马头桥	扩建	7	4 195	2 013	2 000
合计				14	6 750		3 600
全市				40	20 250		9 800

（三）防灾减灾设施建设

1. 规划原则

按基本覆盖基本烟田的要求，整合气象等防灾减灾部门资源，在摸清存量的基础上，固定作业点和流动作业点相结合，规划烟区防灾减灾设施。制订防灾减灾预案，明确防灾减灾措施，建立防灾减灾体系。制作防灾减灾设施规划表。

2. 规划建设目标

"十二五"期间，全市规划建设防灾减灾体系覆盖面积 30 000hm²，总投资 1 416万元，烟草行业补贴 212.4 万元。

全市各产区县防灾减灾设施规划情况见表 4 - 24。

表 4 - 24　邵阳市烟叶产业发展防灾减灾体系规划

产区	项目	投资总额（万元）	烟草补贴（万元）	政府补贴（万元）
全市合计	规划需配套	1 416	212.4	1 203.6
	2015 年总量	1 416	212.4	1 203.6
隆回县	规划需配套	472	70.8	401.2
	2015 年总量	472	70.8	401.2
邵阳县	规划需配套	472	70.8	401.2
	2015 年总量	472	70.8	401.2
新宁县	规划需配套	472	70.8	401.2
	2015 年总量	472	70.8	401.2

三、重点建设项目

（一）土地整理工程

1. 规划要求

本项目为国家烟草专卖局单项批复，各地根据实际情况在基本烟田内适量规划相应项目。

烟区土地整理是指属于基本烟田区域的土地整理，以当地国土部门国土整治规划为依据。在当地政府统一领导下，加强与国土部门的协调，争取国土整理项目和建设资金向烟区倾斜。通过土地整理，使原来分散的耕地相对集中，充分利用土地资源，提高土地生产能力，变小地为大地，变散地为整地，改善传统的农用地利用格局，扩大生产规模，优化烟叶生产区域布局。

基本烟田土地整理项目建设是国家烟草专卖局深入推进现代烟草农业建设的又一重大举措，对提升湖南省烟叶产业规模化、集约化和机械化水平具有十分重要的意义。

2. 规划建设目标

规划在 2012—2017 年完成全市 6 个基地单元内 6 000hm²基本烟田土地整理的建设，达到提升烟叶产业规模化、集约化和机械化水平的目标，投资总额 31 836万元，其中，烟草补贴 3 1536万元。全市各产区县土地整理规划如表 4 - 25。

表 4 – 25   邵阳市烟叶产业发展土地整理规划

产区	项目名称	主要建设内容	整理面积（hm²）	总投资（万元）	烟草补贴（万元）	政府补贴（万元）
合计	六个基地单元烟田	土地平整、灌溉工程	6 000	31 836	31 226	600
隆回	雨山、荷香桥单元	土地平整、灌溉工程	2 000	10 800	10 600	200
邵阳	河伯、塘田单元	土地平整、灌溉工程	2 000	10 536	10 336	200
新宁	高桥、马头桥单元	土地平整、灌溉工程	2 000	10 500	10 300	200

3. 重点建设项目

邵阳县塘田基地单元白仓项目区分为石牛片、迎丰片和新民片等 3 个片，土地整理规划面积 400hm²。石牛片位于黄塘乡栾山、石牛、夏世、石梅等 4 个村，土地整理规划面积 100hm²；迎丰片位于白仓镇迎丰、三堆、井阳、观竹等 4 个村，土地整理规划面积 200hm²；新民片位于白仓镇新民、新华等 2 个村，土地整理规划面积 100hm²。

邵阳县塘田基地单元塘田市项目区分为长清片、河边片、对河片、堆上片、长乡片和白竹片等 6 个片，土地整理规划面积 600hm²。长清片位于塘田市镇长清、栗山等 2 个村，土地整理规划面积 66. 67hm²；河边片位于塘田市镇河边、艾坝等 2 个村，土地整理规划面积 166. 67hm²；对河片位于塘田市镇对河、向荣、水西、花石、双洲等 5 个村，土地整理规划面积 133. 33hm²；堆上片位于塘渡口镇堆上、羊田、五星、桂花等 4 个村和黄塘乡松合村，土地整理规划面积 100hm²；长乡片位于黄荆乡长乡、毛铺等 2 个村，土地整理规划面积 66. 67hm²；白竹片位于九公桥镇白竹、荷叶、东义、东中等 4 个村，土地整理规划面积 66. 67hm²。

邵阳县河伯基地单元河伯项目区分为井子片、杨青片等 2 个片，土地整理规划面积 400hm²。井子片位于河伯乡井子、城背等 2 个村，土地整理规划面积 66. 67hm²；杨青片位于河伯乡杨青、江子口、源头、上阳、易仕仙、杨田、恋山等 7 个村，土地整理规划面积 333. 33hm²。

邵阳县河伯基地单元金称市项目区分为金门、石马片、范园片、争云庵片、白茅塘片等 4 个片，土地整理规划面积 600hm²。金门、石马片位于金称市镇金门、石马、金洲等 3 个村，土地整理规划面积 133. 33hm²；范园片位于金称市镇陡石、范园、麦园、大兴等 4 个村，土地整理规划面积 200hm²；争云庵片位于霞云塘乡争云庵、雷公坝、石子江、霞塘云等 4 个村，土地整理规划面积 133. 33hm²；白茅塘片位于小溪市乡白茅塘、光家、跳石、大禾、文昌等 5 个村，土地整理规划面积 133. 33hm²（表 4 – 26）。

表4-26　邵阳县"十二五"基本烟田土地整理项目实施年度

单元	项目名称	片区名称	乡镇	村	整理面积（hm²）	投资（万元）	实施年度
塘田	白仓项目区	石牛	黄塘	栾山、石牛、夏世、石梅	100	525	2013
		迎丰	白仓	迎丰、三堆、井阳、观竹	200	1 050	2013
		新民	白仓	新民、新华	100	525	2013
	塘田市项目区	长清	塘田市	长清、栗山	67	350	2014
		河边	塘田市	河边、艾坝	167	911	2012
		对河	塘田市	对河、向荣、水西、花石、双洲	133	700	2013
		堆上	塘渡口	堆上、羊田、五星、松合、桂花	100	525	2014
		长乡	黄荆	长乡、毛铺	67	350	2014
		白竹	九公桥	白竹、荷叶、东义、东中	67	350	2014
河伯	河伯项目区	井子	河伯	井子、城背	67	350	2015
		杨青	河伯	杨青、江子口、源头、上阳、易仕仙、杨田、恋山	333	1 750	2015
	金称市项目区	金门石马	金称市	金门、石马、金洲	133	700	2011
		范园	金称市	陡石、范园、麦园、大兴	200	1 050	2015
		争云庵	霞云塘	争云庵、雷公坝、石子江、霞塘云	133	700	2016
		白茅塘	小溪市	白茅塘、光家、跳石、大禾、文昌	133	700	2016

　　隆回县荷香桥基地单元荷香桥项目区分为左家潭片、茅铺片、黄洋山片、背溪片、合共片和荣祥片等6个片，土地整理规划面积567hm²。左家潭片位于荷香桥镇左家潭、新民、横冲等3个村，土地整理规划面积133hm²；茅铺片位于荷香桥镇茅铺、印足、山峡、开智等4个村，土地整理规划面积133hm²；黄洋山片位于荷香桥镇黄洋山、清水等2个村，土地整理规划面积67hm²；背溪片位于荷田乡上背溪、下背溪、广庄等3个村，土地整理规划面积67hm²；合共片位于石门乡合共、联合、井塘等3个村，土地整理规划面积67hm²；荣祥片位于石门乡荣祥、唯正、盐塘冲、对江等4个村，土地整理规划面积100hm²（表4-27）。

　　隆回县荷香桥基地单元横板桥项目区分为田心片、扇塘片、丰乐片、石峰寨片和南路片等5个片，土地整理规划面积433hm²。田心片位于横板桥镇田心、荷叶塘、稠树、茅铺垅等4个村，土地整理规划面积100hm²；扇塘片位于横板桥镇高山、扇塘、南冲、金盆等4个村，土地整理规划面积67hm²；扇塘片位于横板桥镇高山、扇塘、南冲、金盆等4个村，土地整理规划面积67hm²；丰乐片位于六都寨镇丰乐、泌水、城山等3个村，土地整理规划面积100hm²；石峰寨片位于六都寨镇石峰、朝阳、飞蛾等3个村，土地整理规划面积67hm²；南路片位于西洋江镇南路、长塘、水西等3个村，土地整理规划面积100hm²（表4-27）。

隆回县雨山基地单元雨山铺项目区分为楠木片、杨罗片、梅冲片和崇福片等4个片，土地整理规划面积367hm²。楠木片位于雨山铺镇楠木、文仙、正龙等3个村，土地整理规划面积100hm²；杨罗片位于雨山铺镇杨罗、竹罗、长扶等3个村，土地整理规划面积100hm²；梅冲片位于雨山铺镇梅冲、双冲、九龙等3个村，土地整理规划面积100hm²；崇福片位于雨山铺镇崇福、车塘、兴隆等3个村，土地整理规划面积67hm²（表4-27）。

隆回县雨山基地单元滩头项目区分为杨家片、大坡片、转龙片和天星片等4个片，土地整理规划面积633hm²。杨家片位于滩头镇杨家、摘梨、扶上等3个村，土地整理规划面积100hm²；大坡片位于滩头镇大坡、泉塘、栗山、荷叶亭、木瓜等5个村，土地整理规划面积233hm²；转龙片位于岩口镇转龙、划市、罗塘、白炼等4个村，土地整理规划面积233hm²；天星片位于岩口镇天星、姚家、井鹅等3个村，土地整理规划面积67hm²（表4-27）。

表4-27　隆回县"十二五"基本烟田土地整理项目实施年度

单元	项目名称	片区	乡镇	村	整理面积（hm²）	投资（万元）	实施年度
荷香桥	荷香桥项目区	左家潭	荷香桥	左家潭、新民、横冲	133	1 000	2012
		茅铺	荷香桥	茅铺、印足、山峡、开智	133	700	2013
		黄洋山	荷香桥	黄洋山、清水	67	350	2014
		背溪	荷田	上背溪、下背溪、广庄	67	350	2014
		合共	石门	合共、联合、井塘	67	350	2013
		荣祥	石门	荣祥、唯正、盐塘冲、对江	100	525	2013
	横板桥项目区	田心	横板桥	田心、荷叶塘、稠树、茅铺垅	100	525	2014
		扇塘	横板桥	高山、扇塘、南冲、金盆	67	350	2014
		丰乐	六都寨	丰乐、泌水、城山	100	525	2013
		石峰寨	六都寨	石峰、朝阳、飞蛾	67	350	2013
		南路	西洋江	南路、长塘、水西	100	525	2014
雨山	雨山铺项目区	楠木	雨山铺	楠木、文仙、正龙	100	525	2015
		杨罗	雨山铺	杨罗、竹罗、长扶	100	525	2015
		梅冲	雨山铺	梅冲、双冲、九龙	100	525	2016
		崇福	周旺	崇福、车塘、兴隆	67	350	2016
	滩头项目区	杨家	滩头	杨家、摘梨、扶上	100	525	2016
		大坡	滩头	大坡、泉塘、栗山、荷叶亭、木瓜	233	1 225	2015
		转龙	岩口	转龙、划市、罗塘、白炼	233	1 225	2015
		天星	岩口	天星、姚家、井鹅	67	350	2016

　　新宁县高桥基地单元高桥项目区分为高桥片、大富片、涂江片、东湾片、金蚕片和清水片6个片，土地整理规划面积600hm²。高桥片位于高桥镇高桥、粟叶和双江3个村，土地整理规划面积113hm²；大富片位于高桥镇大富、小富和老渡3个村，土地整理规划面积93hm²；涂江片位于高桥镇三井、涂江和井坪3个村，土地整理规划面积120hm²；东湾片位于高桥镇东湾和千秋2个村，土地整理规划面积67hm²；金蚕片位于高桥镇金蚕和横板2个村，土地整理规划面积67hm²；清水片位于高桥镇清水、岩底、柏叶和烟树4个村，土地整理规划面积140hm²（表4-28）。

表4-28　新宁县十二五基本烟田土地整理项目规划情况

单元	项目名称	片区名称	乡镇	村	整理面积（hm²）	投资（万元）	实施年度
高桥	高桥项目区	高桥	高桥	高桥、粟叶、双江	113	595	2014
		大富	高桥	大富、小富、老渡	93	490	2014
		涂江	高桥	三井、涂江、井坪	120	630	2014
		东湾	高桥	东湾、千秋	67	350	2014
		金蚕	高桥	金蚕、横板	67	350	2014
		清水	高桥	清水、岩底、柏叶、烟树	140	735	2014
	安山项目区	安山	安山	安山村	67	350	2014
		大塘	安山	大塘村	67	350	2014
		大桥	安山	大桥村	67	350	2014
		水口	清江	水口、堡口、塘背、新石、茶山等	200	1 050	2013
马头桥	回龙寺项目区	杨田	回龙寺	杨田、王家、井木、天宁	200	1 050	2015
		白石	回龙寺	白石、黄鲇	67	350	2015
		鹅口	回龙寺	鹅口、双狮、茼蒿	67	350	2015
		舒家	一渡水	舒家、禾峰	67	350	2015
		腊元	巡田	腊元	87	455	2015
		花田	巡田	花田、西蒋	113	595	2015
	马头桥项目区	大井	马头桥	大井、塘湾、东塘、石门	107	560	2016
		毛坪	马头桥	毛坪、槐花、金盆	73	385	2016
		金星	马头桥	金星、金鸣、金塘、金禾	87	455	2016
		庄丰	丰田	庄丰、堆子田、坪丰	67	350	2016
		麒麟	丰田	麒麟、大屋、麻田	67	350	2016

　　新宁县高桥基地单元安山项目区分为安山片、大塘片、大桥片和水口片等4个片，土地整理规划面积400hm²。安山片位于安山乡安山村，土地整理规划面积67hm²；大

塘片位于安山乡大塘村，土地整理规划面积67hm²；大桥片位于安山乡大桥村，土地整理规划面积67hm²；水口片位于清江乡水口、堡口、塘背、新石、茶山、木桥等6个村，土地整理规划面积200hm²（表4-28）。

新宁县马头桥基地单元回龙寺项目区分为杨田片、白石片、鹅口片、舒家片、腊元片和花田片6个片，土地整理规划面积600hm²。杨田片位于回龙寺镇杨田、王家、井木和天宁4个村，土地整理规划面积200hm²；白石片位于回龙寺镇白石和黄鲇2个村，土地整理规划面积67hm²；鹅口片位于回龙寺镇鹅口、双狮和蒿蒿3个村，土地整理规划面积67hm²；舒家片位于一渡水镇舒家和禾峰2个村，土地整理规划面积67hm²；腊元片位于巡田乡腊元村，土地整理规划面积86hm²亩；花田片位于巡田乡花田和西蒋2个村，土地整理规划面积113hm²（表4-28）。

新宁县马头桥基地单元马头桥项目区分为大井片、毛坪片、金星片、庄丰片和麒麟片5个片，土地整理规划面积400hm²。大井片位于马头桥镇大井、塘湾、东塘和石门4个村，土地整理规划面积107hm²；毛坪片位于马头桥镇毛坪、槐花和金盆3个村，土地整理规划面积73hm²；金星片位于马头桥镇金星、金鸣、金塘和金禾4个村，土地整理规划面积87hm²；庄丰片位于丰田乡庄丰、堆子田和坪丰3个村，土地整理规划面积67hm²；麒麟片位于丰田乡麒麟、大屋和麻田3个村，土地整理规划面积67hm²（表4-28）。

（二）水源建设工程

1. 规划要求

水源性工程建设是烟草行业大兴水利的标志性工程，其在"依托水源搞建设"的基础上，把基础设施建设提升到一个新的水平。通过水源工程和配套建设项目的实施，要实现"水源充足、田成方、渠相通、沟相连、路配套、旱能浇、涝能排、旱涝保收"的现代农业景象，带动社会经济和生态环境协调发展，使烟区长期受益。

2. 规划建设目标

"十二五"期间，全市烟草行业将有选择、有重点地搞好一些可调节的、具有一定规模的水源性工程，全市规划水源性工程建设受益面积8 913hm²，投资总额59 898万元，其中，申请烟草补贴51 660万元。项目及投资详见表4-29。

表4-29 邵阳市烟叶产业发展水源性工程规划

县名	项目名称	烟田面积（hm²）	总投资（万元）	烟草补贴（万元）	实施年度
隆回	东风水库	1 733	15 000	12 000	2012
邵阳	东方红灌区	2 113	9 000	7 500	2014
新宁	柳山水库	2 467	9 500	7 500	2013
	三渡水水库	2 600	23 847	21 462	2014
	全市合计	8 913	57 347	49 462	

3. 重点建设项目

（1）隆回县东风水库建设　基本情况：规划的东风水库位于隆回县东北部山丘地区，东抵辰水，南邻资水，西与洞口龙江灌区相连，东至大东山脚下。水库坝址位于西洋江镇田心桥村，距已建木瓜水库一级电站7.3km，大坝地理位置于东经110°48′07″，北纬27°20′10″水库坝址距县级公路南麻公路500m，交通便利。库区淹没及西洋江镇和大水田乡两个乡镇。

工程规模：规划东风水库控制集雨面积168.5km²（含木瓜山水库140km²），水库正常蓄水位408.65m，肖核水位408.65m，设计洪水位408.65m，死水位395.0m。正常库容1 025万m³，死库容278万m³，灌溉面积4 532hm²，设计饮水流量15.5m/s，多年平均年引水量1 500万m³。

（2）邵阳县东方红灌区扩建　基本情况：东方红水轮泵站位于邵阳县白仓镇下游9km水津村境内，控制流域面积4 382km²，占夫夷水流域面积的96.2%。东方红水轮泵站始建于1966年，1969年建成，滚水坝为砼壳砂卵石结构，经过四十多年的运行，目前滚水坝、水轮泵站破损严重，不能正常运行。

工程规模：本次设计对白仓镇东方红水轮泵站进行扩建加固改造，对东方红水轮泵站左、右干渠、河伏渠进行维修加固，项目建成后，水轮泵装机容量从405kw增加至945kw，年供水总量由1 944万m³增加至4 536万m³。项目区位于塘田市基地单元，包括白仓、塘田市两个镇，设计灌溉面积2 112hm²，其中水田1 562hm²、旱土550hm²。

（3）新宁县柳山水库建设　基本情况：该水库坐落在新宁县巡田乡龙宫村，该工程项目估算总投资约9 500万元。水库控制集雨面积15.6km²，大坝高度28m，总库容348.6万m³，整个工程包括大坝、溢洪道、输水隧洞等组成部分，最大坝轴长150m，溢流坝顶高程440m。新建高标准渠道29km，新建灌溉隧道，渡槽等附属建筑物5处。该水库淹没耕地32hm²，迁移人口95人。

工程规模：设计总灌溉面积1 120hm²，旱涝保收面积900hm²，水库建成后，使灌区内巡田乡的龙宫、柳山、老屋、石井、石山、西蒋6个村的900hm²农田全部达到旱涝保收，规划烟草种植面积为667hm²。

（4）新宁县三渡水中型水库新建项目　基本情况：新建三渡水中型水库，水库总库容1 575万m³，有效库容1 500万m³，另外还有老虎坝水轮泵站，回水湾引水坝。

第四节　组织管理及运行规划

一、生产组织体系规划

（一）总体要求

邵阳烟草生产组织体系按照"统分结合、双层经营、专业服务"的要求，坚持因地制宜创新生产组织形式，不搞"一刀切"，做到该统则统，该分则分，尊重烟农主体地位，以经济利益为驱动，调动烟农积极性，主动性和创造性，建立持续发展的内在机制，规划专业大户、家庭农场、股份制农场等多种形式并存。积极引导和鼓励农民在自愿互利的基础上，采用股份制、合作制等形式，把分散的土地经营权、使用权有偿、合理、有序地向种烟专业户、种烟农场流转，实行规模化种植。

（二）生产组织形式

1. 种植专业户

种植专业户是指在家庭承包经营的基础上，具有生产能力的农户通过土地经营权的流转，集中 $0.67 \sim 3.33hm^2$ 土地，进行烟叶生产经营主体。种植专业户部分土地来自流转，部分用工来自雇工；收益包括土地收益、投资收益和投工收益。在密集烤房散建或烤房群组规模较小的烟区，适宜发展种植专业户。

2. 家庭农场

家庭农场是指具有一定经济实力和生产管理能力的人员通过土地经营权的流转，集中 $3.33hm^2$ 以上土地，进行烟叶生产经营主体。家庭农场家庭成员以管理为主，用工以聘工作业为主，家庭经济收入以种烟为主；种烟土地主要依靠流转；收益包括经营土地产生的收益、资金投入收益和经营管理收益。在密集烤房群组规模适中，土地流转条件较好的烟区，引导组建家庭农场。

（三）生产组织体系发展现状

按照2011年全市烟农档案统计显示，全市种烟 $0.67 \sim 3.33hm^2$ 的专业户1 318户，种烟面积1 471hm^2，占总面积的34.10%，户均面积1.12hm^2。种烟面积大于 $3.33hm^2$ 的家庭农场135户，种烟面积714.57hm^2，占全市种烟面积的16.56%，户均种烟5.29hm^2。从统计资料显示，种烟面积小于0.67hm^2的家庭经营形式占种烟面积的一半，仍然占生产组织形式的主体地位。各县种烟组织形式情况详见表4－30。

表4－30　邵阳市2011年生产组织体系现状

产区	种烟面积（hm^2）	种烟专业户（0.67～3.33hm^2）			家庭农场（>3.33hm^2）			合计	
		户数	hm^2	户均	户数	hm^2	户均	hm^2	占总面积（%）
合计	4 314.8	1 318	1 471.3	16.75	135	714.6	79.40	2 185.9	50.66
隆回	1 513.1	385	476.8	18.58	56	240.4	64.39	717.2	47.40
邵阳	1 455.3	520	611.3	17.63	58	319.2	82.55	930.5	63.94
新宁	1 346.4	413	383.3	13.92	21	155.0	110.69	538.2	39.98

（四）规划方案

按照邵阳市以往种烟习惯和发展趋势，主要是小规模家庭经营形式、种植专业户和家庭农场3种形式，种烟专业合作社在个别地区有所探索，但烟叶合作社发展趋势是向综合服务合作发展，生产种植合作社等其他形式的烟叶生产组织形式，如合作制、股份合作制、合作社制等可以尝试但不提倡也不规划。按照现代烟草农业发展的要求，今后烟叶生产组织形式要向规模化经营发展，即扩大户均种植面积，大力提倡种烟专业户和家庭农场两种组织形式，扩大烟叶生产规模，适应现代烟草农业发展需要。

到2015年，全市户均种植面积达到1.33hm^2，达到国家现代烟草农业发展户均种植标准，其中种植专业户户均面积达到 1.96hm²，种烟面积占总面积的 46.93%；家庭农场户均种烟面积达到 7.33hm²，种烟面积占总面积的 26.4%。这样两大主体种烟面积占总种烟面积的 73.33%。各县规划详见表 4 - 31。

表 4 - 31 邵阳市 2015 年生产组织体系规划

产区	种烟面积 (hm²)	种烟户 (0.67~3.33hm²)			家庭农场 (大于3.33hm²)			家庭经营 (小于0.67hm²)			合计		
		户数	面积	户均	户数	面积	户均	户数	面积	户均	户数	面积	户均
合计	9 999	2 400	4 693	29.33	360	2 640	110.0	4 444	2 667	9.00	7 204	10 000	20.82
隆回	3 333	800	1 600	30.00	120	880	110.0	1 422	853	9.00	2 342	3 333	21.35
邵阳	3 333	800	1 600	30.00	120	800	100.0	1 556	933	9.00	2 476	3 333	20.20
新宁	3 333	800	1 493	28.00	120	960	120.0	1 467	880	9.00	2 387	3 333	20.95

二、烟农综合服务合作社发展规划

（一）总体要求

按照"服务内容全覆盖、全过程；服务设施保质量、上水平；设施投入普惠制、广受益"的要求，充分发挥市场配置资源的基础性作用，利用育苗工厂和烘烤工厂等专业化服务设施，建立产权关系清晰，责任主体明确，财务管理制度健全，定价收益分配机制合理，发起人管理能力强，服务人员专业技术水平高的烟农综合服务体系，覆盖率达到 100%。

具体规划标准按照国家烟草专卖局"126"要求，以基地单元为基本单位，成立一个综合性服务合作社，依靠两厂即育苗工厂和烘烤工厂，建立 6 支专业服务队，即育苗队、机耕队、植保队、烘烤队、分级队和运输队。

（二）服务流程和管理

1. 组建与服务流程

依照《中华人民共和国农民烟农专业合作社法》按照"发起筹备—宣传发动—起草章程—吸收成员—召开设立人大会—申报批准—召开成立大会—组建工作机构"的流程组建。

专业服务按"签订服务协议—服务准备—组织开展服务—服务验收确认—服务结算"流程进行。

2. 管理

（1）人员管理 烟草部门要对专业服务人员进行技能培训（可委托有关部门对人员进行培训），考核合格后颁证。专业服务人员必须持证上岗。

烟农综合服务合作社应有相对固定、经培训合格的专业服务人员，建立和完善管理制度、服务规范、考核办法和奖惩措施等。

（2）设施设备和物资管理 坚持专业服务设施"普惠制、广受益"的原则，按照"行业有效控制、高效长久使用、收益按劳分配"的基本要求，处理好所有权与处置权、使用权与收益权的关系，规范管理行业补贴形成的可经营性资产，建立和完善烟叶生产设施设备管护制度。行业补贴形成的育苗大棚、密集烤房、农机具等可经营性资产要保持行业话语权、控制权、处置权，使用权归合作社所有，并量化到基本烟田，形成烟叶种植主体在合作社所占的份额（股份）。

合作社拥有产权的设施设备属全体成员所有，由合作社统一管理，统一使用；产权不属于合作社的设施设备，应由产权所有者与合作社签订设施设备的使用和管护协议，明确职责，由合作社统一管理，统一使用，共享收益。

合作社应对设施设备及物资进行编号、登记、建立管理档案，明确管护责任人，定期或不定期组织对设施设备进行检测维护。

合作社应利用育苗工厂、烤房群及烘烤工厂等设施发展辅助产业，利用农机为大农业服务，但不能影响烟叶生产和设施设备的安全。

（3）服务成本与服务价格的管理与监督　专业化服务成本包括专业化服务人员的劳动力价格、设备运行费用以及必要的设备折旧维护费用，应在烟草部门的指导和监督下，科学测算，并由合作社成员大会或成员代表大会最终确定。用工成本根据单日作业量、劳动强度、技术含量，参照当地同等技术工种的用工价格测算；能耗成本按设施设备（育苗工厂、烤房群、烘烤工厂、农机具、分级台）实测的单位能耗和当地实际能源价格测算。产权属于服务人员的设施设备（如个人所有的农机），要按设施设备的使用年限测算折旧成本。

专业化服务价格根据服务对象不同，可分为内部服务价格、外部服务价格和其他产业服务价格。服务价格要在烟草部门的指导和监督下，由合作社成员大会或成员代表大会确定。服务价格根据服务成本、设施设备的维护费、折旧费，合作社盈余和公积金比例等确定。内部服务价格应考虑烟草补贴对烟农的普惠，外部服务价格按同等服务类型的市场价格。服务成本和服务价格在服务区域内张榜公布。

（4）公积金提取与盈余分配的管理与监督　合作社在组织烟叶生产经营、提供专业化服务、发展辅助产业产生过程中产生的盈余由合作社统一管理，归全体成员共同所有。合作社的可分配盈余，应根据成员出资额、行业补贴量化到基本烟田归种植主体享有的份额进行分配。公积金提取和盈余分配应根据章程规定或成员代表大会决定。

（5）财务管理与监督　合作社要健全财务管理制度。物资消耗、生产成本、经营收益、公积金提取、盈余分配要在合作社内公开和公示。

（6）安全管理　合作社要建立安全管理制度，明确成员安全职责，严格执行设备、设施的操作规程，减少和预防安全事故的发生。

3. 主要专业服务合作社

按照"两头工厂化、中间专业化"和"起点高、管理细、职责清、效果好"的要求，邵阳市重点围绕"耕作、育苗、施肥、植保、打顶抑芽、烘烤、分级、预检、交售"等环节，逐步建立和完善专业化分工和社会化服务体系，为烟农提供全方位专业化、社会化、商品化服务，促进烟叶生产减工降本、提质增效。

（1）专业化机耕　按照"产权明晰、有效管理、机械作业、烟草补贴"的原则，扶持引导具有一定经济实力和组织管理能力的社会团体和社会能人，组建机耕专业队，完善机耕服务措施。力争规划实施后全市实现 70% 以上的机械深耕、旋耕碎垡和机械起垄作业。

（2）专业化育苗　按照"市场运作，烟草扶持，专业育苗，定量供应，多方协作，共同受益"原则，以育苗专业户作为经营主体，村委会作为行政保障主体，烟叶站作为技术服务主体，100% 推行集约化、商品化、专业化育苗模式。

（3）专业化植保　打破行政村组界限，以规模化连片种植片块为单位，按大田面积每 133hm² 左右组建 11 人组成的植保及打顶抑芽专业队，配备 10 台机动喷雾器。根据烤烟病虫害预测预报和防治方案，由烟草公司统一组织配供农药，由专业队科学、合理使用药剂统一病虫害防治、大田除草、适时打顶、合理留叶和化学抑芽等工作。力争规划实施后全市实现 100% 的专业化植保及打顶抑芽。

（4）专业化烘烤　按照"村组所有、烟草补贴、烟农参与、业主承包"和"自动化控制、规范化管理、专业化烘烤、市场化运作"的要求，推广建设工厂化卧式密集型烤房，每个烘烤工厂配备一定数量的烘烤师和助理烘烤师，实行业主统一组织专业化烘烤，降低烟农烘烤用工投入和风险，提高烟叶烘烤质量效益。力争规划实施后全市实现 70% 以上的专业化烟叶烘烤。

（5）专业化分级扎把　采取公司扶持，烟农承担适当费用的方式，按大田面积每 67hm² 组建一支 25 人左右的分级扎把一体化专业队，对烘烤后烟叶实行 100% 专业化分级及预检定级，做到清部、清色、清级，提高烟叶分级准确度和等级纯净度，分级扎把达到规范要求，预检初定级合格率在 85% 以上，到站定级合格率在 80% 以上。力争规划实施后全市实现 100% 的专业化烟叶烘烤。

（6）专业化烟叶收购运输　经预检初定级后的烟叶，由村委会组织集中运输，承运烟叶要求按时、按量、安全运送到指定烟叶工作站（点）。运输车辆驾驶员必须具有国家相关部门核发的驾驶执照，并且参与汽车运输工作时间在两年以上，所驾驶车辆必须证照齐全。烟叶运输收购专业队与村委会、烟农签订运输管理服务协议，明确烟农、村委会、专业队职责，收费标准等。专业队与烟草公司、村组、烟农代表签订委托服务协议，协议包括服务内容、服务质量、服务时间（或时限）、服务承诺、收费标准及运行费用来源、约定各方责权利、监管及验收、服务费用结算、考核管理、其他约定事项等。力争规划实施后全市实现 100% 的专业化烟叶收购运输。

（三）发展现状

目前全市成立烟农综合服务合作社 10 个，其中，隆回 6 个，邵阳 2 个，新宁 2 个。最早的合作社是隆回的狮子合作社，2009 年 3 月注册成立，目前服务面积 400hm²，服务面积最大是邵阳县金润烟农专业合作社，服务面积 680hm²。从合作社总体发展情况看，组织机构和业务管理都较简单，服务规模不大，服务内容也不全面，完全达不到一个单元全面覆盖的规模（表 4 - 32）。

表 4 – 32   邵阳市烟农综合服务合作社现状

产区	合作社名称	注册时间	办公地点	规模面积（hm²）	成员构成 数量（名）	成员构成 烟农数量（名）	成员构成 烟农比例（%）	服务最大面积（hm²）
隆回	金源烟叶	2011/06	横板桥黄土边烘烤场	245	253	233	92.0	333
	狮子现代烟草种植	2009/03	滩头狮子村	100	218	180	82.5	400
	金香烟叶	2012/09	荷香桥建桥村	289	340	309	91.0	400
	金门烟叶	2012/07	石门对江村	128	326	111	34.0	200
	雨山烟叶	2012/08	雨山梅冲村	235	196	182	93.0	333
	兴龙烟叶	2012/08	岩口马头山村	270	358	358	100.0	333
邵阳	金叶烤烟	2009	白仓三堆村	180	168	165	98.0	333
	金润烤烟	2011/05	金称市金洲村	263	202	195	96.5	680
新宁	振农烟叶	2010/01	低坪烘烤场	200	342	339	99.0	533
	金黄烟叶	2012/02	井木村	233	212	204	96.2	333

（四）规划方案

根据邵阳市各基地单元的具体情况，按照"民办、民管、民享"原则，一个基地单元建立 1 个综合性服务合作社，山区单元可根据地形和交通状况以村为单位建立服务分社，为种植主体统一提供育苗、机耕、植保、烘烤、分级和运输等环节的专业化服务。

表 4 – 33   邵阳市烟农综合服务合作社规划

产区	对应基地单元	规划合作社名称	规划服务面积（hm²）	规划专业服务队个数（个） 小计	育苗	机耕	植保	烘烤	分级	运输
隆回	雨山	雨山烟农	1 553	6	1	1	1	1	1	1
	荷香桥	金源烟农	1 780	6	1	1	1	1	1	1
邵阳	塘田	金叶烟农	1 653	6	1	1	1	1	1	1
	河伯	金润烟农	1 680	6	1	1	1	1	1	1
新宁	高桥	振农烟农	1 260	6	1	1	1	1	1	1
	马头桥	金黄烟农	2 073	6	1	1	1	1	1	1

按照国家局基地单元建设要求，一基地单元一个综合性服务合作社，依靠"两场"即育苗工厂和烘烤工厂建立 6 支专业服务队。虽然按照国家局规定，每个基地单元只建

一个综合服务合作社，但根据邵阳市区域，现状服务社建设状况，按照每单元建一个社的标准，扩大和完善一个综合服务社，个别单元已建有多个合作社的，可以以一个服务社为主体，根据实际需要，按站点责任范围、地形地貌、行政区划等等标准，以方便为烟农服务和业务管理为主要宗旨下设分社，负责烟叶生产全程专业化服务活动（表4-33）。

三、管理模式规划

（一）总体要求

坚持优化流程，统一标准的要求，不断优化烟叶生产、收购、工商合作各环节业务流程，构建完整业务管理体系，统一管理标准，提高管理效率。强化过程管理，推行全面质量追踪，实施标准化、规范化管理，不断提高生产经营管理水平。

（二）烟叶业务基本流程

按照"分片管理"原则，种烟专业户、家庭农场、烟农专业合作社等烟叶种植主体向基层站提出种烟申请；县级分公司分解烟叶生产收购计划；基层站审核其规模种植条件（包括土地、劳动力、技术水平、生产设施等），并与审核合格的种烟专业户、家庭农场及烟农专业合作社成员分别签订烟叶种植收购合同；县级分公司组织调运烟叶生产物资，基层站按种植收购合同供应物资；烟农综合服务社负责向种植主体提供育苗、移栽、机耕、植保、烘烤、分级等环节的专业服务，种植主体自主完成大田移栽及田间管理，交售合同内烟叶；工商双方协同仿制收购及交接样品，指导烟农提高等级纯度和分级水平，工业企业采样进行质量评价，提出质量改进意见，工商双方协同修订生产技术方案。

（三）规划方案

根据全市基地单元的自然地理条件、烟叶生产基础设施建设、烟叶基站点建设、育苗和烘烤工厂布局等，以及种烟组织体系和专业化服务体系状况，综合设计全市烟叶生产、收购、工商交接等烟叶业务模式，规范烟叶计划分解、合同签订、育苗、机耕、植保、烘烤、分级、收购、工商合作等环节的业务流程，建立各环节的技术标准和管理规范，构建流程化、标准化管理体系。规划确定邵阳市现代烟草农业建设规划的烟叶业务管理模式为："两头工厂化、中间专业化"模式。即以育苗工厂和烘烤工厂为载体，构建烟叶生产组织体系和专业化服务体系，全面实现烟叶生产的专业化分工和社会化服务。烘烤工厂替代烟叶基层站的"组织生产、收购烟叶、供应物资、指导培训、技术服务、基础建设"的部分功能，并实行烘烤、分级、收购、调拨一体化作业。烟叶生产的规模化、集约化、组织化程度高。规划设计烟叶业务管理七大流程。

一是烟叶计划与合同管理流程。首先，由市县公司将计划分解到基地单元；其次，种烟专业户、家庭农场以户为单位与烟草公司签订种植收购合同，合作社以合作社为单位与烟草公司签订种植收购合同；最后，合同签订完毕后，地市公司、县分公司要对合同进行审核，地市公司抽查比例不低于1%；县分公司抽查比例不低于5%。

二是育苗管理流程。首先，根据卷烟品牌原料需求确定种植品种。其次，育苗前，要签订育苗协议，明确供苗品种、数量、质量、时间和运输方式。烟草部门、生产主体和育苗合作社共同确定烟苗供应价格。根据生产收购下达育苗计划，发放种子和育苗物资，按合同约定面积供苗，实现以种控苗，以苗控面积。剩余烟苗要在烟叶部门的监督下进行集中销毁。最后，烟草部门要对育苗合作社育苗全过程进行监督考核，考核结果作为次年服务资格确认的依据。

三是机械作业管理流程。首先，烟草部门要委托农机部门对专业服务人员进行培训，培训合格后，持证上岗；其次，烟草部门、生产主体和农机专业队共同确定各环节的机械化服务价格，并张榜公布；最后，基层站、烟农共同监督机械作业过程，并对服务质量进行验收和评价。

四是植保管理流程。首先，根据当地病虫害常年发生趋势及病虫害预测预报资料，制定植保工作方案，配备必需农药。其次，根据病虫害预测预报，确定施药种类和植保服务时间。烟草部门、烟叶生产主体、植保专业队共同确定服务价格，并张榜公示。最后，基层站要进行植保技术培训和指导，开展防治效果评价和烟农满意度调查，作为对植保专业队资格审核的依据。

五是采收烘烤管理流程。首先，烘烤协议明确烘烤时间、数量、质量要求、烘烤服务费用标准及支付方式；其次，专业烘烤人员要由烟草部门培训，并考核合格后，持证上岗；最后，烟草部门要对烘烤效果进行评价，并根据烟叶生产主体满意度和日常考核，作为服务资格审核标准。

六是分级收购管理流程。首先，收购前由基层站、分级合作社、烟叶生产主体共同确定专业化分级服务费标准并张榜公示。其次，基层站根据烟叶收购样品对专业分级人员进行培训，合格后上岗；评级员在专业化分级过程中进行巡回指导，并初评等级。然后，定级人员对分级后的烟叶（把烟或散烟均可）进行验收，不合格的烟叶退回，重新进行分级；合格的烟叶，定级、过磅、成包、打码，完成烟叶收购和工商交接。最后，烟叶生产主体根据过磅数量支付烟叶专业化分级服务费。推行散烟收购和原收原调。收购过程按照"按烤分级、同级成捆、逐捆定级、还原验收"的总的散叶收购作业流程，严格分清部位，提高纯度，提高烟叶在工业应用中的稳定性。散叶收购是对传统把烟收购方式的一项改革，是现代烟草农业建设的重要内容。开展散叶收购，对于提高烟叶管理水平和效率，有效控制非烟物质混入，提升烟叶等级纯度，满足卷烟工业配方需求具有重要意义。

七是工商合作管理流程。工业企业根据重点骨干品牌发展需要，与市公司签订合作协议，全程参与商业企业的方案制定、单元规划与建设，跟踪指导烟叶生产收购工作，开展烟叶质量评价和工业验证。商业企业根据品牌原料需求，优化区域布局、划分基地单元，以单元为单位，进行基本烟田规划和种植制度规划，开展基础设施的综合配套建设，一个单元内的种植制度要统一；根据烟区实际，合理选择生产组织形式、专业化服务方式、业务管理模式；根据品牌原料质量需求，组织烟叶生产收购。技术依托单位充分发挥主力作用，根据重点骨干品牌原料需求、产区生态特点和烟叶质量特点，开展技术研究、技术指导和技术培训，强化特色烟叶生产技术的落实，突出烟叶风格特色，提高烟叶质量水平。工商双方建立领导小组和工作小组，研究制定工商双方共同参与基地建设和管理的机构、制度、工作规范、运行机制和评价机制，构建双方合作平台，共同推进基地单元建设。

四、配套产业与设施综合利用规划

根据邵阳市烟区生产实际情况，基本烟田以烟为主，辅助产业主要包括烟—稻轮作的水稻产业、烟—玉米轮作的玉米产业、烟—菜轮作的蔬菜产业等。

（一）水稻产业

邵阳市烟草产区的实际情况是，当年种烟田90%以上是烟—稻轮作，这是烟草生产对土壤的需求，是当地农村经济发展的需要，也是烟农生活需要。要按照现代优质高效农业标准的要求，选择优质高产水稻品种，采取先进栽培管理方式，促进粮食增产、农民增收。同时在水稻生产栽培过程中，始终贯彻以烟草为主的指导思想，以便土壤有利于次年烟草的生长发育。同时，积极引导烟草育苗专业合作社利用空闲期的育苗设施发展培育水稻秧苗，节约晚稻育秧田。

（二）玉米产业

除水稻外，玉米是邵阳市第二大烟田辅助产业。本市气候和土壤条件均适宜于玉米生长发育，当地农民也都有种植玉米的传统技术和习惯，玉米的主要用途是作饲料，几乎没有深加工增值。根据基本烟田布局，规划在全市建立秋甜糯玉米基地，亩产鲜穗可达700kg，秋播从出苗至采收只需80天，仅卖鲜棒，每亩产值不低于1 000元，如将籽粒加工后再销售，附加值更高，能有效促进烟农收入的增长，同时采取措施将玉米秸秆还田，增加有机质含量，培肥地力，促进基本烟田土壤理化性状的改良。

（三）蔬菜、瓜果、花卉产业

一是利用基本烟田轮作种植特色蔬菜，以专业大户和家庭农场为依托，建立有机特色蔬菜基地，形成专业化、规模化生产，提高土地产出率。利用育苗工厂种植除茄科、十字花科和葫芦科的蔬菜与晚稻育秧相结合。为了解决晚稻秧田与烤烟抢时争地的问题，6月中旬至7月中旬，利用育苗大棚进行晚稻育秧。这不但解决了晚稻秧苗与烤烟抢时争地的问题，保证了优质晚稻秧苗的及时供应，大幅度提高烟叶的田间成熟度。在晚稻育秧前种植生菜、苦苣、香菜、苋菜等（4～6月）。晚稻育秧后种植秋菠菜。这样可最大程度地提高大棚的利用率。

二是结合烟草育苗季节，安排烟草育苗工厂的操作，创新设施育苗技术，利用闲置的烟草育苗大棚进行秋冬季蔬菜、西瓜等其他作物育苗和水培蔬菜生产开发，充分提高烟基设施的利用率和利润率。规划实施完成后，可利用育苗工厂设施，每年可生产两茬蔬菜，生产无公害绿色蔬菜效益可观。从3月底开始至11月中旬，可利用育苗工厂种植观赏南瓜、豆芽、花生芽等，解决菜篮子问题，提高烟农合作社的收入。

三是充分发挥烘烤工厂、烤房等烘烤设施的非烟季节功能，在闲时，租赁给烟农进行食用菌生产。每年9月至次年5月，综合利用现有烤房群开展小姬菇、秀珍菇、杏鲍菇、金针菇及耐高温的白色蘑菇等食用菌栽培。

四是利用育苗工厂种植花卉。可种植的花卉品种有鸡冠花、万寿菊、一串红等，这些花卉都较耐高温，观赏性强，种植简单易行，且利润较好。可在3月底播种，6～11

月开花，花期较长。

第五节　规划建设投资与进度安排

一、投资概算

（一）概算依据

1.《财政部、国家发改委关于规范烟叶生产投入若干规定的通知》文件。

2.《中国烟叶公司关于做好整县推进现代烟草农业建设规划的通知》（中烟叶生〔2009〕58 号文件）。

3. 国家烟草专卖局、湖南省烟草专卖局和邵阳市烟草专卖局有关基础设施建设相关政策文件。

4. 本规划中水利工程编制规程及费用计算标准执行湘水建管〔2008〕第 16 号文关于颁发《湖南省水利水电工程设计概（预）算编制规定》的通知文件。

5. 水利建筑工程执行水利部水总〔2002〕116 号文颁发《水利建筑工程预算定额》施工机构台时费执行部水总〔2002〕116 号文颁发的《水利工程施工机械台时费定额》文件。

6. 其他土建工程文件，以《湖南省 2001 建筑工程概算定额》为依据，并参照邵阳市各县同类工程估算指标进行估算。

7. 2005—2011 年邵阳市各县已建烟基设施价格等。

（二）总投资

全市规划总投资为 165 265 万元，其中，已建存量投资为 35 343 万元，占总投资的 21.39%，规划新增投资 129 922 万元，占总投资的 78.61%（表 4 – 34）。

表 4 – 34　邵阳市烟草产业发展总投资汇总　　　　单位：万元

项目名称	项目总造价	烟草行业投资	政府或其他部门配套	烟农自筹
2005—2011 年已投资	35 343	29 973	3 627	1 743
2012—2015 年需投资	129 922	117 582	11 434	896
规划总投资	165 265	147 556	15 061	2 639

（三）按项目分类规划新增投资

按照国家烟草专卖局关于现代烟草农业建设投资分类标准，分十大类进行投资预测，各类投资及其构成详见表 4 – 35。

表 4 – 35　邵阳市烟草产业发展项目分类投资规划　　　单位：万元

项目名称	规划总投资	烟草行业投资	政府或其他部门配套	烟农自筹
烟水配套工程	1 681	1 591	90	
烟叶调制设施	12 085	11 647		438
机耕路	1 137	1 014	123	
烟用机械	7 694	5 704	1 533	458
育苗设施	6 380	6 380	0	0
基层烟站	9 800	9 800	0	0
信息化建设	546	546	0	0
防灾减灾体系	1 416	212	1 204	0
土地整理	31 836	31 226	600	0
水源性工程	57 347	49 462	7 885	0
全市合计	129 922	117 582	11 434	896

（四）按区域分类投资

全市总规划 2012—2015 年需新增投资 129 922 万元，其中，隆回县规划新增投资 51 650 万元，邵阳县规划新增投资 46 080 万元，新宁县规划新增投资 67 536 万元。市烟草专卖局、市、县和乡（镇）政府部门以及烟农自筹资金用于新增设施建设，详细筹集资金数额见表 4 – 36。

表 4 – 36　各县规划新增投资

县	2012—2015 年需投资（万元）			
	总造价	烟草行业投入	政府或其他部门配套	烟农自筹
隆回	39 128	35 690	3 119	318
邵阳	31 574	28 698	2 677	198
新宁	59 221	53 204	5 637	380
全市合计	129 923	117 592	11 423	896

（五）烟基补贴设施建设规划投资

烟基补贴设施建设主要指烟水配套工程、机耕路、密集烤房、育苗设施和烟草农机具 5 项，总投资为 26 336 万元，其中，机耕路 1 014 万元、烟水配套工程 1 591 万元、密集烤房 11 647 万元、育苗设施 6 380 万元、烟草农机具 5 704 万元。按年度分类规划投资：2012 年 8 515 万元，2013 年 10 534 万元，2014 年 3 926 万元，2015 年 3 361 万元。按规划，分年度投资。

二、资金筹措

充分利用国家工业反哺农业、城市扶持农村的大政方针，紧紧抓住国家烟草专卖局加强烟叶基础地位，投资建设烟叶生产配套基础设施的机遇，在积极争取上级资金的同时，地方烟草行业、政府、烟农、业主多方筹集整合资金，基础设施建设资金要重点投入到烤房建设、烟区水利设施建设、烟区道路、烟用农机、育苗基地上；各项基础设施建设采取民办公助的原则，建设用工由烟农或业主承担，所需配套物资由投入资金购买供应，资金补贴统一采取直接补助烟农或业主。通过多方筹措，保证资金的按时、足额投入。

2012 年—2015 年规划设施期间，规划新增投资资金来源主要包括烟草行业投资 117 582 万元、市、县、乡（镇）政府和其他相关部门配套投资 11 434 万元，烟农积极自筹资金 2 639 万元。

三、进度安排

（一）工程进度时间安排

1. 基础设施建设进度

基础设施建设进度安排列于表 4 – 37。

表 4 – 37　邵阳市烟叶产业发展基础设施建设进度规划（2012—2015 年）

实施内容	选址	招标	平场	主体建造	完工	验收
烟水配套工程	3 月上旬	8 月下旬	9 月下旬	10 ~ 11 月	12 月	第二年 3 月
机耕路	3 月上旬	8 月下旬	9 月下旬	10 ~ 11 月	12 月	第二年 3 月
烟叶调制设施	1 月上旬	1 月中旬	1 月下旬	3 月	4 月	5 月上旬
烟草农用机械	8 月上旬	9 月上旬	—	—	10 月下旬	11 月
育苗设施	10 月上旬	10 月中旬	10 月下旬	11 月上旬	11 月下旬	12 月下旬
土地整理	3 月上旬	8 月下旬	9 月下旬	10 ~ 11 月	12 月	第二年 3 月
防灾设施	1 月上旬	1 月中旬	1 月下旬	2 ~ 3 月	4 月上旬	5 月中旬
站点建设	3 月上旬	7 月下旬	8 月下旬	9 ~ 11 月	12 月	第二年 3 月

2. 组织体系等其他建设进度

除八大基础设施建设外，其他组织体系如生产组织体系、烟农专业合作社、烟叶业务运行管理、基层队伍建设、信息化建设、工商合作、科技创新体系等规划实施的时间进度如表 4 – 38 所示。

表 4 – 38　邵阳市烟叶产业发展规划组织体系等其他建设进度安排

实施内容	制订方案	宣传	组建	检查	验收	考核
生产组织方式	1 月上	2 月上	3～10 月	6 月	11 月	12 月
烟农合作社	1 月上	2 月上	3～10 月	6 月	11 月	12 月
烟叶业务管理	1 月上	2 月上	3～10 月	6 月	11 月	12 月
基层队伍建设	1 月上	2 月上	3～10 月	6 月	11 月	12 月
信息化建设	1 月上	2 月上	3～10 月	6 月	11 月	12 月
工商合作	1 月上	2 月上	3～10 月	6 月	11 月	12 月
科技创新体系	1 月上	2 月上	3～10 月	6 月	11 月	12 月

（二）烟基补贴投资进度安排

2012 年，行业投入烟基建设资金概算 10 853 万元。建设烟田水利设施包括水池、水窖、小塘坝整治、渠道、管网、提灌站等工程 128 个，投入资金概算 1 591 万元；机耕路 64 条，总长度 64km，投入资金概算 1 014 万元；密集式烤房烘烤工厂 2 处，100 座，新修密集烤房群 973 座，投入资金概算 3 962 万元；烟草农业机械 842 台套，投资概算 415 万元；育苗设施 19 处，供苗面积 2 333hm²，投入资金概算 1 533 万元；土地整理 2 处，整治面积 300hm²，投入资金概算 1 911 万元；其他费用 427 万元。

2013 年，行业投入烟基建设资金概算 16 834 万元。建设密集式烤房烘烤工厂 2 处，100 座，新修密集烤房群 1 282 座，改造烤房 1 308 座，投入资金概算 5 485 万元；烟草农业机械 4 233 台套，投资概算 2 943 万元；育苗设施 27 处，供苗面积 3 133hm²，投入资金概算 2 106 万元；土地整理 6 处，整治面积 840hm²，投入资金概算 6300 万元。

2014 年，行业投入烟基建设资金概算 11 801 万元。密集式烤房改造 1 200 座，投入资金概算 1 200 万元；烟草农业机械 1 538 台套，投资概算 1 020 万元；育苗设施 22 处，供苗面积 57hm²，投入资金概算 1 706 万元；土地整理 7 处，整治面积 33.75hm²，投入资金概算 7 875 万元。

2015 年，行业投入烟基建设资金概算 13 511 万元。密集式烤房改造 1 000 座，投入资金概算 1 000 万元；烟草农业机械 1 955 台套，投资概算 1 326 万元；育苗设施 15 处，供苗面积 1 533hm²，投入资金概算 1 035 万元；土地整理 6 处，整治面积 1 933hm²，投入资金概算 10 150 万元。

第六节　保障措施

一、组织保障

按照湖南省烟草专卖局总体部署、邵阳市烟草专卖局统一规划、县级烟草专卖局精心设计、单元具体实施的要求，各级烟草部门要加强对规划工作的领导，组建工作班子，落实专门人员。邵阳市烟草专卖局（公司）成立"十二五"烟叶产业发展领导小组、相应机构，统一组织协调、统一人员调配、统一项目调剂、统一扶持政策，按照湖南省烟草专卖局"十二五"现代烟草农业相关要求，编制全市烟叶产业发展总体规划，坚持高起点，把握方向性、先进性和实效性，合理布局烟叶生产基地，指导和督促各产区烟叶产业发展各项工作的落实，着力研究解决产业发展中的重大问题，为烟叶产业发展营造良好的环境。各县局（公司）设立专门机构，制定"十二五"烟叶产业发展具体方案、目标、任务和措施，落实工作责任，将全县产区分成一个或多个基地单元，突出重点产烟乡及村，着力抓好以单元为单位的系统设计，对生产、流通、技术等要素进行有机集成，确保按计划进度组织落实，推进烟叶产业发展。

二、投入保障

产区要根据湖南省烟草专卖局关于"十二五"现代烟草农业建设的要求，结合本地实际合理制定投入规划，主要是对烟叶生产基础设施建设综合配套和信息化建设的投入，其中，烟水工程、烤房群及烘烤工厂、烟区机耕路和烟草农机具等以国家规定补贴标准投入为主。同时要整合资源，做优项目。一是要整合涉农部门的资金和项目。积极争取市、县政府重视，由政府牵头组织，将农业综合开发、国土、水利、扶贫、交通等有关部门的项目和资金向单元内倾斜，围绕基本烟田做项目，配套单元内的水、路、桥等基础设施，提升单元建设水平。二是要整合人力资源。主动协调政府和部门关系，优化人员结构，提高烟技队伍的能力。

三、政策保障

认真落实国家烟草专卖局、湖南省烟草专卖局出台的关于烟叶生产和基础设施建设的一系列资金扶持政策，将烟水配套工程（含水塘、水坝、沟渠、提灌站、管网、防冲护岸、土壤改良、河道清理等）、机耕路（含机耕道）、简易桥梁、密集式烤房（含附属设施）、农业机械（通用机械、烟草专用机械）纳入补贴范围。同时，对种子、化肥、农膜、农药、预检袋等烟叶生产物资和测土配方、病虫害统防统治、专业化气象服务、防灾物品、特殊品种、育苗、机耕等专业化服务进行补贴。

积极争取国家、省对邵阳市烟叶生产和销售的政策倾斜，落实年度增量计划，确保发展目标全面实现。主动争取地方政府出面协调，联合相关部门出台优惠政策，将烟叶项目做大做强。国土部门优先优惠安排烟水、烟路、烟站和两个工厂的建设用地，电力部门按增加农田排灌功能的标准优先优惠安排烟站、烟房用电，水利、建设、规划、设计、监理、审计等部门尽可能减免各种行政性收费，财政部门优惠项目预算和招标单价审核等。

四、机制保障

不断完善基础设施管护机制。坚持"建管并重"和"谁使用、谁管理、谁维护"的原则，基础设施项目竣工验收后移交给乡镇、村民委员会、专业合作组织或烟农，使用方就是项目管护主体。各地政府要组织成立管护领导监督机构，负责管护人员确定、措施制定、经费筹集与监督使用。同时，坚决维护烟草部门的行业话语权、控制权、处置权。加快建立土地流转内生机制，推进适度规模种植。坚持"依法、自愿、有偿"的原则，积极探索租赁经营、地块互换、返租倒包等土地流转方式，规范土地流转合同管理，完善土地流转补贴办法和基本烟田保护办法，建立基本烟田档案，发挥专业合作组织和土地流转中介机构的协调服务职能，促进烟田向种烟大户和种烟能手集中。积极探索专业服务组织自我发展机制。按照基地单元建设模式的要求，坚持自愿联合、民主管理和精简、高效的原则，培育烟农综合型服务合作组织，完善相关制度和服务规范，引导和扶持其向多领域、多环节发展，做到单元建设与片区管理相结合，片区管理与专业分工相结合，实现育苗、机耕、植保、烘烤、分级等关键环节100%专业化服务，提高自我发展能力。继续完善政府、行业、烟农三位一体的烟叶生产保障机制。以专业户和合作社为基本主体，按照"低保额、低保费、实行基本保障"的国家农业保险原则，建立"以财政支持和行业补贴为主，烟农象征性投保"的烟叶种植风险抵御机制，增强烟农防灾抗灾和生产自救能力。建立工商合作机制。按照"相互信任、分工明确、合作有序、公开公平"的原则，探索以"销售合作、品牌培育、信息共享、规范沟通"为重点的工商合作机制。

五、技术保障

一是依托行业内外烟草农业科研力量，选育、引进和推广适宜在邵阳市范围内种植的特色优质烟叶新品种。二是建立以烟为主的耕作制度，合理搭配轮作作物，促进烟田土壤改良和烟叶增产提质。三是加快烟草农业机械研发和推广使用步伐。以小型轻便自走式机械为主，按照"一机多能、使用范围广、稳定性好、操作简便、维护容易"的要求，重点做好移栽机、拔杆机、采收机、播种机、剪叶机、铺（盖）膜机、施肥机、起垄施肥铺膜联合机、中耕培土机、编烟机等开发、引进、推广工作。积极引导农民建立农机合作社，推进农机专业化服务，实行统一调度、统一作业、统一收费标准、统一机械维护，实现资源共享，提高劳动生产率。四是不断完善产学研结合、农工商参与的烟叶技术研发体系，加快科技创新与成果推广应用，完善生产技术标准，规范生产技术措施，优化生产技术流程。五是进一步健全市、县、站三级烟叶标准化、规模化生产技术推广网络，充实技术推广队伍，培训新型烟农，提高技术到位率。各产区县在保证烟基队伍专职技术力量的同时，建立相关部门技术人才库，根据需要，统筹调配，解决季节性技术力量短缺的问题。五是加强信息技术研发与服务。建立烟区土壤化验数据库、烟叶化学成分数据库、测土配方施肥系统、病虫害预测预报系统、烟叶烘烤自控系统等烟叶生产信息平台，充分利用信息网络资源，从气象预报、栽培技术、防灾减灾、生产收购的全过程和烟叶生产主体、服务主体的全覆盖着手，拓展和延伸信息技术服务的深度和广度。积极探索3S技术在烟叶生产中的运用。加强基层从业人员烟叶信息化技术培训。

六、管理保障

根据ISO9000系列标准和烟草良好农业规范（GAP）的要求，结合烟叶生产经营企业的实际，建立健全涵盖烟叶产购销全过程、实用完整的管理体系，提升烟叶工作的程序化、标准化、规范化水平。一是加强生产过程管理。突出抓好烟叶生产户籍化管理，强化标准化生产服务过程控制。规范农用物资控制供应，做到套餐式供苗、供肥、供膜、供药。二是加强烘烤工厂管理。完善"两头工厂化、中间专业化"业务模式，以密集烤房群、烘烤工厂为依托，优化烟叶采收、烘烤、分级等业务流程。三是加强烟叶收购管理。全面实施烟叶收购及工商交接过程质量控制体系，推行质量缺陷溯源追查制。创新"上户预检，初分等级，预约收购，批量交售"的收购模式，加强烟叶市场管理，有效维护收购秩序。四是加强烟叶营销管理。完善烟叶调拨管理，整合市场资源，明确市场定位，调整营销策略，建立客户档案，优化客户结构，强化诚信经营，提高服务水平。五是加强信息化管理。充分利用现有信息管理平台，全面提升对烟叶生产、电子合同、产情分析、烟叶收购、烟叶物流、烟叶资金在线结算、烟叶调拨、烟叶技术交流平台、烟叶生产基础设施项目等的信息化管理水平，实现全程信息共享。

第五章　现代烟草生产组织模式

现代烟草生产是烟区现代农业生产的重要组成部分。我国烟草种植区域广泛，大多分布于中、西部经济欠发达地区，烟区烟草产业是当地农业生产的支柱产业，肩负着促进当地经济发展和农民增收的重要责任。我国烟草种植主要区域多数分布在云南、贵州、四川、湖南、湖北的丘陵山区，人多地少、土地分散、生产条件艰苦、经济欠发达、农业生产装备水平偏低、劳动强度偏高、生产效率较低等是烟区农业生产的主要矛盾。在国家烟草专卖局的统领下，伴随农业现代化发展步伐，在烟草区域化种植，烟叶生产组织模式探索，生产组织与生产专业化服务体系建设，生产技术培训与技术推广体系建设，烟区现代农业装备条件改善，烟草生产与其他作物生产的密切配合，现代烟草生产基地单元建设等诸多方面，探索开创了适应现代农业发展方向的生产组织模式、专业化服务体系和先进生产技术培训与推广体系，为烟区现代农业发展和烟草现代化生产展现了美好前景。

第一节　规模化生产组织模式

一、规模化生产组织模式发展背景

纵观农业生产发展过程和现代农业生产发展前景，农业生产向现代化发展过程中的重要标志，是农业生产过程日益采用现代工业技术装备，不断采用现代科学技术创新成果，经营管理不断采用现代经济管理方法，使农业生产力由落后的传统农业日益转化为当代世界先进水平的农业，实现了这个转化过程的农业就叫做现代化的农业。农业现代化是一种过程，同时，农业现代化又是一种手段。农业现代化发展过程，由一家一户的小规模耕种向集中连片的大规模集约化种植过度，一家一户的经营方式向规模化经营方式转变，由农业多种经营方式向农业生产专业化方向发展，农业生产按照农产品的不同种类、生产过程的不同环节，在地区之间或农业企业之间进行分工协作，向专门化、集中化的方向发展的过程。这个过程是社会分工深化和经济联系加强的必然结果，也是农业生产发展的必由之路。

农业生产专业化是指农业地区专业化或农业生产区域化、农业企业专业化或农场专业化、农业作业专业化或农艺过程专业化。实现农业生产专业化，有利于充分发挥各地区、各企业的优势，提高农业经济效益；有利于提高农业机械化水平和农业科学技术水平；有利于提高劳动者的素质。烟草生产是烟区农业生产的重要组成部分，由于烟草生产过程的投入方式、经济地位、生产的计划性和对当地农业现代化的作用等，在烟区农业规模化生产组织模式的探索过程中一致趋于引导和统领作用。伴随烟区农业现代化发展步伐，近几年来，在烟叶生产的规模化生产组织模式方面做了大量的探索和创新，为烟区农业现代化展现了美好的前景。

烟草作为我国的重要产业，在国家财政收入和促进地方经济发展中发挥着重要作用，1994—2008 年连续 15 年位列全国各产业利税第一大户，烟草行业税收占财政收入比重稳定在 7% 以上，对国民经济的发展特别是财政增收做出了十分重要的贡献。同时，烟草产业也是一个特殊的行业，国家垄断、专卖专营，法律赋予了烟草企业对烟草的生产销售进行垄断经营。烟叶生产作为烟草产业供应链的起始点，在整个产业中处于基础地位，产量稳定和质量提高关系我国烟草行业的健康发展和国家烟草产业的安全。2007 年，国家烟草专卖局印发《关于发展现代烟草农业的指导意见》提出要创新烟叶生产组织模式，以烟农为主体，总结完善烟草公司 + 专业合作组织 + 农户的生产组织模式，努力提高烟区现代农业生产组织水平。同时，国家烟草专卖局启动现代烟草农业建设工程，在全行业进行现代烟草农业试点，积极探索烟叶生产组织模式创新，烟农专业合作社建设被正式提上日程。因此，创新烟叶生产组织管理模式，实现对烟叶生产过程的科学规范管理，强化特色优质烟叶的生产保障能力，已经成为近年来各烟草产区探索和实践的热点。烟叶生产组织模式的发展，对于新时期烟草行业实现转方式、调结构、促发展具有较强的现实意义和政策含义，对烟区农业现代化建设具有重要的促进作用。

二、规模化生产组织模式发展理论

(一) 组织

从新制度经济学看来，组织一词含义是一种连续的结构（制度）和分散的结构（市场）之间的制度安排，市场、组织都是具体的制度形态。组织是一种有目的的实体，创新者用它来使社会制度结构赋予的机会所确定的财富、收入或其他目标最大化；博弈参与者与制度互动导致制度变迁；是特定制度环境下经济运行的博弈参与者、博弈结构或者是博弈域；是一系列契约的有机结合，这一系列契约的基本要素组成是契约参与人和他们认同的规则，以及不同契约的交易关系。

(二) 生产组织

生产组织是指为了确保生产的顺利进行所进行的各种人力、设备、材料等生产资源的配置。生产组织是生产过程的组织与劳动过程组织的统一。生产过程的组织主要是指生产过程的各个阶段、各个工序在时间上、空间上的衔接与协调。它包括企业总体布局，设备布置，工艺流程和工艺参数的确定等。在此基础上，进行劳动过程的组织，不断调整和改善劳动者之间的分工与协作形式，充分发挥其技能与专长，不断提高劳动生产率。

(三) 生产模式变迁

生产模式的变革是随着科学技术的发展及市场化程度状况的变化而不断发展变化的。纵观制造业发展史，总体来说共经历了三次生产模式的转变。第一次转变是单件小批量生产替代手工作坊式生产模式：在制造业形成早期，科学技术水平低下，整个世界的市场化程度极低，一般人均是在定期设置的集市或市场中进行商品交换或贸易活动。此时的生产基本是用简单的工具在手工作坊里进行。随着蒸汽机、纺织机及火车的出现，市场经济交易范围迅速发展并开始超越国界。工厂大量出现，以纺织、钢铁、造船、化工等为代表的现代工业生产方式基本建立，新技术不断涌现。但世界性的战争频繁，普通平民生活在物质匮乏的时代，消费水平低，单一品种可以长年生产，产品更新换代慢。至20世纪初，在技术上开始使用电力，但电子技术仍以电子管为主，此时的制造设备广泛使用皮带式流水线，以解决生产过程中搬运等生产的效率低等问题。第二次转变是大规模定制生产替代单件小批量生产模式：单一或少品种大量生产是20世纪20年代美国福特公司开创的机械式自动流水线生产模式，即大规模定制生产模式。随着世界的相对和平和西方发达国家经济的发展，许多大众使用产品（如电视机、摩托车、汽车、复印机、照相机等）真正推向市场。这个时期人们收入提高，消费能力也迅猛提高，消费者的争购带动产品产量的增加，以生产为中心的卖方市场形成。为满足市场的需求及电子计算机的发明，出现了大规模智能化的流水线，使高效率低成本的大量生产得以实现。第三次转变是多品种小批量柔性生产替代大规模定制生产模式：20世纪60年代英国的Molins公司在世界上首次建成柔性制造系统（当时称为可变任务系统，只针对制造而未考虑产品实现全过程的柔性），应视为多品种小批量柔性生产模式的发端。随着社会经济的发展与大量的产品生产，使原先饥渴的市场逐渐趋于饱和。进入20世纪80～90年代，快捷的多元化、个性化的需求开始凸显，买方市场时代到来。此时市场对单一品种的产品需求量急剧减少，企业普遍面临着大量生产模式与快速变化的市场多元化需求之间的矛盾。于是，过去的大量生产模式被现代多种少量、富有柔性且具有相同低成本的先进生产模式所替代就成为必然趋势。在这个转变过程中，对于解决大量生产模式与快速变化的市场多元化需求之间的矛盾的理论研究和具体实践就没有停止过，并出现了一系列基于柔性生产模式的先进制造技术与管理方法（宣春霞，2004；魏大鹏，2003；范群林等，2011；何一鸣等，2012；巴泽尔，1997；周其仁等2002）。工业化生产组织模式变迁过程，也引发和推动农业生产组织模式的改革与创新。

　　烟叶生产作为现代农业生产的重要组成部分，伴随我国农业发展历程，生产组织模式也经历了相应的改革和变迁，烟叶生产组织模式演变过程也引起人们的热情关注。当前，学术界对烟农专业合作社的界定较为统一，大家普遍认为，烟农专业合作社是在以家庭承包为基础、统分结合双层经营体制基础上，烟叶生产者及其生产服务提供者，自愿联合，民主管理的互助性经济组织模式（黄祖辉等，2010；萧洪恩等，2011）。但是，王娟等对烟农合作社的解释认为，现代烟草农业有着多重身份，烟草行业既要利用自身资源优势，积极探索现代农业生产方式，不断寻求最优生产组织模式，形成科学合理的服务模式，又要充分发挥现代烟草农业在新农村建设中的促进作用。另外，烟草行业还要率先有效发挥现代烟草农业在大农业中的示范作用。在一定意义上讲，现代烟农专业合作社已不单纯是具有经济法人或社团法人的社会组织，或者一般意义上的农民自发组织，而是促进烟区现代农业发展，构建烟叶生产保障体系的第一车间（鲁黎明等，2012）。

（四）组织创新与制度变迁理论

制度创新和变迁作为经济增长的基本动力，是通过有效适应生产力发展的组织形式表现出来的。经济学家贝恩认为（Bain, J. S., 1956），产业组织是指生产者之间的相互关系的结构，它要解决的核心问题是如何创造一种既能避免垄断的弊病，又能在制度的约束下使生产者获得规范有效的经营。

中国的农业产业组织创新难题是如何将高度分散的农户与千变万化的市场联系起来，解决小农户与大市场之间的矛盾。这个问题的解决要建立在社会分工基础上的效率提高，既要实现一定程度的规模经营，又要考虑中国农业人口多、土地资源少的特殊国情和农村中实行家庭联产承包责任制的客观实际。不仅要体现现代烟草农业产业化对生产、交易行为的各种要求，而且要努力实现烟草行业产业链的参与主体风险与利益一体化。烟农专业合作社为广大农户共同参与市场经济构筑了桥梁，减少了交易成本，提高了烟叶生产的效率。家庭联产承包责任制解决了农民的生产经营自主权问题（周其仁，1987），那么烟农专业合作社正是适应这种制度变迁（周其仁，2002；林毅夫，1994）下的组织创新，通过家庭经营塑造了农户在市场经济中的主体地位。烟农专业合作社是在不改变集体土地家庭联产承包这一基本制度的前提下，避免垄断的产生，又创造出聚集规模经济。烟叶生产组织创新是推进现代烟草农业发展的必由之路，已成为我国发展现代烟草农业的当务之急。首先，我国农业生产的规模小、地域分散的特点与现代农业对资本、技术使用的特定要求相矛盾；其次，烟草生产过程的产前、产后部门分离，再生产的诸环节被国家垄断、专卖专营实行人为阻断，致使烟草农业长期处于市场绩效低下的状态；最后，由于烟叶生产组织之间的完全竞争诱发农户的无序过度竞争，造成交易成本过高、规模小且分散的烟叶生产组织进入市场的代价太高。

（五）不完全契约理论

现代契约理论认为，在某种程度上要求契约当事人以不可证实的信息作为判断契约条款的依据时，契约就被说成是法律意义上的不完全。当与缔约相关的信息是不可证实时，这类问题就被称为契约的弱不可缔约性；当与契约相关的信息既是不可观察的又是不可证实的，这类契约被称为强不可缔约性。当弱的或强的不可缔约性同时存在时，这个契约就注定是不完全的契约。在有限理性和交易成本为正的现实世界中，信息和市场是不完全的，基于这一点，他们基本上达成共识：契约是不完全的。农业生产具有周期长、受自然因素影响大、价格随产量的变化而波动等特点，契约双方既无法观察到生产过程中的自然风险，又无法预知产出后的市场价格。因此，烟农专业合作社的产生从契约角度就注定是不完全的（周其仁，2002）。信息的不完全和投资的专用性是产生注定不完全契约的根本条件。契约的不完全，就暗含了契约双方具有违约动机和产生契约纠纷的可能，因为作为契约双方的任何一方都可以依据不完全性契约条款中对自己有利的方向发展。当有限理性的契约一方在信息不完全下履约并进行专用性投资时，盲目的追求利益最大化将致使契约另一方产生敲竹杠和道德风险等机会主义行为。因此，从不完全契约理论角度可以深刻地解释烟农专业合作社实践中众多违约现象。其发生的主要原因有两个，一是存在着大量的不确定性因素；二是履约的度量费用也是很高的。不确定性意味着存在大量偶然的因素，如果要预先了解和明确针对这些所有可能的反应，其发生的费用是相当高的。烟草生产合同具有不完全契约性质，是一种分散风险的有效形式。首先，烟草公司只能对农户的权利与义务加以规范，无法对烟叶生产组织的未来行为做出逐一规定，但由于双方都是农产品的剩余利益的索取者，烟叶生产组织可以在提供目标产品这一约束条件下保持形式上充分自由的独立性生产；其次，农户可以确保农产品的顺利销售，与此同时企业也将获得稳定的原料供应。在这种条件下，企业和农户都实现了风险的有效分散。这也是我国订单农业在市场经济下逐渐兴起的重要原因。

（六）委托代理理论

产权的流转，必定要涉及到流转所涉及的人和机构，进而牵涉到代理和委托问题。代理理论主要涉及委托代理双方的契约关系。从代理理论的角度，经济资源的所有者是委托人，作为负责使用以及控制这些资源的经理人则是代理人。简森和梅克林将代理成本区分为监督成本、守约成本和剩余损失。监督成本是外部所有者为了监督管理者过度消费或自我放松而耗费的支出；代理人为了取得外部所有者的信任而发生的自我约束支出，称为守约成本。因委托人和代理人的利益不一致而导致的其他损失，就是剩余损失。代理理论还认为，由于代理人拥有的信息比委托人多，且这种信息的不对称会逆向影响委托人有效地监控代理人。假定委托人和代理人都是理性的，他们将利用签订代理契约的过程，最大化各自的财富。代理人处于自我寻利的动机会利用各种可能的机会增加自己的财富（张维迎，1996；Wilson，R.，1963；Ross，S.，1973；Mirrlees，J. A.，1979；Holmstrom，B.，1979；Grossman，S. et al，1983；马林靖等，2008）。

（七）交易费用理论

交易费用理论是整个现代产权理论大厦的基础。科斯认为，企业和市场是两种可以相互替代的资源配置机制，由于存在有限理性、机会主义、不确定性与小数目条件使得市场交易费用高昂，为节约交易费用，企业作为代替市场的新型交易形式应运而生。交易费用决定了企业的存在，企业采取不同的组织方式最终目的也是为了节约交易费用（Coase，R. H.，1937）。企业和组织为了进行市场交易，就必须寻找合适的交易对象和交易方式，以及通过讨价还价的谈判缔结契约，督促契约条款的严格履行等。这些工作是需要费用的，有时甚至很高。而任何一定比率的成本都足以使许多无需成本的定价制度中可以进行的交易化为泡影（Coase，R. H.，1937）。在烟叶生产环节，由于信息的不对称，主体的地位十分脆弱，分散的农户各自独立地进入市场的交易费用相对于其交易额来说总是相当高昂的。这种不确定性将大大地增加交易风险，同时会伴随着交易费用的增加而急剧上升。历史经验表明，纯粹的市场安排容易导致过高的交易成本或市场失灵现象的发生，纯粹的科层安排往往导致过高的组织与控制成本，均不是一种最理想的农业制度安排。合作制度能够有效降低交易成本，从交易费用的角度看，合作经济是作为一种介于市场与科层之间的制度安排（沈满洪等，2013）。在烟叶生产环节应更多地通过发展烟叶生产经济合作组织这样的制度保障，实现参与合约的资源价值最大化。

（八）农民专业合作经济组织

农民专业合作经济组织是合作社中国化的概念。目前，国际上权威的定义来自国际合作社联盟成立100周年大会（1995年）的定义：合作社是人们自愿联合、通过共同所有和民主控制的企业，来满足社员经济、社会和文化方面的共同需求和渴望的自治组织。简而言之，合作社属于社员联合民主管理，根据合作原则建立的以优化社员（单位或个人）经济利益为目的的非盈利企业形式。合作社与协会的区别在于协会的目的根本不在于经济利益（陈紫帅，2013 年）。

三、促进农业组织创新的对策

农业组织模式创新是我国农业现代化发展的重要组成部分，目前已成为我国发展现代农业的当务之急。如何将高度分散的农户与千变万化的市场联系起来，解决小农户与大市场之间的矛盾是农业组织模式创新的关键。解决这个问题的主要目的是建立社会化分工基础上的高效生产机制，既要实现规模经营，又要考虑中国农业人口多、土地资源少的特殊国情和农村中实行家庭联产承包责任制的客观实际。不仅要体现农业产业化对生产、交易行为的各种要求，而且要努力实现产业链条参与主体风险与利益一体化。在不改变集体土地家庭联产承包这一基本制度的前提下，避免垄断的产生，又创造出聚集规模经济，是当前农业组织创新的首要目的，在农业创新对策方面，许开录（2011）和杨劲（2004）研究指出了以下内容。

（一）建立农业联营组织

以合同契约方式引导农户家庭经营组织积极向外拓展，通过分工协作的一体化经营模式来组建各种类型的农业联营组织。农户家庭承包经营制度下的农业资源配置强调的是公平而非效率，这使稀缺的土地资源规模效益下降，客观上维护了传统农业分散经营和手工劳动的特点。因此，要建设现代农业，必须使农民家庭经营组织积极向外拓展，使分散经营的个体农户重新走向新的联合。鉴于目前农户对农业组织体系的变革创新认识不到位，态度不积极，在实践中应先通过合同契约的方式，在利益共享、风险共担的原则下，建立各种农业联营组织和一体化经营模式。其基本运作模式可设定为农户承包，区域联片，专业合作，一体化经营。相应的经济组织形式有农户联合体，公司十农户，中介组织十农户，合作社十农户等。以农民家庭经营组织为基本单位，结合结构调整，产业升级，农业区域化、专业化建设，在条件大体一致的区域，形成规模化经营的农业联营组织。在流通领域，则由村、组、乡、镇、县等社会组织或政府出面，以农户为主体组建专业化的农资供销及农产品生产、加工、储运、销售专业合作社，使农户以组织成员的身份参与市场交易谈判，形成群体协同效应。在农业产业化经营领域，要积极创造条件，努力促成个体农户或联体农户与大、中型龙头企业进行联合，使农户家庭经营组织以生产车间的角色参与到农业产业价值链的构建中，形成农业一体化经营的组织流程和合作经营模式（张春华，2012；张敏，2009；周镕基等，2009）。

（二）建立土地产权激励机制

进一步明确农地产权主体，建立市场化的土地流转机制，为农业组织体系的创新提供完整的土地产权激励（张春华，2012；张敏，2009；周镕基等，2009）。建立更有效力的农业微观经济组织，明确农地承包权的所有权性质，并通过立法使之制度化。同时，还应鼓励农户进行农地使用权互换、抵押、转让、拍卖等，以促进农地连片集中，灵活流转，市场配置，使农地向能耕善种者和新的投资主体集中，促进农村劳动力进行非农化转移，为农业组织结构体系的创新提供完整的产权激励。

（三）农业组织创新的制度环境

在农业组织创新过程中，应进行相关配套制度创新，强化完善现代农村融资机制，努力营造有利于农业组织创新的制度环境。由于农业抵御自然灾害的能力弱，比较效益低，农业经济组织自身面临自然风险、市场风险的双重影响。要使各种农业经济组织适应农业现代化的发展，就必须做好相关配套制度的创新，具体包括市场经济体制、农业行政管理体制、财政税负制度、农村金融制度、扶贫开发制度等。其中最为重要的是农业的行政管理体制和农村金融体制改革。政府在扶持农业企业、农民专业合作社、农产品行业协会的过程中，应根据不同经济组织的特点制定不同的扶持政策和扶持力度，并注意提高扶持的规范性和有效性，减少扶持的随意性；要让各类经济组织根据市场需求，自主决策；要将属于行业的管理职能转交行业协会、专业协会，政府应侧重宏观调控，制定产业政策，规范市场秩序，提供公共服务，通过建立行业协会、专业协会的制度性对话，听取行业的意见和建议，实现政府决策的科学化和民主化。对农村金融体制而言，要放宽农村金融准入政策，加快建立商业性金融、合作性金融与政策性金融相结合，建立资本充足、功能健全、服务完善、运行安全的农村金融体系。要加大对农业组织创新的金融支持力度，拓宽融资渠道，鼓励农村信用社与农民专业合作社、农业企业、农产品行业协会开展信用合作，确保农业投融资持久、高效运行（俞雅乖，2008；孙运锋，2009）。

（四）促进各种农业经济组织协调发展

在农业组织创新过程中，要消除农民的模糊认识，激发农户主动参与、互助协作的积极性，因地制宜、循序渐进，促进各种农业经济组织协调发展。无论是家庭经营组织，还是农业企业、农民专业合作社或其他形式的农业合作经济组织，其行为主体都是农民。没有农民的积极参与，农业组织创新很难取得实质性的进展，建立起的农业经营组织也只是形式上的，不可能替代农户家庭经营组织在现代农业建设中所发挥的主导作用。因此，新农业经济组织的顺利建立和成功运作，需要激发农户主动参与、互助协作的积极性。基层行政管理机构和职能部门必须加强宣传培训，使农民深刻理解家庭承包经营是小农经济的组织形式，建设现代农业，客观上需要更高效率的组织结构体系，广大农民只有转变思想观念，才能主动参与农业合作经济组织，也才能为农业组织体系的创新聚集内在动力。在推进农业现代化的过程中，不同的农业组织形式各有各的存在条件和发展空间，它们在现代农业建设的不同环节、不同分工中承担着不同的职能，在实践中应支持多种组织形式并存，由低级到高级、由松散到紧密，不断完善提升，实现协调发展。只有在农业现代化组织创新的整体战略上，坚持以现代农业建设为突破口，以农户为主体，以利益为纽带，以构建产、供、销一体化的经营体制为核心，才能形成结构合理、相互衔接、优势互补的现代农业组织体系。

四、规模化生产组织模式发展现状

（一）现代烟草农业发展模式的理论研究

平丽和兰绍华等（2012）在对现代烟草农业基础理论进行概述的基础上，对国内外现代农业的发展模式和经验进行了研究，明确了我国现代烟草农业的理论框架。根据我国发展现代烟草农业的优势，结合我国传统农业现状和现代烟草农业建设的现状和政策机遇，提出了发展现代烟草农业的对策。刘强（2009）认为，创新烟叶生产组织管理模式是各烟叶产区正在探索和实践的重大课题，为此他探讨了创新烟叶资源配置方式和改革烟叶生产组织管理模式需要把握的原则和解决的问题。鲁黎明等（2012），从生产可持续发展的角度，分析了创新烟叶生产组织模式的必要性，提出了烟叶生产组织模式创新的原则，并对烟叶生产组织模式创新的途径给出了相应的建议。陆继锋（2006）提出，我国烟叶专业化生产已经具备全面推进专业机耕、商业育苗、专业植保、集中烘烤等专业化生产服务的基础，应该通过组织创新在更大范围内推行专业化服务。推行专业化服务的关键，应该组建各种形式的烟农合作组织，从组织和制度上予以保证。他同时提出两种可操作的合作社发展思路，一是由烟草公司组织牵头，烟农以耕地、生产资料、劳动力等要素入股，创建烟叶生产专业合作社；二是由专业烟农组织牵头，吸收周边有劳力、有技术的烟农自愿参加组建烟叶生产互助组或烟农协会。无论何种形式，烟草公司都必须发挥主导作用，同时要注重培养职业烟农和专业化服务队伍。张光辉等（2011）从理论角度阐述了现代烟草农业烟叶生产组织创新模式的演化规律，对烟叶种植的农地经营规模和新型组织方式的实现条件进行了总结，分析了烟草公司＋合作社＋烟农组织模式的特点和优势，提出了促进创新组织方式实现的建议；现代烟草农业建设是生产的组织创新、技术创新和管理创新，是转变传统烟叶生产方式、不断发展先进生产力、促进烟叶生产持续健康发展的过程。毕红霞（2012）认为，综合服务型烟农专业合作社是烟草生产的新型组织形式，并根据全国各个烟区的特点，总结出 3 种综合社的运行模式，分别是综合社＋专业服务队＋社员模式、综合社＋分社＋社员模式和综合社联社＋专业合作社＋社员模式，并对每种模式的特点、具体运作机制、适用条件等进行了较详细的阐述。

（二）现代烟草农业发展模式的实践探索

呙亚屏等（2010）以湖北省利川市 2008 年和 2009 年现代烟草农业试点建设情况为依据，通过对两种烟农专业合作社模式对比发现，按照统分结合、双层经营、规模种植、专业服务、多元发展组织模式运行的齐心烟草专业合作社是适合利川市山地实际的生产组织模式。李家俊（2012）以贵州省为例，介绍了贵州现代烟草农业的生产组织模式—种植在户、服务在社、掌控在公司做法的先进经验。祝琪雅等（2010）通过分析湖南省烟草生产组织现状，梳理出制约湖南省烟草生产组织体系发展的瓶颈问题，并对 4 种生产组织模式进行对比分析，积极探索发展烟草专业合作社这种新的生产组织模式，以促进传统烤烟生产向现代烟草农业的转变。恩施州烟草公司（李栋烈等，2011）根据烟草行业和烟叶生产经营的基本特点，围绕恩施州烟叶生产组织方式的演进，明确了发展现代烟草农业的核心问题是有效提高烟农组织化水平，而烟叶专业化分工不断深化是促进烟叶生产组织创新发展的根本动力，在此基础上界定了烟农专业合作社组织功能定位和核心价值观，重点剖析企业制度下的恩施州烟农合作社统与分的经营管理。确立五统三分是实现烟农合作社良性发展的有效管理体制。同时指出，烟草公司＋合作社＋烟农的生产组织模式，是在烟草公司＋烟农的烟草产业组织化发展基础上由低级到高级的演化过程。烟农专业合作社属典型的后发组织，离不开烟草行业的支撑，但合作社规范发展的内生机制是合作社强大生命力的主要动因。因此，烟农合作社建设应主要围绕着强化体制、优化机制、增强四力的思路。加强民主管理，规范盈余分配，促进合作社发展。湖北利川现代烟草农业生产合作社，在组织程序、性质定位、组织规模以及组织资源方面的特殊性，根据现代烟草农业生产合作社的核心职能，从本质上界定了其烟草行业车间前置的职能定位、产业体系定位；根据中国合作社的后发地位，认定政府助推是现代烟草农业生产合作社的永续支撑。合作社要经营自己的特色服务，包括行业科研导向、专业服务导向、多元经营导向等，并据此形成现代烟草农业生产合作社的车间组织与服务机构。同时，他们认为基地单元的建立是从下到上搞好原料保障基地化、生产方式现代化、发展规划和烟叶品质特色化，从而实现烟叶生产的可持续发展。对烟农专业合作社的类型、性质、特点研究指出，现代烟草农业生产合作社是基于整个产业体系中的职能缺失与标的特殊，而形成的独特的中国合作社类型，其特点是专业（专卖专营）市场＋基地＋农户，它以国家烟草专卖专营体制所主导的专业性市场为主干，以各基地单元为活动平台，以农户为根系，以现代烟草农业生产为核心，形成区域主导产业及开展专业化、社会化的组织与服务。其中，烟农决策与专卖专营的体制隐合，形成了独特的烟合理性，从而使政府责任与烟农诉求获得适度的桥接而成为烟合动力，并据此强调政府扶持农民合作社是义不容辞的内在责任（从本质上说是宪法责任），是人民政府根本宗旨的实现方式之一。黄海棠（2008）以规模化生产的视角将河南省漯河烟区微观规模生产组织分为 6 种模式，并分别分析了成因及利弊，提出了实现烟叶生产从传统生产方式向现代烟草农业转变的主要途径，以及规模生产和集约经营的促成因素和相关政策。郭汉华（1999）以湖南浏阳烟草生产管理状况为例，在调查实践的基础上，从成立烤烟生产协会、提高烟叶生产技术水平、建设专业化从烟队伍、推行科学化和信息化管理 4 个方面介绍了浏阳市在烟叶生产中建立烟厂、政府、烟草公司共同参与的三位一体的风险利益共同体的新型管理模式。陈永德（2006）结合湖北南漳县的烟叶生产实践，提出烟叶生产应当推行产业化经营思路，采取公司＋农户、公司＋大户、公司＋专业队等组织经营模式，同时，应进一步强化公司与农户之间的关系，使二者之间的关系由松散型变为紧密型。王淑明（2006）结合湖南的实践，在大范围调研基础上，介绍了湖南各地出现的不同烟叶生产组织管理模式：湘西自治州龙山推行的烟叶生产合作社、永州江永县推行的职业化烟农模式、湖南郴州主产区桂阳县推行的大户种植模式和长沙浏阳推行的公司＋烟厂＋政府＋农户模式。认为几种模式的优势都非常明显，都考虑了烟农和烟田的相对集中、技术和服务的推广，但是，相比较而言，按照民办、民管、民受益原则组建的烟农合作社模式更具推广价值。

（三）现代烟草生产组织模式创新原则

海文达（2010）提出，探索现代烟草农业生产组织新模式应围绕五个坚持，一是坚持创新发展的方向。国家烟草专卖局提出以一基四化为主要标志和内容的现代烟草农业，是现代农业的重要组成部分，具有现代农业的基本特点和要求，符合现代农业发展方向。目前，一家一户的分散种植模式仍然是主要的生产组织管理方式，传统作业方式已经不能满足烟草生产发展的需要，成为制约发展现代烟草农业的重要瓶颈，必须从传统烟叶生产向现代烟草农业转变，这是现代烟草农业发展的基本要求，也是现代农业发展的方向。产区要顺应时代发展需求，认真总结现代烟草农业建设经验，努力创造符合现代烟草农业要求的烟叶生产组织管理模式，探索走出一条打破一家一户局面，把烟农从劳动强度大、技术要求高的环节解放出来，探索提高资源配置效率和发展先进生产力的有效方式和途径，促进烟叶生产的可持续发展。二是坚持降本增效的目标。通过采取有效的现代化组织模式和措施，降低农民种烟和烟草部门管理成本，增加农民的收入，提高烟草的质量和效益，促进烟草产业的发展，促进农业的发展。三是坚持实事求是的原则。现代烟草农业实质就是把烟叶生产要素资源进行有效整合，提高资源配置效率，达到减工降本、提质增效、促进发展的目的。因而，创新现代烟叶生产组织管理模式必须坚持实事求是的原则，结合生产资源要素特点，积极探索生产组织新模式和专业化服务新方式，提高集约化经营水平和组织化程度。要结合本地实际，依据各地烟区农民、土地、产业等自然条件和资源要素特点各不相同，在组建时，要充分结合本地实际，充分考虑自然资源的承载能力，考虑农民的接受能力，充分借鉴各地先进的经验，进行系统研究和设计。创新生产组织模式符合现代烟草农业发展要求和发展方向，但关键在于是否符合群众的意愿，要充分发挥烟农的主体作用，结合烟农的实际需要，尊重烟农的自主权，注重引导建立能促进烟农自我发展的模式，要按照依法、自愿、有偿原则，促进土地流转，实现土地集中经营。要选准发展方向，选择发展什么样的生产组织模式，不仅关系到效益的提升，还关系到其自身的生命力，应该结合实际来研究确定。烟叶生产专业合作社是当前发展农户联合与合作的重要载体，也是推进烟叶生产经营方式转变的有效模式，更是健全专业化服务体系的主要手段，坚持实施分类指导，引导建立和完善各类烟叶专业合作社，重点引导和扶持覆盖育苗、机耕、种植、植保、烘烤、分级等环节的综合性专业服务合作社，努力提高专业化服务水平。四是坚持市场运作的方式。创新现代烟草农业烟叶生产组织管理模式，从根本上要革除小农经济弊端，要根据市场经济发展要求，以利益的驱动，将分散经营的农户通过适当方式连接起来，建立相应的烟叶生产组织，实现种烟收益的提升。因此，创新生产组织管理模式，建立烟叶生产专业合作社首先考虑就是要有利，合作社必须坚持市场运作的方式，政府补助和烟草政策性补贴可以作为运作资本，但不能完全依靠政府补助和烟草政策性补贴来办合作社，杜绝烟草公司主导的无偿服务，引导学会经营管理，善于通过规范专业服务工作流程、作业标准和收费标准，加强成本控制，维护和实现种烟主体和服务主体的利益，推动合作社的健康发展。五是坚持典型带动的思路。典型引路、示范带动是抓农村工作的重要方法。创新烟叶生产组织模式、建立烟叶专业合作社等模式，符合现代烟草农业的发展要求，符合现代烟草农业的发展方向，既然方向是对的，关键要加强领导，集中精力，重点研究，打造典型，以点带面，逐步推开。

（四）现代烟草农业与烟区农业现代化

烟叶是行业发展的基础，为推进我国烟叶生产的可持续发展，打牢中式卷烟的原料基础，国家烟草专卖局 2007 年提出了以一基四化为基本要求的现代烟草农业发展新举措，各烟叶产区紧紧围绕这一要求，认真组织开展试点工作，在烟叶生产组织方式、专业化服务、规模化种植等方面取得了显著成效，对推动现代烟草农业发展积累了经验、奠定了基础。国家烟草专卖局结合各地实际，制定印发了《现代烟草农业基地单元建设规范》，进一步明确了现代烟草农业发展的目标任务、建设模式和主要内容等，为实现现代烟草农业一基四化的发展目标，改造传统烟叶生产的各个环节，打造现代烟草生产组织模式提供了系统、完整、详实的可操作规程。近年来，学术界也积极致力于该领域的研究，相关研究主要集中在以下几个方面。李发新（2007）认为，制约现代烟草农业发展的因素是多方面的，包括基础设施、技术、人才、信息等方面，但最主要的是小规模的家庭分散经营和滞后的社会化服务体系之间矛盾。因此，适度规模经营和社会化服务水平是衡量烟叶生产现代化的两个重要指标。在如何提高经营规模、完善社会化服务体系方面，发展农民专业合作社是有效途径之一。贵州省烟草公司丁伟等（2008）在考察加拿大烟叶生产组织管理和烟叶生产技术的基础上，总结了我国在现代烟草农业建设进程中应该借鉴的几个方面，一是提高烟叶种植规模和集中度；二是建立科学的烟叶质量保证体系；三是通过补贴措施，逐步建立规范的烟田轮作制度；四是建立烟用农机具的开发、应用和维护体系；五是构建政府、企业、烟农三方主体共同参与的多元化保险机制。夏勇（2009）结合云南楚雄创新现代烟草农业组织管理模式的实践，对全面推进现代烟草农业的建设思路进行了系统探讨，并在对比公司 + 村组 + 农户、公司 + 专业队 + 农户和公司 + 合作社 + 农户三种生产组织管理模式的基础上，提出了一基四化五社（育苗合作社、农机合作社、植保服务社、烘烤合作社、生产种植合作社）的现代烟草农业建设模式。认为，创新烟叶生产组织管理方式是发展现代农业的关键，合作社是最为可行的烟叶生产组织管理模式。华南农业大学的李婷等（2009），以广东省南雄市烟叶生产现状为立足点，通过分析广东发展现代烟草农业进程中存在的专业化服务滞后、农村劳动力外流、种烟效益低下等主要问题，提出农民烟草合作社有助于促进烟叶生产分工，提高种烟效率，应以发展合作社为切入点，加强职业化烟农培育，强化烟田基础设施建设，提高关键生产环节专业化服务水平。中国社会科学院（林霖，2010）在对现代烟草农业的内涵进行界定的基础上，指出现代烟草农业体系架构应由设施、组织和烟农三部分构成，其中，组织是基础、设施是保障、烟农是主体。规模化经营、现代化设施、烟用化科技、特色化烟草是现代烟草农业的发展目标，在这一路径实施过程中，各类专业合作社的作用不可忽视。

（五）农民专业合作社

国内各类农民专业合作社的发展始于 20 世纪 90 年代初期，规模化发展始于 21 世纪初期，尤其是 2007 年合作社立法之后。截至 2010 年 6 月，在各级工商管理部门登记注册的各类专业合作社已有 31 万家，入社农户已经达到 2 300 多万个。但是，由于烟叶产品的特殊性，国内烟农专业合作社起步相对较晚，大体在 2004 年前后，才逐步发展起来。但是，随着现代烟草农业进程的推进以及各项补贴措施的落实，烟农专业合作社的发展速度极快，包括河南、山东、湖南、云南在内的很多省份，都已经出现了一批规模较大的示范性专业合作社。学术界也一致认为，在国际上已有 170 余年发展历史的合作社组织模式，是符合农业生产规律的有效组织方式，既能发挥集体组织优势、有效地降低交易成本，又可以利用独立经营优势提高效率（解安，2002）。对我国现代烟草农业而言，合作社这一组织模式是推进现代烟草农业的制度基础和实施载体，是推动烟叶生产专业化服务、全面提升现代烟草农业发展水平的有效途径，是促进农民增收、企业增效、实现我国烟叶生产可持续健康发展的重要抓手（何泽华，2005）。因此，无论是行业内还是学术界都对发展烟农专业合作社给予了高度的认可和热切的关注。邓少青等（2013）从内部管理制度、筹资水平和资金使用效率、专业化服务等五个方面对湖南省烟农专业合作社的运行绩效进行分析，发现了其运行机制中的缺陷，获得了该烟农专业合作社运行的一般规律和经验，为发展烟农专业合作社提供了良好建议。田杨和刁朝强（2013）通过对贵阳市9家烟农专业合作社的调查发现，全市烟农专业合作社在烟叶生产环节服务中，对推动烟农减工降本增效、烟叶生产标准化生产、提高烟叶品质等方面具有较大的促进作用，分析了贵阳市烟农专业合作社运行过程中存在的问题，并针对问题提出加强引导鼓励、协调烟农专业合作发展的建议。罗井清（2012）通过对湖南省7县（市）90户的烟农对专业合作社类型的偏好及其影响因素进行分析，围绕影响因素与综合型合作社的关系，以及根据这些影响因素将烟叶产区划分为成熟型、较成熟型、半成熟型、未成熟型四种类型，从而得出不同类型产区发展烟农专业合作社的适宜路径。罗新斌和宁尚辉（2012）以烟农专业合作社的内涵和作用为切入点，分析阐述了湖南烟农专业合作社的发展现状，并从实现烟叶生产土地流转，加强农民专业合作社法的宣传，提升烟叶合作社运行实效，强化对烟农合作组织的指导和监管，以及提高专业化服务水平等方面，探讨了湖南省烟农专业合作社的发展对策。何命军和周世民（2012）对长沙烟农专业合作社发展现状进行了调研分析，提出要正确定义烟农专业合作社，明确合作社主推模式，规范综合服务型合作社建设，建立合作社自我发展内生机制，加强合作社知识培训和队伍建设等发展对策。萧红恩等（2011）在对湖北利川基地单元组织模式的研究，指出利川现代烟草农业生产合作社在组织程序、性质定位、组织规模以及组织资源方面的特殊性，根据现代烟草农业生产合作社的核心职能，从本质上界定了其烟草行业车间前置的职能定位、产业体系定位；同时，合作社要经营自己的特色服务，包括行业科研导向、专业服务导向、多元经营导向等，并据此形成现代烟草农业生产合作社的车间组织与服务机构。认为，基地单元的建立是由下到上搞好原料保障基地化、烟叶品质特色化、生产方式现代化发展规划和基础设施建设规划，实现烟叶可持续发展的有效路径。马京民（2007）认为，烟叶生产合作社是烟农以土地、劳动力入股，烟草公司以物资、技术入股，以合作股份制形式组成的适度规模的专业化生产组织。这种生产组织方式是推动烟叶产业创新、提高烟叶生产组织化程度的新生事物。但是，公司应该在其中扮演重要角色，在依法、自愿、有偿的原则下，公司+合作社+烟农是适宜在烟草系统推行的合作社发展模式。柴建国（2008）以云南牟定为例，分别对烤烟大户和常规种植农户进行了调查，从技术采纳、合同执行、土地利用、土壤保护等方面，对比分析了种植大户在经济效益、社会效益和生态效益等方面对烟叶生产的促进作用和对烟农的带动作用，提出了培育和发展烤烟种植大户、发展公司+种植大户+烟农的思路。贵州省烟草公司的王丰和丁伟等（2009）关注了国内部分烟区出现的土地股份合作社，认为依靠土地流转实现烟叶规模化种植是发展现代烟草农业的前提性工作，而土地股份合作制是实现烟地集中化的有效措施，烟区应进一步推行土地股份合作的做法，并提出了构建烟叶土地股份合作制的主要措施。浙江大学的黄祖辉和邵科

（2010）系统分析了买方垄断市场条件下烟农专业合作社的发展路径问题，提出在买方垄断的市场条件下，合作社应该能够在市场上起到竞争尺度功能，但是，目前在我国经济、社会和人文条件下，烟农专业合作社还尚未走到这一阶段。因此，在烟农专业合作社组建过程中，单纯依靠烟农是难以发展起来的，烟草公司和政府部门必须介入其中进行引导和扶持。云南烟草公司（黄祖辉等，2010）在分析基层烟站面临的新形势和任务的基础上，结合云南保山地区的实际情况，提出烟草公司应该通过强化标准培训、严格落实考核、做好设施管护等环节的工作，深度介入、引导、扶持合作社的组建工作。张万良等基于湖南省宁乡县烟叶生产经营管理的实践，在分析发展烟叶专业合作社必要性的基础上，提出烟叶专业合作社必须独立于村委会；烟草公司应该在适度介入的基础上注重培养合作社的长效发展机制；合作社发展模式不宜一刀切，各地应该因地制宜。学术界在烟叶生产组织创新方面大量研究，普遍认为必须通过组织化的引导和管理，实现烟叶生产的降本、减工、增效，维持农户的种烟积极性；创新生产组织管理模式是实现烟叶规范化生产的前提和基础；农民专业合作社是适宜在烟区大范围推广的有效生产组织模式。

五、烟草生产组织模式分析

（一）传统农户

传统农户在家庭联产承包责任制的前提下，主要依靠农户家庭为基本经营单位，种植面积多在 $0.67hm^2$ 以下。具有种植面积小，生产效益低下，集约化程度低的特点，受区域自然条件和当地经济发展水平限制。传统农户仍然是当前甚至以后较长一段时间烟叶生产的主要形式。在烟叶生产上，传统农户种植规模较小，一家一户的生产经营方式经济实力相对薄弱，抗击自然灾害风险的能力较差，对先进技术的接受能力较差，烤烟生产管理环节的操作技术分散，当地烟草公司对分散农户种植的技术指导上难以把握，农户之间烟叶质量存在差异性较大现象等。由于资金和生产规模的限制，现代农业生产手段相对落后，不能大规模采用机械化作业，劳动强度较高，劳动生产率较低，生产效益偏低。

（二）种烟大户

种烟大户是通过烟农自发性租赁或置换、村委会协调连片流转、土地入股整合后分包等土地流转形式，将宜烟土地集中到种植大户手中，通常种植规模在 $0.67hm^2$ 以上。当地烟草公司对种植大户一般给予政策上的倾斜，针对种植大户在用工、生产物资、风险防范等方面的困难，出台一些重点扶持大户的优惠政策，在机械化作业、物资供应、风险防范等方面给予扶持。烟叶生产技术上对种烟大户实施重点指导，由烟叶站委派专门的烤烟生产收购技术人员常驻服务，在烤烟生产关键环节对种植大户实行一对一服务。烤烟种烟大户由于土地集中、及时到位，物资供应到位，田间和烘烤操作一致性等优势，生产烟叶批量大、质量稳定性好、年份之间波动性小等，容易满足卷烟工业大生产、大品牌的要求。

（三）家庭农场

家庭农场是在依法、自愿、有偿土地流转的前提下，本着农民自愿的原则，将宜烟土地集中租赁给具备条件的种烟大户技术能手，以农场管理的方式进行家庭式生产，种植规模多在 $13\sim20hm^2$（100～200 亩）。优点是先进的生产适用技术、农用机械容易推广，减工降本容易取得成效；可以较好的实现规模化种植、集约化经营。缺点是在现行机械化程度不高的情况下，劳动力供应不足，容易形成生产制约。采用家庭农场，个别经济实力和风险承担能力较强的家庭可以扩大土地经营规模，在雇工、成本控制、生产管理等方面引入现代企业管理理念，是一种具备现代化大生产特征的烟叶生产组织管理模式。现代家庭农场是经营者雇用少量劳动力，在家庭成员的帮助下，专门从事烤烟生产，并达到一定生产经营规模，具有现代农业组织特征和完善利益协调机制和利益增进机制的农业微观经营组织。在当前及可预见的未来，将是世界农业生产的主要组织形式，也是我国现代农业的重要组织形式之一。家庭农场具有显著区别于个体农户的市场化、专业化、社会化的组织特征。家庭农场主要通过市场手段获取所需的土地、劳动、资金和技术，并以市场为导向进行农业生产的经营决策，从事基于比较优势的专业化生产，农场内实行劳动分工协作，并主要以契约化的交易方式进行农产品销售，生产的目的是利润的最大化。因此，家庭农场存在于商品经济发达的社会经济条件下，本身是一种商品生产的组织形式，西方发达国家农业生产组织制度变革的实践证明，家庭农场作为现代农业的一种微观组织形式，具有旺盛的生命力。近年来，我国不少地方出现了具有现代企业特征的家庭农场，弥补了家庭承包经营方式下均田制的组织制度缺陷，实现了农业土地资源的市场化配置和农业劳动者由传统农民向现代产业工人的转变，具有较高的要素聚集和规模效应。

（四）烟农专业合作社

烟农专业合作社是在农村家庭承包经营基础上，从事烟草生产的烟农和烟草生产经营服务的提供者、利用者，自愿联合、民主管理的互助性农业经济组织。烟农专业合作社以其成员为服务对象，提供烟草生产资料的购买，农产品的销售、加工、运输、贮藏以及与农业生产有关的技术、培训、信息等服务。农民专业合作社以服务组织成员为宗旨，以谋求成员的共同利益为目标，遵循入社自愿、退社自由，成员地位平等，实行民主管理，盈余主要按成员与合作社的交易量（额）比例进行返还的原则，合作社的内部组织机构按现代企业的组织结构体系设置，具有公平合理的利益分享机制，科学的激励约束机制和健全的风险分担机制。优点是与公司化基本一致，只是在建设社会主义新农村上效果更好。缺点是依托村级组织建立合作社容易导致村委会替代理事会，不依托村级组织又难以形成有效的运作模式，如何做到公平分配难度较大，运行成本大，烟农积极性如何调动是一个难点。烟农专业合作社是在以家庭承包为基础、统分结合双层经营体制基础上，烟叶生产者及其生产服务提供者，自愿联合，民主管理的互助性经济组织。几户、十几户或者几十户烟农把土地和劳力集中起来，大家统一育苗、机耕、植保、烘烤、分级和运输，互相服务，节约成本，共负盈亏。烟农可以将现金、农机、土地以股份形式入社，年终参与盈余分配。近年来，我国农民专业合作经济组织发展的实践证明，新型农民专业合作社是我国现代农业发展的有效组织载体，是一种与农民利益联系比较紧密、比农户家庭经营组织效力更高的农业组织形式，同时也是世界各国发展现代农业普遍采用的、有较强竞争力的农业组织形式，应大力发展和推广。

（五）烟叶生产组织模式的效益分析

由于规模效应、管理协同作用的存在，不同烟叶生产组织模式效益存在较大差异。陈紫帅（2013）在烟叶生产组织模式比较分析一文中，以贵州省毕节市为例对不同生产模式的生产成本、物质耗费等共性指标，对传统农户、种烟大户、烟农专业合作社和家庭农场4种模式进行了比较分析。总成本以种烟大户投入最多，家庭农场和烟农专业合作社的投入差异不明显，传统农户投入最低。种烟大户的烟叶产量明显高于其他3种模式，其中，种烟大户的产量达到2 904 kg/hm²，比传统农户高35.38%。在成本构成方面4种组织模式的生产成本占总成本将近一半。从净收益和成本收益率来看，烟农专业合作社最高，职业烟农最低。物质耗费在一定程度上反映不同组织模式资源的配置效率。各项物质消耗准确的实物数量用所消耗的金额代替，在价格水平一致的情况下效果是一样的。人工费用所占比例最大，4种模式都在44.37%以上，在一定程度上制约了烟叶产业效益的提高。其中，平均每千克烟叶的产出耗费人工成本以传统农户为最高，这可能是传统农户烟叶质量最好（单价最高）的原因所在。化学肥料投入以传统农户最少，原因可能在于传统农户的肥料投入有相当一部分来自于自己沤制的农家肥。农机及维修费投入从高到低的顺序为种烟大户、家庭农场、传统农户和烟农专业合作社。机械化作业费从高到低的顺序为，家庭农场、种烟大户烟、农专业合作社和传统农户，这在一定程度上反映了上述4种组织模式在设备方面的差异。

第二节　生产专业化服务

物流是物质资料从供应者到需求者的物理性运动，主要是创造时间价值和场所价值，有时也创造一定的加工价值的活动（Bowersox, D. J. et al, 1986）。建立农村物流体系是建设和完善高效农业社会化服务体系的客观要求，建立农村物流体系，是促进农民重视农业管理和成本核算的驱动力，建立农村物流可以大大降低和分散农业经营风险，可以推动我国农村经济结构调整，促进农村城镇化建设（王新利等，2002）。农村社会化服务体系的完善，决定着农村市场经济体系能否如期建成这个重要目标的实现。农村社会化服务体系，是指为农业、农村、农民经济活动服务的一系列社会生产组织与部门。农村发展市场经济关键是要摒，为商品交换、服务交换创造广阔的天地，这就需要尽快放弃自给自足式的自我服务模式，建立起农村社会化服务体系（王新利等，2002）。农业服务业是第一产业和第三产业的融合，农业的产业链条随着服务业的注入得以延伸和扩展，这种扩展是产业经济高度化之后的产业创新，新的产业形态以强大的渗透和扩散效应推动产业结构升级（张敦胜，2000）。

一、农业专业化理论

（一）经典农业专业化的思想

生产分工与专业化的理论最初产生于对经济增长问题的分析，苏格兰古典经济学家亚当·斯密在其《国富论》中对经济增长源泉第一次给出了清晰而明确的答案，指出分工是经济增长之源（于凡，2012）。所提出的关于分工与经济增长的理论，即分工取决于市场容量、市场大小，又决定于运输效率的观点被后人称为斯密定理。

专业化是人类社会与经济发展过程中表现出来的一个最具本质性的特征，这一特征不论在工业生产过程还是在农业生产过程中，其特征都是一样的。对分工与专业化理论做出了开创性贡献的亚当·斯密，虽然对扣针制造厂的成就表现出非常兴奋，但对农业中的分工与专业化发展却并不乐观。他认为由于农业的性质，不能像制造业那样细密的分工，各种工作不像制造业那样分工明确。木匠的职业和铁匠的职业通常是截然分开的，但畜牧业者与种稻者的业务不能像前者那样完全分开，锄耕、播种和收割却常由一人兼任。农业上各种劳动，随季节推移而巡回，要指定一个人只从事一种劳动，事实上绝不可能。所以，农业劳动生产力的提高总是低于制造业劳动生产力的提高，这也许就是农业不能完全采用分工制度的原因。与亚当·斯密提出类似看法的英国经济学家爱德华·威斯特在 1862 年认为，由于劳动分工发展和机器运用不如制造业方便，因而农业劳动生产率低于制造业（郭大力等，1936）。

（二）美国早期农业专业化的思想

美国经济学家亨利·查尔斯·凯里（1793—1879）在《社会科学原理》（作于1857—1860 年）一书中指出，分工能够提高土地生产率。他根据当时农业生产的实际情况，用分工说明土地的生产能力具有巨大的潜力。一个农场比被森林覆盖的一个国家的土地所能提供的牲畜还多，有时 0.405hm² 取得的食物，比在另一种场合由 40.5hm² 提供的食物还要多。亨利·查尔斯·凯里认为，提高土地生产能力的关键是知识和分工协作。如果有人掌握了从他徘徊其上的土壤的力量中取得好处所必需的知识，那么它就能获得供养几万头水牛的饲料（王丰，2009）。

（三）美国近代农业专业化的思想

美国经济学家、1979 年诺贝尔经济学奖获得者舒尔茨也认为，经济发展的本质是报酬递增，在农业中同样也存在报酬递增，这种报酬递增来自劳动分工与专业化，以及由其形成的专业化人力资本。舒尔茨提出，由于我们没有考察随时间推移而出现的专业化程度提高的幅度，因此对专业化只有一个很浅薄的概念，而对于农业发展来说，我们只好愉快地假定没有可与制针厂相提并论的专业化。但这并不表示，农业生产中就没有分工与专业化。美国农业现代化的经历所表现出来的一个本质特征，就是分工与专业化程度的不断提高的过程。

（四）社会主义国家农业专业化的理论

多数社会主义国家在农业专业化问题上，也赞同农业专业化对农业的有效促进作用。列宁认为商品性农业的发展，表现为农业的专业化。在《俄国资本主义的发展》（1908 年）一书中论述，这种专业化过程，把商品的各种加工过程彼此分离开来，创立了越来越多的工业部门；这种专业化过程也出现在农业中，建立了农业的日益专门化的区域（和农业生产体系），不仅引起农产品和工业品的交换，而且也引起各种农产品之间的交换。他还认为，美国农业的专业化和高度的商品率是其资本主义高度发展的特征。虽然在美国农业专业化发展过程中包含着深刻的矛盾，但就其历史意义来说，仍然是一个巨大的进步力量。专业化的资本主义农业，在每一个个别场合（往往是在每一个别地区，有时甚至是在每一个别国家），同过去比较起来是越来越片面、单一，然而总的来说，它比宗法式农业却无可估量地越来越多样化、合理化。农业专业化的发展促进了农业生产的日益社会化，促进了竞争和合作，不仅使农产品的供应日益多样化，而且也推动着农业生产率的不断提高。前苏联学者安德列耶娃在其专著《美国农业专业化》中提出（尼·米·安德烈耶娃，1979），美国之所以能够在资本主义农业生产中占据领先地位，在很大程度上是由于它的农业实现了专业化。

（五）农业专业化的涵义

农业专业化是在农业生产过程中，劳动者根据自己所具有的不同专长，遵循盈利最大化原则，而选定具有比较利益的一种农产品或一种农业作业（服务）环节的集中生产（经营）。专业化具有各自的专门经营项目和生产方向，专门从事一项或以一项为主的生产。农业专业化包括三种类型：一是农业经营行为的专业化，即各农业经营主体逐步摆脱小而全的生产结构，专业地为市场生产某种（或某类）农产品，如涌现的各类专业户、专业生产合作社、专业农场；二是生产过程专业化，即农产品生产全过程中包括播种、施肥和收割等不同工艺阶段由不同的专业经营主体承担。例如，有一些农场专门生产一定种类和品种的蔬菜和水果，生产、运输、销售、加工的工序则由相应的专业公司或专业化组织完成，如种子供应有种子公司，防治病虫害有植保公司，还有代为播种、中耕、施肥的生产环节的服务公司等；三是农业区域专业化，即根据比较利益原则，各地重点生产具有优势的农牧产品。

二、农业专业化的发展

（一）美国农业专业化的发展

从美国南北战争到第一次世界大战前，是美国农业专业化迅速发展的时期，这一时期农业专业化的显著特征在于，第一，形成了联邦土地制度和家庭农场。1862年美国国会《宅地法》的颁布，移民和农业人口的增加及奴隶的解放，开垦了大量的荒地，形成了以家庭农场为主体的社会经济结构。到1900年，美国农场总数达到了574万个，其中，土地全部或部分私有农场占农场总数的63.7%。从此，以家庭农场为主的农业生产经营制度在美国正式确立。第二，先进农业机械的推广和广泛应用。推广播种机和中耕机，广泛应用收割机械，出现了拖拉机。1865年起各地广泛采用了拖挂式撒肥机，1870年前后玉米种植机获得广泛应用，1877年发明移动挡板式撒肥车，1880年左右发明了翻耕播种联合机，1879年有10万台收获机，1900年总共有5台拖拉机，1914年增加至1.7万台，标志着农业机械化的真正开始。第三，生物学技术得到发展。这一时期相继培育和引进优良作物品种。1873年美国首次修建了贮藏青饲料的密封地窖，到19世纪末已经遍及全国。19世纪末20世纪初，发明了各种孵化小鸡的器具，培育了诊断牛结核病的结核菌苗，制成了防治猪霍乱的疫苗，从而加速了家禽家畜专业化生产的发展。第四，农产品市场和农业商品化程度进一步扩大。到第一次世界大战前夕，美国的城市人口已占总人口的一半，非农业就业者已占全部就业人口的70%，拉动国内农产品市场迅速扩大。从1862年纽约成立农产品交易所和1872年成立新奥尔良棉花交易所之后，其他一些城市也出现了现货和期货农产品交易所，交易规模迅速发展。第五，初步形成了农业区域布局和专业化生产。在美国的东北部五大湖区域，畜牧业特别是奶牛业进一步发展；而中北部和中西部地区，地处大平原，盛产小麦、玉米和猪、肉牛；在西部以发展畜牧业、水果和蔬菜为主。

两次世界大战之间是美国农业经济发展的历史性转折时期。在农业区域分工格局基本稳定的情况下，这一时期，特别是第二次世界大战期间，美国农业专业化的内涵开始出现了某些新的发展变化，主要表现在：第一，农业工厂化生产开始出现。随着农业科学化的发展，一些畜牧业、蔬菜、园艺开始改行工厂化生产，逐步摆脱了自然气候条件的严格控制，从一定程度上打破了原有区域分工的界限。第二，在同一地区甚至同一农场，开始出现产前、产中和产后一条龙的社会性农业经济。具体来看，一是在畜牧、蔬菜、水果、园艺业中，出现了一批专业化程度比较高的农场，行业内部实现了专业化，劳动生产率和产品率相当高；二是，同一行业内部也实现了专业化生产，如专业化的幼鸡、幼畜场；其三是社会化服务不断发展，不仅饲料、成品加工、运输销售实现了专业化，产中一些活动的社会化服务也逐步发展。农业的高度专业化除生产区域专业化外，还表现在农场专业化和生产工艺专业化。农场分工越来越细，很多农场只专门生产一种或少数几种农产品，同时整个生产农艺过程交由不同部门进行专门作业，收获、初加工以及运输、销售各种深加工等，分别由不同的企业组织去完成。这种专业化带来各农场之间职能的区域分割，这种分割超越地区的界限。另外，美国种植业的各个生产环节如耕地、耙地、播种、中耕、施肥、喷药、排灌、收获、烘干、储运、装卸等都基本实现了机械化，部分作业还实现了自动化，各种各样的小型、专业化的机械设备也获得了快速发展，从生产手段上促进了专业化发展。

（二）日本农业专业化的发展

日本全国人口为 1.26 亿，城市人口占 76%。日本耕地面积极其有限，占世界人口近 2.2% 的日本，其耕地面积只占世界耕地面积的 0.4%，谷物产量为 1 300 万 t，占世界谷物产量的 0.7%，谷物贸易量（进口）3 000 万 t，占世界谷物贸易量的 14%。农业的发展大多都经历了原始农业、传统农业、现代农业 3 个阶段。日本的农业现代化大体上经历了 4 个时期，第一个时期是从明治维新到 1900 年，是学习西欧先进农业技术以提高农业生产力时期；第二个时期是从 1900 年到第二次世界大战结束，出现了以劳动对象为中心的技术改良高潮，出现以多施肥料为主的劳动密集型趋势；第三个时期是二战以后到 70 年代初，通过农村民主化改革，促进现代农业技术的开发和推广应用，建立起农业现代化的基本框架；第四个时期是日本的农业，由于自然、历史、人口等具体条件以及经济特征的差异，与美国相比呈现出不同的特点：一是经营规模小，美国家庭农场的土地经营规模为 183hm^2，日本经营规模仅为其几十分之一或百分之一；二是集约化程度高，单位耕地面积上的投入量与产值一般都高于欧美国家几倍到几十倍，而劳动生产率却低于其他各国；三是先实现水利化和化肥化，后实行机械化。日本与欧美国家国情不同，美国的特点是地广人稀，人均土地资源丰富。日本的资源禀赋特征与美国正好相反，1880 年每个男性农场工人的平均农业土地面积只有美国的 1/36，到 1960 年则只有美国的 1/97，可耕地是美国的 1/47。土地和劳动力的比价也与美国不同，因此，在农业发展过程中，首先采用生物技术，多投劳力、抓水利化和化学化以弥补土地的不足。随着第二、三产业的发展，农业劳动力的逐渐减少促使农业机械化取代手工业的呼声相应提高，农业机械化才得以普及。一般来说，日本从 1868 年明治维新以后就开始了农业现代化过程，但严格地说来，日本农业现代化的真正全面展开，则是 1955 年以后的事，20 世纪 60 ~ 70 年代是日本农业专业化迅速发展的时期，开发、推广和应用了系列高性能的农业机械，大量推广应用化学技术和生物技术。到目前，日本农业专业化的显著特征有：第一，每个农户的产品已实现了专业化经营，单一生产某一类农作物的农户占农村总户数的 77.7%。1955—1975 年，农产品总生产额，按出售量比重计算的农产品商品率从 60.2% 上升为 88.8%，1975 年各类农产品的商品率分别是大米80.5%、小麦类 96.7%、豆类 93.1%、蔬菜 92%、水果 98.5%、牛奶 99.2%、蛋类97.1%。到 1994 年，日本销售农户占总农户的 76.4%，主要农产品的商品率一般在95% 左右，高者达 100%，低者为 75%。第二，产中、产后等环节的分工与衔接也实现了农业生产作业的专业化。农业生产过程的专业化主要归于两方面：一是从 60 年代起日本的农业机械化建设，经过多年的努力，以水田为中心的全部农事活动，包括耕地、排灌、施肥、除草、喷药、运输以及加工都实现了机械化，畜牧业生产中的挤奶、供水、供粮、粪便清除、产品运输、冷藏、上市也基本实现了机械化作业。

（三）我国农业专业化的发展

由于我国农业人口众多，人均自然资源贫乏，在我国农业专业化发展过程中，土地资源紧缺一致是农业发展的主要障碍。我国农业专业化发展的主要特征为：第一，综合自然资源和人文因素的影响，积极发展农业专业化经营有利于城乡经济均衡的实现。以市场为导向，以资源优势为基础，发展农业的区域专业化，鼓励农户农产品生产的专业化和农业生产工艺的专业化，这是各国农业现代化和农村经济发展最基本的经验之一。第二，我国与日本国情相似，同样人多地少，劳动力资源丰富，农业经营规模小，随着工业化的发展，农业经营者的老龄化与兼业化经营是不可避免的，要提高农业的竞争力，一方面要引导农业高龄者和非农为主的兼业经营者离开土地，离开农业，另一方面要在土地流转、资金融通、基础设施投入等方面，为专业农户的发展提供条件，以吸引真正有志于农业的经营者从事农业，从而提高农业的竞争力。第三，大力投资农业科研、农技推广和农业教育，为农业的机械化、科学化和现代化提供条件。由于农业专业化对劳动者素质要求较高，对农业生产提出了更高的要求，单门独户、刀耕火种的小农经济模式将转化为组织化、现代化的生产经营模式，政府应采取有力措施，加大对农业科技的投入力度，继续深化农业科技体制改革，完善农业科技服务体系，稳定农业科技队伍；同时，大幅度增加农业技术推广应用和农户教育的投入，加强对农民实用技术培训。第四，发展农业专业化服务体系。农业社会化服务体系是农业生产力和商品生产高度发展的产物，完善的服务体系是实现农业经营专业化不可缺少的条件，它的建立和发展，将有力地促进农业专业化。这种服务体系可以通过区域性和全国性的多层次农业经营者组织来管理，由合作组织来完成产前、产中、产后的各种社会化服务，业务涉及农业生产的各个环节，从种子、肥料、饲料的供应，到各种农产品的出售，以及大型农业机械的使用。

（四）国外烟草专业化的发展

丁伟等（2008）指出，对于加拿大这种地广人稀的农业发达国家，其烟叶生产规模程度很高，户均种烟面积达 133hm²，单产达到 2 700kg/hm²，烟叶生产组织形式主要以家庭农场为主，存在较少的烟农专业合作组织。王丰（2009）指出，在美国烟叶生产领域，生产组织形式主要以烟叶农场为主，烟农专业合作组织的作用主要体现在促进烟叶销售方面，其代表性的组织有美国烤烟合作社、美国白肋烟种植合作社、美国烟草协会。这些组织成立的初衷是为了构建一种贷款机制，通过以烟叶为抵押，来获取美国农业部的信贷支持。但是随着美国烟草配额体制的废除，这些合作组织逐渐演变为集烤烟生产、加工、销售及卷烟生产为一体的综合实体，核心目标是为了提高烟叶市场价格。王丰和唐新苗（2009）指出，马拉维烟叶生产模式以从政府租赁土地从事烟叶生产经营的大农场主或公司为主，也有部分由拥有少量土地的烟农组成俱乐部或合作社，合作社主要在烟叶生产投入贷款、生产资料购买、分享生产信息等方面发挥作用。浙江大学农村发展研究院－贵州烟草专卖局联合课题组（2010）通过对日本烟草农业的实地考察，对日本烟草耕作组合体系及其运作方式进行了详细的阐述，指出日本烟草耕作组合体系由全国烟草耕作组合中央会和21个地方耕作组合组成，耕作组合体系主要在解决烟农烟叶生产中遇到的问题、推动科学技术、参与每年的烟叶审议会、确定各生产领域烟叶种植面积等方面发挥重要的作用。王丰和唐新苗（2009）以巴西烟农协会为例，指出巴西南部烟农协会是烟农自发组建的民间组织，成立已有50多年的历史，入会烟农已经从最初的103户发展到现在的覆盖85%的烟农。烟农协会的作用主要体现在代表烟农利益，同政府及烟草公司谈判解决有关问题，如商定烟叶价格问题，监督烟草公司对烟农的有关扶持资金是否及时到位；二是为烟农承担大风、大雨、冰霜以及烤房和烟叶遭受火灾的保险，保险率一般有5%、5.5%、6%等几种情况。云南烟草科学研究所课题组（2007）指出，在津巴布韦有3个烟农合作组织涉及烤烟生产和销售服务，即津巴布韦烟草协会（ZTA）、津巴布韦农民联合会（ZFU）、津巴布韦烟草种植者协会（ZATG）。这些组织主要负责向烟农提供生产技术培训和市场信息等生产服务。

（五）我国烟草生产专业化的发展

探讨农业领域专业化的研究文献较多，但探讨买方垄断市场条件下的烟草生产专业化的研究文献较少，这是由烟草行业的特殊性所决定的，由于传统烟叶种植规模小，导致烟农专业合作组织发展缓慢。但是就烟叶生产的现实而言，烟农专业合作组织的各种形式都存在于烟叶生产中，并经历了烟叶协会→烟叶土地股份合作社→烘烤专业合作社→烟农专业合作社等的发展历程，而且随着农业现代化步伐和烟区农业现代化发展，烟农专业合作社生产模式正在逐渐成为烟叶生产的主要组织形式。

王建平在研究烟叶协会方面指出（王建平，2006），湖南桂阳等地在2005年就进行过成立烟叶协会的探索，协会遵循入会自愿，退会自由的原则，并与当地的村民自治组织及烟草行业管理体制紧密结合，在规避种烟风险、稳定烟叶种植方面起到了良好的作用。但烟叶协会的构建需要与烟草公司、烟农建立紧密型关系，同时也需要威望高、能力强、业务熟悉、服务热忱的领导班子。吴志雄（2007）指出，早在1996年河北省灵璧县就成立过烟叶协会，烟叶协会在促进烟叶技术推广、拓宽烟叶销售渠道、构建"烟企—烟农"利益平衡机制、推动社区建设等方面发挥了重要作用，但烟叶协会的构建需要政府的大力支持和农民信赖办社骨干。

李晓浩以江西省广昌县烤烟土地股份合作社的实证研究认为（李晓浩，2006），烤烟土地股份合作社在提高种烟效益、促进烤烟生产可持续发展、提高烤烟生产组织方面效果明显，但也存在政府投入过多、分红比例不尽合理、土地流转困难等问题，提出只有加大初期扶持力度，逐步取消政府补贴，大胆创新经营机制，不断完善治理结构等方面，对烤烟土地股份合作社进行完善。王丰和丁伟等在对土地股份合作制组织的内涵和基本特征进行阐述的基础上，指出产区农村剩余劳动力转移、烟叶生产效益逐步好转、烟叶生产技术不断改善、管理人员素质逐步提高，烟草行业已经具备举办领办烟叶土地股份合作社的条件，才能促进这一制度改革顺利进行，必须从统一思想认识、分类发展、健全制度、建立风险保障机制、加强试点等方面进行努力（王丰等，2009）。

宋朝鹏和冀新威等（2010）从专业化烘烤模式的基本框架出发，分析了农场带动型、烘烤工厂联动型、合作社一体化等三种专业化烘烤模式的适用范围、运行机制，并配合典型案例进行了对比分析。通过对比指出，合作社一体化模式能够更好的承担现代烟草农业专业化烘烤的要求，在运行机制、经济效益方面优势明显，是以后的主要发展方向；同时也指出了另外两种模式的缺陷，以及完善的措施。宋朝鹏和杨荣生以云南省曲靖市大梨树村为例，通过烘烤合作社与传统烘烤模式的对比，分析烘烤合作社在烘烤用工、烘烤能耗和总体效益方面所具有的优势，指出烘烤合作社在当地已经具备推广的条件，但同时也指出烘烤合作社存在管理体制不健全、园区建设成本高等问题，因此需要从加强管理、强化与其他环节的联合、重视经济效益、加强引导等方面去改善。宋朝鹏和冀新威指出，烟农参与烘烤专业合作社要受到来自社会、经济、生产、管理等共4类22个因素的影响，因此，通过构建决策试验与评价实验模型，计算各因素的影响度、被影响度、中心度，从而得出烟农收入水平、合作社内部管理与盈余返还、专业化服务水平与烘烤技术水平、农村劳动力转移速度、植烟地经营规模等7个因素为影响烟农参与烘烤专业合作社的关键因素，并有针对性的提出了建议。

在烟农专业合作社效益分析方面，董岩和韩晓燕等（2008）构建了包括烟草公司和烟农在内的博弈论模型，通过烟草公司引导与不引导、烟农是否参与的成本收益的比较，得出烟草公司领办、烟农参与形式是纳什均衡策略组合，得出烟草公司引导烟农专业合作社建设是符合生产力发展要求的，是符合烟草公司和烟农双方利益的。钟波和李发平等（2009）以云南施甸县为例，指出要发展现代烟草农业，就必须以发展烤烟生产专业合作社为抓手，构建公司＋村委会＋合作社＋烟农新型生产组织模式，着力提升专业化服务水平，大力推行集约化经营、规模化种植。李婷和贺广生等（2009）以广东南雄为例，在立足南雄市烟叶生产现状的基础上，指出了南雄市烟叶生产中存在的农村劳动力外流、种烟效益低下、烟叶生产环境恶化等问题，在分析问题的基础上提出了大力培育烟草合作社等对策建议。杨平则以贵州省黔西县协和乡杨柳烟农专业合作社为例，探讨其成立的背景、主要的做法及产生的作用，指出通过合作社，实现了集约化经营和信息化管理，达到了减工降本、提质增效的目的。但也指出合作社存在过分依赖能人、成员合作不强等问题，有针对性提出了公开招聘管理人员、采用股份制的建议；祝琪雅等（2010）通过对湖南烟叶生产当中合作社、家庭农场、种烟大户、传统农户的经营情况的对比，指出湖南烟草应该大力提倡和发展烟农专业合作社，并从制度、规模、资产管理、运行模式等方面提出了促进烟农专业合作社发展的建议。

在烟农专业合作社发展现状及存在问题方面，戈钟庆和张飒（2003）以河北省灵寿县烟叶合作社为例，指出发展农民专业合作社必须以市场为导向，以主导产业为中心，以科技为动力，以体制创新为保证，并指出灵寿的模式具有普遍的推广价值和借鉴意义。董岩和韩晓燕等（2008）则以辽宁为例，指出烟农专业合作组织在其发展过程中面临以下几个方面的制约，一是烟叶生产的特殊性；二是土地的细碎化；三是烟叶价格、流通及政府态度的制约；四是组织建设的不成熟；五是烟农素质的低下，在此基础上作者指出发展烟农专业合作社，必须注重土地流转、制度建设、组织建设、对烟农的培训等。李燕萍和涂乙冬等（2009）则以湖北恩施两个烟叶专业合作社为例，指出两个合作社虽然都属于公司＋合作社＋农户的发展模式，但在入社制度安排、代理人制度安排、生产服务制度安排上截然不同，指出发展烟农专业合作社要根据实际情况作出不同的制度安排，并着重提升农民素质、培育新型农民。林祖斌立足福建烟农专业合作社的发展现状，指出福建烟农专业合作社存在烟农文化素质低，没有采购、销售、加工、技术服务等职能，对合作社认识不够等问题，指出发展现代烟草农业要着重发展烟叶生产专业化服务组织（林祖斌，2009）。王旭玲、赵宗云以河南宝丰县闹店镇寺坡烟叶生产合作社为例，具体介绍了合作社在入股方式、承包办法上、订单生产、激励机制上的做法，指出合作社存在的认识不足、内部运行不规范、缺乏技术带头人、扶持力度不够等，有针对性的提出了加大宣传力度、强化政策扶持、完善内部制度、重视人才培训等建议（王旭玲等，2010）。唐国强、张万良（2010）以宁乡县烟农专业合作社为例，在明确烟农专业合作社意义的基础上，指出烟农专业合作社建设一定要注意烟农专业合作社的功能定位，杜绝村社合一，杜绝烟草部门大包大揽，坚持因地制宜等几个关键问题，并提出从思想认识、政策支持、人才培养、服务体系、制度建设等方面去完善。

在烟农专业合作社功能定位方面，黄祖辉等（2010）指出，对于烟草这种买家垄断的农产品市场中，烟农专业合作社有助于改进初级农产品市场不完全竞争的态势，增进烟农进行谈判的能力，进而促使烟草部门提供更多优惠的生产物资，提供更多的专业化服务和提高烟叶收购价格等，在保障烟农权益的同时，也能够增加总体经济福利，烟农专业合作社事实上起到了一个"竞争尺度"的作用。因此，烟农合作社应该具有一些发展的空间，农民也具有一定的发展烟农合作社的意愿。同时作者也给出了从普及合作社法知识、加强核心人员培训力度、展示范性建设等相关建议。

湖北省现代烟草农业生产组织与服务体系研究课题组以湖北利川现代烟草农业生产合作社为例（现代烟草农业生产组织与服务体系研究课题组，2011），探讨了烟农专业合作组织在组织程序、性质定位、组织规模以及组织资源方面的特殊性，指出根据现代烟草农业生产合作社的核心职能，烟农专业合作社本质的职能定位应为烟草行业"车间前置"，并认为政府助推应该成为现代烟草农业生产合作社的永续支撑。研究指出合作社运行模式的核心就是围绕现代烟草农业发展过程中存在的全部要素，通过一系列组织架构，整合生产要素，形成以合作社为基础的现代烟草农业产业化模式，最终实现"创新一个组织、聚合全部要素；培育一个产业，发展一方社会；协调各方利益，和谐合作关系"的目的；湖北省现代烟草农业生产组织与服务体系研究课题组指出农业生产合作社是以我国烟草专卖专营体制为主导，以烟叶基地单元为活动平台，以农户为根系，以现代烟草农业为核心，形成的区域主导产业及发展专业化、社会化的组织。戴成宗、何铁等（2012）运用新制度经济学的研究方法，指出作为一种新的制度创新，无论是制度需求还是制度供给，烟农专业合作社都已经具备了制度创新的土壤，但是在制度的供需平衡上，烟农专业合作社建设仍然存在"供过于求"或者"供不应求"的困境，即面临"烟草行业过度热情、烟农反应冷淡"、"烟农热情高涨，能人反应冷淡"的双重制度困境。何轶、陈凤雷等通过传统烟叶生产方式与烟农专业合作社模式的效益对比，指出烟农专业合作社存在一定的效益空间。同时通过构造烟草公司、当地政府、烟农、合作社等主体在内的博弈模型，经过博弈分析指出，烟草公司引导、烟农参与是双方最佳的策略组合，但是，烟农内部普通社员与核心社员在利益上确存在一定的分化。李家俊、戴成宗等（2012）通过对贵州省境内5县2市78户烟农的实地调研分析，得出户均种植规模、机器及烤房拥有量、距离合作社远近、专业化服务价格、种烟劳动力等是影响烟农参与烟农专业合作社的重要因素，在对5县2市按照地理条件、户均规模、职业烟农队伍、基础设施完善度等进行类型划分的基础上，有针对性的提出了各种类型发展烟农专业合作社的路径选择。

三、烟叶生产专业化服务

我国烟草产区虽然多分布于经济欠发达地区，但在国家烟草专卖局惠农政策的引导下，烟草主产区农业现代化发展水平，其中，包括农业基础建设、水利设施建设、农业机械投入、育苗设施建设、烘烤设施建设、农用物资的专业化供应等方面，均处于区域农业现代化发展和专业化生产的引领地位。现代农业的一个明显特征是提高专业化服务水平，通过专业化分工，建立社会化服务体系，把复杂的技术问题留给烟叶生产技术员和专业技术队伍；利用社会力量，组织专家来研究解决技术问题，把农民从复杂的技术要求中解脱出来。通过生产模式创新，以产业化为链条，利用各种新型的合作社等烟农自己的组织，将农户与市场更好地连接起来，解决烟叶小生产、大市场的矛盾。烟叶生产的社会化还体现在物资供应方面，种子、肥料、农药和农业机械等生产资料均有专业公司统一招标采购供应，烟农可根据权威机构或专家推荐和经验自愿选购，体现出公平竞争（谢鹏飞等，2011）。蒙邦勇在福泉市烟叶生产专业化服务探讨一文中指出，实行专业化生产，可提高烟叶生产精细化水平（蒙邦勇，2012），烟叶基础设施项目工程的配套建设，为传统农业实现专业化服务提供了便捷，为单一农户提高烟叶种植规模奠定了基础，为职业烟农扩大生产规模和专业化服务提供了保障，特别是山区土地整理项目的实施和土地流转措施的不断加强，合作社机耕作业配套服务队建设的稳步推进，山地丘陵机械化水平得到了有效的提高，大幅节约了烟叶生产用工，提高了工作效率。烟叶生产过程中实行专业化分工，有利于把烟叶生产的复杂工序分解为多个可操作的单一环节，标准化和专业化程度得到了有效的提高，有利于发挥不同烟农的资源、技术优势，是吸纳非农资本渗入、提高技术到位率、促进标准化生产的有效形式，可提高单位面积产出率和劳动生产率，降低种烟成本，提升烟叶生产的规模化和集约化效益（王丰，2010）。

（一）农业机械的专业化服务

我国农业机械化发展模式的研究表明（钱学龙，2011），中国在农业机械化进程中有多种服务模式，有农机服务队、农机联合体、农机协会、农机合作社、农机服务公司等具体形式以及组建方法，在实践过程中均显示良好效果。一是农机租赁服务公司模式，根据投资主体不同又可分为国营独资经营模式、股份制经营模式和民营独资经营模式3种。二是农机专业户模式，农机专业户联合形成的农机合作组织，其中，包括农户股份合作型，以农机管理部门、农机推广部门为依托，由国家出资购置农机具，发动农户入股，建立公私合营组织，交给群众经营，政府起监督作用。农机专业户模式主要有4种，独资经营模式、三资经营模式、混合股份经营模式、季节性农机作业服务社。三是农机专业化服务公司模式。四是农机股份合作制模式。农机股份合作制概括六种类型，有农户入股合营型、村户联合共赢型、行业联合带动型、乡村农机服务实体改造型、横向参股联营型和中外资金参股联营型。辛德树等（2005）通过制度变迁理论，从制度需求和制度供给两个方面分析了农机作业组织产生的原因，利用交易成本理论，通过对山东省潍坊和莱阳的农机作业组织形式的调查，分析了家庭经营条件下农机作业组织模式，并总结了农户＋农机户、农户和农机户二者合一、农户＋农机使用合作社、农户＋中介人＋农机户等六种模式。

农业机械的发展应注重几个方面的问题（李惠洁，2010），一是完善农业机械购置补贴政策，进一步扩大农业机械购置补贴资金规模；在扩大财政补贴资金的同时，需要运用各种市场化运作方式，扩大其他补贴支持渠道来完善补贴机制，通过广泛吸纳社会资金，带动多渠道多方面的资金投入，使农业机械购置补贴满足不同补贴对象的需求；农业机械购置补贴资金必须专款专用，不得截留、挪用、挤占，各级农机部门应把补贴资金交由专人负责，并加强对资金使用情况的检查和管理；扩大全国补贴机具的种类，同时结合各地实际，用好国家补贴政策，切实选出适合本地区有特色的机具采用中央补贴资金进行补贴，以满足当地农业生产的需要。二是建农业机械服务体系，建立以区级为中心，各乡镇为站点的农业机械综合服务体系，为农业机械化事业的新技术、新信息、新政策以及安全方面提供最有效的宣传服务，为农业机械的维修提供规范的服务。农业机械社会化服务组织要适应城镇化、农业产业化、农村工业化的要求，立足农业、面向农村、服务农民。通过发展和完善农业机械服务的社会化、市场化、产业化，提高机械化程度和农机化的经济效益和社会效益。三是推广农业机械服务范围，农业机械比较少的地区，正是今后发展的潜力所在。从平坦地域向山区乡镇推广，同时希望国家更多研制适合山区作业的农业机械；要改单项技术推广为综合配套技术推广；鉴于不适宜家家户户买农机的实际，还要从发展农机大户向发展农机社会化服务组织延伸，促进农机服务社会化推广。

社会化服务是农业机械化自身发展的必然要求，王敏杰指出（2011），农业机械化的发展有其自身的规律，必然是按照由零星向普遍、由分散向集中的规律而进行。农业机械化事业经过几十年的发展，已实现了由小到大、由弱到强的转变，其运行也必然需要从无序到有序的转变，逐步形成更为有效的服务形式，这就是农业机械社会化服务。农业机械社会化服务作为农业社会化服务的重要组成部分，是实现农业机械共同利用，提高农业机械使用效率，提高农业机械化水平，吸纳农业劳动力，促进节约型农业建设、农民增收和农业劳动力转移的主要途径。完善的农业机械社会化服务，有利于加快现代农业和社会主义新农村建设进程，是减轻农业劳动强度、降低农民生产成本、改善农民生产和生活条件、提高农业生产力水平和建设和谐社会，从而提高农产品的竞争力和比较优势，实现增加农民收入和农村全面小康目标的可靠保证。

我国烟草产区多分布于偏远山区，在农业机械化发展过程中步履艰难，但烟草生产借助行业资金优势，在发展烟草生产机械化方面，为烟区现代农业发展发挥了示范带动作用。朱祖良在烟草生产机械化的现状与发展建议（朱祖良，2009）一文中指出，要积极探索烟草生产专业化运行模式，目前我国大部分烟叶生产仍以粗放式经营为主，规模化种植程度不高，专业化服务和生产机械化不够，生产用工居高不下，规模效益难以体现，但随着现代烟草农业的不断推进，户均种烟规模不断扩大，烟区种烟劳力老龄化趋势的问题和用工成本提高的问题将更加突出，广大烟农对利用烟草农业机械来减工降本的愿望十分迫切。因此，加大农业机械的推广力度，走专业化服务、市场化运作之路，发展农机作业专业合作组织，制定农机专业合作相关标准章程，规范农机服务管理，增强农机服务能力，提高烟叶生产机械化作业水平，将是今后一段时间内发展现代烟草农业的工作重点。随着烟草生产机械化发展，会加快高效、智能、专用机械的研发与应用，烟草生产过程的繁重劳动环节会被机械化操作所代替。

（二）农用物资的专业化供应

农业社会化服务体系已经成为农业发展的重要推动力量，无论在发达国家还是在发展中国家，农业社会化服务水平都在不断提升，在政府的主导作用没有改变的情况下，农业合作组织已经成为农业社会化服务体系的重要力量，私人服务部门的服务也越来越广泛。综合国外农业社会化服务体系发展的做法，结合我国现有国情，我国应加强农业合作经济组织建设，鼓励企业等社会力量参与农业社会化服务，要重视发展农业科技、金融、信息等基础性服务，要加快发展针对农业产后的相关服务。政府主导型、市场主导型、自助式服务组织主导型是农业社会化服务供给的主要模式。我国农业社会化服务体系在不断完善与发展，农业社会化服务在发展现代农业中发挥了重要的作用，我国农业社会化服务总体水平呈明显的上升趋势。从各类农业社会化服务水平变化来看，近十年来，农业科技服务、农机作业服务、农业产后服务、农业基础设施建设等服务水平均呈显著的上升趋势，农业信息服务水平增长幅度较慢，农业金融服务水平与农业生产资料供应服务水平发展并不稳定（王洋，2010）。

烟叶生产的农用物资供应方面，作为农业社会化服务体系所涉及的领域，具有大农业生产的基本特征。但烟草作为一种特殊作物生产，由于生产的计划性和产品的垄断经营性特点，以及烟草行业推进的烟叶生产基地化要求，在重要生产物资的选择与供应链条上，又具有与其他大农业生产的不同之处。

在烟叶生产的肥料供应方面，由于烟叶生产质量以卷烟品牌为导向，烟叶质量改进围绕卷烟品牌的质量要求展开。产区烟草公司根据当地生态条件特点，结合土壤营养状况，依据烟叶产量、外观质量和内在质量要求，参考卷烟工业配方使用意见和质量改进建议，提出生产区域或片区烟草专用肥料配方，经过市场化手段招标生产，由当地烟草公司统一采购，经由烟草生产管理网络系统统一配送使用。烟叶生产使用的肥料大多通过烟草公司的肥料试验示范过程，经过当地烟草部门组织的肥效试验、示范与使用效果评价之后，才能获得当地烟叶生产使用许可，经过招标采购程序之后才能进入当地烟草生产使用。烟草行业肥料类物资的采购、生产、供应、使用体系的构建，为我国农业社会化服务体系建设树立了典范，真正实现了农业生产的测土配方施肥目标，对加大有机肥的使用，实现土壤养分持续供应，保证肥效，以及消除肥料带来的重金属污染等发挥了重要作用。

烟叶生产中的农药流通、采购与使用程序，与大田作物有所不同，为了保障吸烟对健康的直接危害，烟草行业设定了农药使用更加严格的限定标准。根据中国烟草总公司相关管理部门对烟草用农药管理规定，新型农药在国家授权使用部门授权之后，必须在烟草行业新型农药筛选试验、示范网络中进行专门的药效和残留检测，一般需要2年及2年以上的使用效果验证，经过相关部门的评价之后，符合标准者才能获得烟草生产使用许可，每年在相关信息发布网站上发布当年农药使用目录。在农药采购方面，烟草公司实行统一招标采购，按照行业流通渠道统一发放使用，相关采购和发放与肥料的程序基本相同。

其他烟叶生产物资包括地膜、育苗物资、生产过程其他消耗物资的采购与供应渠道，与肥料的采购供应程序基本相似，也是实行严格的行业准入制度，由烟草公司统一招标采购，统一配送使用。

（三）种子的专业化供应

根据中华人民共和国烟草行业标准烟草原种、良种生产技术规程（YC/T43—1996），对全国烟草原种生产和良种生产进行了全面规范（YC/T 43—1996，烟草原种、良种生产技术规程）。我国烟草生产使用种子全部实现专业化生产和供应，2001年中烟种子有限责任公司成立以来，该公司及其所属分公司独家负责全国烟草行业的生产品种繁殖、包衣生产、计划供应，已形成了集烟草育种、繁育、生产、加工、销售、售后服务为一体的现代化烟草种子企业，目前已实现了面向全国22个省（市）烟区供种（http://www.tobaccoseed.com/index.asp.）。烟草种子专业化供应有关环节，在烟草种子生产加工章节中已有全面叙述。

（四）烟苗的专业化供应

2010年，在经过3年的尝试和摸索之后，我国现代烟草农业建设开始逐步迈入了整县推进阶段（张浩然等，2011）。随着烟区农业现代化的发展，全国各个烟叶产区相继修建了育苗工场，为烤烟集约化育苗提供了设施保障（姜成康，2010）。育苗工场作为烤烟专业化生产重要环节，如何对其管理运作以实现效率、效益的最大化，如何应对育苗工场及工场化育苗衍生出的一些新问题，都在不断的认识和探索之中（王树声等，2003；尹永强，2010；陈晓波，2010；阮维灵，2010）。根据目前烟草行业大棚集约化育苗发展情况，烤烟育苗工场化生产和烟苗集约化供应有以下几种方式。

专业队育苗方式，专业队育苗是指由当地烟农组织一支育苗专业队负责工场化育苗，提供一个片区烟苗专业化供应。育苗专业队隶属于烟叶专业合作社，由多名具有一定经济实力、育苗专业知识和育苗管理经验的人员组成，并从中选择1名管理能力较强的人员担任队长，负责统筹管理。

育苗专业户方式，育苗专业户是指由具备一定经济实力和育苗管理经验的个人承包工场化育苗作业。这种专业化育苗方式需要村委会组织工场化育苗服务招标，招标过程中由符合条件的个人提出承包申请，通过村委会的考核后再单独经营育苗作业。

专业户合伙育苗方式，专业户合伙育苗方式也需要村委会面向个人组织工场化育苗服务招标，但与专业户育苗方式不同，是由具备一定经济实力和育苗管理经验的两户或多户联合共同承包工场化育苗作业，其负责的育苗设施规模更大，专业化服务的生产片区范围更大。

几种专业化育苗方式的综合效益分析认为，专业队育苗方式和育苗专业户方式的效益较好。其中，专业队育苗方式是由合作社付给专业队工钱，除去工钱、工场租金及电费后，合作社可从育苗阶段获得一定的收益；专业户育苗方式经营者管理效率较高，育苗成本较有所降低。

随着工场化育苗手段大规模应用，各地烟区在推广过程中易出现的问题（刘更喜，2002），有待于进一步研究。育苗工场设施的资源浪费及维护问题，大规模推广工场化育苗后，各地烟区都会兴建一定数量的育苗工场，这些工场设施在烤烟育苗期间，可以充分发挥提高育苗效率、增加烟苗整齐度等功效，为烟叶生产服务。但每年育苗工场用于烤烟育苗的时间只有 3 个月左右，剩余时间如不合理利用起来，会给烟区造成大量土地及设施资源的闲置浪费，通过加强育苗工场综合利用，可以较好地解决闲置浪费和维护费用问题。开展瓜果、蔬菜、花卉种植等综合利用，棚膜、育苗池、育苗盘等工场设施设备能得到有效利用，可避免每年长达 8 ~ 9 个月的闲置，不仅单位面积土地的产出率有所提高，而且还会增加经济效益和社会效益，促进烟叶与其他农业产业的协同发展。

（五）植保专业化服务

植保专业化服务是植保社会化服务的重要组成部分，是落实防治措施，加速新技术推广，发展规模经营的重要手段。在发展现代农业的新形势下，是解决普及农业技术，提高技术的入户率和到田率，解决农村劳动力大量转移后农作物病虫无人打药或打药不及时的问题，确保粮食安全，解放农村劳动力，建设社会主义新农村的方法和手段。同时，对提高农产品质量、减轻高毒农药污染、保护生态环境、降低生产性农药中毒事故也有十分重要的作用（吴践志，2009）。

通过专业化的植保服务，实现对烟草病虫害的统防统治是现代烟草农业发展的必然要求（王丽英，2012）。建立烟草植保专业化服务体系的对策认为，规模经营是植保专业化服务的前提，才能为植保专业化服务创造条件。在烟草生产向适度规模种植发展过程中，烟草公司积极稳定服务队伍是植保专业化服务的基础，稳定的植保队伍是开展专业化服务的保障。一方面，土地的合理流转推动了适度规模的种植，形成了植保专业化服务的潜在需求市场；另一方面，集中连片种植使散户从传统生产方式中解放出来，成为服务队伍潜在供应市场。要使供需有效结合，就要对各专业化服务进行统筹安排。

在创立植保专业化服务组织的过程中，要根据各地情况，成立专业服务队伍，建立专业服务规章制度，签订专业服务项目合同。专业化服务队伍要联合烟草公司植保网络，加强烟草主要病害发生发展规律认识，衔接烟草行业主要病虫害预测预报网络体系，保证及时、高效的服务。

（六）烘烤专业化服务

烘烤专业化是现代烟草农业的重要内容之一，既可以集中有烘烤技术的专业人才，发挥技术优势，便于技术指导，降低烟农的劳动强度，提高烟叶的烘烤质量（吴杰等，2013；郭全伟等，2007），又可以降低烤房的重复投入，节省资金。专业化烘烤模式的构建需要多方面的支撑条件（颉虎平，2007），其一是基础支撑体系，主要包括密集烤房、自动化控制仪、烘烤监控室、晾烟棚、配电室、发电机、燃料存放室、燃料、烟杆、烘烤专业技术人员等，二是技术服务体系，主要包括烘烤技术培训和指导、烘烤设备厂家售后服务（设备应用培训和指导、应急事件解决、设备保养和维护等）、因烘烤原因造成的民事纠纷技术鉴定、设备厂家服务的监督体系等，三是组织管理体系，主要包括专业化烘烤管理制度、专业化烘烤人员责任体系、烘烤合同管理制度、烘烤资金管理制度、烘烤基地日常管理制度等，四是综合评价体系，用于分析专业化烘烤的发展趋势和效益评价的措施，包括专业化烘烤的指标、烘烤管理难易程度、烘烤成本指标、烤后烟叶质量指标、经济效益指标等。

由于农业生态条件、自然资源条件和社会经济条件存在差异，各地在专业化烘烤的推行和运作上有不同的实践和探索，形成了一些各具特色、不同类型的专业化烘烤运行模式（宋朝鹏等，2010）。

农场带动模式，适宜于烟叶种植规模适中、经济条件较好、植烟土地集中的地区，这类地区具备较好的经济条件，为土地的规模化承包租赁和先进机械的购置提供了资金支持；其次，种植规模适中，农村剩余劳动力向二、三产业转移，土地集中便于机械化操作，从而能够实现适度规模化经营（邱军，2007）。农场带动烘烤模式的运行机制是以烟叶生产农场为依托，由烟草公司政策和资金支持，通过烟农自发性租赁或置换，村委会协调连片流转，土地入股整合后发包等土地流转形式，将宜烟土地集中到具有一定管理经验的种烟农户手中，依靠烟草公司补贴和农场承包人的融资，购置、配备先进的种烟机械和智能化烘烤设备，从而实现规模化种植、专业化服务和机械化作业，有效解决种烟劳动强度大、用工多和生产成本较高等难题，提高种烟的经济收益。

烘烤工场联动模式，适宜经济条件一般、密集烘烤设备发展缓慢、烤烟种植分散的地区。首先，这类地区经济条件一般，农业资金供给不足，不利于烤烟生产规模化的推进和机械化的运用；其次，烤烟种植分散，整合当地的烘烤资源，建设集群式密集烤房，实行工场化烘烤模式。烘烤工场化模式的运行机制是以村委会或村民小组为单位，根据烤烟种植规模、现有烤房状况、村委会的经济状况和烤房建设规模，集体统一规划土地，由村民集资和烟草部门补助等形式建盖密集烤房群，村委会或村民小组作为专业化烘烤的运作和管理主体，负责组织成立专业作业组，并制定相关的管理考核办法，村委会、作业组、烟农三方签订合同，按照合同约定的专业化作业收费标准，进行专业化烘烤生产。

合作社一体化模式，适宜于烟叶种植规模较大，农业产业结构单一，烤烟收入为烟农主要经济来源的地区。首先，种植规模大，便于集约化经营和机械化操作；其次，产业结构单一，通过推行烤烟合作社，实现生产资料的统一供应、劳动力统筹安排、劳动成果达到分享。烤烟合作社是按照依法自愿、风险共担、利益共享、按股分配、规范管理的原则组建，在不改变农户土地承包经营权的前提下，依法组织烤烟生产经营，推行自主管理、独立核算、自负盈亏。

第三节　技术培训与推广体系

我国烟草生产是大农业生产的重要部分，烟草生产在烟区农业生产中占有重要地位。在我国烟草生产的各个地区，烟草生产技术及其推广体系与大农业的生产技术推广体系没有根本区别，仍属于农业生产技术推广体系的范畴，但烟草生产技术体系和烟草生产技术队伍的建立与运行，主要依靠当地烟草公司组织和经费保障，并以产学研结合的方式面向广大烟农开展技术培训和技术推广。我国烟草种植范围广阔，各个烟草产区生态条件差异较大，不同产区烟叶生产关键技术差异较大，生产技术推广普及的工作复杂。烟叶生产实行计划管理，在国家烟叶生产相关政策法规的指导下，当地政府生产管理部门、烟草公司、技术推广部门和科研院所积极参与，构成我国烟草生产技术及其推广体系的基本框架体系。烟叶生产技术环节复杂和技术性很强，烟叶质量不高，产量不稳，与烟叶生产者的技术水平不高有密切关系，加强烟叶生产的技术推广体系建设更显得必要和迫切。为了将科学技术尽快地转化为生产力，有必要建立和加强烟叶生产技术推广体系，科研单位、烟草公司、地方政府携手联合，促进烟叶生产发展和构建符合我国烟叶生产需要的技术培训与推广体系。

一、四位一体的技术推广体系

建立当地烟草公司、地方政府、科研单位和烟农参加的技术推广体系（简称"四位一体"的技术推广体系），在烟叶生产中具有重要意义。在烟叶的生产过程中，烟农是烟叶的直接生产者，他们种烟技术水平的高低直接决定着烟叶的产量与质量，烟农从实践中也逐渐认识到自己种烟的技术水平对提高其收益的重要性，所以，迫切需要种烟的科学技术，同时他们在生产中遇到的实际问题也急需科研单位研究解决。当地烟草公司是烟叶的经营者，也是烟叶生产的技术指导的组织者，为了避免技术指导失误，他们也需要不断地提高科学技术水平，将先进的科技成果在烟农中推广应用，多产优质烟，提高经营烟叶的经济效益，而这些先进技术往往要求助于科研单位。在推广新技术的过程中，也离不开地方政府的协助。地方政府是当地烟草公司和烟农的领导者，在烟叶生产中起着非常重要的作用，因为生产烟叶是农民致富的一条有效的途径，且烟叶产品税属于地方政府，所以，他们非常关心当地的烟叶生产，欢迎新技术推广应用，使烟农尽快富起来，同时使其税收增加。科研单位一方面有大批的科研成果有待应用推广，另一方面又急需了解烟叶生产中存在的问题，以便有的放矢地进行科学研究，这也是他们科研经费的来源之一。由此可见，烟叶生产技术体系的良好运转和技术推广力度加大，可使烟草公司、地方政府、科研单位和烟农多方获得利益。

二、技术推广体系的作用

烟草公司、地方政府、科研单位、烟农在推广烟叶生产技术的过程中，相互制约，各自起着重要作用。科研单位为烟草公司和地方政府提供先进的烟叶生产技术，研究解决生产过程中提出的问题，传播先进技术，引领生产发展。烟草公司组织技术培训，进行技术指导，在农村做好技术示范，收集烟叶生产中存在的问题，为科研单位提供有关科研信息，为当地政府制定烟叶生产的政策当好技术参谋。地方政府利用行政手段制定发展烟叶生产的政策，协调生产组织与调度，制定生产技术规程，为烟草公司进行技术推广提供政策保障。技术推广体系中烟农是科学技术的最终接收者和施行者，他们将科学技术直接转化为生产力，并将烟叶生产中存在的问题反映给烟草公司和地方政府。他们中一些文化程度较高、技术水平较高、接受新技术比较快的作为新技术的最先接受者，在烟农中起着技术示范和宣传的作用，在必要时烟草公司和地方政府可给予扶持。

三、技术推广的方式

（一）技术培训

技术培训是通过知识和技能传授，增强劳动者生产技术技能的一种直接方式。烟草生产环节复杂，其中生产过程主要包括育苗、田间管理、烟叶烘烤、烟叶分级等环节，让不同层次的烟草生产者都能全面掌握生产各个环节是一项繁琐复杂的事情，其中技术培训工作是提高生产者技术技能的重要手段。我国烟草生产区域广阔，不同产区之间生产条件差别较大，在客观上需要进行不同层次、不同区域的专门技术培训，以提高整个行业生产者劳动技能。我国烟叶生产带有计划生产特性，生产布局、生产规模、烟叶生产总量实行宏观计划调控。由于烟叶生产的特殊性，中国烟草总公司及所属各个地方烟草公司不但负责烟叶生产的组织管理和经营，还承担烟叶生产的技术推广和技术培训工作。在技术培训方面，烟草行业根据隶属关系设有不同层次的培训，其中，包括国家（全行业）、省级（自治区和直辖市）、地（州、市）级、县（市、区）级管理范围的技术培训，架构起烟草行业一套完整的技术培训体系。国家烟草专卖局设有科技教育主管部门，并会同烟叶生产组织实施部门中国烟叶公司，代表国家行为负责整个烟草行业的技术推广和技术培训，依托建立全行业的技术培训中心和培训机构，面向烟草行业的各个生产组织与经营单位开展宏观技术培训和技术传导，广泛引入先进技术面向烟草行业开展技术培训，引领行业科技发展与生产技术进步。省（自治区和直辖市）级烟草公司的技术培训工作，由科技教育主管部门负责组织省内各个烟草公司的技术培训和新技术推广。地（州、市）级烟草公司是独立经营的企业法人单位，在公司所设科技教育部门的统一安排下，根据产区生态条件、生产条件、烟叶生产基地单元建设情况、烟叶工业企业使用要求和改进建议等环节，在地方政府主管部门的领导和参与下，组织产区烟叶生产技术推广过程中的相关技术环节培训，利用培训方式进行技术推广和烟叶质量改进提高。县（市、区）级烟草公司面向烟叶生产一线，在地方政府行政管理部门的配合下，承担面向公司基层技术人员和烟农的技术培训工作，并通过烟草公司在烟叶主产区设置的烟叶收购站点开展面向广大烟农的技术培训。烟草行业各个层面的技术培训工作，其运行机制都有地方政府、烟草公司、科研院所和烟农参与，体现四位一体的技术推广体系。

（二）技术示范

技术示范是指新技术、新工艺、新成果在生产上的实际应用，通过生产过程展示方式显示新兴技术、工艺、成果对生产过程优化，提高产品产量、质量、效益的实际效果，让生产者在生产过程中实际观察到新技术的作用效果，掌握新兴技术的操作过程，达到新技术快速推广的目的。技术示范方式多种多样，其中，包括有单项技术示范，多项技术综合示范，新工艺示范，新产品示范等，也包括农业生产上的田间示范、室内展示示范、生产线展示示范、会议展示等。技术示范效果的传播方式也是多途径的，通过人们的实地参观接受新技术的作用，可以通过媒体作用传播扩大示范效果，也可以通过生产过程标准制修订方式加速新技术推广。在烟叶生产上，新品种示范、关键栽培技术示范、病虫害综合防治示范、烘烤技术示范、综合技术集成示范、现代农业科技示范园等方式，都是技术示范的范畴。国家烟草专卖局召开的行业生产技术现场会、烟叶收购现场会、单项技术应用现场交流会都是新技术、新成果的展示方式。技术示范的目的是新技术、新成果的推广应用，期望通过新技术成果的展示，让生产者掌握新技术要领和技术规程，达到新技术推广的目的。

（三）技术推广

技术推广是新技术、新成果加快使用范围，扩大使用规模，达到最大使用效果的方法，是促进技术、成果快速普及应用的手段。我国烟叶生产技术推广主要有示范—培训—推广的方式、强制式技术推广方式和合同制技术推广方式。其中，示范—培训—推广的方式，由烟草公司将科研单位提供的新技术在一部分烟农中示范，通过地方政府组织参观学习，使广大烟农认识到新技术对提高其收益的重要性，激发起学习新技术的热情，再由地方政府和烟草公司组织技术培训，进而达到推广新技术的目的。这种推广方式适合于那些比较复杂、难于掌握的烟叶生产技术的推广，如烟田施肥、病虫害防治、烟叶的适熟采收与科学调制等。强制式技术推广方式，由科研单位和烟草公司提供技术，通过地方政府利用其行政手段强行推广的方式，这种方式适合于那些操作比较简单、烟农还没有认识而对提高烟叶质量是很有益的烟叶生产技术的推广。如烟田的布局与调整、优良品种的推广、打顶抹杈等。合同制技术推广方式，在地方政府，科研单位的协助下，烟草公司与烟农签订技术合同，烟草公司为烟农提供技术指导和服务，烟农按照烟草公司提供的烟叶生产技术进行生产，烟草公司对履行合同的烟农生产的烟叶保证收购，对没有签合同或没有按烟草公司提供的技术生产的烟叶，烟草公司不予收购。在烟叶生产中，除以上3种技术推广方式之外，还有提倡和限定技术手段进行技术推广，如通过倡导形式的技术标准制定进行某些有益技术的推广；通过限定技术标准的制定，限制某些不利技术环节的应用。

参考文献

[1] Bain, J. S. Barriers to New Competition. Harvard University Press, 1956.

[2] Bowersox, D. J., Closs, D. J., Helferich, O. K. Logistics Management A Systems Integration of Physical Distribution, Manufacturing Supportand Materials Procurement(3rd Edition) [M]. Macmillan Publishing Company, 1986.

[3]Coase，R. H. The Nature of the Firm，Economica，1937,4(16):386 – 405.

[4]Coase，R. H. The Problem of Social Cost. Journal of Law and Economics，1960,3(10):1 – 44.

[5]Grossman，S.，Hart，O. D. An Analysis of the Principal-Agent Problem. conometrica，1983,51(1):7 – 46.

[6]Holmstrom，B. Moral Hazard and Observability. Bell Journal of Economics，1979,10(1):74 – 91.

[7]Mirrlees，J. A. The Theory of Moral Hazard and Unobservable Behavior，Part I. Mimeo. OxfordUnited King-dom：Nuffield College，Oxford University. 1979. The Implications of Moral Hazard for Optimal Insurance. Mimeo. Seminar Given at Conference held in Honor of Karl Borch. Bergen，Norway.

[8]Ross，S. The Economic Theory of Agency：The Principal Problem. American Economic Review，1973，63：134 – 139.

[9]Wilson，R. The Structure of Incentives for Decentralization Under Uncertainty. La Decision. 1963，171.

[10]YC/T 43-1996,烟草原种、良种生产技术规程[S].

[11]巴泽尔. 产权经济学分析[M]. 上海：上海人民出版社,1997.

[12]毕红霞，许家来,薛兴利等. 山东烟区烟草农机专业合作社现状分析[J]. 中国烟草学报,2012,18(1):80 – 84.

[13]柴建国. 大户种植对烟叶生产可持续发展的影响. 中国烟草学报,2008,14(5):25 – 62.

[14]陈晓波. 关注育苗场管理中的"小"问题[EB/OL]. (2009 – 04 – 07)［2010 – 9 – 12］. 中国烟草在线.

[15]陈永德. 紧密型公司加农户烟叶生产经营模式探讨[C]. 湖北省烟草学会 2006 年学术年会论文集,2006 年 10 月,武汉.

[16]陈紫帅. 烟叶生产组织模式比较分析—以贵州省毕节市为例[D]. 河南农业大学,2013 年.

[17]戴成宗，何轶,杨双剑等. 烟农专业合作社发展探析[J]. 中国烟草学报,2012,3(17):82 – 87.

[18]邓少青，刘文丽,曾尚梅,等. 烟农专业合作社内部治理结构研究—基于宁乡县金醇烟农专业合作社的调查[J]. 产业与科技论坛,2013,9(12):242 – 244.

[19]丁伟，王丰,李继新等. 加拿大烟叶生产对我国现代烟草农业建设的启示示[J]. 中国烟草学报,2008,14(2):47 – 50.

[20]董岩，韩晓燕,王龙宪等. 辽宁烟草合作经济组织发展制约因素分析[J]. 农业经济,2008,10:63 – 65.

[21]范群林，邵云飞,吴花平. 现代农业生产模式与多元农业支撑体系研究[J]. 广西财经学院学报,2011,24(3):92 – 96.

[22]冯浩. 农业产业化组织形式与运行机制研究[D]. 安徽农业大学,2008.

[23]戈钟庆，张飒. 农民专业合作社如何做大做强—河北省灵寿县烟叶合作社的成功实践与探索[J]. 石家庄师范专科学校学报,2003,5(4):19 – 22.

[24]呙亚屏，魏国胜,仝景川等. 利川市山地模式现代烟草农业探索之路[J]. 中国烟草科学,2010,31(6):59 – 63.

[25]郭大力，王亚南(译). 国富论[M]. 北京：中华书局,1936.

[26]郭汉华. 浏阳烟草：地方支柱产业[J]. 企业家天地,1999 年 4 月.

[27]郭全伟，侯跃亮,王乐三,等. 烤烟"种烤分离"生产模式研究与探讨[J]. 中国烟草科学,2007,28(1):10 – 13.

[28]海文达. 围绕五个坚持积极探索现代烟草农业生产组织新模式. 红河日报,2010 年 5 月 20 日.

[29]何命军，周世民. 长沙市烟农专业合作社发展中存在的问题与对策[J]. 湖南农业科学 2012,(10):33 – 35.

[30]何一鸣，罗必良. 农地流转、交易费用与产权管制：理论范式与博弈分析[J]. 农村经济,2012(1)：

7 – 12.

[31]何泽华.烟叶生产可持续发展的理论思考[J].中国烟草学报,2005,11(1):1 – 4.

[32]黄海棠.漯河烟区微观规模生产组织模式浅议[C].河南省烟草学会2008年学术交流获奖论文集,2008年12月.

[33]黄祖辉,邵科.基于产品特性视角的农民专业合作组织结构与经营绩效分析[J].学术交流,2010(7):91 – 96.

[34]黄祖辉,邵科.买方垄断农产品市场下的农民专业合作社发展[J].农村经营管理.2010(10):20 – 22.

[35]姜成康.姜成康局长在2010年全国烟草工作会议上的讲话[EB/OL].(2010 – 01 – 20)[2010 – 9 – 3].中国烟草在线.

[36]颉虎平.福建烟叶生产"现代化"特征初显[J].中国烟草,2007(17):25 – 27.

[37]解安.农村土地股份合作制:市场化进程中的制度创新[J].甘肃社会科学,2002(2):53 – 55.

[38]李栋烈,魏国胜,蒲元瀛等.恩施州烟农专业合作社功能定位、管理体制与规范发展分析[J].湖北农业科学,2011,53(23):4981 – 4986.

[39]李发新.从现代农业看烟叶生产的可持续发展[J].中国农学通报,2007,23(11):31 – 434.

[40]李惠洁.关于农业机械的作用与发展[J].知识经济,2010(15):65.

[41]李家俊,戴成宗,何轶等.烟农参与专业合作社的行为及其影响因素分析—基于贵州省5县2市78户烟农的调查[J].贵州农业科学,2012(5):249 – 253.

[42]李家俊,戴成宗,何轶等.烟农参与专业合作社的行为及影响因素分析[J].贵州农业科学,2012,40(8):249 – 253.

[43]李社潮,张兆军,姚淑先等.发展农机租赁服务网络的探讨[J].农机化研究,2005(7):31 – 33.

[44]李婷,贺广生,陈泽鹏等.发展现代烟草农业的思考与对策[J].广东农业科学,2009,12:248 – 260.

[45]李婷,贺广生,陈泽鹏等.发展现代烟草农业的思考与对策—以广东南雄为例.广东农业科学,2009(12):248 – 260.

[46]李晓浩.烤烟生产股份制合作社大有可为—广昌县烤烟生产股份制合作社的调查与思考[J].老区建设,2006(2):26 – 27.

[47]李燕萍,涂乙冬,吴绍棠.贫困地区农民专业合作社发展模式的比较研究—以恩施烟叶专业合作社为例[J].经济学研究,2009,5:77 – 82.

[48]林霖.现代烟叶农业内涵和体系构建的理论探讨[J].农业经济,2010(9):46 – 47.

[49]林毅夫.财产权利与制度变迁[M].上海:上海人民出版社、三联书店出版社,1994.

[50]林祖斌.烟农合作社存在的主要问题与新型烟农组织发展的思路[J].海峡科学,2009,12(36):81 – 82.

[51]刘凤芹.不完全合约与履约障碍—以订单农业为例[J].经济研究,2003(4):22 – 30.

[52]刘更喜.论现代化温室与工厂化育苗[J].青海农林科技,2002,(增刊):31 – 42.

[53]刘强.创新烟叶资源配置方式,改革烟叶生产组织管理模式[C].2009年湖南科技论坛—依靠科技进步和创新,加快发展现代农业学术研讨会论文集,2009:151 – 152.

[54]鲁黎明,雷强,罗君.我国烟叶生产组织模式创新的原则与途径[J].安徽农业科学,2012,40(29):14 570 – 14 571.

[55]鲁黎明,雷强,罗君等.我国烟叶生产组织模式创新的原则与途径[J].安徽农业科学,2012,40(29):14 570 – 14 571.

[56]陆继锋,唐绅.我国烟叶产业可持续发展问题研究[J].中国烟草科学,2006,27(4):42 – 45.

[57]罗井清．对专业合作社类型的偏好及其影响因素—基于湖南 7 县(市)90 户烟农的调查[J]．湖南农业大学学报(社会科学版),2012,13(4):23 - 27.

[58]罗新斌,宁尚辉,徐坚强等．湖南烟农专业合作社发展现状及对策[J]．安徽农学通报,2012,18(23):3 - 5.

[59]马京民．实现河南烟叶生产可持续发展的主要途径．河南省烟草学会 2006 年论文集(下),2007.

[60]马林靖,张林秀．农户对灌溉设施投资满意度的影响因素分析[J]．农业技术经济,2008(1):34 - 39.

[61]蒙邦勇．福泉市烟叶生产专业化服务探讨[J]．现代农业科技,2012(12):318 - 320.

[62]明卫强,陈恒旺．保山市烟叶生产基础设施建设的思考与建议,湖南农业科学,2010(18):41 - 42.

[63]尼·米·安德烈耶娃(苏):美国农业专业化．北京:农业出版社,1979.

[64]平丽,兰绍华,李如伟等．我国烟草农业现代化模式研究[J]．安徽农业科学,2012,40(34):16895 - 16898.

[65]钱学龙．辽阳市农业机械化发展水平与发展模式研究[D]．沈阳农业大学,农业机械化工程,2011.

[66]秦立公,周熙登,张丽婷．土地流转政策下农业产业化经营组织新模式探讨[J]．江苏农业科学,2010,(2):417 - 423.

[67]邱军,王先伟,李晓等．对我国烟叶农场化生产的思考[J]．现代农业科技,2007(20):137 - 138.

[68]阮维灵．三大问题考验工场化育苗[EB/OL].(2009 - 06 - 01)[2010 - 09 - 12]．中国烟草在线.

[69]沈满洪,张兵兵．交易费用理论综述[J]．浙江大学学报(人文社会科学版),2013,43(2):44 - 58.

[70]宋朝鹏,冀新威,孙建锋等．几种烤烟专业化烘烤模式分析与探讨[J]．中国烟草科学,2010,31(4):59 - 63.

[71]宋朝鹏,杨荣生,冀新威等．烘烤合作社的研究与探讨[J]．安徽农业科学,2009,37(11):5189 - 5191.

[72]孙运锋．农业产业化经营的组织模式和发展对策研究[J]．农村经营管理,2009(5):14 - 15.

[73]唐国强,张万良．宁乡县烟叶专业合作社发展初探[J]．湖南医科大学学报(社会科学版),2010,12(3):77 - 7.

[74]田杨,刁朝强,赵宏等．贵阳市烟农专业合作社调查与分析[J]．现代农业科技,2013(4):295 - 298.

[75]王丰,丁伟,田必文．发展烟叶土地股份合作制的思考[J]．中国烟草科学,2009,30(4):62 - 65.

[76]王丰,唐新苗．从国外经验看我国烟叶生产合作组织的职能定位[J]．中国烟草学报,2009,8:72 - 75.

[77]王丰．美国现代烟草农业及启示[M]．北京:中国农业出版社,2009.

[78]王丰．现代烟草农业的分工制度问题[J]．中国烟草学报,2010,16(1):81 - 84..

[79]王建平．桂阳烟叶生产组织模式的探索[J]．烟草论坛,2006(1):53 - 54.

[80]王丽英．适应新形势探索新机制—浅谈我国植保专业化服务发展现状及面临的挑战[J]．农业技术与装备,2012(14):10 - 11.

[81]王敏杰．发展广东省农业机械社会化服务促进现代农业建设[J]．农业工程,2011,1(3):17 - 21.

[82]王淑明．湖南烟叶可持续发展的一项保障措施—湖南烟叶生产组织管理模式现状调查及发展建议[J]．湖南烟草,2006,(1):46 - 50.

[83]王树声,董建新,刘新民．烟草集约化育苗技术发展概况[J]．烟草科技,2003(5):43 - 45.

[84]王新利,张襄英,构建我国农村物流体系的必要性与可行性[J]．农业现代化研究,2002,23(4):263 - 266.

[85]王旭玲,赵宗云．浅析闹店镇寺坡烟叶生产合作社发展现状、存在问题及对策[J]．安徽农学通报,

2010,16(8):24-25.

[86]王洋.新型农业社会化服务体系构建研究[D].东北农业大学,2010.

[87]魏大鹏.丰田生产模式研究[M].天津:天津科学技术出版社,2003.

[88]吴践志.集体所有权与个人使用权相分离—对烟叶生产基础设施项目产权归属的法律思考[J].中国烟草,2009(21):32-33.

[89]吴杰,冉茂,丁伟,等.关于统分结合双层运行的烟草植保专业化服务模式的探讨[J].中国烟草科学,2013,34(6):121-125.

[90]吴志雄.多种经营的烟叶协会[J].中国合作经济,2007(8):27-31.

[91]夏勇.创新现代烟草农业组织运行管理的实践与思考[J].现代农业科技,2009(18):351-354.

[92]现代烟草农业生产组织与服务体系研究课题组.合作社框架下的全要素运行模式-现代烟草农业基地单元组织与服务体系实践研究[J].湖北社会科学,2011(3):55-57.

[93]现代烟草农业生产组织与服务体系研究课题组.后发合作社的合法性困境-利川现代烟草农业生产合作社运行的思考[J].湖北社会科学,2011(3):52-54.

[94]现代烟草农业生产组织与服务体系研究课题组.现代烟草农业生产合作社模式的创新研究-基于湖北利川基地单元组织模式实践的反思[J].湖北社会科学,2011(3):48-51.

[95]现代烟草农业生产组织与服务体系研究课题组.烟草理性与政府责任桥接-基于利川基地单元现代烟草农业生产合作社实践的思考[J].湖北社会科学,2011(3):58-61.

[96]萧洪恩,王娟,王昌军.合作社框架下的全要素运行模式—现代烟草农业基地单元组织与服务体系实践研究.湖北社会科学,2011(3):55-57.

[97]谢鹏飞,杨永锋,成志军等.发展我国现代烟草农业的探讨[J].湖南农业科学,2011(8):22-24.

[98]辛德树,房德东,周惠君.家庭经营条件下农机作业组织模式的选择[J].中国农机化,2005(5):14-16.

[99]许开录.农业组织创新的路径选择与对策研究—基于现代农业视角[J].中国城市经济,2011(17):249-251.

[100]宣春霞.世界制造业生产模式变迁及其启示[J].经济与社会发展,2004(2):16-18.

[101]杨劲.论农业经济组织的创新和发展[J].学术研究,2004(8):58-61.

[102]杨平.合作社成为发展现代烟草农业的有效载体—记贵州省毕节地区黔西县协和乡杨柳烟农专业合作社[J].中国农民合作社,2001,1(1):51-52.

[103]尹永强.专业化育苗场孕育丰收的希望[EB/OL].(2009-05-26)[2010-9-12].中国烟草在线.

[104]于凡.吉林省农业服务业发展的研究[D].吉林农业大学,2012.

[105]俞雅乖.农业产业化组织变迁的路径依赖分析[J].统计与决策,2008(9):136-139.

[106]玉溪中烟种子有限责任公司[EB/OL].http://www.tobaccoseed.com/index.asp..

[107]张春华.城乡一体化背景下农业产业化组织形式研究[D].华中师范大学,2012.

[108]张敦胜.试论农村社会化服务体系的完善[J].当代经济研究,2000(7):41-45.

[109]张光辉,吕亚平,蒲元瀛等.现代烟草农业烟叶生产组织模式创新研究[J].安徽农业科学,2011,39(7):4330-4332.

[110]张浩然,周冀衡,徐文军.几种烤烟工场化育苗运作方式的比较分析—以湖南宁乡县为例,作物研究,2011,25(1):66-70.

[111]张敏.中国农业产业化组织形式比较研究[D].山东大学,2009.

[112]张维迎.博弈论与信息经济学,上海:上海人民出版社,1996.

[113]钟波,李发平,苏仕开,谢慧玲.施甸县发展现代烟草农业的思考[J].湖南农业科学,2009(11):

101 – 103.

[114]周其仁. 产权和制度变迁—中国改革的经验研究[M]. 北京:社会科学文献出版社,2002.

[115]周其仁. 产权与制度变迁[M]. 北京:社会科学文献出版社,2002.

[116]周其仁. 农民、市场与制度创新—包产到户后农村发展面临的深层改革[J]. 经济研究,1987(1):
3 – 16.

[117]周镕基,白广效,皮修平. 我国农业产业化与组织创新的理论研究[J]. 商业研究,2009(03):
170 – 174.

[118]朱祖良. 烟草生产机械化的现状与发展建议[J]. 农业装备技术,2009,35(3):4 – 6.

[119]祝琪雅,朱雅玲,刘英等. 湖南省现代烟草农业生产组织模式发展现状与创新[J]. 现代农业科
技,2010(19):359 – 360.

第六章　特色优质烟叶生产技术

烟叶生产过程是一个复杂的生产技术措施与质量控制标准集成过程，生产过程每一个环节都具有紧密相联的支撑技术、质量控制标准，以保证生产过程产品的市场需求，并保持产品具有鲜明的地区质量风格特色。建立彰显质量风格特色的生产关键技术，提供一套生产区域完善的生产技术集成体系，是特色优质烟叶生产必备的基本条件。

第一节　特色优质烟叶风格定位技术

特色优质烟叶在质量风格上应具有明显的地域特征、品种特性和生产关键技术特点；在优质的前提下，充分体现生态决定特色，品种彰显特色，技术保障特色。生态区域选择是生产特色优质烟叶的基础；利用区域间生态差异性和区域内生态一致性原则，开展特色优质烟叶风格定位与产区优化布局。

一、特色优质烟叶生态区域定位方法

特色烟叶是指在优质的前提下，品质特征上有不同于其他产地特点的烟叶，这些特点能为卷烟工业所接受，并且在卷烟配方中充当特殊角色。特色烟叶应当具备几个主要特征：①优质性。特色烟叶必须具备优质烟叶的基本质量特点；②独特性。特色烟叶必须具有不同于其他烟叶的明显特点；③识别性。特色烟叶的独特性必须具有不同于其他烟叶的显著可识别特征；④稳定性。特色烟叶的显著特点必须相对稳定；⑤可用性。特色烟叶的特色必须为卷烟工业所接受，并且在卷烟配方中得以利用；⑥规模性。特色烟叶必须具有一定的生产规模。

在特色优质烟叶生产过程中，优质是特色的前提，特色是品质特征的关键；从二者的关系来看，优质是共性要求，是一般烟叶必须具备的基本条件，特色是个性化显现，是独特性表达；优质是有标准衡量的，而特色是各不相同的。烟叶具有卷烟工业需求的普遍质量特征才能称为优质，烟叶具有卷烟工业需求的普遍质量特征基础上的区域印记、品种印记、生产关键技术印记的称为特色，因而，综合描述为"生态决定特色，品种彰显特色，技术保障特色，优质体现特色"。

特色优质烟叶生态区域定位是指首先在全国范围之内，根据中式卷烟产品对烟叶使用的基本要求和特殊需求特点，准确评价不同生态区域烟叶的质量风格和品质特点，区分不同区域烟叶风格特色和使用特性。在区域划分的基础上，进行特定区域烟叶风格的个性描述，阐明生产区域烟叶的特殊风格。特色优质烟叶生态区域定位方法一般包含：

①生态区域主要生态特点分析方法，②烟叶风格特色评价方法，③生产主栽品种试验方法，④生产关键技术试验方法，⑤数据模拟分析方法，⑥卷烟工业产品验证方法等综合分析评价区域烟叶特色风格。在此过程中，结合多年烟叶质量特点和卷烟工业使用经验，经过反复比较分析和验证，明确不同区域烟叶风格特点，定位某一产区独特风格特征。

在区域风格定位的基础上，根据卷烟品牌原料需求特点，开展特色烟叶生产开发工作，并遵守质量标准，注重挖掘个性，彰显区域特色。此外，品牌导向性开发是区域烟叶发掘关键，坚持特色无好坏之分观念，不同区域具有风格多样性之分，区域之间寻找突出差异特性，彰显差异性；相同区域应特色突出个性特点，成分协调，质量稳定，在优质的基本要求下呈现特色。从全国烟草行业本身来说，烟叶的生产供应总量不成问题，主要存在结构优化问题，存在质量提升及特色彰显的问题。特色优质烟叶的区域定位及开发正是解决这些问题的重要途径。

卷烟生产发展中需要优质烟叶支撑，中式卷烟开发和生产发展过程中更加迫切需要具有明显地区特点和风格特征的国产烟叶。烟区所产烟叶没有明确的特色定位及稳定的质量，无法进入全国知名卷烟品牌配方，更没办法巩固和强化特色优质烟叶在配方中的不可替代性。全国烟区的气候、生态条件差异很大，卷烟工业企业要参与特色优质烟叶的生态区域定位，要充分利用我国各烟区的生态多样性和气候、土壤、热量和光照资源差异性优势，立足生态资源优势、地方名优特色和烟叶香型风格特点，引导烟叶满足品牌生产与发展的突出需求。在全面系统分析烟叶质量风格的基础上，产区应适时建立涵盖特色烟叶生产区域气候适宜性、生态适宜性指标，把握产区生态关键指标；结合品种适宜性、栽培烘烤关键技术及与社会经济发展等各方面相适应的环节，构建烟区规划评价指标体系，科学编制适合当地条件的烟草种植及品质区域规划，对当地烟叶的区域特色作出准确定位、合理优化布局。

在卷烟品牌导向型烟叶基地单元建设中，利用生态条件的区域间差异性和区域内一致性原理，坚持区域间差异性原则选择定位基地单元，区域内一致性原则彰显和提升烟叶质量风格。可根据卷烟品牌配方需求，在不同区域选择特色明显，质量风格互补的产区分别建立基地单元；在一个具体的基地单元实行技术统一性和保持年度间相对稳定性，实现烟叶质量风格的一致性和稳定性。

二、特色优质烟叶定位与工业利用

（一）特色优质烟叶定位

随着烟草行业的发展与卷烟工业的技术进步，中式卷烟品牌的集中度越来越高，卷烟品牌的市场定位越来越清晰，大品牌对烟叶原料的特定风格依赖和个性化需求越来越强烈。在这种背景下，迫切需要将我国不同产区烟叶的风格特色做进一步清晰的界定和细分，挖掘实施彰显烟叶特色的各项措施，建立品牌导向型烟叶基地，从而为工业企业打造中式卷烟知名品牌提供有力支撑。

在区域生态条件选择的基础上，培育适应不同生态条件，彰显产区烟叶香型风格特色，具备优质、多抗、丰产、高效益的烤烟新品种，是满足我国特色优质烟叶生产可持续发展的重要保证。结合区域生态特点，选择适宜优良品种，配套行之有效的栽培技术环节，是充分发挥烟区优良生态条件和体现品种优势作用的桥梁和纽带。由于生态条件的不可改变性，在烟叶生产过程中，应将筛选适应区域生态条件品种放到重要位置。在新品种选育完成后，进行区域品种筛选，发掘品种特色潜力；完善特色烟叶定向栽培和烘烤技术；解决好测土配方施肥、烟株群体结构优化、光温水热技术配套、密集烘烤提质增香等相关技术问题；积极开展优质烟叶新品种的工业评价体系与应用研究；这些都是充分体现品种潜力的关键环节。

独特的生态区域，优质的特色品种，适应的配套生产技术是特色优质烟叶生产的3个重要条件，其中，品种担当彰显特色的重要角色。经过几十年的不懈努力，烟草行业在品种培育上已取得了长足进步，其中，南方烟区当家品种以"K326、云烟87"为主，北方烟区以"NC89、中烟100"等典型品种为主，在此基础上，特色品种"红花大金元"、"翠碧1号"两个品种发展很快，"中烟系列品种"的推广区域已由以黄淮烟区为主，扩大到了四川、湖北等某些产区，对当地的区域特色烟叶开发也起到了良好的推动作用。在新品种培育方面，应面向不同的生态区域，不能只重视高产，要更加重视品质，应在品质好的前提下考虑其他性状兼备，发掘品种特异性状，突出品种特殊风格。在特定生态区域条件下，重点探索品种特性与生态适应性，调整两者之间关系，获得调控两者关系关键节点，满足品种个性化表达的条件，在突出品种个性表达过程中体现区域优越生态条件。在如何进一步保持特色并彰显特色的问题上，只有以品牌为导向，以生态条件为依托，以特色优质新品种选配和配套技术挖掘为突破口，建立特色优质烟叶生产技术体系，重点解决好"良种"和"良法"配套的问题。

据美国学者研究，品种对烟叶质量的贡献率为32%左右，生态环境（气候、土壤等）主要是造就优质烟叶的主要外部条件。在特定区域品种是烟叶质量特征的内在基础，栽培、烘烤技术是保持和发掘烟叶风格特色的重要因素。在进行特色优质烟叶开发过程中，要根据烟区实际情况，结合区域定位和烟叶特色要求，搞好特色品种定位；通过区域定位和品种定位，保持和彰显烟叶的风格特色。例如，福建烟区的"翠碧一号"和云南烟区的"红花大金元"烤烟品种，都具有特殊生态条件要求，都是在其独特生态条件下才能形成烟叶的内在特有品质。

（二）邵阳烟叶质量定位

1. 外观质量特点

在卷烟工业品牌配方使用过程中，尤其在广西中烟真龙品牌的配方使用中对邵阳烟叶总体认为，下部烟叶（X2F）不同年份烟叶的颜色整体较好，处于金黄－深黄色域；烟叶的成熟度整体较好，不同年份的烟叶均达"成熟"质量档次；不同年份烟叶的油分符合等级要求，均为"稍有"以上质量档次。中部烟叶（C3F）的颜色、成熟度、油分等指标年份之间有一定的波动性，其中，近几年中 2010 年的略差，有少量比例的杂色烟叶；烟叶的成熟度 2011 年和 2012 年较 2010 年有所提升，所有烟叶均达"成熟"；烟叶油分以"有"为主，2010 年有少量烟叶的油分略欠，为"稍有"质量档次。上部烟叶（B2F）年份之间均有一定波动，其中，成熟度 2011 年略差，有少量比例的"尚熟"烟叶；烟叶的油分 2011 年的较好，所有烟叶均达"有"以上质量档次；烟叶的色度 2012 年的较好,均达"强"质量档次。

2. 化学成分特点

对邵阳烟叶检测分析发现,下部烟叶(X2F)不同年份烟叶的烟碱含量整体较适宜;烟叶的钾含量各年份较好;2011 年和 2012 年部分烟叶存在淀粉含量偏高现象。不同年份间烟叶的糖碱比、氮碱比和钾氯比波动较大。中部烟叶(C3F)2010 年和 2011年烟叶的烟碱含量略大;烟叶的钾含量整体较好,达到或接近 2%;不同年份均有部分烟叶的淀粉含量偏高。各年份烟叶的糖碱比、钾氯比、两糖比均较好。不同年份间烟叶的钾氯比和氮碱比波动较大。上部烟叶(B2F)2010 年和 2012 年烟叶的烟碱含量较好,处于适宜范围之内,2011 年部分烟叶烟碱含量偏高;不同年份烟叶的钾含量均较好;2010 年烟叶淀粉含量较高。各年份烟叶的糖碱比、氮碱比略低。不同年份间烟叶的钾氯比波动较大,详细数据见第三章表 3 – 18 和表 3 – 19。

3. 感官质量特点

邵阳烟叶各产区县质量风格略有差别,其中邵阳县烟叶内在质量呈现逐年改进的趋向,烟叶风格主要表现香气浓郁感和饱满度有所增强,香气量逐年提高,烟气较为流畅,浓度和劲头适中,稍有杂气和刺激性,回甜感有所提升,余味较干净、舒适。隆回县烟叶内在质量年份之间相比基本稳定,各等级烟叶基本可以达到对应等级的工业使用价值。主要表现在香气浓郁,香气量尚足,香气不够透发、不够清晰,浓度适中,甜度不够,杂气和刺激性略重,劲头和刺激性稍大,余味尚舒适。邵阳烟叶的质量整体较好,在卷烟配方中对提升烟气浓度、丰富烟香、增进吃味有着积极作用。

三、特色优质烟叶生产技术体系构建

特色优质烟叶生产技术体系构建应包括几个重要环节:一是进行区域特优质烟叶开发定位,明确烟叶品牌导向型需求特点;二是伴随农业现代化建设步伐,加强烟区现代农业设施建设,进行烟叶生产资源配置方式改革,发挥生态资源优势,采用经济杠杆手段协调土地资源流转,形成规模化种植格局;三是采用现代农业经营方式,合理调整人力资源配置,建立农业现代化的生产组织模式;四是优化产区作物种类布局,体现烟草生产与其他作物轮作的特殊要求,保证烟草生产持续发展;五是筛选彰显区域特色品种、优化栽培、植保与调制关键技术;六是建立生产过程相应质量控制指标体系,形成生产全过程质量监控与质量追溯体系;七是建立生产、加工、市场、销售一体化产业链条,增强特色优质烟叶的资源保障能力。在这里只重点阐述如何进一步保持特色并彰显特色的技术问题,只有以品牌为导向,以质量风格区域定位和区域划分为基础,以特色优质新品种选育为突破口,建立特色优质烟叶生产技术体系,重点解决好"良区"、"良种"和"良法"及其配套的问题,才能有利于各地因地制宜发展特色优质烟叶。根据"生态决定特色,品种彰显特色,技术保障特色,优质体现特色"的原则,考虑到我国地域辽阔,各地迥异的气候、生态、土壤等自然条件造就了不同的烟叶风格,因此,必须进行特色优质烟叶的区域定位,明确不同分布区域的生态条件,科学规划、合理布局,有针对性地提出不同的适用品种和栽培技术,形成技术标准体系,实行标准化生产,才能实现特色烟叶的规模化生产。

要进行特色优质烟叶技术体系的构建，必须首先进行特色优质烟叶的区域和品种定位，依据各地生态条件和烟叶特色，构建相适应的特色烟叶品种结构，配合良好的栽培、调制技术；在生产过程中，全面发挥工业企业的主导作用、商业企业的主体作用和科研单位的主力作用，加大对我国不同烟叶产区特色优质烟叶的研究开发力度，构建工商协同发展的特色优质烟叶原料保障体系，走特色优质烟叶可持续发展之路，为此，要做好以下几点。一是"工商研"三方密切合作，进一步开展特色优质新品种选育、生态适应性评价、土壤综合治理及特色优质烟叶配套栽培及烘烤技术体系研究，明确特色品种、生态条件、栽培烘烤技术与特色烟叶品质形成的内在关系及调控措施，建立适宜当地生态条件的特色优质烟叶生产的关键技术体系。二是围绕国家烟草专卖局"原料保障上水平"的要求，调整和优化生产布局，合理进行基地单元规划与建设，重点培育特色优质烟叶产区；进一步加大科技创新的研发力度，加快科技成果转化，制定适应于当地的特色烟叶生产技术规范，实现标准化生产。三是以品牌需求为导向，建立品牌导向型的特色优质烟叶生产基地。按照烟叶资源配置方式改革的新要求，进一步加强产区、科研单位与重点品牌卷烟企业的合作，进行特色烟叶的配方模块和综合叶组替代技术等研究，使特色优质烟叶进入全国重点卷烟企业的核心品牌配方，最终促进烟叶品牌和卷烟品牌的协同发展，实现参与各方的互利双赢目标。

第二节 特色优质烟叶生产技术

在烟草区域品质类型难以准确定义的生产阶段，以关键生态条件为主要尺度的烟草种植区域划分，是烟草生产长期沿用的划分方法。只有在生态气候类型区域划分和品质类型区域定位的前提下，对确定的相同品质类型区域，开展特色烟叶彰显技术研究，选择特色优质烟叶生产技术关键，建立关键生产环节相适应的技术体系，才能达到充分彰显区域烟叶风格特色的目标。

一、特色优质烟叶区域划分

（一）全国烟草种植区划概况

我国烟草种植历史上，已经开展过 3 次全国性的烟草种植区划工作。第一次是在 20 世纪 60 年代，农业部门根据烟草种植的地域分布情况和自然条件，结合行政区划，将我国烟草种植区域划分为六大烟区（表 6 - 1）。

第二次是在 20 世纪 80 年代，由中国农业科学院烟草研究所牵头，根据烟草生产关系密切的自然条件、烟草类型、烟叶质量特点的相似性，烟草生产存在的关键问题和发展方向的基本一致性，重大技术改革和增产增质途径的共同性，保持县级行政区界的完整性等划分原则，将全国烟区划分成 7 个一级区、27 个二级区（表 6 - 2）。

表 6 – 1　第一次烟草种植区划结果

烟区名称	分布区域
黄淮烟区	包括河南、山东、河北、山西等省全部，江苏、安徽 2 省长江以北地区及陕西省关中平原地区，这是我国最大的烟区，烤烟占全国总种植面积的 60% 以上，晒烟也有相当数量种植面积，山西南部有黄花烟种植。
西南烟区	包括贵州、云南、四川 3 省全部，是我国的第二大烟区，四川晒烟生产最多。
东北烟区	包括辽宁、吉林全省，黑龙江省的松嫩平原地区以及内蒙古自治区的锡林格勒河以东地区。该区以烤烟为主，也有相当数量的黄花烟种植面积。
华南烟区	包括广东、广西、福建等省（自治区）和我国台湾。该区域烟草种植以晒烟为主，烤烟种植面积较少。
华中烟区	包括湖南、湖北、江西、浙江 4 个省全部和江苏、安徽两省的长江以南地区。该区域以晒烟种植为主，烤烟种植仅有少量分布。
西北烟区	包括陕西省北部、甘肃省南部、青海省东部、宁夏回族自治区中部、内蒙古自治区西部。该区烟草种植面积较少，以晒烟种植为主，是黄花烟的主要种植区域。

引自中国农业科学院烟草研究所主编（1963）《中国烟草栽培》

表 6 – 2　第二次种植区划结果

一级区	二级区	一级区	二级区
Ⅰ 北部西部烟区	（未分）	Ⅴ 长江中下游烟区	Ⅴ – 1 鄂豫皖低山丘陵晒烟烤烟区 Ⅴ – 2 长江中下游平原晒烟区 Ⅴ – 3 江南丘陵山地烤烟晒烟区 Ⅴ – 4 浙闽丘陵晒烟烤烟区 Ⅴ – 5 南岭丘陵烤烟晒烟区
Ⅱ 东北、部烟区	Ⅱ – 1 松嫩三江平原晒烟区 Ⅱ – 2 辽宁平原丘陵烤烟区 Ⅱ – 3 长白山山地烤烟晒烟区	Ⅵ 西南部烟区	Ⅵ – 1 滇西山地烤烟晒烟区 Ⅵ – 2 川滇高原山地烤烟晒烟区 Ⅵ – 3 湘西丘陵贵州高原烤烟晒烟晾烟区 Ⅵ – 4 云南高原烤烟晒烟区
Ⅲ 黄淮海烟区	Ⅲ – 1 内蒙古长城沿线晒烟区 Ⅲ – 2 渭北高原 – 陕北丘陵沟壑烤烟区 Ⅲ – 3 山西高原晒烟区 Ⅲ – 4 黄淮海平原烤烟区 Ⅲ – 5 山东丘陵烤烟区 Ⅲ – 6 渭汾谷地烤烟区 Ⅲ – 7 豫中豫西山地丘陵烤烟区	Ⅶ 南部烟区	Ⅶ – 1 滇南山地晒烟区 Ⅶ – 2 粤西桂南丘陵台地晒烟烤烟区 Ⅶ – 3 闽南粤东粤中丘陵平原烤烟晒烟区 Ⅶ – 4 海南雷州晒烟区 Ⅶ – 5 台湾烤烟区
Ⅳ 长江上中游烟区	Ⅳ – 1 秦岭大巴山山地晒烟烤烟区 Ⅳ – 2 四川盆地晒烟烤烟区 Ⅳ – 3 川东渝东鄂西山地白肋烟烤烟区		

引自中国农业科学院烟草研究所主编（1987）《中国烟草栽培学》[2]

2003 年开始，国家烟草专卖局以科研项目的形式在全国启动了新一轮中国烟草种植区划工作，项目由中国烟草总公司郑州烟草研究院牵头，并在云南、贵州、四川、山东、河南、福建和湖南等 7 个省开展典型区划研究，形成了中国烟草种植区划工作"1+7"的模式，即 1 个全国区划项目加上 7 个烟叶主产省的典型区划项目。经过将近 5 年的研究，利用新的研究技术和手段，完成了现时生产条件下的烤烟生态适宜性分区和烟草种植区域划分，形成了新一轮中国烟草种植区划。新一轮区划充分借鉴了已有研究成果，采用植烟土壤适宜性评价指标、烤烟气候适宜性评价指标、烤烟生态适宜性评价指标、烤烟品质评价指标、烤烟外观质量评价指标、烤烟化学成分评价指标、烤烟物理特性评价指标、烤烟感官质量评价指标、烤烟品质评价指标等体系，分为生态类型区划和种植区域划分。按照生态类型区划一般原则，将我国按烤烟生态适宜性划分为烤烟种植最适宜区、适宜区、次适宜区和不适宜区；区域区划采用二级分区制，将我国烟草种植划分为 5 个一级烟草种植区和 26 个二级烟草种植区（表 6-3）。

表 6-3　第三次种植和品质区划结果

一级区	二级区	一级区	二级区
Ⅰ 西南烟草种植区	Ⅰ-1 滇中高原烤烟区 Ⅰ-2 滇中高原黔西南中山丘陵烤烟区 Ⅰ-3 滇西高原山地烤烟、白肋烟、香料烟区 Ⅰ-4 滇南桂西山地丘陵烤烟区 Ⅰ-5 滇东北黔西北川南高原山地烤烟区 Ⅰ-6 川西南山地烤烟区 Ⅰ-7 黔中高原山地烤烟区 Ⅰ-8 黔东南低山丘陵烤烟区	Ⅳ 黄淮烟草种植区	Ⅳ-1 鲁中南低山丘陵烤烟区 Ⅳ-2 豫中平原烤烟区 Ⅳ-3 豫西丘陵山地烤烟区 Ⅳ-4 豫南鄂北盆地岗地烤烟区 Ⅳ-5 豫东皖北平原岗台地烤烟区 Ⅳ-6 渭北台塬烤烟区
Ⅱ 东南烤烟种植区	Ⅱ-1 湘南粤北桂东北丘陵山地烤烟区 Ⅱ-2 闽西赣南粤东丘陵烤烟区 Ⅱ-3 皖南赣北丘陵烤烟区	Ⅴ 北方烤烟种植区	Ⅴ-1 黑吉平原丘陵山地烤烟区 Ⅴ-2 辽蒙低山丘陵烤烟区 Ⅴ-3 陕北陇东陇南沟壑丘陵烤烟区 Ⅴ-4 晋北低山丘陵烤烟区 Ⅴ-5 北疆烤烟香料烟区
Ⅲ 长江中上游烤烟种植区	Ⅲ-1 川北盆缘低山丘陵晾晒烟烤烟区 Ⅲ-2 渝、鄂西、川东山地烤烟白肋烟区 Ⅲ-3 湘西山地烤烟区 Ⅲ-4 陕南山地丘陵烤烟区		

引自中国烟草总公司郑州烟草研究院（2010）《中国烟草种植区划》

（二）湖南烟草种植区划

湖南省位于我国东南腹地，长江中游，连接东部沿海省与西部内陆省的过渡地带，介于东经 108°47′~114°15′、北纬 24°38′~30°08′。湖南土地资源丰富，全省国土总面积 21.18 万 km²，约占全国总面积的 2.2%，宜农土地 788.79 万 hm²。地形地貌多样，垂直自然带分布明显，立体生态资源丰富。湖南大部分地方属中亚热带东部湿润季风气候区，其中湘南、湘东北分别兼有向南亚热带和北亚热带过渡的特征。四季分明，气候温和，光照充足，热量丰富，雨水充沛，无霜期长，具备优质烤烟生产的气候条件。湖南省是我国重要的烟区之一，全省常年种植烟草 7 万 hm² 左右，年产烟叶 15 万 t 左右。烟区主要分布在湘东南（郴州、永州、衡阳、长沙等）和湘西北（湘西自治州、张家界、怀化、常德等）两个生态区域。湘南烟区是中南烟区的典型代表，以烟稻轮作为主，所产烟叶香气浓郁、吃味醇和、风格明显，是生产中、高档卷烟的优质原料，销往全国各大卷烟工业企业。湘西烟区与黔、渝、鄂接壤，土壤气候条件与西南烟区相似，以旱土种植为主，所产烟叶香气质较好、配伍性强、可用性好，是省内外工业企业生产中、高档卷烟的重要原料基地。

种植区划以气候因子和土壤因子作为生态环境因子，在湖南烟草种植区划中，根据全国第三次烟草种植区划确定的指标原则，对多因子进行综合分析，确定气候权重为 0.65，土壤权重为 0.35，经过数据处理并加权叠加后得出湖南烟草种植区划（湖南烟草种植区划，2010）。

区划结果表明，湖南除滨湖地区外，其他大部分地方为烟草生长的适宜区、最适宜区。当前植烟的郴州、永州、湘西自治州、衡阳、长沙和张家界等市州均在最适宜区或适宜区内。首次发现湘西中南部自然生态资源优越，气象灾害发生频率较少，是烟叶生产最适宜区。结合烟叶品质特征，湖南烟区划分为湘西山地烟区、湘中低山烟区、湘东冈地烟区和湘南丘陵烟区四大烟区（图 6-1）。

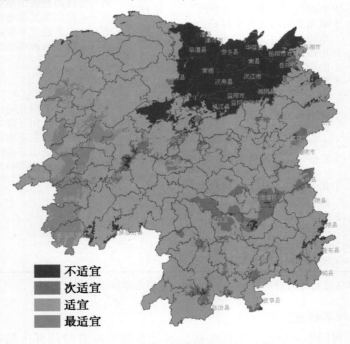

图 6-1　湖南烟草种植区划

1. 湘西山地烟区

湘西山地烟区位于湖南省西部，属云贵高原向东延伸的部分。北接湖北，西邻贵州、四川，南与广西接壤，东连湘中，介于东经108°47′～112°17′、北纬25°53′～30°08′，主要包括湘西自治州、张家界市、怀化市和常德市的部分地区，辖吉首市、泸溪县、凤凰县、花垣县、保靖县、古丈县、永顺县、龙山县、慈利县、桑植县、永定区、武陵源区、鹤城区、中方县、洪江市、沅陵县、辰溪县、溆浦县、会同县、麻阳苗族自治县、新晃侗族自治县、芷江侗族自治县、靖州苗族侗族自治县、通道侗族自治县、洪江区和石门县等。

（1）最适宜区　主要位于保靖县中东部大部分地区、永顺县南部部分地区、古丈县北部等地，泸溪县中东部、凤凰县东部、辰溪县绝大部分地区、新晃县中部局部地区、麻阳县西北部、鹤城区西北部、芷江市东部、黔阳县西北角、洪江市西部和会同县中西部等地（图6-2）。

图6-2　湘西山地中糖浓偏中香型烟区种植区划

（2）适宜区　主要包括石门县大部、慈利县大部、桑植县大部、龙山县大部、永定区大部、永顺县西北部、古丈县中部、花垣县中南部、凤凰县中西部和泸溪县北部等地。此外，还包括目前尚未植烟的沅陵县大部、溆浦县中部、麻阳县大部、芷江县中西部等地（图6-2）。

（3）次适宜区　次适宜区主要位于桑植县、龙山县、石门县等地高海拔地区，区域面积较少（图6-2）。

2. 湘中低山烟区

湘中烟区主要包括邵阳市，位于湖南省中部略偏西南，介于东经190°49′～120°06′，北纬25°28′～27°40′，辖武冈、邵阳、新邵、隆回、洞口、新宁、绥宁、城步、邵东9个县（市）和双清、大祥、北塔3个区。

湘中烟区是湖南最早发展烤烟的地区之一，1952年开始试种（邵阳县、武冈县等），农民有丰富的种烟经验。隆回县是湖南烟叶传统产区，种烟历史悠久，发展优势明显；1959年试种烤烟，20世纪80年代开始发展烟稻轮作，烤烟种植面积不断扩大，历史上最高年份1992年种植面积达到0.405万 hm²，产量0.75万 t。2008年，全区种植烟叶0.4万 hm²，收购烟叶0.938万 t，其中，隆回县0.346万 t，邵阳县0.355万 t，新宁县0.238万 t。主产烟县有隆回、邵阳、新宁，现有产烟乡镇25个。在稳定规模的基础上，该区积极与省内外中烟工业公司合作，先后与安徽、广西、湖南等中烟公司联办基地，并开展提高烟叶成熟度、烟叶增香提质等项目合作攻关。

该区域最适宜区面积较少，仅位于绥宁县西部的局部地方。适宜区面积较大，主要包括新邵县的西部、邵东县大部、隆回县大部、洞口县中南部、邵阳县、武冈县、绥宁县大部、新宁县大部、城步县大部。次适宜和不适宜区主要位于新邵县中北部、隆回县西北部、洞口县西北部、城步县西部和东部、新宁县西部等地（图6-3）。

为促进烟叶产业的可持续发展，该区规划基本烟田2万 hm²，其中，隆回县1万 hm²、邵阳县0.659万 hm²、新宁县0.453万 hm²。发展重点产烟乡镇15个，其中隆回县6个，分别为滩头镇、周旺镇、荷香桥镇、雨山铺镇、岩口乡和荷田乡；邵阳县5个，分别为河伯乡、塘田市镇、霞塘云乡、九公桥镇和塘渡口镇；新宁县4个，分别为丰田乡、高桥镇、马头桥乡和巡田乡。重点发展0.067万 hm²以上产烟乡镇5个，即隆回县的滩头镇、雨山铺镇、荷香桥镇，邵阳县的河伯乡、塘田市镇。自2010年，全区烟叶生产规模维持在1.5万 t规模水平。目前，烟水烟路配套工程、标准化烟草站建设、密集烤房推广、普通烤房改造工作正在稳步推进。

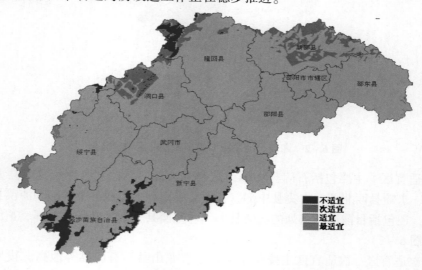

图6-3　湘中低山中糖浓香型烟区种植区划

（1）隆回县　隆回县位于湘中部稍偏西南，资水上游北岸，地处衡邵盆地向雪峰山地过渡地带，介于东经110°38′~111°15′、北纬27°00′~27°40′；县境自东南向西北呈阶梯式递升，形成南部丘冈区、西北山原区、北部山地区 3 个地貌区。境内山、丘、冈、平地貌类型齐全，其中山地占 40.35%，丘陵占 25.29%，冈地占 18.565%，山原占 7.53%，平原占 5.64%，水域占 2.63%。全县国土总面积 2 866km²，现有耕地面积 61 300hm²，其中，水田面积 44 620hm²，旱地面积 16 680hm²。

该县属中亚热带季风湿润气候区，气候温和，四季分明，雨量充沛，阳光充足。年平均气温 16.9℃，无霜期 280d，年降水量 1 299.6mm，年蒸发量 1 367.9mm，年日照时数 1 485.9h，日照百分率 35%。3 月 24 日稳定通过 10℃，年 ≥10℃ 的活动积温 5 312.3℃，最冷月（元月）平均气温 5℃，最热月（7 月）平均气温 28.1℃。据气象资料统计，烟草大田期降水量 688mm，日照时数 501h；成熟期降水量 291mm，日照时数 272h，高温日 4.3 天。总体而言，烟叶生长期降水适中，暴雨天气少，日照正常，高温天气不明显，气候条件较适宜烟叶种植。

全县土壤类型较多，主要分布有红壤、黄红壤、黄壤、黄棕壤、水稻土等。从土壤肥力分析结果来看，该县植烟土壤肥力水平偏低，土壤 pH 平均为 5.70，土壤有机质、氮、磷、钙、镁、锌含量分别为：28.47g/kg、1.79g/kg、14.29mg/kg、7.05cmol/kg、0.82cmol/kg 和 1.55mg/kg；土壤钾和硼含量较缺乏，分别只有 80.02mg/kg 和 0.18mg/kg。土壤适宜性评价结果表明，该区植烟土壤能适宜优质适产烟叶生产的需要，Ⅰ级最适宜的土壤面积占 48.89%，Ⅱ级适宜的土壤占 36.30%，Ⅲ级次适宜的土壤占 12.59%，Ⅳ级不适宜的土壤占 2.22%。

根据气候、土壤综合区划结果，全县除西北部外，其他大部分地方为烟草适宜种植区。次适宜区主要包括黄金井西部、南部、高洲西部、石桥铺西部、小沙江东部、新屋塘南部等。西北部高山地区为不适宜区，主要位于虎形山、小沙江、龙坪、新屋场、青山庙等山区乡镇（图 6 - 4）。

图 6 - 4　隆回县烟草种植区划

（2）邵阳县　邵阳县位于湖南省中部偏西南，邵阳市南部，资水上游。东接邵东、祁东，西抵武冈、隆回，南邻东安、新宁，北连新邵、邵阳市区。介于东经110°59′～110°40′、北纬26°40′～27°6′。县境处衡邵丘陵盆地西南边缘向山地过渡地带，地势南高北低。全县国土总面积1 992.45 km²，其中，丘陵占总面积的43.7%，山地占20.62%，平原占23.66%，冈地占10.92%。现有耕地面积61 040hm²，其中水田面积41 020hm²，旱地面积20 010hm²。

县境属中亚热带季风湿润气候区，气候温和，雨量充沛，阳光充足，生长季长。年平均气温16～17.8 ℃；年平均无霜期288天，年平均降水量1 255.3mm。据气象资料统计，烟草大田期降水量636mm，日照时数563h；成熟期降水量245mm，日照时数306h，高温日数5.6天。总体而言，烟叶生长期日照充足，高温天气较少，光温资源较好，但成熟期降水略显不足，水利条件较好的地方是重要的烟叶种植基地。

全县土壤主要分布有红壤、黄红壤、水稻土等。从土壤肥力分析结果来看，该县植烟土壤肥力水平适中，土壤pH平均为5.57，土壤有机质、氮、磷、钙、镁、锌含量分别为24.14g/kg、1.47g/kg、16.27mg/kg、6.60cmol/kg、0.65cmol/kg和1.23mg/kg；土壤硼含量较缺乏，只有0.16mg/kg。土壤适宜性评价结果表明，该区植烟土壤能适宜优质适产烟叶生产的需要，Ⅰ级最适宜的土壤面积占57.14%，Ⅱ级适宜的土壤占23.81%，Ⅲ级次适宜的土壤占14.29%，Ⅳ级不适宜的土壤占4.76%（图6-5）。

图6-5　邵阳县烟草种植区划

（3）新宁县　新宁县位于湖南省西南部，东连东安，西接城步，南邻广西全州和资源县，北靠武冈和邵阳县，介于东经 110°28′～111°18′、北纬 26°13′～26°55′。该县属五岭山区，县境东南以越城岭山脉为屏障，西南以雪峰山余脉为依托，东北与衡邵盆地接壤，形成东南高、西北低的倾斜地势。全县国土总面积 2 812km²，其中山地 18.15 万 hm² 占总面积的 65.86%，丘陵 5.51 万 hm² 占 19.98%，冈地 1.42 万 hm² 占 5.16%，平原 1.41 万 hm² 占 5.14%，水域 0.87 万 hm² 占 3.16%。现有耕地总面积 37 480hm²，其中，水田 26 780hm²，旱地 10 700hm²，园地 9 022.47hm²，林地 159 840.87hm²，牧草地 898.13hm²。

全县属中亚热带季风湿润气候区。气候温和，雨量充沛，光热充足，年平均气温 17.0℃，年平均降水量 1 360.6mm，年平均日照时数为 1 414.3h，日照百分率为 32%，年平均无霜期 291 天。据气象资料统计，烟草大田期降水量 678mm，日照时数 531h；成熟期降水 265mm，日照时数 285h，高温日 4.7 天。总体而言，烟叶生长期日照较多，高温天气较少，但成熟期降水略显不足，山谷盆地气候宜人，是天然的烟叶种植基地。

该县土壤主要有红壤、黄红壤、黄壤、山地黄棕壤、水稻土等。从土壤肥力分析结果来看，该县植烟土壤肥力水平较高，土壤 pH 平均为 6.06，土壤有机质、氮、磷、钾、钙、镁、锌含量分别为 22.09g/kg、1.43g/kg、14.27mg/kg、162.49mg/kg、7.22cmol/kg、0.77cmol/kg 和 2.04mg/kg；土壤硼含量较缺乏，只有 0.15mg/kg。土壤适宜性评价结果表明，该区植烟土壤能适宜优质适产烟叶生产的需要，Ⅰ级最适宜的土壤面积占 57.45%，Ⅱ级适宜的土壤占 34.04%，Ⅲ级次适宜的土壤占 6.38%，Ⅳ级不适宜的土壤占 2.13%。

根据气候、土壤综合区划结果，全县绝大部分为烟草种植适宜区，只有西南、东南山区由于地势较高，阴雨天气较多，为烟草不适宜种植区，主要包括石门西南部、黄金瑶族乡的南部和西部、麻林瑶族乡的西南部和东南部及县域东南部的一些乡镇（图 6-6）。

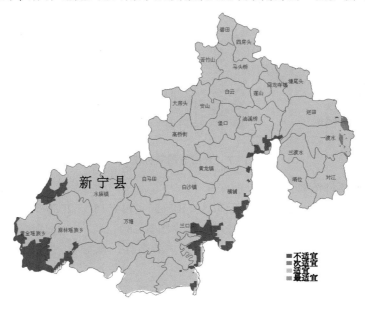

图 6-6　新宁县烟草种植区划

（4）武冈市　武冈市位于湖南省西南部，处在邵阳市西南五县（市）中心，素有

"黔巫"要地之称。全市总面积 1 549 km²，辖 19 个乡、镇、街道办事处，共 74 万人口。武冈位于雪峰山东南麓与南岭山脉北缘，属湘南丘陵区向云贵高原隆起的过渡地带。境内有天子山、照面山海拔千米以上大的山系五处，有国家森林公园云山。地形地貌多样，有独特小气候的山丘冈地平原齐全。全市有耕地 3.66 万 hm²，水田占耕地的80%，有林地面积 6.13 万 hm²，宜牧草山坡 59.4 hm²，草埂 1.47 万 hm²，水域面积0.568 万 hm²。其中，山塘水库面积 0.292 万 hm²。

全市属中亚热带季风湿润气候区。气候温和，雨量充沛，光热充足，年平均气温16.6℃，年平均降水量 1 379.9 mm，年平均日照时数为 1 488.6 h，日照百分率为 34%，年平均无霜期 269 天。据气象资料统计：烟草大田期降水量 682.7 mm，日照时数 522 h；成熟期降水 276.2 mm，日照时数 280.3 h，高温日 3.7 天。总体而言，烟叶生长期日照较多，高温天气较少，但成熟期降水略显不足，山谷盆地气候宜人，是天然的烟叶种植基地（图 6 - 7）。

图 6 - 7 武冈市烟草种植区划

3. 湘东冈地高钾浓香型烟区

湘东烟区位于湖南省东部，介于东经 110°45′ ～ 114°15′、北纬 26°28′ ～ 29°45′，主要包括长沙市、常德市和衡阳市的部分地区（图 6 - 8）。

（1）适宜区 主要包括浏阳市、宁乡县、衡南县、衡阳县、桃源县、茶陵县的大部分区域。

（2）次适宜区 主要位于浏阳市南部局部区域、宁乡县西北角、桃源县南部和东部局部区域、衡南县南部局部区域、衡阳县东南部等地。

（3）不适宜区 主要位于临澧滨湖地区和桃源高海拔地区。

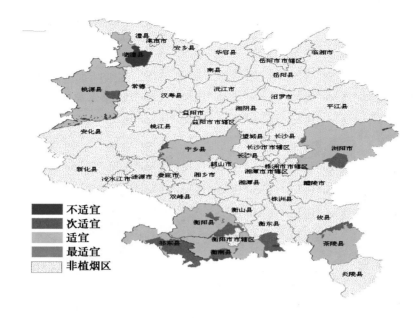

图6-8　湘东冈地高钾浓香型烟区种植区划

4. 湘南丘陵高钾浓香型烟区

湘南丘陵高钾浓香型烟区主要包括郴州、永州两市和衡阳市部分县，位于湖南省南部，介于东经110°1′~114°13′、北纬24°38′~26°51′。

根据气候、土壤状况，该区可以划分为适宜区、次适宜区和不适宜区。总体而言，该区适宜烟叶种植面积较大，只有个别县市的局部区域不适宜植烟（图6-9）。

（1）适宜区域　主要包括常宁市大部、耒阳市中南部、安仁县大部、永兴县、桂阳县大部、临武县大部、宜章县大部、新田县大部、宁远县大部、嘉禾县东部和西部、蓝山县中东部、道县大部、江永县大部、江华县大部等地。

（2）次适宜区　常宁市中北部、耒阳市中北部、安仁县西北角、桂阳县西北角、临武县西南部、宜章县南部、新田县北部、宁远县北部和南部、嘉禾县中部、蓝山县西部、道县东南部、江永县北部和江华县北部的局部区域。

（3）不适宜区　面积较少，主要分布在耒阳中部局部区域、宁远县南部局部区域、宜章县南部局部区域、江华县南部高海拔地区。

资料摘引自湖南省烟草专卖局（公司）编（2010）《湖南烟草种植区划》。

（三）质量风格定位与品质类型区划

在我国烤烟生产发展过程中，不同的烟草种植区域已初步形成了一些具有一定地域特点的特色风格的烟叶类型。历史上形成了享誉国内外的以江川和玉溪为代表的云南烤烟，以永定为代表的福建烤烟，以贵定为代表的贵州烤烟，以襄城、郏县为代表的河南烤烟，以山东青州、临朐为代表的青州烟等，这些都是知名度较高和特色突出的优质烟叶。目前，随着中式卷烟品牌发展和国家烟草专卖局"532"和"461"知名品牌战略的实施，卷烟上水平的深入推进，各地烟草工业公司及商业企业能否在这次变革中独领风骚，关键在于对烟叶特色的挖掘和发挥。近年来，伴随中式卷烟品牌原料特色的深入研究，一些烟草产区在传统浓香型、中间香型和清香型三大香型的基础上，提出了新的香型风格概念，例如皖南的"焦甜香"，湖北的"甜雅香"、"淡雅香"，四川凉山的"清甜香"和贵州的"醇甜香"等，这是对我国地域差异的烟叶香型风格特色的进一步丰富，促进了特色优质烟叶的生态区域定位及其特色彰显的深入发展。

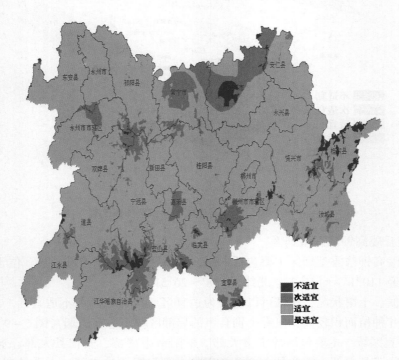

图6-9 湘南丘陵高钾浓香型烟区种植区划

2011年开始，国家烟草专卖局在全国启动新一轮特色优质烟叶开发项目，以特色优质烟叶开发重大专项形式在烟草行业开展特色优质烟叶研究，并依据清香型、浓香型、中间香型3个香型区域划分为基础，将全国主要烤烟产区划分为3个项目组开展更为详细研究。在研究的基础上，开展不同风格特色区域划分，区域特色定位，延伸开展区域烟叶品质区划，跟踪区域烟叶工业利用研究，以基地单元形式开展品牌导向型基地单元建设与开发。

由于我国烟草分布范围极为广泛，3个香型划分方法无法详细阐述不同生态区域烟叶风格特色，也不能进行多区域烟叶风格特色的定位。特色优质烟叶开发重大专项经过几年的研究，在3个香型传统划分的基础上，根据烟叶质量风格特点、生态区域关键指标特征，将清香型、浓香型和中间香型产区划分为多个不同烟叶风格特色区域。

1. 中间香型区域划分

传统中间香型区域划分原则，是依据清香型和浓香型选择划分剩余地区为依据，即在我国烤烟全部区域之内，依据清香型和浓香型风格划分出清香型烟叶产区和浓香型烟叶产区之后的剩余区域，不管什么风格都归属于中间香型风格，都认为是中间香型区域。这种对中间香型的历史上的划分方法，是简单地采用剩余归类原则，未引入生态因子是影响烟叶风格特色的关键因素原则，也未依据不同生态区域烟叶风格特色差异原则划分，使得整个我国西部大部分区域、北部烟区大部分区域、东部和东北烟区都包含在中间香型区域之内，无法详细解释中间香型烟叶风格特色的内涵。由于中间香型产区生态跨度太大，也无法研究生态条件与烟叶风格特色的关系，无法采用生态决定特色原则去选择典型产区风格烟叶。近年来的特色优质烟叶开发重大专项初步研究结果认为，根据地域关键生态条件一致性和地域之间关键生态条件差异性原则，结合我国传统中间香型区域可以初步划分为贵州中部山区、武陵山区、秦巴山区、山东产区、东北产区、云贵高原东部延伸区等6个典型生态区域（表6-4）。6个生态区域烟叶香型风格存在较突出差别，在中式卷烟配方中也扮演了不同的原料角色。

表6-4　中间香型生态区域划分

区域划分	包括的主要的产烟县（市）
Ⅰ 武陵山区	该区域包括贵州省东部和北部的烤烟县（市），代表性产区德江、道真等；湖北省恩施州所属的咸丰、利川、宣恩、来凤、鹤峰，湖南省西部、北部的桑植、凤凰、龙山、保靖，重庆市所属的全部烟区，代表性产区为彭水、武隆、石柱等。
Ⅱ 贵州中部山区	贵州省中部山区包括贵州省中部的多数烤烟县（市），代表性植烟区有遵义、黔西、贵定、开阳、西秀、余庆、凯里、瓮安、凤冈、思南、湄潭、务川等。
Ⅲ 秦巴山区	陕西省南部的安康市全部，汉中市全部，湖北省宜昌市全部，十堰市全部，恩施州北部的巴东、保康、巫山、巫溪、奉节、秭归、正宁、徽县、镇安等。
Ⅳ 山东产区	山东产区主要是临沂市、淄博全部和潍坊市部分。
Ⅴ 东北产区	包括东北的黑龙江省、吉林省、辽宁省的全部植烟区，代表性产烟县有宁安、宽甸、汪清、蛟河、凤城、西丰、宝清、林口、镇赉等。
Ⅵ 云贵高原东部延伸区	该区域包括云贵高原向东北延伸过渡地带，其中有贵州东南部的天柱，湖南西南部的靖州、芷江、隆回、邵阳、新宁等。

摘引自《中间香型生态基础研究2013年度报告》

2. 清香型区域划分

将传统清香型产区初步划分为4个亚区，其中，云南中东部地区为清香Ⅰ型亚区，福建为清香Ⅱ型亚区，四川和云南西部的丽江地区划为清香Ⅲ型亚区，贵州西南部划分为清香Ⅳ型亚区（表6-5）。

表 6 – 5　清香型产区划分

产区划分	类型	主要包括地区
清香Ⅰ型	第一类	第一类清香型产区包括：大理、楚雄、玉溪、昆明、曲靖、昭通、普洱、红河、文山共 9 个产区。
	第二类	第二类清香型产区包括：丽江（玉龙、永胜、华坪、宁蒗）、保山（龙陵、昌宁、腾冲、施甸、隆阳区）、德宏（盈江、陇川等）、临沧（云县、耿马、凤庆、镇康、永德、双江、沧源、临翔区）共 4 个产区作为第二类清香型烟叶产区。
清香Ⅱ型	—	福建全部产区。
清香Ⅲ型	—	丽江、凉山、攀枝花产区。
清香Ⅳ型	—	毕节、六盘水、安顺、黔西南部分产区。

摘引自《清香型特色优质烟叶评价及区域定位研究 2013 年度报告》

3. 浓香型区域划分

浓香型产区烟叶风格特色划分为 3 个香型风格区，即浓香型焦香干草香风格区（亚型Ⅰ）、浓香型坚果香正甜香风格区（亚型Ⅱ）和浓香型木香辛香风格区（亚型Ⅲ）（表 6 – 6）。

表 6 – 6　浓香型亚区划分

类型	区域名称	包括地区
亚型Ⅰ	焦香干草香区	主要包含河南省许昌市、洛阳市、三门峡市和平顶山市全部地区、南阳市的大部分地区；广东省韶关市的全部地区、清远市的西北部；湖南省衡阳市和永州市大部分地区、郴州市的西部地区；江西省抚州市的西北地区、吉安市东北角的小部分地区以及赣州市的最西北部；广西贺州市的极小部分地区。
亚型Ⅱ	坚果香正甜香区	包含河南省济源市和郑州市的西南角小部分地区、南阳市的东南地区、商丘市、周口市、漯河市、驻马店市和信阳市的全部地区；广东省清远市除东南地区；安徽省阜阳市除了西北部的全部地区、无为县、芜湖市、宣城市、池州市、黄山市的全部地区；湖南省长沙市全部地区、株洲市的北部地区、衡阳市的西北地区、永州市的偏西部、郴州的西部地区；江西省抚州市的东南地区、吉安市和赣州市的绝大部分地区；山东省日照市的大部分地区；陕西省商洛市的东北大部分地区；广西贺州市大部分地区。
亚型Ⅲ	木香辛香区	浓香型木香辛香风格区（亚型Ⅲ）包括河南省济源市和郑州市的绝大部分地区；广东省梅州市的绝大部分地区；安徽省阜阳市的西北部；山东省莱芜市的西部地区、潍坊市和青岛市的全部地区、日照市的西北部地区；陕西省延安市、咸阳市和宝鸡市的全部地区、商洛市的西北边角地区；广西昭平县。

摘引自《浓香型特色优质烟叶评价及区域定位研究 2013 年报告》

二、特色优质烟叶品牌开发

品牌是一种名称、术语、标记、符号或者设计及其组合，其目的是借以辨认某个销售者或某群销售者的产品或服务，并使之与竞争对手的产品和服务的区别。品牌的要点是销售者向购买者长期提供的一组特定的特点、利益和服务。最好的品牌传达的是产品质量的保证，在现代市场的竞争中，竞争力的综合表现主要体现在品牌上。品牌是质量的象征，是企业形象和产区形象的象征，也是市场认可的象征，尤其对于烟草行业来讲，品牌更是竞争力的核心。品牌要有鲜明的质量特色、较好的产地生态条件、完善的生产基础设施、规范的生产技术要求、较高的科技投入能力、适度的生产规模、良好的市场信誉和长远的发展规划。通过明确烟叶风格特征定位，加强过程控制，生产特色鲜明、质量稳定、满足中式卷烟发展要求的名牌烟叶，是全国各产区特色优质烟叶研究与开发的不懈追求和努力方向。

特色优质烟叶是指具有鲜明地域特点和质量风格，能够在卷烟配方中发挥独特作用的烟叶，是保障品牌烟叶生产的核心技术，构建烟叶原料体系的重要组成部分，也是开发中式卷烟品牌的重要原料保证。特色优质烟叶品牌的开发是一项系统工程，需要以区域生态条件为基础，以特色为核心，进行全方位的探索和创新。针对不同烟区的实际情况，明确当地烟叶风格特色，形成不同风格特色烟叶的区域定位和定向生产技术，建立适应中式卷烟发展需要的特色优质烟叶原料生产供应体系，满足中式卷烟对烟叶原料多样化的需求，实现全国不同产区烟叶生产的可持续发展。目前，在全国烟草行业原料基地化生产发展模式带动下，借助行业特色优质烟叶开发重大科技专项的引领，云南、湖南、湖北、四川、山东、河南、广西壮族自治区（全书简称广西）、安徽等烟区已相继开展了特色优质烟叶品牌的开发工作，伴随品牌导向型原料基地建设，卷烟工业企业积极参与，进行工业验证，工商紧密配合，不断完善技术和管理措施，有力地促进了我国不同烟叶产区生产水平和烟叶质量的提高，相继推出了"金三明"、"沂蒙山"、"金攀西"、"清江源"、"金神农"、"鹤源"等一批代表性优质烟叶品牌，引领特色优质烟叶品牌的开发工作在全国烟区陆续全面展开。

"沂蒙山"烟叶品牌开发通过对沂蒙山区生态条件、烟叶质量状况、工业利用评价进行分析，开展综合配套技术研究，优化生产布局，建立优质烤烟生产技术和管理规范，初步形成优质烤烟生产和卷烟产品开发相结合的共同发展模式。"金攀西"烟叶品牌开展了四川攀西地区自然条件、烟叶种植基础等综合调查研究，确定了"金攀西"优质烟叶种植区域，开展关键技术深化研究，建立"金攀西"烟叶生产技术规范，完成了烟叶品牌保障体系建设和工业利用研究。"金神农"特色烤烟开发以卷烟品牌需求为导向，建立烟叶质量评价指标和方法体系，明确质量目标定位。围绕质量目标，优化种植布局，实现生产区域定位。根据质量目标和区域生态，优化集成生产技术，实现生产技术定位。依托目标定位、区域定位和技术定位，突出风格，彰显特色，实现市场定位，实现了"金神农"烟叶品牌的可持续发展。"清江源"烟叶品牌开发通过大力实施"1135"工程，取得了一批研究成果，对"清江源"烟叶品牌进行了准确定位，通过项目研究解决了"清江源"烟叶生产的技术关键问题，为"清江源"特色优质烟叶品牌的建设和发展，建立卷烟品牌导向型的优质烟叶原料基地，提供了强有力的支撑。通过"清江源"特色优质烟叶品牌开发，基本形成了原料供应基地化、烟叶品质特色化、生产方式现代化，实现了"清江源"烟叶品牌与"黄鹤楼"、"芙蓉王"、"利群"等知名卷烟品牌的有效对接，有力地推动了原料保障上水平。

三、卷烟品牌原料保障体系

随着卷烟工业的迅猛发展和"中式卷烟"的提出，在当前市场激烈竞争的大环境中，卷烟市场的竞争是品牌的竞争，而优质原料是提高品牌质量的关键，是做精、做强、做大品牌的保证，也是提高产品竞争力的基础。具有稳定的烟叶供应渠道，具有数量充足、质量可靠的原料资源，可以保持卷烟产品内在质量的稳定，有利于卷烟品牌在新一轮的竞争中占有主动，并保持稳定和发展。构建卷烟工业烟叶原料质量保障体系，稳定和提高中式卷烟的原料质量是卷烟品牌长久不衰的重要保证。

卷烟原料质量由烟叶的田间生产、烘烤、分级、收购、工商交接、打叶复烤、仓储保管等环节的质量控制保证。构建卷烟工业烟叶质量保障体系应该从烟叶生产过程、烟叶加工过程、烟叶运输过程、烟叶仓储保管过程的各个环节，由烟叶生产者和使用者共同把握，采取综合有效的措施进行质量控制，才能满足卷烟工业对烟叶原料的质量需求。

中国烟区存在生态多样性、经济发展状况、生产条件和生产技术水平差异，以及其他因素的影响，形成各地烤烟的不同风格特色。构建优质原料保障体系的核心就是根据重点骨干品牌发展需要，选择符合骨干品牌发展规划的特色优质烟叶原料基地，由工业企业根据自身卷烟品牌对原料的要求，提出发展目标和烟叶质量的导向型改进意见；产地烟草公司作为烟叶生产的组织者和生产经营管理者，围绕工业需要发展烟叶生产，围绕品牌需求培育特色的理念，按照工业企业对烟叶原料的质量需求组织烟叶生产，制定配套的烟叶生产技术措施，有针对性地开展技术攻关，联合科研单位共同制定烟叶生产技术方案，改进烟叶质量，生产符合卷烟品牌目标的原料。在烟叶生产过程中，建立系列质量控制标准，强化烟叶生产质量过程监控与目标完成考核管理，以标准化管理为核心，在烟叶生产标准基础上，细化现代烟草农业标准，与卷烟品牌导向原料基地相结合，构建三级标准体系，实现基地烟叶生产标准与卷烟品牌的有效对接。同时，要进一步完善烟叶质量跟踪和反馈体系，形成快速响应机制，不断改进烟叶质量，逐步达到品牌导向型原料质量目标。生产过程质量控制，烟叶质量跟踪与反馈，烟叶质量改进等过程有机结合，综合形成卷烟品牌导向的原料保障体系。

四、品牌导向型基地单元建设

（一）品牌导向型基地单元

基地单元是指卷烟工业企业与产地烟草公司共同协商，根据卷烟品牌原料需求特点，将产区生态条件、烟叶生产水平、烟叶风格特色与质量水平、生产过程管理基础基本一致的区域，划分为烟叶生产的基本单元，构成卷烟品牌导向型烟叶生产基地单元。基地单元是烟叶生产专门化、原料供应基地化、烟叶品质特色化和生产方式现代化的有效载体，也是烟叶生产资源配置、生产基础设施建设、烟叶生产过程实施、烟叶生产过程质量控制、烟叶生产环节基层管理、工商合作的基本单位。烟草工商企业联合共建品牌导向型烟叶基地单元，是现代烟叶生产的发展方向，是实现烟叶产销有机衔接、稳定供求关系、促进工商双方协调发展的重要措施，是优化生产资源配置方式的有效途径，是稳定烟叶生产发展、原料保障水平的重要载体。

基地单元建设紧紧围绕烟草行业卷烟上水平基本方针和战略目标，以行业知名品牌需求为导向，以烟区农业现代发展为统领，按照整县推进、单元实施的总体发展思路，不断提升基地单元建设水平，推动实现原料供应基地化、烟叶品质特色化和生产方式现代化，努力实现原料保障上水平。本着工商双方相互依存、平等互利、优势互补、共同发展的基地建设原则，基地单元烤烟生产发展要以烤烟生产服从和服务于卷烟生产的总体方针，以工业需求为导向，根据卷烟工业品牌的扩张与发展需求，结合烟区的生态条件，科学规划、合理布局、增加投入、强化管理，大力推广普及先进实用技术，努力提高烤烟生产水平，促进基地单元烤烟生产持续、稳定、健康发展，为卷烟品牌建立稳定的原料供应体系。基地单元发展要以卷烟企业产品结构调整和发展方向为导向，以卷烟企业对烟叶质量的要求为目标，以烟叶生产可持续发展为前提，强化组织领导，调整和完善生产技术措施，提高烟叶质量调控水平，跟踪卷烟品牌的扩张需求扩大生产规模，持续稳定保障优质原料供应，真正将烟叶生产基地单元建设成为卷烟工业企业的第一生产车间。

目前，全国各个烟草产区基地单元建设工作，按照品牌导向明确、工商协同密切、质量明显提高、供应长期稳定的要求正在有序展开，卷烟工业企业的积极性明显提高，产地商业企业的主动性明显增强，工商之间协调合作明显加强，品牌发展有效引导基地建设的新机制初步建立。全国主要烟叶产区和18家工业公司全部参与基地单元建设。基地单元建设形成了层次分明、管理有序的局面，其中，包括国家烟草专卖局总体调控层面的精益生产试点基地单元、特色优质烟叶开发基地单元和现代烟草农业基地单元，省级烟草公司调控的基地单元和工、商企业双方合作建设的基地单元，充分体现了卷烟工业品牌主导，产区公司主体，科研院所作为技术依托单位的科技主力作用。

到2014年，全国共落实基地单元500多个，特色优质烟叶开发扎实推进，更加注重生态环境，合理调整开发布局。为全面推进和不断规范基地单元建设，持续提升基地单元建设水平，努力实现原料供应基地化、烟叶品质特色化和生产方式现代化，扎实推动原料保障上水平，国家烟草专卖局于2011年印发了基地单元建设工作规范，明确了基地单元建设标准以及基地单元运作模式，详细制定了基地单元建设各个环节的要求以及工作流程，到2015年计划建成600个以上的烟叶基地单元。随着烟叶生产基地化建设推进，将实现烟叶生产规模化种植、集约化经营、专业化分工、信息化管理局面，为中式卷烟生产发展提供稳固的原料保障渠道。

（二）邵阳品牌导向型基地单元

品牌导向型基地单元建设是原料保障上水平的关键举措，是原料供应基地化的首要任务。在邵阳基地品牌导向型基地单元建设的过程中，工商研三方紧紧围绕利群、双喜和真龙品牌的原料需求组织生产，以现代烟草农业建设为统领，以工业主导、商业主体、科技主力的理念为指导，按照基地共建、生产共抓、资源共享、品牌共创、发展共赢的工作目标，积极推进品牌导向型基地单元建设各项工作的落实。

1. 品牌导向型基地单元建设规划

根据"十二五"规划总体目标，邵阳特色烟叶产业带共划定6个基地单元（图6-10），其中，隆回县2个基地单元，分别为雨山基地单元和荷香桥基地单元，雨山基地单元下辖雨山铺镇、滩头镇、岩口镇、周旺镇，对口浙江中烟工业有限公司利群品牌，该基地单元2012年被中国烟叶公司批准为国家级基地单元。荷香桥基地单元下辖荷香桥镇、六都寨镇、荷田乡、横板桥镇、石门乡、西洋江镇，规划对口红塔集团红塔山品牌。邵阳县2个基地单元，分别为塘田基地单元和河伯基地单元，塘田基地单元下辖塘田市镇、白仓镇、塘渡口镇、九公桥镇、黄塘乡、黄荆乡，规划对口广西中烟工业有限责任公司真龙品牌。河伯基地单元下辖河伯乡、金称市镇、霞塘云乡、小溪市乡，对口广东中烟工业有限责任公司双喜品牌，该基地单元2013年被中国烟叶公司批准为国家级基地单元。新宁县2个，分别为高桥基地单元和马头桥基地单元，高桥基地单元下辖高桥镇、安山乡、清江乡，规划对口湖南中烟工业有限责任公司芙蓉王品牌或白沙品牌。马头桥基地单元下辖马头桥镇、回龙镇、巡田乡、丰田乡、一渡水镇，也规划对口为湖南中烟工业有限责任公司芙蓉王品牌或白沙品牌。

2. 品牌导向型烟叶基地单元建设现状

近年来，邵阳烟叶始终秉承质量优先、诚信经营、互惠互利的理念，与各工业企业全面合作，为工商共建基地单元创造良好的氛围与条件。2011年，邵阳市烟草公司与浙江中烟工业有限责任公司达成了隆回县雨山基地单元建设协议，实现了邵阳市基地单元建设零的突破。2012年广东中烟工业有限责任公司在邵阳县建立了河伯基地单元，湖南中烟工业有限责任公司在新宁县建立了高桥基地单元。邵阳市品牌导向型基地单元建设取得了快速发展。

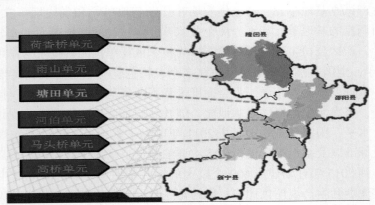

图6-10　邵阳烟区基地单元建设"十二五"规划

3. 品牌导向型基地单元建设措施

在烟叶生产过程中，按照基地共建、生产共抓、资源共享、品牌共创、发展共赢的整体思路，工业企业主动参与，深度介入到烟叶生产的全过程，不断提升烟叶生产的整体水平。一是制定基地发展规划。在烟叶基地建设的过程中，与工业企业签订了基地建设开发协议和优质烟叶基地建设合作协议等，根据工业企业的品牌特色与原料需求，制定科学合理的基地发展规划。二是落实基地五定，即定质量目标、定单元布局、定特色品种、定种植规模、定人员，工业企业科技人员全面参与，深度介入烟区烟叶生产，从烟草育苗到大田移栽，从田管到采烤、收购，重点关注关键环节技术到位率，确保优质烟叶生产顺利进行。三是开展技术合作，工商研合作，共同开展了一批旨在解决烟叶生产实际问题、彰显基地烟叶特色、具有代表性的科研专项课题，对提升当地烟叶质量水平和优质烟叶使用水平起到了积极作用；四是开展基地烟叶质量评价工作，工业企业每年定点取样，开展质量跟踪评价，定期进行评价结果反馈，及时调整生产技术方案，全面提高烟叶内外在质量。为了提高烟叶质量，采取以下具体措施。

（1）强化培训、提高技术到位率　现代烟草农业基地单元建设是一项系统、全面、技术要求高的工作，而邵阳烟区是新兴的烟区，技术力量相对较为薄弱、烟农种烟水平也不高，针对这些主要问题，工商研三方制定了系统的培训工作方案，积极采取送出去、请进来、工商研合作的方式加大对产区技术队伍的培训力度，对站点技术人员和烟农开展多种类型的技术培训指导活动，包括集中学习、现场会培训、深入田间指导等。同时，对一线技术人员和烟农主要进行了育苗、移栽、田管、采收烘烤、分级扎把，以及入户预检预验、信息一体化等一系列的理论加实际操作培训。并及时解决生产中经常出现的疑难性的、突发性的技术问题，消除了技术障碍，提高了技术落实到位率。

（2）联合攻关、加大科技投入　工商双方根据基地工业品牌烟叶原料质量的要求，结合基地单元的烟叶质量状况、生态条件、土壤质地、轮作制度、生产水平等因素，制定切合单元实际的科研方案和技术体系，联合科研院校开展了科技创新研究，开展重点关键技术攻关、基地技术指导、基地成熟技术推广，强化品牌基地单元原料质量的全过程追踪，突出烟叶风格特色，确保了烟叶原料合格率高、可用性高、纯度好、质量相符性好、均匀性好，安全、优质与稳定。

（3）加大投入、力促现代化　加大投入促进基础设施现代化，坚持政府主导、烟草主体、部门配合的原则，整合资源，加大投入，在导向型基地单元内建设配套完善的烟水、烟路、密集烤房、烟站、两场（育苗和烘烤工场）等烟叶基础设施，推行烟水、烟路建设网络化，基本实现排灌自动化，农事操作便利化，合作服务多样化，烟叶收购流程化。同时，邵阳市烟草公司加强与气象、农业等部门合作，建立烟叶防灾减灾预报体系，在基地单元内建立气象观测网和病虫害预报测报点，提高基地烟区灾害预报水平和抗灾能力，减少烟农灾害损失。

优化流程促进专业服务现代化，着力发展烟用农机配套、服务优质、运作高效的烟农专业合作社。隆回县金源烟叶专业合作社按照机耕、育苗、植保、烘烤、分级、运输六统一的要求，下设六个专业服务队，优化流程，加强协作，对烟农社员实行专业化、精细化服务；按照烟叶生产标准化体系要求，专业服务实行标准化作业，提高技术到位率；按照减轻劳动强度的要求，专业服务实行机械化作业，实现烟农社员减工降本增效；按照良好农业操作规范的要求，专业服务实行科学化作业，实现肥料、农药等烟用物资精准投放。

提高效率促进经营管理现代化，在导向型基地单元推行烟叶种植规模化、经营集约化、管理信息化，提升烟叶规模化生产水平。依托烟叶专业合作社等生产组织模式，集中土地连片种植，提高生产管理水平和增加生产效益。

参考文献

[1]中国农业科学院烟草研究所．中国烟草栽培[M]．上海：上海科学技术出版社，1963．

[2]中国农业科学院烟草研究所．中国烟草栽培[M]．上海：上海科学技术出版社，1987．

[3]中国烟草总公司郑州烟草研究院．中国烟草种植区划[M]．北京：科学出版社，2010：74－145

[4]湖南省烟草专卖局(公司)．湖南烟草种植区划[M]．长沙：湖南地图出版社，2010．

[5]中间香型特色优质烟叶生态基础研究课题组．中间香型生态基础研究 2013 年度报告[C]．2013 年12 月．

[6]清香型特色优质烟叶生态基础研究课题组．清香型特色优质烟叶生态基础研究 2013 年度报告[C]．2013 年 12 月．

[7]浓香型特色优质烟叶生态基础研究课题组．浓香型特色优质烟叶生态基础研究 2013 年报告[C]．2013 年 12 月．

第七章　特色优质烟叶集约化生产技术

集约农业是农业中的一种经营模式，是把一定数量的劳动力和生产资料集中投入到较少土地上，采用集约方式进行农业生产。集约化经营的目的是从单位面积的土地上获得更多的农产品，提高土地生产率和劳动生产率。特色优质烟叶集约化生产目前主要表现在生产物资的集中供应，生产物资的质量保证，关键生产环节的集中作业等方面。邵阳烤烟生产正在以规模化种植、机械化作业、信息化管理为基本要素，以两头工厂化、中间专业化为基本特征开展特色烟叶生产。

第一节　生产物资供应与质量保障

随着烟草企业朝着做精、做强的方向发展，对烟叶生产管理更要精细化、高效化，作为特色优质烟叶集约化生产的保障，烟叶生产物资供应更需通过多种途径来达到优质和有序保障。

一、种子

特色优质烟叶集约化生产的第一步是烟草种子的准备，实现烟草生产集约化育苗，离不开优良种子。因此，良种繁育、加工和保存是决定集约化育苗的基础。湖南邵阳烟区 2005 年起全面实行集约化漂浮育苗技术，2014 年烤烟生产用苗 60% 是专业化的育苗工厂生产的。

二、肥料

肥料的准备以及科学施肥是优质烤烟生产所必需的。在烤烟生长发育过程中，只有适量、适时的供给烟株营养，才能使烟株的生长发育协调，满足烟叶品质和产量形成的需要。烟草的营养特性、肥料性质以及土壤性质是烟草科学合理施肥的主要依据。矿质营养理论、养分归还学说、最小养分律、报酬递减律和因子综合作用律是烟草营养与施肥的理论基础。邵阳烟草生产主要应用烟草专用有机－无机肥料。从肥料的采购到肥料的科学使用都有一系列保障措施。肥料的使用量是相关专家根据当地土壤检测结果而定制的配方。

三、地膜

地膜覆盖在邵阳烟草上的应用最早始于 20 世纪 90 年代，首次使用面积为 1 000 亩。

随后逐年成倍增长。现在采用的地膜主要是普通地膜，从地膜的采购到使用都根据当地烟田的实际，以及烤烟生产的需要而进行的。地膜覆盖技术主要是针对本地烟草移栽期的低温而推广的。烟田使用地膜全部通过集中采购，统一供给方式，由烟草公司及所属机构集中供应农户。

四、农药

烟草病虫草防治用药，以及苗床灭菌用药剂和抑芽剂的选择与应用都是按照"中国烟叶公司烟草农药使用的推荐意见"中推荐的农药种类购买的。并且购买是通过湖南省烟草专卖局统一公开招投标确定的。生产过程农药的供应由统一渠道，严格控制质量和使用方法。

第二节　品种筛选与优化布局

根据邵阳地理位置和自然气候条件，以及卷烟工业的需要进行烟草品种种植布局，紧紧围绕 3 个植烟县多个乡镇的烟区气象特征、土壤养分特征、品种生长与海拔适应性、海拔敏感性与新品种筛选、新老品种轮种、水平布局与立体种植等措施，开展不同的品种优化布局。

一、优良品种筛选技术

（一）烟草优良品种的作用

1. 品种的概念

品种是人类在一定的生态条件和经济条件下，根据需要而创造的某种植物的一种群体。这种群体具有相对稳定的遗传特性，在生物学、形态学及经济性状上具有相对的一致性；与同一植物的其他群体在特征、特性上有所区别；在一定地区和一定栽培条件下，其产量、品质、生育期、抗性和适应性等符合人类的生产、生活需要，并能用普通的繁殖方法保持其恒久性。品种是人工选择的结果，是重要的农业生产资料。每个品种都有其所特定适应的地区和栽培条件，且都只在一定历史时期起作用，所以优良品种一般都具有地区性和时间性。随着栽培条件及生产、生态条件的变化，经济的发展，生活水平的提高，对品种的要求也会发生变化，所以，必须不断地选育新品种以更替原有的不适应需要的品种（Allard, 1960；Simmonds, 1979；Mayo, 1980；蔡旭, 1988；潘家驹, 1994；陈学平等, 2002）。

烟草品种命名原则（中华人民共和国国家标准，GB/T 16448—1996）中品种的定义：系指栽培植物的一种群体，其英文名称为 cultivar（国际通用术语）。这种栽培植物可以通过任何一种特征（形态学的、生理学的、细胞学的、化学的或其他方面的）能明显地区分，而且这种可以区别的特征在繁殖后仍能保持。

按照《国际栽培植物命名法规》，品种是指为一专门目的而选择、具有一致而稳定的明显区别特征，而且采用适当的方式繁殖后，这些区别特征能保持下来的一个栽培植物基本分类单位（Brickell et al, 2009；靳晓白等, 2013；王庆斌等, 2005）。

2. 优良品种的作用

优良品种是指在一定地区和一定栽培条件下，品种的产量、品质、抗性及适应性等特征特性可以最大程度的展现，符合生产发展要求，且具有较高经济价值的品种。优良品种在烟草生产中可以发挥多种作用（Allard，1960；潘家驹，1994；陈学平等，2002）。

（1）提高烟叶单产　在相同的地区和栽培条件下，产量潜力大的优良品种一般可增产20%～30%，有的可达40%～50%。对于烟草优良品种而言，产量的增加应在合理的范围内，以不影响烟叶品质为阈值。

（2）改善烟叶品质　烟草生产是以收获优质烟叶为生产目的。烟叶作为卷烟工业原料，品质的好坏直接影响到产品的优劣。烟叶品质决定于烟叶的颜色、油分、组织、烟碱含量、香气质、香气量、吃味及安全性等，这些品质上的要求可以通过引进、筛选优良品种来改进和提高。1985—1987年，中国农业科学院烟草研究所和山东省烟草公司在诸城、安丘、沂源县进行了烤烟品种比较试验，3年试验结果显示，G140、NC82、NC89和红花大金元4个品种烟叶的均价、上等烟比例明显高于潘元黄，上等烟比例4个品种平均为21.57%，比潘元黄提高94.15%，差异达到极显著水平。1986—1988年，河南省大面积推广红花大金元、G140、NC89、长脖黄等优良品种，配合以相应的栽培技术措施，对烟叶质量提高起了主导作用，上等烟比例由种植潘园黄、庆胜二号的3%提高到10%。1984—1988年，贵州遵义地区大面积推广种植NC82品种，为卷烟工业累计提供上等烟原料多于2500万kg，占全区同期上等烟总量的69%。遵义卷烟厂用该品种烟叶卷制"银杉"、"遵烟"牌产品，大大提高了卷烟质量。

（3）增强烟株抗逆性　优良品种对病虫害和环境胁迫具有较强的抗耐性，可保障烟草生产过程中获得稳产、优质的烟叶，从而获得最佳的经济效益。引进与筛选抗逆性强的优良品种是烟草生产过程中一种抵御病虫害与环境胁迫最经济有效的措施。例如，我国主产烟区烟草黑胫病的流行，对烟草生产威胁很大，针对这一病害，我国育成并引进了一批抗黑胫病烟草品种，并在生产上推广应用，这些品种包括金星6007、革新3号、G140、G28、NC82等，使黑胫病的危害得到了有效地控制。针对山东烟区十年九旱的气象条件，推广了中烟14、红花大金元等耐旱品种，即使在严重干旱天气条件下，烟叶产量损失与其他品种相比也大大减轻。

3. 生产对优良品种的要求

烟草生产是为卷烟工业提供烟叶原料，受到卷烟工业产品配方对原料要求的制约。烟草优良品种要求兼顾优质、适产、抗逆性强和生态适应性广等特点（佟道儒，1997；中华人民共和国国家标准，GB2635—92；烟草育种编写组，2000；陈学平等，2002）。

（1）优质　烟草生产的首要目标是生产优质烟叶。优质烟叶是卷烟工业生产优质卷烟产品所必需的，可以大幅度提高卷烟产品的经济效益，同时优质烟叶也是解决"吸烟与健康"问题的有效途径。烟叶品质性状是用于鉴定烤烟原烟品质的特征或指标，是一个综合性的概念。判断烟叶优质与否最重要的指标有：原烟外观质量、原烟内在质量、原烟使用质量和安全性。

原烟外观质量的评价内容主要包括烤后烟叶颜色、成熟度、叶片结构、身份、油分、色度、长度等。外观质量一般可通过上等烟、上中等烟百分率和均价来衡量。优良品种生产的优质烟叶应该达到成熟采烤，烤后原烟呈现金色或橘黄色，叶片结构疏松，身份厚薄适中，油分达到有至多，有弹性，具有强而均匀的光泽度以及符合国家分级标准的长度，烟叶残损度控制在《烤烟》标准要求的比例。外观质量指标中，相对概念较多，主要是通过有经验的人员手摸、眼看、鼻子闻去鉴定，易造成人为差异。但烟叶的外观质量与内在质量之间存在着密切相关的联系。

原烟内在质量的评价包括烟叶化学成分和感官评吸质量。烟叶化学成分主要包括还原糖、总糖、总植物碱、总氮、钾（K_2O）、氯、淀粉含量和糖碱比、氮碱比、钾氯比、两糖差、施木克值等指标。化学指标易受环境或栽培措施影响，变化较大。但通常在国际烟草贸易中，都重视选择化学成分的协调性。一般对优良品种的主要化学成分要求是：还原糖值为 5% ~ 25%，以 15% 为最佳值；尼古丁含量为 1.5% ~ 3.5%，以 2% ~ 2.5% 为最佳值；蛋白质含量为 7% ~ 9%，以较低为好；总氮要求为 1.5% ~ 3.5%，以 2.5% 为最佳值，总挥发碱为 0.3% ~ 0.6%，以较低为佳，总灰分为 10% ~ 20%，以 15% 左右为佳。

原烟感官评吸质量是指烟叶通过燃烧所产生的烟气由评吸者感官评价获得的特征特性。感官评吸质量主要指香气与吸味。定性描述时香气包括香型特征、香气质、香气量和杂气，吸味系指劲头、刺激性、浓度、透发性、余味等。烟叶内在质量是体现烟叶品质的最终指标，评吸仍是鉴定烟叶内在品质的主要手段。烟叶内在质量的构成因素很多，内在品质好的烟草品种在烟叶香气与吃味方面，要求评吸结果体现香气质好，香气量足，杂气少，劲头适中，刺激性较小，浓度高，吃味醇和，余味舒适。

原烟的使用质量主要是针对烟制品而言，它是前面讲述的外观质量和内在质量概念的延伸，使质量概念更具体，更有针对性，它对卷烟工业和吸烟者来说是真正重要的标准。针对卷烟工业需求，与烟草生产成本密切关系的外观质量因素相同的情况下，叶片较大、身份适中、含梗率低、组织疏松、油分多、弹性好、填充值高的品种更受卷烟工业欢迎，可以作为优质烟叶标准。烟叶的尼古丁、糖分、总氮等的有关比例与香气、吃味有重要关系，又与烟叶的可用性密切相关。由于滤嘴的应用，尼古丁含量偏高的烟叶由于滤嘴的过滤也成为优质烟叶；烟叶燃烧性是卷烟工业和吸烟者关注的内容之一，氯和钾是影响烟叶燃烧性的最为直接的化学成分，含钾量高，含氯量低的烟叶，燃烧性好。

原烟的安全性是近 20 年来随着人们对"吸烟与健康"问题的关注程度提高而提出来的一个新的研究课题。烟叶燃烧产生的烟气含有焦油及其他有害人体健康的成分，烟草行业将"降焦减害"，生产高香气、低焦油、低危害产品，提高卷烟安全性作为科研主攻方向之一。有害成分的降低可以通过加滤嘴等物理方法，但同时降低了烟气中的香气和吃味，影响了卷烟吸食者的口感。从烟叶生产角度，选用具有较低有害成分的烟草优良品种可以为卷烟工业提供较低有害物质的卷烟优质烟叶原料。通过改进烟叶的组织疏松度、增加钾含量，可以改良烟叶的燃烧特性，间接进行安全性改良。品种之间烟叶燃烧时焦油释放量存在一定的差异，可以选用低焦油烟草品种获得优质的低焦油烟叶原料。

（2）适产　烟草生产是以生产优质烟叶原料为目的，单纯提高产量比较容易，但超过一定的产量就会降低烟叶质量，在一定范围内产量和质量会呈负相关关系，所以品质与产量必须统筹兼顾。大多数情况下，适当的栽培措施可以满足产量要求。为了获得优质烟叶，应在保证烟叶品质提高的前提下，提高产量并使烟草生产稳定在适当的产量水平，以获得较大的经济效益，同时也节约了种植烟草所占用的土地，不能一味追求烟叶产量。

（3）抗逆性强　这里的抗逆性是广义的概念，是指烟草对外界不良环境条件和病虫害的抵御能力。优良品种的抗逆性是保证优质、稳产、适产的基础。品种的适应范围在一定程度上与品种的抗逆性有关。各地区的病虫害及自然灾害情况不同，对品种抗逆性的要求也不同。烟草生产中要求的优良抗病品种应具有多抗，即抗当地 2～3 种以上主要病害；同时烟草种植的区域性不同，有些地区会发生干旱、水涝及寒冷等自然灾害，所以具有抗病能力的品种应同时兼顾抗旱、耐涝和耐寒性也是极为重要的。

（二）优良品种筛选技术

1. 优良品种的引种筛选试验

（1）引种的概念　引种是指把外地或国外的优良品种、品系引进本国或者本地区，通过适应性试验，筛选出适合当地生产的优良品种，直接作为推广品种应用于本地区或者本国生产。广义的引种是指从外地区或外国引进新植物、新作物、新品种、新品系以及各种遗传资源材料。在此所述的引种是指供生产上推广栽培的优良品种。我国的烟草种植史就是一部烟草引种史。烟草引进品种在烟草生产中发挥了重要作用（丁巨波，1976；烟草育种编写组，2000）。

（2）生态环境、生态类型与引种的关系　作物生存和繁殖都必须具有一定的环境条件，包括自然条件和栽培条件。在这种环境条件中，对作物的生长发育有明显影响并直接为作物所适应的因素称为生态条件或者生态因素。生态因素包括气候、土壤、生物等诸多方面，这些因素在一定地段内构成一个不可分割的统一复合体对作物起综合作用，这种对作物起综合作用的生态因素的复合体称为生态环境。

不同地区、不同时间的生态环境不同，在一定的地区具有大致相同的生态环境。对于一种作物具有大体相似的生态环境的地区称为生态区。在一定地区的生态环境中，具备某种性状的作物或品种能表现正常生长发育的反应称为生态适应性。一般说来，对主要生态因素要求不严格或反应不敏感，对普遍性的不利因素的抗、耐性强的品种，往往具有较强的适应性。

在一定的生态地区，一种作物拥有与该地区的生态环境以及生产要求相适应的品种类型，这就是作物的生态类型。同一生态类型中种植的各种不同品种具有同样的遗传适应性，而不同地区的品种往往生态类型是不同的。一定生态类型的品种，对其分布地区的生态环境和生产条件具有很强的适应性；生态类型相似的品种，也具有相近似的适应性。

各种作物因其起源地区和演变地区的水分、温度和光照的不同，经自然选择形成了对这些生态环境的要求和反应及各种抗性等特性。这种在不同生态环境下形成的特定适应性是可遗传的，可以根据遗传适应性结合生态环境进行生态分类，从而将不同的作物品种分成不同的或相同的生态类型。这种生态类型可以作为引种工作的依据，对引种有极大的帮助（西北农学院，1983；蔡旭，1988；佟道儒，1997；陈学平等，2002）。

（3）温度、光照、纬度、海拔与引种的关系　引种的成败决定于地区之间生态环境因素的差异程度，决定于生态类型差异程度。目前的引种驯化都会充分考虑气候相似论原理。所谓气候相似论是指一个地区培育的品种，在引种到它的相似气候区时能够成功应用。由于长期历史发展的结果，一个地区的品种，在一定生态条件下形成了一定的生态型，即形成它的遗传基础的总体。如果把它引种到原产地生态条件相似的地区，可以满足其遗传特性的要求，就能正常生长发育，如果把它引种到生态条件与原产地差异很大的地区，可能引起生长发育不正常。所以烟草引种要充分了解和分析原产地和引入地的温度、光照、纬度、海拔等气候条件及不同品种的遗传、发育特性（蔡旭，1988；佟道儒，1997；中国农业科学院烟草研究所，2005）。

就温度与引种的关系而言，不同作物、不同品种所要求的适宜温度不同，同一品种在不同的生长时期所要求的适宜温度也不同。一般而言，较高的温度能够促进作物的生长发育，提早成熟；温度降低，会延长生育期。我国温度和日照是随着纬度的高低而变化的。我国南方低纬度地区温度高，各月平均温度的差异较小，因而温度年较差也较小；北方纬度越高，温度越低，月平均温度差异和年较差也较大（表7-1）。但是，南北方温度冬季相差悬殊，夏季相差则很小。这个温度特点，对引种工作是一个有利条件。

表 7-1　不同纬度地区气温（蔡旭，1988）

地点	纬度	月平均气温（℃）						年平均温度（℃）	年较差（℃）
		1月	3月	5月	7月	9月	11月		
黑龙江爱辉	50°15′N	-23.5	-8.5	10.3	21.9	12.7	-12.2	0.5	45.4
牡丹江	44°35′N	-20.1	-5.7	12.8	22.2	13.5	-6.4	2.8	42.3
北京	39°57′N	-4.7	4.8	20.1	26.1	19.9	3.8	11.8	30.8
河南郑州	34°43′N	-1.2	6.8	21.0	27.1	21.5	8.8	14.2	28.3
武汉	30°38′N	3.8	10.4	22.1	28.9	23.9	12.0	16.8	25.1
广东曲江	24°55′N	10.2	14.3	25.1	28.9	26.7	17.3	20.3	18.7
海南岛海口	20°00′N	17.5	21.4	27.8	28.8	27.2	22.1	24.1	11.3
海南岛崖县	18°14′N	21.4	24.4	28.2	28.5	27.1	23.0	25.5	7.1

就光照与引种的关系而言，光照充足有利于作物的生长。我国南北方的日照长度，除春分和秋分季节太阳直射在赤道上，各纬度上的昼夜等长外，其余的时间是不同的。从春分到秋分白天长于黑夜，纬度越高，白天越长，夏至白天最长；从秋分到春分，白

天短黑夜长，纬度越高，白昼越短（表7-2）。

纬度、海拔高度对引种的影响，纬度相近的地区在日照、温度等方面差异较小，地区之间引种成功的可能性较大；经度相近而纬度差异大的地区相互引种成功的可能性较小。纬度可以反应温度、日照两个指标。海拔高度也影响作物品种的引种，这主要是反映温度方面的差异。从温度的角度考虑，海拔每升高100m，相当于纬度增加1°，所以引种就考虑对应纬度高1°地区的种植品种。

因此，研究生态环境和作物品种的生态类型，分析品种的生育特性和各发育阶段对温度、日照等条件的要求和反应以及各种抗性，划分品种的生态类型和区划不同生态区，对引种工作的成功具有极大帮助。

表7-2　北半球各纬度（0°~60°）每月1日日照时数变化（蔡旭，1988）

月 纬度	1月		2月		3月		4月		5月		6月		7月		8月		9月		10月		11月		12月	
	时	分	时	分	时	分	时	分	时	分	时	分	时	分	时	分	时	分	时	分	时	分	时	分
0°	12	07	12	07	12	07	12	06	12	06	12	07	12	07	12	06	12	06	12	07	12	07	12	08
5°	11	51	11	55	12	01	12	10	12	18	12	24	12	24	12	20	12	12	12	04	11	57	11	52
10°	11	33	11	42	11	56	12	12	12	29	12	42	12	42	12	33	12	18	12	02	11	47	11	36
15°	11	15	11	30	11	51	12	16	12	40	12	58	13	00	12	47	12	24	12	00	11	35	11	18
20°	10	57	11	16	11	45	12	20	12	52	13	19	13	19	13	02	12	32	11	57	11	25	11	00
25°	10	37	11	02	11	39	12	24	13	05	13	41	13	41	13	32	12	38	11	55	11	13	10	42
30°	10	15	10	46	11	26	12	34	13	18	14	03	14	03	13	34	12	46	11	53	10	59	10	22
35°	09	51	10	30	11	26	12	34	13	35	14	21	14	28	13	54	12	55	11	45	10	45	10	00
40°	09	23	10	08	11	10	12	39	13	54	14	49	14	58	14	16	13	05	11	47	10	29	09	33
44°	08	58	09	52	11	10	12	45	14	11	15	15	15	26	14	36	13	14	11	45	10	15	09	09
48°	08	27	09	32	11	10	12	45	14	11	15	59	15	59	15	00	13	25	11	41	09	57	08	40
50°	08	10	09	20	10	58	12	54	14	42	16	04	16	18	15	31	13	31	11	39	09	48	08	24
54°	07	29	08	50	10	48	13	01	15	08	16	46	17	03	15	46	13	43	11	36	09	26	07	47
60°	07	03	08	08	10	28	13	17	15	58	18	17	18	44	16	51	14	10	11	28	08	43	06	28

（4）品种对温度光照的反应　烟草品种对光照的反应称为感光性，对温度的反应称为感温性。根据烟草品种对光照、温度反应的强弱，可分为敏感和迟钝两类。烟草是个"感温性强"的作物，而"感光性"除少数多叶型的品种是强短日性的以外，绝大多数品种是中性或弱短日性的，即花芽分化对短日照的影响不敏感或很不敏感，而对低温则极为敏感。

烟草的整个生育期是按营养生长和生殖生长的顺序逐渐完成的。烟茎生长锥在营养生长期分化为叶芽，转入生殖生长期就分化为花芽。营养生长期长，开始花芽分花的时间就晚，单株的叶数就多，产量就高；营养生长期短，开始花芽分化的时间就早，单株的叶数就少，产量就低。低温和短日照能促使烟株较快地从营养生长向生殖生长转化。因而低温和短日照是加速烟草花芽分化的重要条件。据日本学者村冈研究，在烟草可变营养生长阶段，十几度低温抑制生长，但促进花芽分化；20℃以上则促进生长而抑制发育，并认为6~10片真叶是对低温的敏感期。低温加短日照易导致早花，不同品种反应有所不同，NC82 比 G28 敏感得多。但低温和短日照必须在植物的"基本营养生长"完成以后，才能促使营养生长期向生殖生长期转化。基本营养生长不完成，低温和短日照就不能促使这种转化。不同品种的基本营养生长期的长短不尽相同。多数品种完成基本营养生长的时间是在苗床阶段的后期，即在幼苗有6~8片真叶的时候。基本营养生长完成之后，在不同的温度和光照条件下，一个品种的花期早晚与叶片数的多少，大体有以下几种情况：第一，花芽分化前遇到低温、短日照，花芽分化后又正逢高温、长日照，于是叶芽分化早结束，花芽分化早开始，并迅速成长为完整的花序，结果单株叶数少，早花。第二，花芽分化前未遇到低温、短日照，而花芽分化后又未及时遇到高温、长日照，所以花芽分化和花序成长过程都延长，结果叶芽分化过程相应延长，单株叶数多，花期晚。第三，花芽分化前遇到低温、短日照，但花芽分化后未能及时遇到高温、长日照，结果叶芽分化早结束，单株叶数就少，花芽分化虽早而成长的花序缓慢，花期仍较晚。第四，花芽分化前未遇到低温、短日照，而花芽分化后却遇上了高温、长日照，结果花序成长过程缩短，但由于花序分化推迟了，单株叶数较多，花期仍较晚（佟道儒，1997）。

据研究，低温、短日照对花芽分化的作用并不是完全相等的。低温使营养生长转化为生殖生长比短日照的作用更大。下面以白肋烟品种白肋21为例说明光照和温度条件对移栽后烟株生育期长短的影响（表7-3）（丁巨波，1976）。

表7-3　苗床后期光照和温度条件对烟株生育期的影响

光、温作用时间（d）	日光照时数（h）	温度（℃）	早花株（%）	移栽至第一朵花天数
移栽前28	8	18	100	19
		28	0	60
移栽前10	16	18	0	51
	14h 的 400lx 弱光照	18	33	40

＊引自丁巨波著《烟草育种》

表7-3的试验结果表明，低温使营养生长转为生殖生长的效能远超过短日照。移栽前的低温（18℃）、长日照处理比高温（28℃）、短日照处理早开花9天。

至于多叶型品种，即所谓"巨型"烟则是另外一种情况，如革新五号品种，对短日照极为敏感，而对低温却不很敏感，经短日照处理，十多片叶就开花，否则可长80片左右。

了解了烟草品种对光照、温度反应的特点，引种前可以对怎样引种提出建议，引种后可以准确地判断引种的结果，进一步修订引种的规划，以及提出引进品种适宜的播种期和移栽期。

（5）优良品种的引种筛选　由于各地的自然生态条件和生产条件都在不断变化，且不同品种材料因种植区域的改变，也可能出现生长不正常等异常反应。为了确保引种效果，避免盲目引种造成不必要的损失，优良品种的引种需要遵循一定的指导原则，按照一定的程序和方法进行引种工作，同时引种工作还有相关注意事项（蔡旭，1988）。

①引种的一般原则。要有明确的目的性，优先向生态条件相似的地区引种。品种是在一定的生态条件影响下形成的气候生态型。外在品种能否在本地区适应，首先决定于自然条件，特别是气候因素（温度、光照、雨量），它对品种的特征、特性的形成和生长发育有重要的影响。因此，引种地区和原产地的生态条件，特别是气候因素必须相似，才可以保证该品种的特征、特性能充分发育，引种才能获得成功。所以，在确定到什么地方引种时，必须先要充分了解引入品种原产区的自然条件和栽培条件，品种的光、温反应特性，品种的抗病性，并认真考虑本地区与原产地之间的生态条件差异程度，根据需要与可能进行引种，以免造成损失。例如，随着烟叶生产方针的改变，主攻质量，原有的品种在品质方面不适应要求，因此，需要引进优质品种，同时要考虑品种的适应性。又如某些地区近年赤星病严重发生，原有品种感病损失大，就要有目的地引入抗赤星病的品种。

引种有一定的规律可循，但烟草品种多适应性比较广，可以在比较广泛地区栽培，如红花大金元、G140、NC89、K326、中烟100、云烟85等。因此，在优先从气候和土壤与本地相似的地区引种的同时，并不排除从自然和栽培条件相差很大的地方引种的可能性。

②引种的方法和步骤。主要涉及对引进品种进行全面观察鉴定。检疫是引种步骤中最重要的一步，引种是病虫害和杂草传播的主要途径之一，因此加强检疫是引种工作必不可少的环节。国内省际间烟草品种引种目前尚无检疫对象。但是国内其他地区将棉花品种引往新疆就需要进行枯萎病和黄萎病的检疫。引自国外的烟草品种，必须先通过国家检疫部门检疫，确保引种材料中不夹带原产地的病虫和杂草，特别要警惕烟草霜霉病的引入。引进品种在经过严格检疫后，为了确保安全，育种工作者要在专设的隔离试种圃内进行隔离种植一定的时期，观测检疫对象是否存在，一旦发现，应就地销毁、根除。

③引种材料的试验。引种试验是决定引种材料是否适合作为当地推广品种最关键的环节。在本地区生产种植条件下对引进品种材料进行实际利用价值具体表现的评价，以当地具有代表性的推广优良良种作为对照，进行包括生育期、产量性状、品质性状、抗性等诸多性状的系统观察鉴定，在此基础上筛选出观察试验表现优良的引进品种进行进一步的品种比较试验、区域试验和栽培试验。

④观察试验。将经过隔离试种后保留的种子，先在小面积上试种观察，初步鉴定对本地区生态条件的适应性和直接在生产上利用的价值。对于品质好，抗当地主要病害，

能适应本地环境条件的引进品种，可以选留保持有引进品种典型性和一致性特征的植株，混合收获适量种子供进一步的品种比较试验用。对于引进品种中的个别优异植株，可以单独留种，用于系统育种。为了获得更加丰富的引进品种适应性信息，观察试验可以在几个具有代表性的点同时进行，便于对引进品种材料进行较为全面、综合的评价。观察试验不设重复，一般进行1～2年。

⑤品种比较试验。经过观察试验表现好的品种，需要参加品种比较试验，进一步作更精确的比较鉴定，着重鉴定烟叶产量，品质以及抗逆性等。品种比较试验要求试种面积较大且设置重复，一般采用随机区组试验设计，通常进行1～2年。对品种比较试验材料进行综合分析，确定表现优异的引进品种进一步参加区域试验。

⑥区域试验和生产试验。区域试验和生产试验是把品种比较试验证明比推广品种优良、符合烟草生产和卷烟工业要求的优良引进品种，进一步参加区域试验，在区域试验地点进行区域比较试验和生产试验。不同区域试验地点的试验设计和材料来源是相同的，同时进行区域比较试验，其试验设计和试验要求与常规区域试验的相同。生产试验是为了使引进品种在本地区能够发挥最大的潜力，在试验过程中逐步了解品种的栽培、烘烤特点，需要设置一系列适合当地生产的关键性栽培措施进行大面积比较试验，以便在引进的优良品种推广种植时实现良种良法配套。

2. 优良品种区域化鉴定

品种区域化鉴定是将各育种单位新选育或者新引进的品种，经育种单位初步鉴定试验表现优良，并有推广可能性的，有计划地安排到有代表性的不同地区的若干地点进行试验，采取同一试验设计所进行的联合品种比较试验和生产试验，鉴定其利用价值，确定其适应范围和推广地区，为优良品种区域化合理布局提供依据。烟草品种区域化鉴定是烟草新品种审定前必须进行的中间试验，包括区域试验、生产试验（生产示范），它可使新品种及时通过审定，并进行推广，充分发挥其优质、增产作用。同时，这也是防止品种"多、乱、杂"的重要措施（西北农学院主编，1983；烟草育种编写组，2000；陈学平等，2002）。

（1）区域试验的任务 客观鉴定烟草新品种的主要特征、特性，由于区域试验地点不同，自然、栽培条件方面都要有代表性，技术条件较好，又是在不同地区对烟草新品种统一进行植物学性状、品质、稳产性、适应性、抗病虫性、抗逆性、经济性能等性状的鉴定，试验结果要代表性强，精确性高，对烟草新品种的评价客观，可以较准确地客观鉴定评价烟草新品种的特征特性及生产利用价值。

确定各地适宜推广的优良品种在同一生态区域内，经常同时安排若干个具有不同特征特性的烟草新品种进行试验种植。通过区域试验，对各个新品种进行正确的鉴定评价，评选出各地最适应和品质最佳抗性最强、收益最高的品种，同时可以合理搭配品种，有计划地推广，促进各地烟草生产。

为优良品种划定最适宜的推广区域，优良品种具有较广泛的适应能力，可以在原育成地区以外的地方推广。但任何品种的适应性又有地域性和一定的范围。在不同的生态区域进行区域试验，可以根据不同品种在不同试点的表现，确定优良品种的最适宜推广种植地区，因地制宜种植良种，恰当地和最大限度地发挥优良品种的作用。

确定优良品种的良种良法配套栽培调制技术，由于不同试点自然条件、耕作制度、栽培技术有一定的差异，同样的烟草新品种在各地表现可能不一致。通过多点小区试验和生产示范试验，可以了解和掌握新品种的栽培和调制特点。根据试验结果总结经验，提出具体的栽培调制技术，使优良品种的种性得到最大程度的发挥，做到良种良法配套。

（2）区域试验的组织体系　中国烟草总公司中烟办〔2014〕340号文件对烟草品种试验的组织体系做了调整，取消了省（自治区）级烟草品种审评委员会，由中国烟草总公司设立全国烟草品种审定委员会统一组织。全国烟草品种审定委员会委托指定单位主持实施全国烟草品种试验。主持单位负责制订全国烟草品种试验方案，定期检查试验方案落实情况及试验工作进展，对品种表现进行中期评价，协调解决试验中出现的问题，完成中期和年度试验总结报告，定期向全国烟草品种审定委员会办公室报告工作。省级烟草公司烟叶管理部门要加强对全国烟草品种试验工作的管理，具体由所在地（市）级公司组织实施。承担单位定期向主持单位报告试验进展情况并按期提交样品和试验总结。

（3）优良品种的区域化试验鉴定筛选

第一，试验点的设置，依据烤烟主要种植区行政区划和各生态区的自然条件、生产条件和耕作制度，本着少而精的原则设置试验点，试验点应具有区域生态代表性、良好的试验条件、技术力量、相对固定的试验地点和试验人员，能保证试验区的设置符合要求，观察记载、田间管理、收获取样等工作顺利进行。为提高试验的准确性和连续性，减少人力和物力资源浪费，目前全国优良品种区域试验分别设在3个大区16个省（市），共25个试验点，生产试验设在16个省（市），共设19个试验点。试验地选择有代表性、前茬作物一致、土壤肥力均匀、地面平整、排灌方便、肥力中上等水平、近两年未种过茄科植物的地块。地块确定后，每个重复区内各取一个土壤样品，分析养分含量，作为施肥的依据。按《烤烟测土配方施肥技术规程》的相关规定执行。

第二，参试品种的确定，中烟办〔2014〕340号文件规定，申请参加全国烟草品种试验的品种，全国烟草品种审定委员会委托省级烟草公司烟叶管理部门组织专家进行实地考察，提出推荐意见。经全国烟草品种审定委员会常务委员会审核，择优参试。全国烟草品种审定委员会统一确定全国烟草品种试验的主副对照品种，副对照品种为当地主栽品种，对照品种种子由指定单位统一提供。品种试验周期为3年，其中区域试验为2年，生产试验为1年。经过2年区域试验，综合表现优异的品种，推荐进入生产试验。在第一年的区域试验中表现特别突出的品种，可以在第二年同时参加区域试验和生产试验。

第三，区域试验的方法，区域试验包括小区试验、生产大区试验和栽培、调制技术试验；田间管理；观察记载项目和标准；抗病虫性鉴定和烟叶品质鉴定。

小区试验的小区采用完全随机区组设计，重复3次。小区面积不少于60m²，小区设置采取方形区组或长方形小区的原则，其目的是尽量减少组内小区间地力的差异。株行距按照当地优质烟规范化栽培技术的要求实施。

生产大区试验不设重复，每个点每个品种（含对照）连片种植，试验一般应在同一地块进行；每个参试品种种植面积不少于 $0.67hm^2$。

栽培、调制技术试验的目的是摸索良种良法配套技术。栽培试验参试品种（系）主要是安排不同施肥水平的比较试验，根据当地生产实际确定高、中、低 3 个施肥水平，考察品种的需肥特性；同时进行参试品种（系）的烘烤特性调查研究，主要包括变黄、失水情况，初步确定其变黄、转火温度和时间等。小区面积 $0.03hm^2$。

区域试验的田间管理应按照当地优质烟栽培技术操作。同一农事操作应在一天内完成。整个试验过程中，要强调品种唯一差异原则，尽量减少人为误差。

区域试验的观察记载项目和标准，全国烟草品种试验由主持单位负责制订全国烟草品种试验方案，统一设计各类调查表格，制定调查方法和标准。区域试验重点考察品种的生态适应性、综合农艺性状和经济性状，并对烟叶外观质量、物理特性、化学成分、感官质量与风格彰显等内容进行评价。生产试验开展农业评审和工业评价，重点评价品种的农业可推广性和工业可用性。

抗病虫性鉴定和烟叶品质鉴定方面，全国烟草品种审定委员会指定有条件的科研单位设立病害诱发鉴定圃，统一进行病害鉴定；指定单位进行试验样品的物理特性、化学成分检测和评吸鉴定。

第四，区域试验总结，区域试验承担单位定期向主持单位报告试验进展情况并按期提交样品和试验总结。全国烟草品种试验的主持单位负责完成中期和年度试验总结报告，定期向全国烟草品种审定委员会办公室报告工作。

二、优良品种优化布局

（一）特色优质烟叶种植区划

1. 区划与优良品种种植

烟草生产是自然再生产过程和经济再生产过程结合在一起的物质生产。烟草的分布首先取决于自然条件。气候和土壤是直接影响烟草生长发育的基本因素，这些基本因素的配合是否适宜，决定着一定地区能否进行烟草生产并获得经济效益。社会的需要、社会的经济技术条件，同样也是制约烟草生产的重要因素。这两者相结合，决定着烟草生产存在与否及其规模的大小（烟草栽培编写组，2000）。

我国幅员辽阔，地形复杂，地区间发展烟草生产的自然条件、社会经济条件、种植历史、人们的种植习惯等情况都极为复杂多样，从而形成了烟草种植区域分异。为了合理利用农业资源，发挥各地优势，促进烟草商品性专业化生产的发展，满足卷烟工业发展的需要，充分利用烟草种植区划，明确各地区有关条件和特点的相似性和差异性，调整优良品种布局结构，为选建各优良品种烟叶生产商品基地和国家制定烟草生产规划提供科学依据（陈瑞泰，1988）。

烟草为一年生叶用经济作物，适应性很强，可以在广阔的区域里生长，但优质烟产区则在地域上有很大的局限性。

烟草是嗜好品，人们对其质量的追求常常甚于对数量的要求。因而生态条件的适宜程度是烟草种植区划的核心和基础。我国烟草生产长期存在着布局不合理，烟叶质量较低，产需关系不平衡等问题，产需关系限制了"合理布局，因地制宜，适当集中"方针的落实，限制了提高烟叶质量措施的推广。从区划角度考察，这些问题都与合理布局密切相关。在生态条件不适宜的地区很难生产出优质烟叶，在极度分散条件下很难普及先进的生产技术。烟草种植区划可以配合栽培技术规范化和良种化等措施，从而提升烟叶生产质量（陈瑞泰，1988）。

实现烟草种植区域化，是稳定发展烟草生产，合理布局、发挥优良品种作用，提高烟叶质量的根本措施之一，也是实现烟草生产现代化的必由之路（陈瑞泰，1988）。

2. 生态条件与优良品种区域化布局

烟草是适应性较广的叶用经济作物，在所有从事种植业生产的农业区域，烟草几乎都可以生长。从北纬60°到南纬45°的广阔范围里都有其分布。然而，烟草对环境条件的变化表现得十分敏感。环境条件的差异以及农业生产技术措施的不同，不仅能影响烟草的形态特征和农艺性状，更重要的是能导致烟叶化学成分的变化，直接影响烟叶质量。不同的烟草优良品种，对生态环境条件的要求也有一定的差异，优质烟叶生产所需的生态条件与烟草生长发育最适宜的生态条件并不尽相同。因此，优质烟产区的分布有很大的地域局限性。但从总体看，温暖多光照的气候和排水良好的土壤，对各类烟草都是需要的。气候和土壤作为构成生态条件的两个主要因素，也成为影响烟草生长发育和烟叶质量的重要生态因素（陈瑞泰，1988；中国农业科学院烟草研究所，2005）。

研究烟草对生态条件的要求，确定其适宜的生态区域，实现烟草的种植区域化是烟草"三化生产"的重要内容。各地气候条件和土壤类型相差悬殊，20世纪70年代以前，我国烤烟种植较分散，布局不甚合理。有的地方具有明显的气候及土壤限制因素，但在长期的生产习惯和经济条件下，不适宜的老烟区未能及时调整，不适宜种植烟的地区发展成了新烟区。

为了合理利用自然资源，提高烟叶质量，全国烟草种植区划依据生态条件确定了烤烟适宜生态类型的划分标准和指标，将全国烤烟生态适宜类型区进行了划分，为合理布局、建立烟叶商品基地、生产优质烟叶提供了科学依据（中国农业科学院烟草研究所，2005）。

3. 生态类型与优良品种区域化布局

全国烟草种植区划首先根据生态条件是否适宜生产符合卷烟工业需要的优质烟叶作为划分适生类型的标准，然后从适宜性和限制性两个方面选择对形成优质烟起主导作用或主要作用的生态因素作为判别标准，并按其对烟叶质量的影响程度、定性或定量地划分档次，确立烤烟适生类型划分的指标系统，进而采用逐级筛分法确定各地的适生类型。研究结果表明，烤烟的生态适宜类型划分为最适宜、适宜、次适宜、不适宜四级，以下将各级标准和主要生态指标列于表7-4(陈瑞泰，1988；烟草栽培编写组，2000)。

优良品种区域化布局要参考全国烟草种植区划，通过设置区域试验、评价烤后原烟质量选择优良品种适宜生产符合卷烟工业需要的优质烟叶的最适宜区、适宜区进行推广种植，以获得最大的收益（陈瑞泰，1988）。

表 7 - 4　全国烤烟适生类型划分指标系统（陈瑞泰，1988）

适生类型	标准	主要划分指标
最适宜类型	自然条件优越，虽有个别不利因素，但通过一般农艺措施容易改造补救。能够生产出优质烟叶（烟叶内在质量优点多而突出，缺点少而容易补救）。	无霜期 >120d； ≥10℃积温 >2 600℃； 日平均气温≥20℃持续日数≥70d； 0 ~60cm 土壤含氯量 <30mg/kg； 土壤 pH：5.5 ~6.5； 地貌类型：中低山、低山、丘陵； 烟叶内在质量：香气质好、香气量足、吃味纯净。
适宜类型	自然条件良好，虽有一定的不利因素，但通过一般农艺措施较容易改造和补救。生产的烟叶使用价值较高（烟叶内在质量优点较多，虽有一定缺点但有可以弥补的措施）。	无霜期 >120d； ≥10℃积温 >2 600℃； 日平均气温≥20℃持续日数≥70d； 0 ~60cm 土壤含氯量 <30mg/kg； 土壤 pH：5.0 ~7.0； 地貌类型：中低山、低山、丘陵。
次适宜类型	自然条件中有明显的障碍因素，改造补救困难，生产的烟叶使用价值低下（如烟叶燃烧性不良或其他不可弥补的缺陷）。	无霜期≥120d； ≥10℃积温 <2 600℃； 日平均气温≥20℃持续日数 >50 d； 0 ~60cm 土壤含氯量 <45mg/kg。
不适宜类型	自然条件中有限制性因素，并且难以改造或补救，烟株不能完成其正常的生长发育过程或虽能正常生长，但烟叶的使用价值极低（如黑灰熄火）。	无霜期 <120d； 0 ~60cm 土壤含氯量 >45mg/kg。

（二）优良品种区域优化布局

1. 优良品种区域优化布局依据

早在 1995 年刘好宝等在《论我国优质烟生产现状及其发展对策》中提出：从实际出发，合理调整烟叶生产布局，积极稳妥地发展适度规模种植。以实现烟叶生产向最适宜区和适宜区种植的根本转变，使有限的土地资源生产更多、更好的优质烟；同时保证现代化科学种烟生产技术的推广与普及，促进我国烟叶生产水平的进一步提高和保持我国烟叶生产的相对稳定。本着"连片种植，适当集中"的原则，实行烟叶优质优价，利用经济手段将烤烟调整到适宜区种植。

我国幅员辽阔，不同地区地形、地势、土壤、气候条件差异很大，各地区耕作制度、病虫害流行、自然灾害发生情况也各不相同。优良品种区域优化布局要依据全国烟草种植区划，根据各地区域试验结果，为优良品种选择最适宜区和适宜区，制定品种在适宜地区推广应用的方案，使优良品种能在较大范围内实现区域化种植，最大限度地发挥优良品种的特性，获得卷烟工业需要的优质烟叶和最大的经济效益（陈瑞泰，1988；烟草栽培编写组，2000；中国农业科学院烟草研究所，2005）。

优良品种推广时，一方面要按照不同品种的特征特性及其适应范围，划定最适宜的种植和推广地区，以充分发挥良种本身的增产增值能力；另一方面要根据当地自然条件、耕作制度、栽培方式等具体情况，选用最合适的品种，以充分发挥当地自然资源优势。这样因地制宜、因种制宜的选用和推广良种才能保证烟叶生产优质、高产、稳产。

2. 优良品种的合理搭配

生产实践证明，要实现卷烟工业对优质烟叶的需求并使烟农获得最大的经济效益，推广优良品种，应用符合质量标准的种子，是最经济、最有效的稳定产量和提高品质的措施。要想充分发挥优良品种的生产潜力，获得最好的经济效益，必须合理利用品种，做到优良品种科学搭配。

在对某个品种进行了区域适应性和适应范围的科学试验之后，针对该品种适应的某个地区，就要做好优良品种的合理搭配。根据当地的自然环境、耕作制度等具体情况在保证烟叶品质的前提下，选择不同生育期、不同抗病性或具有特殊特点的品种搭配种植，一般要确定 1～2 个主栽品种或当家品种，搭配 1～2 个次要品种，同时不断试验选拔后备品种。这样可以合理安排茬口，减少种植成本；同时种植搭配品种可以抵御年份间偶尔出现的自然灾害，避免因品种单一化造成巨大经济损失。

在合理搭配优良品种的同时，要加强优良品种的良种良法配套栽培技术推广。因不同品种具有不同的遗传性，表现在植物学性状、生育期的长短、对环境条件的反应、品质产量等方面的差异。优良品种推广前，结合区域试验、生产试验、栽培试验的进行，要摸清每个品种的生长发育特性、适合的栽培调制技术、适宜种植的地区。新品种推广时，每一个品种都必须提供"品种说明书"，介绍新品种的特征特性及相应的栽培调制技术，使良种良法配套，同时推广。从而使优良品种能更快更好地发挥作用（余世蓉，1991；张保振，2004；姜成康，2009）。

第三节　集约化育苗技术

烟草育苗是烟叶生产过程中的重要环节，烟苗的素质是决定烟叶产量与质量的基本条件。工厂化或者集约化育苗方式是从 20 世纪 90 年代开始兴起的，该技术在美国及许多烟叶生产发达国家得到迅速地推广与应用。20 世纪 90 年代，我国各烟区也不同程度地开展了育苗新技术的相关研究和推广工作，并取得了可喜的成绩。集约化育苗技术是与传统小拱棚直播育苗方式不同的现代化工厂育苗方式，多采用集中联排塑料大棚或玻璃温室大棚育苗，其特点是棚内温湿度可调控、育苗数量大、便于机械化操作等工厂化作业，在我国主要烤烟、白肋烟、马里兰烟、香料烟种植区普遍采用了集约化育苗方式（王彦亭等，1998）。邵阳烟区经过多年的努力至 2005 年重点推广集约化育苗技术。

一、烟草育苗技术的发展

我国烟草育苗技术发展大致分为 3 个阶段，第一阶段，以平地作畦为立地条件，以直播、多次间定苗，通床育苗为主要特征。第二阶段以营养袋（钵）等作为立地条件，以假植育苗为主要特征。第三阶段以育苗盘或种子载体加营养液为立地条件，以包衣种子直播，集约化管理为主要特征，通常包括漂浮育苗和托盘育苗两种形式。经历了上述

3 个阶段后，最近几年新出现了湿润育苗技术。邵阳烟草育苗也同样经历了上述 3 个阶段。目前我国应用的烟草育苗技术主要为：传统育苗技术、托盘育苗技术和漂浮育苗技术。

（一）传统育苗技术

传统育苗技术在我国烤烟生产上经历了较长的发展阶段，目前个别烟区仍然采用传统育苗技术，主要为通床育苗和营养袋（钵）育苗。在小拱棚内直接播种于苗畦，出苗后在苗畦中直至成苗，或者生长至一定苗龄时期假植于营养袋（钵）内成苗。主要技术流程：物资准备→整畦→播种（→假植）→苗床管理→炼苗→移栽。

（二）托盘育苗技术

托盘育苗技术是在传统育苗技术的基础上，经过不断改造发展而来。在温室或塑料棚内，采用母床播种，一定苗龄时期使用托盘进行假植成苗。主要技术流程：物资准备→场地及物资消毒→制作母床→播种→母床管理→假植→子床管理→炼苗→移栽。

（三）漂浮育苗技术

漂浮育苗技术是由农作物水培技术发展而来，随着塑料工业发展而逐步成熟。漂浮育苗即在温室或塑料棚内，利用成型的膨化聚苯乙烯格盘为载体，填装人工配制基质，将苗盘漂浮于含有完全营养液的苗池中，完成播种及成苗过程。主要技术流程：物资准备→制作苗池→场地及物资消毒→播种→苗床管理→剪叶→炼苗→移栽。在邵阳多数育苗棚采用机械剪叶（图 7 - 1）。

图 7 - 1　邵阳烟苗机械剪叶

（四）邵阳烟区育苗技术

邵阳烟区也经历了传统育苗方式、托盘育苗方式和漂浮育苗方式的发展阶段。邵阳烟区自 2005 年以来主要采用漂浮育苗方法，并不断推广集约化育苗，到 2014 年邵阳烟区生产所用烟苗，60% 是育苗工厂提供的。育苗期光照不足和温度偏低等因素是邵阳烟区烤烟生产上突出的限制因素。邵阳烟区为了解决苗床期的低温问题在育苗温室中增加了小拱棚（图 7 - 2）。经过一系列的技术改造，邵阳烤烟生产用苗质量得到了保障（图 7 - 3，图 7 - 4）。

图7-2　邵阳育苗温室内加小拱棚

图7-3　邵阳漂浮育苗畦

图7-4　邵阳漂浮育苗苗床

二、集约化育苗设施设备

（一）现代化温室

1. 单膜联栋温室

单膜联栋温室（双层充气膜温室）大约在2000年兴起，其环境调控能力与玻璃温室基本一致，一般要求单栋温室跨度 8m，开间 4m，天沟高 3m，脊高 4~5m。采用圆弧顶结构，每栋 8 个开间，面积 256m²，3~10 个连栋。基本配置主要包括基础部分、温室主体骨架、覆盖材料、外遮阳系统、剪叶系统、通风系统、灌溉系统、控制及配电系统等。其中，温室主体骨架采用优质双面热镀锌钢材，镀锌厚度 0.1~0.2mm；温室顶部及四周覆盖材料采用 0.15mm PEP 高保温无滴长寿膜；遮阳架由温室专用幕布（70% 遮阳率）覆盖，可以和温室顶部卷膜器以及侧面的大风量通风机一起通过控制箱进行操控。另外，温室配置了智能温室专用双臂自走式喷灌机和机械剪叶系统轨道，大大提高了智能化程度，降低了劳动成本。

单膜连栋温室的特点是重量轻、骨架材料用量少、结构件遮光率小、造价低、使用寿命长等。目前在全世界范围内单膜连栋温室被接受率远远高出玻璃温室，是现代温室发展的主流。

2. PC 板温室

欧洲于 20 世纪 70 年代开始生产 PC 板，由于其良好的透光性、保温性以及抗冲击性被广泛地应用于农业温室建设上，PC 板被称为继玻璃、薄膜之后的第三代覆盖材料。PC 板温室一般规格为单个栋宽（跨度）10.80m，柱间距（开间）4.0m，天沟高 4.0m，顶高 5.0m，单栋 8 开间，面积 340m²。温室基部一般由砖砌墙裙组成，顶部及四周覆盖双层聚碳酸酯（PC）中空板，厚度 8mm，并用铝合型材固定，温室内部配有齿轮条电动开窗通风系统，温室主体骨架材料、遮光系统、灌溉系统等则与单膜联栋温室基本相同。

与单膜联栋温室相比，PC 板温室具有更好的透光率（≥80%），抗冲击性好，密封性好，保温性能优良，综合机械性能高，重量轻，易于安装，是目前所有覆盖材料中综合性能最好的一种。

（二）塑料大棚

塑料大棚是目前国内集约化育苗经常采用的几种棚架之一，主要包括竹木结构大棚、暖窖式大棚、水泥拱架结构大棚和镀锌钢管装配式大棚。

竹木结构大棚主要以竹木为拱架材料建造而成，长度 30~60cm，跨度在 6~12m，脊高为 1.8~2.5m。其特点是容易取材、成本低、建造方便。缺点主要是拱架部分采用竹木材料易腐烂，需要经常维修，且棚内支柱会影响作业。

暖窖式大棚一般是东西走向，长 9~10m，宽 7.5m，除朝阳面以及脊顶采用塑料膜覆盖外，其他三面均为以土墙环绕，距离阴面墙 1.5m 为拱形脊，脊顶距地面 1.7~1.8m。拱形脊阴面用高粱秸抹泥后用麦秆或稻草覆盖。棚内每隔 1.5m 立东西向支撑架，架上每隔 1.5m 设南北支撑物，覆盖后于膜外支撑物中间拉绳索将膜压紧。

水泥拱架结构大棚主要是利用水泥杆和水泥棚架搭建，运用四方支撑的力学结构设计建造而成，大棚整体采用塑料薄膜覆盖，透光性、保温性较好且坚固耐用，其使用寿命可以达到 20~25 年，不仅整体稳定且韧性好，棚顶的承压能力强。是一种物美价廉的集约化育苗设施。

镀锌钢管装配式大棚主要采用薄壁镀锌钢管组装而成，跨度一般为 6~12m，肩高 1~1.8m，脊高 2.5~3.2m，拱距 0.5~1.2m，长度 60~80m。镀锌钢管装配式大棚一般由专业生产厂家生产，其优点是结构强度高、耗钢量少、防锈性能好、棚内无支柱、操作管理方便、透光率高，缺点是造价较高，一般适合经济比较富裕的烟区。

（三）塑料小拱棚

塑料小拱棚一般棚高 0.7 ~ 1m，宽 1 ~ 2m，长度随地形而定，做成圆拱形。棚架间距 0.5 ~ 0.7m，棚架材料就地取材，有条件的地方也可用钢筋做成。棚架做好后，用厚 0.10mm 的聚氯乙烯塑料薄膜或无滴长寿膜覆盖，两头固定于地面，两侧可将膜部分揭开通风，棚上可用与拱架平等的绳子或竹条压膜固定，在拱棚两侧加防虫网更好，一般网宽45cm 左右。小拱棚两端的棚架中央一般有站桩，距离站桩 1 ~ 1.2m 的地面上分别钉上 0.4m 的地桩，将棚膜、防虫网和遮阳网斜拉到地面固定在地桩上。用与拱架平行的绳子或竹条压膜固定两侧，通风降温时可将两侧棚膜部分揭开通风。

小拱棚的特点：取材容易，成本较低，由聚氯乙烯薄膜覆盖，内表面布满水滴，高温条件下不易烧伤秧苗。但是由于小拱棚空间小，热量少，升温快，降温也快，受外界低温影响强烈，一般只作短期覆盖栽培。

三、托盘育苗技术

（一）营养土制备

营养土的制备是大棚集约化托盘育苗生产技术中的一个关键环节。营养土必须腐熟、疏松、质地均匀，无虫卵、无病菌和草籽。一般营养土 pH 6 ~ 7，容重 0.5 ~ 0.9g/cm^3，以 0.9g/cm^3 最为理想。

至本世纪初，托盘育苗营养土主要用甲基溴进行消毒。甲基溴是一种破坏大气臭氧层的物质。国际上已经取得共识，把甲基溴列为逐步淘汰的物质，于 1979 年开始采取了具体的法规性行动。中国已在 2005 年之前成功将甲基溴的生产和使用削减了 20%，到 2008 年 1 月 1 日前，淘汰所有烟草育苗上甲基溴的使用。从当前生产的情况来看，甲基溴的替代主要是使用替代产品，如威百亩（斯美地、适每地）、棉隆、氯化苦等。像漂浮育苗一样将育苗基质进行工厂化生产，在生产过程中采用高温消毒等消毒方式，避免使用甲基溴等化学药剂，也是甲基溴替代的一个重要途径，同时还不造成环境污染，保护环境是无价的。另外，工厂化生产育苗基质，还可以提高基质的质量。

（二）水、肥、温管理

烟苗生长中后期育苗棚内温度较高，水分蒸发快。托盘钵内基质少，水分散失快，因此要加强水分管理。原则是"湿而不饱，干湿相间"。严禁中午浇水。苗床用水事先在棚内蓄放，不能直接用冷凉的井水或河水。

育苗前期气温较低，应以提高育苗棚内温度为主，避免棚内出现13℃以下的低温。育苗后期育苗棚内温度较高，要加强通风，棚内温度不能超过35℃。

托盘育苗每棵烟苗的基质少，肥料绝对含量少，基质主要起载体作用，烟苗所需养分主要靠追肥补充。一般在大十字后期追施烟草育苗专用肥 3 ~ 4 次。浓度前期为0.1% ~ 0.5%，后期为 0.5%，浓度不可过高，以免造成肥害。

（三）剪叶锻苗

烟草幼苗在移栽前对叶片进行适当剪除，是培育壮苗的一项重要措施，苗叶的部分修剪主要作用是：第一，促进根系生长。烟草幼苗的根叶比小，通常为 1：5 ~ 1：4，通过合理地剪叶，控上促下，可以扩大根叶比一倍以上。第二，促进茎的生长，获得更粗壮的茎。第三，使幼苗个体间均衡生长，整齐一致，无论是采用何种方法育苗，幼苗期总有较大的不平衡，适当剪去大苗部分叶片，可保证小苗的生长空间，一般经 2 次修剪就能基本使幼苗单株的外观长势相近。第四，控制早花。第五，促进移栽后的烟苗成活率，修剪后的幼苗根系发达，生长健壮，同时便于起苗、运输和移栽操作。第六，增加对真菌病害的抗性，修剪修理使幼苗间通风透光更好，抑制了真菌类病原菌的生长，同时烟苗健壮抵抗力增强；但修剪时如果消毒不彻底，或者有个别发病的带毒烟苗，剪叶可能使病毒类病害（如花叶病）加重传播。第七，可适当调整移栽期，在较干旱少雨、水源较缺乏的地区可适当增加剪叶次数，推迟移栽时间。

总之，剪叶虽然可以提高烟苗的整齐性，增加茎围，促进根的生长，提高烟苗根系活力（王军等 2000），但同一群体内烟苗剪叶处理（时间、次数、部位）要一致，否则会造成烟苗重量和烟茎尺寸等的不一致，导致移栽后的烟株生长表现不一致（王树声等 2002）。

在生产中应该掌握好剪叶的次数与大小，正常条件下，每次剪去最大叶的 30% ~ 50%。隔 4 ~ 5 天剪一次，共剪 2 ~ 4 次。也可利用剪叶部位、次数和频数调整成苗期。注意不要剪掉生长点。剪叶时工具必须严格消毒，避免病害交叉感染。消毒时可用福尔马林或 1：1 的漂白粉（5% 的次氯酸钠）。

（四）苗床卫生管理

集约化育苗因烟苗生长全过程在大棚和温室内的塑料盘中，与外界基本隔绝，外界病虫不易传入。但大棚内的温、湿度比普通苗床高，且育苗集中、量大，一旦病虫害发生，对烤烟生产和农民利益影响大，所以，湖南省烟草公司邵阳市公司特别重视育苗大棚的卫生管理和病虫害的防治工作，烟草苗床期大力宣传与执行相关的防治措施，对苗床期病虫害防治坚持以防为主，综合防治的方针，抓好种子消毒、营养土（基质）消毒、棚内消毒、操作人员与用具卫生，以及烟苗病虫防治等环节。烟草育苗专用大棚彻底清除杂草、杂物，通风口设好纱网隔离蚜虫。进行间苗、假植、剪叶等农事操作时特别注意卫生，作业前先用肥皂洗手，消毒所用器具，育苗大棚内杜绝吸烟，以防止病毒病的传播。重视了苗床期主要病害，如炭疽病、猝倒病和立枯病的防治。

四、漂浮育苗关键技术

（一）育苗基质

烟草漂浮育苗用基质要参照 YC/T310—2009 烟草漂浮育苗基质标准进行准备。研究表明（时向东等 2001），漂浮育苗基质中有机质材料的比例对烟苗生长发育具有重要作用。在以草炭、蛭石、膨化珍珠岩为原料的培养基质中，草炭比例以 50% ~ 70% 较为适宜，低于 40% 或高于 80% 均影响烟苗根系的发育。以一定比例的腐熟作物残体代替草炭亦是完全可行的，同样能够培育出根系发达，均匀一致的壮苗（时向东等 2001，岑怡红等 2003）。

基质装填时，基质的装填量对烟苗生长有影响（时向东等 2001）。装填量少，造成苗穴培养基过于疏松，容易干燥，不能满足叶片生长的需求，烟苗多发生螺旋根。装填量大则容重大，格盘入水后基质吸水多，造成根系缺氧，活力差，不利于根系生长，同时盘面湿度大易滋生绿藻。均匀的基质覆盖种子可防治烟草螺旋根（徐宜民，2003）。

（二）营养液

漂浮育苗与常规育苗一样，需要全量的矿质营养。苗盘入水前，可施入浓度为100mg/L（以氮素计）的肥料，播种后第4周和第6周，各加入一次150mg/L的肥料。移栽前两周，根据烟苗生长情况，可再施一次肥料，但浓度不可过高，为50mg/L左右。研究表明（徐家来，1995）前期营养液浓度在100～125mg/L的烟苗生长势强。播种后35天以前，在0～200mg/L范围内营养液浓度的增加对烟苗的生长发育有不同程度的促进作用；播种45天以后，营养液浓度超过150mg/L的烟苗生长发育状况都呈下降趋势，烟苗生长势减弱（靳冬梅等，2005）。

研究表明，营养液的pH 5.5～7.0，在此范围内不会对烟苗生长造成不利影响。育苗池内营养液的深度一般要求10～15cm。太深不利于提高水温，影响萌发及烟苗前期生长。若营养液太浅，尤其是育苗后期，水分蒸发快，易造成营养液内养分浓度快速升高，烟苗徒长。

（三）温度管理

漂浮育苗适宜的播种温度为最高气温稳定通过15℃，水温稳定在10℃以上（朱银峰等，2000）。温度过低，会对种子萌发造成较大影响。与托盘育苗一样，应避免育苗棚内出现13℃以下低温和35℃以上高温。

（四）剪叶锻苗

在漂浮育苗过程中对烟苗进行剪叶的作用与剪叶操作技术，与托盘育苗过程中的剪叶技术一致。研究表明，对漂浮育苗的烟苗进行剪叶可以提高烟苗维生素C含量、粗纤维含量及多酚氧化酶（PPO）的活性，因此，剪叶不仅促使烟苗茎秆粗壮，还有利于提高烟苗抗逆性（黄一兰等，2001）。剪叶从第5片真叶开始，每隔5天剪一次，剪叶3～4次效果最好（杨焕文等，2005）。

第四节　集约化调制技术

烤烟烟叶调制（烘烤）技术是烟叶生产的关键环节，是一项技术性强、工艺要求严格、耗时耗力的过程。烤烟烟叶集约化调制就是在烟叶产区烟农户数或烟田比较集中的地方修建标准化烤房，聘请专门的技术人员操作，成立专门的部门管理，收取一定费用，集中为烟农调制烟叶的集中生产过程。该机构以技术指导和赢利相结合，必要时，烟叶经营部门可以适当给予补贴。烟叶调制的好坏直接关系到烟叶质量的好坏，决定着烟农的收益，烟叶调制不好不仅影响产区烟叶的销售，而且还会导致烟叶经营部门、烟农、地方政府之间关系的恶化。因此，在烟叶产区实行烟叶集约化调制具有重要的现实意义。

一、集约化调制的特点与优势

烤烟烟叶集约化调制（烘烤）是市场经济的产物，把一家一户的作坊式加工推向供需的市场，对于促进人们的价值观念、转变人们的经营理念，起到推动作用；对于降低烟农风险、提高烟叶质量，降耗增效，起到积极的、建设性的作用。

（一）减少投资增加积累

烤烟烟叶集约化调制（烘烤）可以使农民减少投资，增加积累。建一个标准化烤房，一般需要投资 1 000 ~ 1 500 元。实行烟叶集约化调制，烟农不需要对烤房进行投资，从而可以减少支出，增加积累。

（二）烤房得到充分利用

烤烟烟叶集约化调制可以使烤房得到充分利用，避免资产闲置或生产量不足造成的浪费。烟农种植烤烟的面积不尽相同，种植面积和烤房容量相适应的很少，80% 以上的烤房容量相对过剩，造成了调制设备和燃料的大量浪费。实行烟叶集约化调制，将每家每户的烟叶编码后统一调制，能最大限度地保证每一个烤房的科学容量，尽可能地减少调制设备和燃料浪费，从而降低调制费用。另外，采购成本下降，烟叶集约化调制集中采购调制设备和燃料，由于规模经营，采购成本比每家每户自行采购要低得多。

（三）节约劳动力资源

烟农自行调制烟叶，不管种烟多少亩，都必须要有一个人，而且需要懂调制技术的明白人操作，查看温度、湿度，适时进行升温排湿，工作辛苦且风险较大。实行烟叶集约化调制，烟农只需将成熟的烟叶采收后送到集约化调制点，烟叶调制好后，集约化调制点自会通知烟农领回自家烟叶，根本不需如此辛苦。集约化调制点一个技术人员最少可看管 20 个烤房，如果实行 3 班操作，也最多需要 3 个人，因此节约劳动力资源，降低烟农劳动强度。

（四）缓解农事矛盾

烟叶调制的周期为 5 天左右，且各周期之间具有连续性，一般要持续 60 ~ 80 天。烟农忙于调制烟叶，往往顾此失彼，耽误秋收和许多农活，特别是烟叶后期大田管理跟不上，出现草荒、花权满田现象，严重影响后期烟叶品质。实行烟叶集约化调制，烟农就不会为调制烟叶所累，有充分的时间和精力搞好烟叶后期大田管理和安排好其他秋收农活。因此缓解了农活矛盾，使烟农合理安排农业生产。

（五）易于采用精准调制技术

集约化调制技术，以工厂化的密集烤房群为标志，采取成熟采收，分类编杆或分类装烟，从而易于采用精准调制技术。集约化调制设备更加智能化，并且容量大、有规模。这里所说的成熟采收体现了适宜成熟度概念，是以卷烟配方对原料需求为导向，以地域最佳质量风格彰显为目标的，按照适宜成熟采收的纬度规律性和海拔规律性进行采收。烘烤工艺以烤香味为目标，精准掌握温湿度的合理控制。

二、新型调制设施设备

随着烟叶集约化生产规模不断扩大，生产过程相应配套设备和技术也向规模化方向发展，以适应规模化生产发展需要。其中，作为烟叶生产重要环节的调制过程，也随着规模化经营，集约化发展而出现调制设备的集中建设，烤房建设统一标准，烤房自动化控制系统的快速发展，烘烤过程的集中管理；烟叶成熟采收技术随着田间种植的集中连片规模扩大，田间烟株长相长势的趋向一致，成熟采收标准也向集约化方向发展；由于田间烟株长相长势的趋向一致性发展，烤烟调制（烘烤）设备的更新和集中连片建设，以及自动化智能化控制技术的引入，烤烟调制技术也向程序化智能化控制方向快速发展。田间规模化种植、集约化管理、烟叶成熟采收集约化控制、烤房集中建设及智能烘烤技术，奠定了现代烤烟集约化烘烤技术的基础。

我国烤烟的调制（烘烤）设施经历了从老式烤房（土烤房）、普通化标准烤房到密集烤房的演变过程，密集烤房的规格也从不统一到统一和规范化。密集烤房是密集烘烤加工烟叶的专用设备，基本结构包括装烟室和热风室，主要设备包括供热设备、通风排湿设备、温湿度控制设备。基本特征是装烟密度大，为普通烤房的 2 倍以上；具有装卸烟叶省工省事特点；采用强制通风，热风循环；自动化程度高，温湿度自动控制；由于一次装烟量大，适应烤烟规模化发展需要；但密集烤房一次投资规模较大，而运行成本相对较低。按照烤房的外观形状，密集烤房可分为卧式密集烤房和立式密集烤房；按照气流在装烟室内运行的方向，密集烤房又可分为气流上升式和气流下降式两种类型。目前烟草行业推广的密集烤房多为单座烤房，装烟室的规格一般长、宽、高分别为 8.0m×2.7m×3.5m，满足鲜烟装烟量 4 500kg 以上，烘烤干烟 500kg 以上。

（一）密集烤房的演变

20 世纪 50 年代末期，美国北卡罗来纳州立大学约翰逊（Johnson，1960）等研制了密集式烤房，20 世纪 70 年代密集烤房在美国、日本等发达国家迅速推广开来（董祥庆，1980；王卫峰等，2005；刘光辉等，2011）。1960 年设计出适合生产使用的结构形式，装烟室为砖木或土木结构，高 1.95m，长 3.05m，宽 3.65m，装烟 2 层，每层 2 排烟夹，烟夹长 1.82m，宽 0.41m，每个烟夹装鲜烟 54.43kg，同时还提出了密集烘烤相应的烘烤工艺（宫长荣，2003）。1969 年，日本鹿儿岛烟草试验场发明了一种新的烘烤工艺，即将湿球温度控制在 38℃，按照一定工艺的要求升高干球温度，就可以保证烟叶烘烤质量。根据这一原理，山中弘久和川上嘉通研制出湿球温度自动控制系统，实现了烟叶烘烤自动化（王能如，2002）。1976 年 POWELL 公司又成功研制出 771 型大箱式堆积烘烤设备，省去了用烟夹夹烟这一手工操作程序，将烟叶直接堆积于大箱进行烘烤，使烟叶烘烤基本实现机械化和自动化。1974 年日本三洲产业株式会社生产出了气流上升式密集烘烤装置，1977 年美国北卡罗来纳州立大学的石格斯（Suggs，1987）发表了大箱式密集烘烤研究报告。在密集烤房不断发展应用的过程中，烟叶的夹持设备也不断得到改善，20 世纪 60～70 年代，美国和日本等国的烟草专家研制出不同形式的烟叶夹持设备，美国最早使用的是梳式烟夹，逐步发展为箱式（宫长荣，1994）。我国最早在 20 世纪 60 年代开始研究密集烤房，1963 年河南省烟草甜菜工业科学研究所进行了密集烤房试验研究，于 1973—1974 年设计出了第一代以煤为燃料，土木结构的密集烤房，但由于烤房本身的因素和历史条件的限制，密集烤房没有大面积推广（余茂勋，1983）。随后一些科研单位也进行了尝试，如丹东农科所研制了三巷道平吹式热风循环烤房，安徽省凤阳烟草研究所研制了"一炉双机双炕"式密集烤房（汪廷录，1982）。1977年郑州烟草工业研究所研制成功以煤为燃料的土木结构的"堆积烤房"，1981年中国农业科学院烟草研究所与有关单位合作，研制成功以柴油为燃料的、温度自动控制的5HZK-400型烟叶初烤机。20世纪90年代初期以来，河南、云南等省分别从日本、美国、加拿大、希腊、南非等国家和中国台湾地区引进了多种形式、型号、规格的密集烤房，这些密集烤房有燃油直接供热、燃煤锅炉热水循环供热、燃煤直接供热3种供热形式，如烤霸、金果实等品牌。但是这些密集烤房价格昂贵，同时因操作程序上存在一定问题，在我国未得到推广应用（宫长荣等，1999）。

20世纪90年代以来，随着我国经济发展和科学技术进步，以及烤烟规模化生产的发展，各地相继采用引进吸收和研制推出各种类型的密集烤房。1994年张仁义等设计建造了BFJK型电脑密集烤房（张仁义，1995）。1995年云南省化工机械厂研制成功了堆积式烟叶烘烤机，并获得了实用新型专利。1995年聂荣邦等研制出新式微电热密集烤房（聂荣邦，1995），随后又在1996年研制出燃煤式密集烤房（宫长荣等，1999）。1999年宫长荣等研制出热泵型烟叶自控烘烤设备（宫长荣等，1999）；同年，乔万成等研制出了燃煤的砖砌式密集型热风循环烟叶初烤机（乔万成等，1999）。吉林省研制出了半密集烤房及其烘烤技术，在当地有一定规模的应用。2001年，黑龙江省引进国外烤烟生产先进国家巴西的散叶烘烤设备，开发研究了适合黑龙江省条件的散叶烤房及配套烘烤技术（焦庆明等，2004）。2000—2003年，安徽省以吉林使用的密集烤房为基础，成功研制出悬浮式蜂窝煤炉密集烤房（AM）系列，并不断完善，在全省及其他省份推广应用。云南省在AM烤房的基础上，推出了QJ系列及YA系列。湖南省完成了长浏2号烤烟密集式烤房和《经济适用高效密集烤房及配套烘烤工艺研究与应用》项目，长浏2号及湘密（XM）系列烤房分别于2006年和2007年通过了湖南省科技厅组织的科技成果鉴定。贵州省依次推出了GZ-1型散叶堆积烤房及GZSM-06-02型气流下降式和GZSM-06-03型气流上升式两种散叶型密集烤房，密集式烤房的装烟密度为普通烤房的2~3倍；以机械强制通风的热风循环方式对装烟室的烟叶加热，叶间隙风速为普通烤房的2~3倍；通过温湿度自控或半自控设备，使装烟室呈现封闭式内循环或部分开放式外循环结合内循环，控制烤房加热和通风排湿，达到温度和湿度的精准控制，满足烟叶烤黄、烤干、烤香需要。

最近几年，我国密集烤房发展与烤烟集约化生产模式紧密联系，在烤房建造规格上逐步趋于全国统一，在建设规模上为适应规模化种植需要呈集中连片建设，在烤房功能上逐步向节能型、智能化、操作简单等方向发展。其中，余热共享密集烤房、连体密集烤房、散叶密集烤房等，以其节能、简便、高效而得到快速推广。为了规范全国烟区烤房建设，2009年国家烟草专卖局办公室印发了密集烤房技术规范（国烟办综〔2009〕418号文件），对全国烤烟烤房建设做出了具体指导。

（二）密集烤房的供热系统

20世纪90年代中后期，随着中国经济和科学技术的进步及烤烟规模化生产的发展，各地相继引进和研制出各种类型的密集烤房，其中，研究热点大多集中在供热设备改造和自动控制设备优化方面，有燃油直接供热、燃煤锅炉热水循环供热、燃煤直接供热等多种供热形式（宫长荣等，2003；王卫峰等，2005；刘磊等，2011）。近年来，中国烟叶密集烘烤技术研究十分活跃，其加热设备由燃烧散煤的卧式火炉逐渐改进为兼烧散煤、型煤（蜂窝煤）的立式火炉，供热设备材质多为金属材料（铁燕等，2009；韩永镜等，2003；孙敬权等，2004）。部分烟区研究应用了非金属材料供热设备烤房，其火炉和散热器材质多为普通耐火材料或陶瓦材料（刘添毅等，2007；聂荣邦，2000；何昆等，2011）。此外，人们在密集烘烤对电能和生物质能源利用研究方面也进行了积极的探索，一些烟区设计并示范应用了生物质汽化炉供热设备、电热烤房（叶经纬等，1991；杨世关等，2003；聂荣邦，1999；宫长荣等，2003）、天然气水暖烤房，使中国密集烤房供热设备呈现多样化趋势（谢已书等，2008；彭宇等，2011；江凯等，2010；张百良等，1991；肖艳松等，2009；普匡等，2008；陈其峰等，2009；杨培钰等，2009）。

1. 燃煤热源烤房

随着中国现代烟草农业的发展，密集烘烤在全国范围内得到了快速推广应用，集群式密集烘烤工场建设已经成为现代烟草农业的标志之一。据统计，到2012年中国已推广应用密集烤房50万余座，承担烘烤面积达66万 hm^2 以上。集群式密集烘烤工场建设的密集烤房几乎全部采用燃煤热源，但目前推广应用的密集烤房其供热设备多为金属材料，存在换热器易锈蚀、使用寿命较短、生产成本较高、在烟叶烘烤过程中积灰严重、热交换效率下降、火炉加煤次数多、烘烤操作用工量大、煤炭燃烧不充分等问题（李志民等，2011；宋朝鹏等，2010；宋朝鹏等，2009）。非金属供热设备密集烤房供热设备多为普通耐火材料，其导热性能较差，在烟叶烘烤过程中易开裂，因此在烟叶生产中的应用较少（宫长荣等，2003）。密集烘烤是中国烟叶烘烤技术的发展方向，进一步改进密集烤房供热设备的性能，对推进密集烘烤技术的发展，提高烟叶烘烤质量，促进现代烟草农业建设都具有十分重大的意义。

为解决普通耐火材料供热设备导热性能差和金属材料供热设备易腐蚀的问题，提高密集烤房的供热性能，延长供热设备的使用寿命，新型无机非金属复合材料开始在密集烤房供热设备上使用。近年来，新型复合材料的研发已发展到以碳纤维增强水泥复合材料（简称CFRC或碳纤）为代表的第三阶段（程继贵等，1995）。CFRC材料的比重小，导热性能好，抗震、抗压强度大，使用温度高，耐腐蚀能力强，具有高比模量、高比强度和优异的耐高温性能，被广泛应用于建筑、航空航天、汽车工业等领域。为提高密集烤房加热设备的供热性能（曾中，2012），延长设备的使用寿命，人们采用短切碳纤维与陶瓷纤维为混合增强材料，以碳素与 $a-Al_2O_3$ 等无机功能材料为复合基体，以热固型高残碳胶为粘结材料，设计出了适用于密集烤房供热设备的CFRC新型无机非金属复合材料配方，采用高温热压复合一次成型工艺，研制出密集烤房供热设备新材料，并研究确定了其最佳生产工艺和技术标准，制定了Q/AEFH 001-2009新型复合材料制品的企业标准。CFRC新型无机非金属复合材料密集烤房供热设备，其导热系数分别是普通耐火材料的1.5倍和3.2倍，高温（750℃）压溃强度分别是耐火材料的1.9倍和1.6倍，散热管的耐腐蚀性能是金属材料散热管（NS钢）的5.3倍，各项性能指标均达到密集烤房供热设备建造标准要求。解决了普通非金属材料密集烤房供热设备易开裂及导热性能差的问题，克服了金属材料烤房供热设备易腐蚀的缺点，显著提升了非金属材料烤房的供热性能，延长了密集烤房供热设备的使用寿命。

2. 电力加热烤房

在我国密集烤房的发展过程中，面临着燃煤质量差异大，烟农种植比较分散，烘烤的劳动强度和技术难度都比较大等问题，专业化烘烤发展的相对缓慢成为了制约某些地区烟草生产的关键因素之一（中国农业科学院烟草研究所，1987；宫长荣等，2005；蒋笃忠等，2008）。我国传统的烟叶烘烤设备主要是以燃煤为主的小型烤烟房，这种小型烤房现有 400 多万座，其中，90% 以上是煤烤房（陈其峰等，2009）。虽然科技工作者对其进行了卓有成效的改造（杨威等，2011），但这些烤房仍然能耗高、系统热效率低（低于 35%），所烤烟叶的质量不稳定。由于分散烤烟，对环境也造成了一定的污染（宋朝鹏，2010）。近年来，随着煤炭的日益紧张，加上物流成本的上升，能耗的费用越来越高，而且燃煤烤房的自动化加煤改造难度较大，而用工加煤成本不断攀升，引导人们探索烤烟电力能源供给途径。随着我国广大农村供电条件改善和电力供应负荷趋于宽松，人们开始研究以电能为主要能源的烤房改造方案。

新型电力烤房与传统燃煤烤房比较研究认为（张宗锦等，2012），通过数据分析和理论计算，采用电加热的烤房在能耗方面的费用比用煤的传统烤房要节省。其中，电烤房与传统煤烤房的能源消耗及其费用的比较，电烤房在运行过程中成本波动不大，比传统煤烤房还略有优势，但未达到显著性差异。电烤房的温度曲线较传统烤房更加平缓，其烤烟质量完全可控。两种烤房烤烟的品质及其销售价格对比，电烤房完全能达到传统烤房的质量水平。新型电烤房加装了保温层，可有效保证电烤房的温度，使电能消耗降低，若进一步在排湿过程中，考虑余热回用的设施装置，将更有效地降低能源消耗。采用自动控制技术，还可使烤烟过程的能耗降低，烤烟质量可控，减少人为波动干扰。通过对烤烟质量的评价，采用电烤制的烟叶，在变黄、定色、干筋过程均与传统烤制的品质无明显差异。

汤若云等人（2012）采用散煤烤房（江苏科地现代农业有限公司生产的气流上升式密集烤房，金属炉膛供热，燃烧采用散煤燃烧，强制通风排湿，烘烤能力 1.2 ~ 1.33hm²）、型煤烤房（隧道式型煤炉膛大型气流上升式密集烤房，采用非金属炉膛，一次性加煤，供热采用型煤燃烧，强制通风排湿，烘烤能力 1.2 ~ 1.33hm²，生产厂家为湖南长沙鑫迪科技有限公司。）和电热烤房（电能供热气流下降式密集烤房，采用纳米陶瓷发热新技术，烤房采用冷凝排湿系统，烘烤能力 1.2 ~ 1.33hm²，生产厂家为湖南郴州金源节能技术开发有限公司）进行了烘烤比较试验。比较研究认为，升温性能电热烤房升温无滞后性，而燃煤烤房中，尤其是型煤烤房，燃烧有滞后性，电热烤房的升温性能和保温性能能够满足烟叶烘烤的需求。这 3 种烤房的平面温差和垂直温差都较低，都能符合烟叶烘烤的要求。电热烤房的平面温差和垂直温差与其他 2 种燃煤型烤房相比，烘烤中整房烟叶的一致性更好，这是由于电热烤房在烘烤过程中，上、下棚水平温湿度均匀，烟叶生理变化基本同步，烤出的烟叶质量差异不大。在 3 种烤房烘烤时，控制仪设定目标干球温度、湿球温度与装烟室内实际干球温度、湿球温度差也略有差异，散煤烤房、型煤烤房、电热烤房内干球温差一般分别是 1 ~ 2℃、1 ~ 3℃、0.3 ~ 0.5℃，湿球温差分别是 0.5 ~ 1℃、0.5 ~ 1℃、0.2 ~ 0.4℃。电热烤房实际干湿球温度与设定目标温度温差更小，说明电热式密集烤房在烟叶烘烤中温度控制精度更高，温湿度波动幅度更小，有利于烟叶的烘烤。通过能耗和人工成本分析认为，1kg 干烟烘烤成本最低的是电热烤房，平均为 1.81 元/kg，成本最高的为散煤烤房，为 2.34 元/kg。电热烤房与两种燃煤烤房相比较，在各项综合成本中是最低的。烟叶外观评价显示，电热烤房烤出的烟叶明显好于散煤烤房，散煤烤房略好于型煤烤房。电热烤房烤出的烟叶正反色差小，烟叶颜色均匀，油分多，光泽强，多橘黄色，上等烟高于燃煤烤房，经济效益显著提高。综合比较 3 种烤房烟叶烘烤的成本和产值，电热烤房 > 型煤烤房 > 散煤烤房。由试验数据分析提出，电热烤房使用清洁能源，自动化程度更高，能精准实现烘烤目标，是今后烘烤设备发展的方向。

人们从烤房的结构、烤房造价、使用成本、烟叶烘烤质量、节约资源、废弃物排放、劳动力成本等诸多方面，对农户老式烤房、普通密集烤房、电热密集烤房的综合分析指出（徐云等，2013），节能型智能电热密集烤房具有造价低、使用成本适中、维护方便、清洁环境、烘烤质量较好的良好性能，将成为烤烟烤房新的热点，助推中国烟草节能减排、低碳快速发展。由于电热密集烤房设备正常工作需要安装380V的动力电源及设备，投资相对较大，建议政府、电力部门及烟草公司给予基础设施投资的政策及资金的支持；烤烟全部用电烘烤，电力负荷将会较大程度的增加，建议政府、电力部门及相关部门协调电力的分配与供给；电力烘烤需要消耗相对较多的电，但由于烤烟种植区域主要分布于华中、华南和西南地区，且烤烟季节处于 7~9 月，正是华中、华南和西南地区的丰水季节，水电站完全可以充分利用和发挥丰水季节的资源优势，加大电力供给，建议政府在烤烟烘烤的电费上给予适当的优惠及政策倾斜；电热密集烘烤是一项全新的烘烤方式，在烘烤技术及对烘烤设备性能的运用上，建议有关部门加大技术应用培训力度，让使用者熟悉设备性能、及时处理烘烤中出现的问题，确保达到烘烤质量有关指标的要求。

在电力密集烤房建设中，根据热—电转换方式可以分为直热式和热泵式。其中，直热式是采用发热装置直接产生热量给烤房供热，而热泵式是采用电力驱动热能转换泵方式为烤房提供热源。

根据新国际制冷词典（New International Dictionary of Refrigeration）的定义，热泵是一种制冷系统，通过冷凝器内制冷剂冷凝释放热量来供热。压缩机、膨胀阀、冷凝器和蒸发器是组成热泵的四大基本部件。其中，压缩机是热泵系统的心脏，起着压缩和输送制冷剂的作用；膨胀阀是热流向与流量的调节装置，起到调节循环制冷剂流量和节流降压的作用；冷凝器是放热设备，它将压缩机所消耗的电功连同蒸发器吸收到的热量一起传输给供热对象；蒸发器是吸热设备；制冷剂在蒸发器通过吸收低温热源的热量而蒸发（李超，2013）。

根据热力学定律，热量是不会自发的从低温物体传向高温物体，所以热泵在运行时，必须向其输入一部分驱动能（如电能），才能实现热量由低温区向高温区的传递，这是热泵系统的基本能量转换关系。理想情况下，热泵提供给用户的热量是其吸收的低位热能和消耗的驱动能的总和，因此，尽管需要消耗一定的驱动能，但用户所获得的热能恒大于热泵所消耗的驱动能，所以说热泵是一种节能装置。热泵技术在效节省能源的同时，降低二氧化碳排放量和减少大气污染。

热泵可以将自然界中的低温废热转变成可利用的再生热能，将热泵技术应用于烟叶烘烤，是一条能节约矿物燃料、减少温室气体排放、提高能源利用率进而减轻环境污染的新途径。例如，在向用户（如密集烤房）提供相同热量的情况下，电动热泵比燃油锅炉减少二氧化氮排放量 73%，节约 40% 左右的一次能源，减少二氧化硫排放量 93%，减少二氧化碳排放量 68%。据估算，若采用热泵技术供热，全世界二氧化碳排放量将减少 16%。热泵技术用于烤烟可以带来良好的环境效益和经济效益。

20 世纪 70 年代以来，世界各国都逐渐开始重视对热泵的研究工作。欧洲共同体、国际能源机构等，都制订了大型的热泵发展计划，新的热泵技术不断涌现，热泵的应用领域也得到了广泛的拓展，被广泛应用于暖通空调和各工业领域，热泵技术进入了黄金时期，为节约能源和环境保护起到了巨大的作用。我国对于热泵技术的研究工作起步较世界热泵技术的发展晚 20~30 年，直到新中国成立后，伴随工业建设新高潮的到来，热泵技术才被引入国内。到了 21 世纪，随着我国经济条件的改善，空调市场发展迅速，热泵技术在中国的应用也越来越广泛，热泵技术的研究工作创新不断。

热泵自控烤房由热泵加热系统、冷凝除湿系统、热风循环系统、温湿度自控系统组成。工作原理是在加热室内，热泵运转将电能转化为热能，加热空气并由风机强制送入进风道，经分风板进入装烟室，均匀经过烟层后，到达回风道，再进入加热室进行循环。当需要排湿时，装烟室内湿空气进入冷凝除湿系统，将湿热空气中的水分冷却除去，热量释放到装烟室内，烘烤进程由温湿度自控系统中存储的烟叶烘烤专家系统曲线调控。同蒸发器吸收到的热量一起传输给供热对象，蒸发器是吸热设备，制冷剂在蒸发器通过吸收低温热源的热量而蒸发。

近几年，热泵开始广泛应用于密集烤房烟叶烘烤。孙晓军等设计开发了空气源热泵密集型烤房，并进行了烘烤试验，试验表明热泵烤房能明显降低烘烤成本和提高烤后烟叶质量（孙晓军等，2008）。王刚等在贵州建立了两座太阳能热泵密集烤房，将烘烤成本降低了 13%，所烤干烟的化学成分和外观质量跟传统烤房的干烟质量相近，并提出了将烤烟成本进一步降低的途径（王刚等，2009）。吕君等（2011）做了热泵烤烟的试验研究，结果表明，每烘烤 1kg 干烟叶，可降低成本 0.85 元（以当时河南嵩县的煤电价格计算），证明热泵烤烟相比燃煤烤烟既节能又经济，2012 年谢云波等研究了空气热泵和燃煤混合烤烟的效果，结果发现，温度高于 5℃ 时用煤炉加热，温度低于 5℃ 时用热泵加热最经济。经济效果与环境效果显著。相比于普通燃煤烤房，混合供热烤房烤烟所得烟叶外观质量佳，上等烟叶比例高。每间烤房每次可节约 129 元的烘烤费，占原烘烤费的 20.8%，烟农收入可增加 28.4%，降低能耗 6.9%；减少 57.7% 的大气污染物和粉尘排放量。

热泵是一种高效的节能装置，将热泵技术应用于密集型烤房烟叶烘烤，能收获良好的经济效益和环境效益。对热泵型烟叶自控密集烤房与普通烤房的性能及其所烤烟叶的品质对比试验（潘建斌等，2006）发现，热泵型烟叶自控密集烤房性能较好，平面温差和垂直温差较小，风速适宜，通风排湿顺畅，烤房的能耗及用工减少；所烤烟叶颜色加深且色度均匀，平衡含水率和填充值适宜，出丝率高，化学成分间比例协调，香气质好，香气量足；说明热泵型烟叶自控密集烤房较普通烤房显著提高了烟叶的烘烤质量。

3. 生物质热源烤房

生物质能是太阳能以化学能形式储存在生物质中的能量形式，它以生物质为载体，直接或间接地来源于绿色植物的光合作用，可转化为常规的固态、液态和气态燃料，替代煤炭、石油和天然气等化石燃料，具有环境友好和可再生双重属性，取之不尽、用之不竭。生物质能通常被认为是潜在的世界上最大可再生能源资源。据世界能源理事会（World Energy Council，2010）估算，全球每年通过光合作用可生产 2 200 亿 t 生物质（秸秆），相当于 1 537 亿 t 标准煤。综合考虑可持续发展和成本因素，约 92 亿 t 标准煤的生物质可作为能源。其中，农业剩余物是当前主要的生物质来源，而且在未来的一定时期内仍将发挥重要的作用。根据世界主要农作物产量计算，如果利用其中的 25%，相当于 13 亿 t 标准煤（王晓玉，2014）。

我国的农业生产废弃物资源量大而面广，根据 2007 年的统计数据计算，全国农作物稻秆年产出量为 7.04 亿 t，其中，造肥还田及其收集损失约占 15%，剩余 6.0 亿 t（王晓明，2010）。可获得的农作物秸秆 6.0 亿 t 除了作为饲料、工业原料之外，其余大部分还可作为农户炊事、取暖燃料，但目前大多处于低效利用方式，即直接在柴灶上燃烧，其转换效率为 10% ~ 20%（高祥照等，2002）。随着农村经济的发展，农民收入的增加，农村生活用能中商品能源的比例正以较快的速度增加（李际，1993；翟辅东，2003）。随着农民收入的增加与商品能源获得途径变得便捷，已经逐步引导农民转向使用商品能源。在较为接近商品能源产区的农村地区或富裕的农村地区，商品能源（如煤、液化石油气等）已成为其主要的炊事用能。以传统方式利用稻秆（其他秸秆）做燃料的地区，首先成为被替代的对象，致使被弃于地头田间直接燃烧的秸秆量逐年增大，许多地区废弃稻秆量已占总稻秆量的 60% 以上（曹国良等，2006；王丽等，2008）。废弃秸秆既危害环境，又浪费资源。作物秸秆资源既不能任其废弃，也不能向低效率的用途转移，也不能因其利用不当对农业和农村经济可持续发展构成威胁，更不能任其被随意焚烧和废弃。为了建立"资源节约型"、"环境友好型"、"社会和谐型"的社会主义新农村，必须因地制宜、统筹规划，合理配置稻秆资源，优化秸秆利用结构，充分合理利用稻秆资源，不断提高稻秆资源的利用率和利用效率，逐步减少稻秆的直接燃用消耗，从根本上解决稻秆废弃和焚烧的问题，保障农业和农村经济的可持续发展（王晓玉，2014）。

中国生物质资源主要来源于 4 个方面：一是农业废弃物及农林产品加工业废弃物，其中包括农林业及加工业废弃物，如农作物稻秆及木屑、木片等，农产品加工业排放的高浓度有机废水；二是薪柴；三是人畜粪便；四是城镇生活垃圾。中国是一个农业大国，农村人口占全国总人口的 80% 左右，不论是山区、高原，还是平原和丘陵都有已开垦的耕地，故可获得大量的农作物稻秆资源。生物质能在中国的农村能源中占有重要的地位，而其中秸秆又是生物质能资源的重要组成部分，因此需要对中国秸秆资源可获得性进行详细深入的研究。农作物秸秆作为生物质能资源的主要来源之一，是指在农业生产过程中，收获了小麦、玉米、稻谷等农作物以后，残留的不能食用的莲、叶等副产品。我国是农业大国，作物种类较多，具有丰富的稻秆资源，其中稻谷、小麦、玉米、棉花和油菜等主要农作物秸秆占很大比重（崔明等，2008）。大力开发利用秸秆等生物质能，既是我国开拓新的能源途径，缓解能源供需矛盾的战略措施，也是解决"三农"问题，保证社会经济持续发展的重要任务。

我国是人口大国，人均能源资源不足将长期困扰工业化、城市化和农业现代化发展。但我国又是农业大国，农业生产可燃性废弃资源量十分丰富，废弃资源如何合理、有效地利用，农作物秸秆等生物质能源如何采用无污染化处理方法变废为宝，将是生物质能源开发面临的艰巨任务。农作物秸秆作为一种可再生能源，其产量是非常高的，我国每年秸秆除部分用作造纸、沼气发酵、堆肥、饲料和有机肥外，大部分被直接烧掉了。近年来在一些经济比较发达的地区，人们为了便捷的处理田间秸秆，减少秸秆处理费用和劳动力投入，出现了严重的田间收获之后的秸秆烧荒现象。秸秆烧荒一方面白白地浪费了资源、容易引起火灾；另一方面，燃烧过程中产生的大量浓烟还会对环境造成污染，对人们的活动带来不利的影响。在我国的一些地区，夏秋季的秸秆烧荒产生的浓烟已严重威胁到了交通安全，引发了不少事故，出现了机场附近的浓烟严重影响了飞机的安全起降飞行，高速公路旁的浓烟引发汽车相撞事件，引发未收获作物大片烧光的重大刑事犯罪事故，这些现象已引起了全社会的普遍关注，也引起学术界对生物质资源利用研究的热情。

目前，秸秆作为能源的利用方式仍以直接燃烧为主，这种利用方式存在以下问题，首先，当秸秆被加热到350℃时，瞬间释放出80%挥发物，产生"雪崩"效应，在自然条件下或传统的燃烧设备中，此时出现供氧严重不足，使气体不完全燃烧热损失加剧；其次，当秸秆纤维结构燃尽，剩余的松散碳骨架在热气流冲击下迅速解体，未燃尽的炭被热气流带走形成黑烟絮，造成固体不完全燃烧热损失。所以，这种利用方式热效率极低，通常只有10%左右，最高不会超过25%（杨世关，1998）。

生物质能源安全高效利用研究已经引起人们的广泛关注。为了开发利用秸秆等生物质能源，生物质能高品位转换技术的研究受到了世界上许多国家的重视。已经研究成功的转化技术，有生物质固化成型技术，生物质热解气化技术，生物质液化技术等，其中，生物质热解气化技术近年来得到了较快的发展（徐冰燕，1995）。生物质作为气化原料较煤炭具有突出的优点，①挥发组分含量高，在比较低的温度下（一般在350℃左右）就能释放出大约80%的挥发组分，只剩余20%固体残留物，而煤则要在比较高的温度下（600℃以上）才释放出30%~40%的挥发物，剩余60%~70%的固体残留物；②炭的活性高，在800℃及在水蒸气存在的条件下，生物质气化反应迅速，经7分钟后，有80%炭被气化，剩余20%固体残留物，而在相同条件下，泥煤炭和煤炭分别仅有20%和5%气化（万仁新，1995；董良杰，1997）；③灰分低，多数生物质燃料（稻壳除外）的灰分含量都在2%以下，这就使除灰过程简化；④硫含量极低，生物质气化不存在脱硫问题。另外，从自然界碳的循环过程分析，生物质能利用过程中 CO_2 在大气中净积累很低，几乎是零排放，所以说，在合理利用的情况下，生物质能是一种清洁能源，对环境的污染问题较小（表7-5）。

表7-5　煤炭与生物质资源成分比较

燃料种类	碳（%）	氢（%）	氮（%）	硫（%）
广西合山烟煤	77.60	4.50	1.70	9.30
山西阳泉无烟煤	91.70	3.80	1.30	1.00
辽宁平庄褐煤	72.00	4.90	1.00	1.70
玉米秸秆	42.17	5.05	0.74	0.12
小麦秸秆	41.28	5.31	0.65	0.18
水稻秸秆	38.32	5.06	5.85	0.11

生物质气化技术的研究和开发始于第二次世界大战期间，当时西欧就有上百万台生物质气化炉，气化产物用于车辆和船只的发动机系统驱动，以节省战时紧张的常规燃料油。我国的生物质气化技术起步较晚，到目前才有30多年的发展历史。但经过研究人员的艰苦工作，生物质气化技术在我国取得了较大的发展，上吸式、下吸式、层式下吸式、中热值气化炉、流化床及环流化床等各种类型的气化设备已分别研制成功，一些气化炉已实现了商业化开发。以农作物秸秆等农业废弃物为生物质气化能源的原料供给，为烤烟生产的烟叶烘烤过程的能源开发提供了便捷条件，具有重大现实的意义。

由于烤烟的各个阶段耗时较长，大部分时间处于保温保湿状态，升温的幅度一般都很小，所以，烤烟对能源供给系统的基本要求是持续稳定长时间的小火小剂量供热，加热升温和湿度的增长基本同步。满足这种要求除了和烤烟设备有关外，还和燃烧机以及燃料的种类有很大的关系。就固体、液体和气体3种燃料的比较而言，气体燃料较前两种燃料的燃烧控制要容易得多，特别是与固体燃料相比，其优越性则更加明显。如果燃料燃烧的可控性好，则在同样的条件下，烟叶烘烤过程的要求更容易满足。因此，采用生物质燃气作为能源用于烤烟具有明显优势，而生物质燃气的主要缺点是产气受资源和设备的限制，连续供热过程不是十分稳定。因此，解决生物质气化技术是烤烟生物质能源利用的前提，也是是否成功的关键步骤。由于烤烟生产过程对热气流要求的特殊性，生物质气化炉的稳定连续产气、燃烧中的焦油问题与燃气的脱焦净化技术、燃烧机结构等问题，是烤烟生物质能源使用的关键。

在生物质燃料密集烤房烟叶烘烤过程中，燃料的燃烧供热方式根据烟叶烘烤的特性存在差异。在烟叶烘烤不同阶段对热量的需求强度是不同的，并且不同的烘烤阶段对烤房内温度、湿度的变化要求也是不一样的。在烟叶变黄期和定色前期对热量供应的需求强度较小，要求烤房的温湿度环境也严格，空气必须净化好后方可进入烤房使用，在这些阶段必须以间接的辐射供热为主。净化后充入烤房的烟气中含有的少量CO，可以加速烟叶的变黄、缩短变黄期的时间，并可提高烟叶的外观质量。而定色中、后期至干筋期，升温速率比较快，需要持续猛火急干筋，烟叶的外观质量和内在成分受烟气质量的影响已经很小了，可以采用热烟气直接加热为主的办法供热，这可以大大地提高热量的利用效率，提高系统的总体效率。采用直接供热和间接供热相结合的加热方式是烤烟工艺上的首创，突破了传统的间接加热工艺，大大地提高了能量的利用效率，也提高了烟叶质量。但这两种换热在各个不同的时期究竟占多大的比例为宜还有待深入研究，值得学术界进一步探索。

生物质燃气是一种低热值的气体，热值一般在 $5MJ/m^3$ 左右，可燃组分由 CO、C_nH_m、H_2、CH_4 等组成。生物质燃气的热值、可燃组分随生物质的种类、物理形状、含水率、气化炉类型的不同而变化。要保证生物质燃气的充分、稳定燃烧，燃烧器就必须具有较好的性能。首先，燃烧器应具有较大的调节比，以适应不同的热负荷，这也是满足烤烟工艺所必需的，因为不同的烘烤阶段对热量需求的变化幅度是相当大的；其次，燃烧器在结构设计上应能够使生物质燃气与空气实现均匀的混合，为充分燃烧奠定基础；燃烧器应具有较高的燃烧稳定性，这是低热值燃气燃烧的难点，否则就容易发生脱火与回火现象（何鸿玉，2002）。生物质燃气的燃烧属于气体燃烧，在常规天然气燃烧机的基础上，通过对其燃烧头、点火装置、配风系统、控制系统等的逐步改进和调整，才能符合密集烤房需要。

秸秆气中含有一定量的焦油，焦油的析出是比较困难的。焦油会粘住、堵塞电磁阀，使电磁阀不能正常开启，焦油的存在和凝结会造成燃烧机失控。经烟叶质量分析和化验，少量焦油的存在不会影响烤烟的质量。由山东临沂烟草有限公司组织设计，山东百特机械设备有限公司生产的第一代密集烤房生物质高效环保炉（李彦东等，2013），炉体高度为 1 400mm，直径 1 000mm，容量为 $0.73m^3$，重量 1.2t 左右，炉膛燃烧室分为上、下 2 室，上室为二次燃烧室，下室为热分解室。二次燃烧室进风管为含镍耐高温不锈钢，在上、下室连接位置横穿炉体。第一代密集烤房生物质高效环保炉工作原理：燃料在热解室内热解气化，热量和未燃尽烟气进入二次燃烧室，二次进风对二次燃烧室起助燃作用，提高二次燃烧室温度，未燃尽烟气和焦油在二次燃烧室高温下能够充分燃烧，达到节能、高效、低污染、低排放的目的。第一代密集烤房生物质高效环保炉烘烤成本比密集烤房隧道式加热设备节省 0.83 元/kg，降幅达 40.9%。以烟草秸秆为燃料的第一代密集烤房生物质高效环保炉与以煤球为燃料的隧道式加热设备相比较，烤后烟叶外观质量无明显差异，烤后烟叶 C3F 烟叶化学成分无明显差异，上等烟比例和均价略高于密集烤房隧道式加热设备。

由山东临沂烟草有限公司组织设计研发，山东百特机械设备有限公司生产的第二代密集烤房生物质高效环保炉（温亮等，2013），其二次燃烧室进风管道位置发生改变，使用价格低廉的普通铁管即可，炉体高度为 1 400mm，直径 1 000mm，容量为 $0.73m^3$，重量 1.2t 左右，炉膛分为上、下室，上室为二次燃烧室，下室为热分解室，造价 1.3万元左右，比第一代生物质高效环保炉造价降低近 50%。工作原理：燃料在热解室内热分解气化，烟气伴随热量进入上室后，二次进风对上室烟气起到助燃作用，提高上室温度，燃烧室温度可达 1 000℃以上，未燃尽烟气再次充分燃烧，焦油裂解，达到节能、高效、低污染、低排放效果。主要性能是能够控制燃烧速度，烟气能够充分燃烧，不产生焦油，节能效果明显，经检测污染为 1 级。试验结果表明，第二代生物质高效环保炉在二次燃烧室进风管道改进后，使用秸秆、煤块、树皮作燃料，烘烤成本比目前推广的隧道式加热设备分别低 0.75 元/kg、0.44 元/kg、1.07 元/kg，降幅分别为 28.5%、16.5%、36.6%，比第一代生物质高效环保炉烘烤成本分别高 0.34 元/kg、0.12 元/kg、

0.29 元/kg，增幅分别为 22.1%、5.7%、18.6%，烤后烟叶外观质量、经济效益和化学分析等方面无明显差异。尽管第二代生物质高效环保炉比第一代烘烤成本有所提高，但造价比第一代生物质高效环保炉降低了 1.2 万元/台套，结构更合理，性能更良好，操作简单，更适宜推广。

4. 天然气能源烤房

目前，全国大面积推广的密集烤房，存在对煤的依赖性问题，每烤 1kg 干烟叶需要 1.5~2.0kg 煤炭，能耗较高，污染较大，致使烘烤成为烟草农业生产主要的污染来源（宋朝鹏等，2009）。减少烘烤过程中燃煤污染已成为现代烟草农业推进过程中急需解决的问题。而天然气作为一种公认的清洁能源，能够减少因烘烤造成的环境污染（董志强等，2003）。对一个 100 座连建的密集烤房群来说，使用天然气集中供热烘烤，与燃煤烤房相比每次烘烤约减少 SO_2 排放 1 100kg，减少 CO_2 排放 2 700kg，减少烟尘排放 1 550kg，大气污染物排放量大大降低，环保效应巨大。随着我国天然气供应条件改善和对节能环保问题的高度重视，天然气集中供热密集烤房的使用将得到人们的广泛重视。与燃煤相比，天然气能源热值高、清洁，能明显减少烟尘、二氧化硫等污染物排放。采用天然气集中供热和自动控制系统，密集烘烤过程中升温灵活，排湿顺畅，便于操作，可避免人为过失造成的对烤烟质量的影响，而且可实现连续化作业，劳动强度低、生产效率高，非常适应现代烟草农业生产规模化、产业化发展，能够较好的配合基地单元化运作（铁燕等，2009；任杰等，2013）。

研究表明，天然气水暖集中供热密集烤房升温灵敏，控温精确，能够满足烟叶烘烤对温湿度的要求。正常情况下，天然气水暖集中供热密集烤房烧火及系统运行每班仅需 1 人操作和控制，能够大幅降低操作人员的劳动强度，节省劳动用工，与燃煤密集烤房相比，操作更为安全、方便、快捷。烤后烟叶上等烟比例和橘色烟比例较燃煤密集烤房大幅提高，在烟叶颜色、油分、色度等方面也会得到明显改善，这可能与天然气水暖集中供热密集烤房的温湿度控制精度有关。天然气水暖集中供热密集烤房温湿度上下波动一般不会超过 0.5℃，只要烘烤工艺设置合理，能够保证烟叶在相对稳定且适宜的温湿度环境下发生一系列有利于改善烟叶品质的生理生化变化。而燃煤密集烤房由于加煤系统控制难度较大，烤房温度波动范围大，操作不当容易造成温湿度猛升骤降，温度波动越大，干物质损失越大，烤后烟叶质量越差（宫长荣，2006）。

天然气水暖集中供热密集烤房，可以作为一种改善烘烤作业环境，降低烘烤操作技术难度，确保有较好的生态效益、社会效益和经济效益，具有可持续发展的技术加以储备。虽然天然气水暖集中供热密集烤房较燃煤密集烤房表现出烘烤操作技术简便、节省用工、能保证烟叶烘烤质量等优势，但目前一次性投资成本较高，且由于目前天然气价格远高于煤炭价格，致使天然气水暖集中供热密集烘烤能耗成本偏高，现阶段进行大面积推广有一定难度。随着燃气设备使用成本的降低，天然气供应条件的相对宽松，国家对环保要求的逐步提高，减少 CO_2、SO_2 等有害气体排放也将成为农业生产过程的限制因素。随着生产发展和技术装备水平的提高，到生产过程有害气体排放成本作为生产成本加以考虑时候，减少环境排放污染，使用清洁能源的措施也将引起烟草生产的高度重视，燃气烤房有可能成为烤烟生产的主要设施。

5. 太阳能热源烤房

太阳能是世界上最丰富的永久性能源，在欧洲委员会定义的 101 标准下（即白天标准太阳光照条件），太阳能福射强度为 1 000W/m^2d，温度 25℃，大气质量为 AM1.5 的条件下，若假定发电效率为 10%，则整个地球表面上每年可能的太阳能发电量大约是当今世界能耗总量的 100 倍，其值为 14EW/h。换句话说，如果在地球 1/20 面积的沙漠或不到地球面积的 1/100 的陆地上放置太阳能电池，则当今全世界的能源需求就足够满足（徐海荣等，2006）。虽然地球表面的太阳辐射强度随时间、纬度、气候等条件的变化而发生变化，实际可利用量较低，但这少部分可利用资源仍远远大于满足现在人类全部能耗，以及远大于到 2100 年后人类可能的规划所需能源的利用量（UNDP, UN-DESA, WEC, 1999）。太阳辐射能源清洁而且使用安全，太阳能是随处可得，不需要开采和运输，不受任何国家垄断的廉价能源。

我国太阳能辐射资源分布以青藏高原地区的年辐射总量最大，太阳福射能较大的地区主要有新疆维吾尔自治区、青海、西藏自治区、甘肃、辽宁、宁夏回族自治区南部、河北东南部、陕西北部、内蒙古自治区南部、吉林西部、山东东南部、云南中部和西南部、河南东南部、山西北部、海南省东部和西部、福建东南部、广东东南部以及我国台湾的西南部等。我国烤烟大省的云南省地处云贵高原，位于北纬 21°～29°、东经 97.5°～106°，有独特的立体性气候，属热带—亚热带气候区；东部纬度低，海拔高，是云贵高原的主体，西部是著名的滇西纵谷地区；由于山脉屏障寒潮，年平均气温较高，除少数高寒山区外，很少有地区冬季平均气温的地区低于 0℃；因为高原日照时间长，全年太阳高度角大，阳光透射强，空气清新、稀薄，因而云南省的太阳能辐射量非常大，很适合开发利用（林文贤等，1995）。

20 世纪 70 年代，我国就开始太阳能应用于烟叶烘烤方面的探索，当时人们（杨树申，1981）设计了一种平板式太阳能集热器。集热器安装在 3 巷道平吹风烤房上，空气先被太阳能加热，然后通过风机将其送入烤房烘烤烟叶。该集热器顶面是一层 4mm 厚的玻璃，中间为吸热层由悬挂多层黑色金属网制作而成。20 世纪 70 年代末期，河南省长葛县进行了太阳能辅助烟叶烘烤的试验，太阳能集热装置与上述类似，当时的测试结果显示，当天气晴好时可节煤 25%～30%（李棕楠，1982）；经过多年试验，烤房利用太阳能每烤一次可节煤 15～230kg。这一时期陈继峰等（1985）也对太阳能应用于小型普通烤房烘烤进行了研究，他们设计建造了薄膜集光室式集热装置，即将 1 个 40m^2 的塑料大棚建造在自然通风气流上升式烤房的阳面处，在集光室内用太阳能加热空气，然后将热风引入烤房烘烤烟叶；在天气晴朗时，可将太阳能的热量代替一部分煤炭的热量，利用太阳能的烤房每生产 1kg 干烟叶可节煤 28.3%（陈继峰，1985）。随后，陈继峰等（1993）又设计建造了连续化小型太阳能烤房，这种太阳能烤房能够连续烘烤烟叶，节能效果十分显著，整个烤房由太阳能集光室和烤烟室两部分组成，避免了普通烤房每烤一次烟都要停火降温而造成大量热量损失的情况，这种烤房结构与一般烤房相比可节煤 65.0%～65.7%，使烘烤成本有了极大的降低。到 20 世纪 90 年代，谭崇枢等（1997）又研制了一种太阳能烤烟装置，其结构为内部具有较大空间的烤箱，上部设有保温层，在烤箱上连接了太阳能供热装置，太阳能供热装置由太阳能动力器、集热器和蓄热器构成；可利用太阳能烘烤烟叶，降低烘烤成本。杨勤升等（2007）发明了循环密集式烤房，这是由供热系统、加热系统（含人工加热室和太阳能集热室）、烘烤系统（装烟室5~6个）、循环系统、排湿系统和湿热空气回收系统组成的烤房群，该设计节能效果显著，与一般烤房相比，干烟叶烘烤成本可降低0.34元/kg。2009年，云南大理建成了我国第一座太阳能自动化多功能烟叶烤房，该烤房实现了烤烟全程自动化，可减少燃煤用量23.20%。2011年，云南文山州烟草公司在密集烤房屋顶建造了一个太阳能加热室，利用太阳能辅助烤烟，试验表明该方法在保证烤烟质量的同时，可降低烤烟能耗20%~24%，经济实用，有一定的推广价值（李超，2011）。

我国对太阳能烤烟研究起步较早，但其过程较为零星和断断续续，因为环保意识的淡薄和技术条件的落后，许多研究成果并未得到相应的推广应用（李超，2011）。近年来，由于人们的环保意识不断提高，煤炭价格不断上升、能源紧张，全社会都认识到节能减排的重要意义。烟草行业的相关部门和领导也注意到烟草生产既要考虑经济效益，又应重视生态效益和社会效益，在烟草的所有生产环节都必须注意节能、减排、降耗。从国内太阳能烤房研究结果可见，在烟叶烘烤上，利用太阳能辅助烤烟是实现烤房节能减排的一条较好的途径，烤房节煤效果明显。但利用太阳能作为独立能源，实现密集烤房的全部供热方面的研究还是空白。研究如何提高太阳能的利用效率，大面积推广太阳能在烤烟烘烤中的应用，实现大幅度的节能、降耗和减排，已经成为我国烟叶烘烤领域的一个重要研究课题。随着太阳能利用技术的进步，以及光伏电池技术的广泛利用和蓄能技术的开发，太阳能辅助供热及太阳能全部供热型密集烤房将是烤烟供热系统的一个重要发展方向。

（三）密集烤房的控制系统

烤烟烘烤过程耗时较长，需要供热系统持续稳定的供热方式，并随着烘烤进程延伸，温度和湿度需要人为控制。自动控制系统在烟叶烤房中的普遍应用，是密集烤房研究发展的重要成果。自控设备中设定多种不同的烘烤工艺曲线，根据不同的烟叶素质选择相应的工艺曲线，并设置在线调节功能，可即时设定烘烤模式，使烟叶烘烤顺利进行。自控技术还能准确控制烤房内的温湿度，使湿球温度波动范围不超过设定值±0.5℃，并按一定循环周期自动控制风机循环（宫长荣等，1994）。密集烤房自控技术有利于提高烘烤效率，降低劳动强度，提高烟叶烘烤质量，减少人为原因造成的烟叶损失。

目前，自动控制技术在烤房应用已经基本成熟，对于供风、供热、升温、排湿等环节实现自动控制已经成为烟叶烘烤的常规技术。对于可控能源烤房来讲，如燃油、燃气、电力、热泵、太阳能供热系统等，现有技术装备完全可以满足自动控制需要。但我国密集烤房大多采用燃煤热源，而燃煤热源自动控制技术系统复杂。在燃煤发电系统的自动控制方面，燃料煤的自动控制系统设备的结构复杂，投资成本相对高昂，而且实现小型化难度较大。在烤烟生产上，使用小型燃煤自动控制供煤系统的技术尚不成熟，没有真正实现烘烤自动化控制。在今后发展方向上，应在两个方面投入重点研究：一是小型可控燃煤供热系统开发，为烤烟生产上大量使用的燃煤密集烤房提供可控供热系统；二是研究连片种植的烘烤工场的燃煤集中供热系统，采用中、大型燃煤供热系统提供多座烤房的集中供热方式，研究和引用大型系统的燃料控制、节能环保、预热共享等环节，实现燃煤烤房供热系统的真正自动化控制，为降低劳动强度、提高烘烤质量、降低烘烤成本、减少煤炭燃烧污染等环节提供保证。

（四）密集烤房的装烟方式

传统烤房烟叶采收后一般采用烟杆捆绑方式，将烟叶先捆绑在 1.5m 的木杆或竹竿上，然后将带烟叶的烟杆横挂到烤房中烤制，这种烟叶装烟方式，每杆的烟叶捆绑数量有限，由于烤房热气流运动靠密度变化提供动力，烟杆在烤房中的挂烟密度较低才能达到理想的烘烤效果。密集烤房采用热风强制循环装置提供气流运动动力，可以根据人为需要调整气流流动方向，烤房内热气流循环速率高，烤房各个部位极易达到温度和湿度均匀一致，因而烤房每次装烟可以加大密度，因此，称为密集烤房。密集烤房装烟方式，可根据烟叶在烤房中的固定方式分为烟杆捆绑式、烟夹夹持式和散叶堆积式。

1. 烟杆捆绑式

将采收的鲜烟叶捆绑到烟杆的过程称为编烟，或称为编竿、绑烟、上竿等。编烟普遍使用细线绳编烟，绳索有死扣编烟、活扣编烟和加扦梭线编烟 3 种方法。编烟前要严格进行鲜烟分类，将品种、部位、叶片大小、颜色深浅、成熟特征一致和病虫为害叶分开，分别编竿，确保同竿同质。编烟时要 2~3 片叶背对背，以防烟叶在烘烤中干燥收缩向叶面卷曲时互相包裹而造成局部高温高湿而烤坏。每根 1.5m 左右长度的标准烟杆编烟重量以 7kg 左右为宜。编烟结束后将烟杆横向放置烤房或移动架上，烟叶呈自动下垂状态。目前国内密集烤房中使用最多的装烟方式是烟杆绑烟，与烟夹持烟相比，其装烟密度较小。

2. 烟夹夹持式

为了装烟方便省工，在绑杆编烟的基础上，人们发明了一种快速编烟方式，采用长度等于烟杆的夹子，用夹持方式固定烟叶。烟叶编烟夹由两组夹件构成，夹件由夹杆和夹杆两端设置的夹杆头构成，夹杆呈长直杆状，其长度方向上边缘或下边缘或上下边缘上分别设置银齿、钢针或弹簧夹片。其中一个夹件两端的夹杆头上安装手柄，便于拿放。使用烟夹，不仅烘烤前编挂烟叶操作十分简便，烘烤结束后卸烟叶也十分简便，只要拔出销子打开夹杆即可，大大提高了鲜烟叶烘烤的工作效率，且该烟夹可以反复使用，节约成本（周初跃等，2011；胡定邦等，2011；王学龙等，2006）。烟夹为木制或铝合金、角铁等金属制成，木质烟夹使用较少，铝合金和角铁烟夹使用较广泛。

3. 机械编烟

机械化编烟是由编烟机完成的，编烟机是一种能对烟叶进行链式缝纫，起到连接作用的专用机械设备。基本功能设计是将烟叶摆放在输送带上，启动电源后，输送带将烟叶输送至针杆传动机构与构先传动机构之间，进行缝合，在缝合结束后，输送带自动将烟叶送至运动前方位置。同时，在缝合结束后，空针缝合部分会产生一条链式线际。自动打结，防止剪线后烟叶脱落，便于烘烤时吊挂。编烟机代替人工编烟，提高编烟效率，提高烟农的烟叶生产经营能力和烤房的周转能力。

4. 散叶堆积式

散叶堆积烘烤是在密集烤房推广应用的基础上，人们为了快速装烟，节省装烟劳动强度而发明的一种装烟方式。散叶堆积是在烤房内配有装烟框或装烟木栅，烟叶顺序堆放于烟框或木栅内。散叶堆积烘烤省去了编烟或夹烟程序，直接采用叶尖向上、叶基向下的堆放方式装烟。每层烟叶必须装满，不留空隙，直接将鲜烟叶运到烤房前装烟，先将分风隔板平放在烤房内的装烟支架上，把成捆的烟叶轻轻抖散、叶基部相对理齐。采用叶尖朝上、叶基朝下的散叶堆放式装烟，烟叶与分风板呈85°以上的角度。保持上架后的烟叶基部相对整齐，当一块隔板装满烟叶后，再摆另一块隔板，顺序由内向外装烟。一般每个标准烤房鲜烟叶5 000kg左右，装载密度75~80kg/m²。

（五）密集烤房的发展趋势

1. 密集型烤房的节能降耗技术

由于普通烤房卧式火炉结构及性能上的缺陷，常会导致燃料未完全燃烧便会脱落，炉渣中的可燃成分高达15%左右，热量损失较为严重。为此科学家（张百良等，1993；潘建斌等，2006）将烤房传统的卧式火炉改为立式燃烧炉。采用较大炉排面积，降低碳不完全燃烧的损失；采用合理的炉条间隙，既保证通风，又可减少漏煤；采用较大炉膛，降低炉膛热负荷，确保有足够的燃烧空间使烟气中的一氧化碳、甲烷等可以充分燃烧；加强通风供氧，使燃料燃烧完全，可提高燃烧效率20%左右。在能源利用方面，除了燃煤型密集烤房的研究应用外，中国在密集烤房对电能、生物质能源等其他能源的研究利用方面，也有一定进展。潘建斌等（2006）进行了热泵型烟叶自控密集烤房的应用研究，在加热室内，热泵运转将电能转化为热能，烤房全部以电能供热。甘肃省镇原县烟草专卖局的技术人员研制出了太阳能辅助增温循环密集烤房，能够利用太阳能增温。陈继峰等（1994）研制建造了一种能够连续烘烤烟叶的微型太阳能烤房。这种烤房不仅避免了停火降温造成热量损失，同时还利用了太阳能，节能效果十分显著。王汉文等（2006）在AH密集烤房上进行了用玉米秸秆和水稻秸秆压块作为燃料的试验，发现"秸秆压块"可以降低烤烟成本，不仅完全可以满足烤烟烘烤工艺要求，而且可以有效提高烟叶的内在品质。

通风排湿系统结构对强化热交换亦具有重要的作用，由于传统的地上冷风洞不能利用供热系统的余热或其他热量，热能利用率较低，所以对通风排湿系统的节能改造势在必行。改冷进风为热进风，在生产中推广了多种形式的炉旁热风洞（张国显等，1998），是利用了炉旁和主火管底部的余热，提高了热能利用率，进风暖热均匀，有利于确保烟叶烘烤质量。在烤房中循环利用热能是节能的另一重要途径，人们早在20世纪90年代就在烤房中热能循环利用方面做出了系列研究（许锡祥等，1999；李迪等，1998），设计在靠近火炉的墙壁外砌制回风管道，上端在顶棚挂烟梁上方与烤房内相通，下端分岔于火炉两侧与垄下热风洞相通，在回风管外侧设进风口，在距主火管30cm处安装150W轴流风机进行鼓风，使烤房上部空间的热空气得以向下运动，再进入烤房做功，形成部分热风循环利用。这种节能措施不仅大大提高了节煤率，且烤烟品质较高。

2. 移动式密集烤房

由于中国土地资源有限，烤房建设用地投入也受到一定限制。固定式密集型烤房要求在同一地区连年种烟，这样烟田就不能得到合理轮作，导致烟叶质量下降。由于种烟效益不明显，也会导致种烟户逐年减少，烤房闲置数量增加。为提高烤烟质量加大烤房的设备利用率，人们发明了一种移动式烤房，移动式烤房分成供热系统和装挂系统两个单元进行单独设计，两个系统之间可相互独立，又可相互连接循环。供热系统可设立成立柜式，内含燃烧炉膛和散热供热室装置。目前，密集烤房的承重体是烤房的墙体，烤房墙体厚重结实。如果把烤房的承重体由若干根柱体来承载，用档梁连接，使之能够拆卸、移动，那么烤房墙体便可以由既保温，又轻便的材料来代替。循环系统选择相应口径的管道进行连接，完成移动烤房的整体设计。另外，山东省临沂市烟草公司利用报废集装箱体改建了移动式烤房，该烤房利用集装箱体作为烤房的装烟室，加温装置和温控装置设置在箱体的一端，箱体内加装热风循环装置和挂烟横梁，箱体底部加装可移动轮子和牵引装置。由于集装箱的保温和密闭效果较好，完全可以达到密集烤房的保温密闭要求；需要移动时，利用牵引车辆，牵引移动方便。这种密集烤房可以大幅节省造价和废物利用，具有显著的经济效益和社会效益。

3. 密集烤房推广应用前景

密集烤房在推广应用过程中，与普通烤房相比具有显著的三大技术优势。其一，烤房容量大，节省烘烤用工，节煤效果显著，烘烤效率大大提高。密集烤房的装烟密度较大，同体积的容量是普通烤房的 2 ～ 4 倍。密集烤房由于结合烘烤自控技术，在绑烟、解烟、装烟、加温、出烟等方面节省了大量劳动力，降低了烟叶烘烤成本，提高了烘烤效益。其二，密集烤房有效提高了烟叶烘烤质量。密集烤房烤后烟叶颜色更鲜亮、色度更均匀，化学成分更趋合理，香气质和香气量之间趋于平衡，烟气浓度较好，具有较高的配方可用性，能够在卷烟配方中提供基础香气和基础烟气。其三，有利于提高集约化程度，实现专业化烘烤。密集烤房的推广应用，避免了分散种植、分散烘烤的技术差异，通过集中具有一定理论知识和实践经验的专业烘烤技术人员，提高烘烤技术人员的文化技术素质，形成烘烤专业户，实现由烟草公司提供技术，由烘烤专业户烘烤，加速我国烟叶烘烤走向集约化、专业化进程，并为我国烟叶生产技术社会化探索了道路。

当前，随着我国密集烤房推广普及的社会条件逐渐成熟，技术条件日趋完善，密集烤房将成为烘烤设备发展史上的必然趋势。同时密集烤房的推广应用加快了我国烟叶生产由数量规模型向质量效益型转变，由粗放管理向集约管理转变，实现我国烟叶生产的跨越式发展，有利于提高我国烟叶国际竞争力。加快我国烟叶生产走向集约化、专业化、优质化之路，提高我国烟叶的经济效益。密集烤房的推广应用将对我国烟叶生产的可持续发展以及国民经济的发展产生重要影响。

三、成熟采收技术

烟草是叶用经济作物，其产量和质量只有经过烟叶采收调制后，才能得到转化和实现。烤烟烟叶采收的成熟度决定烘烤质量和经济效益。密集烤房烘烤对烟叶成熟采收的基本要求与普通烤房没有根本区别，但由于密集烤房一次烘烤烟叶量大，对田间种植要求集中连片，烟株长相和相同部位烟叶成熟基本一致，以便通过密集烤房集中烘烤能使烟叶质量达到一直水平。

（一）烟叶成熟期的划分

正常烟株生长的叶片是由顶芽的顶端分生组织产生的，生产上使用的主栽品种一般可分化30~40片叶。遭遇低温或其他不良环境影响的烟株，会产生应激反应过早停止叶片分化转为生殖生长，导致早花现象，使烟株叶片数量达不到正常生长的数量，在生产上也会通过人为早打顶，诱导腋芽分化产生新的叶片，以补偿叶片数量不够造成的产量损失；烟株生长条件过于优越，也会造成烟株营养生长转为生殖生长的时间延迟，顶端分生组织分化叶片数目偏多现象。一般正常生长条件下，自移栽后10天左右开始发生新叶，新叶经过幼叶生长期和旺盛生长期后开始成熟。根据烟叶生长发育的特点、物质积累特点和质量形成过程，烟叶成熟期可分为生理成熟期、工艺成熟期和过熟衰老期（贾琪光等，1985）。烤烟生产对叶片成熟要求以工艺成熟为采收标准，但由于叶片生长部位不同，成熟特征有所不同，烟叶成熟采收的判断标准有所不同。

1. 生理成熟期

烟叶经旺盛生长期之后，生长迅速减慢，干物质积累增多，逐渐进入生理成熟期（中国农业科学院烟草研究所，2005）。所谓的生理成熟就是指烟叶通过旺盛生长之后，叶细胞伸长扩大速度减慢，叶片生长从缓慢到停止，叶面积基本定型，物质合成与分解达到动态平衡，干物质积累达到最高峰，此时生物学产量最高。生理成熟期有两个特点：一是烟叶进行光合作用所形成的有机物质逐渐在叶内贮存起来，贮存的速度比因呼吸作用而消耗的速度大，直到叶内干物质积累达到最高峰，叶片组织最充实，产量最高。二是叶绿素开始分解。生理成熟又叫始熟期或初熟期。一般农作物在生理成熟期收获，可以获得最佳的产量和经济效益。但是，烟叶是一种特殊的工业原料，在生理成熟时期内部生理生化变化还不充分，内在质量潜势尚未达到最佳水平，物理性状也未达到最佳状态，因此还不是最适合于烘烤加工和烟叶原料要求的采收时期。

2. 工艺成熟期

烟叶工艺成熟期又称适熟期，是指叶片经调制能达到工业利用最佳的成熟时期。烟叶在生理成熟后，叶片的合成能力迅速减弱，分解能力更加增强，叶绿素快速减少，淀粉和蛋白质含量下降，组织逐渐变得疏松，内含物丰富，有利于香气物质及其前提物质的增加，化学成分趋于协调。烟叶外观上呈现明显成熟特征，如颜色由绿转黄，叶片主脉由黄绿变白等。这时采收的烤烟烟叶，在烘烤过程中脱水顺利，变黄均匀，烤后变成橘黄色，叶正面和叶背面的色泽相似，叶面皱褶，油分多，光泽饱满，烟叶有颗粒感，内在质量好，工业利用价值高。所以，所谓工艺成熟期，就是烟叶田间生长发育达到调制加工和加工后工业可用性最好和最适宜的时期。

3. 过熟期

叶片达到工艺成熟之后，如果不能及时采收，任其在烟株上继续发展，养分会大量消耗，逐渐衰老枯黄，就会转向过熟。达到过熟烟叶，干物质消耗和矿物质流失过度，叶片外观整体变薄；调制后颜色淡，油分少，光泽暗，缺乏香味，品质差，吸湿性弱，易破碎，产量和使用价值降低。

（二）烟叶成熟特征

1. 下部烟叶成熟特征

下部叶片颜色由绿色开始变为黄绿色（六七成黄）；茸毛部分脱落；主脉变白1/2以上，支脉开始发白；叶尖、叶缘稍下垂；采摘时声音清脆，断面整齐，不带茎皮。叶龄 50~60 天。

2. 中部烟叶成熟特征

中部叶片呈较明显的黄绿色（八九成黄），叶尖、叶缘落黄明显；茸毛大部分脱落；主脉变白 2/3 以上，支脉变白 1/2 以上；叶片自然下垂；茎叶角度增大；采摘时声音清脆，断面整齐，不带茎皮。叶龄 70~80 天。

3. 上部烟叶成熟特征

叶片基本全黄（90%~100% 黄），叶面发皱，出现明显的黄色成熟斑，叶尖、叶缘变白；茸毛基本脱落；主脉全白，支脉变白 2/3 以上；茎叶角度明显增大，叶尖、叶缘向背面卷曲；采摘时声音清脆，断面整齐。叶龄 80~90 天。

（三）烟叶成熟采收原则

为了做到烟叶的成熟采收及符合调制对烟叶的要求，烤烟烟叶采收时间为，下部烟叶一般在烟株打顶后 5~10 天开始采收。下部叶采后应根据情况停炉 7~10 天，待中部叶达到相应的成熟度后再进行采收；中部叶采完后一般停炉 10 天左右，待上部叶充分成熟后再进行采收。正常情况下，采收宜在上午 6：00~10：00 进行。采收数量及次数根据烟叶成熟度、烤房容量、烟叶水分含量及天气状况确定烟叶实际采收数量。对于烟株生长和成熟较一致的烟田，每次每株可采 2~4 片叶，顶部 4~6 片叶充分成熟后可以一次采收。一般采收 5~6 次。

烟叶采收应严格掌握成熟度，做到下部烟叶适时早收，中部烟叶成熟采收，上部烟叶充分成熟采收。正常情况下，可参照各部位烟叶表面的成熟特征进行采收；非正常情况下，可参照各部位烟叶的叶龄及叶片弯曲程度适时采收。对烟叶成熟的外观特征有较大差异的品种，采收时应根据具体情况灵活掌握。同一次采收的烟叶，品种、部位、成熟度应相同，整体成熟特征应相近。

烟叶采收时，以中指和食指托着叶柄基部，大拇指放在叶柄上面，向下轻轻一压，向侧拧下。采收时应轻拿轻放，避免因挤压、摩擦、日晒等造成损伤。采下的烟叶应放置在阴凉处，可叶尖向上、叶基向下堆放，也可平放。堆放和平放的密度都不宜过大，放置时间不能过长。

特殊天气的烟叶采收及特殊烟叶的采收，采收时若天气偏旱，可采露水烟，以利烘烤时烟叶保湿变黄。假熟烟叶只有当叶尖转黄、主脉变白时方可采收。烟叶成熟后若遇阵雨可立即采收，以防返青；若出现烟叶返青现象，应延迟烟叶采收，等待重新落黄后再采收。对于成熟或接近成熟的病叶及遭冰雹等危害的烟叶，应及时抢收，并及时清理田间病残叶片。

（四）烟叶成熟度计算机视觉判定技术

烟叶的成熟度主要以外观特征来进行，如：叶色、叶脉、叶面茸毛、叶片形态等，以及采用比色法鉴别成熟度，也有通过外观质量、内在质量、化学成分及物理特性等方面来分析烟叶的成熟度，关于烟叶成熟度判断的研究，存在着外观描述的含糊性和主观性，也缺乏田间现场判断的实时性和准确性，对烟叶成熟度评价缺乏系统、准确的定量研究是制约中国烟叶质量提高的障碍之一。

计算机视觉技术在棉花、小麦、番茄、黄瓜等作物上得到较广泛的研究和应用，在烟草行业多应用于烟叶生产流水线上的杂物分选和烤后烟叶外观质量的检测方面，而在烟叶成熟采收方面应用不多。

李佛琳等（2008）利用反射光谱原理，用耦合 LI－Cor1800－12 外置积分球的 ASD Fieldspec FR2500 光谱仪，在室内密闭环境下，采用内置光源，测定有效范围为 350～1 650nm，选择较少波段进行成熟度识别研究。通过建立成熟度等级的赋值和量化体系、成熟度量化模型，并与光谱技术耦合，有望建立烟叶的综合评价质量技术体系和行之有效的评价方法，最终建立烟叶成熟度机器判断方法。汪强等人（2012）利用计算机视觉技术研究烟叶叶色与叶绿素含量，叶绿素含量与成熟度之间的相互关系，建立烟叶图像的 HSV 颜色值与烟叶成熟度之间的量化模型 TMDHSV，探讨一种通过烟叶图像直接判断其成熟度的便捷方法，试图为烟叶采收的精确化和科学化提供理论与技术依据。研究采用 Sony DSC－F707 型数码相机拍摄烟叶正面图像。拍摄时，将烟叶叶片平展放在黑色背景板上，用三角架固定相机，镜头于垂直距叶片 100cm 高处，调整焦距使叶片清晰并充满视场，固定焦距，以自动曝光模式控制曝光时间与色彩平衡，拍摄光源为全波段的 400W 的高压钠灯。图像采集后以 JPEG 格式导入到计算机中，并在 Photoshop CS3 中处理，使用磁性套索工具选出图像中烟叶区域，用直方图读取叶片区域的 R 和 G 数据，数据处理把烟叶图像 HSV 颜色各分量值，叶绿素 a、叶绿素 b 的值，以及 SPAD 值，导入到 Excel2003 软件中进行数据处理和分析。并对烟叶图像的 HSV 颜色各分量值进行各种变换，对变换后的结果与叶绿素 a、叶绿素 b、叶绿素（a＋b）含量进行对比和分析，使用线性回归分析法，建立各值之间的函数关系。同样的方法建立叶绿素 a、叶绿素 b 和叶绿素（a＋b）含量与烟叶 SPAD 值之间的函数关系。结果认为，烟叶在田间达到成熟时，叶色是判断和确定烟叶是否成熟的重要依据。烟叶图像 HSV 颜色特征值与叶绿素含量之间存在较好的线性关系，叶绿素含量与 SPAD 值之间存在很好的线性关系，利用烟叶成熟度与 SPAD 值之间的函数关系，建立烟叶 HSV 颜色特征值与成熟度之间的关系模型 TMDHSV。在建立 TMDHSV 模型时，选用了烟叶图像的 HSV 颜色值作为模型的基础参数，同时放弃了 V（亮度）分量值的使用，减少了亮度对模型计算结果的影响。TMDHSV 模型试图探索一种适用于田间快速定量判断烟叶成熟度的方法，为烟叶成熟采收提供决策依据，同时也为便携式烟叶成熟度检测设备提供了一种技术支撑。

四、密集烘烤技术

20 世纪 80 年代初期，随着我国烤烟生产的发展，三段式工艺由国外引入，并进行试验验证（杨树申，1995），经不断优化形成了我国烤烟烘烤主导技术。三段式烘烤工艺伴随我国烟区传统烤房改造，对烟叶烘烤的质量提升和减少烘烤劳动强度发挥了较大作用。随着密集烤房设备的引入和密集烘烤技术的研究开发，在三段式烘烤技术的基础上，烘烤工艺又有较大的改进。与普通烤房相比，密集烤房装烟密度大、强制通风和热风循环，叶间风速大，密集烤房的烘烤不能简单地沿用普通烤房三段式烘烤工艺。

在密集烘烤中，要采用低温度、中湿度变黄条件（变黄期干球温度 38℃，相对湿度 80%～85%），结合中湿度定色（定色期相对湿度 37%～74%），在变黄期，使烟叶获得较慢的变黄速度，较长的变黄时间，保持失水速度和变黄速度的协调。在定色期，促进大分子物质的分解和小分子物质的形成，可有效促进烟叶香气前提物质的转化分解和烟叶致香成分的形成，使烟叶的外观质量提高、物理特性改善、化学成分适宜，烤后烟叶香气质、香气量得到提高，提高烟叶的内外在品质。

由于密集烤房装烟密度较大（一般 55 ~ 65kg/m³），烟叶素质均匀一致，高质量编烟装烟等配套技术对密集式烘烤具有重要意义。根据三段式烘烤基本原理，结合对密集烘烤机理研究，制定了低温中湿变黄，中湿定色，相对高湿干筋，适当控制各阶段的风量风速的密集烤房烘烤技术原则。密集烘烤过程要控制好关键温湿度点，及其稳温时间。中国农业科学院烟草研究所等单位新优化集成了密集烘烤技术，其具体要求：一是适当提高主变黄温度，以 38 ~ 40℃ 为主变黄温度，延长 42℃ 凋萎温度的稳温时间；二是降低定色前期温度，以 45 ~ 47℃ 为主定色温度，并延长定色时间；三是降低变黄后期和定色前期湿球温度 1 ~ 2℃；四是延长定色后期（50 ~ 54℃）的稳温时间；五是提高定色后期和干筋期的湿球温度，一般掌握在 40 ~ 42℃。

（一）密集烤房编烟与装烟

密集烤房烟叶整理和装烟一般要求鲜烟分类，对采收的鲜烟首先进行分类，同一烤房的鲜烟叶，品种、营养、水平、部位和成熟度等应尽量一致。同一烤房的烟叶在一天内完成采收、整理和装房。

烟杆编制要求每竿（长 145cm 的烟杆）编烟 9 ~ 11kg。编烟时每束 2 片，叶背相靠，叶基对齐（叶柄露出 6 ~ 7cm），均匀分布，烟杆两端各空出约 6cm，编扣牢固不掉叶。烟夹持烟要求每夹（长 140cm，其中带针部分长 130cm，针长 6cm 的梳式烟夹）夹烟 9 ~ 11kg。夹烟时叶基对齐（叶柄露出 7 ~ 8cm），自然铺放到夹内，厚度均匀，烟夹两端可适当加铺烟叶，然后垂直、稳、准地将梳针插下，固定好。

密集烤房装烟要求"密、满、匀"，不留空隙，不允许随意拉大间距而留下明显大的间隙，特殊情况装烟间隙必须全烤房一致，两个通风弱角可适当放稀。装烟密度相邻两竿（夹）的中心距 12 ~ 14cm。装烟布局全烤房鲜烟素质尽可能一致，在无法达到全房鲜烟素质一致时，应做到同层鲜烟素质基本一致。变黄快的鲜烟叶及过熟叶、轻度病叶装在温度相对最高的一层（即气流下降式烤房的顶层、气流上升式烤房的底层），质量好的鲜烟叶装在其他两层。观察窗附近放置具有代表性的烟杆（夹）。

（二）密集烤房烘烤操作

烤房完成装烟后，关严装烟室大门、冷风进风口和排湿口，及时点火烘烤。烧火时火力大小按烘烤各阶段目标及升温速度的要求灵活掌握，一般烘烤初期小火，小排湿烧中火，大排湿烧大火。点火升温后开启风机通风，烟叶变黄阶段低速到中速运转，定色阶段中速到高速运转，干筋阶段转为中低速运转。提倡有条件的烟区使用自动变频调速风机。

温湿度控制要求，变黄阶段烟叶变化目标为下部烟叶变黄程度达八九成黄，中上部烟叶变黄程度达 90% ~ 100% 黄，烟叶黄片青筋、凋萎，主脉变软，折而不断。干湿球温度控制要求点火后，干球温度以 1℃/h 的速度升至 38℃，湿球温度保持在 37 ~ 38℃，稳温一定时间，使烟叶变黄五六成后，再以 0.5 ~ 1℃/h 的速度将干球温度升至 40℃，湿球温度控制在 37～38℃，稳温并延长一定时间，使烟叶出汗发软，烟叶变黄八成时，以 0.5～1℃/h 的速度将干球温度升至 42℃，湿球温度保持在 37℃ 左右，稳温延长时间，使烟叶继续变黄失水，达到烟叶变化目标，然后转入定色阶段。烟叶变黄阶段的干湿球温度控制需要注意，在 35℃（干球温度）以下时间不宜过长。中后期应适当排湿，具体情况视湿球温度和烟叶变化情况而定，以防止烟叶硬变黄和烂烟。

定色阶段烟叶变化目标要求烟叶黄筋黄片，叶片完全干燥。干湿球温度控制要求干球温度以 0.5℃/h 的速度升至 45℃，湿球温度保持在 37～38℃，稳温一定时间，使烟叶勾尖卷边；再以 0.5～1℃/h 的速度使干球温度升至 47～48℃，湿球温度控制在 37～38℃，稳温并延长一定时间，使烟叶达到黄筋黄片小卷筒；继续以 1℃/h 的速度使干球温度升至 50℃，湿球温度控制在 38℃ 左右，稳温并延长一定时间，使烟叶接近大卷筒；然后以 1℃/h 的速度使干球温度升至 54℃，湿球温度控制在 39℃ 左右，稳温并延长一定时间，使烟叶大卷筒，达到烟叶变化目标，再转入干筋阶段。烟叶定色阶段的干湿球温度控制需要注意加温灵活，防止升温过快和降温。排湿应稳、准，要谨防湿球温度超过 40℃ 或忽高忽低。

干筋阶段要求全部烟叶的主脉充分干燥。干湿球温度控制原则以 1℃/h 的速度使干球温度升至 65～68℃（烟夹持烟可适当提高 1～2℃），并保持稳定，湿球温度控制在 40～42℃，直至全房烟叶的主脉完全干燥。烟叶干筋阶段的干湿球温度控制需要注意严禁大幅度降温，以防烟叶涢筋。控制干筋最高温度和湿度，防止烟叶出现烤红。

特殊烟叶烘烤时，可采用烘烤初期烤房加湿措施，当采收的鲜烟叶水分特别少或变黄阶段初始加热后烤房湿度达不到要求时，可打开装烟室大门或热风室检修门，向烤房内地面泼洒适量清水，并适当延长加热通风时间。当采收的鲜烟叶表面粘附着较大量的水滴时，宜将初始加热温度稍微提高，并适当延长加热通风时间，进行数次间歇排湿，使叶面附着水大量蒸发后，再转入正常烘烤。干筋中、后期若烟叶主脉干燥过缓，可人工调节将干球温度控制在 65～68℃、湿球温度控制在 40～43℃，间歇性地开、关进风门，使烤房内湿球温度反复在 40～43℃ 内波动，甚至出现湿球温度短时间偏高（达到 45℃）的状况，干球温度也可短时间超过 68℃，以加速烟筋水分的扩散，促使烟筋干燥。烘烤中若在烤房处于中火以上时出现停电或电机损坏停风事故，必须及时换上备用电源或更换电机等。采取有效的压火、撤火措施，包括关严火门、关严烟囱闸板、打开检修门等；若停电停风故障短时间内无法排除，应压火、停火，打开烤房加热室检修门和装烟室门，以保证停风期间烟叶不被烫坏和风机润滑状态不被破坏等。

加温烘烤过程结束之后，为使烤后烟叶水分含量达到适宜要求范围（16%～17%），对密集烘烤后的烟叶需要进行回潮处理，在外界空气相对湿度较高情况下，确认全房烟叶完全干筋后，停止供热，关闭风机电源，当烤房温度降低至 40～45℃ 时，打开装烟门、冷风进风口和排湿口，让烟叶自然吸潮，达到适宜水分含量。在外界空气相对湿度较低情况下，烤房温度降至 40～45℃ 时，向装烟室和加热室地面均匀泼水，然后关闭烤房门窗和进风口，开启风机通风，用产生的蒸汽提高循环风的湿度回潮烟叶。若回潮时供热设备已明显回冷，可重新加温，温度控制在 40～45℃，促进水分的汽化，以使烟叶水分含量适宜。

参考文献

[1] Allard R W. Principle of Plant Breeding[M]. Wiley,New York,1960.

[2] Brickell C. D., Alexander C., DavidJ. C. et al. International Code of Nomenclature for Cultivated Plants (Eighth Edition)[M]. Published by International Society for Horticultural Science,Austria,2009.

[3] GB/T 16448—1996. 烟草品种命名原则[S]. 中华人民共和国国家标准.

[4] GB2635—92 烤烟[S]. 中华人民共和国国家标准.

[5] Johnson W H,Henson W H,et al. Bulk curing of bright-leaf tobacco[J]. Tob Sci,1960(4):49－55.

[6] Mayo. The theory of Plant Breeding[M]. Oxford University Press,New York,1980.

[7] Simmonds N W. Principles of Crop Improvement. Loangman[M],New York,1979.

[8] Suggs C W,Leary S M,Bland H S. Effects of leaf curing configuration and bulk density on curing characteristics[J]. Tob Sci,1987,(31):16－19.

[9] 蔡旭. 植物遗传育种学[M]. 北京:科学出版社,1988.

[10] 曹国良,张小拽,郑方成等. 中国区域农田稻秆露天焚烧排放量的估算[J]. 资源科学,2006,28(1):9－13.

[11] 岑怡红,聂荣邦等. 烟草漂浮育苗培养基质及营养液对烟苗生长发育的影响[J]. 河南科技大学学报,2003,23(4):38－40.

[12] 曾中,汪耀富,肖春生等. 密集烤房碳纤维增强水泥基复合材料供热设备的设计与试验[J]. 农业工程学报,2012,28(11):61－67.

[13] 陈继峰,张兆元. TF式小型太阳能烘烤房[J]. 中国能源,1993,8(1):38－39.

[14] 陈继峰,张兆元. 微型太阳能烘烤房的研制与应用[J]. 烟草科技,1994(6):31－32.

[15] 陈继峰. 利用太阳能助烤烟叶的研究报告[J]. 烟草科技,1985,4(1):27－29.

[16] 陈其峰,杨培钰,王东明等. 密集烤房关键设备类型对烟叶烘烤成本的影响[J]. 中国烟草科学,2009,30(4):66－69.

[17] 陈瑞泰. 烟草种植区划[M]. 济南:山东科学技术出版社,1988.

[18] 陈学平,王彦亭等. 烟草育种学[M]. 合肥:中国科学技术大学出版社,2002.

[19] 程继贵. 碳纤维增强复合材料的发展现状及在我国的发展趋势[J]. 材料导报,1995(5):71－76.

[20] 崔明,赵立欣,田宜水等. 中国主要农作物稻秆资源能源化利用分析评价[J]. 农业工程学报,2008,12(24):291－295.

[21] 丁巨波. 烟草育种[M]. 北京:农业出版社,1976.

[22] 董建新,王树声,刘新民等. 烤烟托盘假植育苗生产技术[J]. 中国农学通报,2002,18(6):135－137.

[23] 董良杰. 生物质热裂解技术及其反应动力学研究[D]. 沈阳农业大学,1997.

[24] 董祥庆. 烤烟密集烘烤的创始和国外近况[J]. 中国烟草,1980(2):39－40.

[25] 董志强,马晓茜,张凌等. 天然气利用对环境影响的生命周期分析[J]. 天然气工业,2003,23(6):26－130.

[26] 高祥照,马文奇,马常宝等. 中国秸秆利用现状[J]. 华中农业学报,2002,21(3):242－247.

[27] 宫长荣,潘建斌,宋朝鹏. 我国烟叶烘烤设备的演变与研究进展[J]. 烟草科技,2005(11):34－36.

[28] 宫长荣,潘建斌. 热泵型烟叶自控烘烤设备的研究[J]. 农业工程学报,2003,19(1):155－158.

[29] 宫长荣,王能如,汪耀富等. 烟叶烘烤原理[M]. 北京:科学出版社,1994.

[30] 宫长荣,杨焕文,王能如等. 烟草调制学[M]. 中国农业出版社,2003:5－7.

[31] 宫长荣,赵兴. 烤烟三段式烘烤及配套技术应用推广的初步成效和发展的思考[A]. 跨世纪烟草农

业科技展望和持续发展战略研讨会论文集[C].北京:中国商业出版社,1999.

[32]宫长荣.密集式烘烤[M].北京:中国轻工业出版社,2006.

[33]宫长荣.烟草调制学[M].北京:中国农业出版社,2003.

[34]靳晓白,成仿云,张启翔译.国际栽培植物命名法规-第八版[M].北京:中国林业出版社,2013.

[35]国烟办综[2009]418号文件.国家烟草专卖局办公室关于印发烤房设备招标采购管理办法和密集烤房技术规范(试行)修订版的通知,2009.

[36]国烟科[2006]819号国家烟草专卖局关于印发《烟草种子管理办法》等三个管理办法的通知.北京:国家烟草专卖局烟草品种试验管理办法,2006年11月17日印发.

[37]韩永镜,李桐,李谦等.密集炕房的结构及工艺改进[J].安徽农业科学,2003,31(5):773-774.

[38]何鸿玉.生物质气化烤烟系统的研究[D].河南农业大学,2002.

[39]何昆,刁朝强,黄宁等.非金属复合耐火材料供热设备在密集烤房中的应用效果[J].贵州农业科学,2011,39(5):56-58.

[40]胡定邦,蒋天曙,刘芮等.龙陵县发展低碳经济烟夹烤烟推广应用技术[J].云南科技管理,2011,4(3):57-59.

[41]黄一兰,李文卿,陈顺辉等.移栽期对烟株生长、各部位烟叶比例及产、质量的影响[J].烟草科技,2001(11):39-40.

[42]黄一兰,李文卿,吴正举等.烤烟直播漂浮育苗技术研究[J].中国烟草科学,2001(1):8-12.

[43]贾琪光,宫长荣.烤烟调制.郑州:河南科学技术出版社,1985.

[44]简华丽.多功能材料CFRC的性能及工程应用综述[J].混凝土与水泥制品,2003(5):40-42.

[45]江凯,王永,宋朝鹏等.烤烟气流平移式密集烤房研究初报[J].中国烟草科学,2010,31(2):67-75.

[46]蒋笃忠,高春洋,聂新柏等.普通烤房密集化改造技术的研究[J].作物研究,2008,22(1):36-38.

[47]焦庆明,周建军,刘德育等.散叶式烘烤设备的引进与开发[A].中国烟叶学术论文集[C],北京:科学技术文献出版社,2004.

[48]靳冬梅,叶协锋,刘国顺等.不同浓度营养液对烤烟漂浮育苗烟苗生长及生理特性的影响[J].华北农学报,2005,20(6):15-19.

[49]雷永和,张树堂,冉邦定等.烤烟栽培与烘烤技术[M].昆明:云南科技出版社,1997:151-160.

[50]李超.密集烤房太阳能、热泵、排湿余热多能互补供热系统耦合方式研究[D].昆明理工大学,2011.

[51]李迪,张林.热风循环立式炉烤房应用与示范[J].烟草科技,1998(4):37-38.

[52]李佛琳,赵春江,王纪华等.一种基于反射光谱的烤烟鲜烟叶成熟度测定方法[J].西南大学学报(自然科学版),2008(30)10:51-55.

[53]李际.我国农村能源结构发展战略的思考[J].中国能源,1993,2:26-27.

[54]李彦东,温亮,张教侠等.第一代密集烤房生物质高效环保炉试验研究[J].现代农业科技,2013,4:197-206.

[55]李志民,罗会龙,钟浩等.烟叶密集烤房供热设备分析比较及发展方向[J].煤气与热力,2011,31(7):12-14.

[56]李棕楠,刘森元.我国太阳能干燥的现状与展望[J].新能源,1982,4(1):2.

[57]林文贤,高文峰,蒲绍选等.云南省太阳能辐射资源研究一直接辐射[J].云南师范大学学报,1995,15(3):65-83.

[58]刘光辉,聂荣邦.我国烤房及烘烤技术研究进展[J].作物研究,2011,25(1):76-80.

[59]刘好宝,李锐.论我国优质烟生产现状及其发展对策[J].中国烟草,1995(4):1-5.

[60]刘磊,张世红,陈汉平等. 集中式烤房供热工艺的比较[J].农业工程学报,2011,27(增刊2):371－375.

[61]刘培祥. 加强协调服务保障物资供应[J].中国烟草,1993(2):3－5.

[62]刘添毅,黄一兰,陈献勇等. 密集烤房陶火管散热系统研究[J].中国烟草科学,2007,28(5):23－30.

[63]吕芬,易建华,杨焕文等. 剪叶次数对烤烟漂浮育苗中烟苗生理特性的影响[J].湖北农业科学,2005(6):94－97.

[64]吕君,魏娟,张振涛等. 热泵烤烟系统性能的试验研究[J].农业工程学报,2012,28(增1):63－67.

[65]聂荣邦. 烤烟新式烤房研究Ⅰ. 微电热密集烤房的研制[J].湖南农业大学学报,1999,25(6):446－448.

[66]聂荣邦. 烤烟新式烤房研究Ⅱ. 燃煤式密集烤房的研制[J].湖南农业大学学报,2000,26(4):258－260.

[67]潘家驹. 作物育种学总论[M].北京:中国农业出版社,1994.

[68]潘建斌,王卫峰,宋朝鹏等. 热泵型烟叶自控密集烤房的应用研究[J].西北农林科技大学学报,2006(1):25－29.

[69]潘建斌,王卫峰,宋朝鹏等. 热泵型烟叶自控密集烤房的应用研究[J].西北农林科技大学学报(自然科学版),2006,34(1):25－29.

[70]彭宇,王刚,马莹等. 热泵型太阳能密集烤房烘烤节能途径探讨[J].河南农业科学,2011,40(8):215－218.

[71]普匡,飞鸿,潘国旺. YM－A型卧式密集烤房与普通烤房烘烤对比试验[J].安徽农业科学,2008,36(5):1899－1901.

[72]乔万成,许广恺,李俊奇. 密集型烟叶初烤机试验研究[J].烟草科技,1999(3):44－45.

[73]任杰,孙福山,刘治清等. 天然气水暖集中供热密集烤房设备的研究[J].中国烟草学报,2013(19)3:35－40.

[74]申国明,常思敏,韦凤杰. 烟草集约化育苗理论与技术[M].中国农业出版社,2010.

[75]时向东,刘国顺,陈江华等. 烟草漂浮育苗系统中培养基质对烟苗生长发育影响的研究[J].中国烟草学报,2001,7(1):18－22.

[76]宋朝鹏,陈江华,许自成等. 我国烤房的建设现状与发展方向[J].中国烟草学报,2009,15(3):83－86.

[77]宋朝鹏,李富欣,陈少斌等. 烤烟烘烤技术现状与发展趋势[J].作物杂志,2010(1):6－8.

[78]孙敬权,任四海,吴永德. 烤烟燃煤密集烤房的改进探讨[J].烟草科技,2004(9):43－44.

[79]孙晓军,杜传印,孙其勇. 热泵型烤房的设计开发. 山东制冷空调—2009年山东省制冷空调学术年会"烟台冰轮杯"优秀论文集[C],2009－07－31,山东青岛.

[80]汤若云,段美珍. 电热式密集烤房与燃煤式密集烤房比较试验初探[J].湖南农业科学,2012(21):96－99.

[81]铁燕,和智君,罗会龙. 烟叶烘烤密集烤房应用现状及展望[J].中国农学通报,2009,25(13):260－262.

[82]佟道儒. 烟草育种学[M].北京:中国农业出版社,1997.

[83]万仁新. 生物质能工程[M].北京:中国农业出版社,1995:5.

[84]汪强,席磊,任艳娜等. 基于计算机视觉技术的烟叶成熟度判定方法[J].农业工程学报,2012(28)4:175－179.

[85]汪廷录,杨清友,张正选. 介绍一种"一炉双机双炕"式密集烤房[J].中国烟草,1982(1):37－39.

[86]王刚,何兵,谷仁杰等.贵州烤烟太阳能热泵密集型烤房烘烤效果研究[J].耕作与栽培,2010(1):10-11.

[87]王汉文,郭文生,王家俊等."秸秆压块"燃料在烟叶烘烤上的应用研究[J].中国烟草学报,2006,12(2):43-46.

[88]王军,邱妙文,陈永明等.烟草托盘育苗剪叶程度对烟苗素质及烟株生长发育的影响[J].烟草科技,2000(11):40-41.

[89]王丽,李雪铭,许妍.中国大陆秸秆露天焚烧的经济损失研究[J].干旱区资源与环境,2008,22(2):170-175.

[90]王能如.烟叶调制与分级[M].合肥:中国科学技术大学出版社,2002.

[91]王庆斌,江胜德,戴保威.国际栽培植物命名浅谈——对《国际栽培植物命名法规》(ICNCP)的部分解读[J].种子,2005,24(6):91-92.

[92]王卫峰,陈江华,宋朝鹏等.密集式烤房的研究进展[J].中国烟草科学,2005,26(3):12-14.

[93]王晓明,唐兰,赵黛青.中国生物质资源潜在可利用量评估[J].三峡环境与生态,2010,32(5):38-42.

[94]王晓玉.以华东、中南、西南地区为重点的大田作物秸秆资源量及时空分布的研究[D].北京:中国农业大学,2014.

[95]王学龙,唐启楹,宫长荣等.散叶烤房系列研究、烘烤性能研究[J].中国农学通报,2006,22(11):323-326.

[96]王彦亭,程多福.关于加强烟草育苗工厂化、管理集约化推广工作的几点建议[J].中国烟草,1998(9):1-3.

[97]温亮,李彦东,张教侠等.第二代密集烤房生物质高效环保炉试验研究[J].现代农业科技,2013(5):223-226.

[98]西北农学院主编.作物育种学[M].北京:农业出版社,1983.

[99]肖艳松,李晓燕,李圣元等.不同类型烤房的烘烤效果比较[J].烟草科技,2009(2):61-63.

[100]谢已书,冯勇刚,田必文等.烤烟散叶密集烤房的研究[J].安徽农业科学,2008,36(26):11394-11396.

[101]徐冰燕.中国生物质气化技术的研究现状及发展的关键技术[J].新能源,1995,17(12):25-27.

[102]徐海荣,钟史明.充分利用我国太阳能资源,开发太阳能光伏产业[J].沈阳工程学院学报,2006,2(4):299-302.

[103]徐宜民.均匀的基质覆盖种子可防治烟草螺旋根[J].四川烟草通讯,2003(1):26-27.

[104]徐云,何德意,杨正权等.节能型智能电热密集烤烟房将推动.中国烟草低碳快速发展步伐,2013中国环境科学学会学术年会论文集(第二卷)[C].昆明,2013-08-01.

[105]许锡祥,纪成烂,郑志诚等.热风循环烤房试验初报[J].中国烟草科学,1999(2):19-22.

[106]烟草育种编写组.烟草育种(第二版)[M].北京:中国财政经济出版社,2000.

[107]烟草栽培编写组.烟草栽培[M].北京:中国财政经济出版社,2000.

[108]杨世关,张百良,杨群发.生物质气化烤烟系统设计及节能与品质改善效果分析[J].农业工程学报,2003,19(2):207-209.

[109]杨世关.生物质气化烤烟系统研究[D].河南农业大学,1998.

[110]杨树申,宫长荣,乔万成等.三段式烘烤工艺的引进及在我国推广实施中的几个问题[J].烟草科技,1995(3):35-37.

[111]杨树申.太阳能在烟叶烘烤上的应用[J].河南农业科学,1981,6(1):22-24.

[112]杨威,赵松义,朱列书等.新型无机非金属材料烤房的研究[J].作物学报,2011,25(2):110-113.

[113]叶经纬,江淑琴.木质燃料的基本燃烧特性和气化燃烧烤烟炉[J].农业工程学报,1991,7(3):87-93.

[114]余茂勋.烟叶烘烤[M].北京:轻工业出版社,1983.

[115]余世蓉.漫谈品种审定[J].种子世界,1991(3):38-39.

[116]翟辅东.我国农村能源发展方针调整问题探讨[J].自然资源学报,2003,18(1):81-86.

[117]张百良,赵廷林,雷春鸣等.PJK-200平板式节能烤烟房研究和设计[J].农业工程学报,1991,7(4):102-111.

[118]张百良,赵廷林.PJK型平板式节能烤房[J].烟草科技,1993(4):39.

[119]张国显,袁志勇,谢德平等.烤烟热风循环烘烤技术研究[J].烟草科技,1998(3):35-36.

[120]张仁义,袁专勇,谢德平等.BFJK型热风循环式电脑烤房的设计与应用研究[J].烟草科技,1995(3):38-41.

[121]张宗锦,胡建新,郭川.新型电烤烟房的研究[J].安徽农业科学,2012,40(13):7 984-7 986.

[122]中国农业科学院烟草研究所.中国烟草栽培学[M].上海,上海科学技术出版社,2005.

[123]中国农业科学院烟草研究所.中国烟草栽培学[M].上海:上海科学技术出版社,1987.

[124]中国烟草总公司青州烟草研究所.GB/T 16448—1996.烟草品种命名原则[S].中华人民共和国国家标准.

[125]中国烟叶生产购销公司.GB 2635—1992 烤烟[S].中华人民共和国国家标准.

[126]中烟办[2014]340号中国烟草总公司关于印发烟草种子管理办法和烟草品种审定办法的通知.北京:中国烟草总公司,2014年12月29日印发.

[127]周初跃,姚忠达,王传义等.烟夹密集烤房配套烘烤工艺研究[J].安徽农业科学,2011,39(32):20041-20043.

[128]朱银峰,马聪,李彰等.烤烟漂浮育苗温度与烟苗生长相关性研究[J].烟草科技,2000(12):37-39.

第八章 烟草农业机械化与智能化技术

在近代农业生产发展过程中，工业技术装备的发展和农业机械的研发和利用，促进了农业生产的发展，带动了农业生产组织模式、生产方式、经营方式的变革，大幅降低了农业生产劳动强度，提高了农业生产效率。机械化是农业现代化的重要标志，只有具备一定的生产条件和技术平台，农业现代化才能得以实现。现代烟草农业是以现代科学技术及其应用水平、现代工业技术及其装备水平、现代管理技术及其管理水平为基础的高效率与高效益相统一的农业生产（李发新，2007）。烟草农业机械化是现代烟草农业建设的必然要求，也是烟叶生产减工降本、提质增效的重要措施。为了促进传统烟草生产向现代烟草农业转变，必须充分发挥农业机械的作用，进而提升烟草生产机械化水平（刘剑锋，2011；王丰等，2011）。

随着烟草规模化种植方式的不断改善，大户种植、农场化种植，合作社集中连片种植等烟草种植方式成为一种发展趋势，在我国城镇化成为不可逆转的大趋势与背景下，农村劳动力结构越来越复杂化，从事烟草种植的劳动力不断弱化。目前农村劳动力不仅难求，而且价格也不断攀升。在这种形势下，实现农业生产，包括烟草生产的机械化和智能化是解决烟草生产劳动力匮乏，降低劳动强度，提高劳动生产效率的重要途径。

第一节 烟草农业机械化

在农业生产由手工密集型劳动方式向现代农业转变的过程中，机械化代替人工操作、减小劳动强度、提高生产效率、实现规模化生产、促进专业化服务。农业机械化发展，在传统农业生产向现代农业生产过渡中发挥了重要作用。烟草生产作为农业生产的重要部分，在烟区农业现代化发展过程中，烟田生产机械化是烟叶生产现代化的一个重要载体，是发展现代烟草种植、扩大植烟面积、增加烟农收入的有效途径，大力发展机械化是增加烟草种植面积的现实选择（王洪丽，2010）。

一、烟草农业机械发展

（一）国外农业机械化生产概况

目前，欧美国家农作物大田生产大多已经高度机械化，形成了比较稳定的生产体系与配套农机具。但随着生物技术、信息技术、机械制造技术和农业生产技术水平的提高，以农业可持续发展和增产增收为目标的新型农业机械化技术和机具还在不断涌现。

在农业生产中发展大规模集约化机械的国家有美国、加拿大、澳大利亚等人均耕地较多的国家，他们从事农业生产所需大型高效农业机械，如大功率轮式拖拉机及配套的宽幅耕地、整地、播种、病虫害防治机械，青饲料联合收割机等，并在生产过程中广泛应用。

在农业生产中，发展中等规模集约化机械的国家有英国和法国等欧洲国家，由于耕地规模相对小，人口密度相对较大，人均占有耕地面积相对偏小，这些国家的种植业与畜牧业并重，农业机械发展以中型为主。

在农业生产中发展小型精细化机械的国家有日本、韩国等，这些国家土地资源紧张，在农业机械化道路选择上将提高土地生产率放在突出位置，依靠大量的资本投入，努力推进户均规模的扩大和机械化发展。目前，日、韩两国的农业机械化程度已达95%以上。

美国于20世纪40年代就基本实现从耕地、播种、施肥、除草到收获以及加工全过程的农业机械化（王丰等，2011）。德国于20世纪70年代就实现了农业机械化，根据农业发展的需要和当代科技发展的水平，其动力机械进一步向大功率、大型化方向发展，以适应农场规模不断扩大的需要；同时，复式作业和联合作业机具有了新的发展。人们相继开发出了免耕深松、灭茬、施肥、播种一次完成的机具，以适应保护性耕作；多种高性能机具前后挂接进行联合作业；作业机械和运输机械一体化；牧草收获机械集收割、捡拾、压捆、装载为一体；甜菜、马铃薯收获机械将去叶、刨掘、收获、清土、装运联成一体等。这些机械大幅度提高了农机作业效率，而且，为了适应农业机械化与农业可持续发展相结合的发展趋势，生产出了一些有利于保护资源环境的农业机械，如有利于保护性耕作的深松灭茬圆盘，有利于节水的喷灌机械及节约种子的精密播种机等；并推出了液压旋转双向犁；同时，科学家还将卫星定位、激光制导等高新技术应用到了农业生产中。

国外在烟草生产过程中，以美国为代表的烟草生产发达国家，20世纪中后期就将大型机械、智能化机械设备引入烟草生产的全过程，部分或全部实现烟草耕地、育苗、移栽、施肥、中耕、打顶、病虫害防治、烟叶采收、烟叶烘烤的机械化和智能化。

（二）我国烟田机械使用概况

1. 烟草生产机械种类与应用

我国作为发展中人口众多的农业大国，政府始终强调农业生产的基础地位，在农业生产过程中非常重视技术装备和农业机械的投入。随着近几年农业现代化建设步伐加快，农业机械化的引进、吸收、改造、创新和应用的步伐明显加快，并有力地促进了我国现代农业的发展。烟草生产作为大农业生产的重要部分，虽然烟区多分布于中、西部经济相对欠发达区域，但由于国家烟草专卖局对烟叶生产机械化的高度重视，以及烟草行业资金等优惠政策的促进，烟叶生产机械化发展的速度，在烟区农业现代化发展过程中占据了强有力的引领地位。

目前，我国各烟叶产区已有烟草机械种类很多，如大型深耕旋耕机（图8-1）、起垄覆膜联合机、小型起垄机、烟草移栽机（图8-2）、小型开沟施肥机（图8-3）、耕锄机、剪叶器、动力剪叶器、自动喷雾器、精量播种机、中耕培土机、大型行走式和中型行走式喷药机、编烟机、覆膜机、刨坑机、移栽覆膜机等。

图 8 - 1   大型深耕旋耕机田间作业

图 8 - 2   烟草移栽机

图 8 - 3   小型开沟施肥机

　　另外，黑龙江、山东等烟区也开始试用新开发的移栽机，大中型机具均有配套动力。密集烤房也达到 10 万余座，吉林、黑龙江密集烤房占总烤房比例达到 82.9% 和 55.1%；吉林、黑龙江、山东、福建密集烤房烘烤面积占总面积的 84.5%、67%、28.3% 和 20.3%。总体看来，我国烟草生产专用机械设备设计制造水平不高，生产上使用较广的还是大农业的通用机械，而烟草专用机械的研发和使用均处于起始阶段，烟草生产专用机械设备的使用处于起步阶段。黑龙江省在烟草生产机械的研制开发和使用方面起步较早。据调研，经过近 10 年的开发，黑龙江省在烟草生产过程中已经推广应用的机械设备包括：单垄刨坑施肥机、三垄刨坑施肥机、覆膜机、耕锄、旱轮、中耕培土施肥机、大型喷药机、中型喷药机、多功能田间作业机、机动喷雾器、喷药机和烟苗移栽机等。例如，目前推广使用的单垄刨坑施肥机是经过改进的第三代产品，日作业量达 4hm² 以上，每公顷节工 6 个、降本 180 元（按日工资 30 元/工计算），同时提高了作业标准，达到了四个一致：刨坑大小一致、浇水一致、施肥量一致、株距一致。全省已有移栽刨坑机 1 403 台，移栽刨坑机械化作业率达到 86.2%。目前已推广应用烟草移栽覆膜机，移栽覆膜机械化作业率达到 89.6%。通过引进、自主研发、试用示范、积极改进等措施，黑龙江烟区在大型机械耕地、起垄、施肥以及小型机械刨坑移栽、覆膜、中耕培土、追肥、喷药等技术环节基本实现了机械化作业，每公顷烟田用工量全省平均达到 240 个，真正达到了烟农轻松、简单种烟的目的。山东烟区烟草机械的研发虽起步仅有几年的时间，但由于山东潍坊烟区以平原为主，农场化种植和大户种植所占比例较高，对机械的需求非常迫切，近年来投入的资金和推广的力度较大。以诸城为例，在发展农场化和大户种植的同时，积极通过自主研发与技术引进相结合的方式，相继开发了多种烟草专用机械。目前，已经开发出烟田整地、起垄、施肥多功能一体机，移栽、施药、浇水、覆膜一体机，田间中耕、培土专用机械，采摘、喷药一体机等烟草专用机械。其中，以起垄、施肥机械最为成熟，并大面积推广应用，烟田中耕机械主要是烟农或技术人员的改进机型，在生产中也有不少的使用；移栽机和烟叶采摘运输机，经过中试和改进，2008 年已开始在烟草生产中应用。福建烟区针对丘陵山地特点，研制的小型多功能起垄机、多功能管理机，福建松溪生产的起垄、施肥、覆膜一体机，每小时可起垄 0.1hm² 左右。河北生产编烟机在生产上也得到了应用。云南昆明和楚雄利用负压原理、机械控制原理等设计开发的烟苗剪叶机，可以实现机械剪叶、喷药等操作，对大棚漂浮育苗实现机械化剪叶，对提高工作效率和减少用工成本起到了显著作用，到目前已在云南、贵州、四川、陕西和湖南等省烟区推广应用 3 600 多台套，使用效果较好。湖南省自主研发的起垄机械，在生产上得到了初步应用。同时烟农自主研发编烟机更是与众不同，采取人工递烟、机械捆绑的方法，可在一定程度上提高工作效率。河南省的烟田机械主要有起垄机和覆膜机等，手工移栽器和封穴器也有应用。河南在烟草烤房的自动化和规模化上做得比较好，平顶山的步进式密集烤房集中了较先进的自动控制温湿度设备，适合农场化种植和专业户烘烤。吉林省的烟田机械主要有起垄机、覆膜机、喷药机械、刨坑机等，以翻耕机械较为常用，大多为自主研发，总体上是从大农业机械经过初步改进而成。

烟草生产机械化作业经营模式灵活，形式多样。目前我国主要烟区的烟草生产机械化作业模式主要有以下几种：一是公司投入，拥有产权，成立专业服务队，实行统一调度、统一管理、统一维护。这种模式主要是针对大型机械，如深耕起垄机、大功率拖拉机。由于这些机械一次性投入大，农户购置困难，因此，烟草公司统一购置机械，成立专业化服务队伍，这不仅可以发挥机械设备的优势，提高其利用率，而且还排解了烟农的后顾之忧。目前，山东潍坊市烟草公司成立了 20 多个专业化农机服务组织，推广机械化作业，提高了生产效率，降低了生产成本，减少了劳动用工。烟叶农场每公顷生产用工 300 个左右，比常规种植每公顷减少用工 225 个左右，每公顷可节省用工费 6 000元左右。二是由农机专业户投入，公司适当补贴农机具购置资金，产权归专业户所有，按市场机制运作。由公司和农户按不同比例分摊购置费，维护保养和油费全由烟农承担。这种模式主要是针对种植大户和种植农场使用的移栽机等中型机械，按照种植面积配置。三是由烟农协会或烟农入股投入，企业扶持部分机具购置资金，由烟农协会按市场化要求，统一使用、管理和维护。

烟草生产专用机械推广力度加大、速度加快。目前，各烟草产区对发展烟草生产机械化十分重视，有专人负责烟草生产机械的研发与推广应用，发展势头良好。除深耕起垄外，培土、编烟等烟草专用机械已实现产业化，而移栽机等技术难度较大的烟草专用机械也进入后期完善阶段。牡丹江烟叶公司机械化翻耕整地作业率达82.4%，地膜覆盖机械化作业率100%，移栽刨坑机械化作业率67.9%，烟田机械喷药作业率100%，每公顷用工量降低到240个。机械化作业效率普遍提高。在北方烟区，烟田深耕起垄机每天作业量为4hm²，移栽机每天作业量为1.33hm²，起垄打药机每天作业量为4hm²，覆膜机每天作业量为2hm²；而在山地丘陵地区，由于配套动力相对较低，机械作业效率有所下降（王洪丽，2010）。

2. 烟田机械使用特点

（1）机械的推广应用与地形地貌密切相关　机械化发展程度与当地的地形地貌密切相关。在平原地区，大型机具的推广应用不存在山坡、道路、地形等作业障碍，可以方便地田间作业；但在山区和丘陵地区，一般道路狭窄和坡度较大，地形变化多样，地块小而分散，大型农业机具难以顺利进田作业，因而限制了大型机械的发展。据统计，我国北方平原烟区的烟草机械化耕地、起垄的机械化程度比南方山地、丘陵地区的高，这充分说明烟草起垄机械的推广应用与地形地貌密切相关（朱祖良，2009）。

（2）机械的推广应用与生产环节相关　在烟草生产上，很多操作环节与大田作物的操作环节类似，机械化作业机具可以相互借用，不存在烟草专用问题，例如耕翻、起垄、覆膜、施肥等作业，与大田作物的机械操作方式相同，或对机具进行简单调整即可使用。因此，在烟草生产上各种机械的推广应用与生产环节相关。在烟草生产的各个环节中，起垄是机械化作业中推广最好的环节。由于深耕起垄机械与其他大农业所用的机具差别不大，只需针对起垄高度、行间距进行适当的调整即可用于烟草生产作业；用于烟叶生产的农业机械，翻耕机械使用较多，机耕覆盖面积也较大。

（3）机械的推广应用与运作模式相关　烟区机械化应用程度与运作机制密切相关，机械购置、管理、使用、维护等环节的运作模式是否有利于促进机械化的推广普及，是否得到烟农的普遍欢迎和使用，在很大程度上由机械管理模式决定。前面已提到农业机械推广应用的运作模式主要有3种：一是由公司投入，拥有产权，成立专业化服务队，实行统一调度、统一管理、统一修护。二是由农机专业户投入，公司适当补贴农机具购置资金，产权归专业户所有，按市场机制运作。三是由烟农协会或烟农入股投入，企业扶持部分机具购置资金，由烟农协会按市场的要求，统一使用、管理和维护。这些模式有利于提高机械的使用率。在烟区机械化发展过程中，应重视探索机械管理模式，引导机械购置、管理、使用等过程向市场方向发展，建立长效市场化运作机制，在政府或行业投入一定启动资金后，能够有利于引导烟叶产区机械化普及与应用。

（4）机械化作业效率普遍提高　机械化作业效率提高为机械使用提供了广阔的发展空间，在市场化运作的模式下，作业效率提高才能发挥机械化作业的优势，才能降低烟农的劳动强度；在作业效率提高的前提下提高使用效率，可以直接影响到机械投入与产出比率，影响到机械购置成本的收回和机械发展的投资环境，为后继机械设备的投入提供发展资金来源。

二、农机农艺配套技术

烟叶生产大量采取机械化作业后，随之产生新的问题，如机耕导致大量秸秆翻埋入土，改变了土壤原来的环境，由于土壤微生物活动，又带来了土壤化学性质的变化，同时也带来土壤病原残体增加，增大了病害发生机会。机械化操作也会带来某些环节粗放现象，从而影响机械作业质量和烟株正常生长。因此，必须通过适当的农艺措施来协调机械化操作对烟叶生产带来的负面影响。农机农艺结合技术是农业机械化的重要内容，充分体现了生产、经济和生态3个持续性的统一，是发展我国持续农业技术体系的重要内容，是推动我国农业可持续发展的重要选择，有着广泛的发展前景。

（一）烟苗精准移栽机械化技术

烟苗精准移栽机械化技术是以移栽机为基础，按照烟株生长要求完成烟苗的精准移栽作业。该技术以移栽机的准确移栽为前提，辅以施肥、浇水和覆膜技术，一次完成烟苗的移栽、精准施肥、浇水、覆膜、除草剂使用作业，以达高质量移栽、充分利用地力的目的。

（二）化肥深施机械化技术

通过机械将化肥按烟叶生产要求，将肥料施到一定深度的土层中，施肥宽幅也必须符合烟株根系发育要求。该项技术以施肥机具为基础，充分发挥机具的作业优势，将肥料施到较深的土层中，从而提高化肥利用率。

（三）节水灌溉机械化技术

灌溉是保障烟叶质量提高的关键技术环节，我国烟区在烟草大田生育期内多有干旱情况发生，水源紧张是烟区普遍存在的问题，节水灌溉是烟叶生产必须提倡的关键技术。节水灌溉机械化技术，通过机械、水利、农业、管理等措施，按照烟株生长需要、水资源状况和土壤性质，将计划灌水定额均匀地灌溉到田间或烟株根部，以最少的水资源消耗得到最高的农作物产量。

三、邵阳烟叶生产机械化现状

近几年来，随着现代烟草农业建设的稳步推进，邵阳烟叶生产的总体水平有了较大提高，有些合作社购进了大量的烟用机械（图8-4至图8-5），规模化生产的优势也日益凸显。但是，烟叶生产机械化的发展却明显落后于规模化推进的速度，特别是山区烟叶的机械化生产在一定程度上已经阻碍了现代烟草农业的发展。因此，如何改善条件，加以机械创新，寻找邵阳山区烟叶机械化生产发展的新模式，不断提高山区烟叶生产的机械化水平，加快山区职业化烟农队伍的发展壮大，促进山区烟农增收节支，成为邵阳当前的首要任务。

（一）生产机械研发现状

目前，湖南省专门研制烟草专用机械的研究机构不多，由于适合丘陵烟区的机械市场需求小，企业主要是生产深耕、旋耕机等通用农业机械，导致烟草专用机具研发滞后。随着烟草户均种植规模的加大，烟草生产的一些专门环节仍然依靠人工劳作是远远不够的，加之近年来国家加大对农机补贴的力度，将烟草农业机械也纳入农机补贴范围，这些因素促使各高等学校、科研院所与相关企业对烟草生产专用机械研发的积极性得到提高，研发了一批性能优越且适合南方丘陵的烟草机械。这类代表产品有湖南农业大学研制的 2ZY－1 型垄高自适应烟草移栽机，它是一次性完成烟苗预装、垄厢打孔、烟苗移栽、覆土镇压等多道工序的移栽机械。整机轻巧、转弯灵活，具有能根据起垄高度自动升降底盘特点，特别适合湖南等南方烟区生产环境，破解了南方烟草机械化移栽的技术难题。同时，烟农自主研发了与众不同的编烟机，它采取人工递烟、机械捆绑的方法，在一定程度上提高工作效率（肖宏儒等，2009）。此外，近年湖南省烟草专卖局立项并正在研制一些烟草农业机械，有适合湖南山区的烟草播种流水线，其工作原理是将空育秧盘放在流水线上，它能自动完成装土、播种、喷水、覆土、装盘一系列动作，可节约大量的劳动力，以克服现有的烟草育苗机械都是从园艺蔬菜等改进现状，消除引入烟草使用存在一定的差异性问题。拔杆机的研发和应用，将烟田烟叶采收结束的烟杆连根拔起，目的在于防止烟杆根部的病虫残留到下一季。揭膜机的研发目标，是将前期覆盖的薄膜去掉，以防止薄膜残渣影响烟草后期的生长和消除白色污染（刘剑锋，2011）。

图 8－4　金润合作社的大型农机

图 8－5　金润合作社的农机与新型喷雾器

（二）生产机械化存在的问题

目前，邵阳烟用机械整体推广率不高，山区烟用机械化水平较低。邵阳地区烤烟生产以山地为主，土地面积少、地块小、高低不平地势机械操作困难，适合山区高效的农业机械种类缺乏等因素阻碍了种烟机械化的普及应用；其次，作为山地农业生产区域，长期以来政府和相关部门对山区农机化投入资金少，社会资金投入机械化发展的效益低等因素，也制约了山区农机化水平提高；烤烟生产环节较为复杂，在山区某些生产环节操作更为复杂，在专用机械研发进度缓慢的情况下，烟草生产机械的普及水平也收到直接影响。目前，邵阳农业机械的发展水平远远不能满足烟叶生产、其他作物生产以及农村经济发展的需求。

1. 生产环节机械化程度差异

产区调查结果表明，烟草生产各环节中生产机械的数量不一样，反映出各环节机械化的程度参差不齐。其中，耕整和起垄机较多，烟草育苗、剪叶、移栽、覆膜、揭膜、烟叶烘烤、拔杆等方面相配套的机具少，机械结构呈现通用农机多，烟草生产专用农机少等特点，这跟当前烟草生产专用机械的研发有一定的关系（刘剑锋，2011），也与烟草操作环节的复杂程度相关。

2. 生产机械研发和制造能力不足

湖南农机工业原来基础较好，但在经济体制转轨和土地经营规模发生变化过程中曾出现萎缩。随着近几年国家对农机产业扶持的相关政策出台，农机工业日益发展壮大（潘新初，2008）。但到目前，从事烟草专用机械生产的企业却很少，而且企业的规模较小，一些企业没有自己的研发队伍，原因是大部分厂家从事烟草机械研制生产时间都不长，前期经验积累不足，设备相对原始，大多处于来料加工的初级阶段，主要依靠与科研院校合作研发，采用研究与制造分离的模式，缺乏长期专门从事烟草机械研发的规划，从而制约了烟草机械研发水平的提高。

此外，由于山地烟区的机械市场需求规模较小，投入产出规模效益偏小，导致研发滞后，技术水平低，研发停留在重复改造上，生产出的机械针对性和实用性不强。目前市场上的烟用机械种类不够齐全，尤其是缺乏适合丘陵山区的小型农机具和功能集成、一机多能的联合作业机械。

3. 生产机械的价格和使用成本较高

从烟草农用机械的生产情况来看，配套动力机械成本过高，如一台常用的55马力（1马力≈735瓦）东方红-550拖拉机价格在53 340元左右，加上耕整部分，价格在8万元左右，按照2010年国家对农机的补贴52%（张毅，2010）计算，农户需自付3万多元，这是一个农户1年收入都不能承担的数字；而且机具的维护成本也很高，单靠烟农自己购买难度大。烟草属于一年生草本植物，一些烟草专用机具每年的使用时间短，使用效率普遍较低，回收购机投入的周期相当长；这也影响了烟草生产机械效能的发挥。

4. 对生产机械化的认识不足

一方面，从烟农自身素质考虑，自觉应用先进科学技术仍有很大的局限性。受传统观念制约，大部分烟农已经习惯了传统的农业生产方式，不愿去费心费力学习新技术。另一方面，相关部门对山区农业机械化的地位和作用也认识不足，部分农民想在烟草农业机械方面发展，但苦于没有资金，缺乏政府的扶持引导，难以实现自己的愿望。另外，随着进城务工人员的增加，留守在农村的大多是文化程度较低的大龄烟农，自身素质难以操作复杂的农业机具。据对全省90户烟草种植户调查发现，户主高中文化仅占20%，初中文化占66.7%，初中以下文化占13.3%，参加有关烟草培训次数平均为5.26次（罗新斌，2009），这种烟农群体对新技术、新机具的接受能力普遍较低，这也是限制烟草机械发展的重要因素。

（三）发展邵阳烟草生产机械化的对策

1. 建立企业、高校和科研机构相结合的研发平台

建立大型烟草生产专用机械研发平台，整合省内农业机械研发的主体力量，加强与国内各大农机企业、各个高校、研究机构之间的联系，采取自主研发与引进吸收相结合，以自主研发为主，引进吸收为辅的方式，以尽快实现烟草生产机械的有效研发。首先，成立专门的烟草生产机械研发机构，由具有权威性的烟草农业科研单位和农机科研院校发起，整合我国当前主要农机科研力量，开展理论与技术的研发工作。其次，重点选定一些有实力的企业参与到烟草专用机械设备的研发和生产中来，如株洲现代农装有限公司、农友机械集团等，确定领头企业，制定机械的生产标准，组织有意愿、有条件的企业进行设计和生产。再次，积极与国内外先进企业开展合作，确定不同类型机械的引进与联合研发计划，以提高我国烟草机械的整体水平。最后，适当鼓励烟草农场、烟农个人进行开发研制，提高机具适用性。

2. 构建适合邵阳烟区生产的产品结构体系

通过农机农艺结合，合理探索生产工艺针对南方丘陵地区田块小，且当前农村劳动力流失严重，留守人员都是老弱妇孺，且文化层次不高等一系列问题。该地区设计烟草生产机械应考虑，机具要小而轻便，以适应丘陵地区小田块作业，也方便上山下坡运输；操作要方便，同时尽量采用一机多能，一个动力部分，多个配套机具，这样既可以节约成本，又能提高烟农的购买积极性。烟草机械应该朝着综合性多功能烟用机械方向发展，与其他配件组合后，可以完成移栽、施肥、喷药、采收及田间运输等多项作业，特别是烟草播种生产线要适用于烟草、油菜及蔬菜等多种作物，这样既可以实现烟叶种植的高度机械化，又可以提高烟草生产机械的使用率，在提高烟农的劳动效率、减轻劳动强度的同时，减少投入和增加收入。

3. 探索专业化的运营模式

探索烟草机械的专业化运营模式，提高烟农使用烟草机械的积极性，是促进烟草农业机械快速发展的重要保证。目前，湖南省大部分烟草生产仍以粗放式经营为主，大规模种植程度不高，专业化服务和生产机械化程度不够。随着现代烟草农业建设的不断推进，烟农的户均种植规模不断扩大，从而导致烟区种烟劳动力不足和人工成本提高等问题，广大烟农急切希望利用烟草生产机械来减少用工和降低成本。因此，从以下方面着手，提高烟农使用烟草机械积极性，会有力促进烟草机械化发展。

（1）大力发展烟农专业合作社　在受到经济条件限制的情况下，仅凭一户或几户烟农不可能购买齐全生产所需要的作业机械。在山区烟草机械化发展过程中，可借鉴山东诸城市提供一个平台的方法，农机大户与烟农共同创建烟农专业合作社，既有效地整

合了现有机械，实现了农机效益的最大化，加快了农业生产全程机械化的进度，又降低了烟叶生产的成本，最大程度地发挥了土地集约经营的效益，达到了增产增收的目的。

（2）加大对烟草机械购机补贴的扶持力度　虽然政府对烟草生产机械补贴的投入逐年增加，但相关的扶持政策还不够完善。一是目前除政府的农机购置补贴外，其余均为烟草公司补贴，烟农自主购买能力差，对烟草生产机械推广仍需采取扶持政策引导，加大宣传力度，采用现场会、电视、广播、标语等多种媒体宣传，让烟农了解与明白这一惠农政策；二是继续加大对烟草机械的购置补贴力度，同时争取将部分专用烟草生产机械和机械作业补贴纳入到政府农机购机补贴范围；三是积极调动社会各界的力量，逐步形成包括企业、政府、社会力量的多元化投入格局。

（3）提高烟农自身素质　通过培训、宣传等培植烟农对烟草机械技术的吸纳力，鼓励年轻大学生参与烟草生产，达到以点示范，发挥辐射的效应。首先，要更新烟农思想观念，培养其创新意识，改变长期以来自给自足、不讲价值和效益的思想，把烟农从传统的思维方式转到现代农业思维方式上来；其次，提高烟农科学文化水平，增强其应用新技术的能力；再次，重视农村教育的发展，充分认识烟草生产、科学技术和教育的关系；最后，改变农村教育结构，通过联合办学、委托培养、定向培养等形式，为农村培养高层次专业科技人才。

（4）因地制宜地发展机械化生产　山区地形复杂，致使农田大多以梯田的形式存在，烟田耕层薄、坡度大，烟田的立体布局给机械化作业造成一定困难，当前缺乏适合山区的专用机械。要想实现山区的农机化，可从以下两个方面着手：一方面，农用机械生产加工企业要集中组织力量，针对山区的耕地特性因地制宜地研制、推广适合山区作业的新机具、新品种；另一方面，政府部门应选择有基础的乡、村进行重点示范，同时给予资金和技术双重支持，引导烟农使用机械的热情，开拓农业机械的使用市场空间，以提高农业机械装备和机械化水平。

（5）各方配合促进烟草机械化发展　提高烟叶生产机械化是一项复杂的系统工程，需要多个部门互相配合。烟草各部门要起牵头引导作用，农机生产、销售和管理部门要密切配合，构建促进烟草生产机械化发展的制度体制，利用市场手段调节投资、运营、维护各个环节，建立适合现代农业要求的机械化发展模式。农机与农艺也需要进一步紧密配合，通过加强烟草生产环节适应机械化作业研究与改进，使生产适应机械操作；加强专用机械的适应性研究，使机械作业适合烟草生产工艺要求，双向适应拓宽机械化发展空间和市场化运营空间。政府、农机、农业、烟草、税收、科技等部门更要紧密合作，认真宣传贯彻中央、国家烟草专卖局和地方人民政府关于扶持"三农"政策，把山区农业机械化纳入党委、政府和烟草部门的议事日程，积极争取政府、信贷、税收等方面给予农机优惠政策，加强对烟区农机工作的领导、协调和引导，切实推进烟叶生产机械化。

世界经济一体化对农机化科技提出了更为迫切的需求。农业机械化的发展必须植深于大农业的大环境之中，植深于整个国家对农业发展的方向、重点之中，去考虑、分析、制定农机化发展的方向和重点（张莉等，2010）。随着农业结构调整和优质、特色、安全、高效的烟草农业发展，烟叶生产对农机化新技术、新机具和新设施产生了巨大需求，也为农机化发展提供了新的机遇。按照市场配置资源的要求，烟草部门要发挥自身优势，打破行业界线，不断提高山区农机化科技水平，大面积推广农机化新技术，促进现代烟草农业建设向规模化、集约化、专业化、机械化、标准化、信息化方向发展（张莉等，2010）。

第二节　农业装备智能化技术

精准农业是一种农业生产经营新模式，是信息化时代农业智能化技术与自动控制技术相结合而形成的一种先进农业生产模式，其核心是针对作物群体差异精确投入，在降低生产成本的同时充分利用资源，实现农业可持续发展。将智能化应用于现代农业是实现精准农业必不可少的手段，智能化农业机械的应用是实现精确农业的保障（彭培英等，2008）。

智能化是指由现代通讯与信息技术，计算机网络技术、行业技术、智能控制技术汇集而成的针对某一个方面的应用的智能集合。进入 21 世纪，随着时代的发展，尤其是消费者对个性化产品需求的多样化与智能化，从而增加了需求，从传统的劳动生产到生产工艺，不断创新的需求推动企业在机械工程方面需求的发展趋势，以满足客户需求为目标。智能产品可以有多种的人类大脑的分析功能，例如远程控制、定时控制、共同控制功能（刘东力，2014）。智能化是机械化的高级阶段，随着信息技术的不断发展，其科技含量及复杂程度也越来越高，智能化全面渗透到各行各业，同样渗透到烟草现代化种植业。随着科技的不断发展，智能化在烟草农业机械和装备的研发与应用上也取得了巨大的进步。

一、农业装备智能化技术

由于信息时代的到来，被人们称为第三次科技革命浪潮，农业技术的发展正处于这一场革命的边缘，这场革命将农业生产的发展带入第三次浪潮。目前，世界粮食生产已逐渐从第一次浪潮的农业体力劳动状态，以及属于第二次浪潮的机械化大量使用时期，向信息技术、生物技术全面装备的时代过渡。生命科学、信息科学、材料科学、环境科学、控制科学的不断发展和在农业领域中的全面渗透，为农业科技的进步注入了强大动力，世界农业正在发生巨大的变化，农业生产技术装备已从传统的功能型逐步向信息化、智能化方向发展（毛罕平，2005）。

农业信息化还是指培育和发展以智能化工具为代表的新的生产力，并使之促进农业发展，造福于人类社会的历史过程（罗平，2010）。近年来，一些发达国家不断将高新技术应用于农业机械，使农业机械向智能化方向发展，在信息技术、遥感技术、远程控制技术发展的促进下，相继出现农业技术装备的自动化控制、智能化作业，使生产过程某些操作实现了人工智能。农业机械智能化系统主要由三部分组成，包括信息采集系统、决策判断系统和执行操作系统。智能化农业机械装备完全依靠于客观数据进行决策和动作，避免了由于人为判断和个人操作水平的差异而产生的偏离，也可减轻操作人员由于疲劳而带来的判断失误，促进农业快速高效的发展（罗平，2010）。

二、烟草农业智能化技术

(一) 苗床生产智能化技术

烟草育苗大棚（温室）属于设施农业装备，育苗大棚生产过程的自动温湿度控制、自动灌溉、自动施肥、自动增加光照等，是智能化技术应用最为广泛和成功的设施。农业智能化包括设施工程、环境调控以及栽培、养殖技术等方面标准化、自动化、信息化，其核心是农业环境调控（姚於康，2011）。烟草育苗大棚环境调控智能化是在一定的空间内，用不同功能的传感器探测，准确采集棚内环境因子（光、热、水、气、肥）以及烟苗生育状况等参数，通过数字电路转换后传回计算机，并对数据进行统计分析和智能化处理后形成专家系统，根据烟苗生长所需最佳条件，由计算机智能系统发出指令，使有关系统、装置及设备有规律运作，将设施内温、光、水、肥、气等诸因素综合协调到最佳状态，确保一切生产活动科学、有序、规范、持续地进行（宁翠珍，2007）。经过人们将信息技术、遥感技术、远程控制技术、计算机人工模拟技术、生物工程技术、环境工程技术等在农业生产过程的广泛引入，人类在设施农业智能化方面已经取得了可喜的成就。

1. 国外设施农业智能化发展现状

设施农业（日本称 Protected Agriculture，美国称 Controlled Environmental Agriculture）是在环境相对可控条件下，采用工程技术手段进行动、植物高效生产的一种农业生产方式。设施农业涵盖设施种植、设施养殖和设施食用菌生产等。设施农业历史久远，早在15—16世纪，英格兰、荷兰、法国、日本等国家就开始建造简易的温室栽培蔬菜或矮秆水果（毛罕平，2007）。进入20世纪，尤其20世纪50年代之后，随着现代工业技术向农业生产过程的渗透和微电子技术在农业生产上的应用，设施农业在全球范围内迅速崛起，特别是在一些发达国家，如美国、荷兰、日本等国，设施农业迅速发展，形成了一个强大的支柱产业。随着科学技术特别是信息技术、环境工程技术的迅速发展，现代工业技术，包括机械、工程、电子、计算机管理、现代信息等技术不断应用于农业生产，设施农业不断向智能化方向发展。20世纪80年代，国际上的几个大公司，如美国雨鸟、摩托罗拉等就合作开发了智能中央计算机灌溉控制系统，开始将计算机应用于温室控制和管理，并逐渐扩大使用范围。20世纪90年代，美国又开发了温室计算机控制与管理系统，可以根据温室作物的生长特点和要求，对温室内光照、温度、水、气、肥等诸多因子进行自动调控，还可利用差温管理技术实现对花卉、果蔬等产品的开花和成熟期进行诱导与控制。目前，美国、德国已经把3S技术（地理信息系统GIS、全球定位系统GPS、遥感技术RS）应用于温室生产，有82%的温室使用计算机进行控制，有67%的农户使用计算机，其中，27%的农户运用了网络技术。

荷兰、英国、德国、日本、以色列等国在温室农业智能化技术方面，都取得了很多成功经验。荷兰从20世纪80年代以来就开始全面开发温室计算机自动控制系统，并不断开发模拟控制软件，到80年代中期，已有5 000多台计算机应用于温室控制生产；到2011年，荷兰拥有玻璃温室超过1.2万 hm^2，占全世界的1/4以上，有85%的温室种植者使用环境控制计算机，种植者只需从软件公司购买温室控制软件，从化学公司购买营养液，即可按照不同作物的特点进行自动控制，从而满足作物生长发育的最适要求（姚於康，2011）。

英国的智能温室系统，西班牙和奥地利的遥控温室系统都是计算机控制与管理在温室中的成功应用。目前，日本农业生产部门计算机的普及率高达92%，日本还建造了世界上最为先进的植物工厂，采用完全封闭生产、人工补充光照，全部由计算机控制；日本的甜瓜农场应用一种新型的智能计算机系统，对7个温室组成的温室群进行管理，实现最佳控制；近年来日本还研制了一种遥感温室环境控制系统，将分散的温度群与计算机控制中心联结，从而实现更大范围的温室自动化管理。以色列用光热资源的优势和节水灌溉技术，主要生产花卉和高档蔬菜，采用大型塑料温室，在作物附近都安装了传感器测定水、肥的状况，利用办公室里的中心计算机通过田间控制器收集和储存全天温室内、外部的温度和湿度数据，通过程序进行数据分析，并可通过引入新数据改变操作程序，很方便地遥控灌溉和施肥，系统还可自动控制卷帘、热屏遮阴系统、加热系统以及灌溉区的流量控制系统，达到精确可靠、节省人力，原本资源匮乏的以色列现已成为沙漠上的蔬菜出口国。

2. 我国设施农业智能化发展现状

智能温室是在普通日光温室的基础上，通过计算机技术、传感技术、智能控制技术，以及其他自动控制设备的应用，针对农作物最佳的生长环境（如温度、湿度、光照及CO_2浓度等），使其准确控制在所希望的水平上，并可通过调用不同的控制程序，适应不同作物的栽培（彭培英等，2008）。

我国自20世纪70年代末以来，以日光温室、塑料大棚为主体的设施农业取得了突飞猛进的发展。20世纪90年代以来，对现代化温室的研究不断增加，内容涉及连栋温室的结构、环境控制技术和栽培技术等方面。但由于温室工程是一个集环境、机械、控制、栽培等学科于一体的综合性领域，受不同行业研究体制的限制，往往形成工程研究与栽培技术研究脱节的问题（毛罕平，2005）。

陈蕾等（2006）将模糊控制与微分三模式算法控制结合起来，实现了温室环境参数控制的智能化。控制系统的设计以空气温度、相对湿度、光照强度及灌溉水流量等过程变量作为输入，以相应执行机构的开闭和功率调整作为输出，辅以扩展节点用来接收CO_2浓度、土壤pH和电导率等信息。

江苏大学研究了温室内的温度、光照、湿度、肥水、CO_2气体等环境因子动态变化规律，揭示不同作物与各受控环境因子相互作用的规律和作用机理，应用模糊控制、神经网络、遗传算法等技术，将作物生长模型、环境控制模型与经济模型有机结合起来，提出了温室环境的综合控制技术、动态仿真和决策支持系统，并开发出计算机控制软件，开发出的适合我国区域化气候特点的系列智能化连栋温室，与引进温室相比，制造成本和运行能耗均降低30%以上，综合效益高于进口温室。

向海健等（2007）设计了智能温室温湿度巡检系统，由上位机、下位机及通讯接口三大部分组成，用于实现对温室内温、湿度的实时检测，以及对采集数据的分析、整理、存档、打印、管理等功能，经实际使用验证，对提高蔬菜种植的科学性，提高蔬菜的产量和质量有一定的实用性。

（二）耕作机械智能化技术

智能化耕作主要利用计算机系统导航装置，准确地测定耕作机械所在位置及运行方向，而且能够根据送入农场计算中心的电子图表，查明耕作机械所处位置的土壤湿度、化学成分、排水沟位置和其他一些特点，根据土地方位、地形与地貌、电子图表、土壤特性等固定参数和现场测试参数，经耕作机械的自动驾驶导航和作业参数修正，实现耕作机械的智能化作业。

美国研制成功一种激光技术控制拖拉机，利用激光导航装置，不仅能够精确地测定拖拉机所在位置及行驶方向，使误差不超过25cm，而且能够根据农场计算中心的电子图表，查明该处土壤的湿度、化学成分、排水沟位置等，准确计算出最佳种植方案、所需种子量、肥料和农药的需要量。操作人员在室内的荧屏前可操纵多台激光技术控制拖拉机，使其进行有序耕作。这种智能化耕作方式可实现无人操作，减少种子、肥料和农药消耗，节约生产成本50%，提高作物产量20%（毛罕平，2005）。

上海交通大学研制了安装全球定位系统（GPS）的智能变量播种、施肥、旋耕复合机，并在上海市松江泖新农场投入使用。该机集合了2~3台机器的功能，收割、播种和施肥可同步进行，适用于小麦、水稻、大豆、油菜等多种作物生产，并且操作简便，通过一个电脑触摸屏就可实现精准耕作（彭培英等，2008）。

英国开发的带有电子监测系统（EMS）的拖拉机，具有故障诊断和工作状态液晶显示功能，EMS可严密地控制机器各主要功能的变化，可以控制耕作以及播种的宽度、深度等作业要求（Scarlett，2001）。

朱新涛等利用慧鱼创意组合模型设计了智能耕地拖拉机模型，并根据其功能设计了控制程序。依据LLWin3.0软件平台，模型能够根据所输入的不同程序进行不同地块的耕作和以不同的耕作方式进行作业，并且根据所输入的参数，能够精确控制耕地的深度和自动识别障碍物，当遇到障碍物时停止作业并发出报警声，从而使拖拉机实现了自动化、智能化耕地作业（朱新涛等，2005）。

目前，国内已在耕作、播种、栽植机械方面开展了智能识别和检测技术的研究。应用单片机技术，选定硫化镉半导体光敏电阻作为检测元件，研制出一种精密播种机智能监测仪，用播种监测传感器进行漏播的监视，以导种筒为监视点，对每一个播行的每一棵苗进行监视。该仪器与大型宽幅精密播种机配套使用，可实现播种作业质量的全过程监测。当播种机发生漏播时，仪器发出声音警报并有屏幕提示漏播行。此外，还研制了应用于瓜果秧苗嫁接机器人的视觉系统，应用形状特征抽出法和BP神经网络，能判别秧苗品质和秧苗方向，使得瓜类秧苗嫁接机器人在保证质量的情况下，实现全自动嫁接成为可能。利用带DGPS拖拉机和微机控制的测量仪获取反映农田土壤耕作阻力的空间分布信息（毛罕平，2005）。

目前，江苏省设施农业智能化已经由试验阶段进入到实际推广应用阶段，应用领域由蔬菜向林果业、花卉业、养殖业方向延伸，温室类型由塑料大（中）棚、小拱棚、普通日光温室向智能化程度较低的节能日光温室和智能连栋温室发展（姚於康等，2009）。特别是近年来设施农业智能化比重不断扩大，2009年江苏省超过$1.3 \times 10^4 hm^2$的日光温室自动化程度较高，在温度、湿度等控制方面，大多已基本实现智能化；建成现代化智能温室 30 多座，面积约 $1.5 \times 10^5 hm^2$。这些智能温室大部分是从事高档鲜花和菌类生产经营的，经济效益较好（张露等，2010）。

在农业生产上采用自动化与智能化的农业机械，操作不仅舒适、简单，而且安全，同时能提高工作效率，保证作业质量，降低生产成本。各种传感技术、遥感技术及电子和计算机技术在耕作机械上的应用，为农业机械的自动化和智能化提供了技术支持与保障。因此，自动化、智能化是未来拖拉机，尤其是大中型拖拉机发展的必然趋势。

（三）灌溉、施肥机械智能化技术

1. 灌溉机械智能化技术

美国瓦尔蒙特工业股份有限公司和 ARS 公司联合开发了一种可实现农田自动灌溉的红外湿度计，将其安装在农田的灌溉系统上，它每 6 秒钟读取一次作物叶面湿度，将测得的叶面湿度传输给计算机系统，计算机根据作物叶面湿度计算、判断作物是否需要灌溉。当作物需要灌溉时，计算机系统向灌溉设备发出灌溉指令，农田就会得到自动灌溉。

我国京鹏温室公司（周增产等，2004）研发的智能型移动喷灌机，主要由喷灌主机、供水系统、控制系统、轨道及安装配件等组成，轨道管悬挂在温室的桁架上，喷灌车能自动从温室的一端运行到温室的另一端，在运行过程中，利用可编程逻辑模块控制喷灌机的自动行走、灌水位置、灌水时间或重复次数。

我国利用计算机与分布于农田内的传感器（如土壤水吸力传感器、管道压力变送器、液位变送器、流量传感器、空气温度传感器、空气湿度传感器、雨量传感器、太阳辐射传感器、气压传感器、近地面风速传感器等）相连，实现数据采集。根据采集信息进行计算、分析、决策，做出灌溉预报，确定精确的灌溉时间和最佳灌溉水量，利用决策结果对灌溉设备进行自动控制与监测（毛罕平，2005）。

2. 施肥机械智能化技术

目前，全球各国正在研究加大施用液态肥料，主要因其具有以下优点，如生产成本低（包括节省人力、物力和财力），生产过程不产生粉尘和烟雾，不造成环境污染等。

液态变量施肥机可以在施肥过程中，根据作物种类、土壤肥力、墒情等参数控制施肥量。液态变量施肥机由喷药系统、机械传动系统、信息处理系统等组成。

我国的科学工作者也研制出多种智能化施肥机械。液态变量施肥机是实现精细农业作业的一种智能化农业机械，具有施肥方便、简捷、保护环境、减少污染、化肥利用率高等特点。为此，王金峰等（2007）针对液态变量施肥机的关键执行部件—变量施肥机构，设计了两种不同结构的液态变量施肥机构，即单片机控制步进电机驱动的变量机构和单片机控制电磁换向阀的变量机构。单片机控制步进电机驱动的变量机构，结构简单、紧凑，可靠性高，成本比较低。但由于使用步进电机作为变量机构的动力源，与之相连的换向机构和单作用泵阻力不能过大，否则驱动力矩过大，电机无法正常工作。单片机控制电磁换向阀的变量机构，结构相对复杂、成本高。单片机可以发出不同频率的脉冲，电磁换向阀的开启时间长短也不同，因此，单片机控制电磁换向阀的变量机构变量精度高。由于在使用过程中换向频率高，造成了电磁换向阀的磨损以及换向过程中可能出现时间滞后现象。张书慧等（2003）研制的自动变量施肥作业的变量施肥系统基于 DGPS 卫星定位原理，将 GPS、地理信息系统（GIS）与作物生产管理决策支持系统（DDs）相结合，进行施肥作业决策。决策的施肥数据存储在 IC 卡上，当施肥机在田间工作时，通过装备在施肥机上的 GPS 接收位置数据触发存储在 IC 卡的施肥决策指令，用该指令通过单片机去控制施肥机上的排肥轴的转速，实现精确农业自动变量施肥作业。

（四）施药机械智能化技术

最近几年国外研发了一系列高效低污染施药技术，如精确施药技术、静电喷雾技术、低量喷雾技术、直接混药喷雾技术、循环喷雾技术、对靶喷雾技术、防飘移喷雾技术、植株茎部施药技术等。其原理主要是，第一，以农药在植物表面的高附着率为目标，研究靶标特性和农药雾滴雾化特性、动力特性的匹配与耦合。第二，将计算器视觉系统、近红外技术、自动控制技术、超声波技术等应用于对靶喷雾中。第三，将机器人技术、地理信息系统、地球定位系统、可视地图系统和变量施药系统等进行集成研究，发展智能化施药技术，开发施药机器人。俄罗斯研制的果园对靶喷雾机采用了超声波测定树冠的位置，实现了对果树树冠的靶向喷雾，大幅度减少了或基本消除了农药喷到非靶标植物上的可能性，节省农药达 50%，提高生产率 20%。德国 Dammer 等（2007）推出了一种能识别杂草的智能喷雾器，在田野移动时，能借助于专门的电子传感器区分作物和杂草，当发现只有杂草时，才喷出除草剂，可以节省 24.6% 的除草剂用量，从而保护环境，同时降低了防治成本。

我国学者李志红等（1998）应用光电机一体化技术、自动化控制技术等完成了果园自动对靶喷雾机的设计和制造。该自动对靶喷雾机应用了靶标自动探测器和喷雾控制系统，通过对果树上、中、下 3 个部位的自动探测，成功地实现了对果树靶标的定向精确喷雾，有效地避免了果树间空闲地的无效喷雾，提高了农药的有效利用率，避免了农药浪费，保护了环境。我国科研人员还在喷雾器上安装高压静电装置，使喷雾器喷头喷出的雾滴带上静电荷，带电雾滴在电场作用下，可有效地附着在植物叶片表面，进一步提高了雾滴的有效沉积率，减少了因细小雾滴飘移造成的农药浪费和环境污染（彭培英等，2008）。

目前，我国大规模连片种植烟区主要采用药剂除草。在进行药剂除草时，通过安装在喷雾器上的传感器，区分正常的烟株和杂草，而只有当发现杂草时，才喷出除草剂。这样，花费的除草剂只有常规除草的 1/10，减轻了对环境的污染。

（五）烟草智能化打顶技术

烟草机械化智能打顶技术包括机器视觉技术、图像处理技术、液压驱动技术、机械切芽技术和烟芽收集技术等。通过多项技术的集成组装，可以实现繁琐打顶技术的智能化无人操作。

我国人工打顶劳动强度大、生产效率低，而烟草生产过程中需要多次打顶，且烟株间打顶高度不一致。为适应我国烟叶生产实际情况，该技术重点在于烟草机械切芽装置和割台自动升降装置，同时配合使用机器视觉系统，将机具与控制系统合理配置，采用预先确定的图像处理算法，利用通用底盘的自走式烟草打顶机，实现机器识别、机械打顶和烟芽收集联合作业，实现烟草打顶的机械化和智能化。目前，该技术领域尚处于试验阶段，随着技术改进将会全面普及到大面积生产上应用。

（六）收获机械智能化技术

1. 智能化农业收获技术

美国学者 Schertz 和 Brown 于 1968 年首先提出应用机器人技术进行果蔬的收获，1983 年第一台番茄采摘机器人在美国诞生。采摘机器人由机械手、末端执行器、移动机构、机器视觉系统以及控制系统等构成。机械手的结构形式和自由度直接影响采摘机器人智能控制的复杂性、作业的灵活性和精度。移动机构的自主导航和机器视觉系统解决采摘机器人的自主行走和目标定位，是整个机器人系统的核心和关键。目前，日本开发了西红柿采摘机器人、黄瓜采摘机器人，西班牙发明了柑橘采摘机器人，法国科学家开发了摘苹果的机器人，能辨别出苹果是否成熟，且摘一个苹果仅需 6 秒钟，比人工采摘节省一半时间，美国一家公司发明一种采蘑菇的机器人，可按蘑菇伞最小直径进行采摘，平均每 6 秒钟采摘 1 个蘑菇，还不会使蘑菇采损。日本研制了自动控制半喂入联合收割机，其车速自动控制装置可以利用发动机的转速检测行进速度、收割状态，通过变速机构，实现车速的自动控制，当喂入脱粒室的量过大时，车速会自动变慢。作物喂入深度全自动调节机构，可以保证作物穗部在脱粒室内的合理长度，减轻脱粒负荷和脱粒损失。Reyniers 等将差位全球定位系统（DGPS）和产量传感器应用于联合收割机，可将田地按小区绘制不同作物的产量分布图（彭培英等，2008；罗平等，2010），实现作物小区计产收获。

智能化收获机械的特点是技术含量高、配套机具多、作业质量好、可靠性高。例如，性能优越的联合收割机装备有各种传感器和 GPS 定位系统，既可以收获各种粮食作物，又可以实时测出作物的含水量，小区产量等技术参数，形成作物产量图，为配方农作提供技术保障。例如，美国卫西·弗格森公司在联合收割机上安装了一种产量计量器，能在收割作物的同时，准确收集有关产量的信息，并绘成小区的产量分布图。农场主可以利用产量分布图，来确定下一季的种植计划以及种子、化肥和农药在不同小区的使用量。另外，为了提高机具的设计水平和开发能力，日本洋马等农机公司都有各种联合收割机仿真试验台，使所开发的机具能适应各种复杂情况的田间作业（毛罕平，2005）。

我国邹湘军等（2007）开发了移动式采摘智能小车的作业平台，带有机器视觉、GPS 和导航控制系统等部分。我国科学家还应用单片微型计算机监视联合收割机工作时转动部件的转速，粮仓装载量和发动机水箱水温，通过传感器对作业现场进行测试，将其信号传输给单片机，对现场进行实时检测，实现联合收割机的自动报警，降低故障频次，延长平均无故障工作时间，提高整机的工作可靠性。科研工作者应用新颖的挤压力喂入量测试原理，研制了联合收割机喂入量传感器，研制了依据冲量原理的压电式谷物流量在线测量装置和产量实时监测系统（毛罕平，2005）。

河北省石家庄的科研人员试验成功了装着"天眼"、"触角"和"心脏"的智能化收割机，"天眼"就是全球定位系统，"触角"由速度传感器、割台传感器和冲量传感器组成，"心脏"是安装在驾驶室内带屏幕的主控单元。在收割过程中，田间的土壤质地、肥力、产量、杂草病虫害、经纬度等信息，通过装在该收割机上的这些先进技术设备传到远方的控制中心进行分析，操作人员就可据此对农业生产进行决策（彭培英等，2008）。

为了实现草莓收获的自动化以及智能化，陈利兵（陈利兵，2005）对草莓收获机器人采摘系统进行了研究，利用三自由度的直角坐标机械手，设计了机器人的视觉系统，并为机器人建立了一个开放式的控制系统；重点对草莓图像处理算法进行研究并实现编程，开放式机器人控制器可以提高系统的柔性、可扩展性、可靠性和复用性等性能；以运动控制器为核心，建立模块化、开放式的机器人控制系统；采用 VC + + 语言来编写系统程序，通过矢量运动节省作业时间，实现控制系统良好运行；采用 LRCD（luminance and red color difference）方法分割草莓图像，在 RGB 色彩模型中，求得图像中每个像素的色差，在灰度图像中显示以色差值为灰度值的色差图像，取合适的阈值对该图像二值化，得到分割后的草莓图像，提取分割后草莓图像的几何特征，由边界到重心的最长距离来确定草莓果尖的位置，并在过果尖与重心的反相延长线上取一合适的点作为采摘点，并通过坐标变换，获得该采摘点在空间上的实际坐标值，从而系列判断和操作实现草莓的智能化采收。

2. 智能化烟叶采收技术

烟叶收获是一项繁重的体力劳动和繁琐的叶片成熟判别技术，烟叶采收不仅占用大量劳动力，还常常造成叶片采收成熟度掌握不准等问题。随着烟草种植过程智能化技术的发展，国外烟草收获机的开发应用也得到了快速发展。最早人们采用拖车移动进行手工采收，手工将烟叶摘下，放在拖拉机牵引的拖车上，装满烟叶后运到烘烤地点，装上烟夹或缝串起来烘烤。随后出现高架作业机，作业机上可坐 4 ~ 6 人进行手工摘叶，并设有烟叶输送带和提升烟筐，或集叶箱用的液压装置。意大利 MAN 公司生产的履带式高架作业机装有七条烟叶输送带，输送带倾斜安装在作业机后面倾斜度可调整。意大利达毕公司（TAB）还生产一种自动转向的串联式辅助作业收获机，这种作业机结构简单，独其一格。机上可坐两个人手工摘叶，每人前面各有一入集叶箱。一次收获左右两行，箱子装满烟叶后装上拖车由拖拉机运送烤房。目前，国外发达国家已采用自动摘叶收获机，逐次收获可保证烟叶质量，美国鲍威尔和豪可公司生产的多次式和一次式摘叶收获机安装螺旋形橡皮摘叶器，尽管收获机的采收和运叶实现自动化，平台上也有排齐设备，但装烟夹还需要很多人力操作。使用多次式自动摘叶收获机收获烟叶，需要 2 台拖拉机作业，3 ~ 4 台拖车，几个大集叶箱，4 个收获人员，其中一个驾驶收获机，一个在平台上护理集装箱，其余 2 人驾驶拖拉机拖运大集叶箱。美国 LONG 公司生产的1800 型网格式一次自动摘叶收获机要求垄间地面平坦或成"V"形，行距要一致，打顶的烟茎的高度 0.9 ~ 1.0m，垄间距离要求为 1.22m，烟田地头宽度为 6m，便于拖拉机行走和回转。

目前，国外还有其他形式的烟叶采收机械，一类是整株收获机，这种收获机主要用来收获晾晒烟和密植的烟草。意大利生产的几种收获机都是侧面牵引的，后面带有拖车，切割器收割的烟草由输送带送到拖车旁边，再由专人装上拖车，或挂在拖车的杆架上，后者需在基部切一斜口以便挂杆。作业时只需要 2 ~ 3 台拖拉机和拖车，5 ~ 6 个收获人员。另一类是切碎收获机，美国和加拿大使用玉米收获机改装成烟草切碎收获机，用来收获淡色晾烟。作业时将烟株切成 3.5cm 长的小块，经输送带送到收获机后面的大箱里，然后用拖拉机把大箱直接运到烤房。

我国云南省罗平县利用多功能烟草管理作业车采收烟叶。该作业车可配挂相关独立配件，改装后可实现施肥、移栽、打顶、喷药、采收、田间运输等多项作业。云南昆船电子设备有限公司研发生产了全自动烟叶采收机，其动力系统为柴油发动机；行走系统包括驾驶室、车架、车梁、前后车轮等，负责烟叶采收机的行走功能；采摘单元分为采摘中下部叶的采摘机构及采摘上部叶的打叶机构，负责采收机的采摘功能；输送单元包括浮动式采摘台、垂直输送系统以及风机系统，负责将烟叶输送至采收机尾部的烟筐里，烟筐可进行翻转将烟叶倒出。上述行走、采摘、输送等功能均通过液压系统实现。该全自动烟叶采收机的主要特点：第一，采收效率高，能大幅减轻人的体力劳动，使烟叶生产由传统农业生产模式向现代烟草农业转变。第二，设备各功能均采用液压系统实现，所有液压马达均可实现自动或手动调速，调试方法简单，适用性强，性能稳定。第三，操作方法简单、明了，易于掌握。第四，针对烟叶收获农艺特性，具有多种采摘模式，可实现对烟叶的分时、分部采收，且对中、下部叶的采收模仿人手折烟叶的动作，确保烟叶可以完整地采下，破损、造碎率小，采叶刀采用天然橡胶或硅胶等柔性材料，最大限度地避免叶面不会被机械损伤，烟叶采净率高，能满足中国烟草农艺的要求。第五，采收机可以对每一棵烟株进行自动找正，使采叶刀能准确地对准烟叶。第六，在梗部最靠近烟株的部位进行折断，采收效果好，不伤株，适用范围广。

目前，烟叶采收智能化技术应用还处于初期发展阶段，国外发展模式多采用相同部位或整株一次采收技术，由于烟叶大面积种植技术较为成熟，相同部位烟叶成熟度基本一致，根据烟叶位置分部位全部采收可以基本保证烟叶成熟一致。我国烟草种植地块分散，地块之间、单株之间、部位之间成熟差异较大，采用相同部位采收操作方法难以保证烟叶成熟采收。随着智能化技术在烟叶采收机械方面的深入研究，人们将研发出实现单叶成熟度判断、单页片采收的高度智能化采收机械。

（七）智能化烘烤技术

烟草智能化烘烤技术的发展和应用，为烟叶烘烤提供了便捷、可靠、无人操作的生产流程，并在缓解烘烤劳动强度、节省燃料、实现过程精准操作方面，获得了较大成就，通过烘烤过程智能化操作，对烟叶质量改进产生了较大促进，成为烟叶生产过程发展最快的新兴技术领域。该领域智能化技术的广泛应用，将促进和带动烟区烟叶生产的基地化发展、规模化种植、智能化操作、特色化供应。

云南省永胜顺州乡的烟农对原来的烤房进行了智能化改造，现代最新科技成果的运用代替了传统的、经验式的烘烤方式，经改造后的智能化烤房烤出的烟叶油分多，叶片柔软，叶色均匀，且节煤、节省时间，其温度、湿度自动控制，出炉烟叶的质量有了较大幅度的提高（陆春旺，2007）。采用自动化半密集型智能化烤房烘烤烟叶具有节能降耗、省时省工、节约成本等特点，能大大降低劳动强度，最大限度地提升烘烤烟叶的内在质量，提高中上等烟叶的比例，是迄今较为先进的一种烟叶烘烤技术（陆春旺，2007）。

山东昌润自动化仪表有限公司（http：//sdcrdq.kuyibu.com）研制开发了烟草烘烤

智能控制器，其主要特点：首先，使用数字温湿度传感器和高性能单片机、模块化设计、稳定可靠；第二，分段式烘烤工艺，内置多套成熟工艺曲线，用户可自选，也可自设，满足不同农副产品烘烤需要；第三，可自动控制和手动控制加热设备和排湿设备工作；第四，历史状态数据记录（温湿度记录、设置记录）和查询；第五，故障报警提示（传感器故障、缺相、过载、停电、过压、欠压、温湿度超限等）；第六，支持语音功能；第七，兼容干湿球和相对湿度传感器；第八，多台控制器自动组网集中监控功能；第九，变频器控制循环风机。

该全自动温湿度控制器智能化控制系统，通过实时采集物料室内干球和湿球温度传感器数值，控制循环风机、助燃风机、进风装置或排湿装置等执行器，完成烘烤自动化控制。根据不同产区物料特性设置物料烘烤工艺曲线，在烘烤过程中可对工艺参数进行调整设定并能在掉电情况下保存数据。烘烤过程中显示提示信息，包括设定温湿度、实时温湿度、运行时间、设备常见运行故障报警、烘烤过程中温湿度超限报警。

随着信息技术、网络技术、人工智能技术在工业上的广泛应用，在传统农业装备上引入信息化、智能化技术是 21 世纪农业现代化发展的必然趋势，也是未来烟草农业现代化发展的必然趋势。烟草生产过程智能化技术的应用，将借助行业发展优势、经费保障优势、纵向调控优势、支撑条件统筹建设优势等，在未来烟区农业现代化建设中将发挥引领作用。

第三节　现代烟草信息化技术

1963 年日本学者梅淖忠夫就提出了"信息化"一词，20 世纪 70 年代后期"信息化"的概念开始受到社会的普遍关注。人们对农业信息化内涵的认识处在一个不断发展的过程中，有关农业信息化的概念表述比较多，一般认为，农业信息化是以各种信息传播技术和手段为基础，依靠网络和数字，实现农业生产、流通和消费信息在农业生产者、经营者、消费者和管理者之间有效传递，促使农业资源、环境和社会、经济等方面科学协调发展的过程（王振，2011）。目前，3S 技术已经广泛应用于农业生产的多个方面，所谓 3S 技术，即为遥感系统（RS）、全球定位系统（GPS）和地理信息系统（GIS）技术（简称 3S 系统或者 3S 技术）。在美国 3S 技术普遍应用于农业生产管理过程，例如作物估产、动植物生长势监测、气象数据发布、病虫害预报、精细施肥、合理灌溉、农业综合发展的动态仿真模型等。通过 3S 技术综合集成，一体化地为农业系统管理服务，已成为一种必然的趋势（吕晓燕，2004）。

一、国外农业信息化发展和推进模式

（一）国外农业信息化的发展

自 20 世纪 50 年代以来，国外在农业信息化方面取得了快速发展，推动了农业现代化的进程，信息技术在农业上的推广应用，在大幅降低劳动强度的同时，极大地提高了农业劳动生产率、资源利用率和农业经济效益。纵观全球农业信息化的发展历程，美国、法国、德国和日本等发达国家始终处于世界农业信息化发展的领先地位，领导了世

界农业信息化发展的潮流；印度、韩国等国家虽然起步较晚，但是发展也相当迅猛（范凤翠等，2006）。西方发达国家的农业信息化正发展步入新的阶段，形成了从农业信息的采集、加工处理到发布的、健全的、完善的农业信息体系。信息技术在农业上的应用主要有以下方面，用于决策支持的数据库、模型库，特别在财务统计、业务分析、计划和税务准备，以及账目记录；作物、畜牧、农产品加工、生态环境、财政经济与市场分析、农业工程等方面的专家系统得到广泛的应用；精确农业是当前引人注目的热点课题；在发达国家，网络技术发展迅速，信息高速公路正在迅速伸向农村；卫星数据传输系统已广泛地应用于农业生产，"3S"技术在农业环境领域中的应用迅速发展（吕晓燕，2004）。

一些发达国家农业实现机械化之后，广泛深入开展了农业信息化研究与服务工作，在农业生产设施的操作和管理、农业生产技术的推广应用和农产品的市场经营等诸多方面，信息技术都发挥了重要的作用。但由于各国农业信息化发展的基础条件的差异，以及对农业信息化的关注程度和关注起步时间的不同，农业信息化的发展过程和推进模式也有所差别。

（二）国外农业信息化的推进模式

日本农民对农业信息化认识程度较高，农业现代化、产业化程度也较高，这是日本发展农业信息化的基础。20世纪90年代日本农村家庭拥有电脑的比例只有15%，到2000年这一比例上升到34%；1999年底，74%的乡镇、53.5%的农协都在利用信息通讯基础设施提供信息。日本90年代初建立的农业技术信息服务全国的联机网络在每个县都设有分中心，负责收集、处理、储存和传递来自全国各地的农业技术信息（杨艺，2005）。

法国从20世纪80年代始至今，农业信息化的发展大致经历了3个阶段（张晨光，2005）。第一阶段为20世纪80年代末至1997年，20世纪80年代末法国政府开始重视计算机与互联网技术在农业生产上应用，从1989年开始法国政府向农民推广迷你电脑，这是法国农民开始了解和尝试应用计算机与网络的时期，3年之后，迷你电脑的农民用户从2万户快速增加到7万户，当时法国在农业信息网络方面远落后于德国和美国。为了改变农业信息化落后的局面，从1997年开始法国政府将信息化放在了优先发展的地位，1997年启动了"信息社会项目行动（PAGSI）"，这一行动大大提高了家庭电脑的拥有率，至2000年达到了26%~33%，促进了法国农业信息化的快速发展。2000年至今为第三阶段，经过前一阶段的快速发展，计算机和互联网的应用已有相当好的基础，并呈现出良好的发展态势。2000年开始，大约有50%的法国农场主开始使用计算机，且网上农业也得到迅速发展。计算机和网络的应用，使农场的各项经营活动越来越便捷高效，至2007年年底，法国农场主拥有电脑并上网的比例达到了61%（王振，2011）。

德国作为欧洲信息化发展的成功典型，其农业信息技术不断推广普及，农业信息网络不断扩大，农业生产、科研、教学领域大多数操作都通过计算机来完成。农业信息技术正在普及并向农业全面信息化迈进。计算机自动控制、网络计算机辅助决策技术的应用，计算机模拟和模型技术、遥感技术、精确农业技术、农机管理自动化等方面都走在世界前列（范凤翠等，2006；贾善刚，2002）。

美国具有在完善的软硬件设施体系支撑下发展的农业信息化体系，美国农业信息化推进和发展的特点，主要有建立强大的农业信息化基础设施。美国政府提出"信息高速公路"计划之后，计算机网络在农业领域得到迅速普及和应用，互联网技术已经发展成为农村经营、农业管理的重要工具。到 2001 年，美国家庭农场、奶牛场和年轻农场主中装备电子计算机的比例就已分别达到 41.6%、46.8% 和 52%，计算机的普及使得农场主们能够随时进入各种农业网络。在美国 200 万个农场中，到 2000 年拥有或租用电脑的比例就已经达到 55%，各农场网上交易额已超过 6.65 亿美元，网上交易的金额已经相当于农场销售总额的 33%。建立了完善的农业信息采集、处理与发布系统。美国政府十分重视信息在农业生产中的作用，农业部的重要职责之一就是提供农业信息服务，设立了农业市场服务局、农业统计署、国外农业服务局、经济研究局、世界农业展望委员会等专门信息服务机构，并且在其各级分支机构建立了信息采集和发布系统。农业部农业市场服务局提供由各地的分支机构收集和整理的信息，包括谷物、肉类、禽蛋、乳品、水果、蔬菜等的价格和供求信息。农业统计署是提供农作物的跟踪调查，农民收入、农业投入、劳动力等农户的基本情况调查，水土流失、水资源利用效率、农药和化肥的施用量等农业资源和环境的调查，以及其他委托的农业调查等。国外农业服务局则通过 70 多个驻外使馆来收集和提供世界各地农业信息。经济研究局负责分析美国和世界农业现状和未来发展趋势，监测全球的农业生产和销售情况，并对各国的主要农产品供需状况做详尽的年度分析。世界农业展望委员会主要负责世界农业形势分析和展望，进行全球农产品供应和消费预测。这些完善的信息服务部门和组织，对美国农业生产发展提供了强大的信息支持，避免了农业生产和农产品流通的盲目性，大大提高了信息的有效性。广泛应用先进的农业信息技术，大大提高了农业生产率。综合集成利用现代信息技术的精准农业技术，正在美国农业领域得到广泛的推广和应用。精准农业的发展广泛利用了全球定位系统（GPS）、农田地理信息系统（GIS）、农田遥感监测系统（RS）、农业专家系统、智能化农机具系统、环境监测系统、网络化的管理系统和培训系统等，对农作物进行精细化的自适应灌溉、施肥和施药，有效促进了农业整体水平的提高。现全美有超过 20% 的农户使用了装有全球卫星定位系统的农业机械，形成了良性互动的多元化的信息服务主体。国家农业部门、科研机构、农业协会等信息服务主体形成了良性互动，国家农业部门的任务主要体现在搭建公共信息服务平台，以及制定农业政策上。科研机构的任务主要是农业技术开发和应用研究，集科研、推广、经营于一体，科研机构不仅进行基础性的生产技术应用研究，为农民提供先进的农业技术，同时也开展农业技术培训，开发创新技术，并为农民提供种子及农产品加工品等。各级农业协会的服务，主要体现在为当地农民提供技术、法律等咨询，并负责农民和政府的沟通。专业合作组织为组织成员提供技术信息和市场供需信息服务，并作为独立实体与信息服务媒体为农民提供信息服务，承担基层农业信息服务的主体任务。

美国在农业信息化建设中，采用了政府投入与市场运营相结合的投资模式，充分发挥市场推动作用。美国农业生产以外向型农业为主，农业商品率高、出口比重大，农业生产极易受到国内外市场的影响，农产品生产者、经营者和消费者都需要掌握世界农产品市场的变化，了解国内外农产品市场的价格和供求信息。为了满足外向型农业发展的需求，美国政府从农业信息技术的应用、农业信息网络的建设和农业信息资源的开发利用等方面，全面推进农业信息化建设。政府围绕农产品市场建立了强大的支撑系统，通过政府扶持、税收优惠和政府担保等措施，为农业信息化发展提供了一系列优惠政策，为农业信息化创造了良好的发展环境，刺激了资本市场在农业信息化发展上的运作，推动农业信息化的快速发展。构建覆盖国家、地区和州的三级农业信息网络，形成了健全、完整、规范的农业信息服务体系。由于采用了政府投入与市场运营相结合的投资模式，助推了农业信息化的快速发展（王振，2011；许世卫等，2008）。美国农业信息化发展的特点，体现以政府为主体五大信息机构为主线，形成国家、地区、州三级农业信息网。同时构建了庞大、完整、规范的农业信息网络体系，形成了完整、健全、规范的信息体系和信息制度。在农业信息技术应用方面，农业公司、专业协会、合作社和农场都在普遍使用计算机及网络技术（范凤翠等，2006）。

印度农业信息技术传输渠道的建设，以中央政府农业部门之间的网络开通为先导，80% 农业研究委员会通过拨号实现连接，其他通过卫星实现连接，国家信息中心的网络与一个区级机构和一个地区的 70 个村庄实现了基层连接。借助中央—邦政府—地区农村发展部和村民自治组织的行政运行体系，在农村建立了 21 个信息中心。信息服务具有费用小、随时接收、没有时间限制特点，使得农民有很强的上网积极性。数据库及网站建设，由国家农业研究委员会统管，将全国的研究机构和区域试验站、农业大学有机地组织起来，分工协作、各负其责、实行统一的软硬件和标准的录入格式，所建立的 7 个数据库实现全国资源快速传递和共建共享。一些农业网站已经开通并开始为用户提供服务（范凤翠等，2006；聂凤英等，2004）。印度信息技术发展有 4 个特点（陈良玉，2004）。一是充分利用村民自治组织，保证了电子政务经济上的可持续性和使用者的本位性，在基础设施很不完善的条件下，实现广大农民真正享受信息服务；二是注重信息技术人才培养，加强对农民的培训；三是鼓励和动员社会力量参与农村信息化建设；四是重视进行广泛国际交流合作。

二、我国农业信息化发展历程

自新中国成立以来，我国农业信息化建设的内容、技术手段、服务对象等均发生了巨大的变化，已经由最初计划经济体制下单纯的农业生产和农情信息统计，发展到覆盖农业和农村经济各个领域的现代化农业信息体系。关于我国农业信息化发展历程和发展阶段的划分有不同的观点，张玉香（2005）在论文中将新中国成立以来我国农业信息化发展分成了 3 个时期，第一个时期是从新中国成立初期至改革开放前，第二个时期是1978 年改革开放至 20 世纪 80 年代末，第三个时期是从 20 世纪 90 年代初社会主义市场经济新体制始建立到现在（王振，2011；王振等，2009）。第一个时期是新中国成立初期到改革开放前，农业信息化主要体现在农业统计工作上，信息对农业生产者和消费者的行为并不产生任何直接的影响。第二个时期是 1978 年改革开放至 20 世纪 80 年代末，信息覆盖面和服务领域也开始由单纯的农业生产统计，向产前、产后领域延伸，农业信息为农民和农业生产服务的作用才真正有所体现。第三个时期是 1992 年党中央确立建立社会主义市场经济体制以来，世界经济和社会发展步入了信息化时代。开发信息技术、发展信息产业、实现信息化，都成为世界各国参与全球政治、经济、军事竞争的重要手段，信息化已经成为各国综合国力较量的重要体现。

自 1982 年 1 月 1 日中国烟草总公司成立以来，烟草行业信息化建设从最初的单机使用、分散开发，发展到了目前的统一平台、统一数据库、统一网络的全面建设，从起初的"摸着石头过河"到现在有成功经验可循、有先进经验可参考，大致可将行业信息化建设分为两个阶段：第一阶段是 1998—2003 年，以信息中心成立为标志，为基础建设、业务推进阶段。这一阶段，基础性建设、单个业务应用系统、每个企业的信息化都得到快速发展，在提高效率、降低成本和劳动强度等方面成效显著。第二阶段从 2004 年至今，以拟定《数字烟草发展纲要》为起点，为重点建设、整体推进阶段。这一阶段，以决策管理系统、办公自动化系统等重点工程为代表的应用系统建设全面展开，基本形成全力打造"数字烟草"的格局，信息化在加强管控、提高决策质量等方面成效显现。目前，行业信息化总体上还处于第二阶段，且呈现出集成整合、全面提升的新特点（高菲等，2010）。

国家烟草专卖局前任局长姜成康指出，传统烟叶生产向现代烟草农业转变要实现"一基四化"，即全面推进烟叶生产基础设施的建设，努力实现烟叶生产的"规模化种植、集约化经营、专业化分工以及信息化管理"。信息化管理是实现现代烟草农业的必然选择，用信息技术改造传统烟叶生产，通过信息化全面提升烟叶基础管理水平，对发展现代烟草农业具有非常重要的意义。

三、邵阳烟草信息化的建设与发展

近年来邵阳烟草行业信息化建设，坚持一基四化的要求，并逐步落实到实际应用中。按照"全流程、全覆盖"的总体要求，突出业务功能、服务功能、管理功能，以数据库建设、烟叶流程化管理和烟农信息服务为重点，从信息环境配置、信息系统应用、信息资源利用等方面，规划信息化管理体系。

全面推广应用湖南烟叶管理信息系统，扎实推进基地单元信息化管理，按照"全流程、全覆盖"的总体要求，以优化业务流程为基础，以基地单元和基层站为突破口，加强基层信息化的业务功能、服务功能、管理功能，实现纵向业务流程化，横向管理集成化。要利用信息、通讯、远程教育等信息网络资源，提升对烟农信息技术服务水平。

"十一五"期间，邵阳全市烟草系统已对信息化管理体系投资 353.8 万元，其中，生产管理信息化建设投资 23 万元，烟叶烘烤信息化建设投资 17.2 万元，烟叶收购信息化建设投资 313.8 万元。"十二五"期间，邵阳全市规划对信息化管理体系投资 546.2 万元，其中，生产管理信息化建设投资 157 万元，烟叶烘烤信息化建设投资 102.8 万元，烟叶收购信息化建设投资 286.4 万元。2015 年，全市规划对信息化管理体系投资 900 万元，其中，生产管理信息化建设投资 180 万元，烟叶烘烤信息化建设投资 120 万元，烟叶收购信息化建设投资 600 万元。全市各产区县烟草信息化建设规划情况见表 8 - 1。

表 8 - 1　邵阳市烟叶产业发展信息化建设规划投入经费

产区	项目	行业总投资（万元）			
		小计	管理信息化	烘烤信息化	收购信息化
全市	已配套	353.78	23.00	17.20	313.58
	近期规划配套	546.22	157.00	102.80	286.42
	2015 年总量	900.00	180.00	120.00	600.00
	近期规划配套	300.00	60.00	40.00	200.00
	2015 年总量	300.00	60.00	40.00	200.00
邵阳县	已配套	188.00	18.00	10.00	160.00
	近期规划配套	112.00	42.00	30.00	40.00
	2015 年总量	300.00	60.00	40.00	200.00
新宁县	已配套	165.78	5.00	7.20	153.58
	近期规划配套	134.22	55.00	32.80	46.42
	2015 年总量	300.00	60.00	40.00	200.00

四、农业信息化对邵阳烟草农业的启示

各国在农业信息化的发展过程中，都呈现出一定的特色，并且各国农业信息化的发展既有共同点，也有不同之处。与美国等一些发达国家相比，我国的农业信息化发展还有待提高，各国农业信息化发展的经验值得借鉴。

（一）建立强有力的组织体系

美国、日本和法国等发达国家政府都建立了强有力的信息化组织体系，强化了对农业信息化发展的组织和管理，确定了政府各部门在农业信息服务中的职责，并开展分工协作。美国形成了以农业部及其所属的农业统计局、农业市场服务局、经济研究局、海外农业局，世界农业展望委员会等机构为主体的农业信息收集、分析和发布的体系。日本则从中央到地方都建立了一套完整的农业信息服务系统。为此，邵阳烟草信息化的发展要充分依靠当地政府的支持与组织管理，加强经费投入，烟草专卖局要依靠各县、镇（乡）的公司与烟站机构，借助公共网络传输设施，建立烟草信息化的网络组织与服务体系，为生产管理、信息采集、信息发布、信息服务架设快速沟通网络平台。

（二）强化政策鼓励和法律保障

美国政府对农业信息化的投入比例占农业行政事业经费的 10%，每年约有 10 亿美元的农业信息经费支持，有大量基础建设投入用于农业信息系统的硬件建设。欧盟将官方提供的农业信息服务设定为公益性质，所需的资金投入主要来源于政府财政支持，仅向信息使用者收取较低的成本费用或者不收取任何费用，政府在农业信息化发展上的资金支持和鼓励政策在很大程度上推动了农业信息化的快速发展（杨

艺，2005；王振，2011）。农业信息服务在很大程度上属于公益性质，其发展需要国家在政策上的鼓励和支持，以保证农业发展的需要。强化农业信息化的政策支持，在农业经费投入、科研与技术推广体制变革、投资结构改善和实用技术研究等方面进行政策调整，明确政府投资主体地位，并保证一定的基本投入，是鼓励农业信息化发展的重要手段。

美国在 1848 年第一次颁布的农业法中，就开始在农业技术信息服务方面做出了一些规定。在 1946 年颁布的农业市场法案授权中规定，凡享受政府补贴的农民和农业，都负有向政府提供农产品产销信息的义务。农业信息化进入新的发展阶段以来，美国在农业信息管理上，更是从信息资源采集到发布都进行了立法，并不断完善形成了农业信息法律体系。因此，建立完善的农业信息化法制、法规，并强化信息化的立法、监督，是保证信息质量，提高信息的真实性、有效性，并积极促进信息共享，发挥农业信息引导农业生产的重要手段。

（三）注重基础设施建设

基础设施是农业信息化乃至烟草农业信息化发展的基础，农业信息化的发展就是要通过基础设施建设和信息化改造，实现农业基础设施的信息化和农业信息化基础设施建设（王振，2011）。我国信息网络起步晚，但发展较快，农业部"中国农业信息网"已有 1 000 多个地、县入网。中国农业科学院建立的"中国农业科技信息网"也已经初具规模。然而我国的基础网络设施还存在着参差不齐、设备低下、宽带不足、网速慢的弊端，因此，必须采用先进的信息网络技术，建立集多个农业信息网络于一身的高速、宽带的全国性农业信息广域网络，由于这部分工作投资大、技术难度高，可采取由中央政府和地方政府拨款预算，专业公司招标承建的方式，较快地推进基干网络的建设。市级以上的农业部门可以有选择地组建有自己地域特色的农业信息网，如农业气象信息网、农业地理信息网等。并加强国际合作，充分吸收与利用发达国家的先进信息技术成果，积极参与全球农业信息共享，使每一个农户都对国内市场乃至世界市场行情有充分的了解，从而根据自己的实际情况，调整自己的生产品种，减少资源的浪费，提高生产效率。充实农业信息资源数据库，目前我国已经建立了一大批农业信息资源数据库，但其数量和质量不足以形成农业信息产业。因此，在不断扩大现有数据库容量的同时，还要不断提高农业信息资源数据库的质量。并大力挖掘信息资源，把农业信息视野扩展到农业及相关的各个领域，以充实现有数据库的内容，逐步建立大型综合性数据库及专业特色数据库。与国际信息网络联网，为农民及时提供准确的国内外农产品生产、供给、需求、价格变动趋势的市场信息，减少农民进入市场的成本和风险，在农产品贸易中争取主动。再次，抓好农业科技信息网的建立，应借鉴日本的经验，充分重视信息技术在农业科技传递推广中的作用，农业科技资源大多掌握在各级政府主办的科技研究或普及机构的手中，而这些机构多靠政府预算维护，政府应使这些机构全部联网，并规定这些机构必须无偿地向农民提供各种技术信息，从水土保植或良种的推广作用，通过网络将技术服务送到农家（杨艺，2005）。

农业基础设施的信息化建设，包括农田基本设施、农作物种子工程设施、农作物病虫害防治设施、畜禽饲养设施、日光温室设施、无土栽培设施、农产品加工与贮藏设施等的信息化改造，提高农业基础设施的信息化水平。信息化基础设施建设，包括基础的农业信息资源的开发和农业信息化通信网络设施建设。因此，邵阳烟草要在当地现有设施的基础上，加快信息资源网络建设，构建与地方政府和信息管理部门互联互通信息共享的交流平台，借助社会公共网络与数据资源，加强对信息资源的开发利用，使烟草农业信息化基础设施建设成为邵阳烟草信息化建设的核心内容。

（四）注重信息服务形式的多元化建设

农业生产类型、产品结构等千变万化，农业生产者、经营者在信息需求上也多种多样，政府为主的信息服务在很大程度上难以满足用户的个性化信息需求。要提高农业信息服务的针对性，就需要建立多元化的信息服务主体，各服务主体在服务内容、服务对象和群体上有所侧重，不同服务主体之间形成良好的互补性，才能够提高农业信息服务的针对性和效率。以美国为例，由政府部门设立的网站提供基本的市场信息服务，而由农业网络公司提供电子商务服务。欧盟政府规定官方机构作为农业信息服务的主体，但也以市场机制鼓励其他机构参与农业信息服务，由农业协会、农产品期货和农业保险机构等提供的更加个性化的信息服务，作为官方农业信息服务体系的重要补充。

不同的服务主体，其服务内容和服务群体的不同，决定了其服务形式的差异。多元化的农业信息服务主体，必然采用更加多样化的信息服务形式（王振，2011）。计算机网络、电话、广播、电视、报纸等传统的传媒载体，以及短信息、微博、微信等现代交流方式，正成为农民和农业科技人员获取和传播农业知识、实用技术的重要途径。农业"信息化建设"作为独立的工作部署，提出了健全农业信息收集和发布制度，加强信息服务平台建设，积极发挥气象为农业生产和农民生活服务等政策措施。2008年中共中央1号文件《关于切实加强农业基础设施建设，进一步促进农业发展农民增收的若干意见》，再次强调"积极推进农村信息化"，提出要按照求实效、重服务、广覆盖、多模式的要求，健全农业信息服务体系，推进"金农工程"和"三电合一"等农业信息化工程建设等政策措施。2009和2010年中央"1号文件"中，也多次提及"发展农业信息化"的内容。

农业部作为我国农业主管部门，非常重视农业信息化的发展。农业部2001年启动了《"十五"农村市场信息服务行动计划》全面推进农村市场信息服务体系建设；2003年建立了以"经济信息发布日历"为主的信息发布工作制度；2004年发布了农业部七大体系中的农业信息体系建设规划，之后还形成了一系列文件，包括建设意见、实施方案和信息体系建设框架等，明确建设方向、目标和任务，加强指导推动。各省（区、市）积极探索，基本上都把农业农村信息化列入了当地的经济社会发展规划，不断加强体系建设和发展模式的探索。2006年农业部下发了《关于进一步加强农业信息化建设的意见》和《"十一五"时期全国农业信息体系建设规划》，2007年出台了《全国农业和农村信息化建设总体框架（2007—2015）》全面部署农业和农村信息化建设的发展思路。

为推动城乡统筹发展，充分发挥信息化在加快推进社会主义新农村建设、现代农业建设中的重要作用，工信部、农业部、科技部、商务部、文化部等部委联合制定了

《农业农村信息化行动计划（2010—2012 年）》，提出到 2012 年建成先进适用、稳定可靠、贴近农民、进村入户的农业农村信息基础设施和农村综合信息服务体系，建设一批农业生产经营信息化示范基地，基层电子政务建设实现条块结合并基本延伸到乡（镇），建成一批形式多样、方便适用的农村科技、信息、文化服务网络平台，农产品电子商务快速发展，电子商务交易额占农产品零售额的比例稳步提升，农村综合信息服务站成为培养新型农民的重要渠道，农民信息素质显著提高。到 2012 年，乡镇通宽带比例达到 100%，行政村通宽带比例提高到 75%，农户宽带接入速率平均不低于 2 MB/S。100% 的行政村建成涉农信息服务站点，其中，符合"五个一"标准的农村综合信息服务站比例达到 30%；75% 以上的乡镇、40% 以上的行政村能够利用互联网提供信息公开和政民互动服务。邵阳烟草农业信息化建设是当地农业信息建设的重要部分，可以参与到农村信息化的一些行动中。

（五）注重人才培养

促进农村计算机的普及与应用，确保烟草农业信息进村入户，首先要培养人才。选拔一些热爱农业信息化的大学毕业生到产区开展烟农培训，带动整个产区烟农的计算机网络操作与运用能力。增强全民的信息意识，充分发挥民间在提供市场信息方面的作用。

参考文献

[1]Dammer K H,Wartenberg G. Sensor-based weed detection and application of variable herbicide rates in real time[J]. Crop Protection,2007(3):270 – 277.

[2]Scarlett A J. Integrated control of agricultural tractors and implements:a review of potential opportunities relating to cultivation and crop establishment machinery[J]. Computers and Electronics in Agriculture,2001,30(1):167 – 191.

[3]陈蕾,杨存志,吴泽全等. 温室环境智能控制系统的设计[J].农机化研究,2006(6):106 – 108.

[4]陈良玉. 印度农村信息化的实践及借鉴[J].农业网络信息,2004(4):36 – 39.

[5]范凤翠,李志宏,王桂荣等. 国外主要国家农业信息化发展现状及特点的比较研究[J].农业图书情报学刊,2006,18(6):175 – 177.

[6]高菲,李响. 烟草行业信息系统测试回顾与分析[J].信息安全与技术,2010,12:83 – 85.

[7]胡建清. 浅议丘陵地区农业机械化的发展[J].四川农机,2006(4):17.

[8]贾善刚. 国内外农业信息网络系统发展特点及趋势.（见）农业信息技术与信息管理[M],北京:中国农业出版社,2002.

[9]李发新. 从现代农业看烟叶生产的可持续发展[J].中国农学通报,2007,23(11):431 – 434.

[10]李志红,沈佐锐. 植保领域专家系统发展与应用的初步探讨[M].植物保护21世纪展望.北京:中国科学技术出版社,1998:98 – 104.

[11]刘东力. 机械工程智能化的发展方向研究[J].化工管理,2014(12):201.

[12]刘剑锋,谢方平,梅婷. 湖南烟草生产机械化发展现状及思考[C].中国农业工程学会2011年学术年会论文集,2011 – 10 – 22,中国重庆.

[13]龙兰梅. 丘陵地区村级农机合作社发展意义与发展模式[J].湖南农机,2007(10):8 – 9.

[14]陆春旺. 智能化烤房为永胜烤烟提速[J].云南科技报,2007年9月10日.

[15]罗平,王桂兰,李英娇. 我国现代农业机械的发展方向[J].湖南农机,2010,37(5):3 – 4.

[16]罗新斌,宁尚辉,徐坚强. 湖南省现代烟草农业现状及发展前景[J]. 作物栽培,2009,23(4):
233 – 236.

[17]吕晓燕,卢向峰,郝建胜. 国内外农业信息化现状[J]. 农业图书情报学刊,2004,16(11):121 – 125.

[18]毛罕平. 农业装备智能化技术的发展动态和重点领域[J]. 农机科技推广,2005(5):12 – 14.

[19]毛罕平. 设施农业的现状与发展[J]. 农业装备技术,2007,33(5):4 – 9.

[20]聂凤英,刘继芬等. 世界主要国家农业信息化的进程和发展[J]. 农业网络信息,2004(9):15 – 17.

[21]宁翠珍. 自动控制技术与设施农业[J]. 山西农业致富,2007(5):47.

[22]潘新初. 因地制宜推进湖南农业机械化[J]. 湖南农机,2008(10):4 – 6.

[23]彭培英,殷建秋,马冰玉. 智能化技术在现代农业中的应用与研究进展[J]. 河北农业大学学报,
2008,31(5):125 – 128.

[24]佘晓倩. 对丘陵山区发展农机化的几点思考[J]. 农业科技,2007(9):73 – 74.

[25]王春恒,肖柏华. 智能化技术在节能减排中的应用潜力[J]. 中国能源,2011,33(10):22 – 25.

[26]王丰,唐新苗. 山区烟草农业机械化路径选择[J]. 湖南农机,2011,38(1):18 – 20.

[27]王洪丽. 浅议我国烟草生产机械化的紧迫性[J]. 今日科苑,2010(18):85 – 86.

[28]王金峰,王金武. 液态变量施肥机两种不同变量机构的研究[J]. 农机化研究,2007(1):123 – 125.

[29]王振,刘元胜. 中日循环经济:比较、借鉴与合作[J]. 工业技术经济[J],2009,28(3):7 – 10.

[30]王振. 不同区域农业信息化推进模式研究[D]. 中国农业科学院博士后研究工作报告,2011 年
10 月.

[31]向海健,徐荣青. 智能温室中的温湿度巡检系统[J]. 电工技术,2007(4):6 – 7.

[32]肖宏儒,申国明. 发展我国烟草生产机械化的对策[J]. 中国农机化,2009(3):16 – 21.

[33]许世卫,李哲敏,李干琼. 美国农业信息体系研究[J]. 世界农业,2008(1):44 – 46.

[34]杨艺. 浅谈日本农业信息化的发展及启示[J]. 现代日本经济,2005,144(6):60 – 62.

[35]姚於康,孙宁,刘媛等. 江苏省设施农业现状及发展对策[J]. 江苏农业学报,2009,25(6):
1382 – 1386.

[36]姚於康. 国外设施农业智能化发展现状、基本经验及其借鉴[J]. 江苏农业科学,2011(1):3 – 5.

[37]张晨光. 法国农民科技培训及农村信息化体系[J]. 全球科技经济瞭望,2005(9):50 – 51.

[38]张莉,冀新威. 浅谈山区烟叶机械化发展的思考(上)[C]. 烟草在线专稿,更新日期:2010 年 9 月
3 日.

[39]张莉,冀新威. 浅谈山区烟叶机械化发展的思考(下)[C]. 烟草在线专稿,更新日期:2010 年 9 月
6 日.

[40]张露,姚於康,吴曼,许才明. 江苏省设施农业智能化战略及实施方案[J]. 江苏农业学报,2010,26
(2):425 – 429.

[41]张书慧,马成林. 一种精确农业自动变量施肥技术及其实施[J]. 农业工程学报,2003,19(1):
129 – 131.

[42]张铁中,陈利兵,宋健. 草莓采摘机器人的研究:Ⅱ. 基于图像的草莓重心位置和采摘点的确定.
中国农业大学学报,2005,10(1):48 – 51.

[43]张毅. 机械成为农业生产主力军 400 万农户受益农机补贴[C]. 2010 – 12 – 26. http://equip. aweb.
com. cn/2010/1226/639093054810. shtml.

[44]张玉香. 农业信息理论与实践[M]. 中国农业出版社,2005:295 – 350.

[45]周增产,云龙,李秀刚等. 智能型移动喷灌机系统的研究[J]. 蔬菜,2004(5):40 – 41.

[46]朱新涛,宁杰鹏,岳贵友等. 拖拉机耕地智能化技术研究[J]. 实验科学与技术,2005(4):23 – 26.

[47]朱祖良. 烟草生产机械化的现状与发展建议[J]. 农业装备技术,2009,35(3):4 – 6.

第九章　现代烟草农业新技术应用

当前，我国农业生产处于从传统农业向现代农业迈进的转型期，随着社会生产关系调整和科学技术的飞跃发展，信息技术和机械化作业的发展，传统的粗放式农业生产模式正向着精准与智能化发展。与各行各业一样，现代烟草农业的发展，依靠科学技术的进步，特别是精准与智能化技术的发展，涌现出很多先进的生产模式，加快了现代烟草农业，尤其是精准农业、低危害烟叶生产等新技术的快速发展。

第一节　精准农业技术

早在20世纪70年代美国科学家提出了精准农业（精确农业或精确农作）的概念，当时美国农田已长时间的使用化肥和农药，环境条件受到了化肥和农药的严重污染，农产品生产成本不断提高，从而影响了其农产品在国际市场上的竞争力，因此美国开展了一系列精准农业研究（承继成，2004；李世成等，2007）。农学家们在进行作物生长模拟、测土配方施肥、病虫害防治等研究与实践中发现，农田存在着明显的时空差异性，提出了变量投入技术的设想，从而发展形成精准农业。精准农业是全球范围内近年来农业科学研究的热点。精准农业是当前农业生产措施与新发展产生的高新技术的有机结合，是信息农业的重要组成部分，其核心技术包括地理信息系统（GIS）、全球卫星定位系统（GPS）、遥感技术（RS）、农业专家系统和计算机自动控制系统（李世成和秦来寿，2007）。将已有的土壤和作物信息资料整理分析，作为属性数据，并与矢量化地图数据一起制成具有实效性和可操作性的田间管理信息系统，通过GIS、GPS、RS和自动化控制技术的应用，按照田间每一操作单元的具体条件，相应调整投入物资的施入量，达到减少浪费、增加收入、保护农业资源和环境的目的。

我国最早出现"精确农业"这一术语的时间是1995年。根据精准农业在我国的研究和应用历程可将其分为以下3个阶段：第一阶段为概念引进阶段（1995—1997年），主要介绍国外精准农业的概念。第二阶段为研究准备阶段（1998—1999年），该阶段科技文献中刊登了很多介绍国外精准农业技术体系的文章，我国一些学者在不同的场合讲解或发表文章，以肯定的态度高度评价精准农业在当今农业发展中的作用。第三阶段为研究实施与初步应用阶段（1999年至今），1999年中国农业科学院土壤肥料研究所正式启动国家引进国际先进农业科学技术的948项目"精确农业技术体系研究"，这标志着我国精准农业的研究进入了实施阶段。目前，我国很多科研团队已经对精准农业进行了全面深入的研究，并在北京、河北、山东、上海、新疆维吾尔自治区、黑龙江等地建立了一批精准农业试验示范区（李录久等，2007）。大量研究认为，精准农业技术是21世纪农业发展的必然趋势（张福贵等，2006）。

一、精准农业的概念

精准农业是在定位采集地块信息的基础上，根据地块土壤、水肥、作物病虫、杂草、产量等时间与空间上的差异，按照农艺的要求进行精确定位定量耕种、施肥、灌水、用药的农业技术。其含义是按照田间每一操作单元的具体条件，精细准确地调整各项土壤和作物管理措施，最大限度地优化使用各项农业投入，以获取最高产量和最大经济效益，同时保护农业生态环境，保护土地等农业自然资源（金继运，1998；李录久等，2007）。

目前精准农业已包含多个方面，包括精准施肥、精准施药、精准播种、精准耕作和精准水分管理等各有关领域（李世成和秦来寿，2007）。

二、精准施肥技术

精准施肥技术是精准农业的首要研究内容和实施项目（承继成，2004），也是精准农业研发最为密集领域和技术成果组装最为成熟的领域。

（一）精准施肥技术的必要性

我国农业生产中使用大量的化肥，是世界范围内施用化肥最多的国家之一，化肥投入的突出问题是结构不合理，利用率相当低，造成养分投入比例失调。氮肥利用率为30%～35%，磷肥为10%～25%，钾肥为35%～55%，大量未被农作物吸收利用的化肥营养以滞留、吸附、随水径流、反硝化等方式污染土壤、环境和大气。目前我国平均施肥水平的N、P、K比例为1∶0.4∶0.16，发达国家是1∶0.42∶0.42，偏施化肥现象严重。目前全国有51.5%的耕地缺锌，46.9%缺硼，34.5%缺钼，21.9%缺锰，6.9%缺铜，5%缺铁。北方65%以上的土壤缺钾，南方100%缺钾。施肥方式也比较落后、盲目与粗放施肥和过量偏施肥，已经造成某些农作物有害物质超标、品质下降和环境污染，严重影响了食品安全，极不利于我国加入世界贸易组织后的农产品国际竞争。随着人们环境意识的加强和农产品生产由数量型向质量型的转变，精准施肥将是提高土壤环境质量，减少水资源和土壤污染，提高作物产量和质量的有效途径之一。因此，我国种植业呼唤精准施肥技术，农业生产呼唤精准农业技术。

精准农业是为适应集约化、规模化程度高的作物生产系统可持续发展而提出的，其边际效应与经营规模成正相关。据报道，以小麦施肥为例，进行经济效益的分析得出，适用于精准农业技术实践的经济可行的最小面积约为85.6hm^2。而中国农田经营规模小、农业机械化水平低，实施广域的精准施肥技术实践尚需较长的发展过程。随着农村市场化和产业结构的调整，在大型农场和大面积作物生产平原区建立精准施肥技术示范工程，或联合一些高效益企业（烟草企业、中药材企业等）来带动精准施肥发展是结合中国国情发展精准施肥的有效途径（李世成和秦来寿，2007）。

（二）精准施肥的主要技术路线

精准施肥是以计算机技术为核心，以3S（GIS、GPS、RS）技术为支撑，以优质、高产、高效、环保为目标的变量施肥技术。

计算机技术把土壤不同空间单元的产量数据与其他多层数据（土壤理化性质、农田生态条件、其他障碍因子及气候条件与因素等）进行叠合分析，然后根据作物生长模型、作物营养平衡施肥专家系统等得出科学准确的施肥方案。

GIS 在精准施肥技术中生成农田电子地图、采样导航、施肥决策及管理土壤和产量信息。变量施肥系统是基于 GIS 的应用型软件。它是采用集成二次开发，以通用编程软件、面向对象的可视化编程工具（如 VC、VB 等）为开发平台，利用 GIS 工具软件实现 GIS 的基本功能，既可以充分利用可视化软件开发工具高效方便的编程功能，实现各种专用的、复杂的分析方法，又充分利用了 GIS 工具软件完备的空间数据可视化分析处理功能，大大提高了应用系统的开发效率，现已成为应用型 GIS 开发的主流（张井柱，2013）。

GPS 在精准施肥中能够实现施肥机械作业的动态定位，即根据管理信息系统发出的指令，实施田间的精确定位。按照参考点的不同，GPS 接收方式可分为单点定位和差分定位。动态差分定位过程中，采用测码伪距观测量进行相对定位，卫星轨道偏差、卫星钟差、大气折射等误差有效减弱，加上载波相位平滑技术可以达到分米级的定位精度，因此可作为农业应用的首选方案。在差分定位中需要设定基站的基准点，该基准点应使用已知定位点的大地坐标，也可以利用基站 GPS 经过一定时间的定位数据采集与统计处理后确定的基站地理坐标作为参考点（张井柱，2013）。

专家系统在精准施肥中是分析采样、测土获得的土壤有机质、N、P、K 等含量数据，并进行施肥决策，决定每个操作单元的施肥量；也是从实施精准农业自动变量施肥作业的实际需求出发，首先建立关于田间土壤信息、施肥情况、作物产量等地理信息图层，然后进行专题分析与施肥决策。变量施肥专家系统应具备以下功能：数据的录入、数据的维护和更新、数据的查询和检索及统计分析等（张井柱，2013）。精准施肥技术路线见图 9 - 1（孙君莲和罗微，2008）。

（三）国外精准施肥技术的研究进展

20 世纪 90 年代以来，精准农业在欧美发达国家发展很快，已初具规模。北美及其他发达国家的精准农业技术，又以精准施肥技术的应用最为成熟。但因精准施肥的成本、农场用户施肥习惯等因素，精准施肥并没有得到全面推广应用。据有关统计资料，至 1998 年末，在美国主要农业区，采用精准施肥技术的农场占农场总数的 30%（张福贵等，2006）。美国和加拿大的大型农场，在农业技术人员指导下，应用 GPS 取样器将田块按坐标分格取样，$0.5 \sim 2hm^2$ 取一土壤样品，分析各取样单元格（田间操作单元）内土壤理化性状和各大、中、微量元素含量。应用 GPS 和 GIS 技术，做成该地块的地形图、土壤图、各年土壤养分图等，同时在联合收割机上装上 GPS 接收器和产量测定仪，在收获的同时每隔 1.2s GPS 定点一次，同时记载当时当地的产量。然后用 GIS 做成当季产量图。所有这些资料，均用来作为下一年施肥种类和数量的决策参考。制定施肥决策时，调用数据库中的所有相关资料进行分析，主要按照每一操作单元（$0.5 \sim 2hm^2$）的养分状况和上一季产量水平，参考其他因素，确定这一单元内的各种养分施肥量，应用 GIS 做成各种肥料施用的施肥操作指挥系统（GIS 施肥操作图层）。然后转移到施肥机具上，指挥变量平衡施肥。精准施肥机有两种类型，一种是传统的施肥机改装的一次作业施一种肥料的简易型，另一种是新研制的大型多种肥料同时变量精准施肥的机具（李世成和秦来寿，2007）。

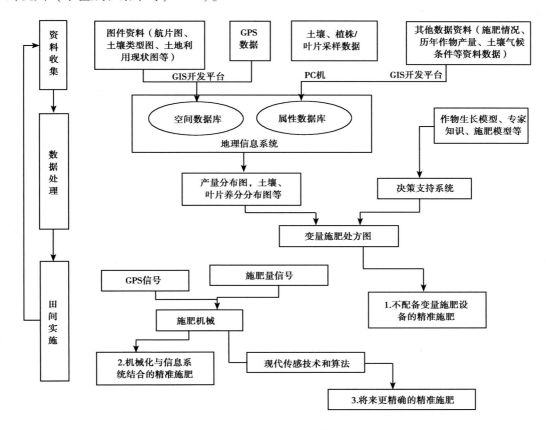

图 9 - 1　精准施肥技术路线（孙君莲和罗微，2008）

1994 年在美国明尼苏达州南部汉斯卡农场，明尼苏达大学按照传统的测土施肥推荐的施氮量为 146kg/hm² 氮素，而按照精准施肥技术实际施氮量变幅在 0 ~ 202kg/hm²，平均仅为 100kg/hm²，节省了约 1/3 的氮肥，同时提高了产量。1993 年在明尼苏达州的扎卡比森甜菜农场，传统的施肥推荐是施纯氮 191kg/hm²，而精准施肥为 35 ~ 167 kg/hm²，大大减少了氮肥用量，肥料投入每公顷平均减少了 15.50 美元。精准施肥的甜菜产量（46.2t/hm²）比传统施肥方法稍有增加（44.5t/hm²），含糖量从 16.59% 增加到 17.89%，产糖量从 6 069kg/hm² 增加到 6 917kg/hm²，收入从 1 481.42 美元/hm² 增加到 1 839.72 美元/hm²。在实现精准施肥研究方面，国外已取得部分研究成果。国外的研究人员对精准变量施用液态氮肥和磷肥做了研究，得出应用精准施肥技术可以减少产量变化的差异，提高产量和增加回报。Morris 和 Ess 等研究开发了一个装备了 GPS 的液态有机肥施用系统，该系统以开关的形式控制肥料的使用，能够实现在水井、路障、河流等处控制不施肥，在耕作土地上控制施肥。Schrock 和 Oard 等推出了使用脉冲宽度来调节控制施用液态氨肥流量。已经商品化的有美国 JohnDeere 公司的精准变量撒肥机、Case 公司的 Flexi Soil 精准变量施肥播种机等。

发达国家建立精准施肥专家系统起步也较早，经验模型和机理模型的研究趋于成熟，并已开发出不少比较成熟、好用的系统软件，如美国奥本大学计算机管理的推荐施肥系统，有 52 类作物的施肥标准；由美国国际农化服务中心研制的施肥推荐软件，应用了 Arvel Hunter 等提出的土壤养分系统研究法，可以对 140 种作物的 11 种营养元素提供施肥咨询服务（Hunter，1980），属于经验模型。Godwin 等（1991）开发的 CERSE 模型（美国小麦管理系统氮动力学模型），英国 Greenwood 等人（1982；1987；1992）研究开发了 WELLN 模型，澳大利亚 Woodruff 等人（1992）建立了小麦专家决策系统 WHEATMAN 模型等，均属于机理模型。目前发达国家已发展到借助 3S 技术和计算机软件，构成特定地点养分管理系统 SSNMS 软件，对具体田块施肥进行精确调控（李世成和秦来寿，2007）。

（四）我国精准施肥技术研究进展

我国于 20 世纪 90 年代后期开始关注精准农业，并逐步适当引进一些有关的先进技术。近年来，我国在精准农业的示范研究方面发展较快，在引进、消化和吸收国外研究成果的基础上，研究和探讨了适合我国国情的精准农业技术体系，精准施肥技术已经为科技界和农业生产部门接受，并在实践中得到一定的应用（孙君莲和罗微，2008）。1999 年开始，农业部、中国农业科学院与加拿大钾磷研究所合作，在全国 30 个省（区市）选择了 45 个行政村，按 50m 或 100m 的"网格"采集土壤样品，在 GPS 定位的基础上用 Arc-GIS 软件制作了各地土壤养分的数字图，并对有效养分的空间分布进行了研究，结合农户调查和田间施肥试验建立了监测各村肥力状况的数据库，对具体地块进行养分管理，指导施肥，取得了明显的效果（李录久等，2007）。安徽省农业科学院土肥所 1999 年起在加拿大钾磷研究所的资助下，根据安徽省气候特征、主要土壤类型和种植制度，在淮北平原和江淮丘陵地区选择了村，并建立了 2 个土壤养分监测村，应用 GPS 实施精确定位和网格化取样，深入研究了安徽省土壤养分时空变异规律，查清养分变异的原因，掌握土壤养分资源的数量和转化规律。在此基础上，针对安徽农业生产中普遍存在的盲目施肥和过量施肥等不合理施肥现象，利用 GIS 信息平台对各种土壤养分图进行聚类、叠加和分析，研制土壤养分管理技术信息系统（MIS），对土壤养分进行监控和管理，采取相应的调控措施，实施地块精量施肥，提高肥料和土壤养分资源的利用效率，减少化肥施用量，降低农业生产成本，改善和提高农产品品质，增产增收效果显著（李录久等，2007）。在遥感应用方面，中国已成为遥感技术研究与应用大国，遥感技术已在农业监测、作物估产、资源规划等方面得到广泛的应用。这些遥感技术的广泛应用，为中国今后精准农业的发展奠定了一定的技术基础，但这些研究与应用大部分局限于单项技术领域与农业技术领域的结合，没有形成精准农业完整的技术体系，也没有展开集成的试验研究和示范（李世成和秦来寿，2007）。张书慧等（张书慧等，2003）研制了一种实现精确农业自动变量施肥作业的变量施肥系统。该系统基于 DGPS 卫星定位原理，将 GPS、GIS 与 DDS 相结合，进行施肥作业决策，决策的施肥数据写在 IC 卡上。当施肥机在田间工作时，通过装备在施肥机上的 GPS 接收的位置数据触发存储在 IC 卡的施肥决策指令，用该指令通过单片机去控制施肥机上的排肥轴的转速，实现精确自动变量施肥作业。田间试验表明，该系统能够很好地实现精确施肥作业。

吉林大学的吴才聪等（2004）完成了精准农业田块网格的划分，为精准施肥的网格识别提供了保证。北京农业技术信息研究中心提出了基于多维空间变异分析的自适应农艺处方单元策略，对精准农业技术体系中自动确定最佳农艺处方单元大小提出了简便的解决方法，建立了精准农业智能决策支持平台，可以为用户播种、施肥等实现精确管理提供技术支持，并在小汤山建立了精准农业示范基地。山西农业大学张淑娟等（2003）和浙江大学的何勇等以一块面积约为 13.3hm² 的冬小麦田为试验研究地点，利用 GPS 接收机定位，按 50m × 50m 设置网格，共取 63 个采样点，测定土壤表层（20cm）有机质、全氮、碱解氮、速效磷、速效钾、容重、田间含水量和电导率，研究麦田土壤特性的空间变异规律。采用传统统计学和地统计学相结合的方法对所取的数据进行了分析，利用 Arcview3.2 软件的空间分析功能，绘制了表达这些土壤特性的随机性和结构性的半方差图和空间分布图。研究结果表明，所有土壤特性均服从正态分布；土壤容重具有弱变异强度，其他土壤特性具有中等变异强度；土壤有机质、全氮、碱解氮、速效钾和电导率具有很强的相关性，土壤容重、速效磷和含水率具有中等强度的空间相关性，土壤特性的相关距为 246.8 ~ 426.8m。该成果可为农田的定位施肥、灌溉以及其他的农田精准管理提供依据（张淑娟等，2003）。中国科学院东北地理与农业生态研究所和吉林大学，在吉林省德惠市国家农业高新技术示范区内，利用吉林大学生物与农业工程学院研制的变量深施肥机，进行了手动控制和自动变量控制的两种试验。试验结果表明，该施肥机能够实现精准农业意义上的精准施肥操作。福建省农业科学院土壤肥料研究所，开展了"3S"技术在农业精准养分管理中的应用研究，提出了三元肥效模型非典型式的计算机随机解的方法及编程技术，同时发现了常用的产量频率分析法存在的缺陷，即仅用几十组到一百多组的氮磷钾组合求平均值作为推荐施肥量，数值结果不稳定，采用随机设计可解决这一问题。该编程方法可同时求解水肥螯合运移模式，为国内外首创（李世成和秦来寿，2007）。

中国农业科学院土壤肥料研究所杨俐苹等（2000）应用 GIS 结合土壤养分状况系统研究法，探讨了一定农业生产条件下棉田土壤养分空间变异及其在推荐施肥中的应用。他们的研究表明，棉田土壤养分的空间变异与前茬作物的种植利用方式有很大关系。网格取样技术和变量施肥技术是提高肥料利用率的有效手段，这些技术能使肥料以适当的用量施到需要的地方。中国农业科学院土壤肥料研究所还通过田间试验、土壤测试和农田地理信息资源开发，建立了新疆芳草湖农场综合肥料效应模型，并以 MapInfo 6.0GIS 为平台，建立了相应的计算机棉田养分管理和精准施肥计算机系统。

中国科学院东北地理与农业生态研究所和吉林大学机械工程学院合作进行精准施肥的研究，主要研究内容包括：第一，研究土壤肥力变化与精准施肥的方法，实现提高肥料利用率的目标。第二，建立精准施肥专家系统。20 世纪 80 年代中后期我国开始应用精准施肥专家系统，用其进行推荐施肥决策。中国科学院安徽人工智能所提出的"砂姜黑土小麦施肥专家系统"产生了较大的影响；中国农业科学院土肥所"土壤肥料试验和农业统计程序包"，江苏扬州市土肥站研制的"土壤肥料信息管理系统"（张炳宁和王力扬，1989）等同样产生了一定的影响。20 世纪 90 年代以来，信息技术的快速进步也给中国土壤养分管理和施肥技术带来了新的发展机遇，中国学者纷纷利用信息平台开展土壤养分管理研究，积极探索符合中国国情的精准养分管理模式和体系。如"区域微机土壤信息系统的建立与应用"（贺红士和侯彦林，1991），"红壤资源信息系统的研制及其初步应用"（杨联安等，2009）。

国家在 863 计划中已列入了精准农业的内容；中国科学院把精准农业列入知识创新工程计划，进行精准农业的研究、开发与示范，由中国科学院南京土壤研究所、石家庄农业现代化研究所、地理科学与资源研究所共同承担，在河北栾城、上海、新疆、吉林等地同时开展精准农业的相关试验研究和技术集成的示范工作（李世成和秦来寿，2007）。

（五）精准施肥技术存在的问题和发展方向

目前的精准施肥技术体系不可避免地存在一些问题，如土壤数据采集仪器价格昂贵，性能较差，不能分析一些缓效态营养元素的含量，而遥感由于空间分辨率和光谱分辨率问题，使遥感信息和土壤性质、作物营养胁迫的对应关系很不明确，不能满足实际应用的需要。随着高分辨率遥感卫星服务的提供（1~3m），加强遥感光谱信息与土壤性质、作物营养关系的研究和应用将是近几年精准施肥研究的热点和重点。差分 GPS（DGPS）的定位精度已完全能满足精准施肥的技术需要，DGPS 导航自动化施肥或耕作机械已有研究，但 DGPS 与 GIS 数据库结合进行自动化机械施肥还有待进一步发展，同时 GPS—RS—GIS 也正趋向于一体化。作物模型和专家系统方面，除进一步加强作物营养机理和生理机理研究外，模型的适用性和通用性方面应与精准施肥紧密结合，因为现在许多模型需要的变量过多或普通方法难以测定，即模型需要进一步简单化和智能化（李世成和秦来寿，2007）。

（六）精准施肥技术在邵阳烟草生产上的应用

目前邵阳市的 4.5 万亩烟田分布于 25 个种烟乡镇、340 个种烟村、6 567 户种烟农户，不同的乡镇、不同的村组、不同的田块、不同的土壤类型，在土壤养分含量与养分分布上必然存在一定的差异，为了推行符合不同地域特点的肥料供应"套餐制"模式，进一步完善平衡施肥方法，使化肥用量控制在最低水平，邵阳市烟草公司采取了多项措施。

1. 测土施肥

取土化验，为生产提供技术保障。针对肥料价格大幅上涨、部分品种供应紧缺的问题，按照增加产量、保证质量、节约肥料、保护环境的指导思想，贯彻实施肥料供应"配餐制"模式。在 2006 年土壤普查的基础上，2009 年首先对邵阳市主要烟区的土壤养分含量与分布再一次系统、全面的调查分析。最后根据普查结果推出符合不同地域特点的肥料供应"配餐制"模式。

2. 技术培训

加强技术培训，提高技术到户率。采取"科技赶集"和"进田指导"（图 9 - 2）相结合的方式，普及科学施肥知识。通过举办培训班、科技赶集、发放施肥建议卡、印发明白纸、专家指导等形式，广泛开展科学施肥和田间管理技术指导（图9－3）。

图9－2　邵阳市各级烟草公司领导与技术人员进田指导

图9－3　科技人员亲临田间指导

3. 宣传引导转变观念

农业部将测土配方施肥列为为农民办理的实事之一，作为无公害生产创建活动的重要技术支撑。在示范片，测土配方施肥与种子包衣、机械化作业、病虫害防控等技术措施组装配套，树立了一批示范典型，很好地发挥测土配方施肥等增产增效技术的示范带动作用，使农民能够看得见、看得懂、学得会，有力地促进农民施肥观念的转变，为无公害烟叶生产提供技术支撑。同时，各地通过广播、电视、报刊等媒体及墙体广告、流动宣传车、现场会（图9－4）等方式，广泛深入地宣传测土配方施肥效果，增强农民科学施肥意识，调动农民施用配方肥的积极性，促进科学施肥技术普及应用。

4. 加快配方肥推广

配方肥是测土配方施肥技术的载体。农业部在广泛调研的基础上，提出了发布肥料配方信息、推行连锁配送方式、强化配方肥市场监督管理等措施，有力地推动了企业参与测土配方施肥工作。各地采取积极措施，与相关肥料企业密切合作，鼓励肥料企业参与配方肥生产供应和技术服务，努力扩大配方肥生产供应，促进配方肥推广应用。

5. 加强市场监管

在春秋两季集中开展肥料市场检查和复合（混）肥料质量抽检，重点检查肥料养分不足、包装标识不规范、广告宣传不真实等问题，及时向工商等部门和有关地方通报抽查结果，按有关法律严肃查处，并将结果进行公告。各地严格肥料包装标识管理，加强肥料质量抽查，严把配方肥质量关，确保农民用上放心肥料，保证粮食与烟草生产顺利进行。

图 9 – 4　邵阳市生产技术示范现场会

6. 发挥政策效应

对烟草生产用肥采取一定的扶持政策，2009 年在前几年土壤化验分析的基础上进一步扩大测土配方施肥实施范围。采用了配方施肥的烟农说，以后不但我家采用配方施肥，还要动员亲戚、邻居都采用。

三、精准施药技术

目前，我国农药施用技术仍然存在很多问题，施用的农药只有少部分沉积到靶标生物上，70% ~80% 的农药流失到土壤、田水或漂移到环境中去，造成了严重的环境问题。准确的施用农药是有效地防治病虫草害，减少农药对农产品和环境污染的重要环节（曹春梅等，2008）。

精准施药技术来源于精准农业技术，是精准农业技术的重要组成部分。精准施药的目标不仅是提高作物产量，而且通过农药投入的合理分配，减少浪费，最大限度地提高农药利用率，降低防治成本，降低作物产品中农药残留量，提高作物产品的质量与安全性，减轻因农药滥用造成的环境污染。由于精准施药技术具有诸多优点，目前世界各国都在积极开展精准施药技术的研究和推广应用（卢泽民等，2013）。

（一）精准施药技术的概念

精准施药技术就是在认定田间病虫草害相关因子差异性的基础上，充分获取农田小区病虫草害存在的空间和时间差异性信息，即获取地块中每个小区（每平方米到每百平方米）病虫草害发生的相关信息，采取技术上可行、经济上有效的施药方案，准确地在每一个小区上喷洒农药（郭辉和韩长杰，2009）。

（二）精准施药技术的研究现状

农药的施用是一个受多种因素影响且各因素相互作用相互制约的复杂过程，因农药过量使用而带来的环境污染，已经越来越成为危害人们身体健康，破坏生态平衡，妨碍农业可持续发展的重要因素之一。农药有效利用率低是造成农药污染的主要原因（柳平增等，2008）。因此科学家提出了精准施药的概念，并开展了广泛的研究。

美国印第安纳州中部地区是较早采用精准施药技术的地区，这里地势起伏，各地田间病虫草害发生情况和生态条件有很大的差异，由于这里 80% 的农民采用了精准施药技术，除草剂、杀虫剂的精准施用使所需的农药投入量减少至原来的90%，每 hm^2 利润增加 50 美元（王福贤等，2010）。

1996 年，北美约 19% 的 $300hm^2$ 以上的规模化农场已经利用 GPS 实行飞机施药作业。澳大利亚研制出一种能识别杂草的喷雾器。它在田间移动时，能借助专门的电子传感器，来区分作物和杂草，当发现只有杂草时，才喷出除草剂。这样投入的除草剂的量只有常规用量的 10%，甚至更低。

我国最早于 20 世纪 80 年代开始进行精准施药技术研究，并取得了一定的成就。1992年北京市植保站与中国科学院、北京航空航天大学、清华大学、北京工业大学等 8 家科研院校协作，开展卫星导航飞机防治小麦蚜虫的技术研究，最终取得了可喜的研究成果，并在小麦蚜虫的防治上进行了应用。实践表明，卫星导航飞机防治小麦蚜虫不会发生漏喷、重喷现象，农药喷洒均匀，飞幅交汇处完全符合生产要求，灭蚜率在 90% 以上。将 GPS技术应用到农业领域进行精准施药实践，这是我国首次开展的精准施药技术研究。

近年来，先进施药技术在我国发展迅猛。"九五"期间，我国研制出了系列低量喷头、24m 风幕式喷杆喷雾机。南京林业大学从 1999 年开始在林业领域进行了基于图像处理的精确农药施用技术探索，并且利用实时系统进行树木特征图像采集与处理（赵茂程和郑加强，2003）。"十五"期间，我国研制出自动对靶喷雾机，该机利用红外线"电子眼"探测靶标，实现风送对靶喷雾。我国研制的用于设施农业的 BT2000 – Ⅲ 型自动控制施药常温烟雾机，采用微电脑控制技术，建立了可在使用前自我设定转向时间间隔并于一周内任何时段实施自动施药的系统。在我国以分散经营为主的广大农村的经济实力弱，田块分散，农民受教育水平及农业专业化程度低，使得精准施药技术难以快速推广。我国精准施药技术的发展不能照搬发达国家的模式，而应当根据我国的实际国情，开展以"变量施药"为基础的精确施药技术（赵茂程和郑加强，2003）。实践证明精准施药技术所带来的额外利润，足以补偿精准施药先期的启动成本（王福贤等，2010）。目前精准施药技术研究主要包含以下几个方面。

1. 控制药液飘移技术

在农药喷雾过程中雾滴的飘移和沉降损失是不可避免的，严重时所引起的农药浪费可达施药量的 70% ~80%（郭辉和韩长杰，2009）。发达国家普遍采用在喷雾机上安装少漂喷头来减少雾滴漂移造成的药液损失，这种喷头所喷出的中、小雾滴较少，可使雾滴的漂移损失减少 33% ~60%。另外，在喷雾机的喷杆上安装防风屏，可有效防止自然风对雾滴的干扰。防风屏有机械式和气力式 2 种，试验表明，使用防风屏可使常规喷杆的雾滴漂移减少 65% ~81%（何雄奎，2004）。

2. 药液回收技术

在喷雾机上安装药液回收装置，尽可能地回收喷雾时未附着到植物叶片上的雾滴，再将这些雾滴过滤后重新输送回药箱加以重复利用，这样既提高了农药的利用率，又减少了农药的漂移污染。

3. 静电喷雾技术

静电喷雾技术是应用高压静电在喷头与喷雾目标之间建立一个静电场，而农药液体在流经喷头雾化时被充上了电荷，形成群体电荷雾滴，然后在静电场力的作用下，雾滴作定向运动而吸附在目标的各个部位，达到沉积效率高、雾滴漂移损失少、保护生态环境等良好效果。通常认为静电场作用下液体雾化的机理是：静电作用可以降低液体表面张力，减小雾化阻力，同时，同性电荷间的排斥作用产生与表面张力相反的附加内外压力差，从而提高雾化程度，大大降低农药对环境的污染。Bertelli randell 公司生产的静电喷头可用在喷杆式喷雾机和背负式喷雾喷粉机上，该喷头可以使喷雾损失比常规喷雾技术减少65%以上（张玲和戴奋奋，2002）。

4. 自动对靶喷药技术

自进入21世纪以来，科学家加大了对自动对靶喷药技术的研究，因此，自动对靶喷药技术取得了突破性的进展。自动对靶喷药技术主要包含地理信息技术和实时信息的采集与处理两个系统。自动对靶药械能够根据靶标的有无和靶标特征的变化有选择性地对靶标进行喷药，能够有效提高农药在作物表面的附着率，明显减少农药在非靶标区的沉降，从而获得较好的施药效果，并显著降低了防治成本。因此，也有效地降低了农药对环境的污染（郭辉和韩长杰，2009）。

王玉光等（王玉光，2010）在研究分析微波特性及微波探测技术原理的基础上，设计了基于微波探测的植株对靶精确施药系统，并主要对该施药系统的电气控制系统进行了部分研制。在进行基于微波探测技术的精准对靶探测试验研究中，首先以模拟靶标为试验对象，针对靶标尺寸、光照强度、温度和湿度等具体因素，进行微波对靶探测影响因素的研究；其次以实物植株为试验对象，针对不同植株外形及植株间的距离，选取不同种类作物植株，用相同检测方法进行微波对靶实测效果研究（王玉光，2010）。

5. 动态仿真无线信息采集技术

我国科学家设计了精准施药动态仿真无线信息采集系统。该系统包括多个信息采集终端、上位管理机、专用数控系统及 RF 模块等，能够对精准施药动态仿真系统中的各个相关因素进行精确、同步测定。多个信息采集终端组成了信息采集网络。软件设计中通过定义传输协议，提高了信息传输的准确性和可靠性。为便于数控系统与上位管理机的连接，数控系统设计中增设了 USB 转换接口，大量试验数据表明，该系统性能可靠、配置灵活、信息采集准确度高，具有较高的推广应用价值（柳平增等，2008）。

（三）精准施药技术的应用

目前我国虽然在新型施药技术上取得了很大的进展，但目前大多数地区正在使用的主要施药器械仍然是老式的常规喷雾器，施药方式仍然以"大雾量、雨淋式"的喷雾方式为主，农药利用率只有20%～30%，其余70%～80%沉降到地面和漂移到周围的环境中，既浪费了人力与物力资源，又增加了防治成本，还造成了环境污染（赵茂程和郑加强，2003）。因此推广新的精准施药技术十分必要。为了推广精准施药技术，根据目前存在的问题有针对性地提出如下解决办法。

1. 提高精准施药认识

目前农民对安全精准施药技术的认识还不够充足，大多数农民认为只有"大雾量、雨淋式"的喷雾方式才能使药剂广泛的分布，才能有效防治病虫害。而对新的安全精准施药机械认识不足，认为这些施药机械施药量太少，尤其对害虫的击倒性不够快。解决这一问题首先是开展农民培训，转变农民的认识（王福贤等，2010）。农民对新技术的接受有一定的难度，专业人员可以在田间设置示范片，进行宣传与指导。建立精准施药技术示范区，示范区所取得的经济效益展示出来，农民也就会接受了。

2. 药械的研究与推广

目前开展各种先进喷药技术及其机具研究的企业和科研单位很多，并在理论层面上取得了重大突破，但在农业生产上实际推广应用的较少。例如，我国很早就开始对静电喷雾技术进行研究，对静电喷雾技术的理论也有新的突破，但真正应用到实际生产中的产品几乎没有。还有果园精准对靶技术是一种非常成熟的技术，在国外已经得到了推广应用，但在国内却没有落实推广使用。所以我们的科技人员应深入到农村，政府应给予大量的扶持，使先进的喷药技术及其机具较快地应用于农业生产中。

3. 政府要有足够的认识

各级地方政府对精准施药技术缺乏足够的认识，对于这种情况科学工作者应该广泛地宣传精准施药的好处，以及传统施药技术的落后，大力宣传推广精准施药技术符合我国经济发展战略，是减少污染保护环境的重要措施之一，从而使地方政府积极地投入到精准施药技术的推广中，促进精准施药技术在我国推广的步伐。目前由于农民生产规模普遍较小，收入还不足以独立承担精准施药技术及设备的高额费用，科技工作者与农机生产者要降低成本，各级政府以政策补贴的形势分担农民的高额费用，将促进精准施药技术的快速推广应用。

4. 建立相应的法律法规

目前虽然对各种药械的生产提出了严格要求，但对药械的使用却没有相应的法律法规，比如环保方面的规定，这在一定程度上放任了传统的污染环境的施药方法。相关部门应积极制定施药技术规范，督促农民改变施药方式。并且制定相应的奖励政策，正确的引导农民精准施药，精准施药无论是对农民，还是对社会经济与生态环境都会起到正向的积极作用。

5. 充分发挥科技工作者的作用

我国在植保机械与精准施药技术方面虽然取得了一定的成果，但还需要加大应用研究与推广的力度，根据我国的实际国情将理论研究成果应用到生产实践当中，将研究成果变成农民所急需的产品是广大科技工作者的首要任务。

四、精准播种技术

作为整个烟草生产过程的基础，育苗生产环节有着举足轻重的地位。如果育苗环节出了问题，就不能保证烟叶的正常生产。传统烟草育苗方式是自给自足，农民根据自己的生产需要，购买种子一家一户进行育苗，而且农民为了降低市场风险，往往种植多个品种，因而也需要自行繁育每个品种。此外，传统育苗的方法也比较落后，育苗用的设施也很简陋，水、肥、病害控制等各项农艺管理也是农民凭经验实施的。随着现代烟草生产规模的扩大，这种传统的育苗生产方式已经不能适应生产力的发展需要。目前我国烟草育苗几乎全部使用丸化种子，采用托盘育苗或者漂浮育苗的方法。

播种是工厂化育苗技术的重要环节。工厂化育苗是指在适宜的固定场地上建立育苗塑料大棚或者温室，利用托盘育苗和漂浮育苗的方法，实现专业化育苗，商品化经营的一种育苗方式。托盘育苗和漂浮育苗技术对播种要求很高，要求每穴进行单（双）粒播种，漏播和多粒种子的穴数尽可能少，同时要保证出苗整齐一致，群体结构合理，因此，烟草工厂化育苗需要进行精准（量）播种，烟草精准播种还可以节省大量种子。

工厂化育苗精准播种主要依靠精准播种机来完成。育苗工厂使用的育苗设备大多是从国外引进的播种流水线或是单一用途的播种机，从国外购买播种流水线价格昂贵，因此很难推广应用。

随着农业产业结构的调整和农业机械化步伐的加快，劳动力成本的提高，对提高生产效率和生产质量的要求也日益迫切，所以研制适应我国国情的设施烟草精准播种装置对促进我国烟草育苗机械化生产的发展具有现实意义。

（一）国外播种机械的研究现状

烟草工厂化育苗等同于设施育苗，20世纪60年代美国开发了设施精准育苗，到20世纪80年代初，设施精准育苗技术就在欧美、日本等发达国家推广应用（路美荣，2004）。由于发达国家劳动力紧缺，不适宜采用人工育苗作业，所以较早出现了机械化播种育苗。经过几十年的发展，国外设施育苗自动生产线的成套技术已经基本形成，并向高科技、高度自动化发展。播种方式也从最初的机械窝眼式，改进成气吹式。20世纪80年代以后，随着气动技术及元件制造水平的提高，发达国家又开始研发气吸式精量播种机，并且很快研发出产品，应用到了育苗生产中。设施育苗生产线一般由基质送料机及铺土机、压穴及精量播种机、覆土和喷灌机等三大部分组成，这三大部分连在一起构成育苗自动生产线，拆开后每部分又可单独作业。

工厂化育苗精准播种机根据吸种方式的不同，可分为针（管）式播种机、板式播种机和滚筒式播种机；按照其自动化程度的不同，可分为手持管式播种机、半自动播种机、全自动播种机（陈翊栋，2007）。目前，国外大多数的精准播种机，其播种原理都是采用真空吸附原理，播种机通常有一个真空发生装置，利用真空把种子吸附到针管口、面板小孔或滚筒小孔上，把吸附上的种子对准各个穴孔，切断负压，原来吸附着的种子便落到了穴孔里（范鹏飞，2012）。从而实现机械化精准播种育苗。

国外育苗精准播种机经过多年的发展，已经出现了很多著名的生产企业，如美国的布莱克默（Blackmore）、E-Z、万达能（Vandana）和Gro-Mor公司，英国的汉密尔顿（Hamilton）公司，荷兰的Visser公司，澳大利亚的Williames公司，韩国大东机电株式会的Helper播种机，日本洋马公司，等。其中Blackmore公司主要生产针式、滚筒式育苗精准播种机，Vandana和E-Z公司主要生产板式育苗精准播种机，Gro-Mor公司的产品以手持、手动针式播种机为主，Hamilton公司有手动、针式和滚筒式三大系列产品，Visser 公司提供半自动、全自动的针式和滚筒式的精准播种机，Williames 公司的产品则主要是滚筒式，韩国 Helper 精准播种机涵盖了手持式、板式、手动针式、自动针式等（范鹏飞，2012）。

多年来，国外为了实现精准播种，在利用不同机械原理方面进行着新的探索，并不断地创造新的技术。为了解决形状不规则、体积小、质量轻的蔬菜种子的播种问题，目前国外正在利用一些新的播种机械原理，如日本正在研制适合蔬菜的静电播种，英国正在研制液体播种等（范鹏飞，2012）。这些新的播种技术可供烟草播种借鉴。

（二）我国播种机械的研究现状

我国对工厂化育苗播种机的研究从 20 世纪 80 年代开始，经过了几十年的发展，取得了一些成就，还需要不断地创新与提高。一些设施种植业比较先进的地区，引进了国外一些知名产品。如 20 世纪 80 年代初期，北京四季青乡就曾引进过一台英国 Hamilton 公司生产的针式精量播种机，并进行过生产示范试验（陈翊栋，2007）。

针对我国国情，有关的科研院所对设施育苗播种机械化设备也进行了一系列的研究，并且取得了一定的成绩，设计制造出了几种精准播种机械。"七五"期间，长春、北京、上海等地的有关单位进行了一系列的育苗播种设备研制。"八五"期间，中国农业工程研究设计院与中国农业大学研制出了型孔齿盘转动式穴盘育苗精准播种机（2XB－300）。该装置播种合格率达到 96.5% 以上，生产率为每分钟 6 盘，适用于中等大小的丸化包衣种子。1996 年华南农业大学研制出了水稻育秧精密播种机（田盈辉，2007），该播种机的播种合格率达到 90% 以上，整盘空穴率小于 4%，生产速度为每小时 500 盘（田盈辉，2007）。1997 年农业部南京农机所、江苏理工大学和江苏省大风市机械总厂，采用了振动气吸原理，研制出了精准播种机，该播种机能够实现每穴 1～2 粒的播种目标，自动化程度很高，通过更换吸种盘板，可用于蔬菜、花卉等多种作物品种的精准播种，空穴率 4% 以下，合格率 90% 以上（吴国瑞等，1997）。我国的一些农机企业也研制了一些产品，如胖龙（邯郸）温室工程有限公司研制的 BZ30 穴盘育苗精量播种机，重庆北卡农业公司研制的半自动精准播种机，浙江台州一鸣机械设备有限公司研制的 YM－0911 蔬菜花卉育苗气吸式精准播种流水线。此外，国内有些学者开始研究磁吸式精准播种机，从而实现各类种子的精准播种，而对种子外形和体积没有具体要求，且单粒精播率高，播种速度快（胡建平等，2005）。

随着新农村建设的不断推进和深化，我国农村经济模式及种植业结构有了较大的调整，规模化、集约化、机械化、产业化农业经营正成为一种发展趋势，也标志着我国设施育苗技术步入快速发展阶段。种植产业必然走统一供种、集约化育苗，而后移栽的技术路线，最终实现种苗的工厂化生产、商品化供应。要实现统一供苗的关键之一是有适合农艺需的育苗精准播种装置。因此，研制与之相配套的育苗播种设备成为了这个环节的核心。

（三）烟草漂浮育苗精准播种流水线的应用

自 2000 年以来，我国国家烟草专卖局在全国范围内推广烟草漂浮育苗技术，使我国烟草育苗技术发生了质的飞跃（李旭等，2014）。漂浮育苗属于保护地无土栽培的范畴，又称为漂浮种植。该育苗方法是在温室或塑料棚内以泡沫穴盘作为载体，填装人工配制的适宜基质后，将种子播于基质中，而后将苗盘漂浮于含有完全营养的育苗池水中，秧苗从基质和水床中吸收水分和养分，完成种子的萌发及成苗过程的育苗方法。根据烟草集约化育苗技术标准，漂浮育苗多数采用 200 穴的聚苯乙烯泡沫格盘，规格为（33～34）cm×（66～68）cm×（5～6）cm，单钵呈倒梯台状，底部小孔直径 0.5～0.6cm，单穴容积 27.0ml 左右。我国的基于格子盘的育苗精准播种流水线的组成结构是相近的，均是由机架、传动系统、电气系统、供取盘装置、播土（基质）装置、播种装置及喷淋装置等组成；多采用光电传感器或者行程开关及多个步进电机来检测格子盘的位置并实现同步控制；播种装置主要有机械式、振动式和气力式；控制系统大多采用单片机或者 PLC 来实现。烟草精准播种生产线主要由三大部分组成，首先精准排种器，这是育苗播种流水线的关键部件，其次是压穴装置和控制系统。

1. 精准排种器

目前我国的烟草育苗精准排种器主要由其他小粒种子的精准排种器改进而成的（李旭等，2014）。烟草裸种很小，一般精准播种需经过包衣处理，烟草包衣种子直径为 1.5～2mm。我国学者已经广泛研究了精准排种器的结构和播种理论（梅婷等，2013），发现了适用于烟草育苗的精准排种器可分为 3 类：机械式、气力式和磁吸式（于建群等，2011）。机械式精准排种器具有结构简单、节能、可靠性高、工作效率高以及故障率低等优点。张传斌研制了 YZPB－200B 型烟草漂浮育苗播种装盘机，采用型孔轴机械式穴播排种器，克服了气吸式排种器吸孔容易堵塞和故障率较高的缺点（张传斌和吴亚萍，2012），其最优尺寸组合的型孔式排种器的播种空穴率低于 2.5%，单穴 1 粒率达 77% 以上，播种效率可达 400 盘/h（李旭等，2014）。气力式精准排种器的最大优点是排种的精确度高，但是存在结构复杂、压力密封性差的缺点。针对这一缺点，刘剑锋设计了一种内吸外吹式排种器，通过吸气管将滚筒内腔形成负压区进行囊种，在滚筒外通过喷嘴吹气进行投种。该气力式排种器无需进行正负压转换，结构比较简单，工作稳定性好，吸种的效果很好（刘剑锋，2012）。磁吸式精准排种器与气力式的结构相似，吸种的原理有区别，目前主要应用于蔬菜、花卉类小颗粒种子的排种。无论是哪一种排种器，播种精确度和播种效率都是重要的指标。目前，应用较广的是气吸滚筒式和气吸板式排种器，研究的重点为实现精确度较高的播量检测和漏播检测，并完成实时的漏播补播（李旭等，2014）。

2. 压穴装置

播种前，首先完成育苗格子盘装满基质，然后对穴孔内的基质进行压实，以达到所装基质均匀一致、松紧适度的目的。目前，国内外设备中压穴的方式有滚筒式和气缸式两种压穴装置，前者是利用气缸活塞上下移动，通过打穴头进行压穴，该方式需要精确定位，控制比较困难，速度相对较慢；后者是利用育苗盘的运动带动滚筒旋转完成压穴作业，不需要传动系统，节约了能源，但压穴滚筒制造比较复杂，体积较大，针对不同规格的育苗盘需要更换不同的压穴滚筒（李旭等，2014）。

3. 控制系统

烟草工厂化育苗的核心装备是育苗精准播种流水线，要完成的程序有装基质、压穴、播种、覆表层基质和喷淋等。控制系统的作用是结合传感器的信息发出控制信号，实现对流水线上每个执行装置的控制，以及育苗盘在流水线上作业过程的自动化控制。

目前，育苗精准播种流水线控制系统主要以单片机和可编程控制器（PLC）作为控制系统。精准播种流水线在国外多采用可编程控制器控制系统，尤其是大型的育苗播种流水线，如美国 ALPHA 公司生产的大中型育苗播种生产线。国内生产上所用的育苗播种流水线部分以可编程控制器为控制核心，如河南农业大学研制的针吸式穴盘播种控制系统，利用可编程控制器技术结合光电传感器技术和气动技术实现控制；国内也有部分育苗播种流水线以单片机作为微处理单元，如西南农业大学研制的电磁振动式精准排种器，其控制系统是以 PIC16C57 为核心的。与国外先进的育苗播种流水线控制技术相比，我国研发的控制系统还存在一定差距。为了实现育苗播种流水线的灵活移动（即便携性），目前的研发方向是将单个操作动作装置独立化和模块化，在这种设计前提下，基于单个独立装置构成的流水线的同步控制是一项关键技术。同步控制的核心内容是检测育苗托盘在流水线上的位置，从而驱动对应的装置完成动作任务，要求能做到实时响应，在育苗托盘到来时，启动操作动作，托盘离开时，停操作动作，实现高效节能的最终目的（李旭等，2014）。

众所周知，烟草育苗精准播种流水线是提高烟草育苗自动化和智能化水平的核心技术。虽然随着这一技术的深入研究与广泛应用，我国烟草育苗播种流水线的自动化水平有了很大的进步，但与工业生产中的很多生产流水线设备相比，还存在着很大的差距与不足，今后借鉴工业生产流水线技术，深入开展烟草育苗精准播种流水线技术研究有很重要的实际应用价值。

第二节　低碳环保烟草生产技术

目前人们已充分认识到，过度消耗化石燃料导致了全球变暖问题和环境污染问题，同时全球变暖问题又给人类社会发展带来了严重的经济损失，深刻触及到能源安全、生态安全、水资源安全和粮食安全，甚至威胁到人类的生存（付允等，2008）。全球变暖和环境灾害频发引发了人类对于工业革命以来无限制使用化石燃料，无限制排放温室气体的"高碳经济"发展模式的反思。2003 年英国科学家首先提出了低碳经济的概念，低碳经济作为一种以低能耗、低排放、低污染为基础的新经济模式日益受到全球各国的高度重视（黄栋，2010a）。美国、日本等发达国家分别强化了低碳经济发展模式，中国作为世界上最大的发展中国家，也已成为发展低碳经济的主要倡导者和践行者。目前，低碳经济模式受到了人们广泛的关注和青睐。发展应对气候变暖，建设环境友好型的低碳经济模式，不仅有利于我国转变经济增长方式，保护生态环境，实现资源的可持续利用，有利于化解因全球变暖所产生的国际压力，而且也是我国承担国际义务，提高国际影响力的重大战略举措，体现大国风范的具体表现。

为了实现低碳经济，我国先后颁布了《国家中长期科学和技术发展规划纲要》《气候变化国家评估报告》以及《国家环境保护"十一五"规划》三大纲领性文件。2008 年我国增加了 4 万亿刺激经济的投资，其中共有 5 800 亿元用在了节能减排、生态工程、调整结构、技术改造等与低碳经济相关的项目中；2009 年《国务院关于应对气候变化工作情况的报告》和《国务院关于积极应对气候变化的决议》，指出了从我国国情和实际情况出发，开展低碳经济试点与示范，通过发展低碳能源、研发碳吸收技术、增加碳汇几条途径，发展低碳经济技术，为实现低碳环保经济提供了技术支撑（付允等，2008）。

农业是我国国民经济的基础，在农业生产与加工过程中，减少能源消耗，提高产出，实现低碳农业生产是目前我们追寻的目标。种植业是农业的基础，但是长期粗放型的生产管理方式，已经形成了对自然资源的过度消耗，造成了农田地力衰退、带来了严重的环境污染、温室气体排放不断增加等问题。这些问题严重制约了我国整个农业生产系统的可持续发展。目前，据统计我国农业种植系统的能源消耗占农业总能源消耗量的80%左右，水资源消耗大约占70%，农药消耗大约占80%，农业方面造成污染大约占60%，大量温室气体排放也与种植业密切相关，我国每年农作物秸秆产量大约为7亿t，未利用的占50%以上（付允等，2008）。

烟草农业作为种植业的一部分，也应该引入和开展低碳环保生产技术，不断加强研发与创新。近年来，我国烟草农业积极开发和探讨了低危害、新能源、生物防治、物理防治、农业防治等低碳环保植保措施、高效烟叶生产等新的实用技术，为构建节能、减排、降耗和增效的长效机制，提供了良好的技术支撑。

一、低碳经济发展模式

在发展低碳经济方面，世界各国基本取得了一个共识，即"开发和使用低碳技术是减少排放的一个关键途径"（黄栋，2010b）。低碳经济发展模式是指在生产实践中运用低碳经济理论组织经济活动，将传统经济发展模式改造成低碳型的新经济模式。其实质，低碳经济发展模式就是以低能耗、低污染、低排放和高效能、高效率、高效益（三低三高）为基础，以低碳发展为方向，以节能减排为方式，以碳中和技术为方法的绿色经济发展模式（付允等，2008）。以低碳经济的发展方向、发展方式和发展方法，分别从宏观层面、中观层面和微观层面阐述了低碳经济模式（图9-5）（付允等，2008）。

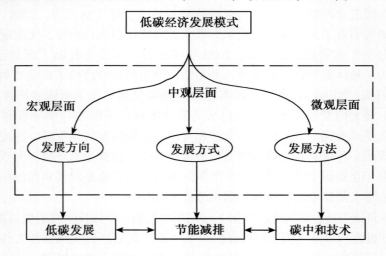

图9-5 低碳经济发展模式框架（付允等，2008）

（一）低碳经济的发展方向

低碳发展为低碳经济的发展方向。所谓低碳发展是指在保证经济社会健康、快速和可持续发展的条件下，最大限度减少温室气体的排放。低碳发展，重点在低碳，目的在发展，是一种更具竞争力的可持续发展方向。低碳约束将制约经济发展方向的选择，决定经济社会向低温室气体排放的方向发展。

在保持目前现有经济发展模式和技术水平不变的条件下，碳排放总量的约束会限制经济的发展速度；而在保持现有经济发展速度和质量不变，甚至更优的前提下，通过改善能源结构、调整产业结构、提高能源效率、增强技术创新能力、增加碳汇等途径，可以实现碳排放总量和单位排放量的降低。因此，为了实现温室气体排放量降低和经济规模持续增长的双重目标，我国需要重新审视现有经济发展的模式，重新开发与选择更持续的经济发展模式，低碳经济是实现这一双重目标的必然选择，低碳发展是低碳经济的发展方向。

要实现低碳发展的目标，技术创新是关键，因为能源效率的提高，低碳新能源的开发，化石能源的低碳化都要依赖于技术创新。如果低碳技术不能充分地实现商业化和产业化，那么低碳技术在促进经济发展和影响气候变化方面的作用就不能很好发挥。因此，需要通过各种政策手段，激励技术创新，最终实现经济发展模式向"低碳"的转变。

（二）低碳经济的发展方式

节能减排为低碳经济的发展方式。为了实现我国经济的可持续发展，减少能源消费、增加可再生能源和使用清洁能源是减少能源生产与消费负面作用的主要措施。总而言之，要实现经济的低碳发展和可持续发展，节能减排是一种重要的方式和手段。前者属于节约能源的范畴，后者属于减少温室气体排放的范畴。节能就是在尽可能地减少能源消耗量的前提下，获得与原来等效的经济产出；或者是以原来同样数量的能源消耗量，获得比原来更大的经济效益。换言之，节能就是应用技术上现实可靠、经济上可行合理、环境和社会都能够接受的方法，有效地利用能源，提高能源利用率（石丰和郭成斌，2007）。节能减排是应对温室气体减排国际压力、能源供需矛盾和生态日益恶化问题的主要手段，是实现节约发展、低碳发展、清洁发展、低成本发展、低代价发展的方式，是实现低能耗、低污染、低排放和高效能、高效率、高效益发展目标的着力点（付允等，2008）。

（三）低碳经济的发展方法

碳中和技术为低碳经济的发展方法。低碳或无碳技术也称为碳中和技术。政府间气候变化专家委员会（IPCC）认为，碳中和技术的研发规模和速度是决定未来温室气体排放减少的关键技术。"碳中和"术语是由伦敦的未来森林公司于1997年提出的，意思指通过计算二氧化碳排放总量，然后通过植树造林（增加碳汇）、二氧化碳捕捉和埋存等方法把排放量吸收掉，以达到环保的目的。碳中和技术主要包括3类：第一类，温室气体的捕集技术，主要有3条技术路线，即燃烧前脱碳、燃烧后脱碳及富氧燃烧，燃烧前脱碳的关键技术是转化制氢，涉及高温下氢的膜分离技术，包括膜式转化装置、膜材料等方面的技术开发；燃烧后脱碳的技术核心是胺吸收脱除 CO_2，难点在于分子水平吸附剂的研发，另外，低能量 CO_2 吸附、溶剂、小型高效压缩机、过程标准化等均待进一步研究；富氧燃烧技术属于提高能源效率的范畴，技术的关键是氧气供应及高技术涡轮机的开发。第二类，温室气体的埋存技术，即将捕集起来的二氧化碳气体深埋于海底或地下，以达到减少排放温室气体的目的，目前的研发工作主要集中在探索地下盐水储层、采空的油气藏储层、不可开采的煤层以及深海下的地层作为 CO_2 储库的可能性。第三类，低碳或零碳新能源技术，如太阳能、风能、光能、氢能、燃料电池等替代能源和可再生能源技术。目前，碳中和技术仍处于研发阶段，从技术经济角度看距离全面推广应用还有很长的路（付允等，2008）。

二、实施低碳经济模式的政策措施

（一）制订与运用相关政策

政府要起到引领作用，制订与运用相关的国家政策。国际上发达国家低碳经济发展的实践经验证明，政策对于新能源技术的创新与商业化推广应用，具有不可替代的引领作用。政府在技术创新体系中的作用不仅仅是资金、人力、技术平台等的投入与建设，而且担当着社会资源开发与优化配置、要素与价格机制的完善、技术市场竞争格局的建立等任务。政府要在低碳技术创新体系的建设上，充分发挥宏观调控作用，促进与低碳技术创新有关的制度建设、文化建设与政策引领。同时，加强创新主体的有机联系，对企业、研究机构、大学等机构进行有效的组织与协调，充分调动和发挥创新主体的积极性，注重技术引进与自主创新相结合。

（二）提高能源利用效率

我国经济建设的快速发展是以资源的大量消耗和生态环境的严重破坏为代价的。研究表明，我国的能源系统效率为 33.4%，比国际先进水平的低 10%。这说明我国能源利用比较浪费，提高能源利用效率的潜力巨大（付允等，2008）。因此，在生产过程中应提倡节能优先的原则。同时，提高能源利用效率是实现低碳经济的当务之急。

（三）大力发展可再生能源

我国化石能源"富煤、贫油、少气"的资源结构特征决定了煤炭是能源消费的主体。当前，煤炭在我国能源消费总量中的比重接近 70%，比国际平均水平高 41%。虽然石油的比重有所上升，但只能以满足国内基本需求为目标，不可能用来替代煤炭。因此，以煤炭为主的能源消费结构难以在近 10 年内得到根本改变。这就需要碳中和技术，在消费前对煤炭进行低碳化和无碳化处理，减少燃烧过程中碳的排放，大量植树造林积累碳汇，化石能源低碳化，大力发展可再生能源是低碳经济的又一政策激励范畴。

（四）加强低碳技术创新平台建设

设立碳基金，加强低碳技术平台与创新能力建设是十分必要的。碳基金主要有政府基金和民间基金两种形式，前者主要依靠政府出资，后者主要依靠社会捐赠等形式筹集资金。我国碳基金模式应以政府投资为主，多渠道筹集资金，按企业模式运作。碳基金的资金用于投资方面主要有 3 个目标：一是促进低碳技术的研究与开发，二是加快技术商业化，三是投资孵化器（章升东等，2007）。碳基金公司通过多种途径探索碳中和技术，评估其技术水平和减排潜力，鼓励与支持技术创新，开拓和培育低碳技术市场，以促进长期减排，实现低碳经济发展。我国低碳经济的技术推动政策应该把重点放在加强低碳产业创新能力建设、建立低碳公共技术服务平台上面。能力建设的内容很多，包括：技术标准、技术数据、仪器设备、技术信息、计算机软件、技术咨询、产品认证、技术培训等。能力建设要由企业、科研机构、高等院校，包括国家重点实验室，国家工程技术研究中心等单位联合公关，共同对资源进行整合、共享、完善和提高，通过建立共享机制和管理程序逐步实现资源有效利用，并在此基础上建立低碳公共技术服务平台，成立国家级的低碳产业研发中心等（黄栋，2010b）。

（五）确立国家碳交易机制

我国地域广阔，有许多不同的生态区域，有些区域是生态屏障区，还有一些地区是生态受益区，依照国际通用的"碳源－碳汇"平衡规则，生态受益区应当在享受生态效益的同时，拿出享用"外部效益"溢出的合理份额，对于生态保护区实施补偿。补偿原则是碳源大于碳汇的省份按照一定的价格（双方协商或国家定价）向碳源小于碳汇的省份购买碳排放额，以此保证各省经济利益和生态利益总和的相对平衡（付允等，2008）。

三、烟草生产低碳技术

低碳技术是一个相对广义的概念。低碳技术以零排放或者较低排放的可再生能源技术（包括风能、太阳能）为主体，还包括提高能效的碳排放减少技术以及碳捕获与存储技术（黄栋，2010b）。烟草生产低碳技术是实现低碳烟草经济目标的途径和支撑，目前我国这方面整体上仍较薄弱，存在缺乏核心技术、缺乏系统技术、规模化不足、资源短缺、人才培养滞后等问题。但是，近年来经过努力，也取得了一些新的技术成果和突破。

（一）烟区的合理规划与布局

我国有史以来开展过 3 次全国性的烟草种植区划工作。第一次是在 20 世纪 60 年代，农业部门根据地域分布将我国分为六大烟区。第二次是在 20 世纪 80 年代初期至中期，根据烤烟的生态适宜性对全国烟草种植适宜类型进行了区划，将全国所有地区分类成最适宜区、适宜区、次适宜区和不适宜区 4 个类型，同时也进行了烟草种植区域划分，将全国划分成 7 个一级区、27 个二级区。这些工作使我国不合理的烟草种植布局得到了很大改变，区域化生产明显增强，植烟区域基本上分布在最适宜区、适宜区。第三次是 2003—2007 年，通过烟区生产要素的调查分析和新一轮中国烟草种植区划研究，利用新的研究技术和手段，完成了现时生产条件下的烤烟生态适宜性分区和烟草种植区域划分，形成了新一轮中国烟草种植区划。新一轮区划充分借鉴了已有研究成果，分为生态类型区划和种植区域区划。按照生态类型区划一般原则，将我国按烤烟生态适宜性划分为烤烟种植最适宜区、适宜区、次适宜区和不适宜区；区域区划采用二级分区制，将我国烟草种植区域划分为 5 个一级烟草种植区和 26 个二级烟草种植区。

通过烟草种植区划研究，提出了我国烟叶生产优势区、潜力区分布状况及发展布局建议，探讨了我国烤烟品质特征的区域分布特点，为各级烟草生产管理部门提供了决策支持，为烟草种植区域规划布局与烟叶质量跟踪评价和实时更新提供了可靠的技术平台，减少了烟草种植对环境的压力，减少了能源的浪费与消耗，促进了烟区及烟叶的可持续发展，从而实现了低碳烟草生产。

（二）栽培模式的优化

通过分析与烟草轮作作物的生长特性，及其对生态的需求，同时分析与烟草轮作农作物与烟草的茬口衔接，以及轮作农作物的经济价值，建立"以烟为主、用养结合"的最佳栽培模式。北方宜烤烟三年五熟，可实行隔年轮作，如："烤烟－小麦（绿肥作物）－玉米（水稻）－小麦（绿肥作物）－甘薯－绿肥（休闲）"模式；即第一年种植烤烟，烤烟收后种小麦，第二年小麦收后种玉米，第三年种甘薯，甘薯收后种植绿肥或休闲。南方宜通过隔年轮作、水旱轮作的模式。这些最佳栽培模式的连续运用，能有效地降低病虫害的发生与蔓延。同时通过烟草与豆科作物、薯类作物、禾本科作物和绿肥作物等的间作套种，不但增加烟农收入，而且对土壤的改良和地力培育起到积极的正向作用，实现烟叶生产的低碳目标。

（三）环保型育苗技术

我国各烟区根据当地的资源，开展了甘蔗渣（韦建玉等，2006）、碳化烟杆（朱家明等，2010）、堆捂腐熟的药渣（吴涛等，2007）作为烟草漂浮育苗的基质研究，研制出了相应的处理方法与配方，并在生产上大力推广，这些基质的应用研究，充分发挥了一些废弃资源的作用，有利于环境保护，实现了烟叶低碳生产；在利用砂体、蛭石、珍珠岩混合而成的育苗砂体基质研究上，配套了"以大十字期为临界点，之前湿润育苗，之后漂浮育苗"的干湿交替水分管理技术；湿润育苗方面，开发了配套的湿润育苗专用基质和营养液，满足根系旺盛生长的需要，实现了育苗材料的工厂化生产，设计了"前期浅灌、后期浇施"的湿润育苗肥水管理模式，缩短了返苗期，成苗素质得到明显提高。湖北恩施烟区充分利用环保型育苗技术，有效地实现了资源利用的减量化。

（四）稻草覆盖烟草栽培技术

地膜覆盖栽培技术自1979年引入我国，至今已在多种作物上推广应用，其增产提质效果显著，开拓了多种作物的适宜种植区域，为农业生产做出了巨大贡献。但是，人们还发现地膜覆盖栽培给作物生产带来了诸多矛盾。一是往复一年的重复覆盖形成"白色污染"，在新疆连续覆膜10年、15年和20年的棉田，地膜残留量每公顷分别为262kg、350kg和430kg，最严重田块高达597kg；二是夏季地膜覆盖田过度提高地温，造成土壤养分过度消耗，土壤微生物区系紊乱，作物根系生长浅层化，且发育不良（李青军等，2008），造成营养吸收范围浅层化；三是在前期湿度过大和土壤黏重的地区，覆膜需要大量的劳动力，易出现移栽后不能及时盖膜，造成田间短时间的低温，引导前期低温敏感作物（烟草）出现早花现象等。为了解决这些问题邵阳烟草采用了稻草覆盖栽培技术（图9－6）。有关稻草覆盖的详细内容将在第十二章中叙述。邵阳烟区稻草资源较为丰富，因此推广稻草覆盖烟叶栽培技术，既减少了地膜污染，又提高了地力水平。

（五）土壤质量保育技术

土壤是烟株生长的载体，土壤质量保育技术是低碳烟草技术的重要内容，围绕土壤保育技术，我国重点开展了肥料运筹的吸收、淋溶规律和土壤团聚体构建等优化土壤质量技术的研究，对重金属污染消减技术和农药污染消减技术也进行了探讨性研究。针对我国连作烟田面积仍较大的现状，开展了连作障碍发生机理研究。即使在正常的栽培管理情况下，作物连作也会使植株长势变弱、产量下降和品质变劣，这种现象被称为连作障碍。连作障碍已经成为制约包括烟草在内多种农作物产量和品质提高的重要因素。而连作造成土壤营养失调、根系分泌物积累、土壤微环境及微生物区系变化等被认为是障碍产生的重要机制（张继光等，2011）。邵阳烟区研究了高效多功能生物菌剂（图9-7）对土壤改良的作用，探讨了土壤改良的措施。

图9-6　邵阳稻草覆盖试验烟田

图9-7　微生物菌剂试验研究土壤改良技术

（六）农机农艺配套技术

农机是农业生产中使用的各种机器的统称。农机是现代烟草农业机械化生产的需求，通过对农机农艺和农艺农机的不同角度研究，最终目标是建立农机农艺配套生产技术，减低烟农的劳动强度，减少烟叶生产的劳动力消耗，提高烟草农业生产效率，稳定烟叶质量，有利于提高资源利用率。近年来烟草行业研究和开发了一批农艺农机如精准播种机、起垄翻耕机、覆膜机、施肥机、拔杆机、采收平台、编杆机等。

（七）病虫害综合防治技术

农业生产上病虫害防治的植保方针是"预防为主，综合防治"。在农业实际生产中这一植保方针很难得到良好实践，化学防治仍然是病虫害发生时的应急措施，农民从思想上仍然依赖于化学农药，因为化学防治的效果比其他多数防治措施反应快。为了实现低碳烟叶生产，在烟草病虫害防治中，应选择高效低毒的农药品种、选择最佳施药适期与施药方法，在保证防治效果的同时，尽量减少用药量和用药次数。为实现烟草病虫害的综合防治，近几年来，烟草行业大力倡导物理防治与生物防治，同时不断改善施药器械与技术实现低容量喷雾（图9-8）。开展有害生物综合治理，充分利用天敌的控制作用，2014年全国范围内开展了烟蚜茧蜂的饲养与繁殖，并将其推广应用于烟蚜的防治，从而减少化学农药的使用，保护生态环境。积极开发植物源农药和微生物农药制剂，共同将有害生物危害控制在阈值水平以下，减少烟叶中的农药残留量，促进烟草种植循环可持续发展。

图9-8　邵阳烟区应用新型高效喷雾器

（八）水肥合理运筹技术

在2006—2007年邵阳烟区就开展了测土配方施肥，根据土壤特性和烤烟需肥规律，合理制定烤烟肥料配方，这样大大增加了肥料的使用效率，减少了化肥的使用量，避免了因化肥的大量施用而造成的污染，实现了烟叶生产施肥由粗放方式向精准施肥的转变。

适宜的烟田土壤水分是烟叶品质形成的重要基础，近年来我国形成了烟田灌溉现代化的概念，并领会其实质。烟田灌溉现代化就是在一定水源条件下，采取先进的节水灌溉方法和优化灌水技术，及时、定量、有效地满足烟草生长发育和优质稳产对水分的需求，充分发挥水资源的效益，提高水分生产率。优化灌溉的实质是提高资源利用率，包括水分利用率，肥料利用率与劳动生产率（史宏志等，2008）。

我国多数烟区已初步明确了烟株耗水规律、灌溉制度优化、节水灌溉技术及灌溉指标、水肥耦合技术、抗旱机理等灌溉基础理论和关键技术。提出了适合我国烟田优化灌溉的适宜土壤含水量、水分亏缺指标及不同灌溉方法下的灌溉定额，建立了简便、实用的烟田灌溉土壤有效含水量的估算模型，改变了以前采用的"串排、串灌、大水漫灌"等粗放的灌溉方式，大大节约了烟叶生产用水，减少了水资源浪费，实现了烟叶生产的低碳经济。

（九）清洁能源利用技术

清洁能源的利用是减少化石能源消耗与减少环境污染的必然选择。清洁能源主要包括风能、太阳能、生物质能等新能源。几种成熟的新能源利用技术正在湖南省示范性应用（农工党湖南省委，2010）。未来可以探索将这些技术在农业上应用，推进新能源建设，发展湖南邵阳烟叶生产低碳技术。

1. 湖南新能源利用与装备优势

（1）太阳能利用技术 太阳能的利用主要包括太阳能光伏发电技术和太阳能热利用技术。近几年湖南省在太阳能光伏发电与建筑一体化技术上取得了突破性进展。湖南省太阳能风光互补路灯应用在许多地市做出了可喜的示范。另外湖南省太阳能发电站建设已经启动（农工党湖南省委，2010）。太阳能热利用技术成熟，可大规模应用。2008年湖南省使用太阳能热水器达到 96.68 万 m^2。

（2）热泵技术与太阳能互补利用 利用现代热泵技术，可以把低温位热能变为高温位热能。湖南省部分地方也进行了有效应用，解决了阴雨和冬天不能提供热水的矛盾实现了热泵技术与太阳能互补利用。

（3）核电的发展 湖南省发展核电有地理、人才、资源等独特优势。

（4）生物质发电及应用 湖南省生物质发电逐步发展，目前主要有湖南理昂再生能源电力有限公司澧县生物质电厂，衡阳祁东凯迪生物质电厂。湖南省沼气池的建设正向规模化方向发展，大型沼气发电工程正在湖南省示范应用（农工党湖南省委，2010）。

2. 湖南新能源装备制造优势

（1）风电装备制造业的优势 经过近 10 年的发展，风电装备制造产业集群快速形成，在全国占领先地位。湘潭电机集团被核准为我国兆瓦级风力发电机组产业化基地，已跃升我国风电装备行业前四强。株洲电力机车公司在风电装备关键部件研制上已处于国内领先地位（农工党湖南省委，2010）。

（2）太阳能装备制造全国领先 中国电子科技集团公司第 48 研究所是国家级的太阳能电池、新能源、新材料等研发生产的专业机构，也是国内最大的太阳能电池装备制造商和供应商，其市场占有率超过 80%（农工党湖南省委，2010）。

（十）烟草废弃物综合利用技术

我国每年烟叶产量 450 万~500 万 t，其中约近 25% 的烟叶、烟末等下脚料作为废弃物处理，因此烟草废弃物的综合利用，不仅可以变废为宝，而且可以减轻烟草废弃物对土壤、地下水等带来的污染。近年来对烟草废弃物综合利用研究主要体现在天然化工原料提取、烟杆综合利用等方面。

烟叶废弃物中富含蛋白质、茄尼醇、烟碱，从烟叶中提取这些物质的技术取得了较大的进展。自然界中茄尼醇在烟叶中含量最高，作为合成辅酶 Q10 的中间体，具有重要的医药开发价值（陈爱国等，2007）。从废弃烟叶中提取烟碱，生产烟碱农药（胡小玲等，2000）；从未成熟的鲜烟叶中提取类似大豆蛋白质的烟草蛋白质，作为优质饲料添加剂等。但如果能同时提取一系列有价值的烟草产品，就能提高废弃烟叶的利用率（郑奎玲和余丹梅，2004）。

废弃烟叶的综合利用一直是国内外科学家的梦想。许多科技文章表明，目前多数研究是从烟叶中提取某种单一成分，而烟叶中含有许多有用成分，含量也足够丰富。因此，探索一种同时提取一系列有用成分的方法，提高废次烟叶的利用率，是目前的一个研究方向。

烟杆的综合利用主要有 3 个方面，即制作活性炭、制造板材、压块或气化烘烤。制造活性炭技术主要有传统加工工艺和微波辐射工艺；制造板材技术主要采用半干法工艺；压块或气化处理技术主要开发了烟杆压块机和烟杆气化炉。目前 3 个方面的烟杆综合利用技术已部分应用于生产。

第三节　低危害烟草生产技术

一、烟田土壤健康

（一）土壤质量的概念与发展

土壤质量主要依据土壤功能进行定义。从农学的概念，土壤质量通常定义为土壤生产力，特别是指土壤维持自然植物生长的能力；从农作物产量的观点来看，土壤质量可以定义为"土壤维持作物生长的能力而不引起土壤退化或损害环境"；从生态系统角度，美国农业土壤学会定义为"同土壤特定功能相联系的能力，它维持植物和动物生产，保持并提高水和空气质量维持着人类健康和生境"；1992 年美国的土壤质量会议认为土壤的主要功能包括生产力、环境质量、动物健康。这些定义表明土壤质量包含两个方面的含义：内在部分包含土壤供作物生长的内在能力，受土壤使用者和管理者影响的土壤动态（刘世梁等，2006）。

作为土壤肥力质量、环境质量和健康质量的综合量度，是土壤维持生产力、环境净化能力以及保障动植物健康能力的集中体现。人类的干扰行为在很大程度上影响了土壤质量在时空尺度上变换的方向和程度，由此产生的土壤侵蚀、酸化、养分耗竭、污染和其他自然资源问题也已影响了人类的发展（刘世梁等，2006）。

（二）土壤健康

土壤健康是生态系统健康的重要组成部分，它是指采用生物、物理和化学等相结合的方法实施土壤综合管理，在最大限度上防止农业生产对环境负面效应的前提下，使作物生长达到长期可持续发展的状态。

有的学者认为，土壤健康和土壤质量是同义的，但土壤质量通常与土壤适宜于某一特定功能相联系，而土壤健康在更加广阔的范围内指出土壤作为生命系统维持生物的生产力、促进环境质量和维持作物和动物健康的能力，在这一意义上，土壤健康和可持续同义。

土壤质量和土壤健康紧密联系在一起，土壤健康强调土壤的生产性，土壤健康不仅对作物生长活动的效率有影响，而且对水的质量和大气质量也有影响。"万物土中生"，世界可持续农业协会主席 Madden 曾指出，只有健康的土壤才能产生健康的作物，保证土壤的健康是实现食物产量和品质安全的必要保障和物质基础，也是人类健康的重要途径。由此可见土壤健康对农业生产及我们人类社会的极端重要性。当前，利用土壤微生物学参数，结合土壤理化参数可以综合判断土壤健康的状况，并可有选择性的作为土壤生态系统受污染和胁迫的预警性监测指标。

（三）烟田中的病原微生物

烟田土壤健康对烟草的产量与质量至关重要，近些年来烟草种植长期连作、大量使用化肥、有机肥施用量减少、乱用与大量使用农药等，导致土壤生态系统遭到严重破坏、土壤自身调节能力丧失，因而造成某些烟草病原微生物在烟田中大量滋生，从而造成黑胫病、青枯病、根黑腐、根结线虫等土传病害的严重发生。如黑胫病病菌主要以菌丝体与厚垣孢子随病株残体在土壤或堆肥中越冬，成为次年的初侵染源，病原菌在土壤中一般可存活 3 年。因此，黑胫病的发生与烟田土壤健康直接相关。烟草青枯病病原菌主要随植物病残体于烟田土壤中越冬，也能在种子内或田间其他寄主体内越冬，带菌的土壤、病残组织和含有病菌的有机肥料等是该病的主要初侵染来源，青枯病的发生也与烟田土壤健康直接相关。因此，要控制这些烟草土传病害，不但要依靠化学药剂防治、生物防治、合理轮作、种植抗病品种和调整烟苗移栽期等综合防治措施，而且最重要的是维护烟田土壤的健康。

（四）土壤退化

随着经济与社会的不断发展，土壤退化问题日益突出，主要表现为土壤紧实与硬化、侵蚀、盐碱化、酸化、元素失衡、化学污染、有机质流失和动植物区系的退化等（赵其国，1991），严重限制了土地生产力的发展。

由于作物对土壤养分具有特定的选择性吸收规律，特别是对其中某些中、微量元素有着特殊需求。长期连作种植烟草很容易造成施肥种类与数量的相对固定，也很容易造成土壤养分的不均衡，以及有效养分的比例失调，从而导致烟株体内各种养分比例失调，出现生理和功能性障碍，表现出缺素症状，严重影响烟叶的产量与质量。

科学家根据土壤中 H^+ 的存在形态，可将土壤的酸度分为两大类型：一类是活性酸，是土壤溶液中 H^+ 浓度的直接反映，其强度通常用 pH 来表示，土壤的 pH 愈小，表示土壤活性酸愈强；二类是潜性酸，是由呈交换态的 H^+、Al^{3+} 等离子所决定的，当这些离子处于吸附态时，潜性酸不显示出来，当它们被交换入土壤溶液后，增加了土壤的 H^+ 浓度，这才使土壤显示酸性（戎秋涛和杨春茂，1996）。

需要注意的是，由于土壤具有缓冲性能，因而并不是土壤内部产生和外部输入的氢离子都能引起土壤 pH 的改变，即并不是所有的土壤酸化都能在 pH 上反映出来。正因为如此，不少学者用其他的方法来表示土壤酸化。

土壤酸碱度是影响土壤养分转化及有效性的决定因素之一，适宜的土壤 pH 是烤烟优质生产的基础。土壤 pH 不同，不仅影响土壤中各种营养元素的化学反应、存在形态、土壤养分的有效性和对作物的有效性，还直接影响烤烟的生长发育，以及烟叶的品质。

由于土壤在陆地生态系统中处于物质迁移和能量转换的枢纽地位，研究土壤酸化对生态系统的影响尤为重要（戎秋涛和杨春茂，1996）。土壤酸化是土壤退化的重要表现形式，也是土壤退化的主要特征之一。土壤酸化导致铝、锰、氢等对植物毒害的发生及营养元素硼、钼、钙、镁的缺乏，从而使作物减产，并使作物的品质下降。土壤酸化影响烟田土壤养分的有效性和烟株的正常生长，进而影响到了烟叶的品质。自然因素对土壤酸化的影响不大，主要是人为因素的影响造成的。人为因素主要来自两个方面：一方面是酸性干湿沉降的增加，主要是排放到空气中的硫化物和氮化物；另一方面是不当的农业生产措施，如大量铵态氮肥的使用、不当的施肥量和施肥方式、随作物收获移走了土壤中的碱性物质等。

（五）土壤微生态环境变化

土壤微生态是以植物—土壤—微生物及其环境条件相互作用为主要内容的生态系统，根际的竞争平衡由生物遗传和环境条件所决定。植物以专一性根际分泌物适应环境胁迫，土壤微生态的动态过程由植物和微生物产生的信号物质来启动与调控。根系健康属于土壤微生态学方面研究的内容（罗文邃和姚政，2002）。

人类由于过度追求作物高产，从而改变传统的耕作栽培方法，采用农作物单一品种，过量施用化肥，加大种植密度，多年连作，焚烧秸秆等等，破坏了土壤微生态平衡，带来了很多问题，尤其是根部病害或土传病害的日趋严重。

土壤微生态环境的变化包括微生物区系的变化是土壤健康退化中的普遍现象。一般认为细菌型土壤是土壤质量良好的一个生物指标，而真菌型土壤则是地力衰竭的标志。国外的研究者比较了大麦连作和轮作土壤细菌的群落结构，结果表明连作导致了土壤微生物群落结构的明显改变。胡元森等（罗文邃和姚政，2002）对根际微生物区系的研究发现，随黄瓜连作茬次增加，几种主要微生物类群出现富集或消失，微生物种群趋于单一化。长期连作能够导致土壤中微生物群落多样性的逐步降低及有害微生物种群的逐渐增加，而微生物多样性的降低能够引起土壤微生物群落对外界压力抵抗力的下降。同时有研究发现在微生物多样性高的土壤中病原菌很难快速滋生。因而，合理的土壤微生物群落结构、丰富的多样性和较高的微生物活性是保持土壤健康的必要条件，同时也是维持土壤系统稳定性和可持续性的重要保证。

（六）化感有毒物质

植物生化他感作用，又称化感作用或他感作用，是指植物在其生长发育过程中，通过排出体外的代谢产物改变其周围的微生态环境，从而导致同一生境中植物与植物之间相互排斥或促进的一种自然现象。这种现象即人们常说的植物间的相生相克。化感作用在自然界中普遍存在，国内外学者已开展了很多相关研究，特别是近十年来研究较多，化感作用在森林更新，植被演替，农业生产及环保中具有重要的作用（赵凤云等，2000）。

由植物次生代谢产生的根系分泌物等化感物质很大部分具有自毒作用，能抑制作物的生长发育。科学家认为在根系分泌物及前茬植物残体腐解物中，酚酸类物质（如苹果酸、肉桂酸）及其转化产物是作物致毒物的主要成分。它们的抑制作用表现为：第一，抑制土壤硝化过程，影响土壤中氮素形态的转化；第二，抑制作物根系对土壤养分的吸收；第三，抑制过氧化氢酶、过氧化物酶等酶的活性，破坏作物根系细胞的完整性；第四，使作物光合产物减少，叶绿素含量降低。烟草根系分泌物中存在多种抑制烟草生长和养分吸收的自毒作用物质，自毒物质的积累使根际微生态失调，病原物的数量增加，病害加重，致使烟叶产质量下降。郭亚利等研究了烤烟根系分泌物对烤烟幼苗生长和根系吸收养分的影响。结果表明，烤烟根系分泌物能够显著抑制烟草幼苗的生长，降低根系活力，其中中性组分的根系分泌物对烟草幼苗根系活力的抑制程度最强（郭亚利等，2007）。

（七）土壤改良剂的应用

土壤退化问题日益严重，土壤改良剂的研究与应用对防治土壤退化具有重要意义。应用土壤改良剂是修复退化土壤的重要措施之一。因此，土壤改良剂的研究是近年来国内外科技工作者广泛关注的热点之一。

土壤改良剂的研究始于 19 世纪末期，研究较多的有沸石、粉煤灰、污泥、绿肥、聚丙烯酰胺等单一改良剂，但其存在改良效果不全面或有不同程度的负面影响等问题（赵其国，1991）。近年来，为进一步提高土壤改良剂的改良效果，降低其负面影响，越来越多的研究者将不同改良剂配合施用。

按照原料来源可将土壤改良剂分为天然改良剂、合成改良剂、天然—合成共聚物改良剂和生物改良剂四大类。

天然矿物在实际应用中存在一些理论和技术问题，如施用量、施用方式和施用时间，以及天然矿物的储量对其大面积推广应用的限制等。天然矿物对土壤改良的效果主要表现在以下几个方面（赵其国，1991）。第一，改善土壤结构。有的天然矿物，如膨润土，具有一定的膨胀、分散性、黏着性等，施入土壤后可增加团聚体数量，增大土壤孔隙度，降低土壤容重。第二，提高土壤的保水能力。沸石具有贮水能力，施入沸石能够提高耕层土壤的含水量 1% ~ 2%，在干旱条件下使耕层土壤田间持水量增加 5% ~ 15%。李吉进等用膨润土改良砂土，可使土壤含水量增加。第三，提高土壤保肥能力和增加土壤肥力。沸石具有很强的吸附能力和很高的阳离子交换量，可促进土壤中养分的释放。关连珠等研究发现沸石可吸附 NH_4^+ 和 P，所吸附的 NH_4^+ 和 P 大部分是可解吸的。沸石也可活化土壤难溶性 P；沸石还能改善土壤供钾状况。另外膨润土、蛭石等也具有保肥作用，能给土壤带来植物生长所需的常量和微量元素，如 Ca、Mg、K、Fe 等。第四，改良盐碱地，缓冲土壤 pH。土壤中的 Na^+、Cl^- 都可以进入沸石内部被沸石吸附，使土壤中的盐分减少，碱化度降低，并对土壤 pH 起到缓冲作用。膨润土、石膏也能降低土壤的全盐量。易杰祥等研究表明，用膨润土改良砖红壤，能使土壤酸度降低。另外石灰石、石膏、蛭石等也能够调节土壤的酸碱度。第五，吸附重金属。沸石、膨润土和蛭石能吸附土壤中的重金属，如 Pb、Ni、As、Sb、Cd 等，降低其生物有效性。沸石、膨润土可有效固定放射性物质 Cs。

合成改良剂、天然—合成共聚物改良剂和生物改良剂各自具有自己的特点，因此在应用土壤改良剂的时候要因地制宜，采用不同的改良剂。

二、烟叶安全生产技术

（一）重金属消减技术

我国近年来重金属污染事件频发，严重污染了生态环境，同时影响人民的身体健康。因此，土壤重金属污染与防治成为人们重点关注的环境问题之一。土壤重金属污染有人为原因和自然原因两种，人类的生产活动是土壤重金属污染的主要原因。土壤重金属污染的自然因素主要是岩石风化和火山喷发等自然地质活动，土壤重金属污染的人为因素主要为矿产开采、金属冶炼、化工、化石燃料燃烧、汽车尾气排放、生活废水排放、污水灌溉、污泥使用、农药和化肥的生产与施用、大气沉降等。由于矿产开采和冶炼"三废"的排放，导致湖南省湘江流域和资江流域土壤重金属 Cd、As、Pb、Zn 和 Cu 污染比较严重（刘春早等，2012；刘春早等，2011），并产生严重的生态环境风险。

重金属污染以其隐蔽性、潜伏性、长期性和不可逆性可造成最为严重的后果，成为全球性的环境问题。环境中的砷（As）、镉（Cd）、铬（Cr）、汞（Hg）、镍（Ni）、铅（Pb）、铜（Cu）和锌（Zn）等是公认的危害比较大的重金属元素。它们不仅导致土壤肥力与作物产量、品质的下降，而且还易引发地下水污染，并通过食物链途径在植物、动物和人体内累积。最终导致人畜中毒。烟草通过根系吸收土壤中的重金属，在烟株体内各器官中进行转移分配与积累。烟叶中的重金属在卷烟制品的燃吸过程中，能够部分转移到烟气中，从而对人体和环境造成污染和危害。《烟草行业中长期科技发展规划纲要（2006—2020 年)》九大专项中表明，烟草行业在未来研究中，开展重金属在烟叶中的转移规律，防止烟叶重金属污染的措施，低危害烟叶生产的研究具有很重要的意义。

由于土壤重金属含量对作物重金属含量的影响较大，因此土壤和农业生态系统中重金属污染修复的研究引起了广泛的关注。选育抗重金属的作物品种，利用生物技术降低作物中的重金属含量是科学研究的新方向。对于烟叶中重金属的控制，不能过分依赖于开发新型添加剂，以及依赖于去除重金属的工业过滤技术，况且过滤技术对重金属的选择性较低。应该从土壤和烟叶原料生产的源头入手，降低烟叶原料中重金属和其他有害成分的含量。

污染土壤的修复是阻断重金属污染的重要措施，目前，根据处理土壤的位置是否变化，污染土壤修复技术可以分为原位修复和异位修复两种。土壤重金属污染的治理途径归纳起来主要有 3 种，一是改变重金属在土壤中的存在形态、使其固定，降低其在环境中的迁移性和生物可利用性；二是从土壤中去除重金属；三是将污染地区与未污染地区隔离。围绕这 3 种治理途径，根据采用方法与原理的不同，形成了物理、化学和生物等修复治理方法（黄益宗等，2013）。

1. 物理与化学修复技术

物理与化学修复技术主要是根据土壤理化性质和不同重金属的特性，通过物理与化学方法来分离或固定土壤中的重金属，达到清洁土壤和降低污染物环境风险和健康风险的技术手段。化学修复剂中，石灰或碳酸钙主要是提高土壤 pH，磷酸盐主要起沉淀和吸附作用，沸石和黏土矿物对重金属具有很强的吸附能力，有机物可促使重金属形成硫化物沉淀或有机结合态。物理与化学修复技术，周期较短，使用方便，适用于多种重金属的处理，在重金属污染土壤的修复中得到了广泛应用，但该种修复技术实施的工程量较大，成本较高，在一定程度上限制其推广应用。

（1）换土、移去表土、深耕翻土技术 此类方法适合于小面积污染土壤的治理。换土法是将污染土壤部分或全部换去，也可在污染土壤表层加入非污染土壤，或将非污染土壤与污染土壤耕翻混合，使得重金属浓度降低到临界危害浓度以下，从而达到减轻危害的目的。换土的厚度应大于土壤耕层厚度。移去表土是根据重金属污染表层土的特性，耕作活化下层的土壤。深耕翻土是翻动土壤上下土层，使得重金属在更大范围内扩散，浓度降低到可承受的范围（黄益宗等，2013）。

（2）土壤淋洗技术　土壤淋洗技术是指用淋洗剂去除土壤中重金属污染物的过程，选择高效的淋洗助剂是淋洗技术成功的关键。淋洗技术可用于大面积、重度污染土壤的治理，尤其是在轻质土和砂质土中应用效果较好，但对渗透性很低的黏性土壤效果不够理想。影响土壤淋洗效果的因素主要有淋洗剂种类、淋洗剂浓度、土壤性质、污染程度、污染物在土壤中的形态等（黄益宗等，2013）。

（3）热解吸技术　热解吸技术是采用直接或间接的方式对重金属污染土壤进行连续加热，温度到达一定的临界温度时，土壤中的某些重金属，如 Hg、Se 和 As，将挥发散失，收集该挥发产物进行集中处理，从而达到清除土壤重金属污染物的技术。

（4）玻璃化技术　玻璃化技术是指将重金属污染土壤置于高温高压的环境下，待其冷却后形成坚硬的玻璃体物质，这时土壤重金属被固定，从而达到阻抗重金属迁移的技术。

（5）固化与稳定化技术　固化与稳定化是指向重金属污染土壤中加入某一类或几类固化与稳定化药剂，通过物理与化学过程防止或降低土壤中有毒重金属被植物吸收的一套技术。固化是通过向土壤中添加药剂将其中的有毒重金属包被起来，形成相对稳定性的形态，限制土壤重金属被植物吸收；稳定化是在土壤中添加稳定化剂，通过对重金属的吸附、沉淀（共沉淀）、络合来降低重金属在土壤中的迁移性和生物有效性。固化与稳定化的效应一般统称为钝化。重金属被固化与稳定化后，不但可以减少其向土壤深层和地下水的迁移，而且可以降低重金属在作物中的积累，减少重金属通过食物链传递，从而减少重金属对生物和人体造成危害。

（6）电动修复技术　电动修复是指向重金属污染土壤中插入电极施加直流电压导致重金属离子在电场作用下进行电迁移、电渗流、电泳等过程，使其在电极附近富集，进而从溶液中导出并进行适当的物理或化学处理，实现污染土壤清洁的技术（黄益宗等，2013）。电动修复是由美国路易斯安那州立大学研究出的一种净化土壤污染的原位修复技术，在欧美一些国家应用发展较快，已进入商业化阶段。

2. 生物修复技术

生物修复技术主要有微生物修复、植物修复和动物修复。利用微生物进行生物还原沉淀（如硫酸还原菌 SRB）、生物甲基化和生物吸附络合（如海藻、蓝细菌等的应用原理）；利用超积累植物品种的植物提取、植物挥发和植物稳定等等。

（1）植物修复技术　广义的植物修复技术是指利用植物提取、吸收、分解、转化和固定土壤、沉积物、污泥、地表水及地下水中有毒有害污染物技术的总称。植物修复技术不仅包括对污染物的吸收和去除，而且包括对污染物的原位固定和转化，即植物提取技术、植物固定技术、根系过滤技术、植物挥发技术和根际降解技术。与重金属污染土壤有关的植物修复技术主要包括植物提取、植物固定和植物挥发。植物修复过程是土壤、植物、根际微生物综合作用的效应，修复过程受植物种类、土壤理化性质、根际微生物等多种因素控制。

植物提取是指利用超积累植物吸收污染土壤中的重金属，并在地上部积累，收割植物地上部分，从而达到去除土壤中污染重金属的目的。

植物固定是指利用植物根系固定土壤重金属的过程。重金属被根系吸收积累或者吸附在根系表面，也可通过根系分泌物在根际中固定重金属。此外，植物根际微生物，包括真菌、细菌和放线菌等，通过改变根际土壤性质而影响重金属在根际的化学形态，也有利于降低重金属对植物根系的毒性。植物固定可降低土壤中重金属的移动性和生物有效性，阻止重金属向地下水和空气的迁移及其在食物链中的传递积累。

植物挥发是指利用植物根系分泌的一些特殊物质或微生物使土壤中的 Se、Hg、As 等转化为挥发形态以去除其污染的一种方法。植物挥发技术适用于修复那些 Se、Hg、As 污染的土壤。

植物修复技术较物理和化学修复技术具有技术和经济上的双重优势，但是植物修复技术也有缺点，在应用时应综合考虑。

（2）微生物修复技术　土壤中存在各种各样的微生物，如细菌、真菌和藻类等微生物对重金属具有吸附、沉淀、氧化－还原等作用，从而降低污染土壤中重金属的毒性（王瑞兴等，2007）。根际微生物中的菌根真菌对于提高植物对重金属的抗性和提高修复效率具有重要作用。菌根真菌修复（微生物修复）是植物－微生物联合修复的一种，菌根真菌修复的关键仍然属于植物修复，筛选出优良的菌种并在植物修复中应用是今后微生物修复发展的重要研究方向。

3. 农业生态修复技术

农业生态修复技术是一种综合的修复方法，通常有两种修复途径。一种是农艺修复，包括改变耕作制度，调整作物品种，选择能降低土壤重金属污染的化肥，或增施能够固定土壤重金属的有机肥等措施；另一种是生态修复，通过调节诸如土壤水分、土壤养分、土壤 pH 和土壤氧化还原状况，以及调节气温、湿度等生态因子，实现对重金属所处环境介质的调控。

4. 品种选育与生物技术

烟草不同栽培品种对重金属吸收、分配特征和积累效率不同，因此筛选对重金属吸收较少的已有育成品种，采用传统系统选育和生物技术相结合的手段，进行新品种的开发与利用，这一措施具有良好的前景。烟草作为遗传理论和生物技术研究的经典模式植物，基础理论已经相当完备，所以烟草研究领域内生物技术的应用广泛，转基因烟草的安全性评估工作也要相应发展，从而为优质转基因烟草品种的推广应用提供科学依据。国外早已利用植物基因工程手段降低食品和烟叶中镉的含量（时焦，2006）。

（二）农药残留控制技术

为追求高产和优质，作物的种植品种比较单一，种植面积大而集中，单作或连作面积增加，栽培密度加大，水肥条件提高，这为病虫害的发生提供了较好的条件，因此造成农业生产必须大量使用化学农药，有些地区离开了化学农药作物收成就差。然而，许多化学农药由于其化学成分和结构的缺陷，施用后虽然能有效杀灭或抑制有害生物，但会在作物中或环境中残存，其有毒残留物不仅污染环境、破坏生态平衡，而且还会导致农产品的安全性下降。虽然国际烟草科学研究合作中心（CORESTA）为烟叶制定了严格的农药最高残留限量标准，烟叶生产各国也相应制定了烟叶和烟制品中的最大农药残留限量（MRL），以降低农药的使用和对环境的污染，但是在烟叶生产过程中仍然存在着严重的农药残留问题，化学农药在烟叶中的残毒积累也会导致卷烟产品安全性降低，对吸食者健康造成不必要的影响。因此，对化学农药在烟叶中的残留问题还要通过烟叶生产过程中的各种农业技术进行消减，同时在烟叶的仓储过程中也应该严格控制化学农药的使用。

土壤是水体—土壤—生物—大气这一立体生态系统的重要构成要素，对其农药污染的防治和修复是控制农业立体污染的重要一环。我国科学家在多年研究的基础上，吸收和总结了前人的研究成果，提出了"农业立体污染治理"的理论和策略（郭荣君等，2005）。目前国内外对土壤污染的防治研究大致可归结为如下几个方面。第一，从源头上减少病虫草害的发生，主要包括研究重要病害的发生规律，杜绝危险性病原物的传入，研究危险性病原物的快速消除技术，通过栽培措施的改进，降低有害微生物种群的数量等。第二，寻找化学农药的替代技术，如各类低毒和无毒土壤处理技术；施用生物农药，如除虫菊、Bt 制剂、苦参碱等；研发生物防治技术，利用天敌防治害虫，如蚜茧蜂和赤眼蜂等的利用；利用物理防治，依据害虫的生活习性，利用诱捕器、杀虫灯等进行诱捕；最终实现减少化学农药的施用量的目标。第三，培育推广烟草抗虫抗病新品种，提高烟草自身的抗性，这是最经济有效，且保护环境的措施。第四，防止肥料、灌溉水等被污染。第五，对污染土壤进行原位修复（郭荣君等，2005），降解已存在的农药残留，如生物降解（微生物降解、降解酶的提取等）；化学降解，如臭氧降解法、双氧水法、超临界水氧化法、Fenton 法等；光化学降解（光敏化氧化、光激发氧化、光催化氧化降解等）；超声波诱导降解、电离辐射、洗涤剂法等。未来将加强农药残留降解技术的研究。

（三）有害物质的消减技术

众所周知，全球性的反吸烟浪潮日益高涨，烟草行业受到的社会压力越来越大。WHO 制定的、各成员国政府已签署的"烟草控制框架公约"不仅规定了各国政府要采取和实行有效的立法、行政或其他措施防止和减少烟草消费、烟碱成瘾和接触烟草烟气等，而且还要求对烟草制品成分进行限制。目前，我国和世界上一些发达国家也相继对商品卷烟的焦油、烟碱及 CO 含量作出了具体的限量标准，同时，人们的健康和环保意识也有所增强。在此背景下，全球烟草业为了降低烟草制品对人类健康的危害，更好地保护消费者的健康，已在包括烟叶生产、加工和降焦减害技术等领域加大了研究力度，开发出了包括现代生物技术、新材料技术等降焦减害新技术，并成功地运用于卷烟生产中。同时，国际卷烟企业也加快了更低焦油、烟碱和低有害成分含量的卷烟原料开发。因为烟气中焦油主要来自于烟叶原料的不完全燃烧。目前降低烟气焦油的农业技术措施归纳起来有如下几条。

1. 选育推广低焦油品种

美国、加拿大和印度等国已经培育出了低焦油、低烟碱的烟草栽培品种。我国应加强对该育种目标的研究。

2. 提高烟叶含钾量

卷烟工业降低焦油的一条有效途径是提高烟叶燃烧性，能够提高烟叶燃烧性的农业技术措施，都有助于降低烟叶燃烧时产生的焦油量和一氧化碳量。烟叶成分中以钾离子对烟叶燃烧性影响最大，因此提高烟叶钾含量是降低卷烟焦油含量的重要途径之一。

3. 高打顶、早抑芽、多留叶

烟株打顶后，去除了顶端优势，烟叶对养分的吸收发生很大的变化，因而打顶时期和打顶方法对于烟叶化学成分的形成有一定的影响，采用人工抹权还是化学抑芽以及抹权和抑芽的时间也同样有影响。打顶可影响烟叶的发育和成熟，从而影响化学成分及烟气总粒相物（TPM）含量。

4. 提高烟叶的成熟度

充分成熟的烟叶，淀粉含量低，组织结构疏松，燃烧性好，能够促使卷烟的充分燃烧，从而减低焦油量。

5. 加强栽培管理

通过烤烟田间种植密度的合理调控、合理灌溉、适时打顶、合理施肥等措施，控制烟叶定向生长，防止叶片组织紧实。

6. 含氯量降低技术

烟叶氯含量过高会严重影响烟叶的燃烧性，造成卷烟产品的焦油含量升高。通过科学的种植布局，严格控制灌溉水的质量，避免使用含氯化肥和农药，有利于控制烟叶中的氯含量，有利于改进烟叶的燃烧性。

三、清洁烟草生产技术

（一）清洁生产概念的形成与发展

1972 年在瑞典首都斯德哥尔摩召开了联合国人类环境会议，这标志着人类关注环境问题的新开始。1976 年欧共体在巴黎举行了"无废工艺和无废生产国际研讨会"，提出了人类要协调社会和自然的相互关系，应主要着眼于消除污染的根源，而不仅仅是消除污染造成的后果。1979 年欧共体理事会宣布推行清洁生产政策。同年在日内瓦举行的在环境领域内进行国际合作的全欧高级会议上，通过了"关于少废无废工艺和肥料利用的宣言"，指出无废工艺是使社会和自然取得和谐关系的战略方向和主要手段。此后召开了不少地区性的、国家的和国际性的研讨会。1984 年、1985 年和 1987 年欧共体环境事务委员会三次拨款支持建立清洁生产示范工程。1984 年和 1988 年美国与荷兰也相继实施清洁生产。1989 年，联合国环境规划署（UNEP IE/PAC）正式提出了清洁生产的概念。1992 年，联合国环境与发展大会通过的"21 世纪议程"，更加明确地指出，工业企业实现可持续发展战略的具体途径是实施清洁生产（贾继文和陈宝成，2006）。

联合国环境规划署提出的清洁生产的定义为：清洁生产是一种新的创造性思想，该思想将整体预防的环境战略持续应用于生产过程、产品设计和服务中，以增加生态效率和减少人类及环境的风险。对生产过程，要求节约原材料和能源，淘汰有毒原材料，减降所有废弃物的数量和毒性；对产品，要求减少从原材料提炼到产品最终处置的全生命周期的不利影响；对服务，要求将环境因素纳入设计和所提供的服务当中（贾继文和陈宝成，2006）。

（二）清洁烟草生产的标准

中华人民共和国环境保护行业标准"清洁生产标准烟草加工业"（2007）中指出，清洁生产指不断采取改进设计、使用清洁的能源和原料、采用先进的工艺技术与设备、改善管理、综合利用等措施，从源头削减污染，提高资源利用效率，减少或者避免生产、服务和产品使用过程中污染物的产生和排放，以减轻或者消除对人类健康和环境的危害。

在烟草种植过程中，要针对当前烟田生态系统中存在的污染因素，有针对性地选择清洁生产技术，抑制化学肥料和化学农药的大量使用，通过生态措施，改善和修复土壤生态环境，提高土壤和烟株自身抗御病虫害的能力，以达到烟草生产过程高效、节能、安全、环保的目的，最终改善烟叶品质，实现烟叶生产的可持续发展。清洁烟叶生产谋求达到两个目标：第一，通过资源的综合利用、短缺资源的代用、二次资源的利用以及节能、省料、节水，合理利用自然资源，减少资源的消耗量。第二，减少废料和减少污染物的生成和排放，同时防止有毒化学物质污染烟叶，提高烟叶质量，促进烟叶在生产、消费过程中与环境相容，降低整个烟叶生产活动对人类和环境的风险。

（三）洁净烟叶生产的措施

在烟草农业清洁生产过程中，可采用以下几项具体措施。第一，科学施肥，精准施肥，增施有机肥和微生物肥，推广平衡栽培技术；第二，推广无公害、绿色烟叶，乃至有机烟叶生产技术；第三，推广对环境安全的立体覆膜技术（徐宜民，2013），同时也可推广可降解农用地膜，控制烟田白色污染；第四，建立生态农业和清洁生产示范区。

1. 烟田土壤改良与科学施肥

在农业生产过程中，连年过多地施用化肥是土壤发生酸化、盐渍化及各种功能退化的重要原因。要构建土壤质量动态监测体系，推广实施平衡施肥或者精准施肥，以水调肥，水肥耦合，达到促进烟株健壮生长的目的。同时合理施用化肥，特别是施用适合烟草需求的专用肥及缓释肥料等，加大环境友好型有机肥的施用量，并针对不同土壤退化性状选择相应的土壤调理剂，这包括土壤保湿剂、松土剂、肥料增效剂、消毒剂、营养调理剂和降酸碱剂等。有机肥及土壤调理剂的施用不仅可以减少化肥用量、减轻环境压力，提高土壤有效养分含量，还可以促进良好土壤结构及土壤微环境的形成，达到修复退化土壤、保障洁净生产的要求。

2. 合理轮作与间作套种

作物轮作对土壤结构的改良、土壤肥力的提高和田间微生态的改善具有重要作用。与烟草病原菌非寄主作物轮作，能使烟田土壤中的病原菌数量显著降低，从而减轻病害的发生。采用与禾本科、豆科作物、蔬菜及药用作物间作套种的种植模式，来丰富烟田作物多样性，也是维持土壤健康、消减土壤污染因素的有效种植方式，间作套种不仅可以提高土壤养分的有效性、增加土壤微生物的多样性，而且对于控制烟草病虫害的发生也具有良好的效果。

3. 选育与选用抗病虫品种

众所周知，利用抗病虫品种是病害与虫害防治既经济有效，又保护环境的措施。在烟草农业生产上烟草品种对病虫害，以及不良环境的抗性愈强愈好。植物产生化感物质是植物的遗传特性，而不同物种间具有较大差别，研究发现，西瓜、甜瓜、黄瓜、蛇瓜和西葫芦同为葫芦科的植物，它们各自的自毒作用存在很大差别。因此，利用品种

（品系）间的化感作用差异进行育种，可以克服烟草的自毒作用。针对烟草生产中的主要病虫害，如病毒病、黑胫病、青枯病、角斑病、野火病、赤星病、根结线虫病、烟蚜、烟青虫等等，充分利用自然存在的、丰富的抗性种质资源，培育抗病虫害与抗逆烟草品种，并充分利用所培育的抗性品种，尤其是兼抗、多抗品种，以达到减轻烟草病虫害为害的目的。选育与选用抗病虫品种是洁净烟叶生产的有效途径。

4. 生物防治与物理防治措施

生物防治是目前国际上的研究热点之一，并将逐步发展成为烟草病虫害防治的重要手段，其主要包含以下几个方面：通过向烟田引入有益微生物来提高烟田土壤中各种养分的供应能力和潜力；或向烟田引入有益微生物来与特定的病原菌竞争营养和空间，从而减少病原菌的数量，最终保护根系免受病原物的侵染；或者向土壤中引入具分解自毒物质能力的微生物，用于克服烟草自毒作用；或者施用生物农药和拮抗菌生物制剂直接作用于病菌、杂草或者害虫；或者向田间释放害虫天敌，利用天敌取食害虫，或者向田间释放取食杂草的昆虫或者侵染杂草的病菌等等。人工繁殖天敌，并释放到田间，如人工养殖烟蚜茧蜂，并在烟田中释放，对烟蚜可起到一定的控制作用。

根据生物之间或生物与环境之间的互作关系，通过人工调节生态环境等方法，保护天敌昆虫，也属于生物防治的范畴。

科学合理诱杀措施，从而对烟青虫（图9-9）、斜纹夜蛾、地老虎等虫害进行诱杀，有很好的防效，使用杀虫灯等诱杀方法属于物理防治措施。

图9-9　昆虫成虫诱捕器（任广伟摄）

5. 农业防治

（1）创造良好微生态　创造一个有利于烟草生长发育，不利于烟草有害生物生存的生态环境，对于病虫的防治也是至关重要的。搞好田间卫生，清除烟田中残存的病株残体，减少病原菌和害虫在烟田中越冬，是防治病虫害的重要措施之一。

（2）提倡秸秆覆盖烟田　湖南邵阳具有丰富的稻草资源，用其覆盖烟草具有很多优点，可以控制地膜造成的白色污染，提高烟田的有机质含量，改善土壤结构，有效控制烟田杂草的危害等等。但覆盖时一定有达到一定的厚度，如果覆盖的稻草太薄，起不到保温作用；另外最好将整株稻草切碎些，不要将整株的稻草放到烟田，整株稻草放到田中覆盖效果不如切碎的稻草。

6. 利用新能源

对于烟草生产而言，新能源的应用主要集中在太阳能、风能和生物质能上，其他形式的新能源，由于实际条件限制，不能直接应用于烟草生产。烟草生产可以借鉴其他行业对新能源的利用技术，在烟叶生产中，尤其是烟叶烘烤中，开展新能源的利用。

第四节　高效烟叶生产技术

一、高效农业的概念

高效农业是以市场为导向，运用现代科学技术，充分合理利用自然资源和社会资源，实现各种生产要素的最优组合，各种农业实用技术的科学集成，提高土地产出率、资源利用率和劳动生产率。生产多系列、多品种、产量高、质量安全的农产品。最终实现经济、社会、生态综合效益最佳的高效农业（王建法等，2010）。

荷兰是高效农业产业化较早的国家，20 世纪 50 年代荷兰国内农产品尚不能自给自足，仅用了十多年时间便一跃而成为全世界仅次于美国和法国的第三大农业出口国，其蔬菜、花卉、猪肉、乳品、啤酒、可可产品、马铃薯产品、马铃薯淀粉和副产品、鸡蛋等出口量均居世界前列。荷兰农业能取得如此的成就，关键在于该国充分地利用了自己的比较优势，发展了有效节约土地的高效农业，并以此为基础，建立起从农用生产资料的供应，到农业生物的种养，再到农产品的采收、保鲜、加工、贮藏、运输、销售，互相联结、协调发展的一体化农业产业体系（张玉等，2007）。

我国各地推进高效农业规模化工作成效显著。2007 年年末，江苏省徐州市各地区温室、大棚、生产用房种植面积达 2.6 万 hm^2，巨型棚、钢结构的设施农业从几十公顷到几百公顷的规模；江苏省还初步形成苗鸭孵化、宰杀、羽绒、饲料为一体较为完备的产业链；四川南部的宜宾市翠萍区沙坪镇建立了稻鱼蛙示范基地，2003 年面积发展到 $35hm^2$。稻鱼蛙共养不仅消灭大量有害生物，而且大幅度提高了稻田整体经济效益，形成了多元高效立体种植模式（周敏和董现荣，2010）。

二、实现高效农业的途径

实现高效农业要根据农业生态学原理，以市场为导向，按照自然规律和商品经济规律，合理开发利用自然资源和社会资源，发展生态农业，实现农业产业化。

（一）从当地实际出发

要实现高效农业，首先要从当地的实际出发，人类社会可持续发展必须以适宜的自然环境和丰富的自然资源为基础。当地自然资源和社会资源条件是发展地方经济的前提。我们必须从当地资源的实际出发，对资源及其开发条件、利用现状做出科学的分析评价，分析其合理利用的可能性、适宜性，按照经济生态规律的要求，采取合理的科学措施，就可以使资源的开发利用达到最适度和最适点，使资源得以充分、合理、永续利用，避免因利用不当而造成资源衰退和生态环境的破坏。

（二）重视品牌开发

要实现高效农业，必须以国内外市场为导向，开发出自己的特色品牌。农产品及其加工产品不仅要瞄准国内市场需求，还要能适应海外市场的需求。根据国内、外市场需求情况，确定产业门类、产品种类和产品质量标准，开发自己的产品品牌，在更宽领域、更高层次上参与国内和国际市场竞争；只有具有与占领了国内、外市场的品牌产品，才能形成农业产业链，实现农业可持续发展。

（三）以发展生态农业为基础

中国拥有良好的自然条件和丰富的传统农业知识，良好的自然条件为发展特色农业模式提供了基础，丰富的传统农业知识为今天的生态保护与农业可持续发展提供了借鉴（骆世明，2007；骆世明，2008）。从 20 世纪 80 年代初期开始，科学家就根据我国农业发展所面临的问题和世界科学技术发展的方向，将传统农业的优势与现代科学技术相结合，逐渐发展了生态农业这一新的农业发展理念与实践方式，并经过几十年的实践，逐步形成了符合我国国情的理论、模式和相应的配套技术（李文华等，2011）。生态农业是在经济生态学原理的指导下，运用系统工程的方法开展农业生产活动。发展生态农业就是不断加强太阳能转化成生物能的研究、提高无机物转化为有机物的转化效率，加速能量转化和物质循环的过程，使其达到新的指标；并保持和改善经济生态系统的动态平衡，从而获得较好的综合农业生产效益。具体措施有多种，如充分利用土地空间的科学耕作制度、先进的育种和栽培技术、农业废弃物转化利用技术、农产品多层次加工技术、种植养殖结合技术、诱集害虫喂养畜禽模式、畜禽水产综合养殖技术等等（李文华等，2011；王建法等，2010）。

（四）"种养加"一体化经营模式

以企业为组织单元，采用新型的产业化组织方式，以产业链延伸为特征，以科技支撑为依托，通过合同、契约、股份制等形式与其他经营实体及农户连成互惠互利的产业纽带，采用清洁生产方式，形成规模化生产、加工增值和副产品综合利用为特征的循环农业模式。河北省迁安市乐丫农产品开发有限公司依托区域特色产业及资源优势，采取"公司＋基地＋农户"的组织方式，形成"山上种树→饲草喂牛（喂鸡）→粪便发酵（沼气）→沼肥喷施果树"、"饲草喂鸡（喂牛）→干粪养蝇蛆→蝇蛆喂鸡→下脚料果树施肥"、"山上种树→枯枝残叶生产菌棒→林间栽种食用菌→市场直销"的种、养、加结合型循环农业模式。

（五）以设施和特色农业为辅助

在生态农业与"种养加"一体化经营模式下，在生物生产的某些环节上，根据需要采用适当的现代化设施，可以达到提高太阳能利用率，或生物能转化率的目的（王建法等，2010）。发展特色农业，从而提高农产品产量、质量和农业效益。

三、烟草高效农业生产

烟草是一种重要的经济作物，是我国西部农村发展和农民增收的主要经济作物之一。因此，应重视发展其高效生产技术。各地烟区政府与科技工作者要加强新观念的宣传，提高烟农对烟草农业新知识与新技术的认识；比较优势原则，依靠科技，让农技主推烟草农业经济结构调整，尊重烟农自主性原则，加大资金投入，按照市场需求，加强基地单元建设，在烟农组织管理方面，实现规模化与合作化、互助化的结合。

调整烟草农业结构，发展高效烟草农业，有利于解决优质烟叶需求日益增长与农业资源制约加大的矛盾，有利于解决促进农民持续增收与烟草农业比较效益低的矛盾，有利于解决提高烟草农业国际竞争力与农业生产经营规模化、组织化程度低的矛盾，有利于解决保护生态环境与烟草农业源污染的矛盾。发展高效烟草农业，把农业的经济效益、生态效益、社会效益统一起来，积极发展高产优质型、环境友好型、资源节约型烟草农业。

（一）提高上等烟比例生产技术

1. 种植优良品种

优良品种是烟叶质量的基础。较为理想的良种，植株较高，叶数多，长相好，可较好地解决部位烟叶比例失调的问题。

2. 合理调整移栽期

合理的移栽时间，既可使烟株长到相应的高度和叶数，又可适当延长大田生长期，增加干物质的积累，解决颜色偏淡问题。不同品种耐低温程度不同，可根据品种特性尽量适时早播早栽。

3. 合理施肥

提高中部烟叶上等烟比例的关键在于烟株有良好的发育、良好的长相、合理的叶数，要实现这一目标，施肥是一个关键因素。在优质烤烟的施肥过程中，可根据不同地力适施氮肥，增施磷钾肥，一般亩施纯氮 $3 \sim 4.5kg$，氮磷钾的比例为 $N : P_2O_5 : K_2O = 1 : 2 : 3$；另外还要注意施肥方法、增施饼肥、草木灰和适量的优质土杂肥，提高土壤有机质含量，确定基肥、追肥、喷施的具体时间和数量，力争使氮、磷、钾三要素达到均衡使用，使其与微量元素共同发挥最佳效力。

4. 加强田间管理

在田间管理方面狠抓几项措施：①采取覆盖措施，提高地温，防止早花。及时松土，促使烟苗早生快发。②加强高培土管理，扩大不定根群。③浇好旺长水，保证烟株健壮生长，达到合理高度。④搞好中后期追肥，使烟株达到前期富足、中期足而不过、后期低而不缺的目标，提高单叶质量，增加橘黄色烟叶的比例。

5. 合理确定留叶数

在其他生产措施配套以后，合理确定留叶数是提高中部上等烟叶比例的关键。应根据不同的品种、地力、长势确定合理的打顶方法和最佳打顶期，一般要在花蕾中心花开放时打顶，此时烟株的高度已基本定型，此时打顶对烟叶质量和化学成分的影响都为最佳时期。对长势合理的烟株要充分保留有效叶数，不同品种，采用不同留叶数，一般留叶 22 片左右。

6. 充分成熟采收

中部上等烟叶共有 C1F、C2F、C3F、C1L、C2L 五个等级，如果烟叶成熟不充分，可使本来能够生产出以上五个等级的烟叶变成为 C3L、C3V、S1、S2 或 GY1、GY2 等级的烟叶。这样会大大降低中部上等烟叶比例。所以必须使中部叶充分成熟采收,最大限度地提高橘黄色烟叶的比例。

7. 其他措施

研究表明,施用花生饼肥、菜籽饼肥可以提高有效叶数,提高中部叶上等烟比例和烟叶产量,并减少病害发病率。应用"M"形宽垄双行种植模式增加有效叶数和叶面积,提高中上等烟比例,化学成分也更为协调。带茎烘烤也能提高上等烟比例。

(二) 提高上部烟叶可用性生产技术

烤烟上部叶包括上二棚叶和顶叶,共 6~7 片叶,占整株总产量的 30%~45%,对烤烟总体质量和产量都具有很大的影响。优质的上部叶在现代混合型卷烟和低焦油烤烟型卷烟叶组配方中发挥重要作用。

1. 肥料合理施用

有机肥和无机肥配合施用。有机肥在改良土壤物理性能、改善土壤结构、增加土壤微生物活力以及为作物提供较全面养分等方面具有独特的优势。有机肥与无机肥配合施用,可促使烤烟下部叶增厚、上部叶展开,提高烟叶中钾含量,降低上部烟叶氮和烟碱含量,增加烟叶香气物质成分的总含量。有机肥还能促进烟草成熟后其叶绿素及内膜系统降解,有利于亲脂类物质的合成与积累,对腺毛分泌物积累和烟叶香气品质形成具有重要意义。

2. 环切和伤根

研究表明,打顶后第 1 周对烟株进行环切,上部各叶片烟碱含量均呈显著下降趋势,还原性糖和水溶性总糖含量呈上升趋势;而伤根可以大幅度降低上部叶烟碱含量,改善碳氮比 (C/N),且对烟叶产量、质量无不良影响,因为伤根可控制烟碱合成。环切和伤根虽然能在一定程度上提高烤烟上部叶可用性,但也增加了劳动量且不易操作。

3. 提高成熟度

成熟度是影响烟叶质量的关键因素,与烟叶的色、香、味密切相关。烟叶在生理成熟后,叶片合成能力迅速减弱、分解能力增强,叶绿素快速减少,淀粉、蛋白质含量下降,组织逐渐变疏松,内含物丰富,有利于香气物质增多,叶内化学成分趋于协调。随着成熟度提高,单位面积细胞数、单位长度栅栏细胞数、海绵细胞数均呈减少趋势,而细胞间空隙率呈逐渐增加趋势。上部叶应充分成熟后采收,以 10~12 周龄采烤最适宜,即延长烟叶在田间的生长时间,使顶部叶充分落黄成熟,促进碳水化合物消耗、协调碳代谢、化学成分趋于协调。烟叶成熟采收标准为:上部叶叶面基本全黄(90%~100%黄),主脉全白,比常规推迟 7 天采收。

(三) 成熟采烤

1. 上部叶一次性采叶烘烤

烤烟上部 5~7 片叶,待全部成熟后一次性采收。一次性采收处理收获时烟叶的叶面落黄特征、茎叶夹角、绒毛脱落程度、成熟斑、叶边缘特征、主支脉变白发亮程度和成熟程度等成熟度特征均明显优于分批采收。一次性采收处理烘烤后烟叶的颜色、色度、油分、叶片结构、身份、成熟度等外观品质明显优于分批采收。上部叶一次性集中采收,使田间成熟时保持较多的叶片数，对养分起到一定的稀释作用，叶片厚度降低，氮素积累较少，一次性采收或减少采收次数，烟叶在田间成熟的时间延长，使含氮化合物逐渐分解。因此，一次性采收降低烟叶的总氮、烟碱含量，增加还原糖、可溶性糖含量，评吸质量得到明显改善，还可以改善烟叶物理特性。研究表明，顶部第 1 片叶微显黄色、主脉变白 1/2 以上、茎叶角度小于直角、叶片稍弯曲微呈弓型时为最佳采烤时期。

2. 上部叶带茎烘烤

除了上部叶一次性采叶烘烤外，带茎烘烤技术也逐渐成熟。上部叶采取一次性带茎采收烘烤，其烘烤质量比不带茎一次性采收及常规采收效果好，可以降低烟碱含量，提高烟叶钾含量及上部叶可用性，进而提高烟叶均价，烘烤后烟叶明显提高了挥发性香气物质总量。关于带茎烘烤提高烟叶品质内在机理，同位素示踪法研究发现，烟株茎秆中水分能输运到叶片与叶脉中并参与代谢，总水分表现为前期下降缓慢、后期下降较快的趋势，失水速度明显低于不带茎烟叶。

（四）烘烤工艺

烤烟上部叶叶片较厚，结构紧密，水分含量少，淀粉、蛋白质等大分子有机物含量高，在烘烤过程中容易烤青和挂灰，因此，适宜的烘烤环境也是提高上部叶可用性的重要因素。半晾半烤调制方法可以提高烟叶可用性，以晾 48～60h 后再烘烤的处理效果最佳，但还原糖、总糖含量过低，烟碱、蛋白质含量偏高。烘烤研究表明，上部叶变黄期干球温度 40.0～42.0℃、湿球温度 37.5℃，持续 24h 可使淀粉充分降解、内在化学成分协调。恰当的烘烤不仅能够提高烟叶外观质量，还能有效改善内在化学成分。对易烤青的上部叶宜采用"低温低湿变黄、温火两拖"的烘烤策略；对易挂灰的上部叶则以"低温低湿变黄，低温脱水定色"的烘烤策略为宜。

（五）其他措施

利用上部叶喷施不同浓度的乙烯利，可以明显改变烟叶的生理特性、变黄特性、定色特性和脱水干燥特性。利用营养生长促进剂赤霉素加水叶面喷雾，可促进氮磷钾的代谢，提高烟叶钾含量，降低总生物碱、烟碱、降烟碱、新烟草碱及假木贼碱含量。使用抑芽剂抑芽，可减少腋芽对有机物的消耗，增加有机物含量，使烟碱含量相对减少。烟株打顶后用吲哚乙酸也可明显降低烟叶的烟碱含量。利用适宜浓度的多胺和表油菜素内酯喷施，发现用多胺处理可改善上部叶小而厚的缺点，明显促进体内碳氮代谢；而表油菜素内酯处理能提高上部叶糖含量，对提高其他氮化合物含量作用较小。打顶后灌施适宜浓度的 2,4－D 水溶液，能降低烤烟上部叶烟碱含量、提高上部叶糖碱比值及钾含量。此外，也有学者就抑芽剂和生长调节剂（以 IAA 为主的复混配方）配合施用及创伤信号调节剂等方面进行研究，发现均能不同程度提高烤烟上部叶可用性。

参考文献

[1]曹春梅,王立新,徐利敏等.WS－16 卫士型喷雾器精准施药技术试验[J].内蒙古农业科技,2008
　　(3):65－66.

[2]陈爱国,申中明,梁晓芳等.茄尼醇的研究进展与展望[J].中国烟草科学,2007,28(6):44－48.

[3]陈翊栋.温室园艺精密播种机的类型与分析[J].农业机械,2007(2):42－43.

[4]承继成.精准农业技术与应用[M].北京:科学出版社,2004:8.

[5]董春旺.棉花穴盘育苗精量播种机理论分析与结构优化[D].石河子:石河子大学,2009.

[6]范鹏飞,张晋国,王秀.设施蔬菜育苗机械化精准播种技术研究[D].河北农业大学,2012.

[7]付允,马永欢,刘怡君等.低碳经济的发展模式研究[J].中国人口资源与环境,2008(3):14-19.

[8]郭辉,韩长杰.精准施药技术的研究与应用现状[J].农业科技与装备,2009(4):42-43.

[9]郭荣君,李世东,章力建等.土壤农药污染与生物修复研究进展[J].中国生物防治,2005,21(3):129-135.

[10]郭亚利,李明海,吴洪田等.烤烟根系分泌物对烤烟幼苗生长和养分吸收的影响[J].植物营养与肥料学报,2007,13(3):458-463.

[11]何雄奎.改变我国植保机械和施药技术严重落后的现状[J].农业工程学报,2004(1):13-15.

[12]贺红士,侯彦林.区域微机土壤信息系统的建立与应用[J].土壤学报,1991(4):345-354.

[13]胡建平,毛罕平,陆黎.磁吸式穴盘精密播种器排种机构的设计[J].农机化研究,2005(2):133-135.

[14]胡小玲,岳红,管萍等.以废次烟叶生产硫酸烟碱新方法的研究[J].化学研究与应用,2000(2):224-226.

[15]黄栋.低碳技术创新与政策支持[J].中国科技论坛,2010(2):37-40.

[16]黄益宗,郝晓伟,雷鸣等.重金属污染土壤修复技术及其修复实践[J].农业环境科学学报,2013(3):409-417.

[17]王玉光.基于微波探测的植株对靶精确施药系统及其应用研究[M].2007.

[18]贾继文,陈宝成.农业清洁生产的理论与实践研究[J].环境与可持续发展,2006(4):1-4.

[19]金继运."精准农业"及其在我国的应用前景[J].植物营养与肥料学报,1998(1):1-7.

[20]李录久,刘荣乐,金继运.精准农业及其发展应用前景:科学技术引领现代农业发展—安徽现代农业博士科技论坛[C].中国安徽合肥,2007.

[21]李青军,危常州,雷咏雯等.白色污染对棉花根系生长发育的影响[J].新疆农业科学,2008,45(5):769-775.

[22]李世成,秦来寿.精准农业变量施肥技术及其研究进展[J].世界农业,2007(3):57-59.

[23]李文华,刘某承,闵庆文.中国生态农业的发展与展望[J].资源与生态学报:英文版,2011,2(1):1-7.

[24]李旭,刘大为,谢方平等.烟草工厂化漂浮育苗播种流水线研究现状与发展趋势[J].农机化研究,2014(8):241-244.

[25]刘春早,黄益宗,雷鸣等.湘江流域土壤重金属污染及其生态环境风险评价[J].环境科学,2012(1):260-265.

[26]刘春早,黄益宗,雷鸣等.重金属污染评价方法(TCLP)评价资江流域土壤重金属生态风险[J].环境化学,2011(9):1582-1589.

[27]刘剑锋.气吸滚筒式烟草包衣种子排种器设计与研究[D].湖南农业大学,2012.

[28]刘世梁,傅伯杰,刘国华等.我国土壤质量及其评价研究的进展[J].土壤通报,2006,37(1):137-143.

[29]刘永洪.电磁振动式棉花精密播种装置的研究[D].淄博:山东理工大学,2005.

[30]柳平增,周立新,傅锡敏等.精准施药动态仿真无线信息采集系统的设计[J].计算机工程与设计,2008,29(18):4849-4852.

[31]卢泽民,杜铮,廖剑等.动态施药模糊控制系统研究与模拟[J].湖北农机化,2013(6):52-55.

[32]路美荣.蔬菜工厂化育苗关键技术研究[D].山东农业大学,2004.

[33]罗文遂,姚政.促进根系健康的土壤微生态研究[J].中国生态农业学报,2002(1):48-50.

[34]骆世明.传统农业精华与现代生态农业[J].地理研究,2007a(3):609-615.

[35]骆世明.生态农业的景观规划、循环设计及生物关系重建[J].中国生态农业学报,2008(4):805-809.

[36]梅婷,李仲恺,王小龙等.国内气力式精密播种器的研究综述[J].农业装备与车辆工程,2013(4):17-21.

[37]农工党湖南省委.推进清洁能源利用促进绿色经济发展[J].湖南省社会主义学院学报,2010(2):15-19.

[38]戎秋涛,杨春茂.土壤酸化研究进展[J].地球科学进展,1996,11(4):396-401.

[39]石丰,郭成斌.建筑工程中有关集中供暖和供热的节能问题[J].应用能源技术,2007(11):19-20.

[40]时焦译.植物基因工程在降低食品和烟叶中镉的应用.中国烟草学报,2006,12(2):47-50.

[41]史宏志,刘国顺,刘建利等.烟田灌溉现代化创新模式的探索与实践[J].中国烟草学报,2008(2):44-49.

[42]孙君莲,罗微.精准施肥技术的研究现状及在热带作物上的应用前景[J].广东农业科学,2008(5):40-43.

[43]田盈辉.烟草漂浮育苗系统相关机械研究[D].郑州大学,2007.

[44]王福贤,杨卫东,李金山等.农药精准施用技术应用现状与推广对策[J].北京农业,2010(18):56-59.

[45]王建法,陈晓东,吕本国等.高效农业及其发展思路[J].中国农学通报,2010(7):383-386.

[46]王瑞兴,钱春香,吴森等.微生物矿化固结土壤中重金属研究[J].功能材料,2007(9):1 523-1 526.

[47]王玉光.基于微波探测的植株对靶精确施药系统及其应用研究[D].江苏大学,2010.

[48]韦建玉,曾祥难,王军.甘蔗渣在烤烟漂浮育苗中的应用研究[J].中国烟草科学,2006(1):42-44.

[49]吴才聪,马成林,张书慧等.基于GIS的精确农业合理采样与施肥间距研究[J].农业机械学报,2004(2):80-83.

[50]吴国瑞,李耀明,邱白晶等.水稻播种机振动试验研究[J].江苏理工大学学报,1997(6):12-17.

[51]吴涛,晋艳,杨宇虹等.药渣及秸秆替代基质中草炭进行烤烟漂浮育苗研究初报[J].中国农学通报,2007,23(1):305-309.

[52]徐宜民,申国明,王程栋等.一种大田作物立体覆膜方法及其用具,发明专利申请ZL201210191095.0.

[53]杨俐苹,姜城,金继运等.棉田土壤养分精准管理初探[J].中国农业科学,2000,33(6):67-72.

[54]杨联安,于世锋,薛雷等.地理信息技术在测土配方施肥中的应用:中国地理学会百年庆典,中国北京,2009[C].

[55]于建群,王刚,心男等.型孔轮式排种器工作过程与性能仿真[J].农业机械学报,2011(12):83-87.

[56]张炳宁,王力扬.扬州市土壤水溶态硼的含量及硼肥的合理施用[J].江苏农业科学,1989(9):18-19.

[57]张传斌,吴亚萍.烟草装盘播种机用精量穴播排种器的试验研究[J].农机化研究,2012(10):161-164.

[58]张福贵,孟庆国,张树宝.黑龙江垦区精准农业试验与发展[J].现代化农业,2006(01):41-42.

[59]张福锁.测土配方施肥技术要览[M].中国农业出版社,2006(1):47-55.

[60]张继光,申国明,张久权等.烟草连作障碍研究进展[J].中国烟草科学,2011,32(3):95-99.

[61]张井柱.基于GPS的精准农业变量施肥系统及研究进展[J].网友世界,2013(22):7.

[62]张玲,戴奋奋.我国植保机械及施药技术现状与发展趋势[J].中国农机化,2002(06):34-35.

[63]张书慧,马成林,吴才聪等.一种精确农业自动变量施肥技术及其实施[J].农业工程学报,2003,19(1):129-131.

[64]张淑娟,何勇,方慧.基于GPS和GIS的田间土壤特性空间变异性的研究:中国农业机械学会成立40周年庆典暨2003年学术年会[C].中国北京,2003.

[65]张玉,赵玉,祁春节.荷兰高效农业研究及启示[J].农业展望,2007(04):26-28.

[66]章升东,宋维明,何宇.国际碳基金发展概述[J].林业经济,2007(07):47-48.

[67]赵凤云,毕红卫,王元秀.植物生化他感作用及其在生产实践中的应用[J].淄博学院学报(自然科学与工程版),2000(01):82-85.

[68]赵茂程,郑加强.树形识别与精确对靶施药的模拟研究[J].农业工程学报,2003(06):150-153.

[69]赵其国.土壤退化及其防治[J].土壤,1991(2):57-60.

[70]赵镇宏.型孔板式育苗盘精密播种器的试验研究[D].北京:中国农业大学,2004.

[71]郑奎玲,余丹梅.废弃烟叶的综合利用现状[J].重庆大学学报:自然科学版,2004,27(3):61-64.

[72]中国烟草总公司郑州烟草研究院.中国烟草种植区划[M].科学出版社,2010:74-145.

[73]中华人民共和国环境保护行业标准.清洁生产标准烟草加工业,HJ/T401-2007,中国环境科学出版社.

[74]周敏,董现荣.我国高效农业规模化发展研究[J].安徽农业科学,2010(8):4287-4288.

[75]朱家明,上官力,仝景川等.环保型烟草漂浮育苗基质技术研究[J].湖北农业科学,2010,49(2):373-378.

第十章 烟草病虫害防治技术

烟草病虫害防治是优质烟叶生产的重要保障。人们对烟草病虫害的研究已有多年的历史，烟草病虫害的发生与其他作物病虫害的发生一样，经常会出现某种病虫害的暴发与流行，从而给烟草生产带来毁灭性的损失。同时还会不断出现新的病虫害种类，所以，任何烟草产区对烟草病虫害的发生都应提高警惕，做好预防工作。

美国早在20世纪40年代就发现病害是阻碍美国烟草生产的重要限制因子，由于病害的发生与流行导致品种的更替与烟叶市场的变化，20世纪早期根黑腐病和野火病曾一度在美国烟区发生流行，给美国烟叶生产造成惨重的损失（Lucas，1975）；黑胫病和霜霉病逐渐发展成为烟草生产上的重要病害，这两大病害至今仍为全球烟草生产的重点防治病害，烟草霜霉病为我国烟叶进出口贸易的重点检疫对象（时焦等，1996），这充分说明了我国对该病的高度警惕。烟草线虫病由美国烟草生产上的次要病害发展成为主要病害。各国烟草都发现多种造成毁灭性灾害的烟草病害，这些病害在不同的年份和不同的地区给烟叶生产带来威胁，使各国在烟草病害的研究与防治上投入了大量的人力和物力。

我国烟草病害的发生种类也同样不断变化。伴随植烟面积的不断增加，连作烟田的增多，连作年限的延长，耕作栽培制度不合理，尤其是保护地栽培农作物面积的增大，以及烟草品种的变化，烟草病害种类不断增多，危害也在不断加重。如20世纪50年代前后，只有黑胫病在黄淮等部分烟区严重发生，其他病害仅在局部发生。以前一直为次要病害的烟草赤星病，20世纪60年代中期在河南和山东等主要产烟省爆发流行，给烟叶生产带来重大损失（朱贤朝等，2002）。而20世纪90年代由于天气干旱，烟草赤星病在山东烟区的危害下降。20世纪70年代后期烟草黑胫病再次严重发生，同时烟草黄瓜花叶病毒病的为害迅速加重，此后在山东和河南烟区严重流行，不少烟田濒临绝产。20世纪80年代以来各类病害交替或同时流行为害，烟草青枯病在南方烟区常有爆发流行。烟草普通花叶病、黄瓜花叶病毒病、马铃薯Y病毒病混合发生日趋严重，野火病在各烟区逐年加重，各烟区在流行年份，局部地域常出现毁灭性灾害。根结线虫自20世纪70年代在河南发现为害烟草至今，病区不断扩大，为害逐年加重。烟草白粉病近年来在我国南方烟草产区也有加重为害的趋势。20世纪80年代以来几乎每年都有一种或多种病害在各烟区严重发生，一些优质烟区或优良品种，常因病害问题不能充分得到利用，病害严重阻碍了中国烟草生产的发展。且病害一旦发生防治十分困难。

虫害的发生也给农业生产带来灾难，同时虫害的发生也曾造成人类的大饥荒。随着化学农药的出现，害虫的化学防治为农业生产带来了巨大的效益。但是随着人们对化学农药造成的环境污染和危害人类身体健康的认识，无公害和绿色食品乃至有机食品的发展方向对害虫的防治提出了新的要求，给烟草安全用药也带来了新的发展方向。

因此为做好烟叶生产，创出名优烟叶品牌，为卷烟工业提供配方所需要的优质安全的烟叶，在烟草病虫害的防治上要认真贯彻执行"预防为主，综合防治"的植保方针。湖南省邵阳烟区多年来一直坚持这一方针，使烟草病虫害得到良好的控制。

第一节　邵阳烟区烟草主要病害

邵阳烟区发生的烟草病害种类很多，引起烟草病害的病原也很多，可将其分为侵染性（传染性）和非侵染性（不传染性）两大类。

一、侵染性病害

侵染性病害是由病原生物的侵染而引起的，在邵阳烟区发生的主要病原生物包括真菌、细菌、病毒、线虫等。

（一）烟草真菌病害

邵阳烟区由真菌引起的主要烟草病害有：烟草黑胫病、烟草炭疽病、烟草赤星病、烟草蛙眼病、烟草根黑腐病等。

1. 烟草炭疽病

烟草炭疽病原属半知菌，刺盘孢（*Colletotrichum nicotianae* Sacca）。病菌喜高湿，只有在潮湿的环境条件下病菌才能侵入，产生分生孢子。因此无论是在苗期还是在大田期，多雨、阴雨连绵或大水漫灌都有利于炭疽病的发生。烟草炭疽病的主要初侵染源是带菌的土壤、肥料、种子及其他寄主植物。在烟草各生育期均可发病，尤以苗期发病最多，移栽后至团棵期若遇低温多雨，仍可发病。

图 10 - 1　烟草炭疽病症状

发病初期，在叶片上产生暗绿色水渍状小点（图 10 - 1），1~2 天内可扩展成直径为 2~5mm 的圆斑，病斑中央稍凹陷，常为灰白色或黄褐色，病斑边缘明显，在多雨时或在幼嫩叶片上，病斑可连片，病斑上能出现极小的黑点，此黑点即为病菌产生的分生孢子盘。天气干旱时，病斑变成黄白色，不产生小黑点。叶脉、叶柄及茎上的病斑多呈梭形，凹陷开裂，黑褐色。大田期先从下部叶片发病，逐渐向上蔓延，叶片上症状与苗期的相似，只是茎部病斑较大，呈网纹状纵裂条斑。炭疽病菌可以侵染花、蒴果，在其上产生褐色圆形或不规则形小斑。烟草炭疽病菌还能侵染种子，并以菌丝体潜伏在种子中越冬，是来年的初侵染源之一。

防治措施包括选用无病种子，现在生产上基本上都采用包衣种子，选用包衣种子是一项重要的防治措施。苗床烟苗个别发病时，要及时通风排湿，控制浇水，结合间苗摘除病叶，控制病情发展。防治常用药剂有：波尔多液、克菌丹可湿性粉剂、炭疽福美、福美双、百菌清、退菌特、代森锌、甲霜灵等，均按使用说明进行喷施，不可随便加大使用浓度，以免造成药害。

2. 烟草黑胫病

烟草黑胫病的病原为烟草疫霉（*Phytophthora parasitica* var. *nicotianae*），属卵菌，烟草疫霉的气生菌丝较细，无色透明，无分隔。黑胫病菌除侵害烟草外，人工接种还能侵染番茄、茄子、马铃薯和蓖麻等。高温、高湿有利于该病的发生；在多雨高湿、地势低洼条件下，该病的发生比较严重。

苗期发病，首先在茎基部形成黑斑，或从底叶先发病然后扩展到茎。天气潮湿时，病苗腐烂，连片死亡。天气干燥时，幼苗全株变黑褐色，或病部干缩而枯死。成株受害，一般多在根和茎基部变黑，病斑纵向发展，有时长达 0.3m 以上，有时可从茎部伤口侵染引起病斑，在多雨潮湿季节，病斑环绕全茎，叶片自上而下依次变黄。如果大雨后遇到烈日、高温，则全株叶片突然凋萎，数日内全部枯死，纵向剖开茎部，可看到髓部呈褐色，干缩呈碟片状（图 10 - 2），碟片之间有稀疏的棉絮状的白色菌丝，这是黑胫病的主要鉴别症状。叶片也可以受害，受害叶片出现水渍状、暗绿色圆形大斑。

图 10 - 2 烟草黑胫病症状（示髓部碟片状与白色稀疏菌丝）

生产上防治黑胫病的措施除选用抗病品种外，还应从以下 3 方面考虑：①合理轮作避免与茄科作物（如辣椒、茄子、西红柿等）连作。②精细整地搞好排水、灌溉体系，及时起垄培土，防止田间积水、涝渍。③注意田间卫生施用不带菌的有机肥，浇水也要用干净的水。在田间发现个别病株时，要及时铲除，将病株及其周围的土壤全部带出田外，在远离烟田的地方进行妥善处理。一旦发现病株应及时采取药剂防治措施。目前防治黑胫病比较有效的药剂有：25% 甲霜灵可湿性粉剂、50% 甲霜灵铜可湿性粉剂，58% 甲霜灵锰锌可湿性粉剂、40% 霜疫净可湿性粉剂，用药量按照药剂使用说明计算。使用方法以水溶液灌根效果最好，以每株施药液量 25～30ml、施药 2 次、间隔期 10～15 天为宜。

3. 烟草赤星病

烟草赤星病的致病菌为链格孢菌（*Alternaria alternata*）。赤星病菌以菌丝在病株残体上越冬，早春重新长出分生孢子，成为初侵染的菌源。烟草生长中、后期，在降水量大、田间湿度大或昼夜温差大、露水大并且持续时间长等气候条件下，赤星病发病重。一般下部叶片先发病．逐渐向上部叶片发展。最初，叶片上出现黄褐色圆形，似黄米粒大小的小斑点，以后发展成褐色的病斑（图 10 – 3）。潮湿时病斑中心有深褐色或黑色的霉状物；干旱时有的在病斑中产生裂孔；病害严重时，许多病斑连接合并，叶片枯焦，在叶片中脉、花梗与蒴果上可酿致大量褐色或黑色斑点，近收获时茎部可产生圆形或长椭圆形深褐色凹陷病斑。病斑的大小与湿度有关，高湿条件下形成的病斑大，反之就小。

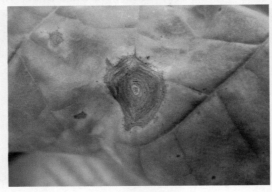

图 10 – 3　赤星病症状（陈丹摄）

烟草赤星病的防治生产上除选用抗病品种外，还应做到以下 3 点：首先，适当调整大田生育期，使叶片成熟阶段避开适宜发病的自然环境条件。其次，合理密植、均衡施肥，形成合理的群体结构，使烟田通风透光性好。控制氮肥施用量，避免烟株贪青晚熟，适当增加磷、钾肥，以提高烟株抗病力。第三，加强田间管理，适时采收，注意喷药。由于赤星病具有侵染衰老叶片的特点，故叶片一旦成熟应适时采收。目前防治的药剂有：1.5% 多抗霉素、70% 代森锰锌、40% 菌核净等。以 40% 菌核净 500 倍液喷雾效果最好，一般防效能达 75%～80%。当底脚叶片采收完时，根据天气情况进行第一次用药，共喷 2～3 次，间隔期为 7～10 天。

4. 烟草根黑腐病

烟草根黑腐病病原菌为根串珠霉［*Thielaviopsis basicola*（Berk. and Br.）Ferraris］。该菌的厚垣孢子耐干热有很强的抵抗力，它们可长期存活在土壤里，病土是主要的初侵染来源。温度是影响该病发生的先决条件，有利病害发生的温度为 17～23℃，高于 26℃病害严重度逐渐下降，30℃以上的高温对该病有明显的抑制作用。病菌喜欢碱性和微酸性的土壤，而在酸性土壤中不能生存。该病最明显的症状是，病斑环绕茎基部至侧根，根系变黑，叶片萎蔫变黄以至死亡（图 10－4）。

图 10－4　烟草根黑腐症状

防治措施主要包括农业防治，选用抗病品种，与禾本科作物轮作，不施用未腐熟的有机肥，当土壤 pH 大于 5.6 时，不使用碱性肥料。药剂防治用 50% 甲基托布津效果很好，每株灌 800 倍的药液 50～100ml，大田期一般用药 2 次。

5. 烟草蛙眼病

烟草蛙眼病病菌为烟草尾孢菌（*Cercospora nicotianae* Ellis and Everhart），病斑上的灰色霉状物为病菌的分生孢子和分生孢子梗。病斑呈圆形，一般直径为 2～15mm，褐色、茶色或污灰色，有羊皮纸状的中心，这些近圆形病斑具有狭窄、深褐色边缘，病斑偶尔呈棱角形，无白色的中心（图 10－5）。在病斑的中央散布着由分生孢子和短的分生孢子梗组成的灰色霉状物。病斑一般发生在下部叶片上，成熟的叶片比幼嫩的叶片易感病，但在严重潮湿天气条件下，幼嫩的叶片易感病。接近采收期，上部叶片可突然发生大的坏死斑。

防治措施主要包括农业防治，要注意搞好田间卫生，实行轮作，减少侵染源，种植密度要适当，改善田间通风透光条件，及时排水。常用的防治药剂有：505 防霉灵、波尔多液、代森锌、50% 的甲基托布津等。

（二）烟草细菌病害

1. 烟草野火病和角斑病

烟草野火病［*Pseudomonas syringae* pv. *tabaci*（Wolf and Foster）Young &Dye Wikie］和角斑病［*Pseudomonas syringae* pv. *tabaci*（Wolf et al）Young et al］是我国各烟区的主

要病害之一，野火病主要在大田期发生。病叶症状初期为黑褐色水渍状小圆斑，病斑周围有明显的黄色晕圈（图10-6）。水渍状小圆斑逐渐扩大，直径可达1~2cm，病斑合并后形成不规则状大斑，上有轮纹。天气潮湿时，病部表面有菌脓状分泌物，干燥时病斑破裂脱落，叶片被毁，严重时，能造成绝产。多雨潮湿时，幼苗也能受害，病苗腐烂、倒伏，有时只剩顶芽直立。茎、蒴果、萼片都能受到侵害，茎上病斑略微下陷，黄色晕圈不如叶片的明显。

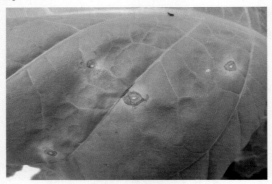

图10-5 烟草蛙眼病症状

烟草角斑病以大田生长后期发生为主。病叶上形成多角形褐色小斑点，边缘明显，病斑周围无明显的黄色晕圈（图10-7）。成株叶片发病严重时，病斑形状、颜色常有较大的差异，病斑可扩大到1~2cm以上，病斑呈多角形或不规则形，黑褐色或边缘黑褐色，而中间为灰褐色，并能出现多种云状轮纹。潮湿时，病斑表面可形成菌脓，即病原细菌。天气干旱，病斑破裂脱落，叶片被毁。茎、蒴果，萼片都能受到侵染，其症状与野火病相似。病菌借风雨传播。

图10-6 烟草野火病症状

农业防治措施有：实行轮作，不与其他寄主植物轮作。在发病的田块，要将病秸秆做适当的处理，消灭菌源是最好的预防措施，培育壮苗，适时早栽，改善田间通风透光条件，防止叶片之间相互摩擦造成伤口，使病菌侵染、田间早期出现零星病斑时，应立即将病叶摘除，以防止传染其他叶片，同时进行药剂防治。药剂防治可用农用链霉素和硫酸链霉索，也可以用波尔多液，这两种防治方法都有一定的效果。一般于发病初期开始用药，喷 3~5 次，间隔期为 7~10 天。

图 10 - 7　烟草角斑病症状

2. 烟草青枯病

烟草青枯病（*Pseudomonas solanacearum* Smith）的典型症状是植株染病后整株枯萎（图 10 - 8），初期叶片仍然保持绿色。染病后的烟株，先是茎和叶脉的导管变黑，随着病情的发展，病菌侵入皮层及髓部，以致茎上出现纵长的黑色条斑。在染病初期，病株常表现出一边枯萎，而另一边仍正常生长的情况（图 10 - 9）。烟草青枯病是典型的维管束病害，与其他维管束病害的症状一样，当剖开茎部维管束时，可发现维管束组织变色的症状，烟草青枯病病斑多为黄褐色或黑褐色。农业防治措施有：选用抗病品种与轮作；田间排水不良是病害发生的有利条件，因此，要把烟田土地整好；苗床和大田都要注意卫生，杜绝施用带病的粪肥；对田间初发病苗的处理可参照黑胫病的处理方法，一定要把初发病株处理好，以免传播流行。常用防治药剂有：农用链霉素、50% DT 可湿性粉剂、叶枯净、3 000 亿个/g 荧光假单胞粉剂 512.5/667m² （王凤龙等，2013）。采用药剂灌根的方法，对防治烟草青枯病效果好。

图 10 - 8　烟草青枯病为害烟田

3. 烟草空茎病

烟株感病后，髓部很快变褐、湿腐，并有一种腐烂发臭的气味，正在腐烂一侧的叶片萎蔫。这种腐烂可使叶片主脉变黑，叶片下垂或脱落。后期烟株常常变成光杆，髓部出现空腔（图10－10），故称"空茎病"。该病通常在打顶和抹杈后山现，因为打顶和抹杈会给烟株造成伤口，为细菌的侵入创造了条件。

图10－9　烟草青枯病症状（示半边疯）

烟草空茎病菌［*Eriwinia carotovora* Subsp. *carotovora*（Jones）Bergey et al］在土壤及病株残体上越冬，主要通过雨水或人为因素传播，从打顶、抹杈或采收时造成的伤口处侵入危害。在阴雨天打顶、抹杈及采收时，容易引起病菌的侵染，造成发病。

图10－10　空茎病症状

防治措施：①选用抗（耐）病品种。抗病品种有 RG17、NC89、K346 等，中抗品种有 K326、NC82、RG11、G80、G140、K394 等，各地可因地选择使用。②苗床消毒。用斯美地（32.7% 水剂）土壤消毒剂进行消毒，施药前将苗床土壤整平，保持湿润（以土壤湿度为 60%～70% 为宜）。每平方米用 50～75ml 斯美地和 3～4kg 水稀释成 60～80 倍溶液，均匀浇撒在苗床表面，让上层湿透 4～5cm，浇撒后用聚乙烯薄膜覆盖 10 天，揭膜后将土壤表层耙松，使残留药气充分挥发，5～7 天后，将苗床整平播种或假植。③合理轮作。参照烟草黑胫病的轮作方法。④注意田间卫生。施用腐熟的农家肥。对拔除的田间病株要集中销毁，防止随意丢弃，以免造成新的污染。⑤加强田间管理。多雨的地区，提倡高起垄、高培土技术；雨季做到烟田无积水。健全排灌系统，防止串灌和雨水串流，以减少病原在田间扩散传播。施氮肥时，要施用硝态氮，不施用氨态氮。适当增施锌、硼肥，提高烟株抵抗病害的能力。⑥药剂防治。药剂可采用农用链霉素 200 单位/ml，在移栽后开始用药，每 10～15 天一次，连续 2～3 次，每株 30～50ml，有一定的防治效果。也可用乙霜青 1 000 倍液进行防治。

（三）烟草病毒病

烟草病毒病是烟草的主要病害之一。烟草病毒病造成的产量损失可达 30%～50%，有的地块甚至绝产。烟草感染病毒后，烟叶等级下降，品质变劣。目前，病毒病已严重阻碍我国烟草生产的发展，病毒病的防治已成为生产上迫切需要解决的问题。

目前已报道的烟草病毒病的种类有 20 多种，能够造成严重损失的主要有：烟草普通花叶病毒病、黄瓜花叶病毒病、马铃薯 Y 病毒病等。

1. 烟草普通花叶病毒病

烟草普通花叶病毒病的病原为烟草普通花叶病毒（简称 TMV）。自苗床期至大田期整个生育期均可发生，幼苗发病最重。烟草染病后在适宜的环境条件下，一周内就能表现出症状。幼苗染病后先在新叶上发生"脉明"，即沿叶脉组织变浅绿色，对光看呈半透明状，以后蔓延到整个叶片，形成黄绿相间的斑驳，几天后就形成"花叶"，即叶片局部组织叶绿素褪色，形成浓绿和浅绿相间的症状。病叶边缘有时向背面卷曲，严重时叶片厚薄不均、皱缩、扭曲，呈畸形，有缺刻。早期发病烟株节间缩短，植株矮化，生长缓慢。

主要防治措施：首先是选用抗病品种，其次注意田间卫生，使用无病种子，培育无病壮苗，适时早栽早发，根除杂草及轮作等综合防治措施，其中切断初侵染病毒来源，是控制普通烟草花叶病毒病的有效防治措施。

2. 烟草黄瓜花叶病毒病

烟草黄瓜花叶病毒病是由黄瓜花叶病毒（CMV）引起的，主要由蚜虫传播。黄瓜花叶病毒病在我国各烟区都有发生，其危害程度逐渐加重，目前已成为我国烟草生产上的重要病害之一，苗床期和大田期都可侵染。初始发病出现"脉明"，形成深绿、浅绿、黄绿相间的花叶和斑驳，并常出现疱斑，有的病叶基部呈革质表面，严重时叶片畸形呈线状；有的病叶叶缘上卷；有的沿叶脉呈闪电状坏死；有的整株黄化。生长前期受侵染的烟株，严重矮化。

防治 CMV 的根本途径在于选育抗病优质品种。在目前尚无抗病品种的情况下，防治措施主要是采取农业防治。一是控制传播媒介，根据当地气候条件、烟草品种特性和蚜虫发生情况，因地制宜地调整烟草大田生育期，使烟草对 CMV 的敏感期避过蚜虫的迁飞高峰，在苗期和大田前期喷药防蚜，以减少 CMV 的传播和蔓延；二是培育无病壮苗，加强肥水管理，提高烟株自身的抗病力。目前，尚无效果理想的抗病毒剂，药剂防治只能作为辅助防治措施。

采用地膜覆盖，对烟草黄瓜花叶病毒病的发生也能起到一定的防治作用，因为地膜覆盖一方面提高了地温，促进了烟株的生长，另一方面地膜对蚜虫有一定的驱赶作用，所以覆盖地膜有一定的防病作用，尤其是银灰色地膜防病效果更好。实行与小麦套栽，试验证明，麦田套栽烟草，在带毒的有翅蚜向烟草迁飞时，首先遇到作为屏障的小麦，对蚜虫进入烟田起到了阻挡作用。由于小麦保护了易感染阶段的烟草，使烟草得以避病，一般防治效果可达到70%以上。

3. 烟草马铃薯Y病毒病

烟草马铃薯Y病毒病是由马铃薯Y病毒引起的。马铃薯Y病毒能侵染多种作物，如马铃薯、番茄、辣椒等，马铃薯Y病毒主要靠蚜虫传毒，但摩擦接触也可以传毒。马铃薯Y病毒病的发生同黄瓜花叶病毒病的发生一样，也是决定于烟草处于感病生育阶段的毒源、气候条件和传毒蚜虫发生情况等综合因素。近年来随着保护地栽培面积的扩大，为马铃薯Y病毒提供了极好场所。因此，该病的危害程度有逐年加重的趋势。

该病发病初期在新叶上出现"脉明"，而后形成系统斑驳，小叶脉间颜色变淡，叶脉两侧的组织呈深绿色带状斑，此病状在叶基部表现最明显。马铃薯Y病毒病坏死株侵染烟草，可造成叶片甚至茎部维管束组织的坏死（图10–11），初始叶片的侧脉变成褐色，叶片坏死的病状延伸到中脉，最终进入茎的维管束组织和髓部。剖开病茎，能发现茎部维管束组织变黑。茎部坏死，烟株就死亡（王凤龙等，2013）。

该病2009年曾在邵阳部分烟田流行，给烟草生产带来了一定的损失。目前该病最好的防治措施是选用抗病品种，NC55于2014年在山东潍坊烟区表现出对该病的良好抗性。另外TN86、NC744、PBD6高抗马铃薯Y病毒病。其他防治措施可按照黄瓜花叶病毒病的防治措施进行。

图10–11　马铃薯Y病毒病症状

（四）烟草根结线虫病

引起烟草根结线虫病的病原是烟草根结线虫（*Meloidogyne* spp.）。烟草根结线虫的寄主范围很广，目前发现有114科，3 000多种植物，其主要农作物有：大豆、甘薯、西瓜、花生、棉花、番茄、辣椒、芹菜、豌豆、黄瓜、苜蓿等。烟草根结线虫的卵和幼虫在土壤中残存的烟根或其他寄主作物的残根中越冬。病土是最主要的初侵染来源。病地虽然不连作烟草，但种植其他寄主作物，或田间长有寄主杂草，同样会增加土壤中线虫的数量。带病的粪肥也是传播来源之一，可引起无病田发病。带病的烟苗远距离也可传播。

烟草根结线虫病，苗期很少发生，主要危害大田期烟草。该病地上部分最明显的症状是烟株叶片变黄，烟株矮化。病株的典型特征是根部形成大小不一的根瘤（图10–12）。重病株根上布满了大大小小的根瘤，须根很少。须根上生出的根瘤为白色。根瘤一般是逐渐增大，最大的根瘤能与花生米同样大，呈圆形或纺锤形。一条根上能生几个根瘤。有的整个根系变粗，呈鸡爪状。后期根瘤腐烂中空，其中包含大量的不同发育阶段的病原线虫。

防病措施：选用抗病品种，与水稻轮作，也可与禾本科作物轮作，对调进无病区的烟苗，实行严格的检验检疫，杜绝将线虫带到无病区，提高管理水平，增强烟株的自身抗病力。

药剂防治措施：移栽时直接施用 1.5% 铁灭克颗粒剂，用药量为每 $15kg/hm^2$，为了施用方便，可将颗粒剂与干土拌匀，然后装入易拉罐等容器内，在易拉罐的底部打几个小眼，将一根 1m 左右长的竹竿固定在易拉罐上，这样手持竹竿上下轻轻振动，将药土施于烟株周围，然后封窝；其他常用药剂包括克线磷·灭线磷、甲基异硫磷等，由于这几种药剂残效期较长，应慎用；土壤熏蒸剂 D – D 混合剂，$300kg/hm^2$，开沟施用，熏蒸土壤 10～15 天，也有一定的防病作用，春天当地温达到 15℃ 以上时施药效果更好。

图 10 – 12　烟草线虫病症状（赵洪海摄）

二、非侵染性病害

烟草非侵染性病害是由不适宜的环境因素引起的。引起烟草非侵染性病害的因素很多，主要有不良的气候条件、土壤和空气中的污染物，以及栽培措施等。近几年化学农药，尤其是除草剂的大量使用，导致农药造成的药害问题日趋严重。

（一）气候性斑点病

造成气候性斑点病的原因有多种，目前普遍认为大气中的臭氧、二氧化硫等是造成该病的主要原因。烟草旺长期的低温、干旱等不良环境条件也可促进该病的发生。

气候性斑点病是从接近生理成熟的下部叶片开始发病。初始发病，叶片正面出现许多密集的不规则的水渍状小点，直径为 1～3mm，48h 内，病斑由褐色发展为灰色或白色，病斑往往集中在主叶脉的两侧和在已伸展的叶尖附近。许多病斑连片，并融合成大片，造成叶片大面积坏死，然后脱落并产生空洞，严重时叶片脱落的只剩下叶脉。

防治措施包括选用抗病品种，搞好田间管理，促进烟株生长，提高抗病力，在旺长前期要及时灌溉，中耕松土。药剂防治方法有叶面喷施活性炭、代森锌等抗臭氧剂，氧化萎锈灵也有一定的保护作用。

（二）其他非侵染性病害

不适的环境条件如寒冷、高温、冰雹、水淹等对烟株都可造成一定的危害。对于这些自然灾害，要做好预防工作，以使损失降到最低限度。

1. 雹灾

根据受害程度采取一定的措施。立即清除断茎、碎叶，整理好烟株。如果主茎上部分受损，可考虑选留杈烟，加强肥水管理，促进烟株恢复生长。

2. 旱斑

在干旱条件下烟草叶片能产生许多红褐色的大斑，病斑周围有黄色带。对于旱害，有条件的地区应及时灌溉。另外，适当地施用钾肥可提高烟株的抗旱力。喷施气孔关闭剂醋酸二苯汞溶液，诱导气孔关闭，在某种程度也可起到一定的防旱作用。不同的烟草品种对化学药剂的反应程度不一样，所以在施用这些不常用的药剂时，最好能先在少量烟株上施用，待有效果后，再大面积应用。

3. 雨斑

雨斑发生在暴风雨过后，多发生在易受雨点打击的部位，初始为暗绿色的水渍小斑，经日晒 2~3 天成褐色，但不再扩大发展。雨斑边缘不明显，中心不凹陷。暴风雨过后出现这种情况应考虑雨斑，不要与其他病害混淆。对于雨斑，还没有有效的预防措施。

4. 冻害

在早春遇到连续低温，烟草的幼芽幼叶能变黄，有的甚至呈白色，叶片皱缩，叶尖、叶缘上卷，呈匙状。在早春应根据天气预报情况，注意加盖苗床，田间采用地膜覆盖栽培、稻草覆盖等措施，能起到防冻害的作用。

5. 水淹

水淹也是经常发生的情况。地上部分先表现为叶片变黄，尤其是中、下部叶片，严重时植株萎蔫和死亡。在连续水淹的条件下，根部容易腐烂。防止水淹的措施主要是注意排水防涝。

6. 二氯喹啉酸药害

二氯喹啉酸，中文别名：稗草净，是防除稻田稗草的特效选择性除草剂，对水稻安全性好。但是稻田使用了二氯喹啉酸后，后茬种植烟草很容易产生药害，常见症状见图 10-13。据研究土壤中二氯喹啉酸浓度达到 2.08×10^{-3} mg/kg，烟草就出现药害症状，因此可以把 2.08×10^{-3} mg/kg 作为二氯喹啉酸对烟草产生药害的致畸临界浓度（张倩等，2013）。近几年在南方烟区经常发生这一问题，也就是说烟田前茬作物田中不使用二氯喹啉酸做除草剂就能解决这一问题。

图 10 – 13　烟草二氯喹啉酸药害症状

第二节　邵阳烟区烟草主要害虫

目前已报道的烟草害虫种类很多，这给烟草生产害虫的防治带来了一定的困难。为了有效地控制害虫和降低害虫对烟草造成的产量和质量损失，对害虫种类的识别，生活习性的了解是非常必要的。应提倡采用绿色防控措施。通常一旦发生害虫，人们就采用化学药剂防治的方法，用药防治的时间与防治效果密切相关。这就要求做好害虫发生的预测预报工作，为化学农药的有效使用打好基础，从而保证化学农药的药效。

一、烟青虫

烟青虫（*Helicoverpa assulta*）俗名青虫，又名烟草夜蛾，每年发生 2 ~ 6 代，随不同烟区的温度条件改变而改变。在黄淮烟区，蛹在 7 ~ 13cm 深的土壤中越冬，越冬代成虫 5 月下旬至 6 月上旬出现，并为产卵盛期；2 ~ 4 代产卵盛期分别在 6 月上中旬至 7 月上中旬，7 月上旬至 8 月上中旬，8 月上旬至 9 月上旬。第 1 代至第 3 代主要为害春、夏烟；第四代则为害夏烟花朵、果实，其中以第 2、第 3 代为害烟草最重。

初孵化的幼虫取食卵壳后，即爬向烟株顶端，取食嫩叶使叶成小孔，昼夜取食，食量较小，烟青虫 3 龄后，白天潜伏在叶片下或土缝间，夜晚、清晨活动，取食顶部嫩叶，烟叶被害后出现大小孔洞，破碎不堪（图 10 – 14）：烟青虫为害烟草蒴果时，可将内部蛀空，或造成烂果、落果。主要防治措施：①冬耕灭蛹。于秋、冬季耕翻土地，消灭越冬蛹。②捕杀幼虫。自移栽还苗后开始，早晨 4：00 ~ 9：00 时，发现心叶处有新鲜虫孔或黑绿色虫粪时，立即人工捉杀幼虫。③诱杀成虫。利用成虫的趋光性和趋化性，在成虫发生期可采用杀虫灯或性诱剂进行大面积统一诱杀。④预测预报。烟青虫是比较难防治的害虫，并且对化学农药很容易产生抗药性，做好预测预报工作，为害虫的化学防治提供信息是搞好烟青虫防治的关键。⑤药剂防治。在进行药剂防治时，为了取得良好的防效，同时也为了保护环境，一定要在防治的适期用药，卵孵化盛期施用最好，低剂量的农药就能起到很好的杀伤作用。如果错过了卵孵化盛期，应在烟青虫 3 龄以前进行药剂防治，因为此时的烟青虫耐药性差。如果到烟青虫 3 龄以后再施用药剂，效果往往不太理想，因为此时烟青虫的耐药性提高，相应地就要喷施高浓度的农药，这样对施用者的身体健康有害，并且烟青虫也容易产生抗药性，此时烟青虫的取食量也增大，对烟草的危害也随着增大。药剂防治的时间掌握是非常重要的。常用的防治药剂有：25%西威因乳油、0.5%甲氨基阿维菌素苯甲酸盐、2.5%高效氯氟氰菊酯乳油、90%灭多威、50%辛硫磷等。⑥生物防治。Bt制剂是很好的生物杀虫剂，用1 000个活孢子/g的Bt制剂1 000倍液，于幼虫孵化盛期进行喷雾，杀虫效果很好。注意天敌的利用，要尽量少用化学农药，因为化学农药在杀死害虫的同时，也杀死了有益的天敌生物。

图10-14　烟青虫幼虫及其为害状（陈丹摄）

二、烟蚜

烟蚜（*Myzus persicae*）是一种常见烟草害虫，虫体虽小，但为害大（图10-15）。烟蚜对烟草的为害分为直接为害和间接为害。直接为害是利用其刺吸式口器吸食烟叶汁液，同时分泌黑色的蜜露污染烟叶，并诱发烟叶煤污病（图10-16），使烟叶表面变黑，造成烟叶品质下降；间接为害是传播烟草病毒病，有翅蚜是传播病毒病的主要媒

图10-15　烟蚜（任广伟摄）

介。烟蚜对烟草的直接和间接为害都很严重。防治措施为：①处理越冬蚜虫。在秋、冬季就要考虑第二年的蚜虫防治，秋季在烟草和蔬菜采收季节，将生存蚜虫的菜叶、秸秆做适当的处理，不使蚜虫随蔬菜越冬而越冬。保护地内生存蚜虫的蔬菜也要做适当的处理，以免蚜虫从保护地向其他农作物迁飞。总之，要采取措施将烟蚜消灭在第一次迁飞高峰之前，这是最经济有效的方法。同时也减少了化学农药的使用，对烟农、对环境及

吸烟者都有好处。②生物防治。烟蚜天敌种类很多，如瓢虫、草蛉、蚜茧蜂、蚜霉菌等。平时要注意保护这些益虫，尤其是瓢虫容易在室内、温暖的地方越冬，要注意保护，不要随便杀死，尽可能少用化学农药并掌握药剂喷雾的最佳时间，减少化学农药的施用，从而保护这些有益的生物。最近几年我国烟草大面积推广应用蚜茧蜂防治烟蚜，并取得了一定的成功经验。③药剂防治。根据烟蚜在越冬寄主上的发生情况，可在桃树上、越冬蔬菜上于早春进行一次药剂防治。烟草移栽前，有些地区要在苗床上施用一次药，以免烟蚜随烟苗一起进入大田。烟草移栽时，施用铁灭克（又称涕灭威），既可防治烟蚜又可防治烟草根结线虫病，具体施用方法见烟草根结线虫病的防治，至于用药量，要根据用药说明施用。常用药剂有 5% 吡虫啉乳油、3% 啶虫脒乳油等。

图 10 - 16　烟蚜引起的煤污病

三、斜纹夜蛾

斜纹夜蛾（*Prodenia litura*），又名莲纹夜蛾，为杂食性害虫。常为害茄科、十字花科、豆科、葫芦科的蔬菜及大田作物中的烟草、棉花、甘薯、甜菜、水稻等。刚孵化的幼虫取食上表皮与叶肉组织（图 10 - 17），随着幼虫的长大，开始取食叶片组织，把叶片吃成孔洞。近几年斜纹夜蛾在我国很多烟区发生，并有加大为害的趋势，应引起我们的高度关注。防治方法可参照烟青虫的防治。

四、烟草潜叶蛾

潜叶蛾（*Phthorimaea operculella*）食性杂，喜食烟草、马铃薯、茄子、番茄、辣椒、曼陀罗、枸杞等。以幼虫潜食于叶片组织之内，蛀食叶肉组织，因此叶片仅剩上、下表皮，形成白色弯曲的隧道，随着叶片的生长，隧道逐渐扩大而连成一片，形成透亮的大斑，撕开叶片的表皮可见虫体（图 10 - 18）。近几年，为害有加重发生的趋势，尤其是在其他寄主植物上的发生更加普遍。烟草潜叶蛾是检疫对象，防治措施：①加强检疫工作。烟草潜叶蛾在某些产区现在尚未发生，因此要做好检疫工作，以免将其传播至未发生地区。②栽培措施防虫。由于烟草潜叶蛾的主要寄主为马铃薯和烟草，同时烟草和马铃薯又都是许多病害的寄主植物，因此在烟区最好不要种植马铃薯，这样既可减轻

图 10 – 17　幼龄幼虫以及为害状

虫害又可减轻病害。收获后应及时处理带虫的烟株和其他寄主残余。无论在生产的任何时间，只要发现虫体就及时消灭。另外结合田间管理，随时摘除有虫的叶片。③诱芯诱杀与手工抹杀。可在田间挂诱芯，诱杀潜叶蛾成虫。另外烟草潜叶蛾幼虫活动性很差，所以手工抹杀较容易。④药剂防治。常用药剂有：20％的氯虫苯甲酰胺 SC（商品名称：康宽）和 20％氟虫双酰胺 WDG（商品名称：垄歌）。这两种新药的防治效果很好。

图 10 – 18　潜叶蛾为害状与幼虫

五、斑须蝽

斑须蝽（*Dolycoris baccarum*）分布范围广，寄主种类多，主要有烟草，小麦、水稻、棉花，油菜、大豆，玉米、白菜、苹果、山楂、泡桐等。在烟草上主要以成虫和若虫刺吸烟叶的叶脉基部、嫩茎等部位的汁液，使烟叶或烟株顶端萎蔫。斑须蝽成虫产卵前对烟草的危害最重。一般将卵产于烟叶的叶片、叶基部、嫩茎，花冠和蒴果表面。初孵化幼虫多集中在卵壳上，不食不动，经 2～3 天蜕皮 1 次后分散为害。

斑须蝽一年发生的代数因地区而异。一般成虫在草堆下、尾角墙缝、树皮缝隙、马厩棚下越冬。越冬代成虫4月开始活动，为害小麦及越冬寄主；6月上旬迁入烟田，此期间也是烟草受害严重时期；6月下旬为产卵盛期；7月上中旬为第二代成虫盛发期。防治措施有：①人工捕杀与诱杀。在烟田捕杀成虫和若虫，以减少烟田落卵量，同时采摘有卵块的叶片，进行杀灭。成虫盛发期用黑光灯和频振式杀虫灯诱杀。②药剂防治。常用化学药剂：50%辛硫磷乳油、50%久效磷乳油、40%氧化乐果乳油、50%久马复合剂。③及时打顶和保护天敌。及时打顶和保护天敌，均可减轻斑须蝽的危害。

六、地下害虫

为害烟草的地下害虫主要有：蝼蛄、地老虎、金针虫等。这些害虫主要为害烟根、烟茎，一般在地下建造隧道，造成烟苗死亡。

（一）地老虎的防治

1. 药剂喷杀

刚孵化的幼虫是微量取食烟叶，抓住这一时机，进行一次药剂防治，能起到很好的防治效果。常用药剂可参照防治烟青虫的药剂。

2. 灌根

40%辛硫磷乳油1 000倍液，每株200ml灌根。

3. 毒饵诱杀

对于3龄以后的幼虫，药剂喷杀效果不好，可采用毒饵诱杀的方法，将90%的敌百虫0.5kg，加0.5～5.0kg的水稀释，然后喷在50kg炒香的棉子饼、豆饼、菜籽饼、麦麸等上，制成毒饵。也可用其他味道小，具有胃毒作用的杀虫剂代替敌百虫，如90%万灵可湿性粉剂。将毒饵与10～35kg切碎的鲜青草拌匀，制成毒草，于傍晚撒到烟苗周围，用量15～30kg/667m^2。该方法对金针虫的幼虫也有防治效果。

（二）蝼蛄的防治

防治蝼蛄的主要措施有：①毒饵诱杀。将50kg麦麸或豆饼，棉子饼等炒香，用90%的晶体敌百虫0.5kg或40%的氧化乐果1.5kg加水15kg与炒香的饵料拌匀，制成毒饵，将毒饵撒在苗床上或田间，每公顷用毒饵30.0～37.5kg。②煤油水灌注法。在苗床或大田的隧道口，滴入几滴煤油，或将50%的辛硫磷乳油5ml，加水0.5kg，进行稀释，将此稀释后的辛硫磷药液加到煤油中，然后滴入隧道口，并向隧道内灌水。

七、野蛞蝓

野蛞蝓（*Agriolimax agrestis*），体柔软，无外壳，体色为黑褐色或灰褐色、头部有两对触角。体背隆起，前面有半圆形硬壳外套膜，约为体长的1/3，头部收缩时即藏于膜下。防治措施有：①结合病害防治选择苗床地。选择向阳、排水良好的地势作为苗床地，苗床地要远离蔬菜地、村边、烤房等地。育苗土壤要进行熏蒸，杀死病、虫和杂草。烟苗出土后，在苗床周围撒施生石灰，制成封锁带，以阻止其进入苗床。②毒饵诱杀。用砂糖、蜗牛敌和砷酸钙按1:3:3的比例混合均匀，拌入6倍药量的豆饼、花生饼等，并加少量的水，制成毒饵，傍晚将毒饵撒在烟苗的周围。③药剂防治。在野蛞蝓进行取食活动时，在苗床或田埂周围喷施油茶饼液，即粉碎油菜饼 0.5kg，加水 5kg，浸泡 10 个小时左右，搅拌后过滤，向清液中再加水 20～45kg，然后喷雾施用。6% 四聚乙醛颗粒剂 465～665g，拌土 10～15kg，在蛞蝓盛发期的晴天傍晚均匀撒于烟株附近。④菜叶诱杀。傍晚将白菜叶、甘蓝叶撒在苗床周围，清晨捡菜叶，同时杀灭野蛞蝓。

第三节　病虫害预测预报

一、病虫害预测预报的概念

所谓病虫害预测预报是根据调查数据与植物病虫害流行规律，进行分析、推测未来一段时间内病虫分布扩散和为害趋势的综合性科学。需要应用有关的生物学、生态学知识和数理统计、系统分析等方法。预测结果应以最快的方式发出情报，以便及时做好各项防治准备工作。预测预报的对象包括农作物病虫害和仓贮病虫害等。

准确的病虫发生情况预测，可以增强防治病虫害的预见性、计划性和准确性，提高防治工作的经济效益、生态效益和社会效益，使之更加经济、安全、有效。病虫害预测预报工作所积累的系统资料，可以为进一步掌握病虫害发生的动态规律，乃至运用系统工程学的理论和方法分析生态系统内各类因子与病虫发生为害的关系，为因地制宜地制订最合理的综合防治方案提供科学依据。因此，这项工作不仅关系到当年当季的农业生产，而且对于提高长期综合治理的总体效益具有战略意义。

二、病虫害预测预报技术的发展概况

病虫预测预报的开展是第二次世界大战后，农业生产过程中随着化学农药的大量应用而逐步发展起来的。日本早在 1951 年就将植物病虫害预测预报工作正式列入《植物防疫法》；至 1980 年，已有从事植物病虫害预测预报专职和兼职人员 12 700 多人，并确定全国性和地区性的预测预报对象共 181 种，定期发布全国的和县的病虫情报。原苏联于 20 世纪 50 年代中期开始进行植物病虫预测预报，而后快速发展，20 世纪 80 年代初已建立病虫预测预报点 1 484 处。20 世纪 70 年代在前苏联植物病虫预测预报工作引起普遍重视，这与当时因盲目使用化学农药而产生的副作用逐渐暴露，病虫防治的生态学观点、经济学观点和环境保护观点，日益为人们所接受，植物保护趋向于发展综合防治、科学用药的要求日益迫切有关。20 世纪 70 年代以后，由于电子计算机技术的应用，植物病虫预测预报工作又发展到一个新的水平。

我国于 1955 年由农业部正式颁布农作物病虫预测预报方案，对预测预报的对象、方法，以及组织机构等都作了明确规定。此后，病虫预测预报工作逐步发展。①建立了全国性的预测预报体系。②专业性预测预报与群众性预测预报相结合。除各级专业化病虫预测预报站外，在基层还有大量不脱产的预测预报员，他们可根据预测预报站的预报结合当地病虫发生为害和天敌的实际情况，决定防治对象和防治适期。③预测预报站之间，预测预报站与科研、教学单位之间多层次的科研协作。④从短期预测发展到中、长

期预测，从发生期预测发展到发生量和为害程度预测，并已在病虫预测预报电码和模式电报，以及对迁飞性害虫和流行性病害的异地预测预报等方面达到了世界先进水平。

三、植物病虫害预测预报的类别

根据预测预报的具体目的可分为：①发生期预测。预测病虫的发生和为害时间，以便确定防治适期。在发生期预测中常将病虫出现的时间分为始见期、始盛期、高峰期、盛末期和终见期。②发生量预测。预测害虫在某一时期内单位面积的发生数量，以便根据防治指标决定是否需要防治，以及需要防治的范围和面积。③分布预测。预测病虫可能的分布区域或发生的面积，对迁飞性害虫和流行性病害还包括预测其蔓延扩散的方向和范围。④为害程度预测。在发生期预测和发生量预测的基础上结合品种布局和生长发育特性，尤其是感病、感虫品种的种植比重和易受病虫危害的生育期与病虫盛发期的吻合程度，同时结合气象资料的分析，预测其发生的轻重及为害程度。病虫害的发生轻重程度可分为小发生、中等偏轻发生、中等发生、中等偏重发生、大发生等 5 级。

根据预测预报时期的长短、预测预报对象的严重程度和指导病虫防治的信息要求，又可作不同的分类。中国农牧渔业部于 1983 年规定分为以下 4 类：①预报。又分为：短期预报，即离防治适期 10 天以内的预报；中期预报，即离防治适期 10 天以上的预报；长期预报，即离防治适期 30 天以上的预报。②警报。即预计将造成严重危害的或是突发性的新发展的病虫，需要人们特别警惕抓紧防治的预报。③预报技术服务情报。即专门为基层植保技术组织和农户服务的预报。④病虫情况反映。一定时期内病虫发生和防治的实况。

此外，预报发出后，如原来预计的病虫发生情况有所变化时，还可发出补充预报，加以说明。

四、病虫预测预报的科学依据

植物病虫害的发生和流行具有一定规律性，对于病害流行起决定作用的 3 个因素是：感病寄主的大量集中栽培；病原物的大量累积；环境条件有利于病原物的侵染、繁殖、传播、越冬，而不利于寄主的抗病性。害虫猖獗常决定于下列 4 个方面的因素：害虫的发生基数和生活势能（繁殖能力、抗逆能力以及迁移扩散能力）强；环境条件，尤其是温度、湿度等气象条件适宜害虫的繁殖；天敌的种类和数量减少；害虫的食物来源充沛，作物的种类和品种、长势和栽培管理等有利于害虫的取食为害。通过对上述情况的全面监测，及时掌握在不同时、空条件下影响病害流行和害虫种群数量变动的主导因素，便可做出比较准确的病虫害预测预报。

五、预测预报方法

预测预报常用的方法有以下几种：①发育进度预测法。根据害虫田间发育进度参照当时气温预报和相应的虫态历期，推算以后虫期的发生期。②害虫趋性预测法。根据害虫的趋光性、趋化性以及取食、潜藏、觅偶和产卵等生物学特性而设计、采取各种诱集方法，如利用多种诱虫灯、诱虫器、树枝把、谷草把、黄色盆以及性诱剂等诱集害虫，进行预测。③依据有效基数预测法。害虫的发生数量通常和前一世代或前一虫态有密切关系，基数大，则下一虫态或下一世代的发生可能多；反之则少。④数理统计预测。病虫害的发生期、发生量和为害程度的变动和周围的物理环境条件（温度、雨量、土壤等）和生物环境（天敌、食物等）的变动密切相关。对病虫害、天敌昆虫发生的一定数量特征与一定环境特征之间的相互关系，可用数理统计法进行定性或定量分析，据此发出数理统计预报。常用的方法有函数分析法、相似相关法等。⑤异地预测法。一些远距离迁飞性害虫和大区流行性病害，其虫源或菌源可随气流迁往异地。如稻褐飞虱等害虫是逐代呈季节性往返迁移，其迁移的方向和降落区域的变动，又随季风进退的气流和作物生长物候的季节变换制约。因此可根据发生区的残留虫量和发育进度，结合不同层次的天气形势以及迁入区的作物长势和分布，来预测害虫迁入的时间、数量、主要降落区域和可能的发生程度。也可根据发生区的菌源量、气流方向以及作物抗病品种的布局和长势，来预先估计可能的发生区域、发生时间和流行程度，并可应用综合分析、预测模型和电算模拟等手段进行。⑥电子计算机预测法。应用电子计算机技术和装置，将经研究得出的有害和有益生物发育模型、种群数量波动模型、作物生长模型、防治的经济阈值和防治决策等贮存入电脑中心，通过各终端系统输入各有关预报因子的监测值后，即可迅速预报有关病虫发生、为害和防治等的预测结果。这种方法的优点在于：对病虫预测预报原始资料和数据的处理既方便又有利于资料的保存；用以做出病虫数理统计预报时，可提高计算的效率和准确性；便于病虫预测预报资料的贮存、检索、调用，便于进一步建立计算机网络。20世纪80年代初，中国有关于小麦赤霉病、小麦条锈病、马尾松毛虫等10多种病虫的电算统计预测模型，并已在不同范围的生产中应用。

除上述预测预报方法外，还有有效积温预测法、物候预测法等。

六、邵阳烟区病虫害预测预报技术的应用

国家烟草专卖局1995年正式立项开展烟草病虫害预测预报技术研究，并首先在山东、黑龙江、陕西、福建、云南5省筹建预测预报网络。随后，安徽、河南、贵州、湖南、湖北、四川、广东、辽宁、吉林、江西、广西壮族自治区等省（区）预测预报站也相继成立。经历10多年的工作，2009年全国17个省（区）建成了省级预测预报网站，建立起300多个预测预报点，制定了监测方法及网络管理办法，指导了全国烟草病虫害防治工作，提高了我国烟草病虫害综合治理整体水平，其工作量和网络规模是空前的。

湖南省烟草公司具有省级烟草病虫害预测预报站。湖南省烟草公司邵阳市公司在湖南省烟草公司的帮助下，建立完善了烟草病虫害预测预报体系。在主要产烟区建立了预测预报站点（乡镇）。针对烟草生产上的主要病虫害开展了烟草赤星病、烟草黑胫病、烟草蚜传病毒病和烟蚜、烟青虫、地老虎等的预测预报工作。为生产中上述病虫害的防治提供了数据资料。

七、邵阳烟区未来预测预报技术的发展

当今科学技术的发展，尤其是计算机网络技术的发展，为病虫预测预报的现代化发展提供了平台，病虫预测预报正朝着"规范化、自动化、网络化和可视化"的方向发展。

即提高病虫信息的采集水平和传递速度，全国正在逐步按照规范化和标准化的方法进行调查，并进行病虫信息的汇报、交流，达到更好地对病虫害实施有效的监测和预报。病虫发生信息的传递速度，决定了其应用价值。现代信息技术水平的迅猛发展，为加快病虫发生信息的传递速度提供了物质基础，除了电话、电报和传真等常规应用工具外，计算机网络的应用已被越来越多的人采纳，可以在短暂的几分钟时间内，开展网络专家咨询，在网上获得信息与解决办法。有些省还设立了"农业110电话"。湖南省烟草公司邵阳市公司准备针对这些领域开展一些应用研究，并推广先进准确的预测预报技术。

八、绿色病虫害防控技术

可持续发展是21世纪农业发展的主题，以农业为主的种植业将以优化品种、提高质量、增加效益为中心，大力调整农产品结构为重点，推进农业在提高整体素质和效益的基础上持续、稳定的发展。而目前农业防治、生物防治等环保措施是实现这一主题的有效的绿色病虫害防控技术。

（一）农业防治

农业防治是指利用农业生产中的各种技术，降低有害生物数量，提高植物抗病性，通过栽培措施等创造有利于植物生长发育，而不利于病虫害发生的环境条件，从而减轻病、虫、草的为害。具体措施如下：①选用良种。选择抗病良种是最经济、有效、无污染的措施。②合理布局。可以调节农田生态环境，改善土壤肥力和物理性质，从而有利于作物生长发育和有益生物的繁衍，减少病虫害。③轮作。实行合理轮作制度，害虫因为缺乏适宜的寄主而迅速死亡，对防治土传病及一些在地中化蛹的单食、寡食性害虫是最有效的措施。一般不同科作物与烟草实行2~3年轮作，水旱轮作防病效果更佳。④深耕晒田。可以减少田间病源和虫口基数。⑤肥水管理。合理的肥水管理不仅可改善作物的生长状况，而且能提高作物的抗病能力及受害后的补偿能力。⑥中耕除草。清洁田园四周杂草，及时中耕，可清除病虫中介和寄主，减少病虫初侵染来源。

（二）生物防治

生物防治是利用有益的生物及其代谢物控制病、虫、草的发生和繁殖，减轻病、虫、草的危害。目前科学家研发的生物防治方法很多。

1. 交互保护作用防治烟草病毒病

近年来交互保护作用防治烟草病毒病的研究空前活跃。Mekinney 1929年在TMV上发现的交互保护作用（亦称交叉保护、获得免疫、干扰作用、预免疫、诱导抗病性等）指的是：一种病毒的一个株系系统地侵染植物后，可以保护该植物不受同种病毒的另一亲缘株系的严重侵染。近年来交互保护的概念又得到了发展，这就是基因工程交互保护的出现，20世纪80年代中期以来，许多国家相继报道，将表达TMV外壳蛋白的基因导入烟草、番茄等植物体内，所获得的转基因植物对TMV强毒株系具有抗性（李英，1989）。同时还报道，将CMV卫星RNA导入烟草植株内，所培育的基因工程植株对CMV具有明显的抗性（时焦等，1996）。烟草病毒病种类愈来愈多，为害日趋严重，防治十分困难。人们一直在寻找有效的化学防治药剂，但未发现高效农药。目前各国普遍采用的以切断或减少初侵染来源的措施防治烟草病毒病，往往效果不够明显。国内外正在研究利用交互保护作用，尤其是基因工程交互保护防治烟草病毒病，并取得可喜的进展。

利用交互保护作用防治植物病毒病的研究已有 60 多年的历史，但其应用研究却只有近 30 年。近年来随着人们对环境保护重要性的认识，像交互保护这样的非化学防治途径的研究显得十分活跃。田波等（1978 和 1979）从番茄花叶病毒的诱变中，获得了 N_{11} 和 N_{14} 两个弱毒株系，这两个株系在普通烟上不表现症状，夏绍华等（1992）将 N_{14} 应用于烟草病毒病的大田防治，防效达 47.27%。Kaper 和 Tousignant（1976）在黄瓜花叶病毒（CMV）的分段基因组中发现伴随一种可复制的低分子量 RNA，称为 CMV 卫星 RNA。卫星 RNA 的存在能够改变寄主症状及其严重度。邱并生等（1985）用加入卫星 RNA 的方法，获得了 CMV 弱毒株系 CMV—S_{52}，夏绍华等用 CMV—S_{52} 防治烟草病毒病，防效达 55.67%。欧美及日本在利用交互保护作用防治植物病毒方面，做了许多工作，并取得了明显的效果。1985 年美国华盛顿大学的研究者发现，交互保护作用可以通过转移病毒的外壳蛋白（CP）基因而获得。他们将 TMV 外壳蛋白的编码基因通过 Ti 质粒导入烟草和番茄的叶片中，再生的转基因植株受病毒感染后症状明显减轻，与不含这一基因的对照感病植株相比，转基因植株发病率降低了 70%（时焦等，1996）。1987 年荷兰、比利时等都进行了此项试验并获成功。李英等用 T—DNA 携带有嵌合烟草花叶病毒外壳蛋白基因和卡那霉素抗性基因（NPTII）的土壤农杆菌株 RACK403tPACK404，与烟草品种 SR_1 和斯佩特 G—28 单倍体无菌叶碟片进行共培养转化。再生得到转基因烟株，在用烟草花叶病毒强毒株系接种的条件下，延迟症状表现 4～25 天（李英等，1989）。中国科学院微生物所和中国农科院烟草研究所等单位合作研究，将 TMV 和 CMV 的外壳蛋白基因同时转入烟草烤烟品种 NC89，获得双抗基因工程烟草品种 NC89。基因工程 NC89 在东北烟区种植对 TMV 表现出极高的抗性；在河南烟区种植对 CMV 亦表现出极高的抗性（方荣祥等，1990）。

美国 1986 年构建了带有 CMV 卫星 RNA 基因的 Ti 质粒，并导入烟草植株内，显著减轻了转基因植株的病毒病症状。吴世宣等将合成的 CMV 卫星 RNA—1 的全长互补 DNA 单体导入烟草品种 G—140 的叶圆片，并再生成植株，经 CMV 强毒株系接种后，大部分转化植株有大量卫星 RNA 表达，并表现出症状减轻（吴世轩等，1989）。

目前基因工程交互保护作用在烟草病毒病防治中的研究非常活跃。侵染烟草的许多病毒如：PVX、AMV、TMV 和 CMV 等的转外壳蛋白基因工程烟草植株（或品种）已经育成。

（1）病毒弱毒株系的获得　选择弱毒株系是完成交互保护计划最关键而且最困难的一步。选取弱毒株系的方法很多，要根据不同的作物和病毒种类而定。目前在烟草上应用的方法主要有如下几种。①亚硝酸诱变 ②热处理 ③基因工程 ④自然选择和紫外线照射等等。

（2）弱毒株系的接种方法　接种弱毒株系的方法随作物和病毒种类的不同而异。对种子植物常用的接种方法是机械接种，一般用喷枪或喷雾器对新出土的幼苗保护性接种。日本将含有弱株病毒的番茄鲜叶的磨碎汁液用自来水稀释 10 倍，在 $0.5～1.1/m^2$ 内添加 60～80 筛目的碳化硅，用 $5～6kg/m^2$ 的压力从 5cm 以内的最近距离，用市售背负式喷雾器和小型全自动喷雾器对 1~2 叶期番茄幼苗接种（时焦等，1988）。

（3）采取交互保护作用法应考虑的问题 首先弱毒株系对某种作物来说是弱毒，而对其他作物不是弱毒，因此在大面积应用弱毒株系以前必须广泛地进行寄主测试。要对弱毒株系的稳定性测试，以免弱毒株系转为强毒株系；要检测弱毒株系在连续长期诱导接种强毒株系压力下的反应；探索接种和大量繁殖弱毒株系的方法及大量繁殖弱毒株系所用作物的种类；探讨交互保护措施与其他栽培措施的综合运用，研究弱毒株系与其他病毒复合感染对作物的影响。温度对弱毒株系的接种率也有影响（时焦等，1990），因此应做好最适温度的研究工作。

（4）交互保护作用应用的可行性 由化学农药引起的环境污染问题及其对人畜健康带来的一系列问题愈来愈引起人们的重视。因此有效的非化学防治措施的探索是当务之急。目前在植物病毒病防治中非化学防治措施的研究尚属薄弱环节，开展的主要工作是生物制剂的研制、植物组织培养脱毒技术、交互保护防治技术和农业防治措施。用病毒因子诱导的植物抗病性（交互保护）具有多抗、高抗和卫生安全等优点（杨献营，1993）。并且近年基因工程交互保护在植物病毒病防治中的研究不断深入，为植物病毒病防治上升到分子水平奠定了基础，开拓了植物病毒病防治的新途径。

交互保护作用在人畜病毒病的防治中取得了举世瞩目的成就，如人的天花病毒，动物的瘟病，乙型肝炎的防治。动物和植物具有功能相似的免疫系统，差别仅是表达方式的不同。因此交互保护作用在烟草病毒病乃至整个植物病毒病的防治中的研究与利用，具有广阔的前景。

随着交互保护作用在烟草病毒病防治中的广泛应用，我们不仅要研究有关的技术问题，还应开展交互保护作用机理方面的研究，目前有关交互保护作用的机理都是假设。近年来基因工程交互保护作用的应用在烟草病毒病的防治中取得了很大进展，并且比弱毒株系的保护具有以下优点：第一，受保护植株不含有侵染性病毒粒子；第二，不存在弱毒株系突变为强毒株系的可能性；第三，保护作用可以遗传（时焦等，1988）。相信随着分子生物学技术在烟草病毒病研究中的不断提高与完善，交互保护作用对烟草病毒病防治效果将逐步提高。

2. 蚜茧蜂防治烟蚜

烟蚜茧蜂是烟蚜最重要的寄生性天敌之一，对烟蚜的自然寄生率通常为 20%~60%，最高可达 89.16%，在烟蚜的生物防治中具有重要的作用。实施人工繁育、散放助增烟蚜茧蜂，增加自然界中烟蚜茧蜂的种群数量，不仅能达到防治当年烟蚜为害的目的，而且对来年烟蚜的发生会起到直接或间接的控制作用。因此对减少化学农药使用量、减少环境污染起到一定的积极作用。

最近几年烟草行业开展了蚜茧蜂防治烟蚜试验，并取得了一些成功的经验。2014年，云南省腾冲县投放烟蚜茧蜂面积 13.45 万亩，占全县烤烟合同种植面积 15.44 万亩的 87.1%。调查结果显示，蚜茧蜂生物防治取得明显成效（孙治浦，2014）。

目前，我国已形成较为成熟的烟蚜茧蜂规模化繁殖、释放工艺，并发布了相应的行业标准，在全国主产烟区也有一定应用规模。但在规模化繁殖释放中还存在一些问题，今后应加强以下工作：重寄生蜂的控制策略；提高繁蜂保种效率和繁殖效率，降低繁蜂成本；解决烟蚜茧蜂远距离运输与长期储藏问题；另外，还应关注长期放蜂对烟田节肢动物群体以及生态环境的影响。

3. 生物制剂的研制与应用

与化学农药相比生物制剂（生物农药）由于其对环境与人畜低毒和安全，受到了人们的关注与青睐，进入21世纪后，更备受世界各国关注。随着绿色植保战略的推进与实施，生物农药研发成为我国生物产业、农业科研与应用的热点，被列为国家中长期科技发展规划的重大研究领域与方向（邱德文，2013）。

我国生物制剂类型包括微生物农药、农用抗生素、植物源农药、生物化学农药和天敌昆虫农药等类型（邱德文，2013）。如防治昆虫的杆状病毒、白僵菌、Bt制剂等。防治病害的芽孢杆菌类生防菌，木霉菌等，防治线虫的青霉菌、防治杂草的炭疽菌、锈菌等等（时焦等，2007；时焦等，2006）。

第四节　烟用农药安全性评价

目前，农药安全性评价（Safety Evaluation）已成为各国农药科学管理的核心和主要方式。同时，农药安全性评价为解决农药生产与使用的诸多问题提供了有效途径，为维护农药规范生产、安全使用与健康发展提供了有效保障。本文从农药安全性评价的进展、安全性评价的基本程序与方法、安全性评价体制的建立与完善3个方面对农药安全性评价的方法进行了综述，以期促进烟草生产用药安全与减少烟叶中的农药残留。

一、安全性评价的进展

"农药"指防治一系列生物灾害的各种化合物，包括动物和鸟类驱避剂、食品贮藏保护剂、杀虫剂、杀螨剂、防霉变剂、防污产品、植物生长调节剂、用于阻止建筑物上地衣和苔藓等生长的化合物、杀鼠剂、土壤消毒剂、除草剂以及木材防腐剂。

农药的诞生曾经在很大程度上提高了农作物产量，促进了农业发展，方便了人们的生活。至今，农药已成为现代农业生产不可缺少的生产资料之一。

事物都是一分为二的，随着新农药种类的不断出现、生产与使用，农药给人类健康和环境造成的负面效应越来越大，同时不同程度上造成农药的扩散、残留与富集等问题，农药的各种污染与危害也逐步地显现。自1992年巴西里约热内卢及1997年美国纽约的环境与发展大会之后，把环境安全纳入发展计划，实现经济、社会和环境的可持续发展的观点，已被大多数人认同，并被世界各国所接受。从而人们对化学农药由20世纪早期的盲目乐观，转向了审慎的态度，对化学农药着手开展安全性评价及风险管理。

安全性评价的理论发展经历了3个代表性阶段，首先，事故理论阶段（从工业社会到20世纪50年代），其次，危险分析与风险控制理论阶段（从20世纪50年代到80年代），最后，安全理论不断发展和完善的现代阶段（20世纪90年代以来）。安全性评价是对系统的危险性进行定性或定量分析，评价系统发生事故的可能性及严重程度，它是安全管理和决策科学化的基础；同样，安全性评价能使公众认清风险，接受风险，正确看待和处理生活及生产过程中出现或产生的实际问题。

事实上，化学农药风险评价中的环境风险评价是20世纪70年代发展起来的环境评价科学。其中以有毒有害化学品（尤其农药）的安全问题为环境安全（风险）性评价与风险管理研究的热点和重点。20世纪40年代杀虫剂应用只注重急性毒性，对农药给环境带来的潜在威胁认识不足，对有害生物的防治过分依赖化学防治措施。20世纪50年代各国（尤其西方）广泛使用DDT和六六六（有机氯农药），虽然它们的急性毒性并不高，但存在长期的残留毒性。随着这两种有机氯农药的大量使用，20世纪60年代残留问题逐渐暴露出来，于是世界各国对环境问题高度关注，对农药的安全性评价也从急性毒性发展到此阶段要求做农药残留检测和慢性毒性试验。20世纪80年代后期，以美国为代表的一些国家把计算机技术和数学模型的开发和应用与环境生态风险评价相结合，从整体、系统联系的观点出发进行评价研究，使得风险评价更为全面、准确、迅速、可靠，也使得重大问题的决策和农药管理更具科学性。目前农药安全性评价涉及农药研究、开发、生产和使用的整个过程，并且涉及原药、制剂及使用方式等方面。评价内容涵盖了农药毒理、残留、环境生态等诸多与农药安全性有关的方面。从评价指标的性质以及评价侧重点上，风险评价可概括为卫生毒理风险评价和环境毒理风险评价两大类。前者包括农药对哺乳动物的急（慢）性毒性，如过敏性、三致性（致畸、致癌、致突变）和迟发性神经毒性等，以及急（慢）性毒性与人体健康直接有关的指标；后者包括农药环境行为、残留、农药对有益生物的影响等与环境、生态安全有关的指标，故又称环境（生态）风险评价。与早期农药的开发与使用相比，现代开发的化学农药必须进行使用前全面的安全性评价，结合相应的风险管理措施，使农药的副作用得到有效控制。建立严格、完善的安全性评价与管理制度，是为了达到现代化学农药安全使用的目的。

二、安全性评价的基本程序与方法

一个完整的安全性评价亦称为风险评价（Risk Assesment）及风险管理，程序包括：风险识别、风险评价和风险决策管理。

（一）风险识别

任何一种农药在被批准应用于农业或其他用途之前，必须经过与人畜健康相关的测试亦即安全性评价。该阶段主要明确农药中的化学成分可能对人畜健康以及环境产生的危害，描述或列出各种毒性作用现象，如神经毒性、发育毒性等。这些信息包括流行病学数据、动物生测数据、离体试验数据和分子生物学信息等。危害的识别包括一系列离体和活体的研究，在剂量足够高的情况下有可能产生副作用的化合物需确定其生物活性。在试验中供试生物体（微生物、细胞系或活体动物试验）接触化学成分水平的增加直至不良效应的产生。为了确保数据的可靠性，采用国际通用的准则指导安全性评价的试验过程。

安全性评价的第一步是风险识别，在环境安全性评价方面，目前常采用三种风险识别途径：专家调查（包括智力激励法和特尔菲法）、幕景分析（Scenarios Analysis），即：筛选、监测和诊断，以及故障树（事故树）分析法（FTA）。这些途径在评价时又可采取定性评价、指数评价、半定量评价和概率危险评价等方法。各国正在开发和试图应用相应的安全性评价软件。

（二）风险评价的基本方法

农药对人类健康潜在的危害性主要是通过大鼠、兔、豚鼠、狗等动物对一定剂量农药做出的反应进行的。在农药登记时需要提供一系列毒性研究报告，这些毒性研究包括农药对不同动物种类从急性毒性试验到慢性毒性试验的一系列试验。"农药安全性毒理学评价程序"中规定的安全评价项目，按"农药登记要求"所需的相应试验，依次分为四个阶段。即急性毒性试验、蓄积毒性试验和致突变试验、亚慢性毒性试验和慢性试验与致癌试验阶段。

1. 第一阶段：急性毒性试验

急性毒性试验对于每种农药都是必测的项目。急性毒性研究是通过使动物接触一定量农药后测定死亡率和对其他方面的影响，同时测定对眼和皮肤的刺激性。一般以药物使动物致死的剂量为指标，通常求其半数致死量（LD_{50}），按农药急性毒性分级标准判定毒性级别。实验动物常用大鼠和小鼠，一般设计 4~5 个剂量组，每组雄雌各 5 只，体重大鼠为 180~220g、小鼠为 18~22g，采取不同的途径和方法一次给药，观察动物的中毒表现，记载有无中毒症状、症状表现时间、恢复时间、死亡时间和死亡数。一般观察 2 周后，按中毒症状和程度全面评价其急性毒性。

皮肤刺激试验是将一定量的农药原药一次性接触动物（兔）皮肤，观察是否产生局部炎症反应，包括充血、水肿、红斑、丘疹和溃疡，并以对侧相应区域为空白对照，根据接触剂量、时间和反应程度，对其皮肤刺激反应进行评分，以分数鉴定农药化合物对皮肤是否有刺激或腐蚀作用，估计人体接触该农药时可能出现的类似症状。

眼刺激试验是通过动物（兔）试验了解农药对眼睛的刺激作用和程度，为农药生产和使用中的安全防护提供依据。一般将一定量的农药原药放入兔的一只眼内，另一只眼作空白对照；给药后 1h、24h、48h 和 72h 分别检测结膜、角膜和红膜，如出现损伤要继续观察其经过及可逆性，最长观察至 21 天，并根据损伤程度评分，来判断对眼睛的刺激程度。

皮肤致敏试验：选择白色豚鼠、分受试物、空白对照和阳性对照 3 个组；每组 10~20 只，雌雄各半，体重 250~300g；经皮肤重复接触农药后，观察机体免疫系统在皮肤上的反应。一般致敏接触 3 次后进行激发接触，于激发接触后 6h、24h 和 48h 观察皮肤致敏反应情况，在 24h 和 48h 记录致敏反应分值；根据局部皮肤出现红斑、水肿和全身过敏性的动物例数，求出致敏率，并按致敏率进行强度分级，来判定皮肤致敏程度。

尽管 LD_{50} 很低的农药可以用添加助剂等方法稀释，从而减轻对施用者的毒害，但对生产农药的工人来说，急性毒性高的农药很大程度上是较大的威胁，生产中应采取必要的防护措施。在急性毒性试验中，国外比较重视对皮肤和眼的局部刺激作用和皮肤过敏反应，因为局部刺激作用较强和有较高致敏性的农药往往不为生产工人和田间施用者欢迎。化学物质的吸入毒性研究需要昂贵的设备，目前只在少数先进国家开展，由于气体农药（烟熏剂）现在很少使用，而绝大多数固体和液体农药的挥发性又都较低，除生产车间工人在防护不周时，可能吸入化学物质粉尘和来自原料、溶剂、中间产物的挥发性气体外，田间农药施用者经呼吸吸入中毒的机会一般比较少，所以，即使一些先进国家也未将吸入毒性试验列为必检项目。我国的章程准则明确要求只对气体、易挥发性的固体和液体农药做吸入染毒，其适用范围实际是很小的。

2. 第二阶段：蓄积毒性试验和致突变试验

（1）蓄积毒性试验　我国在农药毒理学评价中提出 20 天蓄积毒性试验法，试验动物选大鼠或小鼠，试验设 4 个剂量组和一个对照组，每组雌雄各 5 只；每天饲毒 1 次，连续 20 天，按各剂量组动物死亡数来判定该农药蓄积性的强弱，以便为慢性毒性试验及其他有关的毒性试验的剂量选择提供参考数据。

（2）致突变试验　主要是检测农药的诱变性，并预测其遗传危害和潜在致癌作用的可能性。其测试方法较多，"农药登记毒理学试验方法"中推荐的方法有 Ames 试验、小鼠骨髓嗜多染红细胞微核试验、骨髓细胞染色体畸变试验、小鼠睾丸精母细胞染色体畸变试验、显性致死试验。

事实上自 Boreri 首先提出染色体结构异常以来，研究化学物质诱发哺乳类动物畸变的方法日渐增多，20 世纪 70 年代初 Ames 首创了鼠伤寒沙门氏杆菌回复突变法（即 A-mes 法），这一试验被广泛应用。短期致突变试验方法简单易行、快速，对各种化学物敏感，不需要使用大量昂贵的动物。现在世界上每年都有成千上万的化学品出现，动物试验远远不能满足检测的需要，这就使得快速致突变试验在农药的筛选中发挥越来越大的作用，随着遗传毒理学的发展，80 年代以来致突变试验越来越多地为各国采用。为满足现实的需要，世界许多有关试验室都做了调整，加强了遗传毒理学的研究力量。在我国致突变检测方法也推广很快，1983 年颁布的"食品安全性评价程序（试行）"给予致突变试验以重要地位，规定致突变试验结果若有 3 项为阳性，即表示所测试化学物质很可能有致癌性，一般应予放弃，不需要再做长期的动物试验。

遗传毒理学是现代毒理学的重要分支，化学物质可能对机体的体细胞和生殖细胞的遗传结构有潜在作用，能造成 DNA 损伤，已经证明：致突变物多数是致癌物，致突变反应如发生在生殖细胞，则致突变物即是致畸源。为快速检测化学物的遗传毒性和潜在致癌性，近年来设计了许多短期致突变测试方法，现通用的方法有 40 余种，可分为以下几类：①细菌诱变试验。鼠伤寒沙门氏杆菌回复突变法（*Salmonella typhimurium* Reverse Mutation Assay）大肠杆菌回复突变法（*Escherichia coli* Reverse Mutation Assay）和枯草杆菌回复突变法（*Bacillus sobtilis* Reverse Mutation Assay）。②体细胞突变试验。啮齿动物微核试验（Micronucleus Test），哺乳动物骨髓细胞遗传学试验（In vivo Mammalian Bone Marrow Cells Cytogenesis Test）、小鼠点试验（Mouse Spot Test）、果蝇隐性伴性致死试验（The Sex-linked Recessive Lethal Test in *Drosophila melanogaster*）等。啮齿动物微核试验已广泛应用于遗传、食品、药物、环境等多领域的遗传毒性评估，以及作为易受化学品危害职业和生活环境暴露人群遗传损害的生物标志物。③生殖细胞突变试验。显性致死试验（Dominant Lethal Assay）、精子畸形试验（Sperm Abnormality Test）。④其他试验。DNA 修补试验（DNA Repair Tests）、姊妹染色单体交换试验（Sisterchromatid Exchange Tests）等。

由于上述方法各自都有局限性，各国都规定要同时采用上述几类方法中的几种，以互相补充、互相验证，尽可能全面地检测和评定农药的致突变性。

3. 第三阶段：亚慢性毒性试验

亚慢性毒性研究是在 13 周或几个月内让动物每天接触一定量农药，然后测定对该动物器官（肝脏、肾脏、脾脏等）和组织的影响。测试化学物对人的慢性危害，传统的方法是用动物做毒理学试验，通过亚慢性和慢性试验了解农药在长期作用下所产生的毒性影响，包括致癌作用，致畸试验和繁殖试验。属于特殊的亚慢性毒性试验，目的是了解农药的生殖毒性作用。①致畸试验。用受孕大鼠或兔来鉴定农药是否有母体毒性、胚胎毒性以及致畸形效应。如有致畸效应，可得出最小致畸形量求得致畸指数，表示致畸强度。②繁殖试验。为了获得农药对动物亲代或第二代的生殖与仔代早期发育影响方面的资料。③迟发性神经毒性试验。有机磷农药还应作鸡的迟发性神经毒性试验，并对其神经系统进行病理学评定。④代谢试验。代谢研究在毒理学研究中具有很特殊的地位。为研究对胚胎的毒性，必须采用妊娠动物。比较农药在人和动物体内代谢的异同，可将动物试验的结果推演到人体中。现行较为有效的研究方法是应用同位素示踪标记，通过同位素示踪可了解化学物质在体内各器官的吸收、分布、转化与贮存，对代谢物进行分离和鉴定，测试代谢物是否有致毒作用，这是代谢研究不可缺少的部分。除了用正常的活体动物进行代谢试验外，还可做体外试验。

4. 第四阶段：慢性试验和致癌试验

人类在生产或生活环境中一次性接触化学物质水平一般很低，不易发生中毒；但长期反复接触低剂量的化合物则可产生慢性中毒或诱发肿瘤。慢性毒性试验和致癌试验一般给药期为二年，确定长期接触农药后所产生的危害或对动物的致癌性，并确定最大无作用剂量，为制定每人每日容许摄入量和农药最大残留限量或施药现场空气中最高容许浓度提供依据。为了预防化合物的慢性中毒和肿瘤的发生，对其诊断、治疗和中毒机理的研究提供一定的指示和毒理学依据；所以慢性试验和致癌试验是农药安全评价程序中最重要的试验，也是最后阶段试验。

（三）风险评价的其他方法

1. 流行病学调查研究

一些农药特别是生物活性较高的农药并没有受到毒理学检测的限制，而是"用了再说"，在这一思想指导下的农药推广与应用，必须重视人群的流行病学调查。下面的例子足以说明流行病学调查的重要性，每天按 1mg/kg 的敌枯双用量，在大鼠妊娠期间从第 6 天使用，发现敌枯双对受试动物有致畸胎的影响，与此相对应，有人追踪调查了一次意外事故中敌枯双中毒的 16 名孕妇（中毒期或中毒后一周怀孕），其胎儿生后无一例畸形发生，还大面积在施用敌枯双的地区进行人群调查，也未发现该药有致畸作用，也许可以这样说：评价一个农药是否对人安全，现行的毒理学检测方法是不够完善的，有时，最后还要依赖人群的流行病学调查。

2. 剂量反应评价

剂量反应评价是研究某农药导致产生某种毒性作用的条件，并且研究接触量与毒性反应之间的定量关系，可以凭此关系预测该农药的不同接触水平可能对人体健康影响的程度。

在毒理学试验过程中，剂量效应关系可以分为阈值效应和非阈值效应两大类。阈值效应是指那些作用机理中需要存在足够的化合物，才能扰乱正常平衡状态的反应，且剂量反应关系所展示的结果表明阈值低于无生物学或统计学意义上明显反应产生的阈值。对阈效应而言，剂量反应评价需要确定每日允许最大摄入量（ADI）。在美国常用的术语为参考剂量（RfD）。ADI 和 RfD 的科学含义是相同的。下面介绍与阈值效应有关的 3 个概念。ADI（每日允许摄入量）指依据所有已知事实，人体终生每日摄入某种化学品对健康不引起可察觉有害作用的剂量；ARFD（急性参考剂量）指依据所有已知事实，人体在一餐或一日中摄入某种化学品，对健康不引起可察觉有害作用的剂量；AOEL（操作者允许接触水平）指在数日、数周或数月的一段时期内，有规律地接触农药的操作者每日接触某个化学品，不产生任何副作用的水平。关于 ADI 的计算，国际上公认的方法是将所测定的无毒副作用剂量（NOAEL）除以 2 个安全系数，即代表从试验动物推导到人群的种间安全系数 10 和代表人群之间敏感程度差异的种内安全系数 10。因此一般情况下，ADI 或 RfD = NOAEL/100。在特殊情况下，可根据实际需要降低或提高安全系数。在美国为了更好地保护婴儿和儿童，EPA 可以根据各农药的特性及所获得毒理学数据的完整性和可靠性，增加 10 倍或 10 倍以下的食品质量保护法系数（FQ2PA）。EPA 把这种更加安全的剂量称为人群调整剂量（PAD），即 PAD = ADI 或 RfD/FQPA 系数。

非阈值效应指那些生物作用，诸如基因毒性（DNA 损伤），根据作用机制在剂量反应关系中不存在阈值。对非阈值效应而言，假设不存在农药接触，也就不存在任何风险。美国非阈值效应的剂量反应关系也被用于推算人体允许的摄入水平。这种推算的结果完全依赖从试验动物的剂量推算到人体接触剂量所采用的数学模型，而通常这要相差 4 ~ 5 个数量级。而英国推算得出的最低剂量被认为是不准确的，不足以用作风险评估数据，对这些化合物的接触总保持在适当的最低限度。具有基因毒性或其他非阈值性质的农药不可能获批使用。

3. 接触评价及风险描述

农药的接触途径主要是经口吸入和皮吸收，因此农药的接触评价需要对各种可能接触途径进行全面评价。接触评价包括饮食接触评价、职业接触评价和居住环境接触评价。农药在食物中的残留是公众接触农药的主要途径之一。膳食接触量与摄取食物的种类、数量及农药在该食物中的残留量相关。任何人对某一农药总的膳食摄入量等于所摄入食物中所含该农药量的总和，计算公式为：摄取的农药 = Σ（残留浓度 × 摄取食物量）。

食谱调查是膳食接触评价的重要手段之一。这是因为人们的食物消耗模式是在不断地变化的。为了提高膳食接触评价的准确性，定期进行食谱调查是必不可少的。

膳食接触通常被认为有慢性接触和急性接触两种。目前有很多膳食接触评价模型，包括从单一农药残留接触分析模型到用概率论去估计复杂接触的模拟分析模型。但是不管怎么复杂，所有模型都是基于最基本的关系，即农药在食物中的残留浓度和消耗食物总量决定农药接触量。慢性接触需持续很长的时间，因此用平均摄入食物量和平均残留值来计算。相反，急性接触考虑大量的短期或一次性接触，采用个体最大摄入食量来计算，所用残留值一般用最大残留限量或统计学方法计算所获得的可能出现的最大残留浓度。

大量的研究资料表明，长期膳食接触评价方法的研究已经比较成熟。科学家们认为，短期膳食接触评价也非常重要，同时对短期膳食接触评价方法的研究已经成为国际组织和各国政府关注的焦点。建立和完善人类膳食结构数据库早已成为比较重要的研究内容。另外，由于残留量受各种因素的影响，差异较大，并且在食品加工过程中不易检测其代谢，因此研究比较精准的预测模型非常重要。累计接触评价的模型虽然有了一定的发展，但还有待进一步开发，同时累积接触评价的方法也需要进一步研究完善。

风险描述是将危险识别、剂量反应评价和接触评价的结果进行综合分析，描述农药对公众健康总的影响。一般需要设定一个可以接受的风险水平。简单地说，风险是毒性和接触的函数，即：风险 $=f$（毒性，接触）。

当进行风险描述时目标之一就是确定一个代表可接受风险水平的接触量。对于阈效应而言，当接触量低或等于 ADI 或 RfD 时，就认为是可以接受的接触水平。一般以接触量占 ADI 或 RfD 的百分数来表示风险的大小。

$$ADI 或 RfD 的百分数 = 总接触量/ADI 或 RfD \times 100$$

因此，可以通过残留饮食摄入量占 ADI 或 RfD 的百分数来表示风险的大小，从而对日常饮食进行风险性评估，为饮食安全提供保证。

4. 微宇宙土芯、彗星试验等方法

我国利用微宇宙土芯研究六六六在环境中的动向，国外从事农药安全性评价的研究往往采用小型的模拟生态系统，我国利用类似的模拟系统——微宇宙土芯模拟装置初探了六六六在土壤、淋溶水、水稻植株、空气等农业环境因素中的迁移、消失和残留规律，并取得了良好的效果。我国还开展了彗星试验（Comet Assay）又称单细胞凝胶电泳试验，是一种快速、简便、灵敏的检测单个细胞 DNA 断裂的新技术，具有极高的使用价值。目前该技术在国外已经广泛地应用于体内、体外化合物诱导的 DNA 损伤和修复的研究。

同时我国吴谷丰等还开展了农药安全性模糊综合评价试验，建立了农药评价安全线的指标体系，给出了指标的权重及各种指标对安全性的隶属函数，建立了农药安全性的模糊综合评价模型，用所给模型评价了多种农药的安全性。

近年来国外还比较注意生态毒理学的研究，用藻类、蚯蚓、鱼，蜜蜂等做毒性试验，欧洲经济共同体组织推荐的规章要求登记的农药具备在各种生态系统中转化的资料。

（四）风险的决策管理

近年来农药的风险决策管理受到全球各国的普遍重视，各国对农药的生产、销售和使用，一般都根据国情，颁布农药管理法，制定了安全性评价程序，要求出售的农药要具备一定的毒理学资料，并尽快建立农药良好实验室规范（Good Laboratory Practice，简称 GLP）体系。

1. GLP 的发展

长期以来经济协作与发展组织（Organization for Economic Cooperation and Development，OECD）成员国的化学品控制立法工作前瞻性的基本出发点一直是测定和评价化学品，确定其潜在危害性，最终降低其风险性。控制立法的一个基本原则就是要求化学品评价必须以高质量、严格和可重复的安全性试验数据为基础。

1978 年化学品控制专项下属的 GLP 专家工作组提出了 GLP 准则。所谓 GLP 是一个管理概念，即良好实验室规范。GLP 是包括试验设计、实施、查验、记录、归档保存和报告等组织过程和条件的一种质量体系。主要用于以获得登记、许可及满足管理法规需要为目的的非临床人类健康和环境安全试验，适用对象包括医药、农药、兽药、工业化学品、化妆品、食品/饲料添加剂等；应用范围包括实验室试验、温室试验和田间试验。其目的就是提高试验数据的质量和正确性，以便确定化学品和化学产品的安全性；保证试验数据的统一性、规范性和可比性，实现试验数据的相互认可，避免重复试验，消除贸易技术壁垒，促进国际贸易的发展；提高登记、许可评审的科学性、正确性和公正性，更好地保护人类健康和环境安全。GLP 要求试验机构在为国家管理部门提供数据而进行的化学品评价和其他与人类健康及环境保护有关的产品的试验过程中必须遵循 GLP 准则。工作组以美国为首，参加的国家有澳大利亚、奥地利、比利时、加拿大、丹麦、法国、德国、希腊、意大利、日本、荷兰、新西兰、挪威、瑞典、瑞士、英国、美国，以及欧共体、世界卫生组织（WHO）和国际标准化组织（ISO）等，是以美国食品与药品管理局（USFDA）于 1976 年颁布的非临床实验室试验的 GLP 规章为基础的。

GLP 准则于 1981 年正式建议在 OECD 成员国中实施，并作为理事会关于化学品评价数据相互认可（Mutual Acceptance of Data，简称 MAD）决议中的一部分（附件 II），决议要求"OECD 成员国中按照 OECD 试验准则和 GLP 准则进行化学品测试获得的数据，可在其他成员国中接受，作为评价依据和保护人类健康与环境安全的其他需要"。

经过 15 年的实施，成员国认为，由于安全性试验的科学和技术有了较大发展，而且与 20 世纪 70 年代后期相比有更多的领域需要进行安全性评价试验，有必要重新修订 GLP 准则。根据化学品工作组与化学品控制专项管理委员会联席会议的提议，于 1995 年成立了新的专家工作组，开始重新修订 GLP 准则。工作组以德国专家为首，包括澳大利亚、奥地利、比利时、加拿大、捷克、丹麦、芬兰、法国、德国、希腊、匈牙利、爱尔兰、意大利、日本、韩国、荷兰、挪威、波兰、葡萄牙、斯洛伐克、西班牙、瑞典、瑞士、英国和美国，以及国际标准化组织（ISO）等国家和组织的专家，并于 1996 年完成了修订工作。

修订后的 OECD GLP 准则，经 OECD 有关政策部门审核，理事会于 1997 年 11 月 26 日批准通过 ［C（97）186/Final］，正式替代 1981 年理事会决议中附件 II 的内容。本出版物首次以《OECD GLP 准则与遵循监督管理系列》（OECD Series on Principles of Good Laboratory Practice and Compliance Monitoring）形式发行，除了包括 1997 年修订的 GLP 准则外，同时还将 OECD 关于数据相互认可的理事会法规作为第二部分一并出版。

农药安全性评价是农药登记管理中一个必不可少的关键环节，是各国农药管理部门保障人类健康、环境安全和质量可靠的重要基础，同时农药安全性评价体系建设也是服务于全社会科技创新的支撑体系建设的主要组成。目前 GLP 已成为国际农药安全性评价试验的基本准则。我国的 GLP 体系建设是由农业部、国家食品药品监督管理局、国家环保局及卫生部负责，其中，农业部负责农药、兽药、饲料的登记管理，具体工作由农业部农药检定所和中国兽医兽药监察所承担；国家食品药品监督管理局负责食品、药品、医疗器械等项目，由药品认证中心承担具体的 GLP 监督实施；国家环保局负责新的化学品的登记管理，由有毒化学品登记中心承担具体工作；卫生部负责化妆品的登记管理。

2. 我国农药风险评价的管理

早在 1980 年，我国学者就将 GLP 管理规则引入中国毒理学界，1981 年，我国派出第一个农药代表团赴英国、德国、日本对国外的农药研究及 GLP 进行专项调查。1982—1986 年，联合国计划开发署（UNIDO）、工业发展组织（UNDP）联合资助在我国建立了第一个农药安全性评价中心，目的是最终在中国建立一个符合 GLP 标准的农药安全性评价机构。1989 年，国家环保局发布《化学农药环境安全评价试验准则》。1995 年颁布了国家标准《农药登记毒理学试验方法》（GB15670—1995），2003 年颁布行业标准《农药毒理学安全性评价良好实验室规范》（NY/T 718—2003）。2007 年颁布行业标准农药理化分析良好实验室规范准则（NY/T 1386—2007），以后又陆续制订了《农药环境良好实验室规范准则》、《农药残留良好实验室规范准则》。2006 年，农业部第 739 号公告颁布了《农药良好实验室考核管理办法（试行)》，为农药 GLP 实验室的考核制定了评定标准，至此，我国 GLP 建设的标准和相关法规基本建立。为了确保GLP 在我国农药管理与应用中的实施，我国建设了 GLP 实验室，建立完善农药登记资料要求试验准则，建立 GLP 管理数据库，如中国 GLP 管理和检查体系及相关法规数据库、中国相关实验室基本情况及 GLP 执行情况数据库等相关 GLP 管理数据库，以及我国农药 GLP 检查考核程序。

三、安全性评价体制的建立与完善

农药品种的安全性评价包括卫生毒理和环境毒理两个方面，其目的是检验农药品种对人畜等动物的安全性及对生态环境的影响。安全性评价体制的建立与完善旨在规范安全评价研究的方法，以提供准确的毒理学数据。使我国的农药安全性评价系统与国际接轨，解决我国农药进入国际市场的瓶颈问题。

参考文献

[1] Lucas G B. Diseases of Tobacco. Biological Consulting Associates Box 5726, Raleigh, North Carolina, USA, 1975, 151.

[2] 陈齐斌，季玉玲. 化学农药的安全性评价及风险管理. 云南农业大学学报, 2005, 20(1): 99 - 106.

[3] 陈铁春，周慰. 我国农药 GLP 建设管理与发展. 农药科学与管理, 2009, 30(6): 14 - 16.

[4] 程燕，周军英，单正军等. 国内外农药神态风险评价研究综述. 农药生态环境, 2005, 21(3): 62 - 66.

[5] 方荣样 等. 抗烟草和黄瓜花叶病毒的双价抗病毒工程烟草. 科学通报, 1980, 35(17): 1358 - 951.

[6] 高仁君，陈隆智，郑明奇等. 农药对人体健康影响的风险评估. 农药学报, 2004, 6(3): 8 - 14.

[7] 黄琼辉. 澳大利亚 GLP 概况与我国农药 GLP 建设的几点思考. 福建农药科技, 2007(5): 84 - 85.

[8] 李英等. 烟草花叶病毒外壳蛋白的基因导入和转化烟株的再生. 云南植物研究, 1989, 11(3): 247 - 253.

[9] 梁震,黄耀师. 农药安全评价与 GLP. 农药,2000,39(12):45-46.

[10] 刘苏. GLP 管理推中国农药加速国际化. 农药市场信息,2008,(19):7.

[11] 刘政. 农药的开发与安全性的评价. 化工劳动保护,1990,11(4):184-186.

[12] 卢洪秀,程杰,花日茂. 化学农药的风险评价. 安徽农业科学,2008,36(24):10 660-10 662.

[13] 马忠玉. 西欧的综合农药研究述评. 农药环境与发展. 1997(2):1-4.

[14] 孟凡乔,周陶陶,丁晓雯. 食品安全性,北京:中国农业出版社,2005.

[15] 邱德文. 生物农药研究进展与未来展望. 植物保护,2013,39(5):81-89.

[16] 裘维落. 植物病毒学. 北京:农业出版社,1982,25.

[17] 时焦,石金开. 烟草霜霉病研究概况. 中国烟草,1996a,2(17):9-15.

[18] 时焦,王凤龙. 交互保护作用防治烟草病毒病的研究与应用前景. 中国烟草学报,1996b,3(1):
43-48.

[19] 时焦,徐宜民,孙惠青等. 锈菌对杂草小蓟的侵染与为害. 中国烟草科学,2006,27(2):23-25.

[20] 时焦,张光利,李永富. 植物病原物除草剂的研究进展. 中国烟草学报,2007,13(6):14-16.

[21] 束炎南,张孝羲. http://www.chinabaike.com/article/316/331/2007/.

[22] 孙治浦. 云南省腾冲县蚜茧蜂生物防治效果明显. 烟草在线腾冲消息,更新日期:2014 年 8 月
19 日.

[23] 谭成侠,沈德隆,翁建全等. 农药安全性评价在农药工业中的应用. 浙江化工,2004,35(3):9-11.

[24] 田波等. 植物病毒弱毒疫苗. 湖北科学技术出版社,1985:34-116.

[25] 王捷,罗红哗,宋宏宇. 农药工业与安全评价. 农药,1999,38(10):25-26.

[26] 王凤龙,王刚等. 图说烟草病虫害防治关键技术. 北京:中国农业出版社,2013.

[27] 王寿祥,徐寅良. 利用微宇宙土芯研究六六六在环境中的动向. 科技通报,1985,1(4):9-10.

[28] 吴霞. 农药残留分析及其与风险特性、摄入评估之间的关系. 世界农药,2003,25(2):12-15.

[29] 吴谷丰,胡明月,徐剑波等. 农药安全性的模糊综合评价. 农业系统科学与综合研究,2001,17(2):
133-136.

[30] 吴世宜等. 由卫星互补 DNA 单体构建的抗黄瓜花叶病毒的烟草基因工程植株,中国科学 B 辑,
1989(9):948-951.

[31] 夏绍华. 晒烟病毒病综合防治成效显著. 烟草科技,1982(3):38-40.

[32] 肖火根等. 交互保护作用及其在植物病毒病防治上的应用. 中国病毒学报,1984,9(1):1-4.

[33] 肖火根. 番木瓜环斑病毒株系间的交互保护作用及其机理研究. 广州:华南农业大学植保
系,1992.

[34] 杨洪莲,蔡磊明,谢明等. 彗星试验在农药安全性评价中的应用. 农药,2004,43(12):532-533.

[35] 杨献营. 烟草病容防治的新途径—诱导抗病性的研究进展. 中国烟草,1983(3):29-31.

[36] 张倩,宋超,相振波等. 四种典型稻田除草剂对烟草生长的影响,中国烟草学报,2013,19(5):
82-88.

[37] 张书敏. 推广绿色植保技术是新世纪植保发展的方向. 植保技术与推广,2001,21(2):9.

[38] 张英. 绿色植保技术. 吉林农业,2001(10):20-21.

[39] 赵善欢. 植物化学保护,北京:农业出版社,1998:17-28.

[40] 中民译. 有关农药安全性评价信息数据库的开发. 农药译丛,1993,15(4):36-38.

[41] 朱琳,佟玉洁. 中国生态风险评价应用探讨. 安全与环境学报,2003,3(3):22-24.

[42] 朱贤朝,王彦亭,王智发等. 中国烟草病害. 北京:中国农业出版社,2002.

第十一章　烟叶标准化生产与管理

在世界贸易组织（World Trade Organization，WTO，简称世贸组织）框架下，我国农产品凭借较低的生产成本，竞争优势明显，为跻身国际市场，参与国际市场的竞争奠定了一定的基础。但是，国外优质农产品的竞争和进口国的"技术壁垒"，又使我国农产品出口面临着严峻的挑战（曾建民，2003；徐晓玲，2005）。在科技快速发展的今天，人们对农产品数量和质量的要求越来越高，快捷解决这些问题的途径是全面实施农产品标准化生产，对农产品生产从土地到市场全过程质量监控，使之符合相应标准和规范的要求，从源头上保障农产品产地环境和质量安全（刘建华，2010）。在这种形势下，要增强农产品的市场竞争力，扩大出口，提高农业效益，满足人们的健康要求，实现农业产业化、现代化，就必须加强农业标准化生产（孙妮娜，2007）。

标准化程度是衡量一个行业进步水平的重要指标，在不久的将来，世界烟草企业之间的竞争，很大程度上将是标准的竞争，谁掌握了标准的制定权，谁就掌握了市场的主动权，甚至在特定情况下，也掌握了解释权。

国家烟草专卖局国烟科〔2008〕59 号文件指出，按照《烟草行业标准化中长期发展战略纲要（2007—2020 年）》（国烟科〔2006〕526 号）文件关于 2010 年要在烟叶主产区基本实现标准化生产的总体要求，为落实《中国烟叶生产可持续发展规划纲要（2006—2010）》（国烟办〔2006〕116 号）和《国家烟草专卖局关于发展现代烟草农业的指导意见》《国烟办〔2007〕467 号）的文件精神，持续提升我国烟叶生产的整体技术和管理水平，支撑现代烟草农业的发展，我国提出了各烟叶产区全面推进烟叶标准化生产的意见。烟叶标准化生产，是烟叶产区紧密结合当地实际情况，科学构建包括烟叶产前、产中和产后各个环节的技术、管理和服务标准体系，同时通过对各类标准的宣传和技术指导，使大多数烟叶生产者掌握并执行标准，从而提升烟叶生产整体水平的一项重要工作。

第一节　标准与标准化的基本概念

一、标准的概念

关于"标准"的概念，我国国家标准 GB/T2000.1—2002《标准化工作指南第 1 部分：标准化和相关活动的通用词汇》给出的定义是："为了在一定范围内获得最佳秩序，经协商一致制定并由公认机构批准，共同使用和重复使用的一种规范性文件。

国家标准 GB 3935.1—83 是国家标准 GB/T 2000.1—2002 的先期版本，其中指出，标准的定义包含以下 5 个方面。

第一，标准的本质属性是一种"统一规定"。这种统一规定是作为有关各方"共同遵守的准则和依据"。根据中华人民共和国标准化法规定，我国标准分为强制性标准和推荐性标准两类。强制性标准必须严格执行，做到全国统一。推荐性标准国家鼓励企业自愿采用。但推荐性标准，如经协商并计入经济合同或企业向用户做出明示担保，有关各方则必须执行，做到统一。

第二，标准制定的对象是重复性事物和概念。这里讲的"重复性"指的是同一事物或概念反复多次出现的性质。例如批量生产的产品在生产过程中的重复投入，重复加工，重复检验等；同一类技术管理活动中反复出现同一概念的术语、符号、代号等被反复利用等等。只有当事物或概念具有重复出现的特性并处于相对稳定时，才有制定标准的必要，使标准作为今后实践的依据，以最大限度地减少不必要的重复劳动，又能扩大"标准"重复利用范围。

第三，标准产生的客观基础是"科学、技术和实践经验的综合成果"。这就是说标准既是科学技术成果，又是实践经验的总结，并且这些成果和经验都是在分析、比较、综合和验证的基础上，加之规范化。只有这样制定出来的标准才真正具有科学性。

第四，制定标准过程要"经有关方面协商一致"，就是制定标准要发扬技术民主，与有关方面协商一致，做到"三稿定标"即征求意见稿—送审稿—报批稿。如制定产品标准不仅要有生产部门参加，还应当有用户、科研、检验等部门参加共同讨论研究，协商一致，这样制定出来的标准才真正具有权威性、科学性和适用性。

第五，标准文件有其自己一套特定格式和制定颁布的程序。标准的编写、印刷、幅面格式和编号、发布的统一，既可保证标准的质量，又便于资料管理，体现了标准文件的严肃性。所以，标准必须"由主管机构批准，以特定形式发布"。标准从制定到批准发布的一整套工作程序和审批制度，是使标准本身具有法规特性的表现。

二、标准化的概念

GB/T 2000.1—2002《标准化工作指南第 1 部分：标准化和相关活动的通用词汇》中对"标准化"的定义为："为在一定的范围内获得最佳秩序，对现实问题或潜在问题制定共同使用和重复使用条款的活动。该定义包含（国家标准 GB 3935.1）4 个方面的含义。

第一，标准化是一项活动过程，这个过程由 3 个相互关联的环节组成，即标准的制定、发布和实施。标准化 3 个相互关联的环节已作为标准化工作的任务列入《中华人民共和国标准化法》的条文中。《标准化法》第三条规定："标准化工作的任务是制定标准、组织实施标准和监督标准的实施。"这是对标准化定义内涵的全面清晰的概括。

第二，在深度上标准化这个活动过程是一个永无止境的循环上升过程。即制定标准，实施标准，在实施中随着科学技术进步对原标准适时进行总结、修订，再实施。每循环一周，标准就上升到一个新的水平，充实新的内容，产生新的效果。

第三，在广度上标准化这个活动过程是一个不断扩展的过程。如过去只制定产品标准、技术标准，现在又要制定管理标准、工作标准；过去标准化工作主要在工农业生产领域，现在已扩展到安全、卫生、环境保护、交通运输、行政管理、信息代码等领域。标准化正随着社会科学技术进步而不断地扩展和深化发展。

第四，标准化的目的是"获得最佳秩序和社会效益"。最佳秩序和社会效益可以体现在多方面，如在生产技术管理和各项管理工作中，按照 GB/T 19000 建立质量保证体系，可保证和提高产品质量，保护消费者和社会公共利益；简化设计，完善工艺，提高生产效率；扩大通用化程度，方便使用维修；消除贸易壁垒，扩大国际贸易和交流等。应该说明，定义中"最佳"是从整个国家和整个社会利益来衡量，而不是从一个部门，一个地区，一个单位，一个企业来考虑的。尤其是环境保护标准化和安全卫生标准化，主要是从国计民生的长远利益来考虑。在开展标准化工作过程中可能会有一些问题，如贯彻一项具体标准对整个国家会产生很大的经济效益或社会效益，而对某一个具体单位、具体企业在一段时间内可能会受到一定的经济损失。因此，为了国家利益、社会的长远经济利益，以及社会效益，我们应该充分理解和正确对待"最佳"的要求。

三、农业标准化的原则

农业标准化，就是指运用"简化、优选、超前预防、协商一致、统一有度、变动有序、相互兼容、最佳效益、阶梯发展"的原则，通过制定和实施农业产前、产中、产后各个环节的工艺流程和衡量标准，使生产过程规范化、系统化，提高农业新技术的可操作性，将先进的科研成果尽快转化成现实生产力，取得经济、社会和生态的最佳效益。其核心内容是建立一整套质量标准和技术操作规程，建立监督检测体系，保证农产品质量。

从事农业标准化应坚持超前预防原则，农业标准化的对象不仅要在依存主体的实际问题中选取，而且更应从潜在问题中选取，以避免该对象非标准化而造成损失；坚持协商一致原则，农业标准化的成果应当建立在相关各方协商一致的基础之上；坚持统一有度原则，在一定范围、一定时期和一定条件下，对标准化对象的特性和特征做出统一规定，以便充分实现标准化的目的；坚持变动有序原则，农业标准应以其所处环境的变化，相应的新科学成果的出现，按规定的程序适时修订，以保证标准的先进性和适用性；坚持相互兼容原则，农业标准应尽可能使不同的产品、过程或服务实现互换和兼容，以便扩大农业标准化的经济效益和社会效益；坚持最佳效益原则，农业标准化的对象应当优先考虑使其所依存的主体系统能够获得最佳的经济效益；坚持阶梯发展原则，农业标准化是一个阶梯状上升的发展过程，是与科学技术的发展和人们经验的累积同步前进的过程。随着科学技术的发展与进步，人们认识水平的提高和经验的不断积累，要求相关标准的及时制订，当农业标准制约或阻碍依存主体的发展时，应当加以修改、修订甚至废止（陈晓丹等，2005）。

四、烟叶生产标准化的意义

烟叶生产标准化的指导思想，是全面推进烟叶标准化生产要深入贯彻落实科学发展观，以提高优质烟叶原料供应保障能力为核心；坚持科学规划、统筹安排、示范引领、务求实效的原则，按照《中国烟叶生产可持续发展规划纲要（2006—2010）》和《国家烟草专卖局关于发展现代烟草农业的指导意见》中的有关要求，切实将标准化工作贯穿于烟叶生产的各个环节并真正发挥作用（国烟科〔2008〕59 号文件）。

烟叶生产标准化的目的是为了加强国家级烟叶标准化生产示范区的建设与管理，充分发挥标准化在规范烟叶生产、经营、管理、服务等方面工作的重要作用，推动技术进步，提高中国烟叶生产整体技术和管理水平，保障烟叶质量和有效供给。

国际标准化组织（International Organization for Standardization，ISO）在其指南 2 – 1991 中明确指出，标准化的作用："改进产品、过程和服务的适用性，防止贸易壁垒，并便利技术合作。"（张吉国等，2004）。

五、烟叶标准化生产示范区

农业标准示范区建设项目是由我国标准化工作者最先提出的，并在农业生产领域广泛使用的标准化应用和推广方式。实践证明示范区建设适合我国国情，并能有效推进农业生产的标准化。农业标准示范区项目由国家质量技术监督检验总局和国家标准化管理委员会立项并实施，其目的是大力推进农业领域的标准化生产，其主要工作内容包括示范区建设、管理和考核。

烟叶标准化生产示范区是以烟叶生产为示范推广对象，以实施烟叶生产、管理、经营标准为主要内容，经申报审批，建设具有一定规模、组织管理完善的农业生产、加工和流通的标准化示范推广区域。

烟叶销售与收购的竞争归根到底是产品质量与品牌的竞争，做好烟叶"品牌工程"，关键是加强农业标准体系的建设。一个烟叶品牌的形成，必然要求在生产、加工、销售等各个环节上实现标准化生产和管理。没有科学完善的标准体系，就不可能形成过硬的品牌。经过几年的努力，示范区创立了多个烟叶品牌，如金三明、鹤源、三门峡、沂蒙山等，部分烟叶品牌已在卷烟发展中产生了较大的影响。实践证明，农业标准体系既为烟叶品牌的形成提供了科学的依据，又为保护烟叶品牌提供了有力保障（范藜等，2005）。

第二节　农业标准化与烟叶标准化生产现状

一、国外农业标准化的现状

20 世纪 60 年代以来，农业标准化在全球得到了迅速发展，尤其是美国、日本和欧盟等发达国家积极推进农业标准化，从而使农业标准化在上述国家已经形成了较为完整的体系。1961 年联合国粮农组织成立了国际食品法典委员会，专门负责农业方面的标准化工作。1962 年世界卫生组织也加入该项管理，使国际食品法典委员会成为政府间制定、协调、管理农产品国际标准化的机构。到 1999 年年底，已制定各种农业产品和生产规程标准 1 302 个，农药残留限量标准 3 274 项，成员国达到 165 个，具有最广泛的代表性，成为推动世界农业标准化的强大力量（吴轶勤等，2003）。食品法典委员会贯彻、实施联合国粮农组织和世界卫生组织共同制定的食物标准项目，目的是保护消费者健康和保证公平的食物市场贸易，其主要工作是为政府和其他利益团体开发食物进出口检测和认证系统（李秉蔚等，2008）。在工业发达国家，农产品基本上都实现了标准化生产，而且还建立了比较完整的农业标准化支撑体系；有机农业迅速发展，更加强调农产品质量标准化；推行农产品质量识别标志制度；严格要求农产品生产全过程标准化；重视检测体系。在西方发达国家，包括组织体系建设在内的农业标准化建设一直是研究的热点，许多理论与观点都趋于成熟，并应用于实践中，取得了良好的社会经济效益。国外研究的突出特点：一是注重理论研究，形成了较完整的理论体系；二是比较系统，从农业标准的制定、修订与实施，再到质量的监测、检测认证、评价等各方面，组织体系的研究都较深入、系统；三是比较具体，即具体到某种农产品标准化组织体系的研究；四是与国际接轨，站在国际经济一体化的角度开展研究（张吉国等，2004）。

二、我国农业标准化的现状

我国农业标准化工作始于 20 世纪 60 年代，进入 20 世纪 70 年代开始有人专门研究标准化问题，如李春田、郎志正等。李春田先生总结了 20 世纪 70 年代的实践经验，于 1987 年出版了《标准化概论》，这是我国标准化研究最早的系统论著。虽然在农业标准化实践工作中取得了较大成就，但是直到 1988 年冬，国家标准局才组织编写了《农业标准化》试用教材，对农业标准化问题作了较为系统的总结。

进入 20 世纪 90 年代，为了适应从计划经济向市场经济转变，从粗放经营向集约经营转变，紧紧围绕建立健全农业标准化体系和监测体系，努力为高产优质高效农业服务，农业标准化工作得到了快速发展，取得了较大成就。随着农业现代化进程的推进，农业标准化成为学术界研究的热点问题，一些学者对农业标准化的问题进行了深入的探讨。还有些学者对农业标准化与农业产业化、农业标准化与市场经济、农业标准化体系的建设问题进行了研究，将该领域的研究推向了深入。但由于过去对农业标准化问题相对重视不够和在农业中实施的难度较大，研究者及研究成果不多。研究还多集中于对我国农业标准化体系建设现状的评述，农业标准化的意义、作用和推行农业标准化的必然性；农业标准化与农业现代化；农业标准化与农业产业化；农业标准化的其他方面，如种子标准化，水产标准化，地方标准制定实施等。总体上理论研究一般性介绍多，缺乏全面、深入、系统性，对农业标准化组织体系、实施机制及具体的实施方案缺乏。

农业标准化问题的研究背景在我国是安天下、稳民心的基础产业和战略产业，目前正处于艰难的爬坡阶段，有利条件很多，困难情况不少。保持农业和农村发展的良好势头，对保持经济快速增长和社会长期稳定意义非常重大。党中央、国务院历来高度重视农业、农村和农民工作，2004 年和 2005 年，中共中央两年间连续发出针对农村工作的一号文件，足见中央对解决好"三农"问题的重视。目前我国农业标准化具有一定的特点。

（一）农业标准的制定与修订

我国农业标准化工作起步较晚，20 世纪 60 年代农业标准化的研究与应用工作才开始，到 90 年代仅仅 30 年的时间，我国农业标准化的发展就进入了综合标准化阶段，提出了健全农业标准化体系与农业标准化检测体系。自 1996 年以来，我国的农业标准化进展较快，平均每年安排国家标准 100 项左右，国务院涉农相关机构和各地方相关机构也加大了农业方面标准的制定与修订力度。截至 1999 年年底，累计完成农业方面国家标准 1 056 项，农业行业标准累计达 1 600 多项；各省共制定农业地方标准累计达 6 179 项。自 1999 年开始，国家财政每年投入 3 000 万元，用于农业标准制定与修订（薛珠政 等，2003）。

（二）农业标准化示范

我国农业标准化示范区工作成绩显著，1996 年国家技术监督局在农产品的部分重点产区部署了第一批 67 个农业标准化示范项目，涉及 29 个省、市、自治区的 117 个县，确定中心示范乡镇 379 个、示范村 1 275 个、示范户约 38 万户。覆盖了粮食、棉花、油料、禽畜产品、水产品、水果、蔬菜、林业、烤烟等生产领域，贯穿产前、产中、产后的全过程。1998 年国家质量技术监督局又部署了第二批 122 个全国农业标准化示范项目，涉及 30 个省，129 个县（市）（薛珠政 等，2003）。目前全国农业标准化示范项目已启动多批。国家级农业标准化工作的示范，带动了各省农业标准化工作的开展。近年来，各地结合本省农业发展重点建立的省级农业标准化示范区的数量迅速增加，初步形成了层层示范的局面。示范工作促进了农业产业化的发展，示范项目取得了显著的经济效益，一大批按标准化组织生产的无公害食品基地、绿色食品基地已形成先发优势，示范作用明显。据估算，农业标准化实施，每年给我国新增产值总计达 40 亿元以上（薛珠政 等，2003）。

（三）农业生产标准化实施存在的问题

我国农业标准化工作起步晚，地区之间存在较大差异。总体上，我国农业标准化体系建设尚处在试点和发展阶段，与国外先进水平相比还有一定差距。如标准制定周期太长，跟不上市场变化的需要；标准水平偏低，修订不及时，标龄太长，满足不了产品更新和产业升级的需要；农业标准化的宣传不够，推广实施力度不大；对农业品牌战略不够重视，在实施农业品牌战略上存在着难点和困难，没有很好地与农业产业化结合起来；缺乏对农业生产全过程控制的研究和实施，多把工作重点放在产后，忽视了产前和产中质量控制；支撑体系混乱，检测缺乏权威性，认证不规范，执行不严格；农业标准化体系不够健全；在采用农业标准时，考虑国内因素多，考虑与国际市场接轨的少。

（四）我国烟叶生产标准化的概况

国家烟草专卖局为推进烟叶标准化生产由示范区走向全国各烟叶主产区，2008 年颁布了《国家烟草专卖局关于全面推进烟叶标准化生产的意见》（国烟科〔2008〕59 号）文件，该文件作为推进烟叶标准化生产的纲要性文件，提出了全面推进烟叶标准化生产的总体目标，提出 2008 年主产烟区 60% 以上的要求实现标准化生产；2009 年主产烟区 80% 以上的要求实现标准化生产；2010 年全国 90% 以上的烟叶产区要求实现标准化生产；烟叶品质总体上满足卷烟工业企业和出口的要求。目前已达到全行业基本实现烟叶标准化生产的目标，但部分烟区仍未能达到行业标准化生产的要求，并且在各烟区标准化生产水平仍有较大差异，随着社会经济发展，对烟叶质量的要求不断提高，烟叶标准化生产水平仍要不断持续改进。

第三节　邵阳烟草标准化生产与科技创新

一、标准化的总体要求

邵阳烟草标准化生产总体要求以突出特色、提高烟叶质量水平为目标，坚持突出重点、整体推进、注重实效的原则，加快邵阳市烟叶生产先进实用技术的组装集成和推广应用，构建全市烟叶生产标准化体系，全面提升全市烟叶标准化生产水平。建立和完善烟叶生产综合标准文本，进一步规范烟叶生产技术体系，提高技术集成，到位率力争落实100%，切实做到技术人员到户、实用技术到田、技术要领到人，普及烟叶标准化生产。

二、标准化生产技术

（一）建立以烟为主的耕作制度

首先，为烟草选择一个好前作。前作氮素的残留量不能过多；前作与烟草不能有同源病虫害，从而在一定程度上改善土壤。其次，确保烟田生态条件良性循环，以片区为单位安排轮作布局，轮作周期时间2年以上，缓解和消除土传病害，减少同源病害发病率；通过秸秆还田改良土壤，种植绿肥改良土壤，种植豆科等调节矿质营养的作物，实现烟田养分物质的循环利用，减少对植烟土壤的掠夺式利用。第三，构建循环农业体系，整合烟草、农业、畜牧等相关产业，建立有机生态循环特色烟叶基地。其基本途径为：通过种草养畜——牲畜粪便生产沼气——沼气烘烤烟叶——沼液（沼渣）种植烤烟。

（二）选择适宜的特色品种

针对邵阳市烟区的生态环境特色，与卷烟工业企业和有关科研院所合作，开展品种系统选育及外引品种试验示范，研究品种与邵阳市生态条件（日照时数、温湿度、土壤结构等）相适应的生理特色，确定最适宜邵阳市种植的特色烟叶品种。

（三）统一烤烟育苗

严格按照良好农业规范（Good Agricultural Practice，GAP）管理体系要求，确保育苗场地水源、土壤、生态环境无任何污染存在，对烟叶生产使用物资实行全过程监控，包括种子、漂浮育苗基质、育苗盘、育苗专用肥以及其他配套物资的质量，使育苗所用物资对烟苗质量无任何不良影响。

（四）建立先进栽培体系

标准化大田栽培措施，选择适宜邵阳市各烟区的栽培方式，包括最佳移栽时期、行距、株距、垄体规格、地膜覆盖方式以及揭膜最佳时期、打顶时期、打顶方式、中耕时期的确定等。标准化平衡施肥技术，通过试验确定邵阳市烟区最佳氮磷钾肥料配比、大量元素尤其是氮素的施用量、在施肥方式中选择条施还是穴施、追肥量及追肥次数、农家肥施用与否以及具体施用量。努力做到氮磷钾肥平衡施用，不同形态氮素的平衡施用，化肥与有机肥平衡施用，大量元素肥料与微量元素肥料的平衡施用等平衡施肥的指导思想。在肥料采购中全程监督肥料的生产与使用过程，确保使用最佳肥料用于烟叶生产，以此来保证烟叶质量，这也是 GAP 管理体系的要求。标准化安全生产措施，根据邵阳市烟区病虫害发生规律，常见病虫害以及防治经验，从种子开始预防病虫害的发生，育苗过程严格要求，避免发生病虫害，大田生育期中做好预报测报，尽量减少病虫害造成的损失。用 GAP 管理体系来规范病虫害的防治过程。使用质量可靠，信誉良好厂家生产的农药，同时避免使用次数过多和过量使用。严格控制农药使用安全间隔期，尽量减少烟叶中的农药残留。

（五）成熟采收与科学烘烤

成熟采收及科学烘烤是生产优质烟叶的关键，美国著名烟草学家左天觉说过"优质烟叶生产中栽培占 1/3，成熟采收占 1/3，烘烤占 1/3"，由此可见采收及烘烤对优质特色烟叶生产的重要性。在标准化成熟采收与科学烘烤过程中，严格按照成熟采收标准和烘烤标准操作。对技术人员熟练操作培训，同时采用烟农准采证制度，保证烟叶成熟采收和科学烘烤。

第四节　典型农业标准化形式

一、GAP 管理

（一）GAP 的概念与应用

GAP 管理即良好农业操作规范（英文是：Good Agriculture Practices，缩写 GAP）。所谓 GAP 管理是应用现有的知识和技术，以农田、农产品采收、运输、分销、零售、餐桌为线索，处理农业生产和农产品加工过程中的环境、经济和社会问题的质量安全管理体系；是保障农产品的食用安全和农业的可持续发展，符合国际认证认可法规的管理体系。GAP 的基本要素包括，追溯性、纪录保持和自查、品种和砧木、地块历史及管理、土壤管理、肥料管理、灌溉和施肥、植物保护、采收、采后处理、产品农残分析、废物及污染物的管理、员工健康、安全与福利、环境及法律需求等（温晓菊等，2011；农业部科技发展中心，2006）。

良好农业操作规范（GAP）1997 年由欧盟起草，即欧洲零售商农产品工作组发起制定并实施的良好农业操作规范文件。1998 年 10 月 26 日，美国食品与药物管理局（Food and Drug Administration，FDA）和美国农业部联合发布了《关于降低新鲜水果与蔬菜微生物危害的企业指南》，也就成为美国的 GAP 标准（温晓菊等，2011）。

近年来，国际上 GAP 管理发展迅速，已有十几种根据 GAP 原理创立的体系，在欧盟、澳大利亚、马来西亚、美国、新西兰以及南非等国家实施（温晓菊等，2011）。

我国 GAP 的提出有其历史背景和社会基础，我国从 1998 年首次提出 GAP 管理，这些年来其发展是迅猛的，其速度出乎人们的想象。目前已经完成了强制执行。实际上 2006 年，我国的药材种植已经达到 GAP 的要求（王安建等，2008）。中国良好农业操作规范（中华人民共和国国家质量监督检验检疫局，2006），以第三方认证的方式来推广实施，并逐步应用推广到中药材、茶叶、果蔬、禽肉等农产品加工的各个环节。中国良好农业操作规范（中华人民共和国国家质量监督检验检疫局，2006）包括 11 个方面的内容：《良好农业规范系列标准》《良好农业规范第 1 部分：术语》《良好农业规范第 2 部分：农场基础控制点与符合性规范》《良好农业规范第 3 部分：作物基础控制点与符合性规范》《良好农业规范第 4 部分：大田作物种植控制点与符合性规范》《良好农业规范第 5 部分：果蔬种植控制点与符合性规范》《良好农业规范第 6 部分：畜禽养殖基础控制点与符合性规范》《良好农业规范第 7 部分：牛羊养殖控制点与符合性规范》《良好农业规范第 8 部分：奶牛养殖控制点与符合性规范》《良好农业规范第 9 部分：生猪养殖控制点与符合性规范》《良好农业规范第 10 部分：家禽养殖控制点与符合性规范》《良好农业规范第 11 部分：畜禽公路运输控制点与符合性规范》。

烟草行业目前广泛采用 CORESTA（Cooperation Centre for Scientific Research Relative-to Tobacco）推荐的烟叶生产良好操作规范（GAP 操作指南），其中包括下列关键要素：①土壤和水分管理，②品种审定/优良品种挑选，③烟叶种植管理，④农药管理，⑤病虫害综合防治，⑥植树造林，⑦烟叶调制和烤房管理，⑧农场烟叶储存管理，⑨非烟物质（NTRM）/杂物，⑩农户培训与社会经济问题。

良好农业操作规范允许使用农业化学品，但要求对农业化学品的投入和使用实行严格地控制和详细地记录，在确保烟叶生产质量和效益的同时，关注烟叶生产所依赖的环境条件，同时关注未来烟叶生产可持续发展的要求。该操作规范是先进的、可执行的标准体系，比目前烟草行业普遍采用的标准化，要求更高，大的跨国烟草大公司，如英美烟草公司、菲莫烟草公司等都要求其卷烟原料按 GAP 模式生产。

烟草行业最近几年也在应用良好农业操作规范（GAP）系列标准，在产品质量安全与环境保护方面取得了积极进展。云南保山香料烟有限公司 2005 年全面按照菲莫烟草公司制订的良好农业操作规范生产香料烟。2009 年湖北十堰烟草公司按照国家良好农业操作规范和欧盟良好农业操作规范的要求开展烤烟烟叶生产。经过 2 年的实践云南保山的香料烟和湖北十堰的烤烟烟叶无农药残留检出，生态环境得到很好的保护（李青常等，2011）。未来我国烟草行业也将更多采用 GAP 的要求来组织烟叶生产。

（二）GAP 管理在邵阳烟叶生产中的应用

根据邵阳市自然、社会与经济条件的特点，在烤烟生产中从土壤管理－水分管理－品种选择－种植管理－病虫害综合防治－农药管理－植树造林－调制和烤房管理－烟叶储存管理－非烟物质控制（NTRM）十个环节进行全过程 GAP 管理规范。

1. 土壤管理

土壤和水分是生产优质烟叶、保护环境，以及维持烟叶生产可持续发展的关键。烟叶种植过程中应结合土壤的物理、化学和生物特性进行认真管理，使其管理措施和保护技术都适合每个特定的条件。降低土壤受污染的机会，保护土壤的结构和肥力。

（1）建立选地标准　建立选地标准，根据土壤类型、耕层深度、肥力、坡度和排灌性能等，选择适合种植烟叶的土壤。

（2）推行等高种植　推行等高种植，实施保护措施和保护装置，防止土壤流失，促进水分垂直渗透。

（3）严禁焚烧作物秸秆　严禁在田间焚烧作物残体，以避免破坏土壤结构，减少土壤有机质含量，从而降低土壤的保水性和阳离子交换能力，导致空气污染。

（4）控制施肥种类　推荐施用配比恰当的人造肥料，更多地使用有机肥。

2. 水分管理

水是一种有限的资源，保护水资源在维持动植物生命及健康方面有着非常重要的作用。要实施以下措施来保护水源。

禁止在露天河道附近配制农药或施用农药，禁止肥料或农药进入河道，禁止受污染的供应水。通过限制肥料、农药、矿物燃料、油类的使用将水污染降到最低程度。

在农田和易受污染的地方设置保护带，降低沉积物、化肥和农药的流动速度，保护生物的多样性，增加野生动物的居住场所，减少对水源的污染。

3. 品种选择

按照烟草品种筛选、评价、使用相关规范，依据卷烟品牌对品种要求，选择适合基地单元对口卷烟品牌的优良品种，保障烟叶质量关键生产技术环节。

4. 种植管理

烟叶种植管理是构成烟叶生产的基本框架，为了生产品质优良的烟叶，从播种到采收严格执行合理的农业措施。

（1）育苗　苗床土壤消毒禁止使用有害的熏蒸剂，培育整齐均匀的烟苗，保证烟苗健壮。

（2）整地和中耕　整地和中耕管理的各项措施要达到保持土壤肥力和土壤结构的目的，不破坏环境，最大限度地减少土壤侵蚀，有效控制杂草，提高烟叶质量。

（3）施肥　使用适合烟叶生产的肥料，结合土壤养分状况，适时进行施肥，将肥料定量施到每一棵烟株。

（4）成熟采收　结合当地实际情况，采取有效栽培措施，确保烟株充分成熟，最大限度地减少对烟叶的物理破坏，减少烟叶过熟，以及调制不当等原因造成的产量损失。

5. 病虫害综合防治

充分利用病虫害预测预报系统，做出最佳的病虫害综合防治决策。

（1）病虫害预防　利用非烟草病虫害的寄主作物与烟草轮作，对种烟地块病虫害发生历史和生产措施进行监控和调查，保持对烟田所有作物病虫害发生情况的记录，对可能发生的病虫害做到心中有数。使用批准的抗病品种、播种未受病原物感染的种子、栽培无病虫害的整齐健壮烟苗，调整烟草移栽期，使烟草作物对某种病害的敏感期避开该病害的发病高峰期。严格保持苗床卫生和烟叶生产初期的环境卫生，避免烟草病残体或其他带毒、带菌物质进入烟田，结束相应的生产过程之后，要尽快集中处理苗床和田间烟株病残体。

（2）病虫害精准防治　准确识别病虫害，系统观察和监控病虫传播流行情况，建立每一种病虫害的控制防治指标，确定有效的防治指标，使病虫害防治控制在一定的经济阈值之内，避免病虫害的流行为害。

（3）病虫害化学和生物防治　尽可能减少农药使用。选择使用在烟草上登记的农药，严格遵守农药使用规则和指南。对使用的农药要精确记录其有效成分、产品特性、施用量及施用时间。加大生物防治措施的应用，实行绿色防控。

（4）加强农药残留检测与管理　通过田间观察和调制后烟叶农药残留检测，将农药残留控制在国家农药残留最高限定和行业指导农药残留范围内。

6. 农药管理

根据病虫害防治原则，尽可能少使用化学农药，以达到保护环境和劳动者的目的。农药管理工作的重点是合法、安全及对环境负责，对农药进行选择、处理、储存和清除。

第一，发布安全使用农药指南并对种植者进行培训，以保护各类生物，农民居住区和环境。第二，使用农药时必须符合相关要求，严格挑选用药种类，强调安全性，对劳动者规定穿适当的保护服。将农药使用量降到最低程度，避免对环境造成负面影响。第三，选择有许可证书的、毒性小的、持效性好的农药产品，尽可能保护人类、野生动物、环境、害虫天敌、诱虫作物等。第四，安全储存，按照农药安全储存方法储存所用农药，保证农药的储存安全。要确保农药储存的适宜条件，检查农药燃点和最大安全储存的温度、湿度限制。把易燃或具有活性的产品隔离存放，标识所有的危险及具体防范措施，清楚标明恰当的警告语和危险信号，防止意外事故发生。第五，正确清除不需要的农药产品及其容器是保护人类安全和环境的必要环节。不要通过燃烧、埋压、倒入下水道与排水系统等方式处理不需要的农药。要按照当地法规处理盛装农药的空容器。

7. 植树造林

林木管理是 GAP 的一个重要组成部分，因为林木常常是烟叶储存、烤房建设和建筑烟叶设施的重要材料。树木还可以美化环境，为野生动物提供栖息地，促进空气、土壤和水源的改善和保护，同时提供额外的食用作物，为生产者增加收入。为此，要首先考虑当地树种，促进林业生产中的生物多样性，要在不适合种植作物的土壤、荒地和陡坡上种树，同时要寻求再生资源产品替代燃料，充分发挥林木在自然保护中改善空气质量、减少水土流失、降低水污染、提高水质的作用。

8. 调制和烤房管理

烟叶的正确调制和烤房管理，对提高烟叶产量、质量和产值都是非常关键的因素，调制不当会降低烟叶质量，而正确的调制能确保烟叶质量的稳定。

科学设计烤房，选择结构合理、经济耐用、可持续、可再生的建设材料，充分考虑当地可行的技术和基础设施。烤房容量要与烤烟种植面积相匹配，使烤房容量和调制效率达到最大化。防止燃烧气体进入烤房。调制过程中要使用温度计，注意调节控制相对湿度，避免浪费燃料，提高烟叶质量。推荐使用自动燃料供给和自动调制控制设备，节约劳动力，提高燃料使用率，降低成本。

调制烟叶使用的燃料应根据当地情况而定，推荐使用可再生燃料。使用木材作为调制燃料的地方，要推行植树造林，保证燃料自给自足和可持续性。

9. 烟叶储存管理

要在保证烟叶适当水分和密度条件下储存烟叶，保证烟叶不含任何非烟物质，不受污染或感染。要定期检查烟叶是否变质或霉变，烟叶打包时禁止过分压实。烟叶存放地方要保持干净、干燥、有适当的通风结构、使用没有经过化学处理或污染的适宜材料建造，设置严密结合的安全门，密封的窗子和其他开口，通风口要用丝筛网盖住，防止昆虫进入，保持良好的卫生。储存的烟叶不推荐使用农药和熏蒸剂，只有在符合法律、法规和由专门人员操作的情况下方能使用。

10. 非烟物质控制

非烟物质指的是不属于烟叶和烟梗的所有物质。邵阳加强非烟物质控制的具体措施如下。

（1）提高认识　通过培训提高人们对非烟物质问题和提供干净烟叶重要性的认识。

（2）规范管理　遵守烟叶种植管理规范，控制田间杂草，从烟叶分级处理、调制和储存区域中剔除各类非烟物质。

（3）定期检查设备　检查所有设施、机械和设备受非烟物质污染情况，建立非烟物质监控清单，快速评价非烟物质污染情况。

（4）建立农户评价体系　在烟叶生产、收购过程中和供应期间，检查农户包装物及设施和烟包里是否有非烟物质，并及时反馈给农户。要建立农户评价体系，对提供干净烟叶的农户进行表彰奖励。

（5）根除和避免任何非烟物质污染源　制订积极主动措施，建立受非烟物质污染烟叶的拒收参数，识别和追踪非烟物质混入源，根除和避免任何非烟叶污染源。

二、SOP 管理

SOP 管理即标准作业程序（Standard Operation Procedure，SOP），是将某一事件的标准操作步骤和要求，以统一的格式描述出来，用于指导和规范日常工作。SOP 的精髓是将细节进行量化，用更通俗的话来说，SOP 就是对某一程序中的关键控制点进行细化和量化。其内在的特征：SOP 是一种作业程序。SOP 是对一个过程的描述，不是一个结果的描述。同时，SOP 又不是制度，也不是表单，是流程下面某个程序中有关控制点如何来规范的程序（蒋洪，2013）。

SOP 是一种标准的作业程序。所谓标准，在这里有最优化的概念，即不是随便写出来的操作程序都可以称做 SOP，而一定是经过不断实践总结出来的在当前条件下可以实现的最优化的操作程序设计。说得更通俗一些，所谓的标准，就是尽可能地将相关操作步骤进行细化、量化和优化，细化、量化和优化的度就是在正常条件下大家都能理解又不会产生歧义。

SOP 标准化作业程序不是单个的，是一个体系。虽然我们可以单独地定义每一个SOP，但真正从企业管理来看，SOP 不可能只是单个的，必然是一个整体和体系，也是企业不可缺少的。一个公司要有两本书，一本书是红皮书，是公司的策略，即作战指导纲领；另一本书是蓝皮书，即 SOP，标准作业程序，而且这个标准作业程序一定要做到细化和量化。

三、无公害农产品

农产品质量安全问题是事关国计民生的大问题，多年来我国农业持续稳定发展，在农产品数量问题基本解决的同时，质量问题越发激化。随着人们生活需求和满足度的提升，频发的农产品质量安全事故，也引发了人们的恐慌和关注。加入 WTO 之后国际技术类贸易壁垒对我国农产品出口产生了限制，影响了我国农产品的国际市场竞争力。农产品质量安全问题已成为农业发展新阶段的主要矛盾之一。提高农产品质量是市场竞争的需要，是实现农业现代化、农业标准化、农民组织化的需要，是农业可持续发展的需要，农产品的安全性是农产品质量的最基本要素。在这样的双向激励下，2001 年农业部启动了"无公害食品行动计划"，并于 2002 年 7 月由试点转向全面推进，旨在用 8～10 年时间基本解决我国农产品质量安全问题，无公害农产品就是在这样的背景下产生的（王梓等，2012）。目前，我国就食品安全出现了 3 个被广泛应用、内涵相互关联又存在一定差别的概念：无公害农产品、绿色食品、有机农产品（赵旻，2002）。

（一）无公害农产品的概念

根据中华人民共和国农业部、中华人民共和国国家质量监督检验检疫局共同发布的《无公害农产品管理办法》（2002）中的规定：无公害农产品是指产地环境、生产过程和产品质量符合国家有关标准和规范要求，经认证合格获得认证证书，并允许使用无公害农产品标志的未经加工或者初加工的食用农产品。

实施无公害农产品认证的产品范围由农业部、国家认证认可监督管理委员会共同确定，认证实施也由两个单位共同实施。

无公害农产品是指农产品中有害物质和有害生物含量控制在国家有关标准规定的限量之内，是对农产品质量的最起码要求，是农产品市场准入的最低标准。它是我国政府为了解决近几年来日趋严重的农产品安全问题而推行的政府行为（赵旻，2002）。

（二）无公害农产品发展现状

我国对无公害的研究始于 20 世纪 80 年代，1982 年，湖北省率先开展了无公害农业生产技术研究，并取得了一系列的科研成果，1997 年河北省首次发布了无公害农产品产地环境质量标准（刘建华，2010）。从 1996 年起，农业部先后组织了湖北、黑龙江、山东、河北、云南等省开展了"无公害农产品生产技术研究与基地示范"，在扩大无公害农产品研究范围的同时，又加速了无公害农产品生产技术的推广应用（李秋洪，2001）。2000 年，湖北省首先颁布了《湖北省无公害农产品管理办法》，成为第一个颁布无公害农产品管理法规的省份，并在国家工商行政管理局注册了无公害食品标志。随后，海南、江苏、新疆维吾尔自治区等省（区）也颁布了无公害农产品管理法规，河北、广西壮族自治区、甘肃等省（区）还研究并颁布了相应的无公害农产品地方标准。各地先行实施的无公害农产品标准化生产，为中国解决农业生态环境不断恶化、农产品质量安全事件频发等农业生产问题做了新的探索。为提升中国整体的农业生产水平，对农产品实行"从农田到市场"的全程控制，2001 年 4 月农业部启动了"无公害食品行动计划"，开展了无公害农产品认证，促进了无公害农产品标准化生产体系在我国全面开展（刘建华，2010）。

尽管"无公害食品计划"在各地广泛推行，但在推广过程中肯定也会遇到阻力。莫丽红（2005）就生产者和经营者对无公害农产品的认识及相关技术的接受程度在广西进行了调研，内容包括，生产者对农产品质量安全性的认识，生产者对无公害技术采纳情况，以及经营者对无公害农产品的认识及对质量检测接受情况，结论是"无公害"的农业革命正在兴起，但多数农民还没有无公害意识，少数农民对无公害不理解、存在抵触现象。湛灵芝（2003）报道，无公害农产品消费市场已初步形成，但市场不规范、品牌多乱杂、特色不突出、包装不标准、不精致、监管乏力等问题突出；特别在一些交通运输相对落后、信息闭塞的地区，市场化程度还很低，各地区之间无公害农产品生产发展不平衡，生产规模化较小，无公害农产品市场占有率低，无公害农产品生产发展未能满足市场的需求。

为确保大众消费无公害农产品的安全性，各地积极推行无公害农产品标准化生产与认证，到 2009 年年底，无公害农产品已达到 49 000 个，无公害农产品产地已超过51 000 个；认定的种植业产地面积 6.7 亿亩，占全国耕地面积 35% 左右，在认定的无公害农产品种植业产地中，每个产地平均规模都在 100hm² 左右，带动农户 200 多家、600多人（刘建华，2010）。

（三）无公害农产品发展对策

我国无公害农产品发展对策主要是针对产销环节出现的问题而提出的，或者针对我国无公害农产品整体发展现状而提出的，主要是一些宏观对策。无公害农产品生产和质量安全水平反映了一个国家的科技水平和管理技术水平，也体现了国家的综合国力和人民生活水平，直接关系到人民的身体健康和民族的兴衰；发展无公害农产品是实现农民增收、财政增税、企业增效和农业可持续发展的良好途径（陈钰等，2005）。

1. 科学制定产地环境质量和产品标准

随着无公害农产品标准化生产的深入开展，其标准逐渐显现出一些问题，如特点不突出、使用不方便、与制定产品的其他国家标准、行业标准重复、修订更新缓慢等等，急需在标准建设思路和制修订方式上有所创新与突破。在无公害农产品标准体系建设理念上，建议要以全程质量控制为主要目标，科学制定产地环境质量标准和产品标准、细化生产类标准为重点，建成与基础性、强制性标准及技术法规相协调的与无公害农产品标准化生产实际需要相适应的标准体系（罗斌，2008）。产地环境质量标准和产品标准是强制性标准要求，需要在充分、深入、全面研究的基础上，考虑方方面面的风险，以及中国农业千差万别的生产方式，制定出具有广泛意义的、具操作性的科学标准（刘建华，2010）。

2. 因地制宜制定操作规程

我国地域广泛，人文背景、气候、环境条件等差异很大，对一个产品制定全国统一执行的生产操作规程是不可取的，为操作方便、体现标准的统一，建议分层次优化生产操作规程，在现有标准框架基础上，国家标准可以制定类似全球 GAP 管理的全国性生产技术管理模式，不再对具体的操作程序进行细化，而由地方农业部门根据当地实际情况，制定符合本地区条件的通用生产技术规程，生产组织可以根据农产品生产情况，在通用生产技术规程的基础上，进一步细化，融入本单位生产的具体细则，提出适合于生产、具有可操作性的个性化操作规程，解决规范类标准看得见、用不上的情况，以增强针对性和实用性，在生产操作环节上，实现标准规范生产（刘建华，2010）。在实施上，可利用不同的地区的特点和经济发展水平，引导采取多种形式的生产规程。

3. 采用适宜的产业化发展模式

无公害农产品生产的标准化是将我国传统的一家一户的农业种植模式，变成有组织的统一农业生产模式，实行统一供种、统一技术、统一收购、统一销售等产业化发展的生产模式，承担实现传统农业向现代农业转变的任务。随着无公害农产品生产与销售的发展，基础条件好的、实力较强的生产组织能够很快按照产业化的形式发展。对于其他生产基础条件较差的生产组织，基本能按照组织化的要求，把一家一户的农业生产组织起来，逐步形成按照产业化方式经营的意识。现实中实现按照产业化方式生产的理想状态还存着很多困难，如存在主体实力较弱、与生产农户缔约关系松散、农业保险体系不健全、土地流转政策制约等一些生产本身和外部环境不可逾越的障碍。所以，无公害农产品标准化生产真正成为农业主导生产方式，发挥其作用，还需要有良好的政策环境及各部门的理解与大力支持。采取多种形式带动大规模的无公害农产品标准化生产，逐步延长农业生产的产业链条，提高农产品附加值，造福一方农民。因此，要因地制宜，积极扶持主体采用适宜的产业化发展模式，并给予相应的政策、项目等优惠条件，逐步向实现现代农业的目标前进（刘建华，2010）。

4. 实现可追溯系统

所谓农产品可追溯系统就是在产品供应的整个过程中对产品的相关信息进行记录与存储的质量保障系统，其目的是在出现产品质量问题时，能够快速有效地查询到原料或加工过程中出问题的环节，必要时进行产品召回，实施有针对性的惩罚措施，由此来提高产品质量水平。"农产品可追溯系统"是追踪农产品，包括食品、饲料等，进入市场各个阶段，从生产到流通全过程的系统，有助于质量控制和在必要时召回产品（陈红华，2010）。

农产品可追溯系统，有利于监测任何对人类健康和环境影响的因素。一旦发生不良影响，需要将产品撤出市场时，可追溯系统是十分必要的，可在危害发生前采取应对措施，达到预防效果。可追溯系统的有效实施可以促进供应链内部企业之间以及供应链与外部公众之间信息共享，使得供应链更加透明，交易效率更高；能够加强消费者对农产品质量安全的信心，提升政府与企业的质量安全监管能力，并且可以迫使部分企业提升质量安全管理措施或退出供应链，优化农产品供应链结构。生产企业是农产品的初级提供者，也是可追溯系统的源头（钱建平等，2009），通过引导、支持生产组织实现农产品可追溯的管理，一方面，使生产组织者能主动承担起保证产品质量安全的社会责任；另一方面，可以提高生产组织者的信用水平，并得到消费者的认可，进一步促进无公害农产品多、快、好、省地发展（刘建华，2010）。

5. 保障标准化可持续发展

持续发展无公害农产品标准化生产，需要长期坚持、不断完善与发展的战略思考，乃至多方面的协调统一。

（1）加强组织体系建设 无公害农产品监管是各级无公害农产品管理工作机构的一项重要职责。无公害农产品管理工作机构具体承担着组织开展对无公害农产品产地环境、生产过程、产品质量、标志使用、认证工作等方面监督管理的任务（张锋等，2012）。

整合农业服务体系，形成无公害农产品标准化生产的良好氛围，尽快形成以政府主导、各部门相互配合、上下联动、社会各方面共同参与的无公害农产品生产与消费机制，营造良好的社会环境，确保无公害农产品工作机构健全、责任明确、运转高效、行动统一。深入研究新时期发展无公害农产品的新思路、新举措，努力推进体制创新、机制创新和制度创新，切实加强无公害农产品管理能力建设（刘建华，2010）。

（2）加强人员队伍建设　无公害农产品检查员是无公害农产品工作体系中对产地环境、生产过程及产品质量实施检查的人员，具备相应的技能、知识、工作经历等资质要求，是维持、监督质量管理体系运行的骨干力量（张锋等，2012）。

无公害农产品是生产出来的，而不是检测出来的。在无公害农产品的管理中，需在检查员、内检员和监管员3支队伍的保障下，确保无公害农产品标准化生产的实施效果。检查员、内检员和监管员这3支队伍在无公害农产品标准化生产的管理当中，分别承担着相应职责和作用，共同保证无公害农产品的标准化生产。检查员是无公害农产品标准化生产管理的最高层面，具有公正性、权威性和行政性的管理特点，要求熟练把握有关农产品质量安全的法律、法规、标准和规范，以及农产品生产、加工的相关技术，认证和监督检查程序及方法，承担无公害农产品产地认定、产品认证的文件审查和现场检查，监督管理产地环境、生产过程、产品质量及标志的使用，还担负着无公害农产品标准化生产培训的授课任务；内检员是无公害农产品标准化生产主体内部的管理人员，负责收集农产品质量安全管理方面政策规定，组织制（修）订本单位无公害农产品质量安全管理文件和生产技术规程，贯彻落实本单位无公害农产品质量安全管理制度，指导建立无公害农产品生产记录档案，组织开展无公害农产品质量安全内部检查及改进工作，承办无公害农产品产地认定产品认证的组织申报工作和配合无公害农产品管理机构做好日常监督检查工作的多种职责，是无公害农产品标准化生产承上启下的环节，也是最重要的一环。监管员介于政府管理部门的检查员和企业内部检查员之外的第三方监管者，监管员可以利用熟悉当地农业生产现状，掌握大量生产细节和信息的优势，发挥情报员、宣传员、管理员的职责作用，在检查员和内检员之外，将生产中的动态信息传递给检查员和内检员，以便提前做好问题出现的应急准备，及时消除隐患，避免不安全事件的发生。采取分层次、分步骤进行3支队伍的建设。可以采取以省为单位对检查员统一进行有关农产品质量安全的法律、法规、标准和规范，农产品生产、加工相关技术，认证和监督检查程序及方法的培训，检查员经培训合格后才能行使检查员的职责；内检员可以采用分地区、分行业等灵活的方式开展培训，培训内容侧重于无公害农产品标准化生产技术、要求、农产品质量安全意识等，使每一个生产主体都具有至少一名内检员，在推进标准化生产自我保障能力上发挥作用；监管员可以采取聘用熟悉农业生产情况的行政村干部、德高望重的长者、具有影响力的农民作为监管员等形式，即时掌握生产中的动态和出现的新情况等信息，解决工作体系在监管上的薄弱环节，督促内检员认真履行职责，从源头保证无公害农产品标准化生产的实施（刘建华，2010）。

（3）建立产地准出制度　建立以标准化生产为条件的产地准出制度，当前国内各地区对上市农产品只管输入不管输出，目前我国实行市场准入制度的地区仅限于西安、郑州、沈阳等20多个大中城市，而我国大部分地区尚没有实施市场准入制度。在这种情况下，达不到无公害标准的农产品，即使不能进入实施市场准入的地区，还可以进入未实施市场准入的地区。这种情况弱化了产地责任，影响了无公害农产品标准化生产的实际效果，造成暂时没有条件实施准入的地区成为农产品安全的洼地和薄弱环节，解决这些问题的关键是建立以无公害农产品标准化生产为条件的产地准出制度。之所以要以无公害农产品标准化生产为条件，是由于其采取以常规农业生产技术为基础，融入现代农业的管理理念进行生产，易于掌握、操作和实施，同时目前无公害农产品标准化生产的规模已达到耕地面积的 35%，具备了生产的基础条件。另外对于我国实施的绿色食品、有机食品等农产品的标准化，从理论上讲，都是以无公害农产品标准化生产的基本要求为基础的。因此，无公害农产品标准化生产的基本条件，已经涵盖了我国的 3 种主导农业生产方式。

在具体实施上，可以进行多方面的综合考虑，对按照无公害农产品标准化生产，并获得无公害农产品产地认定证书的生产主体，可以以证书为凭证；对没有申请证书的农业企业和农民专业合作组织生产的农产品，需要按照无公害农产品标准化生产的要求，"有管理制度，有专门人员、有生产记录、开展质量安全追溯管理"开展生产，在自检和委托检验合格的基础上，由当地农业部门开具农产品产地证明准出证。鼓励农产品生产企业、农民专业合作社和有条件的乡镇配合实施产地准出制度，要加强监测，建立检测室，配备检测设备，培训检测人员，开展动态监测工作等。对获得证书的无公害农产品产地每年监测 2 次以上，检测不合格的应及时整改，整改后仍不合格的，要取消其证书。对没有获证的，要加大监测力度，如对蔬菜采收前的每个品种和种植类型进行抽样检测，不合格产品禁止采收上市；生猪出栏前进行抽样检测等。农产品产地准出管理是一项综合性工作，涉及农业生产主体培育、农业产业发展和管理水平提升等多个方面，各级农业、科技、工商、卫生、质监、食品药品部门要加强组织协调，尤其农业部门要加强农产品产地建设和农业投入品监管，重点解决化肥、农药、兽药、饲料等投入品以及工业三废对农业生态环境和农产品的污染，加强对出具产地证明的农产品进行质量安全监督抽查。同时，国家主管部门应出台各方面的指导意见，建立产地准出管理与农业支持政策的联动机制。

（4）推行市场准入制度　建立市场准入制度要与产地准出制度紧密衔接，产地准出是基础，市场准入是目标。通过建立和实施以无公害农产品为基本条件的市场准入制度，促使农产品达到无公害生产、经营的要求，形成全社会安全消费的良好局面，产地准出和市场准入上下联动配合，创造无公害农产品标准化生产的良好市场环境。

（5）构建标准化生产生态模型　通过对不同的无公害农产品标准化生产主体的分析，研究种植业、畜牧业、渔业等不同产品生产的共同特征，总结无公害农产品标准化生产多年发展的经验，构建出不同的生态模型。无公害种植业产品标准化生产的生态模型包括的关键环节如图 11－1 所示。图 11－1 显示：①在良好的产地环境下生产，保证了种植业的生态环境，在生态环境优良的情况下作物的抗病性也会增强。②生产过程中，按照农业八字宪法进行管理，维护土壤的活性、保证土壤质量，使植株根系发达等措施，提高植株的抗逆性，以及对病虫害的抗性，少用农药或者不用农药。③采用农业、物理和生物防治措施控制病、虫、草害，保护天敌，减少使用农药量。④控制三废污染农田，维持农田的生态环境，形成生产的良性循环。

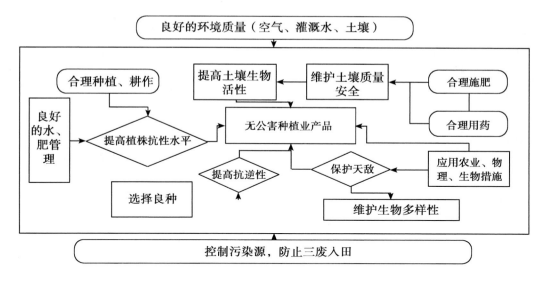

图 11 - 1　无公害种植业产品标准化生产的生态模型（刘建华，2010）

（四）无公害农产品质量安全的监管

当前世界农业发展面临着农产品质量安全、资源和生态环境可持续发展、农民增收和经济效益增长这几大难题，而农产品质量安全必须放到首位，它不仅关乎国内公共消费安全，更关系到全球乃至全人类的健康状况和经济发展水平，因此，应从多方面加强管理（王梓，2012）。

1. 依法加强监管

以贯彻实施农产品质量安全法为契机，按照农产品质量安全法和无公害农产品管理办法的要求，切实加大对无公害农产品的监管力度，不断提高监管的有效性和权威性。

2. 加强质量监管

加强获证产品的监管，主要是加强生产材料、生产环节的监管。要建立产地的定期检查制度，重点检查产地环境变化、生产技术规程执行情况、生产过程的记录以及农业投入品的规范使用情况等。

3. 加强复查换证监管

通过加强到期产品复查换证的监管，保证认证产品的质量。对不符合复查换证条件或没有通过复查的产品一律不得推荐换证，确保无公害农产品质量安全。

4. 提高贴标率

无公害农产品质量安全管理机构通过各种媒体，引导无公害农产品企业参加各类农产品交易、推介活动，要求参展的无公害农产品企业在展会上全面使用无公害农产品标志，宣传无公害农产品品牌，提升无公害农产品形象。黑龙江省从 2007 年 3 月 1 日起，在全省范围内实行主要农产品市场准入制度，获得无公害农产品、绿色和有机食品认证的产品，其认证复印件可作为产品质量证明，即可进入市场或超市销售。市场准入制的建立，有利于建立无公害农产品品牌的公信力，使群众信赖无公害农产品标志，促进企业主动加贴无公害标志。

四、绿色烟叶生产

绿色烟叶的生产与管理主要参照了有关绿色食品的相关内容。绿色食品是我国农业生产发展到一定阶段的产物，它是指遵循可持续发展原则，按照特定生产方式生产，经中国绿色食品发展中心认定，许可使用绿色食品标志商标的，无污染、安全、优质的营养类食品。绿色食品标志商标属于证明商标，对符合绿色食品标准的产品给予绿色食品商标标志的使用权，实现了质量认证和商标管理的结合。绿色食品与国际上有机农产品的标准相类似（赵旻，2002）。

（一）绿色烟叶的概念

绿色烟叶是指在农业种植中不使用化肥和杀虫剂等合成化学制品，而完全使用天然的物质，以使农产品不受污染，保护环境的农业生产方式。绿色农业是当今世界各国实施农业可持续发展时被广泛接受的模式（徐建平等，2009）。

（二）绿色烟叶应具备的条件

1. 优良产地生态环境

绿色烟叶必须出自优良生态环境，即产地经监测，其土壤、大气、水质符合《绿色食品产地环境技术条件》要求。

2. 标准化的生产技术

绿色烟叶的生产过程必须严格执行绿色烟叶生产技术标准，即生产过程中的投入品（农药、肥料，生产调节剂等）符合绿色烟叶相关生产资料使用准则规定，生产操作符合绿色食品生产技术规程要求。

3. 产品检验合格

绿色烟叶产品必须经绿色食品定点监测机构检验，其感官、理化（重金属含量、农药残留量等）和微生物学指标符合绿色食品质量和卫生标准。

4. 产品包装符合要求

绿色烟叶产品包装必须符合《绿色食品包装通用准则》要求，符合绿色食品特定的包装、装潢和标签规定（徐建平等，2009）。

（三）绿色烟叶认证

绿色烟叶由中国绿色食品发展中心负责认证。目前，全国设立绿色食品委托管理机构42个，产地环境监测与评价机构59个，产品质量检测及评价机构20个（徐建平等，2009）。

五、有机烟叶生产

1972年，国际上一个致力于拯救农业生态环境、促进健康安全食品的组织—国际有机农业运动联合会（简称IFOAM）诞生。国际有机农业运动联合会所倡导的有机农业是一种农业发展的高级阶段，它将农业经济系统纳入到了自然生态系统的物质循环过程中（耿锐梅等，2011）。有机农业是指在动植物生产过程中不使用化学合成的农药、化肥、饲料调节剂、饲料添加剂等物质，以及基因工程生物及其产物，而是遵循自然规律和生态学原理，采取一系列可持续发展的农业技术，协调种植业和养殖业的平衡，维持农业生态系统持续稳定的一种农业生产方式（国家环保总局HJ/T 80—2001《有机食品技术规范》）。

有机农业生产三要素中社会、经济和环境三者并不排斥，而是战略性和理性的整合（高振宁，2001）。当前在全球范围内有机农业发展较好的地区集中在美洲、大洋洲、欧洲和拉丁美洲。美国、澳大利亚、德国、日本等发达国家借助他们在科学技术上的优势，充分应用现代农业科学技术成果，推进有机农业的发展，形成了技术资金密集型有机农业发展模式；印度、泰国、巴西以及非洲部分国家重点依托丰富劳动力，形成了劳动密集型有机农业发展模式；阿根廷、巴西和欧洲一些国家充分利用当地的自然条件，形成了自然资源密集型有机农业发展模式（田春英，2010；耿锐梅等，2011）。发展有机农业可减少对环境的压力，有利于生态环境的恢复，可以通过减少化肥和农药的使用，减轻环境污染，从而提高农产品质量，保障农产品的安全性，有机农业产业是一种劳动密集型产业。发展有机农业生产模式可以增加就业岗位，解决农村劳动力就业问题；有机农产品符合国际市场需求，增加出口，可以给农民带来良好的经济效益，并且在缓解气候变化、发展低碳农业经济方面具有极大的潜力（邹成斋，2011）。

我国加入 WTO 后，烟叶市场日趋国际化，国外烟叶已直接参与国内烟叶市场的竞争。国外烟叶质量好、安全性好，但其与国内烟叶价格相近，导致了我国烟叶进口数量逐年增加，由此在很大程度上影响了国内烟叶的生产。而且随着 2005 年《烟草控制框架公约》的正式生效，必将推动控烟运动的高涨，会引起人们对于吸烟与健康的关注。有机烟叶的开发与生产也将成为必然的趋势（王彦亭等，2002）。

（一）有机烟叶生产的条件

1. 产地要求

有机烟叶必须来自于已建立的有机农业生产体系，产地前三年没有使用任何农用化学物质，无任何污染；禁止使用基因工程技术及该技术的产物及其衍生物。

2. 生产过程要求

产品在整个生产过程中严格遵循有机烟叶的加工、包装、储藏、运输标准。

3. 生产者要求

生产者在有机烟叶生产和流通过程中，有完善的质量控制和跟踪审查体系，有完整的生产和销售记录档案。

4. 认证要求

必须通过独立的有机食品认证机构认证。

（二）有机烟叶认证

有机烟叶由国家环境保护总局有机食品发展中心以及农业部所属中绿华夏有机食品认证中心负责认证。目前，全国设立了 38 家有机食品认证分中心（徐建平等，2009）。

目前云南大理和昆明、贵州遵义等地申请有机烟叶生产认证，但面积都比较小，主要原因是有机烟叶生产的要求较高，在较大病虫害压力，以及化学肥料需求压力下，有机烟叶生产产量损失较大，而价格管制严格，导致推广非常困难。

参考文献

[1]陈红华，田志宏．国内外农产品可追溯系统比较研究［J］．全国农产品质量控制与溯源技术交流研讨会．西宁：2010 - 05 - 27：112 - 114．

［2］陈晓丹，张钢．我国农业标准化问题研究［D］．浙江大学硕士学位论文，2005．

［3］陈钰，袁丽娟．发展无公害农产品的实践与研究［J］．中国食物与营养，2005（10）：61－64．

［4］范藜，李青常，马明等．烟草农业标准化示范县应建立科学有效的标准体系［J］．中国烟草科学，2005，6（2）：5－7．

［5］高振宁．保护生态环境发展有机农业［J］．农村生态环境，2001，17（2）：1－4．

［6］耿锐梅，罗成刚，李彦东等．有机烟叶发展现状与对策［J］．安徽农业科学，2011，39（26）：16265－16267．

［7］国烟科［2008］59号．国家烟草专卖局关于全面推进烟叶标准化生产的意见．

［8］蒋洪．标准作业程序在有害生物防治业中的应用初探．中国卫生有害生物防制协会2013年年会暨协会成立二十周年纪念论文集［C］．中国湖南长沙，2013－03－27，75－77．

［9］李秉蔚，乔炯．国外农业标准化发展及趋势［J］．农业经济展望，2008（6）：38－40．

［10］李青常，石方斌，马明等．烟草行业良好农业操作规范应用与实践［J］．中国标准化，2011（6）：83－85．

［11］李秋洪，袁泳，罗昆．湖北省绿色食品产业发展的机遇与对策［J］．科技进步与对策，2001（8）：39－41．

［12］刘建华，王道龙．无公害农产品标准化生产的理论与实践［D］．北京：中国农业科学院环境与可持续发展研究所博士论文，2010，06．

［13］罗斌．刍议无公害农产品开发与农业标准化［J］．农业经济问题，2008，7：23－26．

［14］莫丽红．广西无公害农产品发展现状、制约因素及对策研究［D］．北京中国农业大学，2005．

［15］农业部科技发展中心．中国农产品质量安全全程控制技术规范［M］．北京：中国农业出版社，2006．

［16］钱建平，李海燕等．基于可追溯系统的农产品生产企业质量安全信用评价指标体系构建［J］．中国安全科学学报，2009，19（6）：135－141．

［17］田春英．要素禀赋与有机农业发展模式探讨［J］．当代生态农业，2010（1）：128－130．

［18］王安建，侯传伟，魏书信．良好农业操作规范在河南省实施的可行性［J］．农产品加工学刊，2008（10）：66－70．

［19］王彦亭，程多福．绿色是人类生活和生存的保障——无公害烟叶生产技术［J］．科技进步与对策，2002（6）：178－179．

［20］王梓．无公害农产品质量安全监管制度研究［D］．南京农业大学硕士学位论文，2012年11月．

［21］温晓菊，窦立耿．良好农业操作规范（GAP）在绿茶生产中的应用［J］．热带农业工程，2011，35（2）：53－56．

［22］吴轶勤，黄立军，杨国涛．实施农业标准化战略［J］．宁夏农学院学报，2003，24（1）：54－57．

［23］徐建平，刘有才．什么是绿色烟叶、有机烟叶？烟草在线专稿更新日期：2009年5月27日．

［24］薛珠政，李永平，康建坂等．我国农业标准化的发展现状［J］．江西农业大学学报，2003，25（10）：160－162．

［25］湛灵芝，铁柏清．我国无公害农产品的生产现状及发展趋势［J］．中国环境管理，2003，22（12）：17－20．

［26］张锋，杨玲，牛静．无公害农产品监管现状的研究进展［J］．中国农学通报，2012，28（3）：263－266．

［27］张吉国，胡继连．农产品质量管理与农业标准化［D］．2004，山东农业大学博士学位论文．

［28］赵旻．无公害农产品绿色食品和有机农产品解析［J］．农业环境与发展，2002（2）：7－9．

［29］中华人民共和国国家质量监督检验检疫局，中国国家标准化管理委员会．良好农业操作规范（GB/T20014.1—20014.11—2005）［S］．北京：中国标准化出版社，2006．

［30］邹成裔．低碳农业经济发展途径浅析［J］．产业经济，2011（2）：146．

第十二章　邵阳烤烟生产关键技术

烤烟生产技术包含内容很多，涉及种植区划、品种布局、烟田土壤与水分管理以及栽培调控技术等诸多方面，根据本书章节设计，在此只就烤烟生产关键技术所包含的烟田土壤培肥技术、土壤耕作与管理技术、土壤养肥检测与配方施肥技术、烟田覆盖技术、烟田化学除草技术、科学打顶与生长调控技术等方面展开讨论，汇集构成邵阳烤烟生产关键技术体系核心内容。

第一节　烟田土壤培肥技术

目前很多农田复种指数高，造成了对农田土壤高强度、掠夺性使用，加上农民连年施用化肥造成烟田土壤严重退化，导致土壤肥力下降，土壤酶活性降低，微生物数量减少。有分析指出，施肥对烤烟产量、产值的贡献率分别达到 39.19% 和 47.28%，对烤烟香吃味的影响占 24.8%。有机肥是烤烟肥料中的常用肥料，有机肥含有丰富的有机养分，包括蛋白质、纤维素、半纤维素、淀粉、糖类、氨基酸、核酸、有机酸、维生素、酶类等。国内外大量研究表明，施用有机肥能改善土壤结构，提高土壤肥力，提高烟叶产质量，增加烟叶油分，改善烟叶香气和吃味，增强烟叶的工业可用性。邵阳烟区有施用饼肥、农家肥、火土灰等有机肥的历史，因此结合邵阳烟区的实际情况，制定切实可行的烟田有机肥培肥技术，对维护邵阳烟区的地力水平，改善土壤结构，从而提高邵阳烟叶质量、强化烟叶特色、增强邵阳烟叶在卷烟配方中的可用性具有重要的理论与生产实际意义。

一、有机肥的种类

烟叶生产多年的实践证明，适合于烟叶生产的有机肥种类主要为饼肥类、畜禽粪便类、秸秆类和绿肥类。饼肥 C/N 比低，易于分解，当季利用率几乎与无机肥相当，并且饼肥在分解过程中产生的一些中间产物对于改善烟叶品质、提高烟叶香气质和香气量等有较大作用，所以烟草生产中饼肥应用最多。其缺点是饼肥中有机物质分解快，残留少，对提高土壤肥力作用较小。畜禽粪便类 C/N 比相对较低，易于分解，这类肥料除能向当季作物提供较多的养分外，还能提高土壤肥力，其缺点是畜禽粪便类常含有病原菌、杂草种子等，处理不当会对烟草生长产生不利影响。农作物秸秆原料来源广、数量大，对提高土壤有机质十分有利，但 C/N 比较高、分解慢，向当季作物提供养分较少，在干旱少雨的情况下分解速度更慢。火土灰是一种取材容易、烧制方便的农家肥料，能将杂草种子、冬眠害虫及其卵粒、病菌全部烧死，它含有丰富的磷、钾等营养元素，可发挥保暖、持水、透气的功能，而起到保护和促进生产的作用。绿肥可增加微生物活性，起到调节土壤养分平衡、消除土壤不良成分和降低土壤容重等，达到改良土壤的效果。另外鲜草嫩绿，植株幼嫩，翻压后易于腐解，当季可为烟株提供较多养分。

二、有机肥的腐熟

为充分发挥有机肥的作用，避免有机肥施用对烟叶生产产生不利影响，常通过腐熟措施消除有机肥的不利影响。饼肥一般易于分解，但由于饼肥残留一定的油分而延缓分解速度，导致饼肥养分释放与烟株需肥规律不一致，因此需要在施用前对饼肥进行腐熟，腐熟时间一般在一个月左右。在未完全腐熟的农家肥中常含有病原菌、虫卵、杂草种子，在分解过程中会产生一些对烟草生长不利的成分，所以在施用前需要进行充分腐熟和熏蒸。腐熟过程，常采用磷肥、猪牛栏粪充分混合后堆沤，腐熟时间在一个月以上，腐熟期间翻动2~3次，让其充分发酵、沤熟，腐熟的农家肥应无明显臭味、不粘连结块、颜色为棕色或土色，若在堆肥前添加快速腐熟剂，可缩短腐熟时间。火土灰应抢晴天烧制，要求烧透，打碎过筛与专用基肥混合沤制待用。秸秆类在土壤中分解速度很慢，并且其养分含量低，翻压后当季释放养分少，但改良土壤效果好，秸秆类表面带有蜡质，在短时间难以分解，可以采用覆盖方式将其还田，覆盖后不仅可以起到保持水分作用，而且腐解过程中可向烟株提供一定的钾素。

三、邵阳烟田有机肥用量的控制

在烟叶生产中有机肥施用量应以肥料中有效含量进行计算，有机氮用量不宜超过肥料氮素总量的40%。不同有机肥种类，其氮素有效率差异也很大（常见有机肥养分有效性见表12-1）。

表12-1　有机肥料中养分有效性

有机肥品种	N（%）	P_2O_5（%）	K_2O（%）
牛粪堆肥	30~40	60	90
鸡粪堆肥	60~70	70	90
腐熟饼肥	80~90	80	90
禾本科绿肥	30~40	50	90
豆科绿肥	60~70	60	90

注：有机肥料养分是以化学肥料有效性为100%比较而言，并不是当季养分利用率

根据多年生产实践和试验研究，邵阳在推广双层施肥技术的基础上全面增施有机肥，可有效改善土壤结构，提高土壤肥力。施肥控制在亩施纯氮量为8.5kg，N：P_2O_5：K_2O=1：1：（3~3.5），肥料的种类及数量分别为腐熟猪牛栏粪（干）80kg，菜籽饼肥20kg，烟草专用基肥50kg，硝酸钾22kg，硫酸钾15kg，火土灰1 000kg，钙镁磷肥5kg；严禁烟农私自增施肥料。

四、邵阳烟田有机肥综合施用技术

由于有机肥的养分释放速度较慢，所以有机肥应以基肥的形式施入。如果以窝肥的形式施入时，应尽量将肥料与土壤进行混合来增加有机肥与土壤的接触面积以利于有机肥的分解。有机肥施入也不宜太浅，否则会因土壤表层水分少而影响其分解速度。

稻草还田采用稻草直接还田和烟草稻草覆盖后还田两种方式。稻草直接还田是当年晚稻秸秆在水稻收获过程中，收割机将稻草切碎后直接还田，然后冬耕施入烟田，这种还田方法对次年烤烟施肥量有一定影响，一般还田的稻秆量不宜太大，次年烤烟施肥量要有所减少。稻秆覆盖还田是在烟苗移栽后用稻草代替地膜覆盖烟田，随着覆盖时间延长，稻秆逐步腐烂，并由中耕培土操作培入土中，这种还田方式对当季烤烟的影响较小，一般不计算当季施肥量。

第二节　土壤耕作与管理技术

土壤耕作是指对土壤进行翻耕整地、起垄、中耕、培土等进行的一系列田间作业。通过土壤耕作可使作物根层的土壤适度松碎，并形成良好的团粒结构，以便吸收和保持适量的水分和空气，促进种子发芽和根系生长，同时还可以消灭杂草和害虫。将杂草覆盖于土中，或使蛰居害虫暴露于地表面而死亡。

一、大田翻耕

邵阳烟区一般是稻烟轮作区，土壤水分多，应于晚稻成熟后期及时沥水，收获后进行晒田、及时耕翻、晒垡，提高地温、疏松土壤，利于土壤中好气微生物的活动，加速土壤的熟化过程，提高土壤肥力，促进稻田土壤向有利于烟草生长的方向转化。一般认为深耕比浅耕好，间隔 2～3 年要深耕一次，打破犁底层，在肥力较低的烟田，可适当增加深耕，肥力较高的烟田，不宜深耕。翻耕要求采用耕牛、专业翻耕机械进行作业，要求种烟田块在 12 月底之前翻耕完毕，翻耕深度 20cm 以上，并开好围、腰沟。

二、起垄

烟田起垄对整地的要求较高，秋收后应及时进行秋耕或冬耕。黏性土壤还要根据其宜耕性随耕随耙。砂性土壤一般当年不耙，待第二年春天土壤解冻时及时细耙整平，以便抗旱保墒。垄作后的垄体松土层厚，既有利于保墒防旱，又能降低垄体土壤湿度，便于排水防涝防病。

烤烟起垄的形式因地而异，一般有槽型垄、蝶形垄、梯形垄和拱形垄。传统的地膜覆盖一般采用拱形垄，起垄相对较为简单，一般垄距 100～120cm，垄高 25～30cm，垄基宽 70～80cm，垄顶圆而合。邵阳烟田起垄要求 2 月上中旬按水田 1.2m，旱地 1.1m 行距施肥起垄。稻田垄高 30cm，旱地垄高 25cm，垄体方向以植株受光量均衡为主要标准取向。要求做到垄直沟平，垄体饱满，土壤松细，土粒细碎，表面平滑。

三、中耕培土

中耕的目的是通过机械力改善烟田表土物理性状，改良土壤理化因素，调节土壤水、肥、气、热状况，促进烟株根系发育和早发快长。培土是通过将行间或垄沟的土壤培到烟株基部和垄顶上，达到促进根系发育，扩大吸收营养面积，增强抗旱防涝，防风抗倒的目的。目前随着薄膜覆盖和小苗膜下移栽技术的推广，烟田中耕培土均在团棵期同时进行。

当烟株进入团棵期，气温稳定通过18℃后（一般在盖膜后40～45天），应揭去地膜，打掉胎脚叶、病叶，及时中耕、除草、培土，使垄体高度达到35cm以上。团棵后期烟株地表根系量大，中耕过深将伤害根系，影响此后的旺长，中耕深度一般不超过6～7cm，以打破表土板结，清除杂草为目的。中耕的深度主要掌握先浅、后深、再浅和行间宜深、株间宜浅的变化。

培土分两次进行，第一次在移栽后10～15天，结合破膜掏苗进行，当烟叶顶到地膜时，就须进行破膜掏苗，方法是从正上方将烟苗掏出，用土将烟苗四周地膜压严实，以利保温保湿，并有效防止杂草生长。第二次在团棵期进行，培土要求垄体饱满，垄面拱起，与烟株基部密切接触，垄顶圆而合，垄沟要直，沟底要平，培土时土壤干湿度要适宜，并尽可能在雨季来临之前完成。

第三节　土壤检测与配方施肥技术

土壤养分检测后针对土壤中的养分情况施肥（测土施肥）包括两方面的含义，第一测土，测试出土壤中氮、磷、钾以及微量元素的含量。第二施肥，根据测出土壤中的含量以及准备种什么农作物需要的氮磷钾的量做出施肥量的决策，亦即配方施肥。

测土配方施肥是目前世界农业生产中科学施肥的普遍做法。选择配方施肥是实现农业增产、增效的必由之路，配方施肥具有地域局限性，是通过特定土壤养肥测定、科学配方、生产检验后的产物。随着施肥时次的延续，土壤养分会发生变化，配方也应该科学调整。好的肥料还需要正确的施肥方法，才能获得更好肥效。

一、土壤养分检测

烤烟要完成其正常的生长需要氮、磷、钾、钙、镁、硫等13种矿物质元素，缺少任何一种，烤烟生产都不正常。这些矿物质元素均是无机盐形态，由烟株根系从土壤中吸收进入烟株体内。通过土壤养分检测可以明确土壤肥力，根据土壤肥力进一步确定施肥量。明确土壤肥力和确定施肥量是配方施肥的两大基础，因此，进行土壤养分检测是配方施肥工作的第一步。土壤养分检测的主要项目包括有机质、pH、氮、磷、钾和中、微量元素含量等。

（一）土壤样品采集及土壤肥力指标测定

参照地形、地貌、土壤母质、土壤类型及种植区划等进行土壤取样点安排，依据地形、土壤母质类型设置取样点，比较复杂的乡（镇）增加取样点，而土壤类型单一的乡（镇）则减少取样点的原则，共在邵阳县、隆回县及新宁县取土样 244 个。为能真实地反映采样地块养分状况和供肥能力，土壤采集时间在烟田未起垄和移栽前，于采样点用人工钻法取表土层（0~20cm）的土壤，取 9~10 个小样点混合，制成约 0.5kg/个的混合土壤样品，通过风干、磨细、过筛、混匀等处理后，装入瓶中形成土壤样品后送云南省农科院土壤肥料研究所进行检测。

（二）土壤肥力与施肥量的确定

以罗建新等构建的湖南省植烟土壤养分丰缺 5 级体系（详见第二章表 2-6）为依据，对邵阳烟区土壤肥力进行评价，根据土壤肥力情况确定配方施肥量，并用试验加以验证施肥配方，具体情况如下。

1. 有机质

邵阳烟区土壤有机质含量为 12.2~60.2g/kg，70% 以上土壤处在适宜至高的等级，说明其有机质含量丰富。保持良好的土壤有机质含量是优质烤烟生产的关键措施，虽然邵阳烟区土壤有机质含量丰富，但在条件允许的情况下，还需要不断的使用有机肥和秸秆还田措施，尤其对有机质含量偏少的地区，要加大土壤改良力度，改善土壤理化结构，但是要避免使用未腐熟的有机肥，强调有机肥作基肥，充分腐熟的农家肥和充分腐熟的饼肥对提高烟叶的效果最好。由于邵阳具有较强丰富的菜籽饼和花生饼，使用饼肥可使烟叶化学成分趋于协调，烟叶香气质和香气量有所提高，因此最好施用充分腐熟的农家肥和充分腐熟的饼肥，饼肥用量以 20~30kg/667m^2 较为合适。

2. 土壤 pH

邵阳烟区土壤 pH 为 4.09~7.96，总体土壤 pH 情况分布都比较好，适合烤烟生长；也存在个别土壤 pH 过高的地块；对于土壤 pH 偏高的土壤，可以采用施有机肥和作物秸秆还田的方法加以改良，使土壤碱性逐步降低；有研究表明，偏酸性土壤经过使用石灰和土壤改良剂等措施改良可以生产优质烤烟，而且改良的难度不大，对于土壤 pH 偏低的土壤，可以通过施用生石灰加以改良。

3. 氮素肥力指标

邵阳烟区碱解氮含量为 77.5~362.5g/kg，69% 以上土壤样品处在适宜至高的等级，没有处在极低等级的土壤；说明邵阳烟区土壤氮素营养水平较高。因此，在烤烟生产施氮方面应分别对待，以免造成个别地块氮素营养过多现象。

4. 磷素肥力指标

邵阳烟区有效磷含量为 1.8~59.9mg/kg，56% 以上土壤样品处在适宜至高的等级，说明邵阳烟区土壤磷素营养水平较高，大多处于适宜等级以上的范围，因此，在烤烟生产上要谨慎对待磷素肥料的有效施用。

5. 钾素肥力指标

邵阳烟区速效钾含量为 44~840mg/kg，68% 以上土壤样品处在低至极低的等级，说明邵阳烟区土壤钾素营养水平很低，属于钾素补充类型烤烟产区，大多处于缺少状态。因此，在烤烟生产上应特别重视补充施用钾肥，而且钾肥使用量偏高对烟叶的质量有明显的促进作用，并且不会产生钾素过多的不利影响。

6. 中、微量养分指标

邵阳烟区交换性镁含量为 0.2~4.41cmol/kg，64% 以上土壤样品处在低至极低的等级上，水溶性氯含量为 0~92.3mg/kg，75% 以上土壤样品处在极低至低的等级，两种养分变化规律均与速效钾含量的相似。说明邵阳烟区土壤镁素和氯素营养水平很低，大多处于缺少状态，且水平高低不一。因此，在烤烟生产上应适当使用镁肥和含氯肥料。但不能忽视个别土壤中的含氯量过高情况，一般土壤中氯含量超过 20mg/kg 就会对烟叶质量产生负面影响，对于氯含量过高的土壤（30mg/kg），要强调不再种植烤烟。邵阳烟区有效硼含量为 0.12~1.33mg/kg，有效锌含量为 0.46~15.38mg/kg，两种养分变化规律与氮含量的相似，大多处在适宜的等级。说明邵阳烟区土壤硼素和锌素营养水平较适宜，但不同县份间土壤硼素营养水平差异均较大，因此，在烤烟生产上需分别对待，适度使用硼肥。

二、配方施肥技术

烟草测土配方施肥是以近代土壤科学、肥料学与分析化学为基础发展起来的一项施肥技术，它是根据烟草对养分元素的需求量和土壤养分供给有效性来确定肥料施用量、施肥种类等，形成相对固定的施肥配方，是现代烟草农业可持续发展的一项战略性措施，在我国烤烟生产中已广泛应用。

（一）施肥原则

要想正确的给烤烟施肥，必须以获得烟叶的适宜产量为依据，根据烤烟的类型、品种特性、肥料性质、土壤肥力条件、烤烟生长期内光、温、降水等自然条件，确定适宜于当地的施肥配方，如氮素用量、氮磷钾比例、肥料种类、施用方法等。邵阳烟区总体应围绕"控氮、降碱、增油、提香"的指导思想，遵循"控制总氮量，增施钾肥量，配施中微量元素肥料"的总施肥原则，坚持以植株平衡营养为目标，大、中、微量元素配合施用的平衡施肥技术原则。

1. 注重养分平衡

烤烟正常生长发育，以及产量和质量的形成需要多种必需的营养元素。烟草对三大养分元素的吸收量是需钾最多，氮次之，磷最少，三要素在烟草中的含量一般为 N 2%、P_2O_5 0.5%、K_2O 2.5%~3.0%，有研究表明产烟 100kg，烟株从土壤中吸收氮素 3.06~3.86kg、磷素 0.85~0.94kg、钾素 5.55~6.99kg。以烟株营养需求为核心，准确的评价土壤养分丰缺，进行精准施肥，合理搭配肥料，禁止过量施肥，平衡施肥、提高肥料利用率，最终达到烟株营养供给均衡的目的。

2. 因地制宜施肥

邵阳烟区主要植烟土壤有水稻土、黄壤、红壤和褐色土。根据其水分条件可分为两类：一类是山地土壤如红壤、褐色土，其地下水位低，肥料流失少，肥料利用率高；另一类是地下水位较高的水稻土和黄、红壤，其肥料流失大而利用率较低。所以，一般成片烟田的施肥量要比山坡烟田的高。

3. 依据品种营养特性施肥

不同烤烟品种营养特性不同，由其遗传特性差异决定，因此不同烤烟品种对肥料养分及土壤矿物质营养的利用和吸收差别很大。例如云烟87的耐肥性较差,而云烟85、K326的耐肥性较好。因此,在决定施肥量时,须考虑烤烟品种的营养特性。

4. 结合气候变化规律施肥

气候变化规律主要指当年烤烟大田期降水的变化、气温的变化及热量条件变化等。降水充沛或过多的年份,肥料易流失,气温也相应会有所降低,肥料利用率也降低,烤烟的施肥量尤其是氮肥施用量宜适当增加。反之,施肥量则要适当减少。

(二) 施肥策略

1. 增施有机肥

邵阳土壤多数样品有机质含量处于合理状况,但仍需进行土壤改良和优势资源利用研究。适当施用饼肥、农家肥等有机肥,加大土壤改良力度,改善土壤理化结构,从而改善烟叶化学成分,提高烟叶香气质和香气量。避免使用未腐熟的有机肥,强调有机肥作基肥。

2. 适施氮肥

由于农业生产上连年大量使用化肥,造成多数烟田土壤残留氮素养分含量偏高,土壤氮素偏低的情况较少;适当降低烤烟氮肥使用量是当前优质烤烟生产的关键措施,结合生产实际情况分析,生产技术措施上应适当减少氮肥的使用量,建议将氮肥确定在8.5kg/667m² 比较适宜,提高氮素利用效率和上部烟叶质量。

3. 慎施磷肥

在生产上不能忽视磷素肥料的有效施用,但磷素含量极高的土壤要适当减少施用量,以免肥料投入的成本过高造成浪费和磷素过多造成烟株发育受阻,目前邵阳烟区采用氮磷等量补充的使用比例可以满足优质烤烟对磷素的需要,因而施用时视具体情况分别对待。

4. 增施钾肥

邵阳多数水田和旱田土壤速效钾含量分布于偏低水平,且大田生长期降水量较大,属于钾素补充类型烤烟产区,烤烟生产适时补充钾肥,对于改善烟叶质量非常重要,因此应重视增加钾肥的量。

5. 合理补充微肥

增施微量元素肥料有提高烟叶产量和质量的效果,但植物对微量元素的需要量甚少,一般只是百万分之几到十万分之几,若盲目施用反而有可能造成污染危害。邵阳烟区多数土壤缺镁和氯,在烤烟生产上可以以叶面喷施的形式适当使用镁肥或者在配方施肥中加入一定的镁肥。适当施用含氯钾肥,但也不可忽视氯含量较高的地块,对于氯含量过高的土壤(30mg/kg),要强调不再种植烤烟。对缺硼、锌的烟田,还应适度使用硼肥和锌肥。

(三) 施肥方法

我国多数烟区,一般都将饼肥、厩肥等农家肥,以及磷、钾肥作基肥,在烟苗移栽前一次施用,同时还可施用一定数量的速效氮肥。烤烟旺长前期,烟株需充分吸氮,但旺长后期必须限制吸氮,使烟叶适时成熟。若施氮较晚、过多或在团棵期和旺长期遇到干旱而影响肥效发挥,都会因前期氮素供应不足,后期有余而致烟叶贪青晚熟,质量下降。因此，烤烟要求基肥足，追肥早。邵阳烟区大田期具体施肥操作如下。

1. 施肥量和比例

适宜的施肥量应以保证获得合适产量和最佳品质为准。而施肥量的确定，首先要确定氮素的施用量，因为氮素对烟叶的产量和质量影响最大。邵阳烟区在推广双层施肥技术的基础上全面增施有机肥，亩施纯氮量宜为 8.5kg，$N : P_2O_5 : K_2O = 1 : 1 : 3 \sim 3.5$，对于肥力较低的烟田，在降水量过多肥料流失严重的年份，亩施纯氮量可适当增加 0.5kg，反之应适当减少 0.5kg。

2. 肥料的种类及数量

试验研究表明，邵阳烟田适宜的每亩用肥种类与用肥量为：腐熟猪牛栏粪（干）80kg，菜籽饼肥 20kg，烟草专用基肥 50kg，硝酸钾 22kg，硫酸钾 15kg，提苗肥 5kg，火土灰 1 000kg，钙镁磷肥 5kg；严禁烟农私自增施肥料。

3. 施肥方法

（1）基肥　基肥是指整地起垄时或移栽时施用的肥料，基肥除了为烟株提供营养外，还对改良土壤有积极作用。采用双层条施 + 穴施法，具体操作为：春节前，将烟地整平，起垄前将土打碎整平，按 $1.1 \sim 1.2m$ 宽用绳拉线开厢，再在厢中央开两条 10cm 浅沟，两沟间距 $25 \sim 30cm$，将 80% 的基肥和 100% 的腐熟猪牛栏粪、菜籽饼肥条施沟内作为底层肥，然后起垄，起垄后按照 50cm 左右株距打穴，穴深 $15 \sim 20cm$，宽 $20 \sim 25cm$；用 20% 的基肥和火土灰混合堆沤 20 天后作为上层肥穴施，环施于穴的周围，注意上层肥和底层肥必须保持 $10 \sim 15cm$ 距离，同时要防止肥料与烟株根系直接接触。

（2）提苗肥　提苗肥分 2 次施用，第一次在移栽后淋定根水，用量为 $2kg/667m^2$，对水量 500kg 以上；第二次在破膜掏苗后，用量为 $3kg/667m^2$，对水 500kg 以上。

（3）追施　追施根据烟株发育规律和需肥特点进行，宜早不宜晚，具体操作为用硝酸钾（或专用追肥）分 2 次追施。第一次在破膜掏苗后 10 天左右，施用量 $7kg/667m^2$（或专用追肥 10kg）；第二次在揭膜后 2 天内，施用量 $15kg/667m^2$（或专用追肥 20kg）（配 15kg 硫酸钾），根据天气情况，在距烟株最大叶片的 2/3 处干施或浇施。追肥也是调整氮素的一个补救措施。而且追肥时可以对弱苗、小苗偏施，促其赶上壮苗，也是达到田间生长一致的有效手段。对于那些保水、保肥力差，潜在氮素比较少，后期供氮能力弱的烟田，以及前、中期雨水过多，土壤与养分流失严重的地区，追肥更是保证烟株中、后期氮素养分供应，稳定产量和品质的有效手段。

（4）叶面施肥　叶面施肥由于微量元素肥料用量少，采取土壤施肥极为不便，因此，如果发现有缺微量元素症状时，可以叶面喷施多美兹等叶面肥或将微量元素肥料添加在复合肥中施用。

第四节　烟田覆盖技术

一、地膜覆盖技术

烟草地膜覆盖栽培起始于日本南方多雨（年降水量 2 000mm 左右）的鹿儿岛、南九州地区。当地的暴雨一直困扰着烟草产量提高和品质的改进。实践证明，地膜覆盖垄体表面，不但防止大雨对垄体土壤的侵蚀与淋溶，而且保肥、保土防止土壤板结的效果比油纸、稻草等覆盖方法显著而优越，同时发现覆盖地膜的烟株比覆盖草、油纸的烟株初期生长明显加快，杂草的生长与危害受到很好的抑制，烟叶产量大幅度提高。垄体覆盖地膜后能使土壤速效养分供给的高峰提前；烟草根系比传统覆盖栽培法健壮发达；能使烟草各生育期明显提前，整个生育期缩短，烟叶成熟时雨后返青回生的程度比传统栽培法明显减轻；在试验示范中还发现覆盖地膜烟田，烟株上蚜虫量比传统栽培法明显减少，病毒病的发病率与病情指数明显降低。

（一）地膜覆盖的效应

采用地膜覆盖栽培后，膜上近地空间及膜下土壤状况发生了一系列的变化，使烟株生长的环境条件，包括水、肥、气、热等方面条件更加适宜烟草生长的要求，在一定程度上弥补了自然条件下土壤和气候条件的某些不足，对根际土壤和近地面环境起到了综合改善的效应。具体地讲，主要表现在如下几个方面：一是提高土壤温度，二是稳定土壤水分含量，三是提高土壤养分状况及肥料利用率，四是改善中、下部叶光照条件，五是减轻病、虫、草害，六是促进烟草生长，七是稳定和提高产量品质。

1. 温度效应

土壤热量主要来自太阳辐射和地热，热量传导与辐射一方面从温度高的土体传向温度低的内层土体，另一方面土壤与外界空气也进行热量交换，阳光照射土壤被土壤吸收，光能转为热能，使受光土体温度升高。一方面以热辐射与对流的形式向近地空气散失，另一方面土壤水分汽化蒸发带走大量的热能。地膜覆盖垄体后，由于地膜能阻挡长波辐射，减少了垄体土壤热辐射和热对流造成的热量损失，保持了土壤中水分蒸发耗热与膜下水珠凝结放热平衡，故在相同条件下，地膜覆盖的垄体土壤温度显著高于传统裸地栽培。

垄体高度不同，垄顶下相同深度土壤温度不同。一般垄体越高，接受阳光照射的面积越大，垄体土壤增温效应越高，但与大气接触面大，从垄体内散失的热量也越多。所以在晴天时土壤增温效果好，阴天时降温也快。

2. 水分效应

地膜覆盖栽培的保水效应，主要是由地膜的不透水性与地膜覆盖的提墒作用而产生的。垄体覆盖地膜后，一方面可有效地限制土壤水分蒸发，使土壤水分蒸发量大幅度下降，减轻了土壤水分的损失；另一方面还可以在降水过多时，阻挡雨水大量进入垄体内，保持垄体土壤水分含量相对稳定，这对烟草生长发育有利。另外，地膜覆盖切断了垄体水分与外界大气交换的通道，使蒸发的水汽在膜下凝结，又重新回落到土壤中，膜下水分形成一个动态小循环，大大地提高了土壤水分的利用率。

3. 土壤肥力效应

地膜覆盖的土壤养分状况，除其保肥性外，更主要的作用为：覆盖地膜后，垄体内土壤温度、水分状况比传统裸栽更有利于微生物的活动，使土壤中养分提前分解矿化成可给态，提前释放。地膜覆盖能明显改善垄体土壤的水、肥、气、热等状况，引发了一系列有利于烟株根系生长和吸收的改变。

地膜的保护作用，可防止雨水直接拍打垄体表面造成土壤表面的板结，使土壤容重变轻。不仅在烟草移栽时土壤保持疏松状态，促进根系的正常发育；而且还由于覆盖地膜后减少了田间作业，可使根系免受机械损伤，有利于烟株根系的生长和对土壤肥、水的吸收。

地膜覆盖大大减少了大雨、暴雨对垄体侵淋和土壤中养分的流失，使施肥量得到不同程度的降低；另外，盖膜后使垄体内的温度和水分状况更有利于土壤和肥料养分的分解和转化，使养分释放的高峰期较传统裸地栽培提前，减少生育后期出现氮素营养过高而影响烟叶产、质的现象。

4. 光效应

烟草要获得优质，不仅叶片正面需要接受充足的光照，而且叶片背面也需要接受一定的光辐射补偿。由于地膜具有较强的反射光的能力，因此，盖膜后可使近地面空间的光照条件得到改善。

5. 对病、虫、草害的影响

银灰膜和透明膜具有不同程度的驱蚜作用，盖膜后可减轻蚜虫的危害。一些厌恶高温的地下害虫，由于盖膜后受浅层土壤温度较高的影响，对烟株的危害比传统裸地栽培田有所降低。至于那些喜温的地下害虫（如地老虎、蝼蛄等），盖膜烟田里这些害虫的危害时间可能提早，危害程度也可能加重，在实际生产中应注意及早防治。

盖膜后晴天膜下地表土壤的高温，可使大部分杂草被烫死或受到强烈的抑制。通常在盖膜质量较好的烟田，透明膜的抑草效果可达到90%左右，如与除草剂配合使用，则抑草效果更为明显。但是，如果盖膜的质量差，膜和地表粘贴不紧或膜有破孔，膜下与表土间的热空气从透气处外逸，则膜下杂草不但不能被抑制，相反会比在传统裸地栽培的生长地还旺盛，甚至能将地膜拱起，造成负效应。

6. 对烟草生长发育的影响

地膜覆盖栽培改善了移栽后烟苗根际土层的温度、水分与养分，同时，防止了土壤板结，保持土壤疏松状态，烟草根系生长快且发生量多，吸收养分多，促进了地上部茎叶的生长。茎叶生长快，反过来又促进根系的生长与养分吸收，地膜覆盖栽培与传统裸地栽培相比，移栽后，烟苗早长快发。栽后30天，单株鲜重及根重比不盖膜重1~2倍。烟株各生育期提前，烟株茎秆生长较高，但相对较细；叶数增加，中下部叶片节距增加，叶片增大变薄，尤其是下二棚叶变化最大，顶部叶片生长变小。全生育期缩短，采收成熟时间提前5~7天。高纬度与高海拔等低积温地区，甚至可以提前10~15天。

7. 对烟叶产量和质量的影响

烟草地膜覆盖栽培，从生物学产量来看，由于加速了烟草的生育进程，相对缩短了烟草的生育时期，其生物学产量变化不大，甚至有降低的趋势；但从经济产量来看，由于增加了烟株的叶片数，使可采收的有效叶片数相对增加，其经济产量较传统裸地栽培有增加的趋势，特别是在环境条件对烟草生长有障碍的地区，经济产量增幅更大，一般亩产量可增加 10% ~30%。

通常情况下，地膜覆盖栽培的烟草与传统裸地栽培的相比，其对烟叶质量的影响因部位的不同而异，对下部叶来讲，往往生长较大，叶片较薄，颜色略浅，香吃味较淡，则意味着品质下降。此种情况，只要采取相应的对策，减少生育前、中期烟株吸氮数量，其品质就不会降低；对于中部叶片来讲，由于地膜覆盖的综合效应使烟叶得到较为充分的生长发育，叶片细胞膨大较好，组织结构疏松，填充能力增强，叶片厚薄适中，色泽鲜明，香吃味变好，内在化学成分协调，则有利于烟叶品质的稳定或提高。对于上部叶片来讲，地膜覆盖的烟草，由于养分吸收高峰提前，容易发生成熟期土壤供氮水平比传统裸地栽培低，而显得后劲不足，导致上部叶片不能较好的开片，烟叶颜色偏淡，成熟过快，香吃味浓度降低，这对于传统裸地栽培时，上部叶片生长、成熟正常且品质优良的烟田，地膜覆盖引起的上部叶片的变化，则意味着品质下降，要采取相应的栽培措施，防止成熟期氮素供应水平偏低，烟株上部叶片的品质就不会降低。另外，从烟叶化学成分来看，在相同的生产条件下，地膜覆盖栽培的烟草与传统裸地栽培的相比，下部叶片烟碱含量增高，上二棚、顶叶的烟碱含量降低。

（二）地膜覆盖对整地与施肥的要求

1. 整地

地膜覆盖栽培时整地要求精细操作。起垄后要达到垄体表面平整，土壤细碎，无大土块（坷垃），无根茬，才能保证覆盖的地膜紧贴垄面，起到抑制杂草危害的效果，充分发挥地膜栽培的一系列效应。

覆盖地膜时，必须压严垄体两侧的膜边，压边不严，遇大风时易将地膜刮起，造成破碎。必须把茎基周围的地膜破口压封严实，否则阳光照射后，高温气体从破口处外逸，不仅容易烫伤烟苗，而且还能造成膜与表土间的空隙温度降低，使地膜覆盖抑制杂草的作用下降，甚至为杂草提供了更有利的生长空间。由于垄侧有较大的坡度和压边的土易滑落，应在垄侧斜坡底部向内 5cm 处，垂直下挖 2~3cm 宽的小沟，将膜边紧贴沟内，再用土封严，压紧膜边。

2. 起垄

邵阳烟区起垄适宜采用的是梯形平顶大高垄，梯形平顶大高垄是指垄顶面平整，垄体高，整个垄体形状呈梯形。通常垄体高度为 25~30cm 以上，垄顶面宽 25~30cm。这类烟区的烟草大都种植在烟稻轮作田。为了能使降水较多地补充根际垄体土壤和防止出现根际土壤高温障碍，经试验研究，将高拱形垄改为梯形平顶大高垄（垄高 30cm 以上），加大烟苗出膜的破口，则出现土壤高温障碍的频度与程度比拱形垄明显减轻。雨水顺烟茎流向茎基，渗入膜下根际的水分比拱形垄相对较多。但这类烟区在无灌溉条件的山坡梯田，采用地膜覆盖栽培的垄体也不宜过高，以 20cm 左右的低宽梯形垄体为宜。为了克服这种水分分布极不均匀的缺点，在烟株团棵后，采取两株烟之间地膜上扎小孔的办法，使降在膜面上的雨水，有一定数量下渗补充膜下垄体，可减轻烟株受旱害的程度。这个措施在生产上取得了良好的效果。

3. 垄体宽度与高度

对于不得不在气温与土温低于适栽要求季节移栽的烟区，为了使移栽后土壤温度快速上升，垄体高度应达到20cm左右。对于土地比较平坦、田间渍涝较为严重的烟区，为了防止雨季暴雨后烟田积水内涝，垄体高度应达到25cm左右。但为了充分利用雨季前的降水，这两类烟区的垄顶宽度都不应小于30cm。

4. 施肥

烟草地膜覆盖栽培，烟田施肥是关键。只有合理施肥，才能保证烟草优质适产。要在烟草类型、生产目标、品种特性、土壤肥力和气候条件等方面，找出适量施肥的依据，制定合理的施肥方案。地膜覆盖烟田施肥时更要强调速效肥与长效肥相结合、无机肥与有机肥相结合的原则。

地膜覆盖后，根际土壤温度、水分状况比传统裸栽田更适合于烟草根系的生长，土壤养分供应高峰与烟株吸收高峰也比传统裸栽时提前。在相同条件下，地膜覆盖烟田，烟株旺长时土壤养分供应的强度比传统裸栽田高，成熟期养分供应水平比传统裸栽田低。但不同土质的烟地，其土壤水分和养分的供应状况和特点不同，在施肥的位置方面应有所区别。综合各地的研究结果，一般有如下几种情况。

（1）有机质含量高　土壤有机质含量高、土壤黏重、持续供肥力强、发老苗不发小苗的烟田，传统裸栽时施肥量低，采用地膜覆盖栽培时，应将全部肥料窝施于栽植穴。这不但可以促进烟苗早长快发，还可以使肥料养分绝大部分在烟草生育中期被吸收消耗，可以减轻烟株进入成熟期时，土壤氮素供应的程度，而有利于烟叶落黄成熟。

（2）有机质含量低　有机质含量低、砂质、粉砂质土壤持续供肥力弱，发小苗不发老苗的烟田，地膜覆盖栽培时，全部肥料应条施，可减轻烟草大田生育前中期吸肥过多，中下部叶片生长过大的程度，肥料养分可以有一定数量残留到成熟期，减轻或克服这类烟田后劲不足、供肥能力低、叶片易早衰或成熟过快的缺点，而使烟叶品质得到提高。

（3）中等肥力　中等肥力烟田，可以条施与穴施相结合。不论烟田肥力高低与质地砂粘，肥料条施与穴施的深度以垄顶土表下15cm左右为宜。烟苗移栽后大田初、中期多雨的地区，施肥深度应不浅于土表下10cm。穴施的肥料要与穴内土壤掺混，栽烟时将掺混的肥土拨到穴内四周或长穴的两端，以避免肥料与移栽苗根系直接接触而烧苗。

5. 追肥

追肥可在距离茎基10～15cm处，扎一个10～15cm深的孔洞，将溶于水中的肥料定量灌入或用简单的背式注射器具注入，然后用土封严孔洞上口。追肥的时间，应掌握在移栽后30天内完成。基肥与追肥结合施用的方法，对于土层浅薄、肥力低的山坡地烟田更为适宜。追肥可以弥补土壤供氮水平过低的缺陷，使其比全部做基肥的烟田所产烟叶品质更为优良。对土壤微量元素与中量元素养分不能满足烟草优质高产要求的烟田，地膜覆盖栽培与传统裸栽一样，要用叶面喷施或土施的方法来补充。

（三）覆盖与揭膜技术标准

1. 压膜与封口

垄体覆盖地膜后，必须压严垄体两侧膜边（图 12－1）。压边不严，不但遇大风时容易将地膜吹起造成破碎，而且晴天阳光照射后，膜下形成的高温层热量容易外逸，起不到抑制杂草的作用。由于垄侧有较大的坡度，烟田表层土壤干燥，干土压边容易脱落，应采用在垄侧斜坡底部直下切 2～3cm 小断面，将膜边贴紧下切断面，用土挤封。不少烟区采用地膜覆盖栽培时，往往忽略移栽后对烟草茎基周围膜边的封压。紧贴烟茎的膜边，如果封压不严，则在晴天强光照射下，膜下高温气流由此处上升外逸，容易烫伤紧贴膜边的烟茎表皮，对烟苗生长严重不利，而且由于膜下热量以对流形成外逸，膜与表土空隙的温度降低，还会使地膜覆盖抑制杂草的效果下降，甚至为其生长提供了比裸栽更有利的空间，不但起不到抑草的作用，反而有助于杂草生长。

图 12－1　邵阳地膜覆盖烟田

2. 盖膜期限与揭膜培土

地膜的覆盖期限与揭膜培土时机，应以是否有利于烟草产量和品质作为标准，来决定是继续覆盖还是揭膜。一般在无异常情况出现时，地膜可以全生育期覆盖。地膜覆盖栽培的烟株根系分布要比传统裸栽的浅，吸收能力和生理活性较高的根系大都密集在膜下 5～25cm 处的表土层内，如果在烟草生长或成熟阶段揭去地膜，则膜下表土的干、湿状况极易变动，而处于该土层的根系正常的生理活动易被打乱，这对整个烟株正常生长与代谢活动不利。因此，揭膜时随即进行大培土，以减少揭膜后表层土壤温湿度条件的急剧变化而带来不利影响，同时还可以促进不定根的生长。一般情况下，移栽后30～45 天可以考虑揭膜培土。

（四）废膜回收

地膜覆盖栽培技术的应用所带来的经济效益和社会效益，已经得到普遍的认同，但产生的负效应，特别是"白色污染"的问题，是目前地膜应用中需要研究和克服的焦点问题。主要体现在如下方面。

1. 残留地膜对土壤环境的危害

土壤渗透是自由重力水向土壤深层移动的现象，由于土壤中残膜碎片改变或切断土壤孔隙连续性，致使重力水移动时产生较大的阻力，重力水向下移动较为缓慢，从而使水分渗透量因地膜残留量增加而减少，土壤含水量下降，削弱了耕地的抗旱能力，甚至导致地下水难下渗，引起土壤次生盐碱化等严重后果。

残膜造成灌水不均匀和养分分配不均，土壤通气性能降低，影响土壤微生物活动和正常土壤结构形成，最终导致土壤肥力水平降低。

2. 残膜对后作种植的影响

由于残膜影响和破坏了土壤理化性状，必然造成作物根系生长发育困难。凡具有残膜的土壤，阻止根系串通，影响正常吸收水分和养分；作物株间施肥时，根系与施肥区之间常有大块残膜隔离，影响肥效，致使产量下降。

3. 残膜对农村环境的影响

由于回收残膜的局限性，加上处理回收残膜不彻底，方法欠妥，部分清理出的残膜弃于田边、地头、水渠、林带中，大风刮过后，残膜被吹至田间、树梢、影响农村环境景观，造成"视觉污染"。

总之，从地膜污染对环境和作物产量产生的危害可以看出，地膜栽培的农田土壤中残留地膜量，大都接近或达到了能使作物减产的临界值。因此，采收结束后，应当揭膜回收，防止地膜残留在田间污染土壤。

二、秸秆覆盖技术

我国秸秆资源非常丰富，据统计中国每年生产的粮食及其他作物秸秆 6 亿多 t，且随着农作物产量的提高，秸秆生产量也会随之增加。目前我国秸秆的主要用途是燃料，其次是饲料和肥料。随着现代农业的推进，以及机械化等现代化工具在农村的普及，农村的能源结构和饲料结构也随之发生了较大变化，秸秆的利用途径也将会发生重大转变。在秸秆资源大量过剩的广大农村，处理秸秆采取的办法主要有两种：一是到处堆积，二是四处焚烧。这两种处理不仅浪费资源，且影响城乡交通安全，同时污染空气与环境。那么如何有效处理这些过剩的秸秆，已经成为日趋突出的问题。

秸秆资源的再利用，不仅涉及千家万户农民，也涉及整个农业系统中的土壤肥力、环境保护。其再生资源的有效利用已成为可持续农业发展的一项重要内容。肖汉乾等人研究表明，作物秸秆均含有大量的有机质及微量元素，是农业生产的主要有机肥源，我国土壤有机肥总养分的 15% 左右是由作物秸秆提供的。

近些年来，秸秆还田发展很快，据统计秸秆还田面积从 1987 的 2.1 亿亩到 1996 年增至 5.3 亿亩，每年平均以 10% 的速度在增长。全国年秸秆还田量超过 1 亿 t，占秸秆总量的 16% 左右。秸秆直接还田的方式主要有以下 3 种：秸秆覆盖、翻压和高留茬还田，秸秆间接还田的方式也主要有以下 3 种方式：高温堆沤还田、生物促腐还田和过腹还田。其中在直接还田方面以操作方便的高留茬还田方式推广面积最大，约占还田总面积的六成，其他两种直接还田方式各占两成。

（一）烟田秸秆覆盖方法

1. 栽前覆盖

栽前覆盖方法是在移栽前 3~5 天覆盖即起好垄条施基肥后。首先把稻秆切成 15~20cm 长，淋湿或浸湿稻草后均匀施放于垄面，覆盖厚度约为 5cm，并在烟穴周围用稻草扎成与栽烟穴大小相近的草圈，围在栽烟穴旁边，既可增加土壤有机质，又可防止下暴雨时泥水冲入烟穴和烟叶沾泥受损。覆盖量为每亩烟田用稻草250~350kg，要求做到垄不现泥，泥不见天。盖完草后最好在稻草上再覆盖一层泥土，达到固定和防旱的作用。移栽后要在稻草上喷洒杀虫剂一次。

2. 栽烟覆盖

栽烟时覆盖方法是按常规方法栽烟后，施好肥料、浇足定根水后进行覆盖，盖稻草的厚度与栽前覆盖相同。

3. 栽后覆盖

栽后覆盖方法是栽烟后5~7天，即烟苗度过了还苗期，在查苗补苗、淋足提苗肥后将切碎淋湿的稻草覆盖于垄面。覆盖的量与栽前覆盖相同，此时在不影响烟苗生长的情况下，可以用稻草把烟苗圈围，达到保水保温的效果。

4. 前膜后草覆盖

前膜后草覆盖方法是在烟株生长前期覆盖地膜，后期盖稻草。前膜后草覆盖主要是在移栽至团棵期处于气温较低、天气较干旱的地区，该方法利用了盖地膜保水提温效果优于稻草的特点，土温提升较快、水分不易散失，更有利于烟苗早生快发。该方法是在烟株移栽后30天左右，即团棵后进行揭膜施肥、培土，然后覆盖稻草，每亩覆盖稻草300~500kg，并用细土薄盖。该方法充分利用了塑料薄膜覆盖和稻草覆盖带来的优点，有利于烟株生长各时期提温保湿度。同时，减少雨水冲刷而造成水土和肥料流失。稻草覆盖至烟叶采收完毕后部分已腐化，即可翻压还田，为下一茬作物提供养分。

（二）邵阳烟田秸秆覆盖研究

2008—2011年我们对邵阳烟区开展的稻田覆盖技术进行了研究，主要设置了五个处理，（处理T1：不覆盖稻草，不覆盖地膜；处理T2：不覆盖稻草，覆盖地膜；处理T3：覆盖稻草300kg/667m²，不覆盖地膜；处理T4：覆盖稻草400kg/667m²，不覆盖地膜；处理T5：覆盖稻草500g/667m²，不覆盖地膜；）研究结果情况如下：

1. 对表层土壤温度的影响

调查数据表明，10cm土层温度，在上午9：00，移栽前40天，无论是地膜覆盖还是稻草覆盖，地温都高于不覆盖，其中地膜覆盖对提高地温最明显，这说明稻草覆盖也具有一定的保温作用，且地膜覆盖在前期低温时的保温效果明显的高于稻草覆盖；下午2：00，在移栽前40天，各个覆盖处理烟田的土温同样高于对照的地温，稻草覆盖处理最有利于烟株生根发育；在大田后期日最高温度高于30℃的情况下，稻草覆盖处理烟田的地温温度较对照处理有一定程度的降低，降低幅度为0.2~0.9℃；这说明在环境温度高于地温的情况下，稻草覆盖具有一定的降温作用。

可见，当环境温度低于地温的情况下，稻草覆盖具有保温作用，但其效果不如地膜覆盖；当环境温度高于地温时，稻草覆盖具有一定的降温作用。其对环境温度的调控作用较有利于烟叶的生长发育。但前期地膜覆盖的作用是稻草覆盖所无法取代的。

2. 对土壤含水量的影响

研究结果表明在土壤含水量大于20%时（移栽前60天），稻草覆盖还田可明显降低烟田土壤的含水量；在土壤含水量小于 20% 的情况下（移栽后 100～120 天），稻草覆盖还田可明显的提高土壤含水量。可见稻草覆盖还田对土壤含水量具有一定的调节作用，即雨水多时可在一定程度上降低烟根部土壤含水量，在干旱时可有效的防治水分过快散发，这对烤烟生长发育有明显的好处。其中，在移栽前 40 天，地膜覆盖处理对土壤含水量的调控作用明显高于稻草覆盖。

3. 对烤烟生育期的影响

稻草覆盖还田对烟株的整个生育期有明显的影响，稻草覆盖在一定程度上延长了烟株的整个生育期，分别比不覆盖栽培处理延长 2～5 天。地膜覆盖可在一定程度上缩短烟株的生育期，缩短时间为 2～10 天。地膜覆盖可明显促进烟株前期的发育，这对催进烟株早生快发有明显的作用，对预防烟草病虫害有较好的优势。稻草还田具有相同的功能，但效果明显的低于地膜覆盖。

4. 对烟株农艺性状的影响

覆盖处理与不覆盖对照进行比较，在烟株生长的任何时期，各项农艺性状的优势都很明显。稻草覆盖与地膜覆盖比较，移栽后 35 天，稻草覆盖处理的各项指标均劣于地膜覆盖，移栽 45 天后，500kg/667m² 稻草覆盖处理与地膜覆盖对烟株农艺性状的影响几乎相同，前期地膜覆盖略显优势，且两处理的影响均高于其他处理。

5. 对烟株干物质积累的影响

在环境温度较低的团棵期，由于地膜覆盖处理保温效果好于稻草还田，因此其对烟苗生长的促进作用最明显，生长前期，单株干物质重量明显高于对照，旺长期，稍高于稻草覆盖处理，但差异不明显。稻草覆盖处理在团棵期较对照也表现出一定的优势，尤其是 T5（500kg/667m²）处理，稻草覆盖处理的叶、茎和全株干重显著高于对照；旺长期，稻草覆盖的 T5 处理的各性状均显著优于对照，但稍低于地膜覆盖，未达显著水平；在现蕾期和成熟期，稻草覆盖的 T4 和 T5 处理的叶、茎和全株干重均高于地膜覆盖，且达显著水平，说明在生长后期，稻草覆盖有利于烟株干物质的积累。且不同稻草覆盖量对干物质的积累存在不同程度的影响，覆盖量越大，促进作用越明显。

6. 对经济性状的影响

地膜覆盖处理的产量、产值最高，稻草覆盖 T5 处理（500kg/667m²）其次；从烟叶质量分析，上等烟比例以 T2 处理最高，其次是 T5。上中等烟比例以 T4 最高，达 96.43%，其次是 T5，为 95.83%。从产值上看，最高的是 T2，其次是 T5，试验处理区均高于对照区，且达显著水平。由此可知，在经济效益上地膜覆盖处理表现最佳，同时适量的稻草覆盖，可有效促进烟株的生长发育，并对产量、产值、等级结构等有较好的促进作用，尤其是 T5（500kg/667m²）的处理表现最好。

7. 对烤烟外观质量的影响

研究发现：各个处理的中部叶（C3F）烟叶多数属金黄范畴，颜色略浅；烟叶的成熟度和组织结构多数属成熟和疏松范畴；烟叶的油润感整体较强，全部烟叶达到多或有质量档次；色度为中质量档次。其中，稻草还田（T5）在成熟度、结构、油分上优于其他处理，在颜色、身份和色度上地膜覆盖（T2）处理表现最优。从变化趋势上来看，随着稻草覆盖量的加大，烟叶外观质量也有所提高，当达到全量覆盖时，效果最好（详见第三章表 3 - 3）。

研究发现：各处理烟叶的平衡含水率、填充值和含梗率等指标差别不大，均属于中等偏上质量档次，相对适宜；各部位烟叶厚度均相对稍薄，其中，对照处理（T1）中部叶厚度最小，与 T5 相差 0.024mm，与地膜覆盖相差 0.014mm，稻草覆盖能明显增加烟叶厚度。拉力和伸长率相对较好，烟叶柔韧性较好。各部位烟叶含梗率相对适宜。从烟叶叶面密度上来看：覆盖栽培能明显增加叶面密度，其中，T5 处理增加最明显（详见第三章表 3 - 8）。

8. 对烤烟化学成分的影响

从烟叶主要化学成分分析结果可以发现，不覆盖地膜和稻草的处理 T1 的总糖和还原糖含量最低，氯元素和钾含量也是最低的；地膜覆盖处理 T2 的总氮和总植物碱含量最高；随着稻草覆盖量的加大，烟叶总糖、还原糖、氯元素及钾含量会明显提高，总氮和总植物碱会有一定程度的下降。说明稻草还田量加大，烟叶的烟碱含量有明显的降低趋势，总糖和还原糖含量有增高趋势，钾、氯含量有增加趋势。其中，处理 T4 内在化学成分明显的优于其他处理，T5 处理次之（详见第三章表 3 - 11）。

类胡萝卜素是烟叶中重要的香味前体物和显色物质，不仅与烟叶的外观质量（颜色）密切相关，其降解产物多是烟叶中重要的特征香味物质。各处理类胡萝卜素为 131 ~ 223.29μg/g，其中，覆盖栽培类胡萝卜素含量明显较高，地膜覆盖和稻草覆盖（T5）提高最明显。叶黄素和 β - 胡萝卜素的含量为 53.57 ~ 99.78μg/g 和 77.84 ~ 123.51μg/g（详见第三章表 3 - 12）。

多酚化合物是产生烟叶香气的重要成分之一，其含量影响着烟叶香气质量的好坏，同时多酚类物质还影响着烟叶的颜色。在多酚类化合物中，绿原酸、芸香苷和莨菪亭的含量最为丰富，占烟叶总酚含量的 80% 以上。多酚类物质含量，处理 T2 总酚含量的最高，为 49.34mg/g，其次是处理 T5 为 48.27mg/g，最低的为对照处理，为 43.36mg/g（详见第三章表 3 - 13）。

9. 对烤烟吸食质量的影响

不同处理烟叶香型风格都是浓偏中，劲头呈适中档次，烟气浓度呈中等水平。稻草还田强度较小的处理 1 和处理 3 主要感官质量评价指标中的香气质、香气量、余味、杂气、刺激性均在不同程度上低于其他处理，但稻草还田处理 T4、T5 的感官评价总分都高于对照和地膜覆盖，稻草还田处理 T3 的感官评价总分低于地膜覆盖，说明稻草还田的稻草使用量不能太少，使用太少则效果差（详见第三章表 3 - 22）。

（三）秸秆覆盖还田对土壤环境的影响

1. 对土壤水分的影响

秸秆覆盖于地表，不仅可吸收水分，还减少了太阳对于地表的辐射。同时这层外衣可有效减弱地表径流，加长雨水入渗时间及提高入渗率，覆盖层还减弱了土壤空气与大气间的交流，有效抑制了地表水分的蒸发，有利于蓄水保墒，使耕层水分条件得到改善。Erik 等人在种植油菜地表的 0 ~ 20cm 的耕作层中，移栽后每隔 10 天测一次土壤含水量，数据显示秸秆覆盖处理的土壤含水量比对照高出约 4%，充分表明秸秆覆盖的保水效应还是比较明显的。科学家在土壤入渗时发现，免耕土壤能增加入渗率，对提高水分利用率有益。

2. 对土壤温度的影响

秸秆的覆盖效应能有效减弱太阳辐射和地面热散射，从而阻隔土壤表层与近地气流间的热量交流，在温度较高时，采用稻草覆盖比没覆盖的地表温度平均低 4℃ 左右，对地表下不同深度的土壤的温度影响不同，地下 10.0cm 土壤温度低 1.3℃，而 20.0cm 处温度降低为 1.0~2.0℃。

3. 对土壤肥力的影响

在研究稻草还田对土壤有机质含量影的过程中，在施用稻草还田后，土壤有机质含量都会明显的上升，且随还田量和还田年数的增加而增加。范业成的相关报道认为，连续稻草还田 5 年后土壤有机质含量可提高 2.5%~3.9%。在配施氮肥的情况下，增加秸秆施用量，可以增加土壤速效氮的含量。

秸秆本身含有一定量的氮、磷、钾及各种微量元素，秸秆在分解过程中产生的中间产物如有机酸等可有效增加土壤中的一些养分。不同的作物秸秆含有的营养元素不同，这些养分还田于土壤后均可循环再利用。

杨显云等人的研究证明秸秆直接还田后土壤腐殖化程度明显提高。秸秆覆盖三季后，土壤总孔隙度和田间持水量随覆盖次数逐渐增加。另外，施入秸秆后，土壤中腐殖质的结合形态发生了显著的改善，其中松散结合态腐殖质的增加量最为明显。

4. 对土壤结构的影响

土壤中大于 0.25mm 的微团聚体对土壤物理性质和营养条件具有良好的作用。陆建飞等人在进行 3 年多的试验后发现，稻草还田有利于 0.25~1.0mm 的团聚体形成，还田后此类微团聚体增加了约 3/4，增加数分别是对照和施用化肥的 1.1 和 1.7 倍。而稻草还田后小于 0.01mm 的团聚体减少了一半。宋光煌等在研究中发现，稻草还田能够降低土壤容重，提高土壤孔隙度，可增强土壤通透性。

5. 对土壤微生物的影响

秸秆覆盖还田后地表温度低，土壤中有机质增加，适宜的环境促进土壤中细菌和真菌大量繁殖，微生物的数量大大增加。土壤微生物可将土壤中的有机质分解为植物可吸收利用的无机盐，将矿物质分解转化为植物可吸收的状态；同时微生物还有固氮作用，将空气中游离的氮同化后供给作物；微生物活着时吸收养分，死后分解供植物用，促进土壤环境的合理循环，即秸秆还田为土壤中微生物供给充足的养分，促进微生物的生长和繁殖，微生物又反过来分解有机质，提高土壤的生物活性，修复土壤污染，从而促进作物的生长发育。

6. 对土壤酶的影响

秸秆还田提供了大量营养物质给土壤酶，土壤酶活性大大提高。秸秆还田可不同程度的提高土壤中转化酶、淀粉酶、蛋白酶、脱氢酶、磷酸酶和 ATP 酶的活性。高活性的土壤酶可促进土壤有机质的转化，促进植物对养分的吸收。土壤酶的活性与有机质、有效氮和磷的含量的关系呈显性或极显著正相关水平，充分表明土壤肥力可用土壤酶活性来表征。

第五节　烟田化学除草

烟田除草是生产上必需的农田管理措施之一。人工除草是多年来一直采用的，也是对生态环境最为有利的方法。但是随着科技的发展，新的省工、省力、快速、有效的化学除草法，得到了人们的青睐，成为现代烟田管理的一项重要技术。烟田化学除草同任何一种新技术一样都具有两面性，在给人类生产带来益处的同时，如果操作不当也会给生产带来一定的负面作用。因此使用化学除草剂首先应考虑如下几个问题：一是除草剂种类的选择，不同的除草剂对不同种类的杂草防除效果不一样，因此，要针对当地烟田杂草的种类选择适当的除草剂，要选择对烟草安全，对防除杂草有效的除草剂；二是除草剂的使用方法，不同的除草剂作用方式不同，有的除草剂为芽前除草剂，有的为广谱除草剂，这要根据当时当地的杂草发生情况、除草剂的种类、除草剂的使用时间来定，例如，在移栽前用药，可选择芽前除草剂，田间生长季节防除已长出的杂草，可考虑选择广谱除草剂；三是除草剂对后作的影响，有的除草剂对下茬作物会有影响，因此要选择对下茬作物无影响的除草剂，如大惠利在土壤中的残留对下茬作物水稻、大麦、小麦、玉米、高粱等禾本科作物会产生危害，但每公顷用药量在 2 250g 以下，与下季作物播种间隔时间 90 天以上，一般不会对下茬作物产生危害。

另外，在除草剂的使用上，一定要按照农药安全管理条例执行，认真阅读每种除草剂的使用说明，除草剂的使用与其他药剂不同，因为作用的对象是植物，烟草本身也是植物。

烟田常用的除草剂可分为三大类：一是以防治禾本科杂草为主的除草剂，如盖草能、禾草克、精稳杀得等；二是以防治禾本科杂草为主，同时对阔叶杂草也有防除作用的除草剂，如敌草胺、益乃得、氟乐灵、施田补、广灭灵、都尔等；三是广谱除草剂，如克芜踪、草甘膦等。

一、烟草苗床化学除草

用于烟草苗床除草的主要除草剂可划分为 3 种类型：一为播前土壤处理剂，以大惠利为代表；二为播后苗前土壤除草剂，以草乃敌为代表；三为播前土壤熏蒸剂，以斯美地为代表。下面就这 3 种除草剂的施用方法分别叙述，其他同类药剂的施用可以参照。目前邵阳烟区主要采用漂浮育苗技术育苗，防除藻类成为苗床管理的主要工作。

（一）50% 敌草胺的使用

施用量应根据土壤性质及施用说明来定，一般每 100m² 苗床用 50% 大惠利可湿性粉剂 15 ~ 18g，加水 7.5kg，在播种前 5 ~ 7 天进行畦面土表喷雾，并用浅划耙将其混入土内 3 ~ 5cm，重新将畦面整平，播种按常规进行。大惠利对杂草的防除效果很好，对烟苗也安全。

（二）90% 草乃敌（益乃得）的使用

一般每 100m² 苗床用 90% 草乃敌 40 ~ 50g，加水 7.5kg，播种后畦面喷雾。喷药后结合苗床洒水，可使药剂淋溶土里，提高效果。覆盖薄膜的苗床膜内湿度大，温度高，可适当减少用药量。草乃敌防除禾本科杂草的效果很好，但对阔叶杂草的效果不太理想，对烟草安全。

（三）32.7%的斯美地的使用

1. 母床消毒

在播种前30天，彻底清除棚内的杂草、杂物，并进行消毒。具体熏蒸方法是：先将棚内表土锄松、整平，保持土壤湿度为60%～70%，每平方米喷洒32.7%的斯美地50ml和3 L水稀释成60倍溶液，均匀喷洒于土表，四周用薄膜压严，并密闭大棚。7～10天后进行通风，将表土锄松，翻晒15～20天，将残留药气散尽后即可播种（熏蒸时若遇持续低温影响，要适当延长通风时间，以利药液充分溶解，防止对烟苗的毒害，影响出苗率）。

2. 营养土消毒

采用32.7%的斯美地药剂进行熏蒸消毒，具体熏蒸方法是：将营养土摊成5cm厚，每 m^2 用50ml斯美地对水4L配成80倍液，均匀浇洒，需湿透3cm以上。再覆盖5cm营养土，再浇洒药液，重复成堆，最后盖膜，膜要盖严，以防漏气。熏蒸期间，营养土温度15℃以上时，保持10天即可，低于15℃要适当延长2～3天。熏蒸结束后，将营养土充分翻松晾晒，待残留药气散尽后即可过筛备用。

3. 育苗池蓝绿藻防治

目前邵阳烟区主要采用漂浮育苗的方法育苗，在育苗池和育苗盘的表面产生蓝绿藻是烟草漂浮育苗中的常见问题之一。蓝绿藻生长于育苗盘表面的原因有多种，其一是育苗肥中磷肥浓度过高；其二是育苗盘和基质的消毒不到位；其三是遮阳网的管理不到位。一旦发生蓝绿藻，根据产生的原因确定消除的方法，严格控制苗肥中磷肥的浓度，一般氮磷肥的比例以1：0.5为宜。严格按操作规程做好育苗盘的消毒工作。根据天气情况经常揭除和遮盖遮阳网，既要保证烟苗生长有充足的光照，又要减少烟苗在十字期前阳光直射损伤烟苗。同时产生蓝绿藻时可喷施多菌灵和0.05%硫酸铜进行防治。

二、烟田化学除草

烟田使用除草剂时，不管采用哪种除草剂，都要将土地整平整细，以免影响药效。

1. 烟田施药方式

（1）处理杂草茎叶　在烟苗移栽前后将除草剂喷洒到已生长的杂草上，杀死杂草。这类除草剂要具有广谱性。

（2）土壤处理　在烟苗移栽前后将除草剂施于土表，并均匀地混入浅层土壤中，形成3～5cm的药土层。当杂草萌发透过药土层时，吸收药剂而死亡，这种施药方法多为芽前除草剂。

（3）覆膜前喷施农药　地膜覆盖前，烟垄起好整平后，在墒情适宜并准备盖膜时，将除草剂均匀地喷在垄的顶面与侧面，然后加盖薄膜。如果施药效果好，基本上不需要人工除草。处理茎叶的除草剂不适合地膜覆盖化学除草。地膜覆盖栽培，要选用杀草谱广且对烟草安全的芽前除草剂。

2. 杀草膜除草

杀草膜是一种含有除草剂的薄膜，覆膜后从上面打孔移栽烟苗。水蒸气将膜上的药剂溶解出来，并释放到地表，从而杀死杂草。

3. 常用除草剂及其在烟田的应用

（1）50%敌草胺可湿性粉剂　50%敌草胺可湿性粉剂为芽前除草剂，一般每公顷用1 950～3 900g，加水25kg，在烟草移栽前5～7天给全田土表喷雾，随后浅划锄将农药混入土里3～5cm。亦可在栽时或栽后施药。施药后若遇干旱无雨，应进行烟田灌水。为降低成本，可在栽后烟田培土后进行喷洒，注意不要喷到烟株上。大惠利防除禾本科杂草的效果可达95%以上，对阔叶杂草的防除效果在70%～80%。

（2）90%草乃敌可温性粉剂　90%草乃敌可湿性粉剂为播后芽前除草剂，每公顷用量为3 750～5 250g，加水25kg，于栽烟前7天或栽烟后立即进行土表喷雾，也可在中耕、培土后施药，这样可以节省用药1/3左右。草乃敌主要防除禾本科杂草和某些阔叶杂草，并且只能杀死刚萌发的杂草，对已成苗的杂草效果差。因此最佳施药时间应在杂草出苗前。施药时，若土壤干旱，施药可混入土中3～5cm深。在烟麦轮作的地区，使用草乃敌也需考虑对下季作物的药害问题。为了安全起见，烟田使用草乃敌到下季小麦播种的间隔期不得少于120天。

（3）48%甲草胺乳油　甲草胺乳油又名拉索。每公顷用量为2 250～3 000ml，加水25kg，土表喷施，然后移栽。地膜覆盖栽培，每公顷用量1 200～1 500ml。施药后混土，然后再盖膜栽烟。若施药后两周内未下雨，应浇水或浅混土以保药效。

（4）72%都尔乳油　72%都尔乳油又名杜尔、屠莠胺、异丙甲草胺。每公顷用量1 500ml，加水25kg，在移栽前土表喷雾。都尔主要防除禾本科杂草和部分阔叶杂草。

（5）48%氟乐灵乳油　48%氟乐灵乳油又名特福力、氟特力茄科宁。每公顷用量为1 125～1 500ml。移栽前一周土表喷雾，然后浅混土2～3cm深。若在烟苗移栽还苗后施药，则要先进行浅耕灭茬，锄去已长出的杂草，然后喷药，药量为每公顷1 125～1 500ml。不要接触烟苗。

（6）48%广灭灵乳油　48%广灭灵乳油每公顷用量为1 500～2 250ml，用法同氟乐灵。广灭灵对阔叶杂草效果好。广灭灵的残效很长，能达6个月以上，所以要慎用。

第六节　科学打顶与生长调控技术

科学打顶与抹杈是烤烟烟叶生产后期的重要调控措施。打顶与抹杈技术的科学运用对于调控烟株对肥料的利用、烟叶化学成分的协调、烟株顶叶的生长和烟叶的成熟，以及病虫害的防治等都起到一定的作用。打顶与抹杈技术的科学掌握对烟叶可起到增产与提质的重要作用。

一、科学打顶

（一）打顶的作用

烤烟田间生长后期由前期的营养生长为主转变为生殖生长为主，烟株主茎顶端的顶芽发育成花芽，烟株逐步生长为现蕾、开花与结实。烟株现蕾后，体内营养物质大量向花蕾输送，供烟株开花结种。如果不打顶，烟株就开花结实，消耗大量的养分，致使上部叶片营养不足，叶片小而轻，中、下部叶片变薄，重量减轻，底部叶片变黄枯死，降低烟叶产量与品质。在烤烟栽培中，除繁育留种外，必须及时打顶，促使营养物质集中供应叶片生长发育，增大有效叶面积。

在烤烟栽培过程中，即使施肥适当，降水量正常，烟株旺长和成熟期的氮素吸收量以及氮素总吸收量，与优质烟叶的供肥模式也会存在一定的差距，要不断通过各项管理措施进行调控，使其接近优质烤烟烟叶的供肥模式，科学打顶技术对烤烟生长后期的肥料利用，尤其是氮素的利用，以及烟叶化学成分的调控起到至关重要的作用。

打顶的作用不仅是为了调控烟株对养分的利用，最主要的作用是通过打顶早晚、打顶高度来调控烟叶中主要化学成分的含量，使烟叶化学成分更加趋于协调。据研究打顶可以增加烟叶中与香气有关的中性挥发物质含量；可使烟叶香气质改善、香气量增加、劲头适中、品质提高；打顶还有利于烟叶中黄色色素，如胡萝卜素和叶黄素等的积累；打顶可适当加深烤后烟叶的颜色，提高橘色和颜色较深烟叶的比例；打顶还能提高烟叶中烟碱含量，协调烟叶糖碱比等化学组分；打顶可降低烟气中的总粒相物（TPM）与总烟碱（TA）的比值。

另外，打顶还能使烟株未被花蕾消耗的营养转化为根系生长的动力，促进烟株根系生长，增强根系的吸收功能，延长功能叶片的生长时间，减缓成熟期叶片净光合速率的下降，从而达到提高烟叶产量的目的。

（二）打顶的高度和时间

通常烤烟生产上打顶的原则是："打顶适时、留叶适当"。打顶过早、留叶过少，烟株呈伞形，不但上部叶大而肥厚，品质下降，而且中下部叶片也会因为顶叶遮蔽而降低品质。打顶过晚、留叶过多，顶叶瘦小，烟株呈塔形，也会降低烟叶品质。打顶时优质烟的最佳长相为顶叶生长基本停止时，叶片长度比上二棚叶短 3 ~ 4cm，植株呈腰鼓形或近似筒形。优质烟在正常情况下，单株留叶 18 ~ 22 片。

打顶时，如果烟株仍长势旺，要多留 1 ~ 2 片，反之，则少留 1 ~ 2 片。科学的打顶要考虑多个方面，首先是烟株长势，其次是土壤肥力、品种特性、气候条件等因素。打顶早晚、留叶多少，要根据烟株长势和土壤当时的肥力状况灵活掌握。长势强、肥力足的烟田应晚打顶，反之要适当早打顶。

烟叶打顶的高度应掌握在打顶后所留花梗与顶叶齐平或略高，以免伤口离顶叶太近而影响顶叶生长。

烟叶打顶的时间，施肥较适当的烟田，可在烟田 50% 烟株中心花开放时进行一次性打顶，促使各部位叶片生长发育一致。烤烟生产上，同一地块通常要进行 2 ~ 3 次打顶，最后一次要把生长不整齐或未现蕾的烟株顶芽一同打去。

（三）打顶的方法

在烤烟生产中，打顶方法的确定是以增产提质为目的的。因此，打顶时间与方法的掌握具有一定的科学性。

打顶要选在晴天的上午进行，这可使伤口迅速愈合，对病害的预防起到一定的作用，特别是在空茎病发病严重的烟区，打顶一定不要在阴雨天进行。打下的花芽、花梗等不要抛在田间，以防传播病害。正确的做法见图 12 - 2。在烟田有病株（特别是病毒病）时，须先打无病烟株，再打有病烟株，以免人为接触传染。

美国和加拿大等烟草生产先进国家，打顶已经机械化，机械打顶同时喷洒抑芽剂。我国烟区目前主要采用人工打顶，邵阳烟农在生产实践中积累了丰富的打顶经验。打顶时期一般以现蕾或开花为依据。打顶的方式有以下几种。

图 12－2　邵阳县烟农将打下的花梗放到篮中

1. 现蕾打顶

烟株花序的第一中心花尚未开放，但烟株的花蕾和花梗已完全伸出顶端叶片，此时将花蕾、花梗连同 2～3 片小叶（也称花叶）一同打掉，称为现蕾打顶。此法简便、易行、养分消耗少、顶叶能完全展开，效果较好。

2. 开花打顶

烟株花序的第一中心花开放，此时将主茎顶部和花轴、花序，连同小叶全部打掉称为开花打顶。开花打顶的方法一般不损伤顶部叶片，便于采用化学抑芽，有利于整株叶片分层落黄成熟，花梗和花序的生长，能够消耗部分养分，目前在国内外烟草生产上这种方法在生长较旺盛的烟田中普遍采用。

3. 抠心打顶

在花蕾包在顶端小叶内有高粱粒大小时，用小竹针或用镊子去除花蕾的打顶方法，称为抠心打顶。此法养分消耗较少，可使顶叶长大。但此法比较费工，很容易损伤顶部叶片，并要求有较高的技术和经验。目前烟草生产上只在土壤瘠薄的山丘地、旱地、肥少而烟株长势差的烟田采用该方法。

4. 机械打顶

目前国际烟草生产先进国家已采用机械打顶抹杈与喷洒抑芽剂，而我国传统的做法是人工打顶抹杈与喷施抑芽剂，目前我国已研制出智能烟草打顶机，有可能大面积应用于烤烟生产。

二、抹杈技术

（一）抹杈的作用

正常情况下，烟株的每个叶腋中潜育着 3～4 个腋芽，其中，1 个主芽和 2～3 个副芽。这些腋芽在烟株未打顶之前，受烟株顶端生长优势的调控，处于抑制生长状态。打顶后由于烟株失去顶端生长优势，这些腋芽就会从上而下逐渐迅速生长。摘除主芽后，第一和第二副芽就会依次生长。通常在打顶后不久，腋芽就开始生长，其生长速度与打顶部位及烟株生长势有密切关系，打顶低或生长旺盛的烟株，腋芽萌发快。腋芽能长出叶片，形成枝杈和开花结实，消耗大量的养分。消耗养分的程度取决于烟杈生长时间和大小。烟杈生长越大，消耗养分越多，影响主茎烟叶成长就越强。所以，要减少和控制养分的消耗，就必须及时抹杈，反之，就适当延迟几天抹杈。如果不适时抹杈，烟株枝杈丛生，还会使中下部叶片光照不足，烟田通风透光条件变劣，导致病害发生，严重影响烟叶产量和品质。试验结果表明，及时打顶抹杈的烟株，上部叶面积增加23%，叶片厚度增加8%，产量增加20%左右，烟叶品质提高半个等级，总收益提高27%。

（二）抹杈技术

烟杈的去除与烟叶产量与品质密切相关。通常去除越早越彻底，烟叶产量和质量越有保证。采用人工抹杈，强调早抹、勤抹，最好腋芽长至3~5cm抹去。早抹杈，烟杈小、脆嫩好抹、伤口易愈合。抹杈晚，烟杈大、木质化程度高、难抹、还易伤害主茎皮层、伤口难愈合、容易引发病害（如空茎病）。一般每隔5~7天抹一次，要连腋芽基部一起抹掉。据报道，抹杈对烟叶产量和烟碱含量都有明显作用，随着抹杈程度的提高，烟叶产量和烟碱含量增加。但对提高烟叶价格的作用不明显。

三、化学抑芽

上文已经阐述控制烟株腋芽生长是烤烟栽培的一个重要环节。过去烤烟栽培上都是人工抹杈，除去烟株腋芽。此法费工费时，容易因人工接触而传染烟草病毒病害，人工打顶抹杈造成的伤口还容易诱发空茎病。同时抹杈期正处于农忙季节，烟农不能及时抹除烟芽，往往造成烟叶产量和质量的严重下降。因此科学工作者不断探索新的抹杈技术。

20世纪40年代人们开始研究烟草化学抑芽。20世纪50年代初，内吸型烟草抑芽剂马来酰肼（Maleic hydrazide，MH），包括马来酰肼胆碱、钾盐和钠盐，中文通用名为抑芽丹、芽敌、抑芽素、青鲜素等，首先在美国应用于烤烟生产。随着该抑芽剂在烟草生产上的推广应用，其弊端也逐渐显现，促进科学家探索新的烟草抑芽剂。随后，科学家又研制出触杀型、触杀－内吸型抑芽剂，并应用于烟草生产。近年来提倡使用触杀型抑芽剂或触杀型与内吸型抑芽剂配合使用。

我国自20世纪50年代开始在烟草上研究与利用化学抑芽剂。20世纪60—70年代从美国引进抑芽丹（MH），效果较好，但未得以推广。20世纪80年代后，随着烟草"三化生产"的推进和"科教兴烟"意识的不断增强，应用化学抑芽代替人工抹杈的优点逐渐显现，该项技术日益为我国广大烟农所接受。化学抑芽比人工抹杈省工、省事、减少病害传染机会、增产、提质、增加收益。据中国烟叶生产购销公司统计，2003年烟草化学抑芽剂应用面积达55.98万 hm^2，占全国烟草种植总面积的58.37%。目前，我国推广的抑芽剂主要有内吸型、触杀型和局部内吸型。

（一）内吸型抑芽剂

马来酰肼（MH）是内吸型烟草抑芽剂的代表产品，英文名称为 Maleic hydrazide

（MH），商品名称有抑芽丹、芽敌、抑芽素、青鲜素、奇净等。化学名称为顺丁烯二酰肼，有效成分为马来酰胆碱、钾盐和钠盐。作为烟草抑芽剂在世界上应用已有多年的历史。1993 年引入我国试验，并逐步应用。它是一种人工合成的低毒植物生长调节剂，喷施于烟草叶面上，易被烟叶直接吸收，很快转送到各生长点，抑制分生组织的生命活动，起到抑芽作用，但对细胞扩大无影响，对茎叶无害，能显著提高烟叶产量。MH 药剂的药效时间较长（一般 20 天左右），不但除芽效果好，还可减轻烟草赤星病和烟草夜蛾的发生。

据报道，MH 是一种低毒化学药剂，在正常使用情况下对人类和环境没有危险，但产品中的杂质酰肼对人类健康和环境有危害作用。施用 MH 与人工抹杈比较，烟叶的化学和物理性状有变好的，也有变差的。施用 MH 后，烟叶变厚，因此填充力下降；烟碱含量下降，增加了平衡水分和糖分；并且施药后还会降低烤烟叶片致香物质黑松三烯二醇的浓度，对根系也有影响，因而会使烟株基本生理功能发生变化。因使用 MH 在鲜烟叶和烤后烟叶中的残留和毒性问题，目前巴西、加拿大、奥地利、丹麦等国家已禁止在烤烟上使用 MH。韩国仅允许在烟草上使用，但产品中杂质酰肼的含量不得超过 15 mg/kg；欧盟禁止使用除马来酰肼胆碱、钾盐和钠盐以外的盐，且产品中的游离酰肼不得超过 1mg/kg。美国规定在烤烟上只准施用一次，严格按生产厂方说明施用，施用后至少 7 天后才能采收烟叶。但也有一些国家认为 MH 的二乙醇盐存有潜在毒性，而其钾盐和胆碱不存在毒性问题仍在应用。

山东鸿汇烟草药用公司生产的 30.2% 的芽敌水剂和 58% 的芽敌液剂两种剂型都属于 MH 产品。

MH 使用时期和方法：施药时期应掌握在烟田多数烟株第一朵中心花开放、顶叶大于 20cm 时打顶，打顶后 24h 内施药，用水稀释 50 倍，混匀后均匀喷在烟株中部以上叶面上，每株用量 20～25ml。抑芽效果随浓度增加而提高，在不同条件下抑芽率可达 98.5%～99.9%。浓度在 0.25% 以下，抑芽效果下降；浓度超过 0.5% 时，发生不同程度药害。施用 MH 最好选择晴天无风条件下进行。上午植株生长活动旺盛，吸收率高，施用效果最好，如用药后 8h 内降水，需要重新施药。

（二）触杀型抑芽剂

触杀型抑芽剂以脂肪醇类为主，包括脂肪酸甲酯、C8～C10 脂肪醇和酯酸二甲醛十二烷胺（商品名称 Penar），早期的乳油也属此类。其代表品为癸醇，也有使用正辛醇及两者混合物的。它们主要破坏细胞膜，有选择性地杀死植物分生组织。由于幼嫩和成熟器官角质层结构不同，它们能透过腋芽表皮以下组织，产生局部杀伤，但对茎叶没有影响。它们在植株体内不传导或传导力很弱，不影响体内代谢功能或影响很小，没有残留。在美国、加拿大等烤烟生产国，触杀型抑芽剂已经成为商品，在烤烟生产上广泛应用。近年来我国也开展了相关研究。

由于触杀型抑芽剂药效期短（一般 7 天左右），如果单用触杀剂，在整个生长季节里要施用 2～3 次，才能对腋芽起到彻底抑制作用。所以大多数国家把触杀型抑芽剂和内吸型抑芽剂及局部内吸型抑芽剂结合应用，将触杀型抑芽剂作为"组合措施"中的一个措施和药剂，可以收到除芽彻底的效果。

（三）局部内吸型抑芽剂

这类抑芽剂以二硝基苯胺类抑芽剂为主。目前在我国注册登记的有：25%抑芽敏乳油、33%除芽通乳油和36%止芽素乳油等，李更新报道上述3种抑芽剂的抑芽效果都很好。

1. 抑芽敏

抑芽敏英文名称为 Humetralin，又名氟节胺。化学名称为 N－乙基－N－（2－氯代－6－6氟苯）－2，6－二硝基－4－3氟－甲苯胺。主要产品剂型为25%抑芽敏乳油（Prime＋250EC）。其纯品为黄色或橘黄色结晶，在常温下几乎不溶于水，是一种低毒的植物生长调节剂，具有接触兼局部内吸的高效抑制烟草腋芽生长的作用，抑芽作用迅速、吸收快，药剂接触完全伸展的烟叶不产生药害。它仅在腋芽初萌动部位内吸。因此，只需在打顶后24h内施用，就能将腋芽和潜伏的第一、第二副芽抑制，这就兼有 MH 的内吸和 C8～C10 脂肪醇的触杀功能。

抑芽敏25%乳油的施药时期应掌握在烟草植株上部分化花蕾伸长起至始花期进行人工打顶（摘除顶芽），打顶后24h内施药，通常打顶后马上施药。使用方法有笔涂、杯淋、喷雾等。使用浓度为300～400倍溶液，每株用药液15～20ml，施用2h后就可吸收，抑芽效果高达99%左右。使用抑芽敏对烟叶的产量和质量均有一定的提高。

2. 除芽通

除芽通英文名称为 Penclimetholin，通用名称为二甲戊乐灵，又名施田补、除草通、杀草通、胺消草等。主要产品剂型为33%除芽通乳油（ACCOTAB 330E）、或称33%二甲戊乐灵乳油。化学名称为 N－1－（乙基丙基）－2，6－二硝基－3，4－二甲基苯胺。是一种二甲基苯胺类植物生长调节剂。多年、多地试验结果表明，除芽通33%乳油100倍液杯淋，施药后两周抑芽率在95%以上，6周抑芽率在90%以上。

除芽通对人畜较安全。据中国农业科学院烟草研究所（1991—1992）测定，按推荐用药量每公顷4 800ml（商品量），一次施用后第10天烟叶中残留量为0.53～0.77mg/kg，大大低于国际标准5mg/kg 的残留限量。除芽通的消解很快，施用后在烟草上第10天消解率在81%以上，25天后几乎完全消解；土壤中最终残留量在0.158mg/kg 左右，不会对土壤造成污染。

3. 仲丁灵

英文名称为 Butralin，通用名称为止芽素，又名地乐胺、比达宁、硝苯胺灵、双丁乐灵、Amchem70－25、Amchem A－820、TAMEX 等。其化学名称为 N－仲丁基－4－特丁基－2，6 二硝基苯胺。纯品为橙黄色结晶，熔点54～58℃，易溶于氯代烃及芳香烃类溶剂中，在碱性及酸性条件下均稳定。为触杀兼局部内吸性抑芽剂，在同类抑芽剂中对烟草最安全。

止芽素属于低毒性的二硝基苯胺类烟草抑芽剂，对抑制腋芽的生长效力高，药效快。施药后2h内不下雨其药效便可发挥。主要产品剂型为36%的乳油，只能采用杯淋法或涂抹法进行施药，不能进行喷雾。用量36%的止芽素乳油3 000ml/hm²，对水300kg。在烟株中心花开打顶后24h内用药。施药前将长度在2.5cm 以上的腋芽全部抹去，每株用15～20ml 稀释液，顺烟株主茎淋下或用毛笔、棉球等将稀释液涂在每个腋芽上。在整个烟草生长季节只需施用一次，施药操作应在晴天进行。

据中国农业科学院烟草研究所和青州市烟草公司1992—1993年在青州市试验、示范，用止芽素36%乳油100倍液杯淋法，14天抑芽率达98.6%以上，6周后抑芽率在92.83%以上，抑芽效果非常显著，并有刺激中上部叶片增大的作用。施用止芽素后烟叶中残留量为5mg/kg，远低于国际标准20mg/kg的残留限量。

用药量应根据烟株长势进行适当调整。以上介绍的是烟株长势正常的用药量。如果烟株长势旺，可适当增加浓度，长势弱可降低浓度。

参考文献

[1]邓海滨,陈永明,刘小平等.几种抑芽剂对烤烟腋芽的控制效果研究[J].广东农业科学,2007(1):18.

[2]邓接楼,涂晓虹,王爱斌.生物有机肥在烟草上的应用研究[J].安徽农业科学,2007,35(29):9 289-9 290.

[3]邓永城.烟叶打顶抹杈留叶技术[J].现代农业科技,2013(6):68.

[4]耿爱军.智能烟草打顶机械关键技术研究[D].山东农业大学,博士论文,2011.

[5]郭良栋,罗战勇,吴文斌.33%除芽通乳剂对烤烟的抑芽效果试验[J].广东农业科学,2003(6):13-14.

[6]胡国松,郑伟,王震东.烤烟营养原理[M].北京:科学出版社,2002.

[7]胡国松.海拔高度、品种和某些栽培措施对烤烟香吃味的影响[J].中国烟草科学,2000(3):9-13.

[8]黄平娜,秦道珠,龙怀玉等.稻草还田对烟田速效养分变化及烟叶产量品质的影响[J].中国农学通报,2008,24(12):294-297.

[9]黄武,时焦.湖南邵阳烟区气候特点及其对优质烤烟生产的影响[J].广西农业科学,2010,41(10).

[10]江添茂,黄燕翔,郭丽芳等.稻草不同还田方法的比较试验[J].土壤肥料,2003(2):42-43.

[11]江晓东,迟淑筠,宁堂原等.少免耕模式对土壤呼吸的影响[J].水土保持学报,2009,23(2):253-256.

[12]蒋廷杰,谭洁,祖智波.稻草还田对晚稻土有机氮素转化生物指标的影响[J].耕作与栽培,2006(6):8-10.

[13]金海洋,姚政,徐四新等.秸秆还田对土壤生物特性的影响研究.上海农业学报[J],2006,22(1):39-41.

[14]李更新.不同抑芽剂对烟草腋芽抑制效果研究[J].园艺与种苗,2011(4):40-42.

[15]李国学,张福锁.固体废物堆肥化和有机复混肥的生产[J].北京:化学工业出版社,2000.

[16]李洪勋,吴伯志.地膜和秸秆覆盖对夏玉米的调温保墒效应[J].玉米科学,2006,14(3):96-98.

[17]李明德,肖汉乾,汤海涛等.稻草还田对烟田土壤性状和烟草产量及品质的影响[J].中国土壤与肥料,2006(6):41-44.

[18]李天福,王彪,王树会.云南烤烟轮作的现状分析与保障措施[J].中国烟草科学,2006(2):48-51.

[19]刘贯山,张良,杨艳.烟田除草地膜的研制及防除杂草的效果[J].中国烟草科学,1999(3):23-26.

[20]刘国顺,刘建利.中国烟叶生产实用技术指南[M].北京:中国烟叶公司,2009.

[21]刘国顺,刘建利.中国烟叶生产实用技术指南[M].北京:中国烟叶公司,2009.

[22]刘卫群,陈江华,刘建利.有机肥使用技术与烟叶品质关系[J].中国烟草学报,2003,9(增刊):

9 – 18.

[23]苏德成. 烟草栽培(全国统编教材)[M].北京:中国财经出版社,2000.

[24]唐莉娜,熊德忠. 有机肥与化肥配施对烤烟生长发育的影响[J].烟草科技,2000(10):32 – 34.

[25]王凤龙,史万华,时焦等. 止芽素 36% 乳油(TAMEX360E)对烟草抑芽效果[J].中国烟草,1995(2):40 – 43.

[26]王凤龙,王刚. 烟田农药安全使用技术[M].北京:中国农业技术出版社,2004.

[27]王改玲,郝明德,陈德立. 秸秆还田对灌溉玉米田土壤反硝化及 N_2O 排放的影响[J].植物营养与肥料学报,2006,12(6):840 – 844.

[28]王丽宏,胡跃高,杨光立. 南方冬季覆盖作物的碳蓄积及其对水稻产量的影响[J].生态环境,2006,15(3):616 – 619.

[29]王秋华. 我国农村作物秸秆资源化调查研究[J].农村生态环境,1994,10(4):67 – 71.

[30]王绍坤,张晓海,李金培等. 秸秆还田对烟区土壤和烟叶产质量的效应[J].中国农学通报,2000,16(5):11 – 13.

[31]王翔宇,丁国栋,尚润阳等. 秸秆、地膜覆盖控制农田土壤风蚀机理[J].安徽农学通报,2007,13(16):49 – 50.

[32]肖汉乾. 不同生物活性肥对烤烟生长影响的初步研究[J].中国烟草科学,2001(1):28 – 30.

[33]闫克玉,照铭钦. 烟草原料学[M].北京:科学出版社,2008.

[34]中国农业科学院烟草研究所. 中国烟草栽培学[M].上海:上海科技出版社,2005.

[35]中国农业科学院烟草研究所. 中国烟草栽培学[M].上海:上海科技出版社,1987.

[36]中国农用塑料应用技术学会. 地膜覆盖栽培技术大全[M].北京:中国农业出版社,1998.

[37]朱显灵,陈学平,刘贯山(译). 运用打顶和控制腋芽技术调节烟叶可用性[J].烟草科技,1997(1):39 – 41.